AF289950

Dieter Wilfried Renno

Berechnung
radial und axial schließender
Reibungs- und Fliehkraftkupplungen

Reibungswinkel und rotatorische Reibung
bei Kupplungen, Eigenfrequenzen von
Kupplungen und Getrieben

disserta
Verlag

Renno, Dieter: Berechnung radial und axial schließender Reibungs- und Fliehkraftkupplungen, Reibungswinkel und rotatorische Reibung bei Kupplungen, Eigenfrequenzen von Kupplungen und Getrieben. Hamburg, disserta Verlag, 2014

Buch-ISBN: 978-3-95425-588-7
PDF-eBook-ISBN: 978-3-95425-589-4
Druck/Herstellung: disserta Verlag, Hamburg, 2014

Bibliografische Information der Deutschen Nationalbibliothek:
Die Deutsche Nationalbibliothek verzeichnet diese Publikation in der Deutschen Nationalbibliografie; detaillierte bibliografische Daten sind im Internet über http://dnb.d-nb.de abrufbar.

*„Nicht nur wir wollen glücklich sein,
wir wollen auch das Glück der anderen,
und wenn das Glück anderer unseres nicht beeinträchtigt,
so vermehrt es dasselbe.“*

Jean-Jacques Rousseau
28.06.1712 - 02.07.1778

Seite

SYMBOLVERZEICHNIS

$\underline{a}_\varphi$	zirkulare Beschleunigung
$\underline{a}_r$	radiale Beschleunigung
α, α_i	Reibwinkel, Reibwinkel eines Fliehkörpers
α_{FK}	Backenöffnungswinkel der Fliehkörper
β	Halber Reibwinkel
b	Radiale Breite der Fliehkörper
b_{sek}	Sekante des Kreisbogens am Fliehkörper
B_{FK} (B); B_{RB}	Axiale Breite der Fliehkörper; axiale Breite des Reibbelages
c; c_i	Federkonstante; Federkonstante einer Feder i
c_φ	Verdrehfederrate, Winkelrichtgröße
F_C	Corioliskraft
F_{Fe}	Federkraft
F_{NF}	Führungsnormalkraft
F_{GF} / F_{RF}	Gleitreibkraft / Haftreibkraft der Führung
F_N	Normalkraft
F_R	Reibkraft der Reibpaarung
F_ω	Fliehkraft
$F_{u,FK}$	Umfangskraft der Fliehkraftkörper
$F_{u,M}$	Umfangskraft des Motors
F_u, F_{uW}	Umfangskraft des gesamten Antriebes (an der Antriebswelle)
F_y	Schaltnormalkraft
F_N (NF)	Beitrag der Führungsnormalkraft zur Normalkraft bei radialer Reibung
F_R (NF)	Beitrag der Führungsnormalkraft zur Reibkraft bei axialer Reibung
f_Z	Zählerfunktion
J_0, Θ_0	Massenträgheitsmoment des Antriebes bzgl. des Drehpunktes
J_A, J_1, Θ_A	Massenträgheitsmoment des Antriebes
J_{FK}, Θ_{FK}	Massenträgheitsmoment der Fliehkraftkörper
J_L, J_2, Θ_L	Massenträgheitsmoment der Last (Abtrieb)
J	Massenträgheitsmoment von Antrieb und Last
K	Kraft-Winkel-Faktor
L	Drall (Drehimpuls)
L_V	Drall (Drehimpuls) vor dem Kuppeln
L_N	Drall (Drehimpuls) nach dem Kuppeln
m	Masse (Gesamtmasse aller Fliehkörper / gesamtes Füllgut)
m_i	Masse eines Fliehkörpers
$m_{Öl}$	Masse der Ölfüllung bei Füllgutkupplungen mit Stahlkugeln
M_0	Moment um den Drehpunkt 0
M_φ	(Dreh-)Federmoment
$M_t, M_A, M_t{}'$	durch den Antrieb eingeleitetes Drehmoment, Antriebsmoment, formschlüssiges Antriebsmoment
M_B	Beschleunigungsmoment
M_R	Reibmoment
M_F	Führungsmoment

M_y	Schaltmoment (schaltbares Reibmoment)
N	Normalkraft-Faktor
N_y	Schaltnormalkraft-Faktor
η	Wirkungsgrad des Antriebes
$p; p_y$	Belagpressung; Vertikalkomponente der Belagpressung
p_{zul}	zulässige Belagpressung
$P; P_A$	(Antriebs-)Leistung
$P_L; P_R; P_y$	Lastleistung; Reibleistung; Führungsleistung
R	Reibmoment-Faktor des Reibmomentes M_R
R_y	Schaltmoment-Faktor des Schaltmomentes M_y
r_1	Außenradius der Fliehkraftkupplung im ungeschalteten Zustand (Kupplungskörperradius)
r_2	Außenradius der Fliehkraftkupplung im geschalteten Zustand (Innenradius der Kupplungsglocke)
r_{s1}	Schwerpunkradius der Fliehkörper im ungeschalteten Zustand
r_{s2}	Schwerpunkradius der Fliehkörper im geschalteten Zustand
r_{Fe}	Abstand der Federn zum Drehpunkt
r_F	radialer Abstand vom Drehpunkt zum Angriffspunkt der Normalkraft an der Führung
r_{FK}	Abstand Führung zur Schwerpunktlinie (halbe Fliehkörperhöhe)
r_N	Nabenradius
r_{sek}	Drehpunktabstand der halben Sekante des Fliehkörpers
r_W	Wellenradius
S_R	Sicherheit gegen Rutschen
μ_{HF}	Haftreibungskoeffizient der Führung
μ_{GF}	Gleitreibungskoeffizient der Führung
μ_R	Haftreibkoeffizient der Reibpaarung
μ_{GR}	Gleitreibkoeffizient der Reibpaarung
$\varphi; \varphi_t$	Winkel; Verdrehwinkel
$\omega, \dot{\varphi}$	Winkelgeschwindigkeit
$\alpha, \dot{\omega}, \ddot{\varphi}$	Winkelbeschleunigung
$v, v_t, \dot{r}$	Tangentialgeschwindigkeit
ω_A	Drehfrequenz des Antriebes
ω_L	Drehfrequenz der Abtriebsseite beim Anfahren mit Last
ω_0	Drehfrequenz ($\omega=0$), Stillstand
ω_1	Drehfrequenz ($\omega=\omega_1$: Fliehkörper lösen sich von der Nabe)
ω_2	Schaltdrehfrequenz (Fliehkörper berühren die Kupplungsglocke)
ω_3	Drehfrequenz beim Übergang von der Gleit- zur Haftreibung
ω_N	Nenndrehfrequenz, Betriebsdrehfrequenz
x_i	Wegkoordinate der Fliehkörper
Δx	Abstand Innenradius der Kupplungsglocke zur Reibfläche der Fliehkörpersegmente
$x_1 \, (x_v)$	Federvorspannweg
x_2	Federweg, geschaltet
x	Radienverhältnis von r_2 zum Kreisringschwerpunkt r_{s2}
x_{KB}	Radienverhältnis des Kreisbogens r_2 zum Schwerpunkt des Kreisbogens $r_{s2}{}^*$
z, i	Anzahl der Fliehkörper

ABBILDUNGSVERZEICHNIS

TABELLENVERZEICHNIS

ANHANG

1. Einordnung, Funktionsweise und Einsatz von Fliehkraftkupplungen

Kupplungen und Getriebe

Kupplungen verbinden Wellen und übertragen Drehmomente und Drehzahlen. Kupplungen übertragen somit Leistungen. Getriebe verändern Drehmomente und Drehzahlen im stationären Betrieb bei konstanter Leistung. Kupplungen verbinden Wellen form- oder kraftschlüssig. Sie werden je nach Aufgabe als nichtschaltende oder schaltbare Kupplungen gebaut. Die Schaltung der Kupplung kann fremdbetätigt oder selbsttätig erfolgen. Die fremdbetätigten Kupplungen schalten mechanisch, hydraulisch, pneumatisch, elektromagnetisch oder elektrohydraulisch. Die selbsttätigen Kupplungen schalten drehzahl- oder momentabhängig, die Freilaufkupplungen in Abhängigkeit von der Drehrichtung.

Selbsttätig schaltende Kupplungen

Zu den selbsttätig schaltenden Kupplungen gehören drehzahl-, drehmoment- und richtungsgeschaltete Kupplungen. Sicherheitskupplungen sind drehmomentgeschaltete Kupplungen, die Anlagen vor kritischen Beanspruchungen schützen, so dass ein voreingestelltes Moment nicht überschritten wird. Bauarten von Sicherheitskupplungen: Rutsch-, Sperrkörper-, Brechbolzen-, Brechring-, Zugbolzenkupplungen und Kupplungen mit Druckö/ verbindungen, d.h. hydraulisch geschaltete Reibkupplungen;[1]

Fliehkraftkupplungen

Fliehkraftkupplungen gehören zu den selbsttätig schaltenden Kupplungen. Die Fliehkraftkupplung verbindet drehzahlabhängig die Antriebswelle mit der Abtriebswelle. Ab einer bestimmten Drehzahl wird die Abtriebsseite zugeschaltet. Die Momentenübertragung erfolgt mit Kraftschluss durch Reibung zwischen den antriebsseitigen Fliehkörpern und der abtriebsseitigen Kupplungsglocke.

Fliehkraftkupplung als Anlaufkupplung

Der Einsatz der Fliehkraftkupplung als Anlaufkupplung ermöglicht das lastfreie Beschleunigen der Antriebsmaschine (Elektro- oder Verbrennungsmotor). Das Antriebsmoment kann beim Anlauf unter dem - nicht geschalteten - Lastmoment liegen. Als Anlaufkupplungen für hohe Leistungen werden Strömungskupplungen (Föttinger-Kupplungen) verwendet.

Fliehkraftkupplung als Rutschkupplung (Drehmomentbegrenzung)

Beim Anlauf mit Rutschkupplungen ist das Anlaufmoment auf das Rutschmoment begrenzt, so dass vom antreibenden Motor nur ein begrenztes Drehmoment auf die Lastseite übertragen wird.[2]
Neben der Erleichterung für den Anlauf kann die Fliehkraftkupplung als weitere Aufgabe das Anlaufdrehmoment begrenzen. Übersteigt das Lastmoment das übertragbare Reibmoment, rutschen die antriebsseitigen Fliehkraftkörper. Somit kann die Fliehkraftkupplung bei richtiger Auslegung auch als Drehmomentbegrenzungskupplung arbeiten.[3]

---

[1] Vgl. Dubbel (1997), S. G74
[2] Vgl. Dittrich (1974), S. 241, Vgl. Freud (1992), S. 102
[3] Vgl. Kap. 4.7; Vgl. Dittrich (1974), S. 242, 245

Antrieb durch Elektromotor

Fliehkraftkupplungen werden an Drehstrom-Asynchronmaschinen betrieben und bieten damit die Voraussetzung für den Anlauf in der Stern-Dreieck-Schaltung zur Vermeidung der hohen Anlaufströme der Dreieckschaltung und der damit verbundenen Wärmeentwicklung in den Motorwicklungen.

Antrieb durch Verbrennungsmotor

Die Fliehkraftkupplung erfüllt bei Verbrennungsmotoren zumeist zwei Funktionen: den lastfreien Anlauf und das drehzahlgesteuerte Schalten. Die Fliehkraftkupplung schaltet durch Reibkraftschluss bei der Einschaltdrehzahl mit Schlupf und bei Betriebsdrehzahl schlupffrei.

Wird die Motordrehzahl durch Wegnahme des Gases reduziert, trennt die Fliehkraftkupplung den Kraftfluss zwischen Motorwelle und Getriebe. Fliehkraftkupplungen können in halb- und vollautomatischen Getrieben zum Einsatz kommen.[4]

Bauformen von Fliehkraftkupplungen

Fliehkraftkupplungen werden als Fliehkörperkupplungen mit zwei oder mehreren Fliehkörpersegmenten gebaut oder als Füllgutkupplungen. Die Fliehkörper werden mit Profilnabe, als stiftgeführte Fliehkörper oder in Drehzapfen gelagerte Fliehkörper ausgeführt mit radial oder tangential angeordneten Schraubenzugfedern. Die Fliehkörper können auch elastisch aufgehängt werden. Statt Zugfedern sind auch Druckfedern einsetzbar. Fliehkörperkupplungen erzeugen das Reibmoment M_R zumeist mit federkraftbelasteten Segmenten durch Haftreibung zwischen den Fliehkörpern und der Kupplungsglocke. Das Reibmoment M_R ist abhängig von: Reibfaktor μ_R, Anzahl der Segmente i, Reibwinkel α und Radius des Schwerpunktes der Segmente r_S, Masse m der Segmente, Winkelgeschwindigkeit ω und Reibradius r_2. Während des Schaltvorganges wird durch die Zentrifugalkraft die Rückhaltekraft der Federn überwunden. Bei der Auslegung von reibschlüssigen Kupplungen für eine hohe Schalthäufigkeit (Dauerschaltung) bzw. länger andauerndes Durchrutschen ist eine Wärmebilanz aufzustellen, z.B. bei der Nutzung dieser Kupplungsart als Sicherheitskupplung. Füllgutkupplungen schleudern von einem sternförmigen Rotor Füllgut gegen die Mantelfläche des Abtriebsteiles, dadurch wird Reibschluss zwischen Antriebs- und Abtriebsseite hergestellt. Das übertragbare Moment steigt mit dem Quadrat der Drehzahl. Bei Nenndrehzahl laufen Füllgutkupplungen schlupf- und damit verlustfrei.[5] Die Füllgutkupplungen werden ausgeführt mit antriebsseitigem Rotor und Stahlkugeln, abtriebsseitigem Läuferkranz und Stahlsand sowie als Füllgutkupplung mit antriebsseitigem Flügelrad und Stahlsand. Die Schaltdrehzahl wird bei Fliehkörperkupplungen durch die Federrate und die Anzahl der Federn bestimmt, bei den Füllgutkupplungen durch die Füllmenge und die Kupplungsgröße.

---

[4] Vgl. Dittrich (1974), S. 245; Vgl. Bauer (1976), S. 337, 338
[5] Vgl. Dubbel (1997), S. G75

Fliehkraftbremse

Bei Fliehkraftbremsen steht die Kupplungsglocke fest, so dass ab der Schaltdrehzahl die Funktion der Reibungsbremse beginnt und die drehenden Fliehkörper durch die fixierte Kupplungsglocke gebremst werden. Die Fliehkraftbremse kann ohne weitere Vorrichtungen einen Antrieb nicht bis zum Stillstand abbremsen, sondern nur die Drehzahl auf die Schaltdrehzahl begrenzen. Durch die Reibung der Fliehkörper an der Kupplungsglocke entsteht Reibungswärme, die über die Kupplungsglocke und die Fliehkörper abgeführt wird.

Fliehkraftkupplung mit Freilauf- oder Überholkupplung

In automatischen Schaltgetrieben des Fahrzeugbaus wurden Fliehkraftkupplungen mit Freilaufkupplungen kombiniert. Bei der Hintereinanderschaltung von Fliehkraft- und Überholkupplungen (Freiläufen) ist jede Übersetzung mit einer Fliehkraftkupplung ausgestattet.[6]

Anwendungen von Fliehkraftkupplungen

Nach den Herstellerangaben werden Fliehkörperkupplungen für Antriebe von Lastmomenten bis 4.500 Nm gebaut bei Motorleistungen bis 760 kW sowie für das drehzahlgesteuerte Schalten kleiner Verbrennungsmotoren. Fliehkraftkupplungen eignen sich für schnell laufende Antriebe wegen der quadratisch mit der Drehzahl zunehmenden Fliehkraft, die als Schaltkraft arbeitet.

Anwendungen von Fliehkörperkupplungen: Baumaschinen, Mischer, Walzen, Vibratoren, Zentrifugen, Ventilatoren, Gebläse, Kompressoren, Pumpenantriebe, Transportkühlung, Notstromaggregate, Bootsantriebe, Kehrmaschinen, Motorsägen, Rasenmäher, Kleinkrafträder und Kart-Rennsport; Anwendungen von Füllgutkupplungen: Anlauferleichterung für Arbeitsmaschinen mit großer Trägheit (Generatoren, Zentrifugen, Mühlen, Blechbiegemaschinen), Anlauferleichterung für Arbeitsmaschinen mit hohem Anlaufmoment (Kolbenpumpen, Kompressoren, Kugel- und Zementmühlen), Sicherheitskupplungen für Arbeitsmaschinen, die weichen Anlauf verlangen (Aufzüge, Bohrwerke, Fräsmaschinen), Arbeitsmaschinen, die betriebsmäßig zur Blockierung neigen (Bagger-, Schaufelantriebe, Becherwerke, Förderschnecken, Rührwerke), Arbeitsmaschinen, die einen möglichst kurzen und gleichbleibenden Auslauf benötigen (Gummi-Walzwerke: Notabschaltung).[7]

Allgemeine Gesichtspunkte zur Kupplungsauswahl

Die Auswahl der Kupplung hinsichtlich der Leistung erfolgt nach dem zu übertragenden Moment bei Betriebsdrehzahl (Dauerleistung). Als weitere Gesichtspunkte sind zu berücksichtigen: Drehmomentspitzen, Stöße, Wellenlage der zu kuppelnden Wellen und Schwingungsverhalten. Bei Schaltkupplungen sind zusätzlich die Schalthäufigkeit und Schaltzeit sowie Erwärmung und Verschleißverhalten von Bedeutung. Die Massenträgheitsmomente, der zeitliche Momentenverlauf und das Beschleunigungsverhalten sowie die Betriebsbedingungen sind zu beachten.[8]

---

[6] Vgl. Bauer (1976), S. 337/338
[7] Vgl. Firmenangaben Fa. Amsbeck, Fa. Desch, Fa. Metalluk
[8] Vgl. Dubbel (1997), S. G62, G63

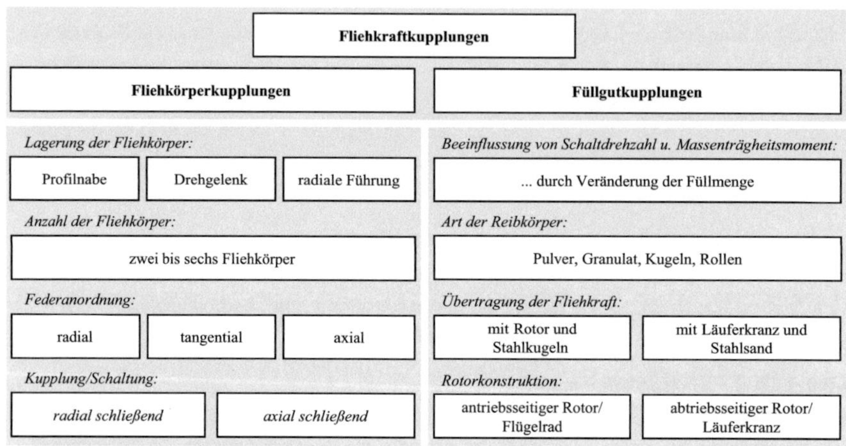

Federbelastung: Zugfedern, Druckfedern
Art der Rückhaltefedern: Schraubenzug- oder Schraubendruckfedern
Aufhängung der Fliehkörper: starr (geführt), elastisch
mit Schaltweg / ohne Schaltweg (schleifender Anlauf)
- Alternative Anlaufkupplungen: Hydrodynamische Kupplungen (Föttinger-Kupplungen), Elektromagnet-Kupplungen
- Kombinationen mit anderen Kupplungsbauarten

Abb. 01a: Systematisierung der Fliehkraftkupplungen

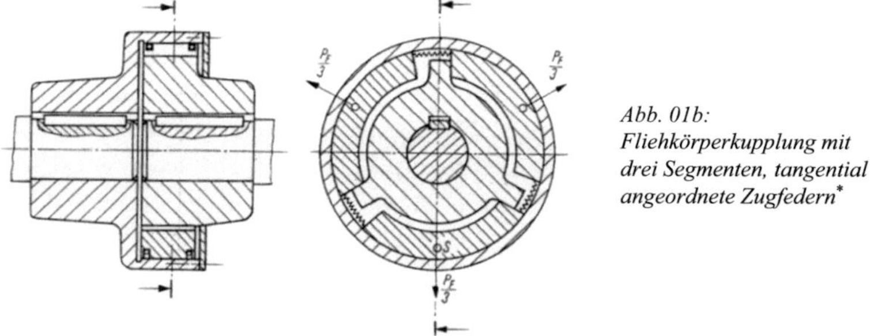

Abb. 01b:
Fliehkörperkupplung mit
drei Segmenten, tangential
angeordnete Zugfedern[*]

Annahmen/Voraussetzungen für die Kupplungsmodelle und den Antrieb einschl. Last:
1. Der Reibwinkel ist gleich dem Backenöffnungswinkel.
2. Die Verkleinerung des Backenöffnungswinkels durch die Profilnabe wird vernachlässigt.
3. Die Reduzierung der Führungsnormalkraft durch Drehung der Drehbacke wird vernachlässigt.
4. Der Faktor r_{s2}/r_F des Haftreibkoeffizienten der Führung μ_{HF} wird vernachlässigt.
5. Die potentielle Energie E_{pot} des Antriebes einschließlich der Last wird zu Null gesetzt.

---

[*] Fronius (1971), S. 337
Bem.: Einteilung der Kupplungen, siehe Anhang A1-1

Überblick

Kapitel 2 beschreibt den Betrieb der Fliehkörperkupplung vom Startbeginn an in den drei Phasen Anlauf-, Schalt- und Schlupf-/Haftphase. Drei Modelle von Fliehkörperkupplungen werden vorgestellt und die Füllgutkupplungen folgen in drei Varianten. Das Kapitel schließt mit der Ermittlung der modellabhängigen Normalkraft. Die Berechnung der Kräfte und Momente für die Fliehkörperkupplungen in den drei Betriebsphasen zeigt das 3. Kapitel unter Anwendung des Schwerpunkt- und Drallsatzes. Die Betriebsphasen werden bei konstanter Winkelgeschwindigkeit und bei Beschleunigung betrachtet. Die Rechnungen unterscheiden reibungsfreie und reibungsbehaftete Führung der Fliehkraftsegmente.

In Kapitel 4 erfolgt die Berechnung der Parameter der Fliehkraftkupplung. Zur Bestimmung der Schaltdrehzahl in Abhängigkeit von der Nennbetriebsdrehzahl wird zwischen dem Betrieb mit und ohne Schaltweg unterschieden. Die Federvorspannkraft und die Schaltdrehzahlen ω_1, ω_2 und ω_3 sowie die Lage der Eigenkreisfrequenzen und der Wellen-, Naben- und Kupplungsdurchmesser werden berechnet. Die geometrischen Größen Schwerpunkt- und Kupplungsglockenradius werden bestimmt und die optimale radiale Breite der Fliehkörper hergeleitet.

Kapitel 5 zeigt für den Backenöffnungswinkel den allgemein gültigen Zusammenhang zwischen der radial wirkenden Normalkraft als Reaktionskraft der Fliehkraft und der Schaltkraft, der für alle radial schließenden Kupplungen und Bremsen Gültigkeit besitzt. Die Beziehung von Reib- zu Schaltmoment, dem übertragbaren Teil des Reibmomentes, wird hergeleitet, die bereits im 4. Kapitel Anwendung findet für die Hypothese des rotatorischen Reibungskegels und die Sicherheit gegen Rutschen. Die Bestimmung der Anzahl der Fliehkraftsegmente folgt. Das Verhältnis von Fliehkörper- zu Reibbelagbreite und der Öffnungswinkel in Abhängigkeit von der zulässigen Belagpressung werden betrachtet.

Das Kapitel 6 untersucht das Beschleunigungsverhalten und die Kupplungserwärmung. Formeln für die Rutschzeit t_R, den Rutschwinkel φ_R und die Anzahl der Umdrehungen N_R während der Rutschzeit werden für die drei Beschleunigungsformen von konstanter, linear und exponentiell abnehmender Beschleunigung hergeleitet. Das Kapitel 7 dient der Darstellung des Kupplungsvorganges. Mit dem Gesetz der Drallerhaltung wird der Energieverlust beim Kuppeln i. a. sowie beim Einsatz einer Fliehkraftkupplung dargestellt, die Kombination mit einer elastischen Kupplung und die Reibungsschwingungen werden beschrieben. Kapitel 8 zeigt die Beanspruchung der Reibelemente und der Profilnabe.

Die Kapitel 9, 10 und 11 beschreiben und vergleichen die axial und radial schaltenden Reibungskupplungen. Dabei wird die axiale Reibung von segmentierten Kreisringen untersucht und in Analogie zur radialen Reibung eine Hypothese für den rotatorischen Reibungskegel und die Sicherheit gegen Rutschen bei axialer Beaufschlagung formuliert. Kapitel 12 fasst die Ergebnisse dieser Arbeit zusammen.

Das zweite Kapitel des Anhanges zeigt rechnerische Herleitungen u. a. für die Schwerpunkte und Massenträgheitsmomente sowie Berechnungen zu Füllgutkupplungen. Die Torsions-Eigenfrequenzen von einfach übersetzenden Getrieben werden mit Bewegungsdifferentialgleichungen und Lagrangeansatz 2. Art berechnet. Die Eigenfrequenzen, Eigenwerte und Eigenvektoren der ungedämpften Torsionsschwinger werden für eine und zwei Beschleunigungen der Drehmassen hergeleitet sowie die partiellen Differentialgleichungen für Torsions- und Biegeschwingungen von Stäben.

2. Modelle zur Beschreibung von Fliehkraftkupplungen

2.1 Beschreibung der Fliehkraftkupplung im Polarkoordinatensystem

Die Darstellung der Bewegung eines Massenpunktes in Polarkoordinaten

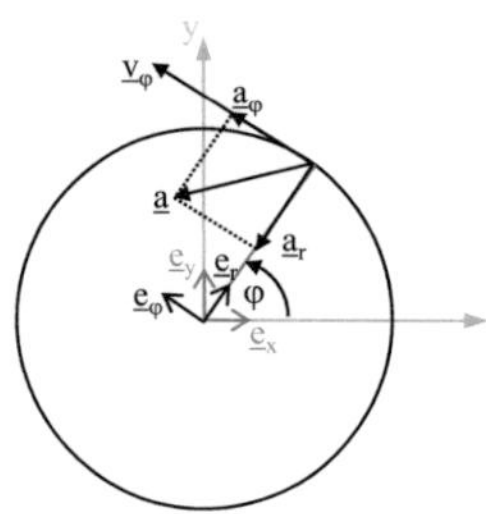

Abb. 02a:
Rotation in Polarkoordinaten

Die allgemeine ebene Bewegung ($z = 0$):

$$\vec{a}_r = \left(\ddot{r} - r \cdot \dot{\varphi}^2\right) \cdot \vec{e}_r \qquad a_r = \ddot{r} - r \cdot \dot{\varphi}^2$$

$$\vec{a}_\varphi = \left(r \cdot \ddot{\varphi} + 2 \cdot \dot{r} \cdot \dot{\varphi}\right) \cdot \vec{e}_\varphi \qquad a_\varphi = r \cdot \ddot{\varphi} + 2 \cdot \dot{r} \cdot \dot{\varphi} \qquad \left(a_C = 2 \cdot \dot{r} \cdot \dot{\varphi}\right)$$

$$\vec{a}_z = \ddot{z} \cdot \vec{e}_z = \vec{0} \qquad a_z = \ddot{z} = 0$$

Die ebene Bewegung eines Massenpunktes auf einer Kreisbahn:

$$r = const. \qquad \Rightarrow r \neq r(t):$$

$$\vec{r} = r \cdot \vec{e}_r \qquad |\vec{r}| = r$$

$$\dot{\vec{r}} = \vec{v} = r \cdot \frac{d}{dt}\left(\vec{e}_r\right) = r \cdot \dot{\vec{e}}_r \qquad \dot{\vec{e}}_r = \dot{\varphi} \cdot \vec{e}_\varphi$$

$$\dot{\vec{r}} = \vec{v} = r \cdot \dot{\varphi} \cdot \vec{e}_\varphi = r \cdot \omega \cdot \vec{e}_\varphi \qquad \dot{\varphi} = \omega$$

$$\vec{v} = \vec{v}_\varphi = r \cdot \omega \cdot \vec{e}_\varphi \qquad |\vec{v}| = v = r \cdot \omega \qquad \ddot{\varphi} = \dot{\omega}$$

$$\ddot{\vec{r}} = \vec{a} = r \cdot \frac{d}{dt}\left(\dot{\varphi} \cdot \vec{e}_\varphi\right) = r \cdot \ddot{\varphi} \cdot \vec{e}_\varphi + r \cdot \dot{\varphi} \cdot \dot{\vec{e}}_\varphi \qquad \dot{\vec{e}}_\varphi = -\dot{\varphi} \cdot \vec{e}_r$$

$$\vec{a} = r \cdot \ddot{\varphi} \cdot \vec{e}_\varphi - r \cdot \dot{\varphi}^2 \cdot \vec{e}_r = r \cdot \dot{\omega} \cdot \vec{e}_\varphi - r \cdot \omega^2 \cdot \vec{e}_r$$

$$\vec{a} = \vec{a}_\varphi + \vec{a}_r = r \cdot \dot{\omega} \cdot \vec{e}_\varphi - r \cdot \omega^2 \cdot \vec{e}_r$$

$$|\vec{a}_\varphi| = a_\varphi = r \cdot \ddot{\varphi} = r \cdot \dot{\omega} \qquad \text{zirkulare Beschleunigung}$$

$$|\vec{a}_r| = a_r = -r \cdot \dot{\varphi}^2 = -r \cdot \omega^2 \qquad \text{radiale Beschleunigung}$$

Ableitung des Ortsvektors r: $\qquad \dot{r} = v_t = v = \omega \cdot r \qquad \vec{a}_r = \vec{a}_{zp} = -\vec{a}_{zf} \qquad \vec{a}_\varphi = -\vec{a}_t$

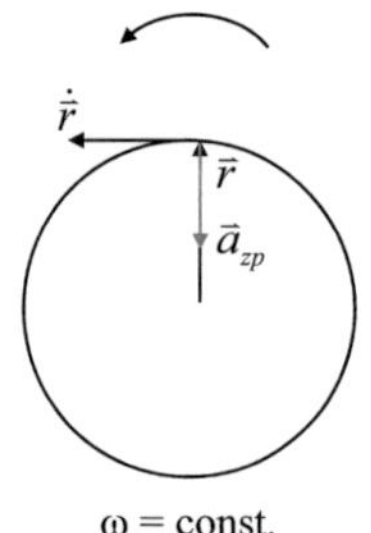

$\omega = const.$

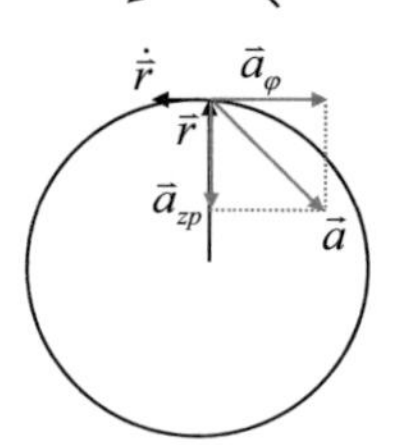

Beschleunigung

Bremsen

Abb. 02b: Ableitungen des Ortsvektors

Bem.: Herleitungen der Einheitsvektoren, Ableitungen und natürliche Koordinaten, siehe Anhang A2-1 bis A2-4

Drehimpulssatz (ebene Bewegung von Scheiben um raumfeste Achse 0): $\quad J_0 \cdot \ddot{\varphi} = \vec{M}_0 \quad \ddot{\varphi} \cdot r = \vec{\alpha}_\varphi \quad \dot{r} = \vec{v}_\varphi = \vec{v}_t$

($\ddot{\varphi}$: Winkelbeschleunigung; $\vec{\alpha}_\varphi$: zirkulare Beschleunigung; r: Schwerpunktabstand zur Drehachse)

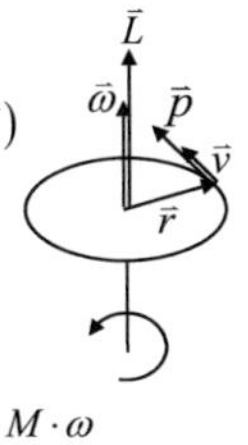

Skalarprodukt von $\ddot{\varphi}$ und $\dot{\varphi}$: $\quad \ddot{\varphi}\|\dot{\varphi} \quad \Rightarrow \cos(\ddot{\varphi};\dot{\varphi}) = \cos 0° = 1 \quad \ddot{\varphi} \cdot \dot{\varphi} = \ddot{\varphi} \cdot \dot{\varphi} \cdot \cos 0° = \ddot{\varphi} \cdot \dot{\varphi}$

Multiplikation von $\ddot{\varphi} \cdot \dot{\varphi}$ mit dem MTM: $\quad J_0 \cdot \ddot{\varphi} \cdot \dot{\varphi} = \vec{M}_0 \cdot \dot{\varphi} \quad J_0 \cdot \ddot{\varphi} \cdot \dot{\varphi} = M \cdot \omega \ (= P) \quad (M_0 = M)$

Drallsatz: $\quad \dot{\vec{L}}_0 = \vec{M}_0 \quad \dot{L}_0 = M_0 \qquad$ Multiplikation mit ω: $\quad \dot{L}_0 \cdot \omega = M \cdot \omega \ (= P)$

kinetische Energie des rotatorisch bewegten Massenpunktes: $\quad E_{kin,rot} = W = \dfrac{1}{2} \cdot J \cdot \omega^2$

Leistung des Drehmomentes: $\quad P = \vec{M} \cdot \dot{\varphi} = |\vec{M}| \cdot |\dot{\varphi}| \cdot \cos(\vec{M},\dot{\varphi}) \quad \cos(\vec{M},\dot{\varphi}) = \cos 0° = 1 \quad \Rightarrow P = M \cdot \omega$

a) Skalarprodukt von Drall und Kreisfrequenz: $\quad \vec{L} \cdot \vec{\omega} = |\vec{L}| \cdot |\vec{\omega}| \cdot \cos(\vec{L},\vec{\omega}) \quad \vec{L} = \vec{r} \times m \cdot \vec{v} \ \wedge \ \vec{\omega} = \vec{r} \times \vec{v} \quad \Rightarrow \vec{L}\|\vec{\omega}$

$\Rightarrow \vec{L} \cdot \vec{\omega} = L \cdot \omega \cdot \cos 0° \quad L \cdot \omega = m \cdot r^2 \cdot \omega^2 \quad L = J \cdot \omega \quad M = m \cdot r^2 \cdot \omega^2 = F_u \cdot r \quad \Rightarrow F_u = m \cdot r \cdot \omega^2 \quad \Rightarrow M = L \cdot \omega$

$P = dW/dt = \dot{W} \quad M, \omega = const.: \quad W = \int M \cdot d\varphi \quad d\varphi = \omega \cdot dt \quad W = \int M \cdot \omega \cdot dt = M \cdot \omega \cdot t = M \cdot \varphi \quad \Rightarrow W = M \cdot \varphi$

Der Betrag des stationären (Antriebs-)Momentes ist gleich dem Skalarprodukt aus Drall und Kreisfrequenz.

b) Fliehkraft $\vec{F}_\omega$ und Umfangskraft $\vec{F}_u$ der Fliehkörper: $\quad \vec{F}_\omega = m \cdot r \cdot \omega^2 \cdot \vec{e}_r \quad F_\omega = m \cdot r \cdot \omega^2$

$\vec{v}_t = r \cdot \omega \cdot \vec{e}_\varphi \quad v_t = r \cdot \omega \quad \omega = \dfrac{v_t}{r} \quad \Rightarrow m \cdot r \cdot \omega^2 = m \cdot r \cdot \left(\dfrac{v_t}{r}\right)^2 \quad \vec{F}_u\|\vec{v}_t \quad F_u = m \cdot \dfrac{v_t^2}{r} = m \cdot r \cdot \omega^2$

$\vec{v}_t \perp \vec{r} \quad (\vec{e}_\varphi \perp \vec{e}_r) \quad \Rightarrow \vec{F}_u \perp \vec{F}_\omega \quad \vec{F}_u = m \cdot r \cdot \omega^2 \cdot \vec{e}_\varphi \quad \Rightarrow F_u = m \cdot r \cdot \omega^2 \quad \omega = const.$

A) Massenpunkt: $\quad F_u (= F_{NF}) = F_\omega \quad F_u = m \cdot r_s \cdot \omega^2 \quad M = F_u \cdot r_s \quad M = m \cdot r_s^2 \cdot \omega^2 \ (= L_0 \cdot \omega)$

Im stationären Fall ($\omega = const.$) ist die Umfangskraft F_u des geführten Massenpunktes (m_P)
(Reaktionskraft: Führungsnormalkraft F_{NF}) betragsmäßig gleich der Fliehkraft F_ω.
Der Schwerpunktradius r_s des Massenpunktes ist auch der Angriffspunkt der Umfangskraft.

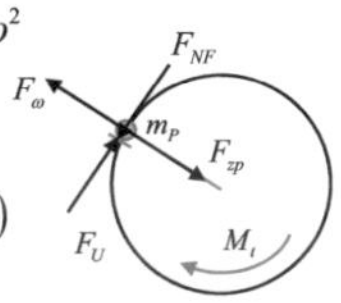

Normal-/Führungsnormalkraft des rotatorisch geführten Massenpunktes: $\quad F_N (= F_\omega) = m \cdot r_s \cdot \omega^2 (= F_u) = F_{NF}$

Abb. 03a:
geführter
Massenpunkt

B) Fliehkörper mit geometrischer Ausdehnung: $\quad F_u(r_s) \cdot r_s = F_{NF} \cdot r_F \quad r_F > r_s$

Schwerpunkt $\neq$ Angriffspunkt der Führung $\Rightarrow$ Moment der Umfangskraft im Schwerpunktabstand r_s der Fliehkörper und das Führungsmoment im Flächenschwerpunkt der Führung
im Abstand r_F ($\omega = const.$): $\quad F_u(r_s) \cdot r_s = F_u(r_F) \cdot r_F = F_{NF} \cdot r_F \quad F_{NF} = F_u(r_s) \cdot r_s / r_F \quad (0.1)$
Führungsmoment M_F als Produkt aus Umfangskraft F_u und Schwerpunktradius der Führung r_F:
[Formschluss: $M_F = M_t'$ M_t': formschlüssiges Antriebsmoment]

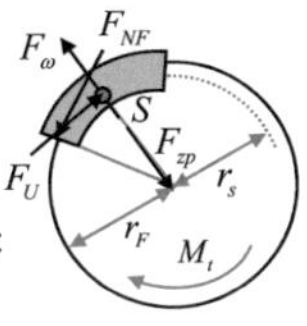

$$F_u(r_s) = F_\omega = m \cdot r_s \cdot \omega^2 \quad (0.1a) \qquad F_u(r_F) = F_{NF} = m \cdot r_s \cdot \omega^2 \cdot \dfrac{r_s}{r_F} = m \cdot \dfrac{r_s^2}{r_F} \cdot \omega^2 \quad (0.1b)$$

$$F_\omega = F_{NF} \cdot \dfrac{r_F}{r_s} \quad (0.1c) \qquad M_F(= M_t') = F_{NF} \cdot r_F = m \cdot r_s \cdot \omega^2 \cdot \dfrac{r_s}{r_F} \cdot r_F = m \cdot r_s^2 \cdot \omega^2 \quad (0.1d)$$

Abb. 03b:
Fliehkörper mit
geometrischer
Ausdehnung

Beträge von Umfangskraft F_u und Fliehkraft F_ω der Fliehkörper ($\omega = const.$):

$$r = r_s: \quad F_u(r_s) = F_\omega \quad F_u(r_s) = m \cdot r_s \cdot \omega^2 = F_\omega \qquad r = r_F: \quad F_u(r_F) = F_u(r_s) \cdot \dfrac{r_s}{r_F} = m \cdot \dfrac{r_s^2}{r_F} \cdot \omega^2 = F_{NF}$$

Damit ist die Umfangskraft F_u (r) für ω = const. bestimmt. Für konstante Drehzahlen ist die Umfangs-kraft im Schwerpunktabstand der Fliehkörper betragsmäßig gleich der Fliehkraft. Als Reaktionskraft greift die Führungsnormalkraft F_{NF} im Flächenschwerpunkt r_F der Führung an und steht als Vektor senkrecht auf dieser. Zu untersuchen ist die Führungsnormalkraft bei Beschleunigung. Für die Beschleunigung ohne Relativbewegung der Fliehkörper in der Phase (a) gilt gemäß Drallsatz:

$$\sum \bar{M}_{it,0} = J_0 \cdot \bar{\alpha} \qquad \sum M_{it,0} = \sum M_{it,M} + \sum M_{it,FK} \qquad \sum M_{it,M} = J_M \cdot \alpha \qquad \sum M_{it,FK} = J_{FK} \cdot \alpha$$

$$M_{t,M} = J_M \cdot \alpha \quad \Rightarrow F_{u,M} \cdot r_W = J_M \cdot \alpha \quad J_M = m_{M,red} \cdot r_W^2 \quad F_{u,M} = m_{M,red} \cdot r_W \cdot \alpha \quad \alpha > 0$$

$$M_{t,FK} = J_{FK} \cdot \alpha \quad \Rightarrow F_{NF} \cdot r_F = J_{FK} \cdot \alpha \quad J_{FK} \cong \frac{1}{2} \cdot m \cdot \left(r_I^2 + r_N^2\right) \quad \left(m = m_{FK}\right) \quad J_{FK,red} = m_{FK,red} \cdot r_s^2$$

$$J_{FK} = J_{FK,red} \quad \Rightarrow m_{FK,red} = \frac{1}{2} \cdot m \cdot \frac{\left(r_I^2 + r_N^2\right)}{r_s^2} \quad F_{NF} \cdot r_F = m_{FK,red} \cdot r_s^2 \cdot \alpha : \ F_{NF} = \frac{m_{FK,red} \cdot r_s^2 \cdot \alpha}{r_F} \quad (0.2a)$$

$$F_{NF} \cdot r_F = F_{u,FK}\left(r_s\right) \cdot r_s : \quad F_{u,FK}\left(r_s\right) \cdot r_s = m_{FK,red} \cdot r_s \cdot \alpha \ (0.2b) \quad F_{u,FK}\left(r_W\right) = m_{FK,red} \cdot \frac{r_s^2}{r_W} \cdot \alpha \ (0.2c)$$

Bei Beschleunigung ist die Führungsnormalkraft F_{NF} proportional zur reduzierten Masse der Fliehkör-per, proportional zum Quadrat des Schwerpunktradius, reziprok zum Schwerpunktradius der Führung und proportional zur Beschleunigung. Für die Beschleunigung gilt:

$$\frac{dL_0}{dt} = M_0 \qquad M_0 = \frac{dL_0}{dt} = J \cdot \frac{d}{dt}\omega = J \cdot \dot{\omega} = J \cdot \alpha$$

$$M_L \neq 0: \ M_A = M_B + M_L \quad M_B = M_A - M_L = \left(J_A + J_L\right) \cdot \alpha \ ; \qquad M_L = 0: \ M_B = M_A = J_A \cdot \alpha$$

Läuft der Antrieb unter Last an, sind Antriebs- und Lastseite über die Kupplung miteinander verbun-den und der Antrieb muss über das Beschleunigungsmoment hinaus auch das Lastmoment aufbringen. Das Beschleunigungsmoment M_B ist bei Formschluss die Differenz zwischen Antriebs- und Last-moment und bei Reibschluss die Differenz zwischen dem nutzbaren Teil des Reibmomentes (Schalt-moment) und dem Lastmoment. Fährt der Antrieb ohne Last an, wie beim Einsatz der Fliehkraftkupp-lung, leistet der Antrieb vor dem Einkuppeln nur sein Beschleunigungsmoment, d. h. nur die Drehmas-se des Antriebes wird beschleunigt. Die Drehmassen des Antriebes setzen sich zusammen aus der Drehmasse der Antriebswelle einschließlich der Anbauteile (bspw. Rotor) und der Drehmasse der auf der Antriebswelle sitzenden Fliehkraftkupplung. Der Antrieb beschleunigt die antriebsseitigen Flieh-kraftkörper.

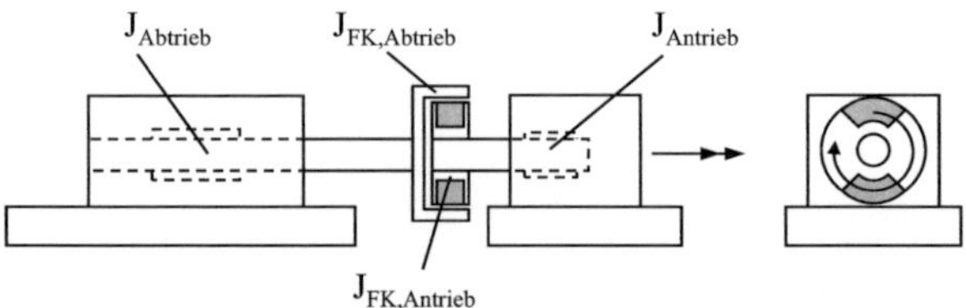

Abb. 04: Antrieb mit Fliehkraftkupplung und Arbeitsmaschine

2.2 Betriebsphasen der Fliehkraftkupplung und Bewegungsbeschreibung

Beim Betrieb der Fliehkraftkupplung werden drei Phasen unterschieden:

(a) Anlaufphase: Die auf der Antriebswelle befindliche Kupplung wird aus dem Stillstand ($\omega_0 = 0$ s^{-1}) beschleunigt bis zur Drehfrequenz ω_1, bei der die Fliehkraftsegmente sich von der Nabe lösen.

(b) Schaltphase: Die Fliehkraftsegmente bewegen sich bei weiterer Beschleunigung radial zur Kupplungsglocke und erreichen bei der Winkelgeschwindigkeit ω_2 die Kupplungsglocke.

(c) Schlupf- und Haftphase: Die Fliehkraftsegmente rutschen an der Kupplungsglocke bei Überschreiten der Winkelgeschwindigkeit ω_2 und erreichen bei weiterer Beschleunigung Haftreibung mit der Winkelgeschwindigkeit ω_3. Darüber hinaus wird weiter bis zur Betriebsdrehfrequenz ω_N beschleunigt. Nachfolgend werden die drei Betriebsphasen der Fliehkraftkupplung bei jeweils konstanter Winkelgeschwindigkeit (ω = const.) und bei Beschleunigung betrachtet. Dabei wird zum einen die Annahme reibungsfreier Führung der Fliehkraftsegmente unterstellt und zum anderen die reibungsbehaftete Führung der Segmente berücksichtigt. Für das Bremsen sind die tangentialen Beschleunigungsterme mit negativen Vorzeichen anzusetzen.

$\omega = const.$　　　　(konstante Winkelgeschwindigkeit)

$r = const.$　　　　(konstanter Radius $\rightarrow$ Bewegung auf einer Kreisbahn)

$\vec{v} = \dot{\vec{r}} \neq const.$　　　　(Der Vektor der tangentialen Geschwindigkeit ändert seine Richtung.)

$|\vec{v}| = v = \dot{r} = const.$　　　　(konstante Geschwindigkeit)

Beschreibung der Bewegung auf einer Kreisbahn in Polarkoordinaten:

Zirkularbeschleunigung:

$$\vec{a}_\varphi = r \cdot \ddot{\varphi} \cdot \vec{e}_\varphi \qquad a_\varphi = r \cdot \ddot{\varphi}$$

$Beschleunigung:\quad r \cdot \ddot{\varphi} > 0 \quad \left(a_\varphi > 0 \right)$

$Bremsen:\quad r \cdot \ddot{\varphi} < 0 \quad \left(a_\varphi < 0 \right)$

$\omega = const.:\quad r \cdot \ddot{\varphi} = 0 \quad \left(a_\varphi = 0 \right)$

Radialbeschleunigung:

$$\vec{a}_r = -r \cdot \dot{\varphi}^2 \cdot \vec{e}_r \qquad a_r = -r \cdot \dot{\varphi}^2 \quad \left(a_{zf} = -r \cdot \dot{\varphi}^2 \right)$$

$Beschleunigung \,/\, Bremsen \,/\, \omega = const.:$

$\left(r \cdot \dot{\varphi}^2 > 0 \right)$

$\omega = const.:\quad r \cdot \dot{\varphi}^2 = const. \quad \left(a_r = const. \right)$

Die Fliehkraftkupplung sitzt auf der Antriebswelle des Motors bei Antrieben ohne Getriebe. Somit wird die Drehrichtung der Fliehkraftkupplung durch die Drehrichtung des Motors bestimmt (Motorbetrieb: $P_{mech} > 0$). Positiver Drehsinn bedeutet Rechtslauf (Uhrzeigersinn, Blick auf das Wellenende bei einer Maschine mit einem Wellenende). Bei Maschinen mit zwei Wellenenden: siehe DIN 57530 und VDE 0530.[9]

---

[9] Vgl. Flegel (2004), S. 159

2.3 Modellvarianten der Fliehkraftkupplung

2.3.1 Fliehkraftkupplung mit zwei stiftgeführten Fliehkörpern und zwei parallelen Zugfedern (Modell A)

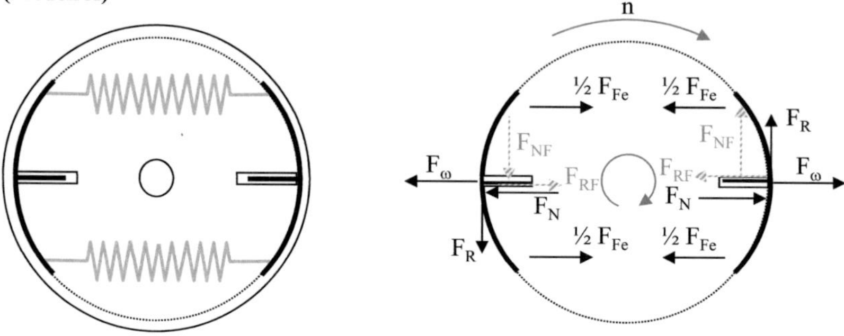

Abb. 05a: Fliehkraftkupplung – Modell A

Im Modell der Fliehkraftkupplung mit Zugfedern üben die vorgespannten Federn oberhalb und unterhalb des Drehpunktes Momente aus, die sich gegenseitig kompensieren. Die Führungsnormalkraft F_{NF} liefert beim Modell A keinen Beitrag zur Normalkraft und somit auch nicht zum Reibmoment.

Phase (a): $\omega_0 < \omega < \omega_1$

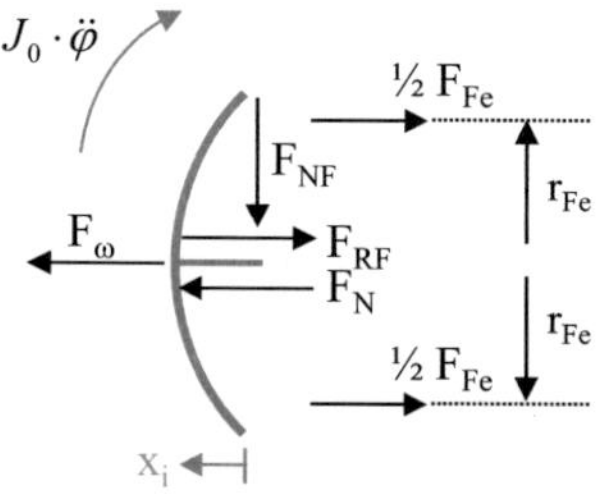

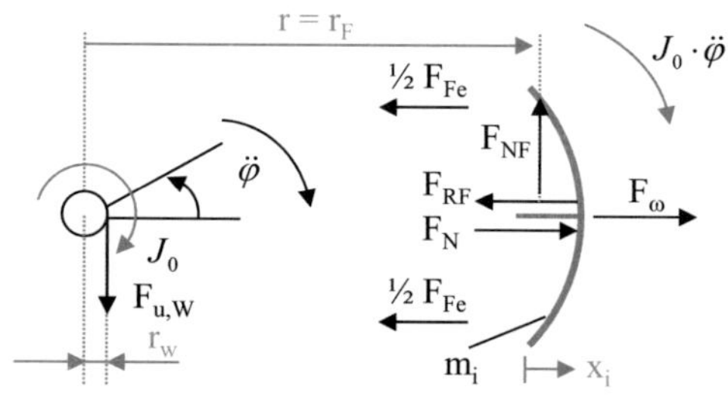

Abb. 05b: freigeschnittenes Modell A

Bsp.: Phase (c): geschaltet

$$\sum M_{it,0} = 0 \quad (\omega = \text{const.})$$

$$M_t - F_R \cdot r_2 - F_{NF} \cdot r_F \left(-F_{Fe,o} \cdot r_{Fe} + F_{Fe,u} \cdot r_{Fe}\right)* = 0$$

$$F_{Fe,o} = F_{Fe,u} \qquad *(\text{rechte Backe})$$

$$M_t = F_R \cdot r_2 + F_{NF} \cdot r_F$$

r_{Fe} Abstand der Federn vom Drehpunkt
r_F Abstand vom Drehpunkt zum Angriffspunkt der Normalkraft an der Führung

Bem.: Bei der stiftgeführten Fliehkraftkupplung (Modell A) hat die Reibkraft der Führung näherungsweise kein Moment bezüglich des Drehpunktes.

2.3.2 Fliehkraftkupplung mit zwei radial breit geführten Fliehkörpern und zwei Druckfedern (Modell B)

Nicht geschaltet: Phase (a): $\omega_0 < \omega < \omega_1$

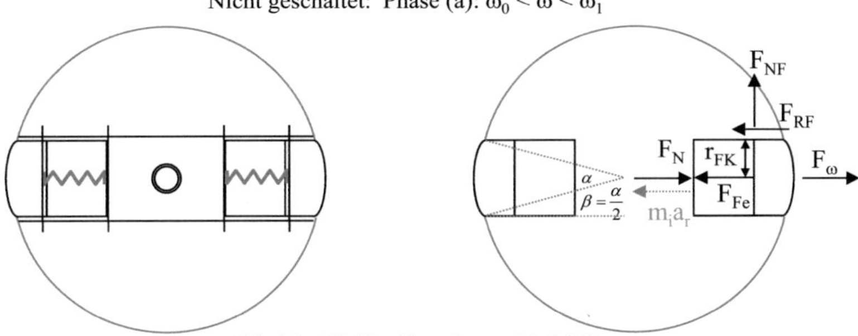

Abb. 06a: Fliehkraftkupplung – Modell B

Die Fliehkörper mit Druckfedern stützen sich in der Führung ab, d. h. die Führungsnormalkraft F_{NF} leistet beim Modell B einen Beitrag zur Normalkraft. Reibung in der Führung erfordert ein erhöhtes Moment M_t im Vergleich zur reibungsfreien Führung.

Bsp.: Phase (c): geschaltet

$$\sum M_{it,0} = 0 \qquad \left(\omega = const., \ \mu_{HF} \neq 0\right)$$

$$M_t - F_R \cdot r_2 - F_{NF} \cdot r_F - F_{RF} \cdot r_{FK} = 0$$

$$M_t = F_u \cdot r_w$$

$$F_{RF} = \mu_{HF} \cdot F_{NF}$$

$$M_t = F_R \cdot r_2 + \left(r_F + \mu_{HF} \cdot r_{FK}\right) \cdot F_{NF}$$

$$F_u = \frac{F_R \cdot r_2 + \left(r_F + \mu_{HF} \cdot r_{FK}\right) \cdot F_{NF}}{r_w}$$

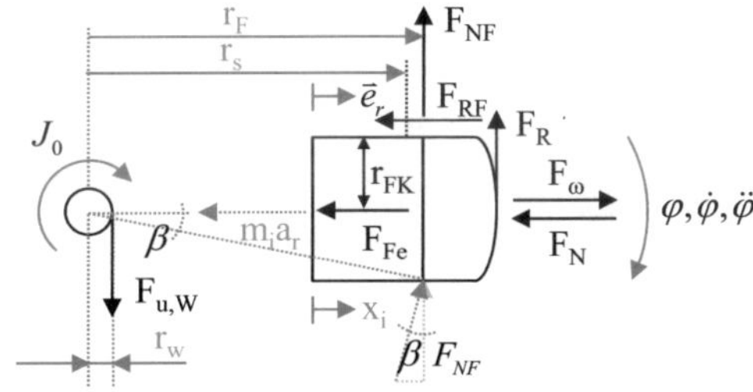

Abb. 06b: freigeschnittenes Modell B

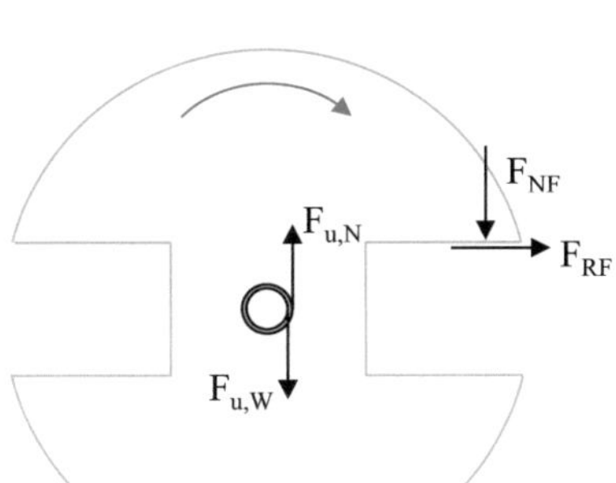

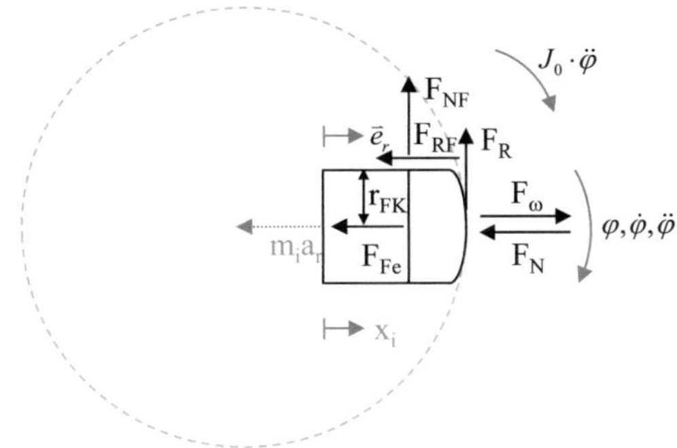

2.3.3 Fliehkraftkupplung mit zwei in Drehzapfen/Profilnabe gelagerten Fliehkörpern (Modell C1/C2)

Nicht geschaltet: Phase (a): $\omega_0 < \omega < \omega_1$ Geschaltet: Phase (c): $\omega > \omega_2$

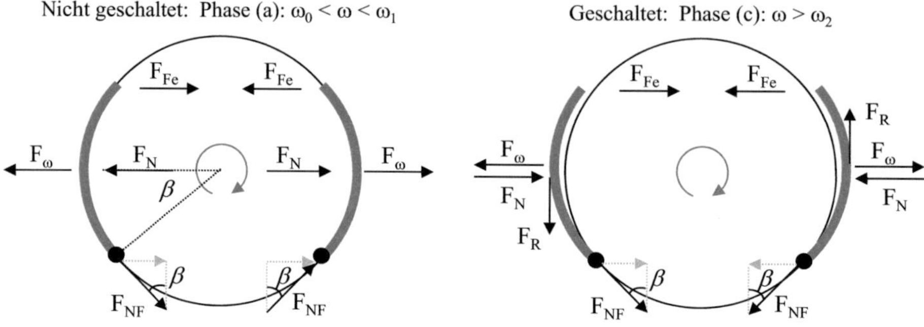

Abb. 07a: Fliehkraftkupplung – Modell C1

An den zwei in Drehzapfen gelagerten Fliehkörpern greift die Federkraft im Abstand der Sekante des Kreisbogens an und die Fliehkraft im Schwerpunkt des Fliehkörpers. Das Gelenk wird als reibungsfrei angesehen. In der Praxis werden Schlauchfedern verwendet, die am Umfang tangential an den gegensinnig gelagerten Segmenten anliegen (Vgl. Modelle der Fa. Desch, Arnsberg und Fa. Renk, Hannover).

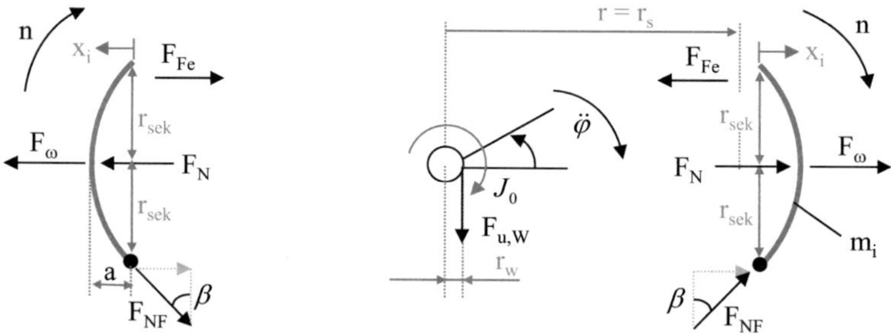

Abb. 07b: freigeschnittenes Modell C1 (nicht geschaltet)

Phase (c): $\omega = \omega_N$ $\sum M_{it,DP} = 0$:   Annahme: reibungsfreier Drehpunkt (DP): $\mu_{HF} = 0$ $F_{RF} = 0$

$$-F_\omega \cdot r_{sek} + \mu_R \cdot F_N \cdot a + F_{Fe} \cdot 2 \cdot r_{sek} = 0 \quad \Rightarrow F_N = \left(F_\omega - 2 \cdot F_{Fe} \right) \cdot \frac{r_{sek}}{\mu_R \cdot a}$$

$$F_R = \mu_R \cdot F_N = \left(F_\omega - 2 \cdot F_{Fe} \right) \cdot \frac{r_{sek}}{a} \quad \Rightarrow M_R = a \cdot F_R = \left(F_\omega - 2 \cdot F_{Fe} \right) \cdot r_{sek}$$

Bei gleichsinnig angeordneten, drehbar gelagerten Fliehkörpern arbeitet ein Fliehkörper ablaufend und der andere auflaufend ähnlich der Simplex-Bremse. Selbstverstärkend mit beiden Backen arbeitet die Fliehkraftkupplung bei gegensinnig und auflaufend angeordneten Fliehkörpern wie bei der Duplex-Bremse. Im Modell C1 ist je eine Rückhaltefeder im Abstand der Sekante des Kreisbogens ($2 \cdot r_{sek}$) vom Drehpunkt angeordnet. Die in der Profilnabe abgestützten Fliehkörper arbeiten selbstverstärkend.

auf- und ablaufende Fliehkörper in Drehzapfen gelagert

$$\sum \vec{F}_{ir} = m \cdot \vec{a}_r \qquad \vec{a}_r = -r_s \cdot \dot{\varphi}^2 \cdot \vec{e}_r$$

$$\rightarrow \sum F_{ir} = m \cdot a_r \qquad a_r = -r_s \cdot \dot{\varphi}^2 \qquad \rightarrow \sum F_{ir} = -m \cdot r_s \cdot \dot{\varphi}^2 \qquad \dot{\varphi} = \omega$$

$$F_{Fe} = c \cdot x_v \qquad F_{NF} = m \cdot \frac{r_s^2}{r_F} \cdot \omega^2 \qquad F_\omega = m \cdot r_s \cdot \omega^2$$

$(a)\ \omega_0 \le \omega \le \omega_1: \qquad \omega = const. \qquad x = x_v = x_1 \qquad r_s = r_{s1}$

1.) $F_{N,re}:\qquad \rightarrow \quad +F_{N,re} - F_{Fe} - F_{NF} \cdot \sin\beta = -m \cdot r_{s1} \cdot \omega^2$

$$\rightarrow \quad F_{N,re} - c \cdot x_v + \left(1 - \sin\beta \cdot \left(r_{s1} / r_F\right)\right) \cdot m \cdot r_{s1} \cdot \omega^2 = 0$$

$$F_{N,re} = c \cdot x_v - \left(1 - \sin\beta \cdot \left(r_{s1} / r_F\right)\right) \cdot m \cdot r_{s1} \cdot \omega^2$$

2.) $F_{N,li}:\qquad \leftarrow \quad +F_{N,li} - F_{Fe} + F_{NF} \cdot \sin\beta = -m \cdot r_{s1} \cdot \omega^2$

$$\leftarrow \quad F_{N,li} - c \cdot x_v + \left(1 + \sin\beta \cdot \left(r_{s1} / r_F\right)\right) \cdot m \cdot r_{s1} \cdot \omega^2 = 0$$

$$F_{N,li} = c \cdot x_v - \left(1 + \sin\beta \cdot \left(r_{s1} / r_F\right)\right) \cdot m \cdot r_{s1} \cdot \omega^2$$

$(b)\ \omega_1 < \omega < \omega_2: \qquad \omega = const. \qquad x_1 < x < x_2 \qquad r_{s1} < r_{si} < r_{s2}$

1.) $_{re} \rightarrow \quad -F_{Fe} - F_{NF} \cdot \sin\beta = -m \cdot r_{si} \cdot \omega^2$

$$\left(1 - \sin\beta \cdot \left(r_{si} / r_F\right)\right) \cdot m \cdot r_{si} \cdot \omega^2 = c \cdot x$$

2.) $_{li} \leftarrow \quad -F_{Fe} + F_{NF} \cdot \sin\beta = -m \cdot r_{si} \cdot \omega^2$

$$\left(1 + \sin\beta \cdot \left(r_{si} / r_F\right)\right) \cdot m \cdot r_{si} \cdot \omega^2 = c \cdot x$$

$(c)\ \omega_2 \le \omega \le \omega_N: \qquad \omega = const. \qquad x = x_2 \qquad r_s = r_{s2}$

1.) $F_{N,re}:\qquad \rightarrow \quad -F_{N,re} - F_{Fe} - F_{NF} \cdot \sin\beta = -m \cdot r_{s2} \cdot \omega^2$

$$\rightarrow \quad -F_{N,re} - c \cdot x_2 + \left(1 - \sin\beta \cdot \left(r_{s2} / r_F\right)\right) \cdot m \cdot r_{s2} \cdot \omega^2 = 0$$

$$F_{N,re} = \left(1 - \sin\beta \cdot \left(r_{s2} / r_F\right)\right) \cdot m \cdot r_{s2} \cdot \omega^2 - c \cdot x_2 \qquad \text{(ablaufende Backe)}$$

$$M_{R,re} = \mu_R \cdot F_{N,re} \cdot r_2 = \mu_R \cdot \left[\left(1 - \sin\beta \cdot \left(r_{s2} / r_F\right)\right) \cdot m \cdot r_{s2} \cdot \omega^2 - c \cdot x_2\right] \cdot r_2$$

2.) $F_{N,li}:\qquad \leftarrow \quad -F_{N,li} - F_{Fe} + F_{NF} \cdot \sin\beta = -m \cdot r_{s2} \cdot \omega^2$

$$\leftarrow \quad -F_{N,li} - c \cdot x_2 + \left(1 + \sin\beta \cdot \left(r_{s2} / r_F\right)\right) \cdot m \cdot r_{s2} \cdot \omega^2 = 0$$

$$F_{N,li} = \left(1 + \sin\beta \cdot \left(r_{s2} / r_F\right)\right) \cdot m \cdot r_{s2} \cdot \omega^2 - c \cdot x_2 \qquad \text{(auflaufende Backe)}$$

$$M_{R,li} = \mu_R \cdot F_{N,li} \cdot r_2 = \mu_R \cdot \left[\left(1 + \sin\beta \cdot \left(r_{s2} / r_F\right)\right) \cdot m \cdot r_{s2} \cdot \omega^2 - c \cdot x_2\right] \cdot r_2$$

Abb. 08: freigeschnittenes Fliehkraftsegment (Modell C2)

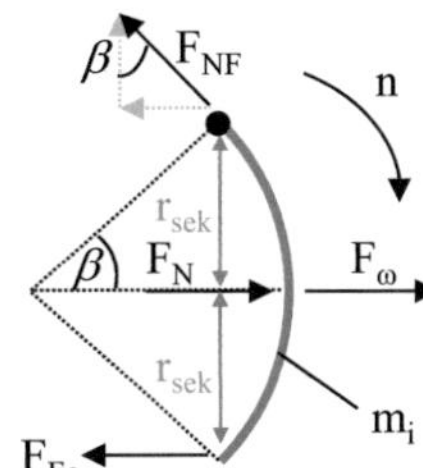

Abb. 08a: rechte Backe (nicht geschaltet)

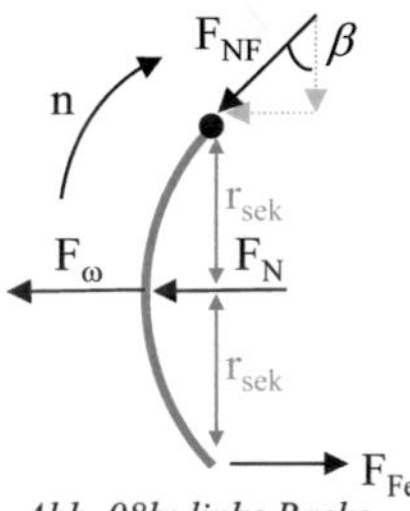

Abb. 08b: linke Backe (nicht geschaltet)

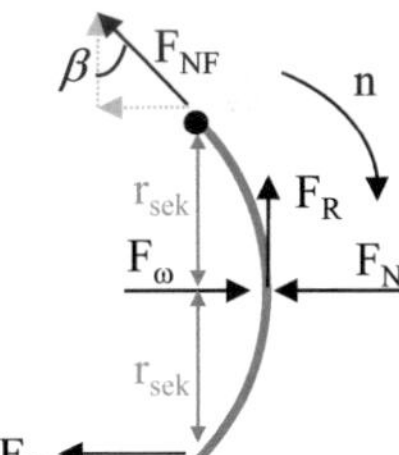

Abb. 08c: rechte Backe (geschaltet)

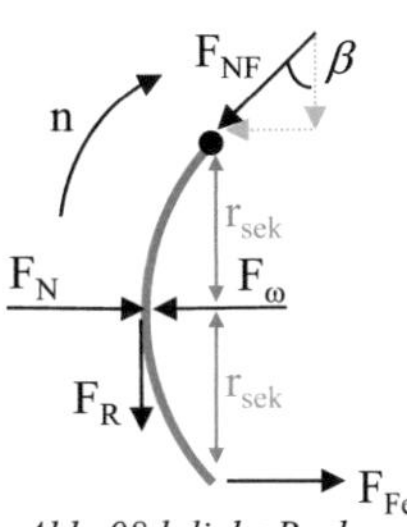

Abb. 08d: linke Backe (geschaltet)

2.3.4 Füllgutkupplungen

Füllgutkupplung mit antriebsseitigem Rotor und Stahlkugeln
Die Normalkraft wird durch die Fliehkraft der Stahlkugeln erzeugt.
Die Stahlkugeln $m_{K,i}$ werden mit einem zwei- oder mehrflügeligen
Rotor mitgeführt bis die Fliehkraft so groß wird, dass die Stahlkugeln
in radialer Richtung gegen die Kupplungsglocke drücken. Die Stahl-
kugeln drücken gegen die Innenwandung der Kupplungsglocke mit
Rollreibung und bei genügend großer Drehzahl entsteht Haftreibung
zwischen den Stahlkugeln und der Kupplungsglocke.[10]

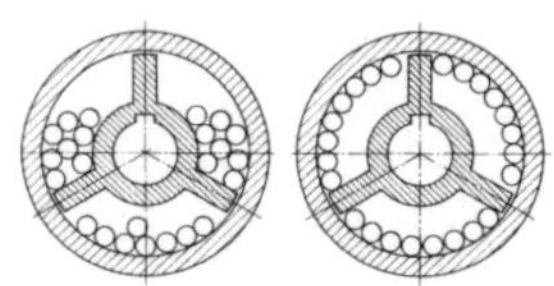

*Abb. 09a: Füllgutkupplung mit
Rotor und Stahlkugeln[11]*

Füllgutkupplung mit abtriebsseitigem Läuferkranz und Stahlsand
Bei der Füllgutkupplung mit Läuferkranz greift ein auf der Abtriebs-
nabe befestigter Läufer in den Füllraum. Die Antriebsnabe ist mit
dem Gehäuse fest verbunden. Bei steigender Drehzahl führen die
zentrifugierten Masseteilchen (Stahlsand, Stahlkies, Stahlgranulat)
die Schaufel des Läufers der Abtriebswelle mit. Im Schwerpunkt der
zentrifugierten Masse greift die Fliehkraft an und senkrecht darauf
steht die Umfangskraft F_U von gleichem Betrag.[12]

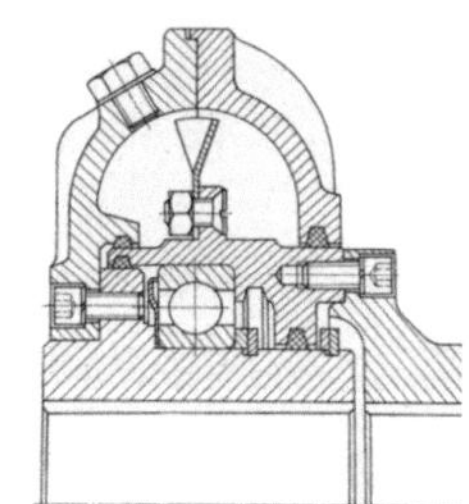

*Abb. 09b: Füllgutkupplung mit
Läuferkranz und Stahlsand[13]*

Füllgutkupplung mit antriebsseitigem Flügelrad und Stahlsand
Bei der Füllgutkupplung mit Flügelrad und Stahlsand (Pulvis-Kupp-
lung) greift das auf der Antriebsnabe befestigte Flügelrad (Rotor) in
den Füllraum. Der Stahlsand wird durch das Flügelrad an die gerillte
Innenwandung des Gehäusemantels geschleudert. Bei steigender
Drehzahl bildet der Stahlsand eine Stauwelle vor jedem Flügel.

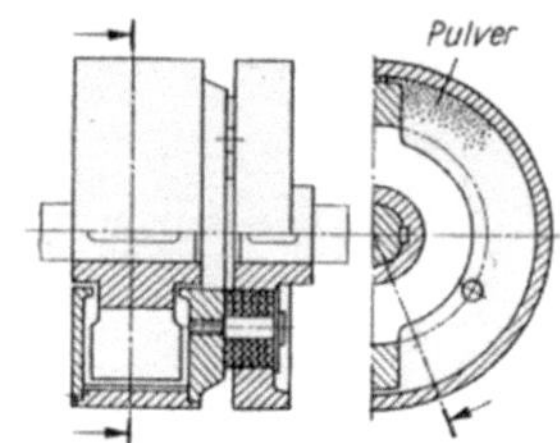

*Abb. 09c: Füllgutkupplung mit
Rotor und Stahlsand[14]*

Nicht geschaltet: $\omega \ll \omega_2$ Kugeln: $m = \sum\limits_{i=1}^{n} m_{K,i}\left(+m_{\ddot{O}l}\right)$ Stahlsand: $m = \int m_i$

$\bar{r}$: mittlerer Schwerpunktradius der Masse im nichtgeschalteten Zustand

r_m: mittlerer Schwerpunktradius der zentrifugierten Masseteilchen
im geschalteten Zustand

Geschaltet $\left(\omega = \text{const.} = \omega_N\right)$: $r_m > \bar{r}$

$$\sum M_{it,0} = 0: \quad F_u \cdot r_w - F_{NF} \cdot r_m - F_R \cdot r_2 = 0 \quad \Rightarrow M_t = F_u \cdot r_w = F_{NF} \cdot r_m + F_R \cdot r_2$$

$$F_{NF} = m \cdot r_m \cdot \omega_N^2 \quad F_\omega = F_N = m \cdot r_m \cdot \omega_N^2 \quad F_R = \mu_R \cdot F_N$$

$$\Rightarrow M_t = \left(r_m + \mu_R \cdot r_2\right) \cdot m \cdot r_m \cdot \omega_N^2$$

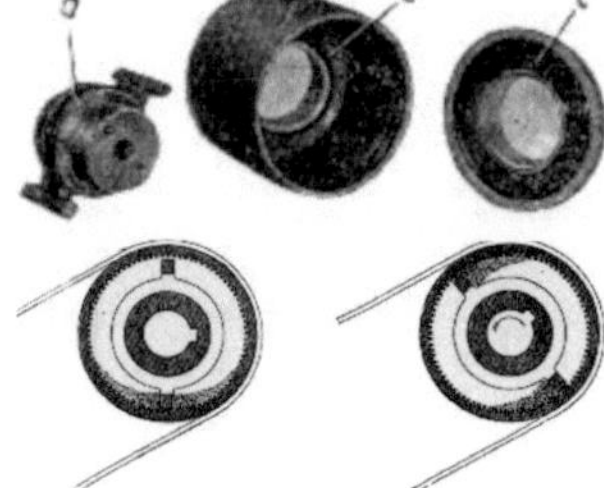

Abb. 09d: Pulvis-Füllgutkupplung[15]

---

[10] Vgl. Bauer (1976), S. 338
[11] Vgl. Dittrich (1974), S. 260; Dubbel (1997), S. G75 (Rechnungen zum Füllgut Stahlkugeln: siehe Anhang A2-5 bis A2-10);
   Bem.: Der maximale Kontaktdruck wird bei Füllgutkupplungen mit Stahlkugeln nicht erreicht. (Vgl. Rechnungen Anhang A2-5/6);
[12] Vgl. Köhler/Rögnitz (1992), S. 226-277; Vgl. Bauer (1976), S. 338-340; Vgl. Fronius (1979), S. 267-268
[13] Vgl. Bauer (1976), S. 338; Berechnung der Füllgutkupplung mit Läuferkranz und Stahlsand: Anhang A2-11/12/13; Tabellen Anhang A3-1/2
[14] Vgl. Bauer (1976), S.252; Beckert (1973), S. 144 (TGL 20483); Krist (1976), S. 114
[15] Vgl. Findeisen (1953), S. 58/59; Vgl. Firmenangaben Fa. Schütz, Wien

2.4 Modellabhängige Größe der Normalkraft

1.) Fliehkraftkupplung mit zwei stiftgeführten Fliehkörpern und zwei parallelen Zugfedern (Modell A)

Abb. 10a:

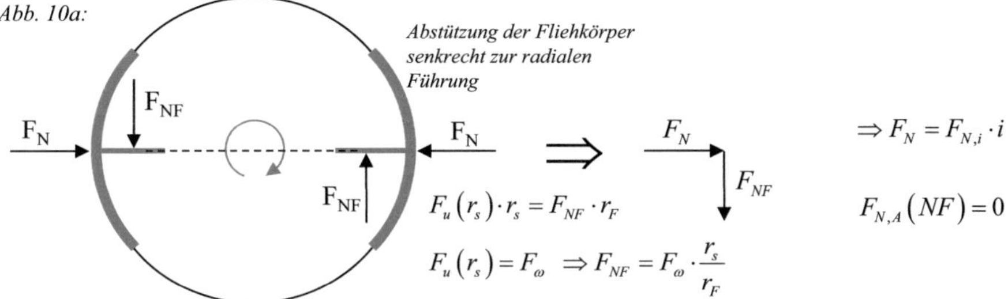

2.) Fliehkraftkupplung mit zwei radial breit geführten Fliehkörpern und zwei Druckfedern (Modell B)

Abb. 10b:

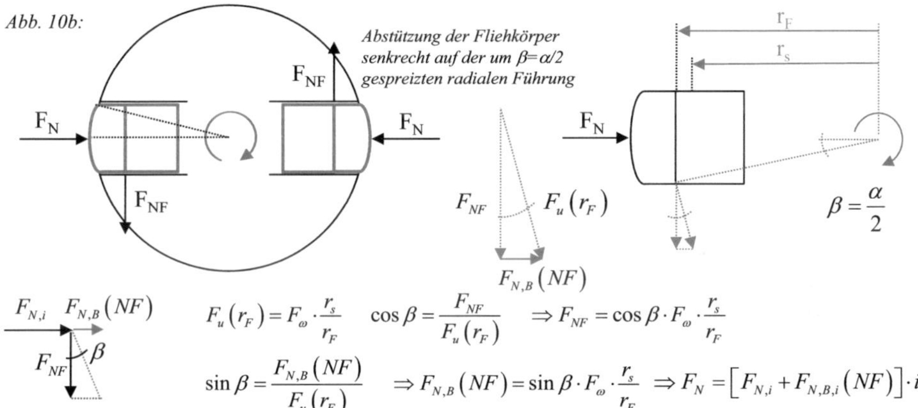

3.) Fliehkraftkupplung mit zwei in Drehzapfen/Profilnabe gelagerten Fliehkörpern (Modell C1/C2)

Abb. 10c:

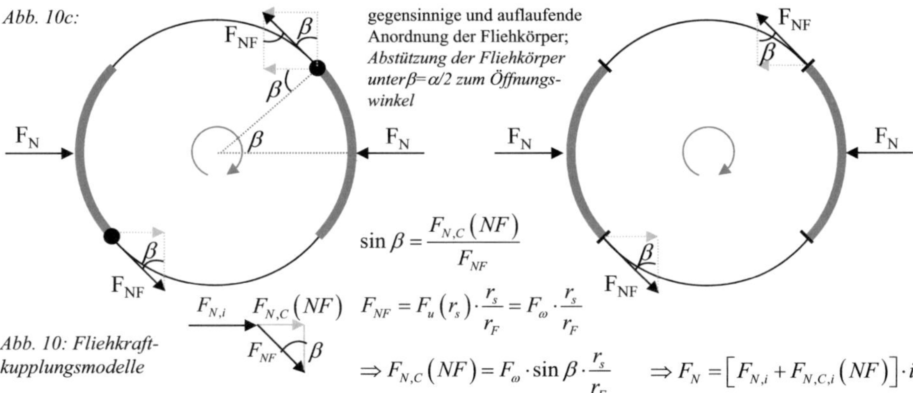

Abb. 10: Fliehkraftkupplungsmodelle

Reibungskupplungen - modellabhängige Normalkraft

Die Modellvarianten der Fliehkörperkupplungen werden vergleichbar, wenn bei gleichem Backenöffnungswinkel und gleicher radialer Breite der modellabhängige Gewichtungsfaktor der Normalkraft berücksichtigt wird.

Gewichtungsfaktor:

Der Gewichtungsfaktor k_i (k_A, k_B, k_C) berücksichtigt den Unterschied zwischen der im Schwerpunkt der Fliehkörper angreifenden Fliehkraft und der in der Führung angreifenden Führungsnormalkraft. Der modellabhängige Beitrag der Führungsnormalkraft zur Normalkraft ist abhängig von der Fliehkraft, dem Backenöffnungswinkel und der radialen Breite und dem Ort der Abstützung.

Modell A: $F_{N,A}(NF) = 0$ $k_A = 0$ Modell B/C: $F_{N,B/C}(NF) = F_\omega \cdot \sin\dfrac{\alpha}{2} \cdot \dfrac{r_s}{r_F} = F_\omega \cdot k_{B/C}$ $k_{B/C} = \sin\dfrac{\alpha}{2} \cdot \dfrac{r_s}{r_F}$

$$F_N = F_{N,i} \cdot i$$

$$F_N = \left[F_{N,i} + F_{N,B/C,i}(NF) \right] \cdot i$$
$$F_N = \left[F_{N,i} + F_{\omega,i} \cdot k_{B/C} \right] \cdot i$$
$$F_N = \left[F_{N,i} + m_i \cdot r_s \cdot \omega^2 \cdot k_{B/C} \right] \cdot i$$

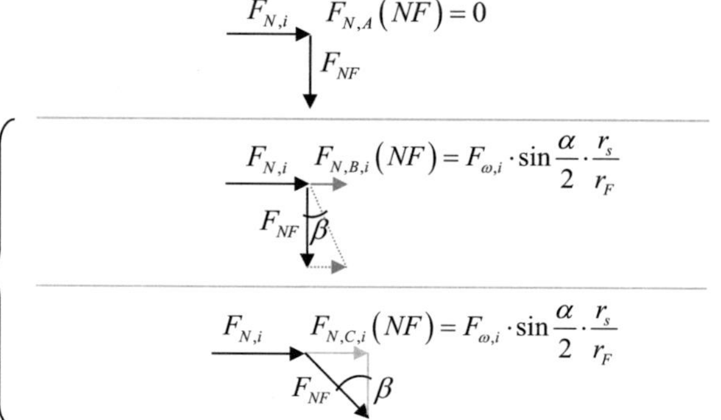

F_N : gesamte Normalkraft $F_N(NF)$: Beitrag der Führungsnormalkraft zur Normalkraft

$F_{N,i}$: Normalkraft eines Fliehkraftsegmentes M_F : Führungsmoment

$F_{\omega,i}$: Fliehkraft eines Fliehkraftsegmentes M_t' : formschlüssiges Antriebsmoment

$(A):$ $M_F = M_t' = F_\omega \cdot \dfrac{r_s}{r_F} \cdot r_F = m \cdot r_s^2 \cdot \omega_N^2$ $F_{NF} = m \cdot \dfrac{r_s^2}{r_F} \cdot \omega_N^2$

$(B/C):$ $M_F = M_{t,y} = F_\omega \cdot \cos\dfrac{\alpha}{2} \cdot \dfrac{r_s}{r_F} \cdot r_F = m \cdot r_s^2 \cdot \omega_N^2 \cdot \cos\dfrac{\alpha}{2}$

$M_t = F_u(r_F) \cdot r_F = F_{NF} \cdot r_F$ $r_y = \cos\dfrac{\alpha}{2} \cdot r_F$ $r_x = \sin\dfrac{\alpha}{2} \cdot r_F$

$M_{t,y} = m \cdot \dfrac{r_s^2}{r_F} \cdot \omega_N^2 \cdot r_y$ $M_{t,x} = m \cdot \dfrac{r_s^2}{r_F} \cdot \omega_N^2 \cdot r_x$

Momentengleichgewicht: $M_t = M_R + M_F$

Komponentenzerlegung: $M_t = \sqrt{M_{t,x}^2 + M_{t,y}^2}$

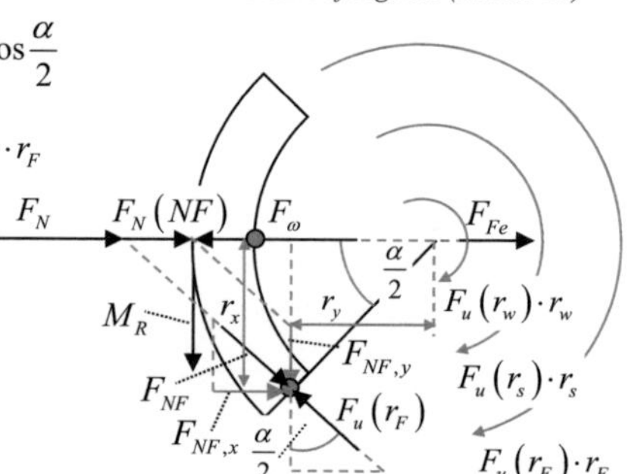

Abb. 11: freigeschnittenes Fliehkraftsegment (Modell C2)

3. Phasen des Betriebes und das Kupplungsmoment

3.1 Anlaufphase: Nicht geschalteter Zustand - Fliehkörper liegen innen an

Stationärer Zustand

(a) Anlaufphase: Die Kupplung wird aus dem Stillstand ($\omega_0=0$) beschleunigt bis zur Drehzahl ω_1, bei der die Fliehkraftsegmente sich von der Nabe lösen. Bei Berücksichtigung der Reibung (a2) besteht Haftreibung in der Führung.

(a1) $\quad F_{RF} = 0: \quad \omega_0 \leq \omega \leq \omega_1: \quad \omega = const. \quad \mu = \mu_{HF} \quad x = x_v = x_1 \quad r_s = r_{s1}$

$$\sum \vec{F}_{ir} = m \cdot \vec{a}_r \qquad \vec{a}_r = -r_{s1} \cdot \dot{\varphi}^2 \cdot \vec{e}_r$$

$$\rightarrow \sum F_{ir} = m \cdot a_r \qquad a_r = -r_{s1} \cdot \dot{\varphi}^2$$

$$\rightarrow \sum F_{ir} = -m \cdot r_{s1} \cdot \dot{\varphi}^2 \qquad \dot{\varphi} = \omega$$

$$\rightarrow F_N - F_{Fe} = -m \cdot r_{s1} \cdot \omega^2$$

$$F_{Fe} = c \cdot x_v \qquad F_\omega = m \cdot r_{s1} \cdot \omega^2$$

$$\rightarrow F_N - c \cdot x_v + m \cdot r_{s1} \cdot \omega^2 = 0$$

$$F_N = c \cdot x_v - m \cdot r_{s1} \cdot \omega^2 \qquad (1)$$

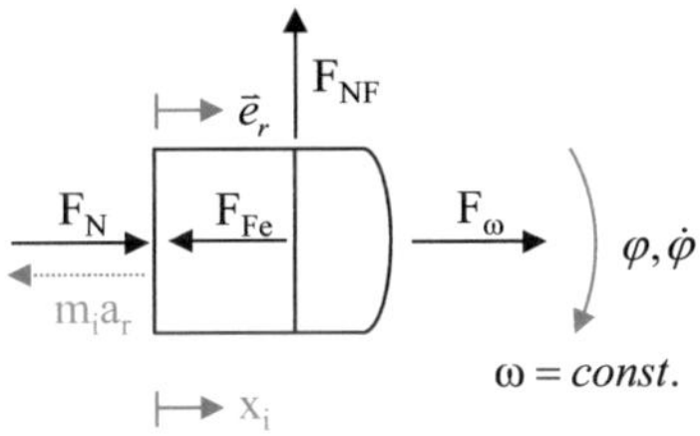

(a2) $\quad F_{RF} \neq 0:$

$$\rightarrow F_N - F_{Fe} - F_{RF} = -m \cdot r_{s1} \cdot \omega^2$$

$$F_{Fe} = c \cdot x_v \qquad F_\omega = m \cdot r_{s1} \cdot \omega^2$$

$$F_{RF} = \mu_{HF} \cdot F_{NF} \qquad F_{NF} = m \cdot \frac{r_{s1}^2}{r_F} \cdot \omega^2$$

$$\rightarrow F_N - c \cdot x_v - \mu_{HF} \cdot m \cdot \frac{r_{s1}^2}{r_F} \cdot \omega^2 + m \cdot r_{s1} \cdot \omega^2 = 0$$

$$F_N = c \cdot x_v - \left(1 - \mu_{HF} \cdot \frac{r_{s1}}{r_F}\right) \cdot m \cdot r_{s1} \cdot \omega^2 \qquad (2)$$

$$F_N - \mu_{HF} \cdot m \cdot \frac{r_{s1}^2}{r_F} \cdot \omega^2 = c \cdot x_v - m \cdot r_{s1} \cdot \omega^2 \qquad (3)$$

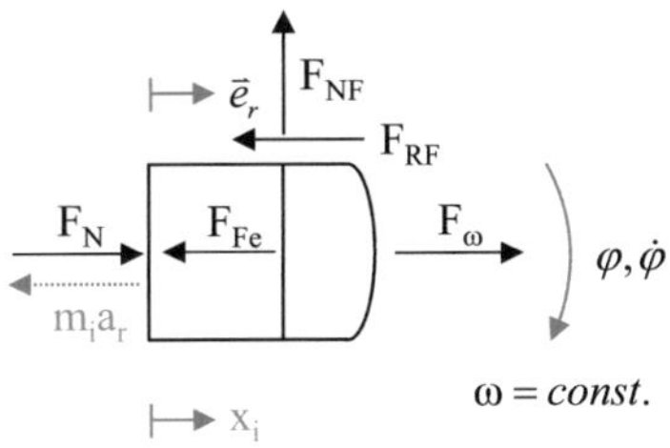

Beschleunigung

Die Beschleunigung führt in der Anlaufphase zu folgenden Kräftegleichgewichten:

(a1) $\quad F_{RF} = 0: \quad \omega_0 \leq \omega \leq \omega_1: \quad \alpha > 0 \quad \mu = \mu_{HF} \quad x = x_v = x_1 \quad r_s = r_{s1}$

$$\sum \vec{F}_{ir} = m \cdot \vec{a}_r \qquad \vec{a}_r = -r_{s1} \cdot \dot{\varphi}^2 \cdot \vec{e}_r$$

$$\rightarrow \sum F_{ir} = m \cdot a_r \qquad a_r = -r_{s1} \cdot \dot{\varphi}^2$$

$$\rightarrow \sum F_{ir} = -m \cdot r_{s1} \cdot \dot{\varphi}^2 \qquad \dot{\varphi} = \omega$$

$$\rightarrow F_N - F_{Fe} = -m \cdot r_{s1} \cdot \omega^2$$

$$F_{Fe} = c \cdot x_v \qquad F_\omega = m \cdot r_{s1} \cdot \omega^2$$

$$\rightarrow F_N - F_{Fe} + F_\omega = 0$$

$$F_N = c \cdot x_v - m \cdot r_{s1} \cdot \omega^2$$

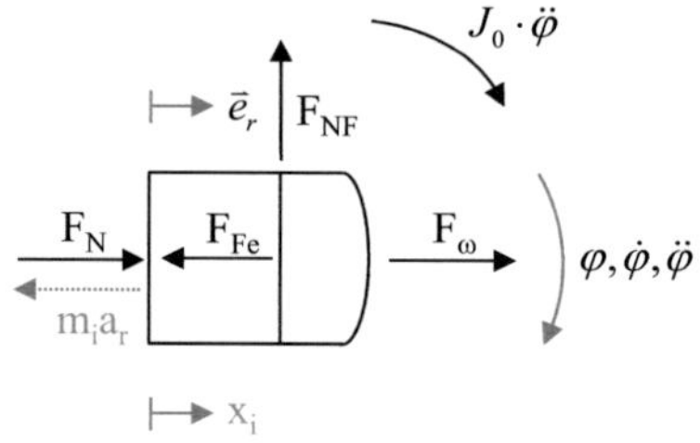

(a2) $\quad F_{RF} \neq 0:$

$$\rightarrow F_N - F_{Fe} - F_{RF} = -m \cdot r_{s1} \cdot \omega^2$$

$$\rightarrow F_N - F_{Fe} - \mu_{HF} \cdot F_{NF} + F_\omega = 0$$

$$F_{Fe} = c \cdot x_v \qquad F_\omega = m \cdot r_{s1} \cdot \omega^2$$

$$F_{RF} = \mu_{HF} \cdot F_{NF} \qquad F_{NF} = m \cdot \frac{r_{s1}^2}{r_F} \cdot \dot{\omega}$$

$$F_N - \mu_{HF} \cdot m \cdot \frac{r_{s1}^2}{r_F} \cdot \dot{\omega} = c \cdot x_v - m \cdot r_{s1} \cdot \omega^2 \qquad (4)$$

$$F_N(\omega, \dot{\omega}) = c \cdot x_v - m \cdot r_{s1} \cdot \omega^2 + \mu_{HF} \cdot m \cdot \frac{r_{s1}^2}{r_F} \cdot \dot{\omega} \qquad (5)$$

$$F_N(\omega, \dot{\omega}) - c \cdot x_v + m \cdot r_{s1} \cdot \omega^2 - \mu_{HF} \cdot m \cdot \frac{r_{s1}^2}{r_F} \cdot \dot{\omega} = 0 \qquad (6)$$

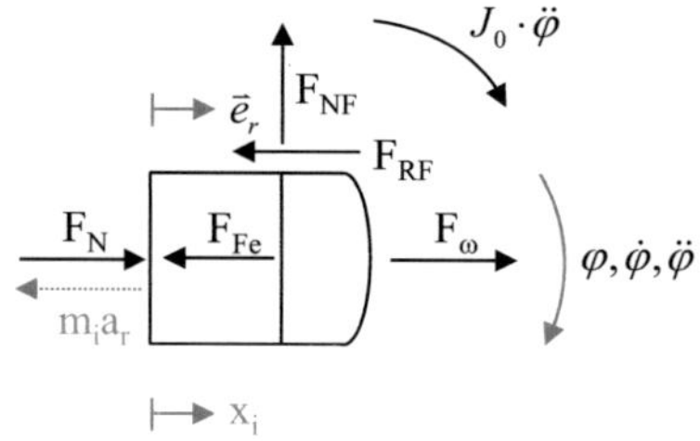

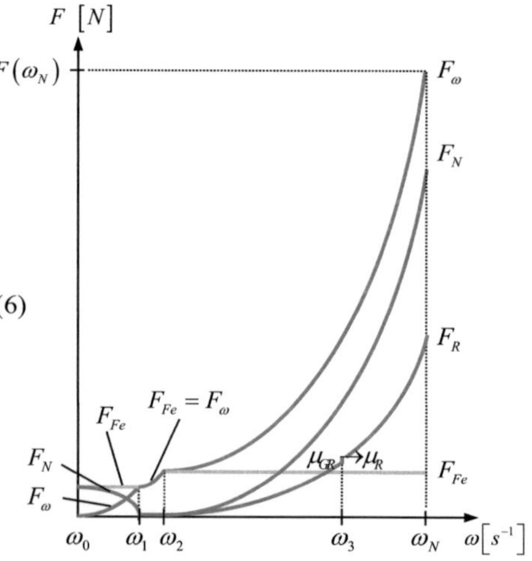

Abb. 12:
Kräfteverlauf über der Kreisfrequenz,
Phase 01, Phase 12, Phase 23 / 3N
(Anlauf-, Schalt-, Schlupf-/Haftphase)

Bem.: Für die Phase (a) wurden keine modellabhängigen Unterschiede der Normalkraft an der Kupplungsnabe berücksichtigt.

3.2 Schaltphase: Ungeschalteter Zustand - Fliehkörper liegen nicht an

Stationärer Zustand

(b) Schaltphase: Die Fliehkraftsegmente bewegen sich bei Beschleunigung radial nach außen zur Innenseite der Kupplungsglocke, bis sie bei Überschreiten der Winkelgeschwindigkeit ω_2 die Kupplungsglocke erreichen.

(b1) $\quad F_{RF} = 0:\quad \omega_1 < \omega < \omega_2:\quad \omega = const.\quad \Rightarrow x = const.\quad r_s = r_{s1} + x_i$

$$x_1 < x_i < x_2 \qquad \Delta x = x_2 - x_1 \qquad \mu_F = \mu_{GF} \qquad F_N = 0 \qquad (m = m_{FK})$$

$$\sum \vec{F}_{ir} = m \cdot \vec{a}_r \qquad \vec{a}_r = -\left(r_{s1} + x_i\right) \cdot \dot{\varphi}^2 \cdot \vec{e}_r$$

$$\rightarrow \sum F_{ir} = m \cdot a_r \qquad a_r = -\left(r_{s1} + x_i\right) \cdot \dot{\varphi}^2$$

$$\rightarrow \sum F_{ir} = -m \cdot \left(r_{s1} + x_i\right) \cdot \dot{\varphi}^2 \qquad \dot{\varphi} = \omega$$

$$\rightarrow -F_{Fe} = -m \cdot \left(r_{s1} + x_i\right) \cdot \omega^2$$

$$F_{Fe} = c \cdot \left(x_v + x_i\right) \quad (7) \qquad F_\omega = m \cdot \left(r_{s1} + x_i\right) \cdot \omega^2 \quad (8)$$

$$\rightarrow c \cdot \left(x_v + x_i\right) = m \cdot \left(r_{s1} + x_i\right) \cdot \omega^2 \qquad \omega = \sqrt{\frac{c \cdot \left(x_v + x_i\right)}{m \cdot \left(r_{s1} + x_i\right)}} \quad (9)$$

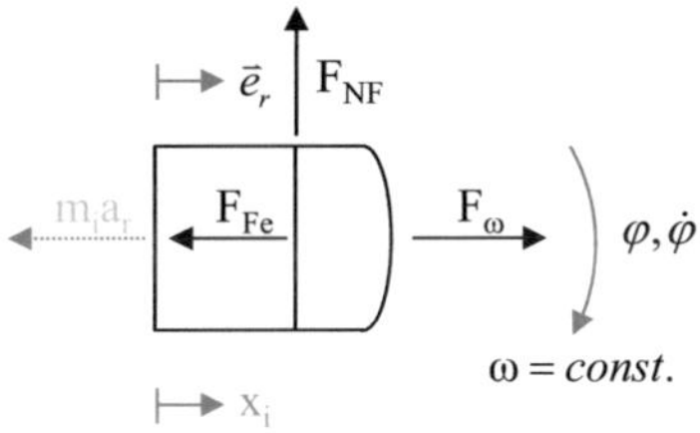

(b2) $\quad F_{RF} \neq 0:$

$$\rightarrow -F_{Fe} - F_{RF} = -m \cdot \left(r_{s1} + x_i\right) \cdot \omega^2$$

$$F_{Fe} = c \cdot \left(x_v + x_i\right) \qquad F_\omega = m \cdot \left(r_{s1} + x_i\right) \cdot \omega^2$$

$$F_{RF} = \mu_{HF} \cdot F_{NF} \qquad F_{NF} = m \cdot \frac{\left(r_{s1} + x_i\right)^2}{r_F} \cdot \omega^2$$

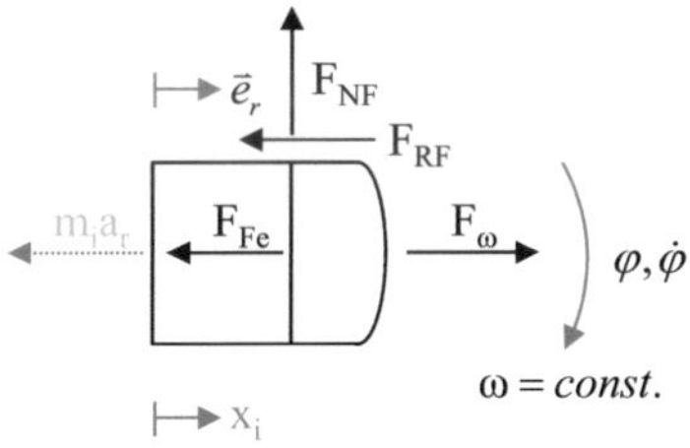

$$-c \cdot \left(x_v + x_i\right) - \mu_{HF} \cdot F_{NF} = -m \cdot \left(r_{s1} + x_i\right) \cdot \omega^2 \qquad F_{NF} = \left(m \cdot \frac{\left(r_{s1} + x_i\right)^2}{r_F} \cdot \omega^2 - c \cdot \left(x_v + x_i\right)\right) \cdot \frac{1}{\mu_{HF}} \quad (10)$$

$$-c \cdot \left(x_v + x_i\right) - \mu_{HF} \cdot m \cdot \frac{\left(r_{s1} + x_i\right)^2}{r_F} \cdot \omega^2 = -m \cdot \left(r_{s1} + x_i\right) \cdot \omega^2$$

$$\left(1 - \mu_{HF} \cdot \frac{\left(r_{s1} + x_i\right)}{r_F}\right) \cdot m \cdot \left(r_{s1} + x_i\right) \cdot \omega^2 = c \cdot \left(x_v + x_i\right)$$

$$\omega = \sqrt{\frac{c \cdot \left(x_v + x_i\right) \cdot r_F}{\left(r_F - \mu_{HF}\right) \cdot m \cdot \left(r_{s1} + x_i\right)}} \quad (11a) \qquad \omega = \sqrt{\frac{r_F}{\left(r_F - \mu_{HF}\right)}} \cdot \sqrt{\frac{c \cdot \left(x_v + x_i\right)}{m \cdot \left(r_{s1} + x_i\right)}} \quad (11b)$$

Reibung in der Führung vergrößert die Kreisfrequenz in der Phase (b) um den Faktor $\sqrt{r_F/(r_F - \mu_{HF})}$.

Beschleunigung

$(b1)\quad F_{GF} = 0: \qquad \omega_1 < \omega < \omega_2: \qquad \omega \neq const. \qquad \Rightarrow x_i \neq const. \qquad r_s = r_{s1} + x_i$

$$x_1 < x_i < x_2 \qquad \Delta x = x_2 - x_1 \qquad \mu_F = \mu_{GF} \qquad F_N = 0 \qquad (m = m_{FK})$$

$$\sum \vec{F}_{ir} = m \cdot \vec{a}_r \qquad \vec{a}_r = -(r_{s1} + x_i) \cdot \dot{\varphi}^2 \cdot \vec{e}_r$$

$$\rightarrow \sum F_{ir} = m \cdot a_r \qquad a_r = -(r_{s1} + x_i) \cdot \dot{\varphi}^2$$

$$\sum \vec{F}_{ix_r} = m \cdot \vec{x}_r \qquad \vec{a}_r = (\ddot{x}_i - x_i \cdot \dot{\varphi}^2) \cdot \vec{e}_r$$

$$\rightarrow \sum F_{ix_r} = m \cdot x_r \qquad x_r = \ddot{x}_i - x_i \cdot \dot{\varphi}^2$$

$$\sum \vec{F}_{ir,ges} = \sum \vec{F}_{ir} + \sum \vec{F}_{ix_r} = \left(m \cdot \ddot{x}_i - m \cdot (r_{s1} + x_i) \cdot \dot{\varphi}^2 \right) \cdot \vec{e}_r$$

$$\rightarrow -F_{Fe} = m \cdot \ddot{x}_i - m \cdot (r_{s1} + x_i) \cdot \dot{\varphi}^2 \qquad \dot{\varphi} = \omega$$

$$F_{Fe} = c \cdot (x_v + x_i) \qquad F_\omega = m \cdot (r_{s1} + x_i) \cdot \omega^2$$

$$\rightarrow -c \cdot (x_v + x_i) - m \cdot \ddot{x}_i + m \cdot (r_{s1} + x_i) \cdot \omega^2 = 0$$

$$\rightarrow \ddot{x}_i - (r_{s1} + x_i) \cdot \omega^2 + \frac{c}{m} \cdot (x_v + x_i) = 0 \qquad (12a)$$

$$\frac{d^2 x_i}{dt^2} - (r_{s1} + x_i) \cdot \left(\frac{d\varphi}{dt}\right)^2 + \frac{c}{m} \cdot (x_v + x_i) = 0 \qquad (12b)$$

$$\frac{d^2 x_i}{dt^2} - x_i \cdot \left(\left(\frac{d\varphi}{dt}\right)^2 - \frac{c}{m} \right) - r_{s1} \cdot \left(\frac{d\varphi}{dt}\right)^2 + \frac{c}{m} \cdot x_v = 0 \qquad (12c)$$

Die radiale Bewegung der Fliehkörper in der Schaltphase führt auf eine nichtlineare, inhomogene Differentialgleichung (DGL) 2. Ordnung. Zur Lösung der DGL werden zwei Vereinfachungen vorgenommen. Zum einen wird die Bewegungskoordinate des Schaltweges x_i als konstant angesehen (x_i = const.), zum anderen wird die Kreisfrequenz konstant gesetzt (ω = const.).

Der Abstand Δx zwischen Kupplung und Kupplungsglocke ist der Schaltweg, den die Fliehkörper während des Schaltvorganges in radialer Richtung zurücklegen. Der Schaltweg ist gering im Vergleich zu den Schwerpunktradien r_{s1}, r_{s2} und dem Kupplungsglockenradius r_2. Die vereinfachende Annahme x_i = const. und infolgedessen $d^2 x_i/dt^2 = 0$ führt wieder auf die Gleichung (9) für den stationären Fall.

Die Änderung der Drehzahl ω während des Schaltweges von ω_1 auf ω_2 ist im Verhältnis zur Betriebsdrehzahl ω_N gering. Zur Vereinfachung wird deshalb die Kreisfrequenz während des Schaltens als konstant angesetzt (ω = const.). Die nichtlineare, inhomogene DGL 2. Ordnung wird durch die vereinfachende Annahme zu einer linearen, inhomogenen DGL 2. Ordnung.

$(b1)$ $F_{GF} = 0:$ $\ddot{x}_i - (r_{s1} + x_i) \cdot \omega^2 + \dfrac{c}{m} \cdot (x_v + x_i) = 0$

1. Annahme: $x_i = const.$ $\Rightarrow$ $\dot{x}_i = \ddot{x}_i = 0:$ $-(r_{s1} + x_i) \cdot \omega^2 + \dfrac{c}{m} \cdot (x_v + x_i) = 0$ $\Rightarrow$ $\omega = \sqrt{\dfrac{c}{m} \cdot \dfrac{(x_v + x_i)}{(r_{s1} + x_i)}}$

2. Annahme: $\dfrac{\partial \varphi}{\partial t} = \omega = const. \wedge x_i \neq const.$ $\ddot{x}_i - (r_{s1} + x_i) \cdot \omega^2 + \dfrac{c}{m} \cdot (x_v + x_i) = 0$

$\ddot{x}_i + x_i \cdot \left(\dfrac{c}{m} - \omega^2 \right) - r_{s1} \cdot \omega^2 + \dfrac{c}{m} \cdot x_v = 0$ $(13a)$ $\ddot{x}_i + x_i \cdot \left(\dfrac{c}{m} - \omega^2 \right) = r_{s1} \cdot \omega^2 - \dfrac{c}{m} \cdot x_v$

homogene DGL: $\dfrac{d^2 x_i}{dt^2} + x_i \cdot \left(\dfrac{c}{m} - \omega^2 \right) = 0$ $(13b)$ $\omega_e = \sqrt{\dfrac{c}{m} - \omega^2}$

$r_{s1} \cdot \omega^2 - \dfrac{c}{m} \cdot x_v = 0$ $(13c)$ $\Rightarrow \omega = \sqrt{\dfrac{c}{m} \cdot \dfrac{x_v}{r_{s1}}}$ $x_v << r_{s1}$ $\Rightarrow \omega^2 < \dfrac{c}{m}$

Schwingungs-DGL: $\dfrac{d^2 x_i}{dt^2} + x_i \cdot \left(\dfrac{c}{m} - \omega^2 \right) = 0$ $(13d)$

allg. Lösung der homogenen DGL: $x_i = x_{hom} = C_1 \cdot \cos \omega t + C_2 \cdot \sin \omega t$ $\omega_e = \sqrt{\dfrac{c}{m} - \omega^2}$

partikuläre Lösung der inhomogenen DGL: Ansatz: $x_{part} = const.$ $\Rightarrow$ $\dot{x}_i = \ddot{x}_i = 0$

$x_{part} \cdot \left(\dfrac{c}{m} - \omega^2 \right) = r_{s1} \cdot \omega^2 - \dfrac{c}{m} \cdot x_v$ $\Rightarrow$ $x_{part} = \dfrac{r_{s1} \cdot \omega^2 - (c/m) \cdot x_v}{(c/m) - \omega^2} = \dfrac{m \cdot r_{s1} \cdot \omega^2 / c - x_v}{1 - m \cdot \omega^2 / c}$

Lösung der inhomogenen DGL: $x_i = C_1 \cdot \cos \omega t + C_2 \cdot \sin \omega t + x_{part}$

Anfangsbedingungen $x_i(0) = x_v$ und $\dot{x}_i(0) = 0:$ $x_i(0) = C_1 \cdot 1 + C_2 \cdot 0 + x_{part} = x_v$ $\Rightarrow$ $C_1 = x_v - x_{part}$

$\dot{x}_i = -C_1 \cdot \omega \cdot \sin \omega t + C_2 \cdot \omega \cdot \cos \omega t$ $\dot{x}_i(0) = 0 = C_2 \cdot \omega \cdot 1$ $\Rightarrow C_2 = 0$

allg. Lösung der inhomogenen DGL: $x_i = x_{hom} + x_{part} = (x_v - x_{part}) \cdot \cos \omega t + x_{part}$ $(13e)$ $x_i = [x_1; x_2]$

$x_i(t = t_1 = 0s) = x_v = x_1:$ $x_1 = \dfrac{m \cdot r_{s1} \cdot \omega_1^2}{c}$ $\wedge$ $x_1 = (x_v - x_{part}) \cdot \cos \omega_1 t_1 + \dfrac{m \cdot r_{s1} \cdot \omega_1^2 / c - x_v}{1 - m \cdot \omega_1^2 / c} = x_v$ $x_{part}, \omega_1 t_1 = 0$

$x_i(t = t_2) = x_2 = x_v + \Delta x:$ $x_2 = \dfrac{m \cdot r_{s2} \cdot \omega_2^2}{c}$ $\wedge$ $x_2 = (x_v - x_{part}) \cdot \cos \omega_2 t_2 + \dfrac{m \cdot r_{s1} \cdot \omega_2^2 / c - x_v}{1 - m \cdot \omega_2^2 / c}$

$r_{s2} \cong r_{s1}$ $\wedge$ $\dfrac{m \cdot \omega_2^2}{c} = \dfrac{x_2}{r_{s2}}$ $x_2 << r_{s2}$ $\Rightarrow$ $\dfrac{x_2 - x_v}{1 - m \cdot \omega_2^2 / c} \cong x_2 - x_v$ $\Rightarrow$ $x_2 = (x_v - (x_2 - x_v)) \cdot \cos \omega_2 t_2 + x_2 - x_v$

$x_v = (2x_v - x_2) \cdot \cos \omega_2 t_2$ $\Rightarrow$ $\omega_2 t_2 = arc \cos \dfrac{x_v}{2x_v - x_2}$ $Bsp.:$ $x_v = \dfrac{\Delta x}{4}$ $x_2 = x_v + \Delta x = \dfrac{5}{4} \Delta x$

$\dfrac{x_v}{2x_v - x_2} = \dfrac{\Delta x / 4}{2 \cdot (\Delta x / 4) - (5/4) \cdot \Delta x} = -\dfrac{1}{3}$

$\omega_2 t_2 = arc \cos(-1/3) = 1,9103 rad = 109°$

$Bsp.:$ $n_2 = 375 \min^{-1}$ $\left(n_N = 1500 \min^{-1} \right)$

$\omega_2 = 375 \min^{-1} \cdot 2\pi \cdot \dfrac{\min}{60s} = 39,27 s^{-1}$

$t_2 = \left(arc \cos \dfrac{x_v}{2x_v - x_2} \right) / \omega_2 = \dfrac{1,9103}{39,27 s^{-1}} = 0,049 s$

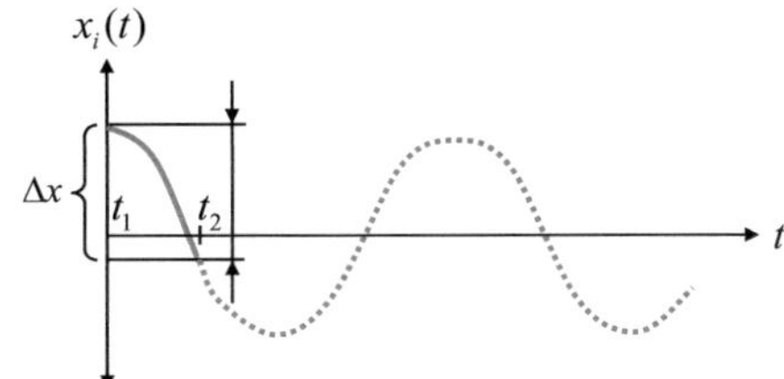

Abb. 12a: Weg-/Geschwindigkeit-Zeit-Verlauf in der Schaltphase

$(b2)\quad F_{GF} \neq 0:$

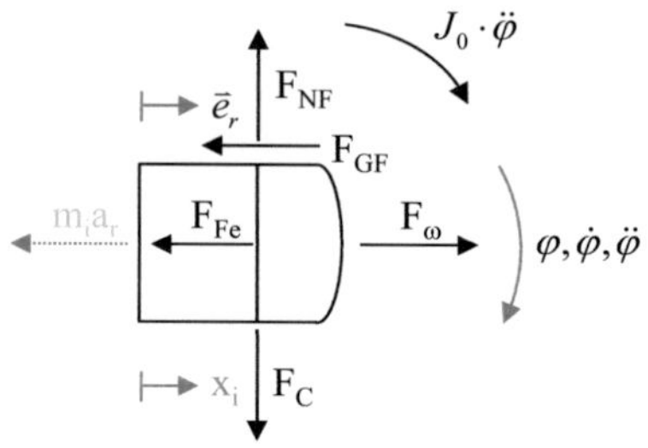

$$\sum \vec{F}_{ir} = m \cdot \vec{a}_r \qquad \vec{a}_r = -\left(r_{s1} + x_i\right)\cdot \dot{\varphi}^2 \cdot \vec{e}_r$$

$$\rightarrow \sum F_{ir} = m \cdot a_r \qquad a_r = -\left(r_{s1} + x_i\right)\cdot \dot{\varphi}^2$$

$$\sum \vec{F}_{ix_r} = m \cdot \vec{x}_r \qquad \vec{a}_r = \left(\ddot{x}_i - x_i \cdot \dot{\varphi}^2\right)\cdot \vec{e}_r$$

$$\rightarrow \sum F_{ix_r} = m \cdot x_r \qquad x_r = \ddot{x}_i - x_i \cdot \dot{\varphi}^2$$

$$\sum \vec{F}_{ir,ges} = \sum \vec{F}_{ir} + \sum \vec{F}_{ix_r} = \left(m \cdot \ddot{x}_i - m \cdot \left(r_{s1} + x_i\right)\cdot \dot{\varphi}^2\right)\cdot \vec{e}_r$$

$$\rightarrow \; -F_{Fe} - F_{GF} = m \cdot \ddot{x}_i - m \cdot \left(r_{s1} + x_i\right)\cdot \dot{\varphi}^2$$

$$F_{Fe} = c \cdot \left(r_{s1} + x_i\right) \qquad F_\omega = m \cdot \left(r_{s1} + x_i\right)\cdot \omega^2$$

$$F_{GF} = \mu_{GF} \cdot F_{NF} = \mu_{GF} \cdot m \cdot \frac{\left(r_{s1} + x_i\right)^2}{r_F} \cdot \dot{\omega}$$

$$\rightarrow \; -c \cdot \left(r_{s1} + x_i\right) - \mu_{GF} \cdot m \cdot \frac{\left(r_{s1} + x_i\right)^2}{r_F} \cdot \dot{\omega} = m \cdot \ddot{x}_i - m \cdot \left(r_{s1} + x_i\right)\cdot \omega^2$$

$$\ddot{x}_i - \left(r_{s1} + x_i\right)\cdot \omega^2 + \mu_{GF} \cdot \frac{\left(r_{s1} + x_i\right)^2}{r_F} \cdot \dot{\omega} + \frac{c}{m}\cdot \left(r_{s1} + x_i\right) = 0 \qquad (14a) \qquad \omega = \dot{\varphi}$$

$$\frac{d^2 x_i}{dt^2} - \left(r_{s1} + x_i\right)\cdot \left(\frac{d\varphi}{dt}\right)^2 + \mu_{GF} \cdot \frac{\left(r_{s1} + x_i\right)^2}{r_F} \cdot \frac{d^2\varphi}{dt^2} + \frac{c}{m}\cdot \left(r_{s1} + x_i\right) = 0 \qquad (14b)$$

$$\frac{d^2 x_i}{dt^2} - \left(\left(\frac{d\varphi}{dt}\right)^2 - \frac{c}{m}\right)\cdot x_i + \mu_{GF} \cdot \frac{\left(r_{s1} + x_i\right)^2}{r_F} \cdot \frac{d^2\varphi}{dt^2} - \left(\left(\frac{d\varphi}{dt}\right)^2 - \frac{c}{m}\right)\cdot r_{s1} = 0 \qquad (14c)$$

Die Annahme von Reibung in der Führung führt für die Fliehkörper in radialer Richtung wieder auf eine nichtlineare (1. Ableitung von φ in der zweiten Potenz) und inhomogene (konstanter Term: $r_{s1} \cdot c/m$) Differentialgleichung 2. Ordnung (höchste Ableitung von x: zweite Ableitung).

Zur Lösung der DGL werden wieder die zwei Vereinfachungen vorgenommen, zum einen wird die Bewegungskoordinate des Schaltweges x_i als konstant angesehen (x_i = const.), zum anderen wird die Kreisfrequenz konstant gesetzt (ω = const.).

Bei Beschleunigung und der Annahme einer konstanten Bewegungskoordinate (x_i = const.) hängt die Schaltzeit Δt_{12} von der Differenz der Kehrwerte der Schaltdrehfrequenzen ω_1 und ω_2 ab. [Vgl. Gl. (15a)]

Die Annahme konstanter Kreisfrequenz (ω = const.) bei veränderlicher Bewegungskoordinate x_i in der Schaltphase führt wieder auf die Lösungen der reibungsfreien Bewegung. [Vgl. S.20/21]

Bem.: Fallunterscheidungen zu den Differentialgleichungen (12) und (14), siehe Anhang A2-14

$F_{GF} \neq 0$: Lösung für die Kreisfrequenz ω (1. Annahme: x = const.): Der Abstand x zwischen Kupplung und Kupplungsglocke wird als konstant angesetzt. Die Änderung des Drehwinkels dφ/dt wird durch die Kreisfrequenz ω ersetzt und Änderung der Kreisfrequenz dω/dt durch die Winkelbeschleunigung α. Die nichtlineare DGL 2. Ordnung wird zu einer DGL mit separierbaren Variablen.

Die 2. Annahme ω = const. führt wieder auf die Gleichungen gemäß (b1) für $F_{GF} = 0$ (Vgl. S. 20/21).

(b2) $F_{GF} \neq 0$:

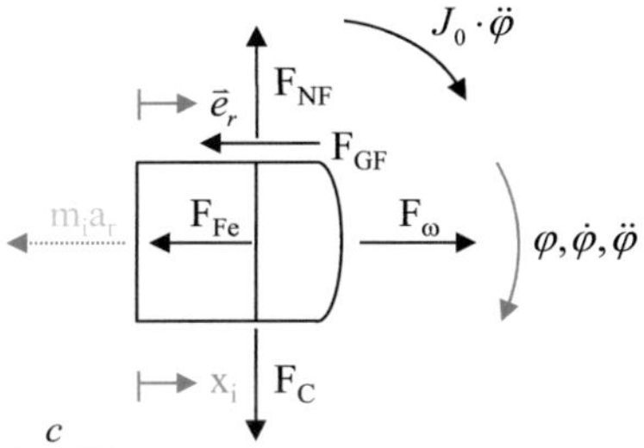

$$\ddot{x}_i - (r_{s1} + x_i) \cdot \omega^2 + \mu_{GF} \cdot \frac{(r_{s1} + x_i)^2}{r_F} \cdot \dot{\omega} + \frac{c}{m} \cdot (r_{s1} + x_i) = 0$$

Annahme: $\quad x_i = const. \quad \Rightarrow \quad \dot{x}_i = \ddot{x}_i = 0:$

$$-(r_{s1} + x_i) \cdot \omega^2 + \mu_{GF} \cdot \frac{(r_{s1} + x_i)^2}{r_F} \cdot \dot{\omega} + \frac{c}{m} \cdot (r_{s1} + x_i) = 0$$

$$\omega^2 - \mu_{GF} \cdot \frac{(r_{s1} + x_i)}{r_F} \cdot \dot{\omega} - \frac{c}{m} = 0 \qquad \dot{\omega} - \frac{1}{\mu_{GF}} \cdot \frac{r_F}{(r_{s1} + x_i)} \cdot \omega^2 = -\frac{c}{\mu_{GF} \cdot m}$$

homogene DGL: $\quad \dfrac{d\omega}{dt} - \dfrac{1}{\mu_{GF}} \cdot \dfrac{r_F}{(r_{s1} + x_i)} \cdot \omega^2 = 0 \qquad \displaystyle\int_{\omega_1}^{\omega_2} \dfrac{d\omega}{\omega^2} = \dfrac{1}{\mu_{GF}} \cdot \dfrac{r_F}{(r_{s1} + x_i)} \cdot \int_{t_1}^{t_2} dt$

$$\frac{1}{\omega_1} - \frac{1}{\omega_2} = \frac{1}{\mu_{GF}} \cdot \frac{r_F}{(r_{s1} + x_i)} \cdot (t_2 - t_1) \quad (15a) \qquad \frac{\omega_2 - \omega_1}{\omega_1 \cdot \omega_2} = \frac{1}{\mu_{GF}} \cdot \frac{r_F}{(r_{s1} + x_i)} \cdot (t_2 - t_1) \quad (15b)$$

$$\frac{\Delta \omega_{12}}{\omega_1 \cdot \omega_2} = \frac{1}{\mu_{GF}} \cdot \frac{r_F}{(r_{s1} + x_i)} \cdot \Delta t_{12} \quad (15c)$$

inhomogene DGL: $\quad \dfrac{d\omega}{dt} - \dfrac{1}{\mu_{GF}} \cdot \dfrac{r_F}{(r_{s1} + x_i)} \cdot \omega^2 = -\dfrac{c}{\mu_{GF} \cdot m}$

Annahme: $\quad \omega = B = const. \quad \Rightarrow \quad \dfrac{d\omega}{dt} = 0:$

$$-\frac{1}{\mu_{GF}} \cdot \frac{r_F}{(r_{s1} + x_i)} \cdot B^2 = -\frac{c}{\mu_{GF} \cdot m} \qquad \Rightarrow \omega_{part} = B = \sqrt{\frac{(r_{s1} + x_i)}{r_F} \cdot \frac{c}{m}}$$

$$\omega = \omega_{hom} + \omega_{part} = \frac{\omega_2 - \omega_1}{\omega_1 \cdot \omega_2} + \sqrt{\frac{(r_{s1} + x_i)}{r_F} \cdot \frac{c}{m}} \quad (15d)$$

2. Annahme: $\quad \dfrac{d\varphi}{dt} = \omega = const. \quad \Rightarrow \quad \dot{\omega} = 0 \quad \wedge \quad x_i \neq const.$

$$\ddot{x}_i - (r_{s1} + x_i) \cdot \omega^2 + \mu_{GF} \cdot \frac{(r_{s1} + x_i)^2}{r_F} \cdot \dot{\omega} + \frac{c}{m} \cdot (x_v + x_i) = 0 \qquad \mu_{GF} \cdot \frac{(r_{s1} + x_i)^2}{r_F} \cdot \dot{\omega} = 0$$

$$\ddot{x}_i + x_i \cdot \left(\frac{c}{m} - \omega^2 \right) - r_{s1} \cdot \omega^2 + \frac{c}{m} \cdot x_v = 0 \quad \Leftrightarrow \quad \ddot{x}_i - (x_i + r_{s1}) \cdot \omega^2 + \frac{c}{m} \cdot (x_v + x_i) = 0$$

$\rightarrow$ Lösung wie bei (b1) für $F_{GF} = 0$

Anwendung des Drallsatzes bei Beschleunigung in der Phase (b):

(b1) $F_{GF} = 0$: $(16a - g)$ (b2) $F_{GF} \neq 0$: $(17a - g)$ $\omega_1 < \omega \leq \omega_2$: $\mu_F = \mu_{GF}$ $x = x_i$ $r = r_{s1} + x_i$

$$J_0 = J_A = J_M + J_{FK} \quad J_M = m_{M,red} \cdot (r_{s1} + x_i)^2 \quad J_{FK} = m_{FK,red} \cdot (r_{s1} + x_i)^2$$

$$\sum M_{it,A} = J_A \cdot \alpha \quad \sum M_{it,A} = \sum M_{it,FK} + \sum M_{it,M}$$

$$\sum M_{it,M} = J_M \cdot \alpha = m_{M,red} \cdot (r_{s1} + x_i)^2 \cdot \alpha$$

$$\sum M_{it,FK} = J_{FK} \cdot \alpha = m_{FK,red} \cdot (r_{s1} + x_i)^2 \cdot \alpha$$

$$M_B = M_{t,A} \quad r \cdot \alpha = a_\varphi \quad a_\varphi = r \cdot \ddot{\varphi} + 2 \cdot \dot{r} \cdot \dot{\varphi}$$

1.) $M_{t,A} = \left(m_{FK,red} + m_{M,red} \right) \cdot r \cdot (r \cdot \ddot{\varphi} + 2 \cdot \dot{r} \cdot \dot{\varphi})$

$$M_{t,A} = \left(m_{FK,red} + m_{M,red} \right) \cdot \left(r^2 \cdot \ddot{\varphi} + 2 \cdot r \cdot \dot{r} \cdot \dot{\varphi} \right) \quad (16/17a)$$

$$r = r_{s1} + x_i \quad \alpha = \ddot{\varphi} \quad \dot{r} = v_t = \omega \cdot r$$

$$M_{t,A} = \left(m_{FK,red} + m_{M,red} \right) \cdot (r_{s1} + x_i)^2 \cdot \left(\alpha + 2 \cdot \omega^2 \right) \quad (16/17b)$$

$$M_{t,A} = F_{u,w} \cdot r_w = \left(F_{u,M} + F_{u,FK} \right) \cdot r_w = M_{t,M} + M_{t,FK}$$

$$F_{u,w} = \left(m_{FK,red} + m_{M,red} \right) \cdot \frac{(r_{s1} + x_i)^2}{r_w} \cdot \left(\alpha + 2 \cdot \omega^2 \right) \quad (16/17c)$$

2.) $M_{it,M} = F_{u,M} \cdot r_w = m_{M,red} \cdot r_{s1}^2 \cdot \alpha \quad F_{u,M} = m_{M,red} \cdot \dfrac{r_{s1}^2}{r_w} \cdot \alpha$

3.) $\sum M_{it,FK} = F_{u,FK} \cdot r_w = F_{NF} \cdot r_F = m_{FK,red} \cdot (r_{s1} + x_i)^2 \cdot \alpha + 2 \cdot m_{FK,red} \cdot (r_{s1} + x_i)^2 \cdot \omega^2 \quad (16d)$

$$M_t = F_u \left(r_F \right) \cdot r_F = m_{FK,red} \cdot (r_{s1} + x_i)^2 \cdot \left(\alpha + 2 \cdot \omega^2 \right) \quad F_u \left(r_F \right) = F_{NF}$$

3.) $F_{GF} \neq 0$: $\sum M_{it,FK} = F_{NF} \cdot r_F + F_{GF} \cdot r_{FK} = m_{FK,red} \cdot (r_{s1} + x_i)^2 \cdot \alpha + 2 \cdot m_{FK,red} \cdot (r_{s1} + x_i)^2 \cdot \omega^2 \quad (17d)$

$$F_{GF} = \mu_{GF} \cdot F_{NF} \quad F_{NF} \cdot \left(r_F + \mu_{GF} \cdot r_{FK} \right) = m_{FK,red} \cdot (r_{s1} + x_i)^2 \cdot \left(\alpha + 2 \cdot \omega^2 \right)$$

$$M_t = F_u \left(r_F \right) \cdot r_F = m_{FK,red} \cdot (r_{s1} + x_i)^2 \cdot \left(\alpha + 2 \cdot \omega^2 \right)$$

$$F_{NF} = m_{FK,red} \cdot \frac{(r_{s1} + x_i)^2}{r_F} \cdot \left(\alpha + 2 \cdot \omega^2 \right) \quad (16e) \qquad F_{NF} = m_{FK,red} \cdot \frac{(r_{s1} + x_i)^2}{\left(r_F + \mu_{GF} \cdot r_{FK} \right)} \cdot \left(\alpha + 2 \cdot \omega^2 \right) \quad (17e)$$

$$F_C = 2 \cdot m_{FK,red} \cdot \dot{r} \cdot \dot{\varphi} = 2 \cdot m_{FK,red} \cdot (r_{s1} + x_i) \cdot \omega^2$$

$$F_{u,FK} \cdot r_w = F_{NF} \cdot r_F \quad \Rightarrow F_{u,FK} = F_{NF} \cdot \frac{r_F}{r_w} \quad (16f)$$

$$F_{u,FK} \cdot r_w = F_{NF} \cdot \left(r_F + \mu_{GF} \cdot r_{FK} \right) \quad \Rightarrow F_{u,FK} = F_{NF} \cdot \frac{\left(r_F + \mu_{GF} \cdot r_{FK} \right)}{r_w} \quad (17f)$$

$$F_{u,FK} = m_{FK,red} \cdot \frac{(r_{s1} + x_i)^2}{r_w} \cdot \left(\alpha + 2 \cdot \omega^2 \right) \quad (16/17g)$$

3.3 Schlupf- und Haftphase: Geschalteter Zustand - Fliehkörper liegen außen an

Stationärer Zustand

(c) Schlupf- und Haftphase: Die Fliehkraftsegmente rutschen mit Erreichen der Winkelgeschwindigkeit ω_2 an der Kupplungsglocke und erreichen bei weiterer Beschleunigung die Haftreibung bei der Winkelgeschwindigkeit ω_3. Darüber hinaus wird weiter bis zur Nennbetriebsdrehzahl n_N beschleunigt.

(c) $\omega \geq \omega_2$: $\omega = const.$ $\quad \mu_F = \mu_{HF} \quad x = x_2 \quad r_s = r_{s2}$

$\quad \omega_2 \leq \omega < \omega_3$: $\mu = \mu_{GR} \quad \omega_3 \leq \omega < \omega_N$: $\mu = \mu_R$

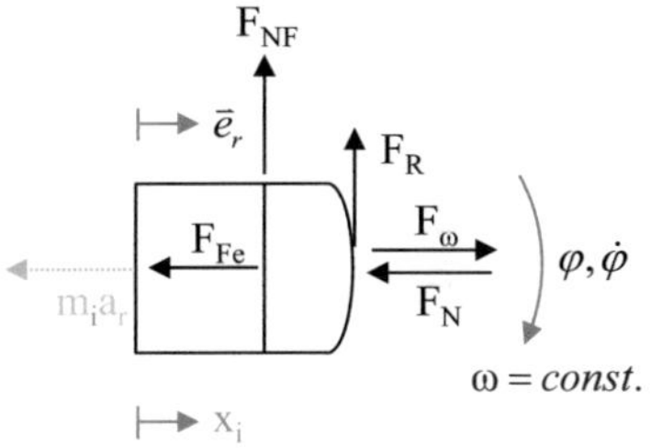

(c1) $F_{RF} = 0$:

$$\sum \vec{F}_{ir} = m \cdot \vec{a}_r \quad \vec{a}_r = -r_{s2} \cdot \dot{\varphi}^2 \cdot \vec{e}_r$$

$$\rightarrow \sum F_{ir} = m \cdot a_r \quad a_r = -r_{s2} \cdot \dot{\varphi}^2$$

$$\rightarrow -F_N - F_{Fe} + F_N(NF) = -m \cdot r_{s2} \cdot \dot{\varphi}^2 \quad \dot{\varphi} = \omega$$

$F_N(NF)$: modellabhängiger Beitrag der Führungsnormalkraft zur Normalkraft

$$F_{Fe} = c \cdot x_2 \quad F_\omega = m \cdot r_{s2} \cdot \omega^2$$

$$\rightarrow -F_N + F_N(NF) - c \cdot x_2 + m \cdot r_{s2} \cdot \omega^2 = 0$$

$$F_N = m \cdot r_{s2} \cdot \omega^2 + F_N(NF) - c \cdot x_2 \quad (18)$$

$$F_N = m \cdot r_{s2} \cdot \omega^2 - c \cdot x_2 \quad (18A) \qquad F_{N,A}(NF) = 0$$

$$F_N = m \cdot r_{s2} \cdot \omega^2 \cdot \left(1 + \sin\frac{\alpha}{2} \cdot \frac{r_{s2}}{r_F}\right) - c \cdot x_2 \quad (18B/C)$$

$$F_{N,B/C}(NF) = m \cdot r_{s2} \cdot \omega^2 \cdot \sin\frac{\alpha}{2} \cdot \frac{r_{s2}}{r_F}$$

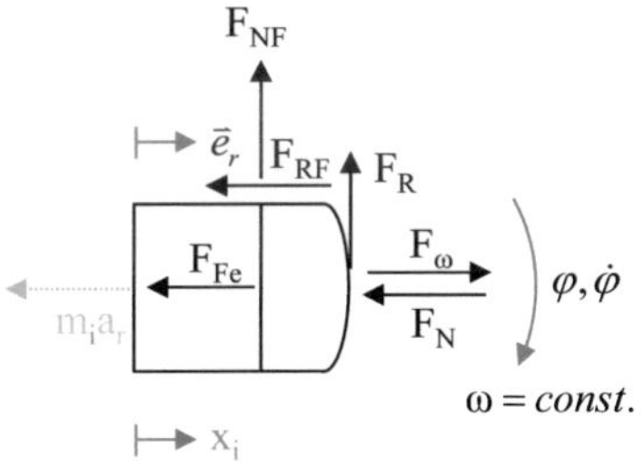

(c2) $F_{RF} \neq 0$:

$$\rightarrow -F_N - F_{Fe} + F_N(NF) - F_{RF} = -m \cdot r_{s2} \cdot \dot{\varphi}^2$$

$$\rightarrow F_N + F_{RF} = F_\omega + F_N(NF) - F_{Fe} \quad (19)$$

$$\rightarrow F_N = F_\omega - F_{RF} + F_N(NF) - F_{Fe}$$

$$F_{RF} = \mu_{HF} \cdot F_{NF} = \mu_{HF} \cdot \frac{r_{s2}}{r_F} \cdot m \cdot r_{s2} \cdot \omega^2$$

$$F_N = \left(1 - \mu_{HF} \cdot \frac{r_{s2}}{r_F}\right) \cdot m \cdot r_{s2} \cdot \omega^2 - c \cdot x_2 \quad (19A)$$

$$F_N = \left(1 - \mu_{HF} \cdot \frac{r_{s2}}{r_F} + \sin\frac{\alpha}{2} \cdot \frac{r_{s2}}{r_F}\right) \cdot m \cdot r_{s2} \cdot \omega^2 - c \cdot x_2 \quad (19B/C)$$

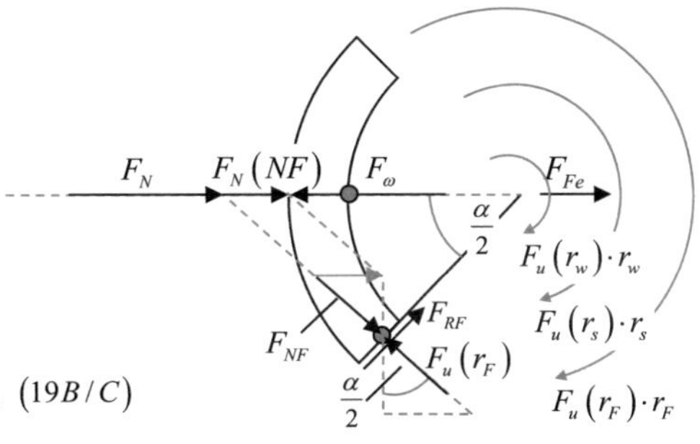

(c1) $F_{RF} = 0$ (c2) $\left[F_{RF} \neq 0 \right]$ Phase (c): Antrieb ist mit der Last gekuppelt

$$\sum \vec{M}_{it,0} = \vec{0} \quad \sum M_{it,0} = 0 \quad \omega = const. \, (\alpha = 0) \quad M_t = F_u \cdot r_w$$

$$M_t - M_F \left[-M_{RF} \right] - M_R = 0 \quad M_{RF}: \text{Moment der Reibung in der Führung}$$

$$M_t = M_F + M_R + \left[M_{RF} \right] \quad F_R = \mu_R \cdot F_N = \mu_R \cdot m \cdot r_{s2} \cdot \left(\omega^2 - \omega_2^2 \right) \quad m = m_{FK}$$

$$\left[F_{RF} = \mu_{HF} \cdot F_{NF} \quad M_{RF} = \mu_{HF} \cdot F_{NF} \cdot r_{FK} \right]$$

Modell A: $M_F = M_t'$ $F_{NF} = m \cdot \dfrac{r_{s2}^{\,2}}{r_F} \cdot \omega^2$ Modell B/C: $M_F = M_{t,y}$ $F_{NF,y} = \cos\dfrac{\alpha}{2} \cdot m \cdot \dfrac{r_{s2}^{\,2}}{r_F} \cdot \omega^2$

$$\sum \vec{M}_{it,0} = \vec{0} \quad \sum M_{it,0} = 0 \quad M_t = F_u \cdot r_w$$

(c1) $F_{RF} = 0:$ $M_t = F_{NF(y)} \cdot r_F + F_R \cdot r_2$

$$M_t = m \cdot \frac{r_{s2}^{\,2}}{r_F} \cdot \omega^2 \cdot r_F + \mu_R \cdot m \cdot r_{s2} \cdot \left(\omega^2 - \omega_2^2 \right) \cdot r_2$$

$$M_t = \left[r_{s2} + \mu_R \cdot \left(1 - \left(\frac{\omega_2}{\omega} \right)^2 \right) \cdot r_2 \right] \cdot m \cdot r_{s2} \cdot \omega^2 \quad (20A)$$

$$M_t = F_u \cdot r_w: \quad F_u = \left[r_{s2} + \mu_R \cdot \left(1 - \left(\frac{\omega_2}{\omega} \right)^2 \right) \cdot r_2 \right] \cdot m \cdot \frac{r_{s2}}{r_w} \cdot \omega^2 \quad (20A)^*$$

$$M_t = \left[r_{s2} \cdot \cos\frac{\alpha}{2} + \mu_R \cdot \left(1 - \left(\frac{\omega_2}{\omega} \right)^2 \right) \cdot r_2 \right] \cdot m \cdot r_{s2} \cdot \omega^2 \quad (20B/C)$$

$$M_t = F_u \cdot r_w: \quad F_u = \left[r_{s2} \cdot \cos\frac{\alpha}{2} + \mu_R \cdot \left(1 - \left(\frac{\omega_2}{\omega} \right)^2 \right) \cdot r_2 \right] \cdot m \cdot \frac{r_{s2}}{r_w} \cdot \omega^2 \quad (20B/C)^*$$

(c2) $\left[F_{RF} \neq 0 \right]:$ $M_t = F_{NF} \cdot r_F + F_R \cdot r_2 + \mu_{HF} \cdot F_{NF} \cdot r_{FK} = F_{NF} \cdot \left(r_F + \mu_{HF} \cdot r_{FK} \right) + F_R \cdot r_2$

$$M_t = m \cdot \frac{r_{s2}^{\,2}}{r_F} \cdot \omega^2 \cdot \left(r_F + \mu_{HF} \cdot r_{FK} \right) + \mu_R \cdot m \cdot r_{s2} \cdot \left(\omega^2 - \omega_2^2 \right) \cdot r_2 \quad m = m_{FK}$$

$$M_t = \left[\left(1 + \mu_{HF} \cdot \frac{r_{FK}}{r_F} \right) \cdot r_{s2} + \mu_R \cdot \left(1 - \left(\frac{\omega_2}{\omega} \right)^2 \right) \cdot r_2 \right] \cdot m \cdot r_{s2} \cdot \omega^2 \quad (21A)$$

$$M_t = F_u \cdot r_w: \quad F_u = \left[\left(1 + \mu_{HF} \cdot \frac{r_{FK}}{r_F} \right) \cdot r_{s2} + \mu_R \cdot \left(1 - \left(\frac{\omega_2}{\omega} \right)^2 \right) \cdot r_2 \right] \cdot m \cdot \frac{r_{s2}}{r_w} \cdot \omega^2 \quad (21A)^*$$

$$M_t = \left[\left(1 + \mu_{HF} \cdot \frac{r_{FK}}{r_F} \right) \cdot \cos\frac{\alpha}{2} \cdot r_{s2} + \mu_R \cdot \left(1 - \left(\frac{\omega_2}{\omega} \right)^2 \right) \cdot r_2 \right] \cdot m \cdot r_{s2} \cdot \omega^2 \quad (21B/C)$$

$$M_t = F_u \cdot r_w: \quad F_u = \left[\left(1 + \mu_{HF} \cdot \frac{r_{FK}}{r_F} \right) \cdot \cos\frac{\alpha}{2} \cdot r_{s2} + \mu_R \cdot \left(1 - \left(\frac{\omega_2}{\omega} \right)^2 \right) \cdot r_2 \right] \cdot m \cdot \frac{r_{s2}}{r_w} \cdot \omega^2 \quad (21B/C)^*$$

Beschleunigung

Für die Normalkraft F_N ergeben sich mit dem Schwerpunktsatz bei Beschleunigung ($\alpha > 0$) und Reibung in der Führung ($F_{RF} \neq 0$) in radialer Richtung Differentialgleichungen gemäß den Gleichungen (22A, 22B/C).

(c) $\omega \geq \omega_2$: $\omega \neq const.$ $\mu_F = \mu_{HF}$ $x = x_2$ $r_s = r_{s2}$

$\omega_2 \leq \omega < \omega_3$: $\mu = \mu_{GR}$ $\omega_3 \leq \omega < \omega_N$: $\mu = \mu_R$

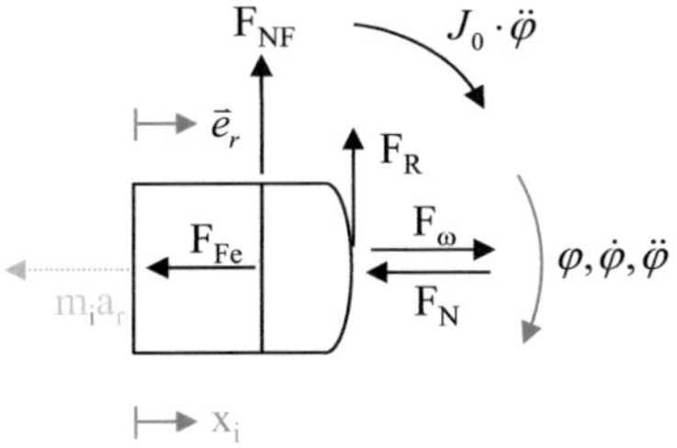

(c1) $F_{RF} = 0$:

$$\sum \vec{F}_{ir} = m \cdot \vec{a}_r \qquad \vec{a}_r = -r_{s2} \cdot \dot{\varphi}^2 \cdot \vec{e}_r$$

$$\rightarrow \sum F_{ir} = m \cdot a_r \qquad a_r = -r_{s2} \cdot \dot{\varphi}^2$$

$$\rightarrow -F_N + F_N(NF) - F_{Fe} = -m \cdot r_{s2} \cdot \dot{\varphi}^2 \qquad \dot{\varphi} = \omega$$

$$F_{Fe} = c \cdot x_2 \qquad F_\omega = m \cdot r_{s2} \cdot \omega^2$$

$$\rightarrow F_N - F_N(NF) + c \cdot x_2 - m \cdot r_{s2} \cdot \omega^2 = 0 \qquad F_N = m \cdot r_{s2} \cdot \omega^2 + F_N(NF) - c \cdot x_2$$

Gl'n (18A), (18B/C): $\quad F_N = m \cdot r_{s2} \cdot \omega^2 - c \cdot x_2 \qquad F_N = m \cdot r_{s2} \cdot \omega^2 \cdot \left(1 + \sin\frac{\alpha}{2} \cdot \frac{r_{s2}}{r_F}\right) - c \cdot x_2$

(c2) $F_{RF} \neq 0$:

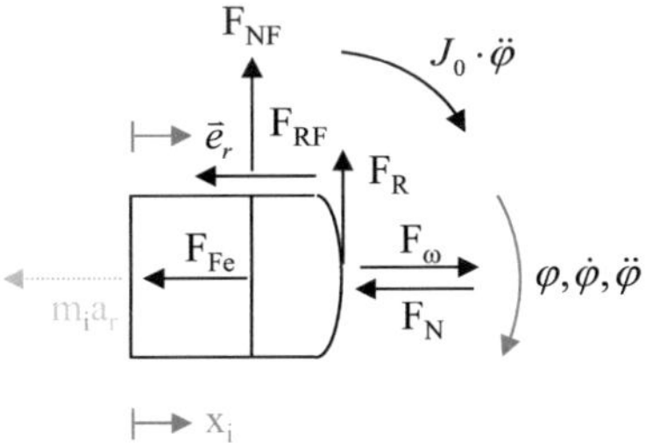

$$\rightarrow -F_N + F_N(NF) - F_{Fe} - F_{RF} = -m \cdot r_{s2} \cdot \dot{\varphi}^2$$

$$F_{RF} = \mu_{HF} \cdot F_{NF}$$

(A): $F_N(NF) = 0$ (B/C): $F_N(NF) = \sin\frac{\alpha}{2} \cdot m \cdot \frac{r_{s2}^2}{r_F} \cdot \omega^2$

(A): $F_{NF} = m \cdot \frac{r_{s2}^2}{r_F} \cdot \dot{\omega}$ (B/C): $F_{NF} = \cos\frac{\alpha}{2} \cdot m \cdot \frac{r_{s2}^2}{r_F} \cdot \dot{\omega}$

$$\rightarrow -F_N + F_\omega + F_N(NF) - \mu_{HF} \cdot F_{NF} - F_{Fe} = 0$$

$$F_N = m \cdot r_{s2} \cdot \omega^2 + F_N(NF) - \mu_{HF} \cdot F_{NF} - c \cdot x_2$$

$$F_N = m \cdot r_{s2} \cdot \omega^2 - \mu_{HF} \cdot m \cdot \frac{r_{s2}^2}{r_F} \cdot \dot{\omega} - c \cdot x_2 \qquad (22A)$$

$$F_N = m \cdot r_{s2} \cdot \omega^2 \cdot \left(1 + \sin\frac{\alpha}{2} \cdot \frac{r_{s2}}{r_F}\right) - \mu_{HF} \cdot \left(\cos\frac{\alpha}{2} \cdot m \cdot \frac{r_{s2}^2}{r_F} \cdot \dot{\omega}\right) - c \cdot x_2 \qquad (22B/C)$$

Anwendung des Drallsatzes bei Beschleunigung in der Phase (c):

(c1) $F_{RF} = 0$: $(23a,b)$ (c2) $\left[F_{RF} \neq 0\right]$: $(24a,b)$

$$\sum \vec{M}_{it,0} = J_0 \cdot \ddot{\varphi} \quad \ddot{\varphi} > 0 \quad \ddot{\varphi} = \vec{\alpha} \quad J_0 = J_A + J_L = \left(J_{FK} + J_M\right) + J_L \quad M_A = M_t = M_{FK/L} + M_M$$

$$J_{FK} = m_{FK,red} \cdot r_{s2}^2 \quad J_M = m_{M,red} \cdot r_{s2}^2 \quad J_L = m_{L,red} \cdot r_{s2}^2 \quad J_0 = m^* \cdot r_{s2}^2 \quad m^* = m_{FK,red} + m_{M,red} + m_{L,red}$$

1a) $\sum M_{it,0} = J_0 \cdot \ddot{\varphi} \iff M_t - M_R - M_F = J_0 \cdot \ddot{\varphi} \quad J_0 \cdot \ddot{\varphi} = M_B = M_A - M_L$

1b) $\sum M_{it,0} = J_0 \cdot \ddot{\varphi} \iff \left(M_{FK/L} + M_M\right) - M_R\left[-M_{RF}\right] - M_F = J_0 \cdot \ddot{\varphi}$

2) $\sum M_{FK/L} = J_{FK/L} \cdot \ddot{\varphi} \quad M_{FK/L} = M_{FK} + M_L = \left(J_{FK} + J_L\right) \cdot \alpha$

3) $\sum M_M = J_M \cdot \ddot{\varphi} \quad M_M = J_M \cdot \alpha \quad \alpha = \dot{\omega} = \ddot{\varphi}$

1.) $M_A = F_{u,w} \cdot r_w = m^* \cdot r_{s2}^2 \cdot \dot{\omega}$

     $M_A = \left(F_{u,M} + F_{u,FK/L}\right) \cdot r_w = M_M + M_{FK/L}$

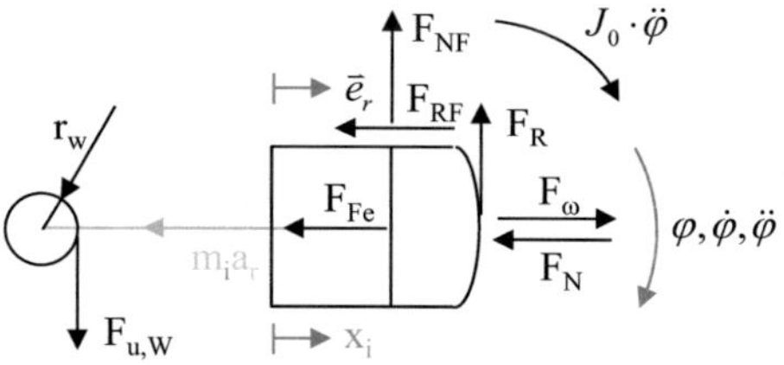

2.) $M_M = F_{u,M} \cdot r_w = m_{M,red} \cdot r_{s2}^2 \cdot \dot{\omega}$

     $F_{u,M} = m_{M,red} \cdot \dfrac{r_{s2}^2}{r_w} \cdot \dot{\omega}$

3.) $\left(M_{FK/L} + M_M\right) - M_R\left[-M_{RF}\right] - M_F = m^* \cdot r_{s2}^2 \cdot \dot{\omega}$

     $M_F = F_{NF(y)} \cdot r_F \quad F_{NF,y} = \cos\dfrac{\alpha}{2} \cdot m_{FK,red} \cdot \dfrac{r_{s2}^2}{r_F} \cdot \dot{\omega} \quad (B/C)$

$M_R = F_R \cdot r_2 \quad F_R = \mu_R \cdot F_N = \mu_R \cdot m_{FK,red} \cdot r_{s2} \cdot \dot{\omega} \quad \left[M_{RF} = \mu_{HF} \cdot F_{NF} \cdot r_{FK}\right]$

$$\left(M_{FK/L} + M_M\right) - \mu_R \cdot m_{FK,red} \cdot r_{s2} \cdot \dot{\omega} \cdot r_2 \left[-\mu_{HF} \cdot F_{NF} \cdot r_{FK}\right] - \cos\frac{\alpha}{2} \cdot m_{FK,red} \cdot r_{s2}^2 \cdot \dot{\omega} = m^* \cdot r_{s2}^2 \cdot \dot{\omega}$$

$$M_{FK/L} = F_{u,FK/L} \cdot r_w = m_{FK,red} \cdot \left(1 + \frac{m_{L,red}}{m_{FK,red}} + \left(\cos\frac{\alpha}{2} + \mu_R \cdot \frac{r_2}{r_{s2}}\right)\right) \cdot r_{s2}^2 \cdot \dot{\omega} \quad (23a)$$

$$M_{FK/L} = F_{u,FK/L} \cdot r_w = m_{FK,red} \cdot \left(1 + \frac{m_{L,red}}{m_{FK,red}} + \left(\cos\frac{\alpha}{2} \cdot \left(1 + \mu_{HF} \cdot \frac{r_{FK}}{r_F}\right) + \mu_R \cdot \frac{r_2}{r_{s2}}\right)\right) \cdot r_{s2}^2 \cdot \dot{\omega} \quad (24a)$$

3.) $M_t = F_u \cdot r_w \quad M_B = M_t - M_F - M_R\left[-M_{RF}\right] = m^* \cdot r_{s2}^2 \cdot \dot{\omega}$

$$M_t - \cos\frac{\alpha}{2} \cdot m_{FK,red} \cdot r_{s2}^2 \cdot \dot{\omega} - \mu_R \cdot m_{FK,red} \cdot r_{s2} \cdot \dot{\omega} \cdot r_2 \left[-\mu_{HF} \cdot F_{NF} \cdot r_{FK}\right] = m^* \cdot r_{s2}^2 \cdot \dot{\omega}$$

$$M_t = m_{FK,red} \cdot \left(1 + \frac{m_{M,red} + m_{L,red}}{m_{FK,red}} + \left(\cos\frac{\alpha}{2} + \mu_R \cdot \frac{r_2}{r_{s2}}\right)\right) \cdot r_{s2}^2 \cdot \dot{\omega} \quad (23b)$$

$$M_t = m_{FK,red} \cdot \left(1 + \frac{m_{M,red} + m_{L,red}}{m_{FK,red}} + \left(\cos\frac{\alpha}{2} \cdot \left(1 + \mu_{HF} \cdot \frac{r_{FK}}{r_F}\right) + \mu_R \cdot \frac{r_2}{r_{s2}}\right)\right) \cdot r_{s2}^2 \cdot \dot{\omega} \quad (24b)$$

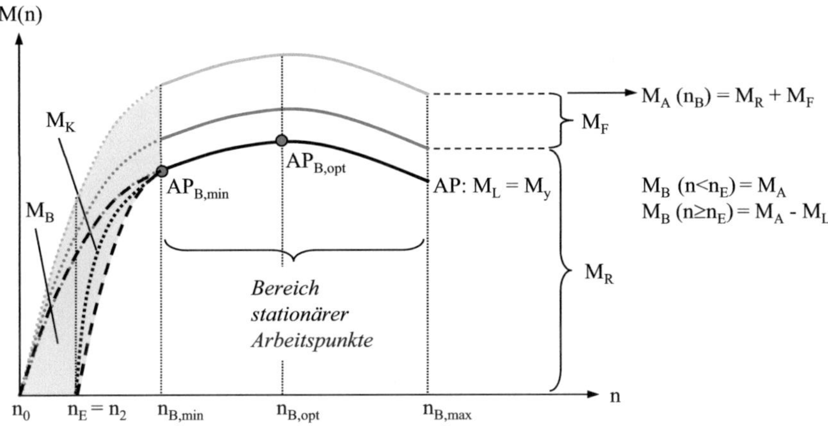

Abb. 13a: Anlauf des Verbrennungsmotors mit Fliehkraftkupplung

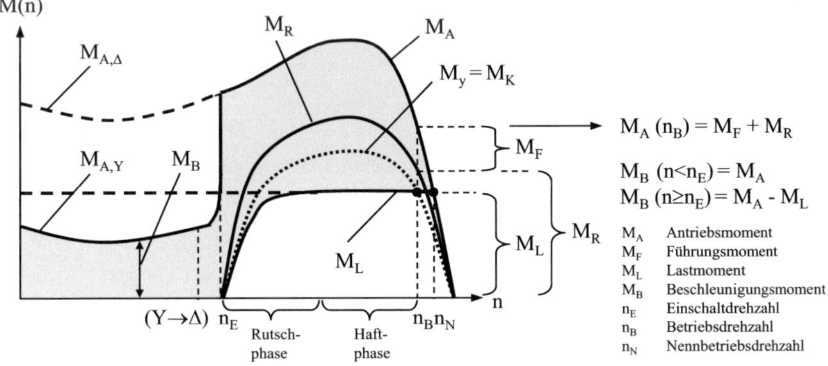

Abb. 13b: Asynchronmotor mit Fliehkraftkupplung bei konstantem Lastmoment (Stern-Dreieck-Anlauf)

Bem.: Der quantitative Verlauf von Reibmoment M_R und Führungsmoment M_F ist vom Drehzahlverhältnis, den Reibwerten und vom Fliehkraftmodell abhängig. Qualitativer Verlauf von Antriebs-, Last- und Beschleunigungsmoment (siehe auch Anhang A2-15)

3.4 Kupplungsmoment

A) Herleitung des Kupplungsmomentes durch äquivalente Umformung der Bewegungsgleichung (= Drallsatz):

Bewegungsgleichung des dynamischen Antriebes: $\quad M_B = M_A - M_L \quad M_A; M_L = f(n) \quad M_B = J \cdot \alpha \quad J = J_A + J_L$

Drallsatz: $\quad J_z \cdot \alpha = \sum_i M_{i,z} \quad \rightarrow$ Alle Massen drehen um die Achse z.

Beschleunigungsmoment: $\quad M_B = (J_A + J_L) \cdot \alpha = M_A - M_L \quad (1) \quad \Rightarrow M_A - J_A \cdot \alpha = M_L + J_L \cdot \alpha \ (= M_K)$

Kupplungsmoment: $\quad (2a) \ M_K = M_A - J_A \cdot \alpha \quad (\Rightarrow M_A = M_K + J_A \cdot \alpha) \quad (2b) \ M_K = J_L \cdot \alpha + M_L$

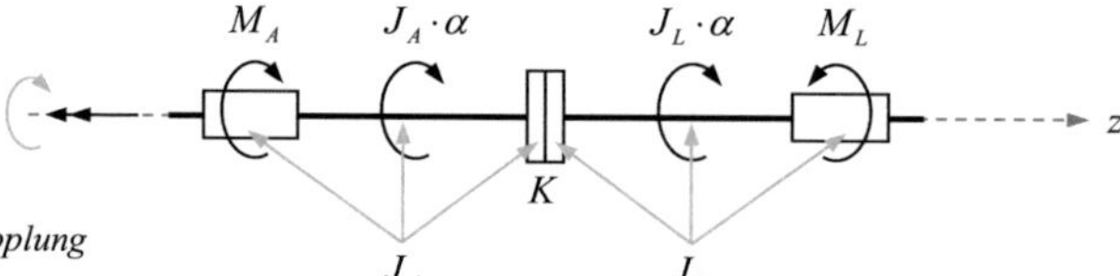

Abb. 14a: Kupplung

B) Herleitung des Kupplungsmomentes an der freigeschnittenen Kupplung:

Antriebsseite: $\quad J_A \cdot \alpha = M_A - M_K \quad \Rightarrow M_K = M_A - J_A \cdot \alpha$

Abtriebsseite: $\quad J_L \cdot \alpha = M_K - M_L \quad \Rightarrow M_K = M_L + J_L \cdot \alpha$

Kupplungsmoment = Schnittmoment zwischen den beiden Kupplungshälften

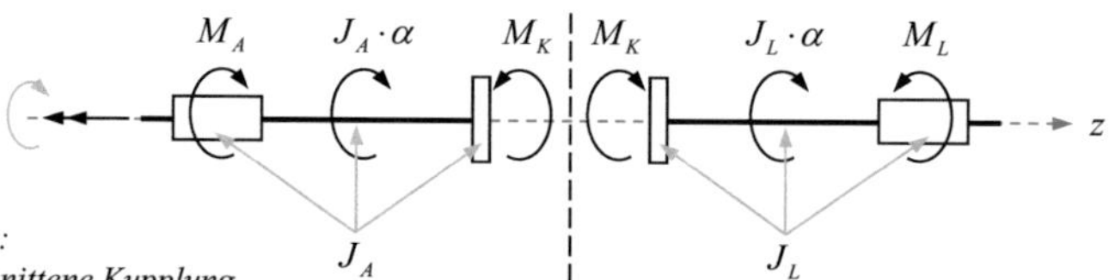

Abb. 14b:
freigeschnittene Kupplung

C) weitere Umformung der Gleichung für das Kupplungsmoment (Ersetzen der Beschleunigung α):

$(2b) \ M_K = \alpha \cdot J_L + M_L \quad (1^*) \ \alpha = \dfrac{M_B}{J} = \dfrac{M_A - M_L}{J} \quad J = J_A + J_L$

(1^*) in $(2b) \Rightarrow (3): \quad M_K = \dfrac{M_A - M_L}{J} \cdot J_L + M_L = \dfrac{J_L}{J} \cdot M_A + \dfrac{J - J_L}{J} \cdot M_L = \dfrac{J_L}{J} \cdot M_A + \dfrac{J_A}{J} \cdot M_L$

$(3) \ M_K = \dfrac{J_L}{J} \cdot M_A + \dfrac{J_A}{J} \cdot M_L$

ohne Getriebe $(i = 1)$ und $J_A = J_L$:

$(3^*) \ M_K = \dfrac{J_L}{2 \cdot J_L} \cdot M_A + \dfrac{J_A}{2 \cdot J_A} \cdot M_L = \dfrac{1}{2} \cdot M_A + \dfrac{1}{2} \cdot M_L \quad$ stationärer AP: $\quad M_K = M_A = M_L$

M_A: Antriebsmoment $\qquad J_A$: Massenträgheitsmoment des Antriebes $\qquad K(K_1, K_2)$: Kupplung$(1, 2)$

M_L: Lastmoment $\qquad\qquad J_L$: Massenträgheitsmoment der Last $\qquad\quad \alpha$: Beschleunigung

D) Kupplungsmomente im stationären Arbeitspunkt (AP): $\quad \omega = const. \quad \Rightarrow \alpha = 0$

$$M_{K1} = M_A - J_A \cdot \alpha_1 \quad \alpha_1 = 0 \quad \Rightarrow M_{K1} = M_A \qquad M_{K2} = M_L + J_L \cdot \alpha_2 \quad \alpha_2 = 0 \quad \Rightarrow M_{K2} = M_L$$

mit Getriebe $\left(J_A \neq J_L \right)$:

Energieerhaltungssatz $\left(\eta = 1 \right)$: $\quad \dfrac{1}{2} \cdot J_A \cdot \omega_A^{\,2} = \dfrac{1}{2} \cdot J_L \cdot \omega_L^{\,2} \quad \Rightarrow i = \sqrt{\dfrac{J_L}{J_A}} \quad \Rightarrow J_L = i^2 \cdot J_A \quad (4)$

Leistungsgleichheit $\left(\eta = 1 \right)$: $\quad P_A = P_L \;\Leftrightarrow\; \omega_A \cdot M_A = \omega_L \cdot M_L \quad \Rightarrow i = \dfrac{\omega_A}{\omega_L} = \dfrac{M_L}{M_A} = \dfrac{M_{K2}}{M_{K1}} \quad (5)$

$i > 1: \; M_{K1} < M_{K2} \quad M_{K1} = 1/i \cdot M_{K2} \qquad i < 1: \; M_{K2} < M_{K1} \quad M_{K2} = i \cdot M_{K1}$

E) Kupplungsmoment in der Beschleunigungsphase: $\quad M_K \left(n \right) = \dfrac{J_L}{J_A + J_L} \cdot M_A \left(n \right) + \dfrac{J_A}{J_A + J_L} \cdot M_L \left(n \right) \quad (3)$

$(4)\,\text{in}\,(3): \quad M_K = \dfrac{i^2}{1 + i^2} \cdot M_A + \dfrac{1}{1 + i^2} \cdot M_L \quad \left| \begin{array}{c} 1/i^2 \\ \hline 1/i^2 \end{array} \right. \quad (1.\ \text{Term})$

$(6): \quad M_K = \dfrac{1}{1/i^2 + 1} \cdot M_A + \dfrac{1}{1 + i^2} \cdot M_L \quad \left(\begin{array}{l} i \gg 1: \; M_K \to M_A \quad \Rightarrow M_{K1} \cong M_A \quad \left(M_{K1,max} = M_{A,max} - M_{B1} \right) \\[2mm] i \ll 1: \; M_K \to M_L \quad \Rightarrow M_{K2} \cong M_L \quad \left(M_{K2,max} = M_{L,max} + M_{B2} \right) \end{array} \right)$

Im stationären Arbeitspunkt ist das getriebeeingangsseitige Kupplungsmoment M_{K1} gleich M_A und das getriebeausgangsseitige Kupplungsmoment M_{K2} gleich M_L. Das getriebeeingangsseitige Kupplungsmoment M_{K1} ist nach dem Antriebsmoment $M_A(n)$ auszulegen und das getriebeausgangsseitige Kupplungsmoment M_{K2} nach dem Lastmoment $M_L(n)$.[*]

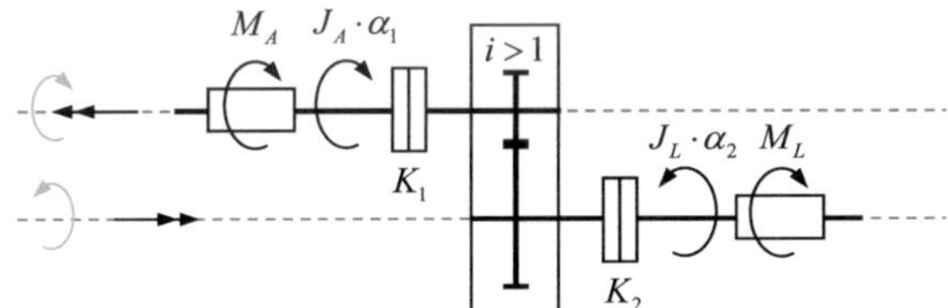

Abb. 15a: Getriebe

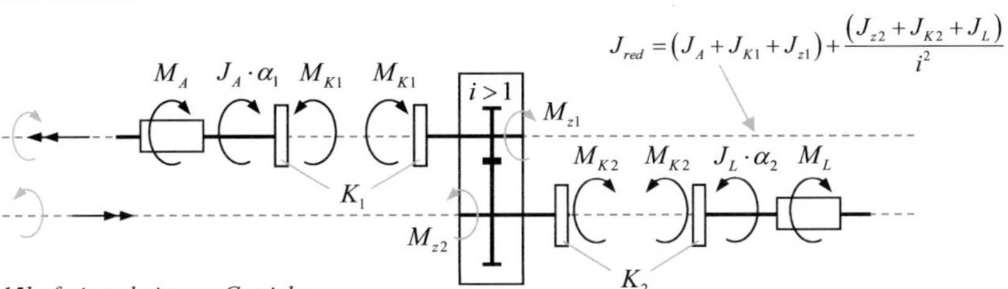

Abb. 15b: freigeschnittenes Getriebe

J_{K1}: MTM Kupplung 1 (antriebsseitig) $\qquad J_{z1}$: MTM Getrieberad 1 $\qquad J_{z2}$: MTM Getrieberad 2

J_{K2}: MTM Kupplung 2 (abtriebsseitig) $\qquad J_{red}$: auf die Antriebswelle reduziertes Massenträgheitsmoment (MTM)

---

[*] Vgl. Kupplungsdimensionierung bei Einsatz von Getrieben, siehe S. 96

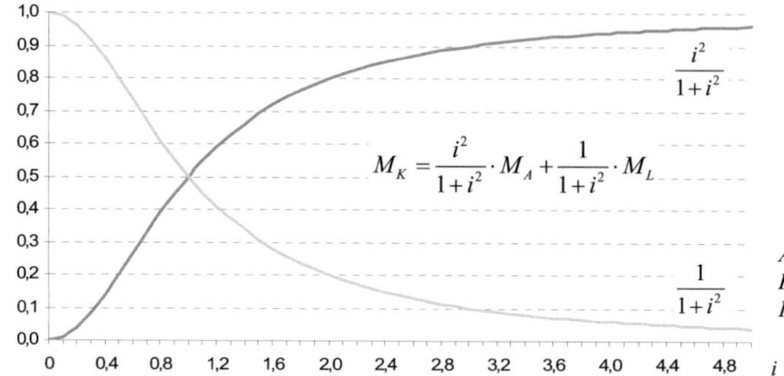

$$M_K = \frac{i^2}{1+i^2} \cdot M_A + \frac{1}{1+i^2} \cdot M_L$$

Abb. 16:
Kupplungsmoment und die
Faktoren von M_A und M_L

In der Gleichung des Kupplungsmomentes M_K addieren sich die Faktoren von M_A und M_L einer Übersetzung zu Eins. Für das Kupplungsmoment M_K nimmt mit zunehmender Übersetzung i der Faktor von M_A zu und der Faktor von M_L ab. Die Werte von M_A und M_L hängen während der Beschleunigungsphase von der Antriebs- und Lastcharakteristik ab [M_A;M_L;M_K = f(n)].

Beschleunigungsphase ($\alpha > 0$):

$$M_{B1} = J_A \cdot \alpha_1 \qquad M_{B2} = J_L \cdot \alpha_2 \qquad \text{Übersetzung:} \quad i = \frac{\omega_1}{\omega_2} = \frac{\alpha_1}{\alpha_2} = \frac{r_2}{r_1} \quad \left(i = i_{ges} = i_1 \cdot i_2 \cdot \ldots \cdot i_n \right)$$

Energieerhaltungssatz für Antrieb mit übersetzendem Getriebe in der Beschleunigungsphase:

1a) $\quad E_{kin,A} = E_{kin,L} + E_B = E_{kin,L} + \left(E_{B,L} + E_{B,A} \right) \qquad E_B : \text{Beschleunigungsenergie} \qquad \left(E_{pot} = 0 \right)$

1b) $\quad \dfrac{1}{2} \cdot J_A \cdot \omega_A^{\,2} = \dfrac{1}{2} \cdot J_L \cdot \omega_L^{\,2} + M_{B,L} \cdot \varphi_{B,L} + M_{B,A} \cdot \varphi_{B,A} \qquad M_{B,A} = J_A \cdot \alpha_A \qquad M_{B,L} = J_L \cdot \alpha_L$

$\Leftrightarrow \dfrac{1}{2} \cdot J_A \cdot \omega_A^{\,2} = \dfrac{1}{2} \cdot J_L \cdot \omega_L^{\,2} + J_L \cdot \alpha_L \cdot \varphi_{B,L} + J_A \cdot \alpha_A \cdot \varphi_{B,A} \qquad \Big| : J_A \qquad i^2 = \dfrac{J_L}{J_A}$

$\Leftrightarrow \dfrac{1}{2} \cdot \omega_A^{\,2} = \dfrac{1}{2} \cdot i^2 \cdot \omega_L^{\,2} + i^2 \cdot \alpha_L \cdot \varphi_{B,L} + \alpha_A \cdot \varphi_{B,A} \qquad i = \dfrac{\omega_A}{\omega_L} = \dfrac{\alpha_A}{\alpha_L} \quad \Rightarrow \omega_A = i \cdot \omega_L \quad \alpha_A = i \cdot \alpha_L$

$\Leftrightarrow \dfrac{1}{2} \cdot i^2 \cdot \omega_L^{\,2} = \dfrac{1}{2} \cdot i^2 \cdot \omega_L^{\,2} + i^2 \cdot \alpha_L \cdot \varphi_{B,L} + i \cdot \alpha_L \cdot \varphi_{B,A} \quad \Big| -\dfrac{1}{2} \cdot i^2 \cdot \omega_L^{\,2} \ \Big| : i \cdot \alpha_L \quad \Rightarrow i = -\dfrac{\varphi_{B,A}}{\varphi_{B,L}}$

Das Übersetzungsverhältnis entspricht den durchfahrenen Winkeln von Antrieb zu Last.

Kinetische Energie und Leistung der Beschleunigung bei Formschluss (FS): $\qquad M_B = J \cdot \alpha \qquad J = J_A + J_L$

$$P_B = \omega \cdot M_B \qquad P_B = \frac{dW_{kin,B}}{dt} \qquad \Rightarrow M_B = \frac{1}{\omega} \cdot \frac{dW_{kin,B}}{dt} \qquad \Rightarrow M_B \cdot \omega \cdot dt = dW_{kin,B} \qquad \int_{t_0}^{t_1} M_B \cdot \omega \cdot dt = \int dW_{kin,B}$$

$$\omega = \frac{d\varphi}{dt}: \quad \int_{\varphi_0}^{\varphi_1} M_B \cdot d\varphi = W_{kin,B} \qquad M_B, \alpha = const.: \qquad W_{kin,B}\Big|_{\varphi_0}^{\varphi_1} = M_B \cdot \varphi_{10} = \left(J_A + J_L \right) \cdot \alpha \cdot \varphi_{10}$$

Gesamtenergie und Gesamtleistung bei Beschleunigung (FS): $\qquad P_{ges} = P_A = P_L + P_B = \omega \cdot \left[M_L \left(\omega \right) + M_B \left(\omega \right) \right]$

$$W_{kin,ges} = W_{kin,A} = W_{kin,L} + W_{kin,B} = \frac{1}{2} \cdot J \cdot \omega^2 + M_B \cdot \varphi \qquad W_{kin,A}\Big|_{\varphi_0}^{\varphi_1} = \frac{1}{2} \cdot \left(J_A + J_L \right) \cdot \omega_{10}^{\,2} + \left(J_A + J_L \right) \cdot \alpha \cdot \varphi_{10}$$

$\varphi_{B,A}$: durchfahrener Winkel i. d. Beschleunigung (Antriebsseite) $\qquad E_{B,A}$: Beschleunigungsenergie (Antriebsseite)

$\varphi_{B,L}$: durchfahrener Winkel i. d. Beschleunigung (Lastseite) $\qquad E_{B,L}$: Beschleunigungsenergie (Lastseite)

Qualitativer Verlauf von Antriebs-, Last- und Beschleunigungsmoment sowie Kupplungsmoment
(Übersetzung i=1; Wirkungsgrad η=1)

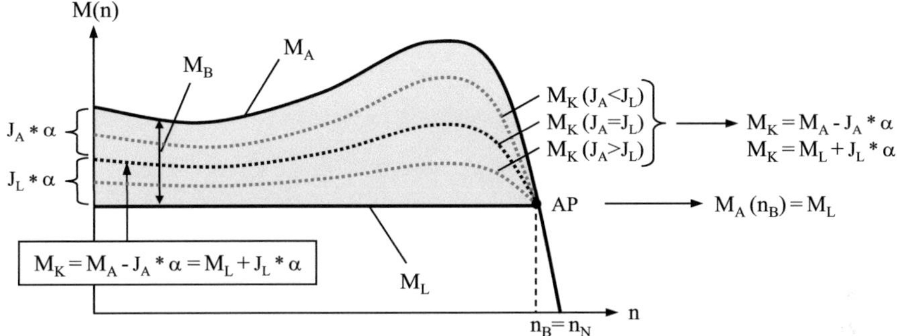

Abb. 17a: Asynchronmotor bei konstantem Lastmoment (Dreiecksanlauf)

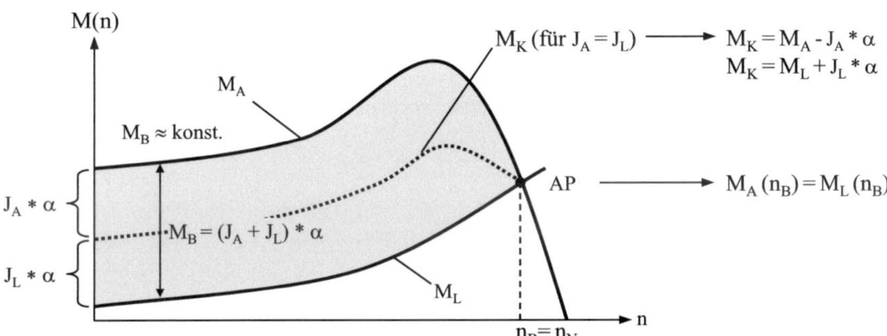

Abb. 17b: Asynchronmotor und quadratisch steigendes Lastmoment
(Beispiel für näherungsweise konstantes Beschleunigungsmoment)

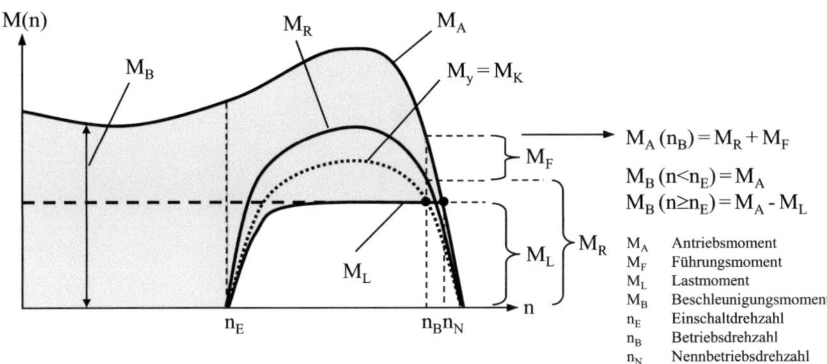

Abb. 17c: Asynchronmotor mit Fliehkraftkupplung bei konstantem Lastmoment (Dreiecksanlauf)

Qualitativer Verlauf von Antriebs-, Last- und Beschleunigungsmoment bei Übersetzungsgetrieben

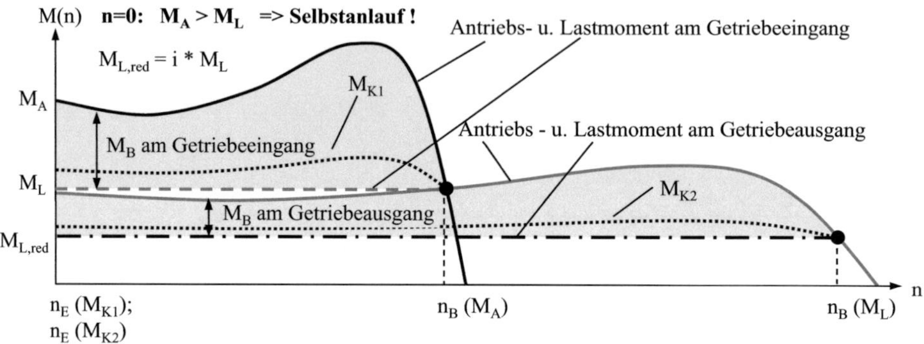

Abb. 18a: Asynchronmotor bei konstantem Lastmoment (i=0,5; i<1: Übersetzung ins Schnellere)

$n_E (M_{K1})$: Einschaltdrehzahl,getriebeeingangsseitiges Kupplungsmoment $n_B (M_A)$: Betriebsdrehzahl Antriebsmoment

$n_E (M_{K2})$: Einschaltdrehzahl,getriebeausgangsseitiges Kupplungsmoment $n_B (M_L)$: Betriebsdrehzahl Lastmoment

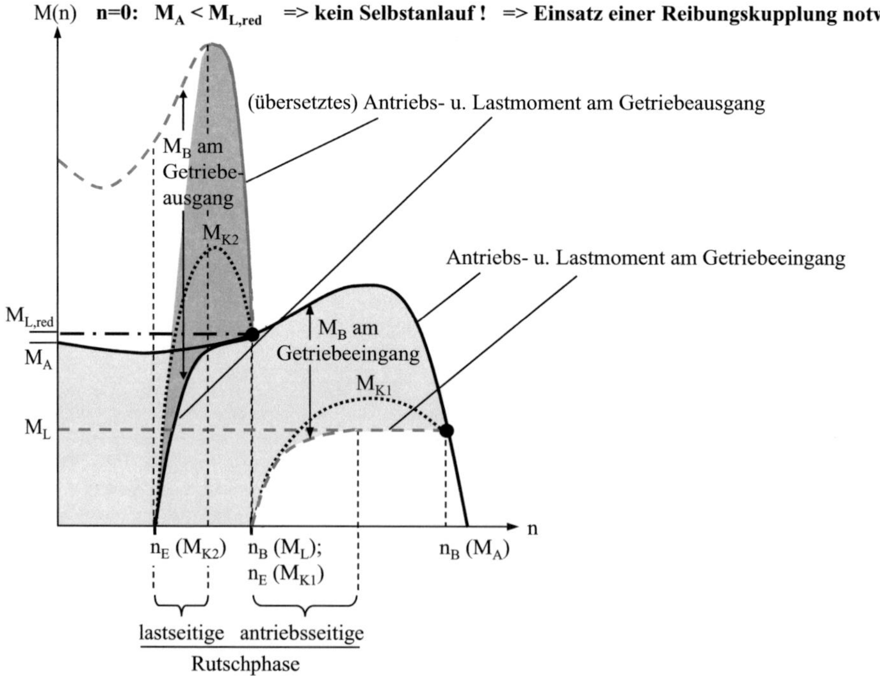

Abb. 18b: Asynchronmotor bei konstantem Lastmoment (i=2; i>1: Übersetzung ins Langsamere)

4. Berechnung der Parameter der Fliehkraftkupplung

Mit einer konstanten Antriebsleistung P wird im Nennbetrieb (bei konstanter Nennbetriebsfrequenz ω_N) das Reibmoment M_R erzeugt.

$$P, \omega = const. \quad P = \omega \cdot M \quad M_A = M_t : \quad P_A = \omega_N \cdot M_A \quad P_A = \frac{1}{\eta} \cdot P_L = const. \quad P_L = \omega_N \cdot M_L$$

$$F_N(\omega) = (1 - \mu_{HF}) \cdot m \cdot r_{s2} \cdot \omega_N^{\,2} - c \cdot x_2 + F_N(NF) \quad c \cdot x_2 = m \cdot r_{s2} \cdot \omega_2^2$$

$$F_N(\omega) = \left(1 - \mu_{HF} - \left(\frac{\omega_2}{\omega_N}\right)^2\right) \cdot m \cdot r_{s2} \cdot \omega_N^{\,2} + F_N(NF) \quad \longrightarrow \quad \text{modellabhängiger Beitrag der}$$
$$\text{Führungsnormalkraft zur Normalkraft}$$

$$F_{N,A}(NF) = 0: \quad F_N = \left(1 - \mu_{HF} - \left(\frac{\omega_2}{\omega_N}\right)^2\right) \cdot m \cdot r_{s2} \cdot \omega_N^{\,2}$$

$$F_{N,B/C}(NF) = \sin\frac{\alpha}{2} \cdot \frac{r_{s2}}{r_F} \cdot F_\omega : \quad F_N = \left(1 - \mu_{HF} - \left(\frac{\omega_2}{\omega_N}\right)^2 + \sin\frac{\alpha}{2} \cdot \frac{r_{s2}}{r_F}\right) \cdot m \cdot r_{s2} \cdot \omega_N^{\,2}$$

$$F_{N,B/C}(NF) = F_{NF} \cdot \sin\frac{\alpha}{2} = m \cdot \frac{r_{s2}^{\,2}}{r_F} \cdot \omega^2 \cdot \sin\frac{\alpha}{2} = \sin\frac{\alpha}{2} \cdot \frac{r_{s2}}{r_F} \cdot m \cdot r_{s2} \cdot \omega_N^{\,2} \quad m = i \cdot m \quad \alpha_{ges} = i \cdot \alpha \quad (r_1 \cong r_2)$$

$$r_F \cong 0,8 \cdot r_1 \quad r_N = 0,625 \cdot r_1 \quad r_{s1} \cong r_{s2} \cong \frac{4}{3} \cdot \frac{r_1^3 \cdot (1 - 0,625^3) \cdot \cos\varphi_u}{r_1^2 \cdot (1 - 0,625^2) \cdot \alpha} \cong 1,6539 \cdot r_1 \cdot \frac{\cos\varphi_u}{\alpha} \quad \varphi_u = \frac{\pi}{2} - \frac{\alpha}{2}$$

$$\Rightarrow \frac{r_{s2}}{r_F} \cong \frac{1,6539 \cdot r_1}{0,8 \cdot r_1} \cdot \frac{\cos\varphi_u}{\alpha} = 2,067 \cdot \frac{\cos\varphi_u}{\alpha} \quad Bsp.: \quad \mu_{HF} = 0,1 \quad \frac{\omega_2}{\omega_N} = \frac{1}{4}$$

$$\text{Modell B/C: } F_N = \left(1 - \mu_{HF} - \left(\frac{\omega_2}{\omega_N}\right)^2 + \frac{\sin(\alpha/2)}{\alpha} \cdot 2,067 \cdot \frac{\cos\varphi_u}{\alpha}\right) \cdot m \cdot r_{s2} \cdot \omega_N^{\,2} \quad \cos\varphi_u = \cos\left(\frac{\pi}{2} - \frac{\alpha}{2}\right) = \sin\frac{\alpha}{2}$$

$$\alpha = 90°: \quad F_N = \left(1 - 0,1 - \frac{1}{16} + \frac{\sin 45°}{\pi/2} \cdot 2,067 \cdot \frac{\cos 45°}{\pi/2}\right) \cdot F_\omega \cong (0,8375 + 0,4502 \cdot 2,067 \cdot 0,4502) \cdot F_\omega \cong 1,26 \cdot F_\omega$$

$$\alpha = 60°: \quad F_N = \left(1 - 0,1 - \frac{1}{16} + \frac{\sin 30°}{\pi/3} \cdot 2,067 \cdot \frac{\cos 60°}{\pi/3}\right) \cdot F_\omega \cong (0,8375 + 0,4775 \cdot 2,067 \cdot 0,4775) \cdot F_\omega \cong 1,31 \cdot F_\omega$$

$$M_R = \mu_R \cdot F_N \cdot r_2 = \mu_R \cdot \left(1 - \mu_{HF} - y^2 + \sin\frac{\alpha}{2} \cdot \frac{r_{s2}}{r_F}\right) \cdot m \cdot r_{s2} \cdot \omega_N^{\,2} \cdot r_2 \quad y = \frac{\omega_2}{\omega_N}$$

$$\text{reibungsfreie Führung } (\mu_{HF} = 0): \quad M_R = \mu_R \cdot \left(1 - y^2 + \sin\frac{\alpha}{2} \cdot \frac{r_{s2}}{r_F}\right) \cdot m \cdot r_{s2} \cdot \omega_N^{\,2} \cdot r_2$$

Die Normalkraft F_N wird von der Fliehkraft der Fliehkörper und vom modellabhängigen Beitrag der Führungsnormalkraft erzeugt. Die Fliehkraft wird vom Quadrat der Winkelgeschwindigkeit, dem Schwerpunktabstand und der Masse bestimmt und das Reibmoment zusätzlich vom Halbmesser der Kupplungsglocke, dem Reibradius. Die erzeugte Reibkraft F_R ist vom Reibwert der Werkstoffpaarung abhängig. Das Reibmoment wächst mit der Differenz der quadratischen Winkelgeschwindigkeiten von der Nenndrehfrequenz ω_N zur Einschaltdrehfrequenz ω_2.

Die kinematischen Größen Einschaltdrehzahl n_2 (ω_2) und Nenndrehzahl n_N (ω_N) sind zu bestimmen sowie die geometrischen Größen Kupplungsglockenradius r_2, Schaltweg Δx ($r_2 = r_1 + \Delta x$) und die Masse der Fliehkörper m. Der Wellendurchmesser r_W der Antriebswelle ist zu dimensionieren.

4.1 Schaltdrehzahl und Nennbetriebsdrehzahl

4.1.1 Schaltdrehzahl und Nennbetriebsdrehzahl mit Schaltweg

Um die Schlupfphase zu minimieren, wird der Schaltbereich in den überproportional steigenden Kurvenverlauf der Kreisfrequenz gelegt. Die Anlaufphase bis zum Schaltbeginn bei ω_2 verläuft im unterproportionalen Verlauf der Kurve.

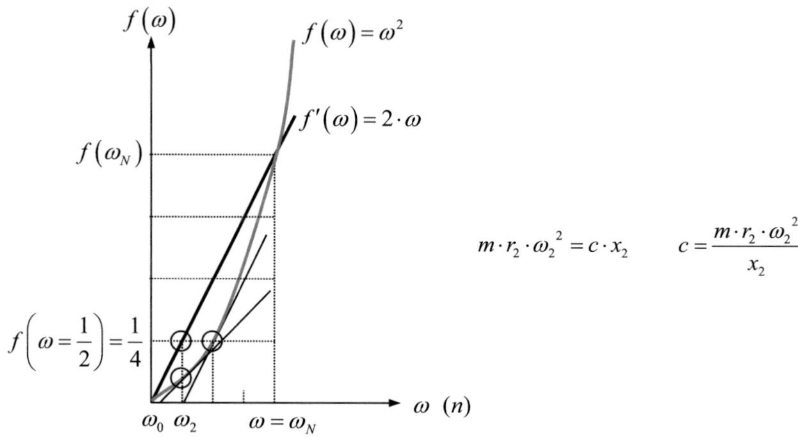

Abb. 19: Parabelfunktion und Ableitungsfunktion

$$f(\omega) = \omega^2 \quad f'(\omega) = 2 \cdot \omega \quad f''(\omega) = 2 > 0 \quad \Rightarrow f(\omega): konvex\,(Linkskrümmung)$$

$$f'(\omega) \geq 1\,(= \tan 45°) \quad 2 \cdot \omega \geq 1 \quad \Rightarrow \omega \geq \frac{1}{2} \quad f\left(\omega = \frac{1}{2}\right) = \left(\frac{1}{2}\right)^2 = \frac{1}{4}$$

$$f\left(\omega = \frac{1}{2} \cdot \omega_N\right) = \left(\frac{1}{2} \cdot \omega_N\right)^2 = \frac{1}{4} \cdot \omega_N^{\,2} \quad f'(\omega = \omega_2) = 2 \cdot \omega_2 \quad 2 \cdot \omega_2 \stackrel{!}{=} \frac{1}{2} \cdot \omega_N \quad \Rightarrow \omega_2 = \frac{1}{4} \cdot \omega_N$$

$$F_\omega\left(\omega_2 = \frac{1}{4} \cdot \omega_N\right) = m \cdot r_s \cdot \left(\frac{1}{4} \cdot \omega_N\right)^2 = \frac{1}{16} \cdot m \cdot r_s \cdot \omega_N^{\,2}$$

Bei Verlegung der Schlupfphase in den überproportional steigenden Kurvenverlauf der Kreisfrequenz beträgt die Einschaltdrehzahl ein Viertel der Nenndrehzahl. Bei Nenndrehzahlen von 3000/1500 min^{-1} (50/25 s^{-1}) liegen somit die Einschaltdrehzahlen bei 750/375 min^{-1} (12,5/6,25 s^{-1}).

Die Einschaltdrehzahl von einem Viertel der Nenndrehzahl, ein Haftreibwert des Reibbelages von $\mu_R = 0{,}5$ und reibungsbehaftete Führung ($\mu_{HF} = 0{,}2$) erzeugen eine Normalkraft, die um 34% über der Normalkraft bei einer Einschaltdrehzahl von der Hälfte der Nenndrehzahl liegt.

Das Drehmoment-/Drehzahlverhalten des Antriebes kann eine Einschaltdrehzahl erfordern, die über einem Viertel der Nenndrehzahl liegt. Als weitere Einschaltdrehzahlen werden die Hälfte und ein Drittel der Nenndrehzahl verwendet.

4.1.1.1 Drehfrequenzbeginn der Haftreibung ω_3

Mit Erreichen der Drehfrequenz ω_3 beginnt die Haftreibung. Die Haftdrehzahl n_3 ist von den beiden Reibwerten abhängig, dem Gleitreibkoeffizienten (dynamischer Reibwert) und dem Haftreibkoeffizienten (statischer Reibwert). Nachfolgend wird angenommen, das Verhältnis von Haftreib- zu Gleitreibkoeffizient als Faktor der Nenndrehfrequenz entspricht der Steigung der Parabelfunktion der Fliehkraft bei der Drehfrequenz ω_3. Da der Haftreibkoeffizient größer ist als der Gleitreibkoeffizient, liegt – als notwendige Vorraussetzung für die Richtigkeit der zuvor getroffenen Annahme – die Drehfrequenz ω_3 der Haftreibung über der Schaltdrehfrequenz ω_2.

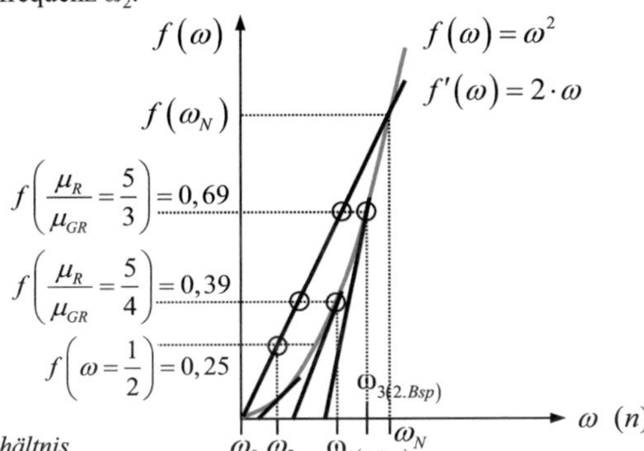

Abb. 20: Parabelfunktion,
Ableitungsfunktion und das μ_R/μ_{GR}-Verhältnis

$$f(\omega) = \omega^2 \quad f'(\omega) = 2 \cdot \omega \quad f''(\omega) = 2 > 0 \ \Rightarrow f(\omega): konvex \quad f'(\omega) \overset{!}{=} \frac{\mu_R}{\mu_{GR}} \cdot \omega_N \quad 2 \cdot \omega = \frac{\mu_R}{\mu_{GR}} \cdot \omega_N \ \Rightarrow \omega = \frac{1}{2} \cdot \frac{\mu_R}{\mu_{GR}} \cdot \omega_N$$

$$f\left(\omega = \frac{1}{2} \cdot \frac{\mu_R}{\mu_{GR}} \cdot \omega_N\right) = \left(\frac{1}{2} \cdot \frac{\mu_R}{\mu_{GR}}\right)^2 \cdot \omega_N^{\,2} = \frac{1}{4} \cdot \left(\frac{\mu_R}{\mu_{GR}}\right)^2 \cdot \omega_N^{\,2} \qquad \Rightarrow F_\omega(\omega_3) = m \cdot r_{s2} \cdot \left(\frac{1}{2} \cdot \frac{\mu_R}{\mu_{GR}}\right)^2 \cdot \omega_N^{\,2}$$

$$1.\ Bsp.:\ \mu_R = 0,35 \quad \mu_{GR} = 0,28 \quad \Rightarrow f\left(\omega = \frac{1}{2} \cdot \frac{\mu_R}{\mu_{GR}} \cdot \omega_N\right) = \left(\frac{1}{2} \cdot \frac{0,35}{0,28}\right)^2 \cdot \omega_N^{\,2} = \frac{1}{4} \cdot \left(\frac{5}{4}\right)^2 \cdot \omega_N^{\,2} = \frac{25}{64} \cdot \omega_N^{\,2} = 0,39 \cdot \omega_N^{\,2}$$

$$2.\ Bsp.:\ \mu_R = 0,35 \quad \mu_{GR} = 0,21 \quad \Rightarrow f\left(\omega = \frac{1}{2} \cdot \frac{\mu_R}{\mu_{GR}} \cdot \omega_N\right) = \left(\frac{1}{2} \cdot \frac{0,35}{0,21}\right)^2 \cdot \omega_N^{\,2} = \frac{1}{4} \cdot \left(\frac{5}{3}\right)^2 \cdot \omega_N^{\,2} = \frac{25}{36} \cdot \omega_N^{\,2} = 0,69 \cdot \omega_N^{\,2}$$

$$\omega_3 = \frac{1}{2} \cdot \frac{\mu_R}{\mu_{GR}} \cdot \omega_N: \quad 1.\ Bsp.:\ \omega_3\left(\frac{\mu_R}{\mu_{GR}} = \frac{5}{4}\right) = \frac{1}{2} \cdot \frac{5}{4} \cdot \omega_N = 0,625 \cdot \omega_N \quad 2.\ Bsp.:\ \omega_3\left(\frac{\mu_R}{\mu_{GR}} = \frac{5}{3}\right) = \frac{1}{2} \cdot \frac{5}{3} \cdot \omega_N = 0,833 \cdot \omega_N$$

$$\frac{\omega_3}{\omega_2}: \quad 1.\ Bsp.: \quad \frac{\omega_3}{\omega_2} = \frac{0,625 \cdot \omega_N}{0,25 \cdot \omega_N} = 2,5 \quad 2.\ Bsp.: \quad \frac{\omega_3}{\omega_2} = \frac{0,833 \cdot \omega_N}{0,25 \cdot \omega_N} = 3,33$$

Bei einem Verhältnis der Reibwerte von μ_R/μ_{GR} = 5/4 beträgt die Drehfrequenz des Haftreibbeginns ω_3 das 0,63fache der Nennkreisfrequenz ($\omega_3 = 0,63 \cdot \omega_N$), bei einem Reibwert-Verhältnis von μ_R/μ_{GR} = 5/3 beträgt die Drehfrequenz ω_3 das 0,83fache der Nennkreisfrequenz ($\omega_3 = 0,83 \cdot \omega_N$).

Je geringer der Unterschied beider Reibwerte (statischer Haftreibwert und dynamischer Gleitreibwert), desto geringer ist die Dauer der Gleitreibphase, um so näher liegt ω_3 an ω_2.

Bem.: Eine geringe Differenz zwischen μ_R (μ) und μ_{GR} (μ_0) vermeidet das Rattern (Stick-Slip-Effekt).Vgl. Dubbel (1999), S. G71;
Vgl. Niemann (2004), S. 241; Verhältnis von μ_R (μ) zu μ_{GR} (μ_0) für Kupplungswerkstoffe: Vgl. Dubbel (1999), S. G171 (Anh. G3 Tabelle 1);
Vgl. Beckert (1973), S.148; Vgl. Köhler (1992), Arbeitsblätter, Seite A62 (Tafel A4.11)

4.1.2 Nennbetriebsdrehzahl bei schleifendem Anlauf ohne Schaltweg

In Kap. 4.1 wurde die Betriebsdrehzahl mit der Annahme festgelegt, dass ein Schaltweg Δx existiert und die Schaltdrehfrequenz ω_2 (Schlupfbeginn) am Beginn des überproportionalen Drehzahlbereiches liegt. Nun wird alternativ angenommen, dass kein Schaltweg vorhanden ist, d. h. schon im Anlauf besteht Gleitreibung bis zur Drehfrequenz ω_3, bei der die Haftreibung beginnt und die Last schlupffrei bewegt. Der Antrieb läuft nicht vollkommen lastfrei an.

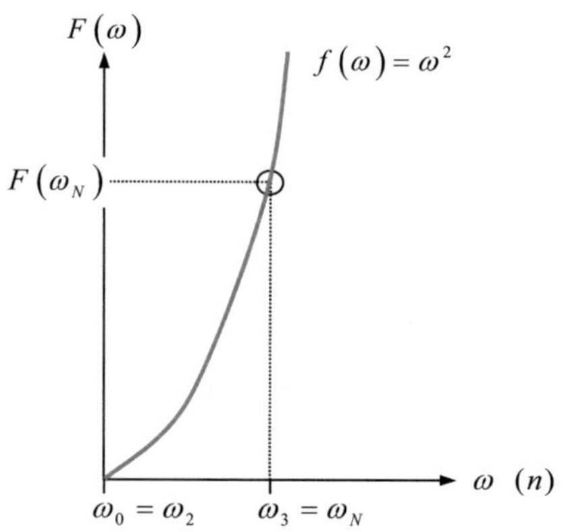

schleifender (schaltwegloser) Anlauf (Modell A):

$$\omega_0 = (\omega_1 = \omega_2) \qquad \omega_3 \, (\textit{Haftreibung})$$

$$r_s = r_{s1} \cong r_{s2}$$

$$F_\omega = m \cdot r_s \cdot \omega_N^2 \qquad F_{NF} = m \cdot \frac{r_s^2}{r_F} \cdot \omega_N^2$$

$$F_N(\omega_N) = \left(1 - \mu_{HF} \cdot \frac{r_s}{r_F}\right) \cdot m \cdot r_s \cdot \omega_N^2$$

Anlauf mit Schaltweg und $\omega_2 = \frac{1}{4} \cdot \omega_N$:

$$F_N\left(\omega_N, \, \omega_2 = \frac{1}{4} \cdot \omega_N\right) = \left(\frac{15}{16} - \mu_{HF}\right) \cdot m \cdot r_s \cdot \omega_N^2$$

Abb. 21: Parabelfunktion und schleifender Anlauf der Fliehkraftkupplung

$$\text{Modell A :} \quad \frac{F_N(\omega_N)}{F_N\left(\omega_N, \, \omega_2 = \frac{1}{4} \cdot \omega_N\right)} = \frac{(1 - \mu_{HF}) \cdot m \cdot r_s \cdot \omega_N^2}{\left(\frac{15}{16} - \mu_{HF}\right) \cdot m \cdot r_s \cdot \omega_N^2} = \frac{(1 - \mu_{HF})}{(0{,}9375 - \mu_{HF})}$$

$$\mu_{HF} = 0{,}2 : \quad \frac{F_N(\omega_N)}{F_N\left(\omega_N, \, \omega_2 = \frac{1}{4} \cdot \omega_N\right)} = \frac{0{,}8}{0{,}7375} = 1{,}085 \qquad \mu_{HF} = 0{,}1 : \quad \frac{F_N(\omega_N)}{F_N\left(\omega_N, \, \omega_2 = \frac{1}{4} \cdot \omega_N\right)} = \frac{0{,}9}{0{,}8375} = 1{,}075$$

$$\mu_{HF} = 0^* : \quad \frac{F_N(\omega_N)}{F_N\left(\omega_N, \, \omega_2 = \frac{1}{4} \cdot \omega_N\right)} = \frac{1}{0{,}9375} = 1{,}067 \qquad {}^*\textit{reibungsfreie Führung}$$

Antriebs- und Lastmoment und die Beschleunigung der Last in der Gleitreibphase[*]:

1.) Beginn der Gleitreibphase (Abtrieb steht still)

2.) Beschleunigung in der Gleitreibphase (Abtrieb wird beschleunigt): $M_A > M_L + J_L \cdot \alpha_{L,03}$ $\quad \alpha_{L,03} > \alpha_{A,23}$

Der schleifende, schaltweglose Anlauf bringt eine geringfügige Erhöhung der Normalkraft (6,7 - 8,5%) im Vergleich zur erreichbaren Normalkraft bei Schaltung zu Beginn des überproportionalen Drehzahlbereiches bei einem Drehfrequenzverhältnis von $\omega_2 = \frac{1}{4} \cdot \omega_N$. Die o. a. Kriterien für den schleifenden Anlauf in Stern-Dreieck-Schaltung verlangen ein erhöhtes Antriebsmoment.

Bem.: Der Faktor r_{s2}/r_F des Haftreibkoeffizienten der Führung gem. Gl. (18), S. 25 wurde in den Rechnungen mit $\mu_{HF} \neq 0$ vernachlässigt.
[*] Beim Drehzahlverhältnis y = 1/4 und Reibwertverhältnis μ_R/μ_{GR} = 5/4 sind Gleitreib- und Haftphase gleich groß (Vgl. S. 37);

4.2 Federvorspannkraft und die Schaltdrehfrequenzen ω_1 und ω_2

Die Drehfrequenz ω_1 wird von der Federvorspannkraft bestimmt. Wird die Kreisfrequenz ω_1 auf den doppelten Wert des ursprünglichen Wertes erhöht, dann muss die Federvorspannkraft auf das Vierfache ansteigen. Bei Verdoppelung der Federkraft steigt die Einschaltdrehzahl auf das 1,4fache und bei Verdreifachung der Federkraft auf das 1,7fache des Ausgangswertes.

$$m \cdot r_{s1} \cdot \omega_1^{\,2} = c \cdot x_v : \quad m \cdot r_{s1} \cdot \left(1 \cdot \omega_1\right)^2 = 1 \cdot c \cdot x_v \quad m \cdot r_{s1} \cdot \left(2 \cdot \omega_1\right)^2 = 4 \cdot c \cdot x_v \quad m \cdot r_{s1} \cdot \left(3 \cdot \omega_1\right)^2 = 9 \cdot c \cdot x_v$$

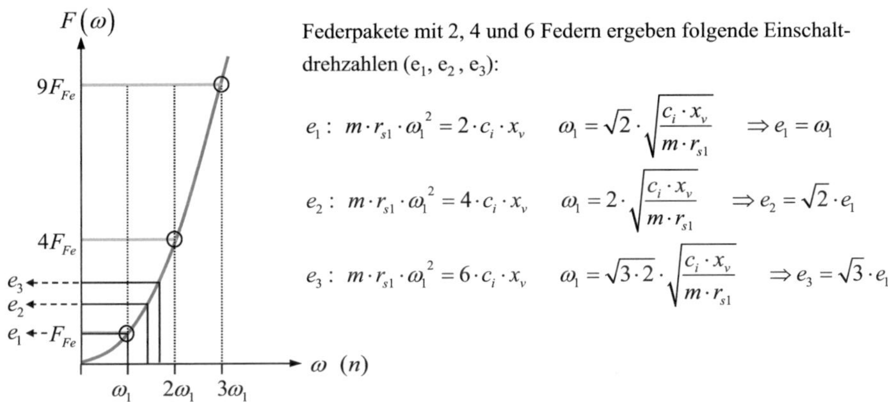

Federpakete mit 2, 4 und 6 Federn ergeben folgende Einschaltdrehzahlen (e_1, e_2, e_3):

$$e_1 : \quad m \cdot r_{s1} \cdot \omega_1^{\,2} = 2 \cdot c_i \cdot x_v \qquad \omega_1 = \sqrt{2} \cdot \sqrt{\frac{c_i \cdot x_v}{m \cdot r_{s1}}} \quad \Rightarrow e_1 = \omega_1$$

$$e_2 : \quad m \cdot r_{s1} \cdot \omega_1^{\,2} = 4 \cdot c_i \cdot x_v \qquad \omega_1 = 2 \cdot \sqrt{\frac{c_i \cdot x_v}{m \cdot r_{s1}}} \quad \Rightarrow e_2 = \sqrt{2} \cdot e_1$$

$$e_3 : \quad m \cdot r_{s1} \cdot \omega_1^{\,2} = 6 \cdot c_i \cdot x_v \qquad \omega_1 = \sqrt{3 \cdot 2} \cdot \sqrt{\frac{c_i \cdot x_v}{m \cdot r_{s1}}} \quad \Rightarrow e_3 = \sqrt{3} \cdot e_1$$

Abb. 22: Schaltfrequenzen und Federvorspannkraft für Vielfache der ursprünglichen Frequenz

Anhand der stationären Gleichgewichtszustände ω_1 = const. und ω_2 = const. kann gezeigt werden, dass die Drehzahl n_1 nicht erheblich von der Einschaltdrehzahl n_2 (ω_2) abweicht, obwohl die Fliehkraft quadratisch mit der Drehzahl wächst. Dabei wird vorausgesetzt, dass der Federschaltweg Δx und der Federvorspannweg x_v sehr viel kleiner sind als der Schwerpunktradius r_{s1} vom Drehpunkt zum Schwerpunkt der Fliehkörper. Das Frequenzverhältnis ist unabhängig von der Masse der Fliehkörper.

$$m \cdot r_{s1} \cdot \omega_1^{\,2} = c \cdot x_v \quad c = \frac{m \cdot r_{s1} \cdot \omega_1^{\,2}}{x_v} \quad \wedge \quad m \cdot r_{s2} \cdot \omega_2^{\,2} = c \cdot x_2 \quad c = \frac{m \cdot r_{s2} \cdot \omega_2^{\,2}}{x_2}$$

$$\Rightarrow \frac{m \cdot r_{s1} \cdot \omega_1^{\,2}}{x_v} = \frac{m \cdot r_{s2} \cdot \omega_2^{\,2}}{x_2} \qquad \frac{\omega_2^{\,2}}{\omega_1^{\,2}} = \frac{r_{s1} \cdot x_2}{r_{s2} \cdot x_v} \qquad \frac{\omega_2}{\omega_1} = \sqrt{\frac{r_{s1} \cdot x_2}{r_{s2} \cdot x_v}}$$

$$r_{s2} = r_{s1} + \Delta x \ , \quad x_2 = x_v + \Delta x : \qquad \frac{\omega_2}{\omega_1} = \sqrt{\frac{r_{s1} \cdot \left(x_v + \Delta x\right)}{\left(r_{s1} + \Delta x\right) \cdot x_v}}$$

$$\Delta x < x_v \ , \quad x_v << r_{s1} : \qquad \frac{\omega_2}{\omega_1} = \sqrt{\frac{r_{s1} \cdot x_v + r_{s1} \cdot \Delta x}{r_{s1} \cdot x_v + \Delta x \cdot x_v}}$$

$$\Delta x \cdot x_v << r_{s1} \cdot x_v : \qquad \frac{\omega_2}{\omega_1} \approx \sqrt{1 + \frac{\Delta x}{x_v}} \quad \Rightarrow \omega_2 \approx \omega_1$$

Das Verhältnis der Drehfrequenzen ω_2 zu ω_1 als Funktion von Schaltweg Δx zu Federvorspannweg x_V:

$$c = const.: \quad m \cdot r_{s1} \cdot \omega_1^2 = c \cdot x_v \quad c = \frac{m \cdot r_{s1} \cdot \omega_1^2}{x_v} \quad \wedge \quad m \cdot r_{s2} \cdot \omega_2^2 = c \cdot x_2 \quad c = \frac{m \cdot r_{s2} \cdot \omega_2^2}{x_2}$$

$$\Rightarrow \frac{m \cdot r_{s1} \cdot \omega_1^2}{x_v} = \frac{m \cdot r_{s2} \cdot \omega_2^2}{x_2} \quad \frac{\omega_2^2}{\omega_1^2} = \frac{r_{s1} \cdot x_2}{r_{s2} \cdot x_v} \quad \frac{\omega_2}{\omega_1} = \sqrt{\frac{r_{s1}}{r_{s2}}} \cdot \sqrt{\frac{x_2}{x_v}}$$

$$\begin{aligned} r_{s2} &= r_{s1} + \Delta x \\ x_2 &= x_v + \Delta x \end{aligned} \quad \frac{\omega_2}{\omega_1} = \sqrt{\frac{r_{s1}}{(r_{s1} + \Delta x)}} \cdot \sqrt{\frac{(x_v + \Delta x)}{x_v}} = \sqrt{\frac{r_{s1}}{x_v}} \cdot \sqrt{\frac{(x_v + \Delta x)}{(r_{s1} + \Delta x)}} \quad \Rightarrow \frac{\omega_2}{\omega_1} = \sqrt{\frac{1 + (\Delta x / x_v)}{1 + (\Delta x / r_{s1})}}$$

$$\textit{Näherung} \quad \Delta x \ll r_{s1}: \quad \Rightarrow \frac{\omega_2}{\omega_1} \cong \sqrt{1 + \frac{\Delta x}{x_v}}$$

$$\omega_2 = \frac{1}{4} \cdot \omega_N: \quad \textit{Näherung} \quad \Delta x \ll r_{s1}: \quad \Rightarrow \frac{\omega_N}{\omega_1} \cong 4 \cdot \sqrt{1 + \frac{\Delta x}{x_v}} = 4 \cdot \frac{\omega_2}{\omega_1}$$

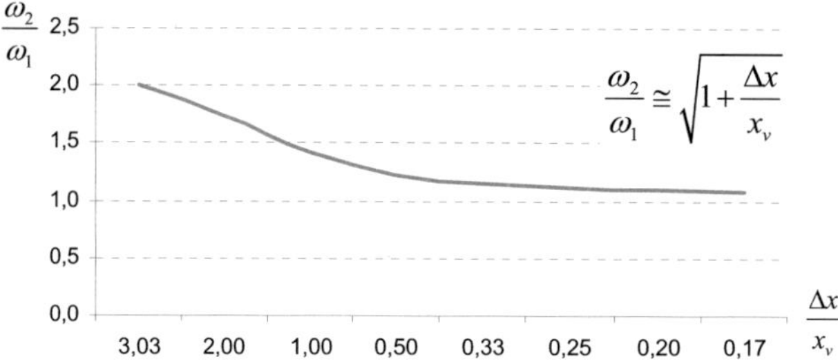

$$\frac{\omega_2}{\omega_1} \cong \sqrt{1 + \frac{\Delta x}{x_v}}$$

Δx	x_V	$\Delta x / x_V$	$\omega_2 / \omega_1 =$ $\sqrt{(1 + \Delta x / x_V)}$
1	0,33	3,03	2,008
1	0,50	2,00	1,732
1	1,00	1,00	1,414
1	2,00	0,50	1,225
1	3,00	0,33	1,155
1	4,00	0,25	1,118
1	5,00	0,20	1,095
1	6,00	0,17	1,080

Abb. 23: Verhältnis der Schaltkreisfrequenzen als Funktion von $\Delta x/x_V$

Tab. 01: Verhältnis der Schaltkreisfrequenzen als Funktion von $\Delta x/x_V$

Das Verhältnis der Drehfrequenzen ω_2 zu ω_1 ist vom Verhältnis des Schaltweges Δx zum Federvorspannweg x_V abhängig. Je höher der Federvorspannweg im Vergleich zum Schaltweg ist, desto geringer ist das Verhältnis der Drehfrequenzen ω_2 zu ω_1. Bei gleichgroßem Federvorspannweg und Schaltweg beträgt die Schaltdrehfrequenz ω_2 das 1,4fache der Drehfrequenz ω_1. Beträgt der Federvorspannweg das Fünffache des Schaltweges, dann liegt ω_2 nur noch 9,5% über ω_1. Wenn der Federvorspannweg Δx sehr viel kleiner ist als der Schwerpunktabstand r_{s1} der Fliehkörper, dann beträgt unter der Voraussetzung $\omega_2 = \frac{1}{4} \cdot \omega_N$ auch das Verhältnis der Nenndrehfrequenz ω_N zur Drehfrequenz ω_1 annähernd das Vierfache des Verhältnisses von ω_2 zu ω_1.

Eigenkreisfrequenz der Fliehkörper

$$\text{DGL:} \quad \ddot{x}_i - x_i \cdot \left(\omega^2 - \frac{c}{m} \right) - r_{s1} \cdot \omega^2 + \frac{c}{m} \cdot x_v = 0 \quad \Leftrightarrow \quad \begin{cases} (1) \quad \ddot{x}_i + x_i \cdot \left(\frac{c}{m} - \omega^2 \right)^* = 0 \\ (2) \quad -r_{s1} \cdot \omega^2 + \frac{c}{m} \cdot x_v = 0 \end{cases} \quad \begin{aligned} (1): &\Rightarrow \omega_e = \sqrt{\frac{c}{m} - \omega^2} \\ (2): &\Rightarrow \omega = \sqrt{\frac{c}{m} \cdot \frac{x_v}{r_{s1}}} \end{aligned}$$

$$(2)\,\text{in}\,(1): \quad \omega_e = \sqrt{\frac{c}{m} \cdot \left(1 - \frac{x_v}{r_{s1}} \right)} \quad x_v \ll r_{s1}: \quad \omega_e \cong \sqrt{\frac{c}{m}} \quad \left(\frac{c}{m} > \omega^2 \right)^* \quad \Leftarrow \frac{x_v}{r_{s1}} < 1 \quad \omega^2 = \frac{c}{m} \cdot \frac{x_v}{r_{s1}}$$

4.3 Lage der Eigenkreisfrequenz

Die Eigenkreisfrequenz der Fliehkraftkörper wird durch die Federrate c (c_i) und die Masse der Fliehkörper m (m_i) bestimmt. Da die gleichen Federn parallel geschaltet sind, können sowohl die Einzelfederrate c_i und die Einzelmasse m_i als auch die Gesamtgrößen (c, m) eingesetzt werden.

$$\omega_e = \sqrt{\frac{c}{m}\cdot\left(1-\frac{x_v}{r_{s1}}\right)} \quad\Rightarrow\quad \omega_e \cong \sqrt{\frac{c}{m}}: \quad c\cdot x_v = m\cdot r_{s1}\cdot\omega_1^2 \quad\Rightarrow\quad \omega_1 = \sqrt{\frac{c}{m}\cdot\frac{x_v}{r_{s1}}} \quad x_v \ll r_{s1} \quad\Rightarrow\quad \omega_1 < \omega_e$$

$$c\cdot\left(x_v+\Delta x\right) = m\cdot\left(r_{s1}+\Delta x\right)\cdot\omega_2^2 \quad\Rightarrow\quad \omega_2 = \sqrt{\frac{c}{m}\cdot\frac{\left(x_v+\Delta x\right)}{\left(r_{s1}+\Delta x\right)}} \quad \left(x_v+\Delta x\right) < \left(r_{s1}+\Delta x\right) \quad\Rightarrow\quad \omega_2 < \omega_e$$

Die Eigenkreisfrequenz ω_e der Fliehkraftkörper liegt über der Schaltdrehfrequenz ω_2, wenn die angegebene Ungleichung erfüllt ist. Zu prüfen ist, ob die Eigenkreisfrequenz ω_e im Nennbetrieb über der Betriebsdrehfrequenz ω_N liegt oder zwischen den Drehfrequenzen ω_2 und ω_N.

$$\text{Fall:} \quad \omega_N = 4\cdot\omega_2 \quad\wedge\quad \omega_e = \sqrt{\frac{c}{m}\cdot\left(1-\frac{x_v}{r_{s1}}\right)}: \quad \omega_2 = \sqrt{\frac{c}{m}\cdot\frac{\left(x_v+\Delta x\right)}{\left(r_{s1}+\Delta x\right)}} \quad\Rightarrow\quad \omega_N = 4\cdot\sqrt{\frac{c}{m}\cdot\frac{\left(x_v+\Delta x\right)}{\left(r_{s1}+\Delta x\right)}}$$

$$\omega_e < \omega_N \Rightarrow \quad \sqrt{\frac{c}{m}\cdot\left(1-\frac{x_v}{r_{s1}}\right)} < 4\cdot\sqrt{\frac{c}{m}\cdot\frac{\left(x_v+\Delta x\right)}{\left(r_{s1}+\Delta x\right)}} \quad\Rightarrow\quad 1 < 16\cdot\frac{\left(x_v+\Delta x\right)}{\left(r_{s1}+\Delta x\right)} + \frac{x_v}{r_{s1}}$$

Bsp.: $r_{s2} = 0,53\cdot r_2$ ($\alpha = 90°$, $b = 0,37\cdot r_1$, $r_1 = 100mm$, $\Delta x = \frac{4}{104}\cdot r_2 = 0,0385\cdot r_2$) $\wedge$ $x_v = \Delta x$:

$$r_{s1} = r_{s2} - \Delta x = \left(0,53-0,0385\right)\cdot r_2 = 0,4915\cdot r_2 \quad 1 < 16\cdot\frac{0,0385\cdot r_2 + 0,0385\cdot r_2}{0,4915\cdot r_2 + 0,0385\cdot r_2} + \frac{0,0385\cdot r_2}{0,4915\cdot r_2} \quad\Rightarrow\quad \omega_e < \omega_N$$

$$\text{allg.:} \quad \frac{\omega_2}{\omega_N} = y \quad\Rightarrow\quad \frac{\omega_2}{y} = \omega_N \quad \omega_2 = \sqrt{\frac{c}{m}\cdot\frac{\left(x_v+\Delta x\right)}{\left(r_{s1}+\Delta x\right)}} \quad \omega_e = \sqrt{\frac{c}{m}\cdot\left(1-\frac{x_v}{r_{s1}}\right)} \quad \omega_e < \omega_N : \quad 1 < \frac{1}{y^2}\cdot\frac{\left(x_v+\Delta x\right)}{\left(r_{s1}+\Delta x\right)} + \frac{x_v}{r_{s1}}$$

(s. Anhang A3-3)

Die Lage der Eigenkreisfrequenz ω_e der Fliehkraftkörper ist abhängig vom Reibungswinkel, Drehzahlverhältnis, Federvorspannweg und Schaltweg. Für die Einschaltdrehfrequenz $\omega_2 = \frac{1}{2}\cdot\omega_N$ liegt die Eigenkreisfrequenz überwiegend in der Haftphase zwischen ω_3 und ω_N, für die Einschaltdrehfrequenz $\omega_2 = \frac{1}{4}\cdot\omega_N$ überwiegend in der Gleitreibphase zwischen ω_2 und ω_3. (s. Anhang A3-3/4)

$$\omega_2 = \sqrt{\frac{c\cdot\left(x_v+x\right)}{\left(1-\mu_{GF}\right)\cdot m\cdot\left(r+x\right)}} = \sqrt{\frac{1}{\left(1-\mu_{GF}\right)}}\cdot\sqrt{\frac{c\cdot\left(x_v+x\right)}{m\cdot\left(r+x\right)}}$$

$$\mu_{GF} = 0,2: \quad \omega_2 = \sqrt{\frac{1}{\left(1-0,2\right)}}\cdot\sqrt{\frac{c\cdot\left(x_v+x\right)}{m\cdot\left(r+x\right)}} \quad \omega_2 = 1,118\cdot\sqrt{\frac{c\cdot\left(x_v+x\right)}{m\cdot\left(r+x\right)}}$$

$$\mu_{GF} = 0,1: \quad \omega_2 = \sqrt{\frac{1}{\left(1-0,1\right)}}\cdot\sqrt{\frac{c\cdot\left(x_v+x\right)}{m\cdot\left(r+x\right)}} \quad \omega_2 = 1,054\cdot\sqrt{\frac{c\cdot\left(x_v+x\right)}{m\cdot\left(r+x\right)}}$$

Reibung in der Führung $\mu_{HF} = 0,2$ ($0,1$) erhöht die Schaltdrehfrequenz ω_2 im Vergleich zur reibungsfreien Führung.

(1) Die Antriebs- und Abtriebswelle der geschalteten Kupplung werden auf Torsion beansprucht. Die Eigenkreisfrequenz einer formschlüssigen, vollkommen starren Kupplung (ohne eigene Verdrehung) kann im geschalteten Zustand als ungedämpfter Zweimassen-Torsionsschwinger berechnet werden. Alle Massen drehen um dieselbe Achse (fluchtende Wellen).

Bewegungs-DGL: $\quad J \cdot \ddot{\varphi} + c_\varphi \cdot \varphi_t = 0 \;\; (1^*) \qquad \ddot{\varphi} + \dfrac{c_\varphi}{J} \cdot \varphi_t = 0 \;\; (1a^*)$

J_A / J_L: *Massenträgheitsmoment Antrieb / Kupplung / Last* $\varphi_{t1} / \varphi_{t2}$: *Verdrehwinkel Welle 1 / Welle 2* l_1 / l_2: *Länge Welle 1 / Welle 2*

r_1 / r_2: *Radius Welle 1 (Antriebswelle) / Welle 2 (Abtriebswelle)* $c_{\varphi 1}$; $c_{\varphi 2}$: *Verdrehfederrate Welle 1 / Welle 2*

M_B: *Beschleunigungsmoment*   *G: Schubmodul Wellenwerkstoff*   *Gesamtmassenträgheitsmoment:* $J = J_A + J_K + J_L$

I_p: *polares Flächenträgheitsmoment* ω_e: *Eigenkreisfrequenz* f_e: *Eigenfrequenz*

Gesamtmassenträgheitsmoment: $\quad J = J_1 + J_2 \qquad J_1 / J_2$: Massenträgheitsmoment antriebsseitig / abtriebsseitig

Gesamtverdrehung: $\quad \varphi_t = \varphi_{t1} + \varphi_{t2} \qquad$ Eigenkreisfrequenz: $\quad \omega_e = \sqrt{\dfrac{c_\varphi}{J}} \;\; (2^*) \quad f_e = \dfrac{\omega_e}{2\pi} \quad f_e = \dfrac{1}{2\pi} \cdot \sqrt{\dfrac{c_\varphi}{J}}$

a) Bewegungs-DGLn: $\quad J_1 \cdot \ddot{\varphi}_1 + c_{\varphi 1} \cdot \varphi_{t1} + c_{\varphi 1} \cdot \varphi_{t2} = 0 \;\wedge\; J_2 \cdot \ddot{\varphi}_2 + c_{\varphi 2} \cdot \varphi_{t2} + c_{\varphi 2} \cdot \varphi_{t1} = 0$

$\ddot{\varphi}_1 = \ddot{\varphi}_2 \,(= \ddot{\varphi}): \quad (J_1 + J_2) \cdot \ddot{\varphi} + (c_{\varphi 1} + c_{\varphi 2}) \cdot \varphi_t = 0 \quad \Rightarrow \quad \boxed{\omega_e = \sqrt{\dfrac{c_{\varphi 1} + c_{\varphi 2}}{J_1 + J_2}}} \;\; (2a^*)$

b) $J \cdot \ddot{\varphi} = -c_{\varphi 1} \cdot \varphi_t - c_{\varphi 2} \cdot \varphi_t \quad \Leftrightarrow \quad M_B = -\left(M_{\varphi_{t1}} + M_{\varphi_{t2}}\right) \quad \Rightarrow \quad$ Parallelschaltung der Federn: $c_\varphi = c_{\varphi 1} + c_{\varphi 2}$

Fall: $c_{\varphi 1} = c_{\varphi 2} = c_{\varphi i} \quad \Rightarrow \quad \omega_e = \sqrt{\dfrac{2 \cdot c_{\varphi i}}{J}} \;\; (2b^*)$

$(A1)\; r = konst. \;\wedge\; r_1 = r_2 \;\Rightarrow\; I_{P1} = I_{P2} \;\wedge\; l_1 = l_2 \;\Rightarrow\; \varphi_{t1} = \varphi_{t2} \;(G_1 = G_2):$

Strahlensatz: $\dfrac{\varphi_{t1}}{\varphi_{t2}} = \dfrac{l_1}{l_2} \;\; (3^*) \quad (\varphi_{ti} \sim l_i) \quad c_{\varphi 2} = \dfrac{G \cdot I_{P2}}{l_2} = \dfrac{G \cdot I_{P1}}{l_1} = c_{\varphi 1}$

$\Rightarrow\;$ Gleichheit der Federkonstanten und -momente : $\quad c_{\varphi 1} = c_{\varphi 2} \qquad c_{\varphi 2} \cdot \varphi_{t2} = c_{\varphi 1} \cdot \varphi_{t1}$

$(A2)\; r = konst. \;\wedge\; r_1 = r_2 \;\Rightarrow I_{P1} = I_{P2} \;\wedge\; l_1 \neq l_2 \;(G_1 = G_2): \quad I_{P,Zylinder} = \dfrac{\pi}{2} \cdot r^4$

$c_{\varphi 2} = \dfrac{G \cdot I_{P2}}{l_2} = \dfrac{G \cdot \pi / 2 \cdot r^4}{l_2} \quad c_{\varphi 2} \cdot l_2 = G \cdot \pi / 2 \cdot r^4 \quad c_{\varphi 1} = \dfrac{G \cdot I_{P1}}{l_1} = \dfrac{G \cdot \pi / 2 \cdot r^4}{l_1} \quad c_{\varphi 1} \cdot l_1 = G \cdot \pi / 2 \cdot r^4$

$\Rightarrow \dfrac{c_{\varphi 1}}{c_{\varphi 2}} = \dfrac{l_2}{l_1} \;\wedge\; \dfrac{\varphi_{t1}}{\varphi_{t2}} = \dfrac{l_1}{l_2} : \quad \dfrac{\varphi_{t1}}{\varphi_{t2}} = \dfrac{c_{\varphi 2}}{c_{\varphi 1}} \;\; (4^*) \quad \Rightarrow\;$ Gleichheit der Federmomente : $c_{\varphi 2} \cdot \varphi_{t2} = c_{\varphi 1} \cdot \varphi_{t1}$

$(B)\; r = konst. \;\wedge\; r_1 \neq r_2 \;\Rightarrow I_{P1} \neq I_{P2} \;\wedge\; l_1 \neq l_2 \;\Rightarrow c_{\varphi 1} \neq c_{\varphi 2} \;(G_1 = G_2): \quad I_{P1,2} = \dfrac{\pi}{2} \cdot r_{1,2}{}^4 \quad c_{\varphi 1,2} = \dfrac{G \cdot I_{P1,2}}{l_2}$

$c_{\varphi 2} = \dfrac{G \cdot \pi / 2 \cdot r_2{}^4}{l_2} \quad c_{\varphi 1} = \dfrac{G \cdot \pi / 2 \cdot r_1{}^4}{l_1} : \quad G \cdot \pi / 2 = \dfrac{c_{\varphi 1} \cdot l_1}{r_1{}^4} = \dfrac{c_{\varphi 2} \cdot l_2}{r_2{}^4} \quad \Rightarrow \left(\dfrac{r_2}{r_1}\right)^4 = \dfrac{c_{\varphi 2} \cdot l_2}{c_{\varphi 1} \cdot l_1} \;\; (5^*)$

Die Verdrehwinkel von Antrieb und Last verhalten sich proportional zu den Wellenlängen (Gl. 3*). Die Torsionsfederraten von Antrieb und Last verhalten sich reziprok zu den Wellenlängen und proportional zur vierten Potenz der Wellenradien (Gl. 5*).

Bem.: Eigenfrequenzen aus den partiellen Differentialgleichungen für Torsion und Biegung, siehe Anhang A2-34 und A2-39

(2) Die Eigenkreisfrequenz einer Kupplung, bei der sowohl eine Verdrehung von Antriebs- und Abtriebswelle als auch der Kupplung erfolgt, kann im geschalteten Zustand als ungedämpfter Zweimassen-Torsionsschwinger berechnet werden.

Bewegungs-DGL: $\quad J \cdot \ddot{\varphi} + c_\varphi \cdot \varphi_t = 0 \;\; (1^{**}) \qquad \ddot{\varphi} + \dfrac{c_\varphi}{J} \cdot \varphi_t = 0 \;\; (1a^{**})$

J_A / J_K / J_L: Massenträgheitsmoment Antrieb / Kupplung / Last $\qquad \varphi_{t1}$ / φ_{t2}: Verdrehwinkel Welle 1 / Welle 2 $\qquad l_1$ / l_2: Länge Welle 1 / Welle 2

r_1 / r_2: Radius Welle 1 (Antriebswelle) / Welle 2 (Abtriebswelle) $\qquad c_{\varphi 1}$; $c_{\varphi 2}$: Verdrehfederrate Welle 1 / Welle 2 $\qquad M_{\varphi i}$: Verdrehfedermoment

M_B: Beschleunigungsmoment $\qquad c_{\varphi K}$: Verdrehfederrate Kupplung $\qquad G$: Schubmodul Wellenwerkstoff

Gesamtmassenträgheitsmoment: $J = J_A + J_K + J_L \qquad \omega_e$: Eigenkreisfrequenz $\qquad f_e$: Eigenfrequenz

Gesamtmassenträgheitsmoment: $\quad J = J_1 + J_2 \qquad J_1$ / J_2 : Massenträgheitsmoment antriebsseitig / abtriebsseitig

Gesamtverdrehung: $\quad \varphi_t = \varphi_{t1} + \varphi_{tK} + \varphi_{t2}$

Momentensatz (Drallsatz): $\quad M_B = -\left(M_{\varphi 1} + M_{\varphi K} + M_{\varphi 2} \right)$

Gesamtfederrate (Parallelschaltung): $\quad c_\varphi = c_{\varphi 1} + c_{\varphi K} + c_{\varphi 2}$

elastische Kupplung: $\quad c_{\varphi K} \ll c_{\varphi 1}, c_{\varphi 2} \quad \Rightarrow M_B \cong -M_{\varphi K}$

Eigenkreisfrequenz: $\quad \omega_e = \sqrt{\dfrac{c_\varphi}{J}} \;\; (2^{**}) \quad f_e = \dfrac{\omega_e}{2\pi} \quad f_e = \dfrac{1}{2\pi} \cdot \sqrt{\dfrac{c_\varphi}{J}}$

$\omega_e = \sqrt{\dfrac{c_{\varphi 1} + c_{\varphi K} + c_{\varphi 2}}{J}} \quad (2a^{**})$

Fallunterscheidungen bzgl. der Größe der Torsionsfederraten:

Fall (a): elastische Kupplung $\rightarrow$ $c_{\varphi K} \ll c_{\varphi 1}, c_{\varphi 2}$ $\leftarrow$ starre Wellen

$\Rightarrow M_{\varphi 1}, M_{\varphi 2} = 0 \quad M_{\varphi K} = c_{\varphi K} \cdot \varphi_K \quad \Rightarrow \omega_e = \sqrt{\dfrac{c_{\varphi K}}{J}}$

Fall (b): $c_{\varphi 1} = c_{\varphi 2} \left(= c_{\varphi i} \right): \quad \omega = \sqrt{\dfrac{\left(2 \cdot c_{\varphi i} + c_{\varphi K} \right)}{J}}$

Fall (c): $c_{\varphi 1} = c_{\varphi 2} = c_{\varphi K} \left(= c_{\varphi i} \right): \quad \omega = \sqrt{\dfrac{3 \cdot c_{\varphi i}}{J}}$

Bem.: Bestimmung der Eigenkreisfrequenz aus den Bewegungsdifferentialgleichungen, Frequenzdeterminante, Matrizengleichung und charakteristische Matrix, Eigenwerte und Eigenvektoren quadratischer Matrizen, siehe Anhang A2-16 und A2-18 ff.

(3) Annahme: Die Torsionsfederrate des Kupplungsbelages $c_{\varphi KB}$ der reibschlüssigen Kupplung ist sehr viel kleiner als die Federraten der aus Stahl gefertigten Antriebs- und Abtriebswelle. Dann kann die Fliehkraftkupplung als radial wirkende Reibungskupplung im geschalteten Zustand als ungedämpfter Torsionsschwinger berechnet werden, d. h. die Antriebs- und Abtriebswelle sind vollkommen starr, so dass nur eine Verdrehung des Kupplungsbelages erfolgt.

vollkommen starre Wellen: $\varphi_{t1} = \varphi_{t2} = 0$

$c_{\varphi KB}$: Verdrehfederrate Kupplungsbelag

φ_{KB} : Verdrehwinkel Kupplungsbelag

$M_{\varphi K} = c_{\varphi KB} \cdot \varphi_{KB}$ Verdrehfedermoment Kupplungsbelag

$J = J_1 + J_2$ Gesamtmassenträgheitsmoment

Bewegungs-DGL: $J \cdot \ddot{\varphi} + c_{\varphi KB} \cdot \varphi_{KB} = 0 \;\; (1^{***})$ $\ddot{\varphi} + \dfrac{c_{\varphi KB}}{J} \cdot \varphi_{KB} = 0$ $\omega_{eK}^2 = \dfrac{c_{\varphi KB}}{J}$

Eigenkreisfrequenz der Reibungskupplung: $\omega_{eK} = \sqrt{\dfrac{c_{\varphi KB}}{J}} \;\; (2^{***})$

Beim Einsatz der Fliehkraftkupplung wird die Eigenkreisfrequenz durch die Federrate $c_{\varphi KB}$ des Kupplungsbelages und das Gesamtmassenträgheitsmoment von Antrieb und Last bestimmt [Gl. (2***)].

Ermittlung der Eigenkreisfrequenz für Systeme mit einfacher Übersetzung (mit parallelen Wellen), siehe Anhang A2-16 ff.

4.3.1 Eigenkreisfrequenzen von Torsionsschwingern

Berechnung der Torsions-Eigenfrequenzen von einfach übersetzenden Getrieben aus den Bewegungs-differentialgleichungen und dem Lagrangeansatz 2. Art, die Eigenfrequenzen, Eigenwerte und Eigen-vektoren des ungedämpften Torsionsschwingers für eine und zwei Beschleunigungen der Drehmassen und die partielle Differentialgleichung für Torsionsschwingungen von Stäben:

1.) ungedämpfter Zweimassen-Torsionsschwinger mit einer Beschleunigung beider Drehmassen

Bewegungsdifferentialgleichungen: $\quad J_1 \cdot \ddot{\varphi}_1 + c_{\varphi 1} \cdot \varphi_{t1} + c_{\varphi 1} \cdot \varphi_{t2} = 0 \;\; (1) \qquad J_2 \cdot \ddot{\varphi}_1 + c_{\varphi 2} \cdot \varphi_{t2} + c_{\varphi 2} \cdot \varphi_{t1} = 0 \;\; (2)$

$$\underline{\underline{M}} \cdot \underline{\ddot{\varphi}}_i + \underline{\underline{K}} \cdot \underline{\varphi}_i = \underline{0}: \quad \begin{bmatrix} J_1 & 0 \\ J_2 & 0 \end{bmatrix} \cdot \begin{bmatrix} \ddot{\varphi}_1 \\ \ddot{\varphi}_2 \end{bmatrix} + \begin{bmatrix} c_{\varphi 1} & c_{\varphi 1} \\ c_{\varphi 2} & c_{\varphi 2} \end{bmatrix} \cdot \begin{bmatrix} \varphi_{t1} \\ \varphi_{t2} \end{bmatrix} = \begin{bmatrix} 0 \\ 0 \end{bmatrix}$$

Ansatz: $\quad \varphi_{ti} = \varphi \cdot e^{j\omega t} \quad \Rightarrow \ddot{\varphi}_{ti} = j^2 \omega^2 \cdot \varphi \cdot e^{j\omega t} = -\omega^2 \cdot \varphi \cdot e^{j\omega t} \quad (\ddot{\varphi}_{ti} = \ddot{\varphi}_i)$

$\det\left\{ \underline{\underline{K}} - \omega^2 \cdot \underline{\underline{M}} \right\} \cdot \varphi = 0:$

$$\left(-\omega^2 J_1 + c_{\varphi 1}\right) \cdot c_{\varphi 2} - c_{\varphi 1} \cdot \left(-\omega^2 J_2 + c_{\varphi 2}\right) = 0$$

$$-\omega^2 J_1 \cdot c_{\varphi 2} + c_{\varphi 1} \cdot c_{\varphi 2} + \omega^2 J_2 \cdot c_{\varphi 1} - c_{\varphi 1} \cdot c_{\varphi 2} = 0$$

$$\Rightarrow J_1 \cdot c_{\varphi 2} = J_2 \cdot c_{\varphi 1} \qquad \Rightarrow \frac{J_1}{J_2} = \frac{c_{\varphi 1}}{c_{\varphi 2}}$$

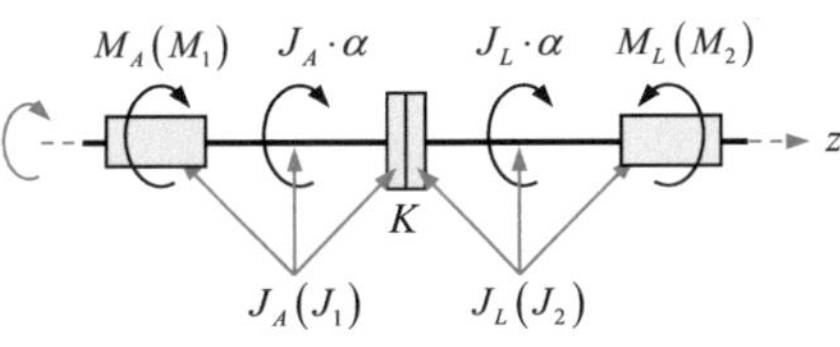

2.) ungedämpfter Zweimassen-Torsionsschwinger mit zwei unterschiedlichen Beschleunigungen der Drehmassen

Bewegungsdifferentialgleichungen des Zweimassen-Torsionsschwingers:

$$J_1 \cdot \ddot{\varphi}_1 + c_{\varphi 1} \cdot \varphi_{t1} + c_{\varphi 1} \cdot \varphi_{t2} = 0 \;\; (1) \qquad \Rightarrow \; J_1 \cdot \ddot{\varphi}_1 + c_{\varphi 1} \cdot \left(\varphi_{t1} + \varphi_{t2}\right) = 0$$

$$J_2 \cdot \ddot{\varphi}_2 + c_{\varphi 2} \cdot \varphi_{t2} + c_{\varphi 2} \cdot \varphi_{t1} = 0 \;\; (2) \qquad \Rightarrow \; J_2 \cdot \ddot{\varphi}_2 + c_{\varphi 2} \cdot \left(\varphi_{t2} + \varphi_{t1}\right) = 0$$

$$\underline{\underline{M}} \cdot \underline{\ddot{\varphi}}_i + \underline{\underline{K}} \cdot \underline{\varphi}_i = \underline{0}: \quad \begin{bmatrix} J_1 & 0 \\ 0 & J_2 \end{bmatrix} \cdot \begin{bmatrix} \ddot{\varphi}_1 \\ \ddot{\varphi}_2 \end{bmatrix} + \begin{bmatrix} c_{\varphi 1} & c_{\varphi 1} \\ c_{\varphi 2} & c_{\varphi 2} \end{bmatrix} \cdot \begin{bmatrix} \varphi_{t1} \\ \varphi_{t2} \end{bmatrix} = \begin{bmatrix} 0 \\ 0 \end{bmatrix}$$

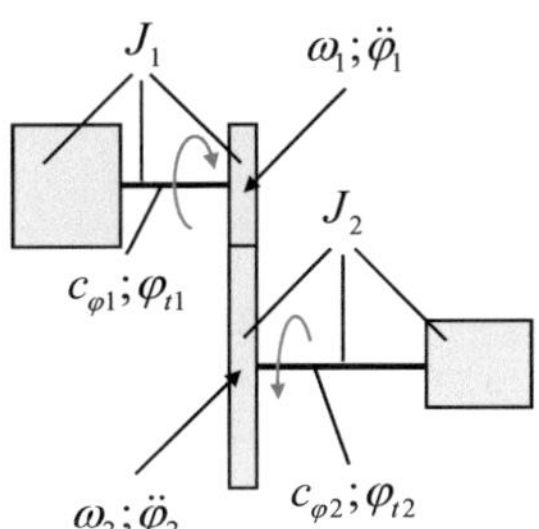

Ansatz: $\quad \varphi_{ti} = \varphi \cdot e^{j\omega t} \quad \Rightarrow \ddot{\varphi}_{ti} = j^2 \omega^2 \cdot \varphi \cdot e^{j\omega t} = -\omega^2 \cdot \varphi \cdot e^{j\omega t} \quad (\ddot{\varphi}_{ti} = \ddot{\varphi}_i)$

$\det\left\{ \underline{\underline{K}} - \omega^2 \cdot \underline{\underline{M}} \right\} \cdot \varphi = 0:$

$$\left(-\omega^2 J_1 + c_{\varphi 1}\right) \cdot \left(-\omega^2 J_2 + c_{\varphi 2}\right) - c_{\varphi 1} c_{\varphi 2} = 0$$

$$\omega_e = \sqrt{\frac{c_{\varphi 2} \cdot J_1 + c_{\varphi 1} \cdot J_2}{J_1 J_2}} \qquad \boxed{\omega_e = \sqrt{\frac{c_{\varphi 1}}{J_1} + \frac{c_{\varphi 2}}{J_2}}}$$

Fall: $\quad c_{\varphi 1} = c_{\varphi 2} = c_\varphi \quad \Rightarrow \; \omega_e = \sqrt{c_\varphi \cdot \frac{(J_1 + J_2)}{J_1 J_2}} \qquad \omega_e = \sqrt{c_\varphi \cdot \left(\frac{1}{J_1} + \frac{1}{J_2}\right)}$

Bem.: Herleitungen; siehe Anhang A2-16 bis A2-21

3.) Berechnung der Eigenkreisfrequenz von einfach übersetzenden Getrieben

Ansatz mit Bewegungsdifferentialgleichungen und Frequenzdeterminante (ungedämpfter Zweimassen-Torsionsschwinger mit zwei unterschiedlichen Beschleunigungen der Drehmassen)

Bewegungsdifferentialgleichungen des Zweimassen-Torsionsschwingers:

$$J_1 \cdot \ddot{\varphi}_1 + c_{\varphi 1} \cdot \varphi_{t1} + c_{\varphi 1} \cdot \varphi_{t2} = 0 \ \ (1) \qquad \Rightarrow \ J_1 \cdot \ddot{\varphi}_1 + c_{\varphi 1} \cdot \left(\varphi_{t1} + \varphi_{t2} \right) = 0$$

$$J_2 \cdot \ddot{\varphi}_2 + c_{\varphi 2} \cdot \varphi_{t2} + c_{\varphi 2} \cdot \varphi_{t1} = 0 \ \ (2) \qquad \Rightarrow \ J_2 \cdot \ddot{\varphi}_2 + c_{\varphi 2} \cdot \left(\varphi_{t1} + \varphi_{t2} \right) = 0$$

gekoppelte Schwingungen - Lösungsansatz:

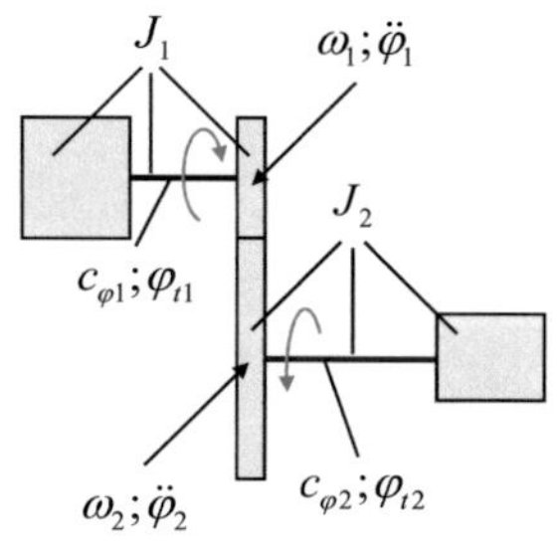

$$\varphi_{t1} = A_1 \cdot \sin(\omega \cdot t) \qquad \Rightarrow \ddot{\varphi}_1 = -\omega^2 \cdot A_1 \cdot \sin(\omega \cdot t)$$

$$\varphi_{t2} = A_2 \cdot \sin(\omega \cdot t) \qquad \Rightarrow \ddot{\varphi}_2 = -\omega^2 \cdot A_2 \cdot \sin(\omega \cdot t)$$

Frequenzdeterminante:
$$\begin{vmatrix} -\omega^2 \cdot J_1 + c_{\varphi 1} & c_{\varphi 1} \\ c_{\varphi 2} & -\omega^2 \cdot J_2 + c_{\varphi 2} \end{vmatrix} = 0$$

$$\omega_e = \sqrt{\frac{c_{\varphi 1}}{J_1} + \frac{c_{\varphi 2}}{J_2}} \qquad \text{Fall: } c_{\varphi 1} = c_{\varphi 2} = c_\varphi \ \Rightarrow \omega_e = \sqrt{c_\varphi \cdot \left(\frac{1}{J_1} + \frac{1}{J_2} \right)}$$

4.) Berechnung der Eigenkreisfrequenz von einfach übersetzenden Getrieben

Ansatz mit Energiesatz und Lagrangegleichung 2. Art:

Eigenkreisfrequenz: $\quad \omega_e = i \cdot \sqrt{\dfrac{c_{\varphi 1} + i^2 \cdot c_{\varphi 1}{}^2 / c_{\varphi 2}}{J_2}} \qquad i = \dfrac{\omega_1}{\omega_2} = \sqrt{\dfrac{J_2}{J_1}} \quad \Rightarrow \boxed{\omega_e = \sqrt{\dfrac{c_{\varphi 1}}{J_1} + \dfrac{J_2}{c_{\varphi 2}} \cdot \left(\dfrac{c_{\varphi 1}}{J_1} \right)^2}}$

Massenträgheitsmoment zylindrischer Körper $(\rho = const.)$:

$$J_i = \frac{1}{2} \cdot m_i \cdot r_i^2 \ \wedge \ m_i = \rho \cdot \pi \cdot r_i^2 \cdot l_i : \ J_i = \frac{\rho}{2} \cdot \pi \cdot r_i^4 \cdot l_i \quad \Rightarrow r_i = \sqrt[4]{\frac{2 \cdot J_i}{\rho \cdot \pi \cdot l_i}} \quad i = \frac{r_2}{r_1} = \sqrt[4]{\frac{J_2 / l_2}{J_1 / l_1}}$$

5.) Torsionsschwingungen und die partielle DGL

Torsionsschwingung: $\quad \dfrac{\partial^2 \varphi(x,t)}{\partial t^2} = c_0{}^2 \cdot \dfrac{\partial^2 \varphi(x,t)}{\partial x^2} \qquad c_0 = \sqrt{2 \cdot \dfrac{G}{\rho}}$

Ausbreitungsgeschwindigkeit der Torsions-Schwingungen in Stahl:

$$G_{Stahl} = 80.000 \frac{N}{mm^2} \qquad \rho_{Stahl} = 7.860 \frac{N}{m^3}$$

$$\Rightarrow c_0 = \sqrt{2 \cdot \frac{G}{\rho}} \qquad c_0 = \sqrt{2 \cdot \frac{80.000}{7.860} \cdot \frac{kgm}{s^2 \cdot 10^{-6} m^2} \cdot \frac{m^3}{kg}} = 4512 \frac{m}{s} \cong 4,5 \frac{km}{s}$$

Lösung der DGL: $\quad \varphi(x,t) = \dfrac{\gamma}{l \cdot d} \cdot x^2 \cdot \cos(\omega t)$

$$\omega_n = \lambda_n \cdot c_0 = \frac{\gamma_n}{l} \cdot c_0 : \quad \boxed{\omega_n = \frac{r}{l^2} \cdot (2n-1) \cdot \pi \cdot c_0}$$

$$\omega_n = f(\omega_e) : \qquad \boxed{\omega_n = \sqrt{2} \cdot \pi \cdot \frac{r}{l} \cdot \omega_e \cdot (2n-1) \qquad n = 1, 2, 3, \ldots}$$

Bem.: Herleitung der partiellen Differentialgleichung für Torsionsschwingungen, siehe Anhang A2-32 ff.

4.4 Reibmoment, Reibkraft und Normalkraft

Das Reibmoment M_R und die Reibkraft F_R sind abhängig von der Betriebsdrehfrequenz ω_N, der Masse der Fliehkörper m, deren Schwerpunktradius im geschalteten Zustand r_{s2} sowie den Reibwerten der Reibpaarung μ_R und der Führung μ_{HF}. Das Reibmoment M_R ist zusätzlich abhängig vom Halbmesser der Kupplungsglocke r_2.

$$\left(B/C\right): \quad M_R = \mu_R \cdot \left(F_N \cdot r_2 + F_{NF} \cdot r_x\right) \qquad M_F = M_{t,y} = F_{NF} \cdot r_y$$

$$F_{NF} = m \cdot \frac{r_s^2}{r_F} \cdot \omega_N^2 \qquad r_x = \sin\frac{\alpha}{2} \cdot r_F \qquad r_y = \cos\frac{\alpha}{2} \cdot r_F$$

$$\left(A\right): \quad M_R = \mu_R \cdot F_N \cdot r_2 \qquad M_F = M_t' = F_{NF} \cdot r_F \qquad F_{NF} = m \cdot \frac{r_s^2}{r_F} \cdot \omega_N^2$$

$$M_t = F_u\left(r_w\right) \cdot r_w = M_R + M_F \qquad \left(M_t = M_A\right)$$

$$P_A = \omega_N \cdot M_t = \left(M_R + M_F\right) \cdot \omega_N = P_R + P_F$$

Das Reibmoment M_R und die Reibkraft F_R werden durch die erzeugte Normalkraft F_N bestimmt. Die Normalkraft F_N ist abhängig von der in radialer Richtung erzeugten Fliehkraft der Fliehkörper, der Federvorspannkraft und vom modellabhängigen Einfluss der Führungsnormalkraft. Erfolgt die Abstützung der Fliehkörper in Umfangsrichtung, so leistet die Reaktionskraft der Umfangskraft, die Führungsnormalkraft, einen Beitrag zur Normalkraft über die Fliehkraft hinaus, die von den Fliehkörpern in radialer Richtung aufgebracht wird.

$$\text{Modell A:} \quad F_N = \left(\left(1 - \mu_{HF} \cdot \frac{r_{s2}}{r_F}\right) \cdot m \cdot r_{s2} \cdot \omega_N^2 - c \cdot x_v\right) \qquad c \cdot x_v = m \cdot r_{s2} \cdot \omega_2^2 \qquad y = \frac{\omega_2}{\omega_N}$$

$$M_R = F_R \cdot r_2 = \mu_R \cdot \left(\left(1 - \mu_{HF} \cdot \frac{r_{s2}}{r_F} - y^2\right) \cdot m \cdot r_{s2} \cdot \omega_N^2\right) \cdot r_2$$

$$\mu_{HF} = 0: \quad M_R = \mu_R \cdot \left(\left(1 - y^2\right) \cdot m \cdot r_{s2} \cdot \omega_N^2\right) \cdot r_2 \qquad M_F = m \cdot \frac{r_{s2}^2}{r_F} \cdot \omega_N^2 \cdot r_F = m \cdot r_{s2}^2 \cdot \omega_N^2$$

$$\text{Modell B/C:} \quad F_N = \left(\left(1 - \mu_{HF} \cdot \frac{r_{s2}}{r_F}\right) \cdot m \cdot r_{s2} \cdot \omega_N^2 - c \cdot x_v\right) + m \cdot \frac{r_{s2}^2}{r_F} \cdot \omega_N^2 \cdot \sin\frac{\alpha}{2}$$

$$M_R = F_R \cdot r_2 = \mu_R \cdot \left(\left(1 - \mu_{HF} \cdot \frac{r_{s2}}{r_F} - y^2 + \sin\frac{\alpha}{2} \cdot \frac{r_{s2}}{r_F}\right) \cdot m \cdot r_{s2} \cdot \omega_N^2\right) \cdot r_2$$

$$\mu_{HF} = 0: \quad M_R = \mu_R \cdot \left(\left(1 - y^2 + \sin\frac{\alpha}{2} \cdot \frac{r_{s2}}{r_F}\right) \cdot m \cdot r_{s2} \cdot \omega_N^2\right) \cdot r_2$$

$$M_F = \cos\frac{\alpha}{2} \cdot m \cdot \frac{r_{s2}^2}{r_F} \cdot \omega_N^2 \cdot r_F = \cos\frac{\alpha}{2} \cdot m \cdot r_{s2}^2 \cdot \omega_N^2$$

$$M_R = f\left(\mu_R; r_s; y; \omega_N; m\right) \qquad r_s = f\left(\alpha; b = r_1 - r_N\right) \qquad y = f\left(\omega_2; \omega_N\right) \qquad m = f\left(i; \alpha; \rho; B_{FK}; r_N; r_1\right)$$

Konstanten: $\rho; \mu_R; \left(\mu_{HF}; p_{zul}\right)$ Parameter(-Kombination): $i; \alpha; r_N; y; B_{FK}$ Variablen: $r_1; \omega_N$

Bem.: Der Faktor r_{s2}/r_F des Haftreibkoeffizienten der Führung gem. Gl. (19A, 19B/C), S. 25 wird in den folgenden Rechnungen vernachlässigt.

4.5 Radien und Breiten, Reibwinkel und Belagpressung

4.5.1 Radienverhältnis von Kupplungsglocke zu Schwerpunktradius der Fliehkörper

Der Zusammenhang zwischen der radialen Breite der Fliehkörper und der im Flächenschwerpunkt der Führung angreifenden Führungsnormalkraft ist zu bestimmen. Dazu wird der Schwerpunkt der Führung in radialer Richtung bestimmt.

Angriffspunkt r_F der Führungsnormalkraft F_{NF} im Flächenschwerpunkt der Führung:

Schwerpunkt der Führung in radialer Richtung:
$$x_s = \frac{1}{A} \cdot \int x \cdot (y_o - y_u) \cdot dx \qquad A = \int_{b_i}^{b_a} \frac{1}{r} \cdot dr = \ln(b_a / b_i)$$

$$x_s = r_F \qquad y_o(r) = \frac{1}{r} \qquad y_u = 0: \ y_o(r) = \frac{1}{r} \qquad \Rightarrow r_F = \frac{1}{\ln(b_a / b_i)} \cdot \int_{b_i}^{b_a} r \cdot \left(\frac{1}{r} - 0\right) \cdot dr = \frac{(b_a - b_i)}{\ln(b_a / b_i)} = \frac{b}{\ln(b_a / b_i)}$$

1.) $b = \dfrac{1}{5} \cdot r_1: \ r_F = \dfrac{1}{\ln(1/0,8)} \cdot 0,2 = 0,8963 \cdot r_1 \qquad \Rightarrow r_F\left(b = \dfrac{1}{5} \cdot r_1\right) \cong 0,90 \cdot r_1$

2.) $b = \dfrac{1}{4} \cdot r_1: \ r_F = \dfrac{1}{\ln(1/0,75)} \cdot 0,25 = 0,8690 \cdot r_1 \qquad \Rightarrow r_F\left(b = \dfrac{1}{4} \cdot r_1\right) \cong 0,87 \cdot r_1$

3.) $b = \dfrac{1}{3} \cdot r_1: \ r_F = \dfrac{1}{\ln(1/0,667)} \cdot 0,333 = 0,8223 \cdot r_1 \qquad \Rightarrow r_F\left(b = \dfrac{1}{3} \cdot r_1\right) \cong 0,82 \cdot r_1$

4.) $b = \dfrac{3}{8} \cdot r_1: \ r_F = \dfrac{1}{\ln(1/0,625)} \cdot 0,375 = 0,7979 \cdot r_1 \qquad \Rightarrow r_F\left(b = \dfrac{3}{8} \cdot r_1\right) \cong 0,80 \cdot r_1 \qquad \Rightarrow r_F \cong 0,8 \cdot r_2$

Schaltweg $\Delta x \ll r: \qquad \Rightarrow x = \dfrac{r_2}{r_{s2}} \cong \dfrac{r_1}{r_{s1}} \qquad x(\alpha = 90°) \cong 1,3432 \qquad r_{s1} = \dfrac{r_1}{1,3432} = 0,7445 \cdot r_1$

$$r_{s2} \cong r_{s1} = 0,74 \cdot r_1: \ F_{NF} = m \cdot \frac{r_{s2}^{\,2}}{r_F} \cdot \omega_N^2 = \frac{0,74 \cdot r_1}{0,8 \cdot r_1} \cdot m \cdot r_{s2} \cdot \omega_N^2 = 0,93 \cdot m \cdot r_{s2} \cdot \omega_N^2 = 0,9 \cdot F_\omega$$

1. Radienverhältnis $x = r_2/r_{s2}$ vom Kupplungsglockenradius zum Schwerpunkt des Kreisringsegmentes:
Bsp.: $\quad x = \dfrac{r_2}{r_{s2}} = 1,3432 \ (90°) \qquad r_2 \cong 1,34 \cdot r_{s2} \qquad x = \dfrac{r_2}{r_{s2}} \cong \dfrac{r_1}{r_{s1}} \qquad r_{s2} \cong r_{s1} = \dfrac{r_1}{1,34} \cong 0,74 \cdot r_1 \qquad \dfrac{r_{s2}}{r_F} = \dfrac{0,74 \cdot r_1}{0,8 \cdot r_1} \cong 0,93$

$$\mu_R = 0,5 \qquad \mu_{HF} = 0,2 \qquad \omega_2 = \frac{1}{4} \cdot \omega_N$$

Modell C: $\quad M_R = \mu_R \cdot \left[\left(1 - y^2 - \mu_{HF}\right) + \sin\dfrac{\alpha}{2} \cdot \dfrac{r_{s2}}{r_F}\right] \cdot x \cdot m \cdot r_{s2}^{\,2} \cdot \omega_N^{\,2} \qquad M_F = \cos\dfrac{\alpha}{2} \cdot m \cdot r_{s2}^{\,2} \cdot \omega_N^2$

$$M_R = 0,5 \cdot \left[\left(1 - \frac{1}{16} - 0,2\right) + 0,7071 \cdot 0,9306\right] \cdot 1,3432 \cdot m \cdot r_{s2}^{\,2} \cdot \omega_N^2 = 0,5 \cdot \left[0,7375 + 0,6580\right] \cdot 1,3432 \cdot m \cdot r_{s2}^{\,2} \cdot \omega_N^2$$

$$M_R = 0,5 \cdot 1,3955 \cdot 1,3432 \cdot m \cdot r_2^{\,2} \cdot \omega_N^2 = 0,9372 \cdot m \cdot r_{s2}^{\,2} \cdot \omega_N^2 \qquad M_F = \cos\frac{\alpha}{2} \cdot m \cdot r_{s2}^{\,2} \cdot \omega_N^2 = 0,7071 \cdot m \cdot r_{s2}^{\,2} \cdot \omega_N^2$$

$$M_t = M_R + M_F = (0,9372 + 0,7071) \cdot m \cdot r_{s2}^{\,2} \cdot \omega_N^2 = 1,6443 \cdot m \cdot r_{s2}^{\,2} \cdot \omega_N^2$$

$$\frac{P_R}{P_t} = \frac{M_R}{M_t} = \frac{0,9372}{1,6443} = 0,57 \qquad \frac{P_F}{P_t} = \frac{M_F}{M_t} = \frac{0,7071}{1,6443} = 0,43$$

Bem.: Herleitung der Bestimmung des Abstandes r_F (Flächenschwerpunkt der Führung in radialer Richtung, siehe Anhang A2-22);
Verhältnis r_N / r_W : $r_N = 1,8 \cdot r_W \dots 2 \cdot r_W$ (Vgl. Beckert (1973), S.145; Vgl. Krist (1976), S.116; allg. Formel für $w = r_N / r_W$, siehe S. 59;
Nabenaußendurchmesser $D = 2 \cdot d \dots 2,2 \cdot d$ (für GG, GGG), $D = 1,8 \cdot d \dots 2 \cdot d$ (GS, St) (Vgl. Steinhilper (1986), S. 26)

2. Radienverhältnis $x_{KB} = r_2/r_{s2}*$ der Kreisbögen für die Berechnung der Radien der Kupplung:

Schwerpunkt Kreisbogen: $\quad y_{s,KB} = \dfrac{2 \cdot r \cdot \sin\dfrac{\alpha}{2}}{\alpha} = \dfrac{r \cdot \sqrt{2} \cdot \sqrt{1-\cos\alpha}}{\alpha}$

$$y_{s,KB} = r_{s2}^{*} \; ; \; r = r_2 : \quad \dfrac{r_{s2}^{*}}{r_2} = \sqrt{2} \cdot \dfrac{\sqrt{1-\cos\alpha}}{\alpha} \quad \dfrac{1}{x_{KB}} \cong 1,4142 \cdot \dfrac{\sqrt{1-\cos\alpha}}{\alpha} \quad x_{KB} = \dfrac{r_2}{r_{s2}^{*}} \cong 0,7071 \cdot \dfrac{\alpha}{\sqrt{1-\cos\alpha}}$$

Bsp.: $\alpha = 90°: \; x_{KB} = 0,7071 \cdot \dfrac{\pi/2}{\sqrt{1-0}} = 1,11 \quad$ Bsp.: $\alpha = 135°: \; x_{KB} = 0,7071 \cdot \dfrac{(135°/180°) \cdot \pi}{\sqrt{1-(-0,7071)}} = 1,28$

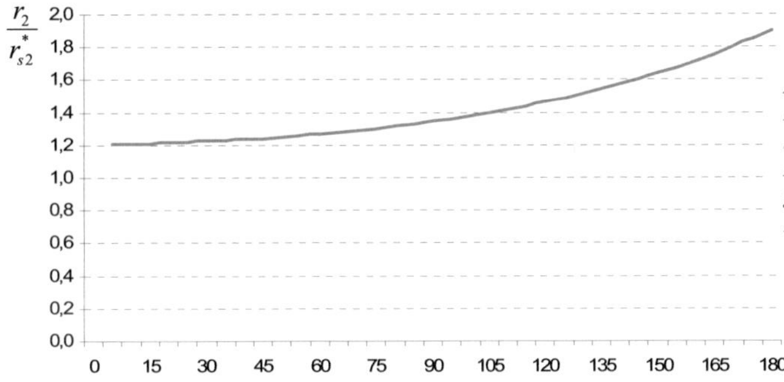

Abb. 24a:
Kreisbogenverhältnis von Schwerpunktradius ($r_{s2}*$) der Fliehkörper zu Kupplungsglockenradius (r_2) über dem Reibwinkel α

Durch den Reibwinkel α wird das Radienverhältnis $r_2/r_{s2}*$ der Kreisbögen festgelegt.

Schwerpunkt Kreisringstück: $\quad y_s = \dfrac{2}{3} \cdot \dfrac{\left(r_a^3 - r_i^3\right)}{\left(r_a^2 - r_i^2\right)} \cdot \dfrac{2 \cdot \sin(\alpha/2)}{\alpha} \quad r_a = r_1 \cong r_2 \quad r_i = r_N \quad y_s = r_{s1} \cong r_{s2}$

Bsp.: $\begin{cases} \alpha = 90° \\ r_N = 0,625 \cdot r_2 \end{cases} \quad r_{s2} = \dfrac{4}{3} \cdot \dfrac{r_2^3 \cdot \left(1 - 0,625^3\right) \cdot \sin 45°}{r_2^2 \cdot \left(1 - 0,625^2\right) \cdot \pi/2} = 0,7445 \cdot r_2 \quad x = \dfrac{r_2}{r_{s2}} = 1,3432$

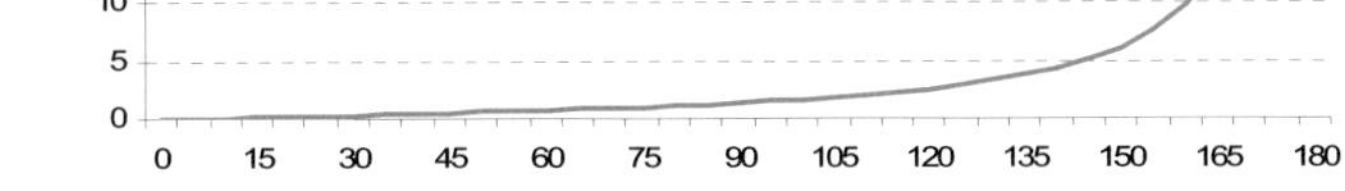

Abb. 24b:
Verhältnis von Schwerpunktradius (r_{s2}) der Fliehkörper zu Kupplungsglockenradius (r_2) des Kreisringsegmentes über dem Reibwinkel α

Durch den Reibwinkel α wird das Radienverhältnis $x = r_2/r_{s2}$ (r_1/r_{s1}) des Kreisringsegmentes von Außenradius zu Schwerpunktradius bei gegebener radialer Breite festgelegt.

Bem.: Herleitung der Schwerpunkte von Kreisbogen und Kreisringstück, siehe Anhang A2-23

4.5.2 Dimensionierung von Wellen-, Naben- und Kupplungsdurchmesser

Wellendurchmesser d_w

Der erforderliche Wellendurchmesser für das zu übertragende Drehmoment M_t kann über die zulässige Torsionsspannung oder über die maximale Drillung berechnet werden.[16] Für Neukonstruktionen elektrischer Maschinen ist der Wellendurchmesser der Antriebswelle gemäß DIN 748 zu bestimmen.[17]

1a) Dimensionierung nach der zulässigen Schubspannung (= Normalspannungshypothese für $\sigma = 0$; $\tau = \sigma_V$):

Vergleichsspg.: $\sigma_V = \tau_{max} = \dfrac{|M_t|}{W_p} \leq \tau_{zul}$ polares Widerstandsmoment: $W_p = \dfrac{\pi}{2} \cdot r^3$ $\dfrac{2 \cdot |M_t|}{\pi \cdot r^3} \leq \tau_{zul}$: $d_{erf} \geq 2 \cdot \sqrt[3]{\dfrac{2 \cdot M_t}{\pi \cdot \tau_{zul}}}$

1b) Dimensionierung nach der Gestaltänderungsenergiehypothese (GEH):

Vergleichsspg.: $\sigma_V = \sqrt{\sigma^2 + 3 \cdot \tau^2}$ (reine Torsion: $\sigma = 0$) $\tau_{(max)} = \dfrac{|M_t|}{W_p}$ $\sigma_V = \sqrt{3} \cdot \tau_{max} \leq \tau_{zul}$: $d_{erf} \geq 2 \cdot \sqrt[6]{3} \cdot \sqrt[3]{\dfrac{2 \cdot M_t}{\pi \cdot \tau_{zul}}}$

1c) Dimensionierung nach der Schubspannungshypothese (SSH):

Vergleichsspg.: $\sigma_V = \sqrt{\sigma^2 + 4 \cdot \tau^2}$ (reine Torsion: $\sigma = 0$) $\tau_{(max)} = \dfrac{|M_t|}{W_p}$ $\sigma_V = 2 \cdot \tau_{max} \leq \tau_{zul}$: $d_{erf} \geq 2 \cdot \sqrt[3]{2} \cdot \sqrt[3]{\dfrac{2 \cdot M_t}{\pi \cdot \tau_{zul}}}$

2.) Dimensionierung nach der zulässigen Verdrehung: max. Drillung (Bsp.): $0,20°/m$ $(= 3,5 \cdot 10^{-3} rad/m)$

$G \cdot I_p$: Verdrehsteifigkeit I_p: polares Trägheitsmoment $I_p = \displaystyle\int_{\rho=0}^{\rho=r} \rho^2 dA$ $dA = 2 \cdot \pi \cdot \rho \cdot d\rho$ $I_p = \dfrac{\pi}{2} \cdot r^4$

φ / l : summarische Drillung ; $d\varphi / dx$: differentielle Drillung   (siehe Anhang A2-33)

(a) $\dfrac{\gamma}{r} = \dfrac{\varphi}{l}$: $\tau = G \cdot \gamma = G \cdot r \cdot \dfrac{\varphi}{l}$ $M_t = \tau \cdot W_p = G \cdot r \cdot \dfrac{\varphi}{l} \cdot \dfrac{I_p}{r}$ $M_t = G \cdot I_p \cdot \dfrac{\varphi}{l}$: $d_{erf} \geq 2 \cdot \sqrt[4]{\dfrac{2 \cdot M_t}{\pi \cdot G} \cdot [\varphi/l]_{zul}^{-1}}$

(b) $\gamma = d \cdot \dfrac{d\varphi}{dx}$: $\tau = G \cdot \gamma = G \cdot 2r \cdot \dfrac{d\varphi}{dx}$ $M_t = \tau \cdot W_p = G \cdot 2r \cdot \dfrac{d\varphi}{dx} \cdot \dfrac{I_p}{r}$ $M_t = 2 \cdot G \cdot I_p \cdot \dfrac{d\varphi}{dx}$: $d_{erf} \geq 2 \cdot \sqrt[4]{\dfrac{M_t}{\pi \cdot G} \cdot \left[\dfrac{d\varphi}{dx}\right]_{zul}^{-1}}$

3.) Dimensionierung nach der DIN 748-3:

„Die Durchmesser und Längen der Wellenenden sowie die zulässigen Nenndrehmomente entsprechen der IEC-Norm 60072. Zylindrische Wellenenden dienen zur Aufnahme von Riemenscheiben, Kupplungen und Zahnrädern. Die Maße der Wellenenden gelten für Neukonstruktionen elektrischer Maschinen."[18]

| | | (a) | (b) | | | | | | (a) | (b) | | | |
Dreh-moment DIN 748-3 [Nm]	zul. Tor-sionsspg. 15 N/mm² d_{erf} [mm]	zul. Ver-drillung 0,2°/m d_{erf} [mm]	zul. Ver-drillung 0,2°/m d_{erf} [mm]	DIN 748 $d_{w,min}$ [mm]	GEH 15 N/mm² d_{erf} [mm]	SSH 15 N/mm² d_{erf} [mm]	Dreh-moment DIN 748-3 [Nm]	zul. Tor-sionsspg. 15 N/mm² d_{erf} [mm]	zul. Ver-drillung 0,2°/m d_{erf} [mm]	zul. Ver-drillung 0,2°/m d_{erf} [mm]	DIN 748 $d_{w,min}$ [mm]	GEH 15 N/mm² d_{erf} [mm]	SSH 15 N/mm² d_{erf} [mm]
200	40,8	51,9	43,7	48	49,0	51,4	1250	75,2	82,1	69,1	80	90,3	94,7
355	49,4	59,9	50,4	55	59,3	62,2	1600	81,6	87,3	73,4	85	98,0	102,8
450	53,5	63,6	53,5	60	64,2	67,4	1900	86,4	91,2	76,7	90	103,8	108,9
630	59,8	69,2	58,2	65	71,8	75,3	2360	92,9	96,3	80,9	95	111,5	117,0
800	64,8	73,4	61,8	70	77,8	81,6	2800	98,3	100,5	84,5	100	118,1	123,9
1000	69,8	77,7	65,3	75	83,8	87,9	4000	110,7	109,8	92,4	110	133,0	139,5

*Tab. 02: Drehmomente und Wellendurchmesser**

Bsp.: zul. Torsionsspg. τ_{zul} = 15 N/mm², Schubmodul Stahl G = $8 \cdot 10^4$ N/mm²

---

[16] Vgl. Klepp (1987), TM II, KE1, S. 3-11; Richtwerte für zulässige Verdrehwinkel: Vgl. Steinhilper (1986), S. 483; Vgl. Köhler (1992), S. 31; Vgl. Dubbel (1997): C6, E16-18, E97;   [17] Vgl. DIN 748-3;   [18] Klein (2001), S. 853, 854;   *Tab.-Werte für τ = 150 N/mm², siehe Anhang A3-5
Bem.: Die Kerbwirkung abgesetzter Wellen bei dynamischer Beanspruchung unter Torsion ist zu berücksichtigen: $\tau_{max} = \alpha_{Kt} \cdot \tau_{tN}$ ($1 \leq \beta_K \leq \alpha_K$)

Nabenradius r_N

Die Berechnung des Nabendurchmessers d_N erfolgt über die zulässige Drillung und über die zulässige Schubspannung τ_{zul} für das eingeleitete Antriebsmoment M_t.

1.) Dimensionierung nach der zul. Verdrehung: max. Drillung (Bsp.): $0,20°/m \left(= 3,5 \cdot 10^{-3} rad/m \right)$

$$(a)\ M_t = G \cdot I_p \cdot \frac{\varphi}{l} \qquad I_p = \int_{\rho=r_i}^{\rho=r_a} \rho^2 dA \qquad dA = 2 \cdot \pi \cdot \rho \cdot d\rho \qquad I_p = \frac{\pi}{2} \cdot \left(r_a^4 - r_i^4 \right) \qquad d_{N,erf} \geq 2 \cdot \sqrt[4]{\frac{2 \cdot M_t}{\pi \cdot G \cdot \left[\dfrac{\varphi}{l} \right]_{zul}} + r_i^4}$$

$$(b)\ M_t = 2 \cdot G \cdot I_p \cdot \frac{d\varphi}{dx} \qquad \frac{M_t}{2 \cdot G \cdot I_p} \leq \left[\frac{d\varphi}{dx} \right]_{zul} \qquad \frac{M_t}{G \cdot \pi \cdot \left(r_a^4 - r_i^4 \right)} \leq \left[\frac{d\varphi}{dx} \right]_{zul} \qquad d_{N,erf} \geq 2 \cdot \sqrt[4]{\frac{M_t}{\pi \cdot G \cdot \left[\dfrac{d\varphi}{dx} \right]_{zul}} + r_i^4}$$

$$Bsp.:\ M_t = 2000\,Nm \qquad r_i = r_W = 47,5\,mm \qquad r_a = r_N$$

$$r_{N,erf} \geq \sqrt[4]{\frac{(2) \cdot 2000\,Nm \cdot 1000 \dfrac{mm}{m}}{\pi \cdot 80000 \dfrac{N}{mm^2} \cdot 3,5 \cdot 10^{-3} \dfrac{rad}{10^3\,mm}} + \left(47,5\,mm \right)^4} = \begin{cases} (a)\ 56\,mm \\ (b)\ 52\,mm \end{cases}$$

2.) Dimensionierung nach der zul. Schubspannung: Spannungsnachweis: $\dfrac{|M_t|}{W_p} \leq \tau_{zul}$

$$W_p = \frac{\pi}{2 \cdot r_a} \cdot \left(r_a^4 - r_i^4 \right) \qquad \frac{2 \cdot |M_t| \cdot r_a}{\pi \cdot \left(r_a^4 - r_i^4 \right)} \leq \tau_{zul} \qquad \Rightarrow d_{N,erf} \geq 2 \cdot \sqrt[4]{\frac{2 \cdot |M_t| \cdot r_a}{\pi \cdot \tau_{zul}} + r_i^4}$$

$$Bsp.:\ M_t = 2000\,Nm \qquad r_i = r_W = 47,5\,mm \qquad r_a = r_N = 56\,mm \qquad \tau_{zul} = 15 \frac{N}{mm^2}$$

$$r_{N,erf} \geq \sqrt[4]{\frac{2 \cdot |M_t| \cdot r_a}{\pi \cdot \tau_{zul}} + r_i^4} = \sqrt[4]{\frac{2 \cdot 2000\,Nm \cdot 1000 \dfrac{mm}{m} \cdot 56\,mm}{\pi \cdot 15 \dfrac{N}{mm^2}} + \left(47,5\,mm \right)^4} = 56\,mm \qquad \Rightarrow d_{N,erf} = 112\,mm$$

Kupplungsradius r_2

Der Innenradius der Kupplungsglocke r_2 ergibt sich durch Addition der radialen Breite der Fliehkörper von 3/8 des Fliehkörperradius r_1 zum Nabenradius r_N plus Schaltweg Δx. Der erforderliche Kupplungsglockenradius $r_{2,erf}$ wird über das Reibmoment M_R und die zulässige Belagpressung p_{zul} berechnet.

Fliehkörperradius r_1 :   radiale Breite: $b = \dfrac{3}{8} \cdot r_1$ Bsp.: $60\,mm \to \dfrac{5}{8}$ $36\,mm \to \dfrac{3}{8}$ (siehe Kap. 4.5.3.1, S. 53)

$$\Rightarrow r_1 = r_N + b = (60 + 36)\,mm = 96\,mm \qquad \text{Schaltweg } \Delta x:\ \Delta x = 4\,mm \qquad \Rightarrow r_2 = r_1 + \Delta x = 100\,mm$$

$$M_R = \mu_R \cdot F_N \cdot r_2 \qquad p = \frac{F_N}{A} \leq p_{zul} \qquad \Rightarrow F_N = p \cdot A \leq p_{zul} \cdot r_2 \cdot \alpha \cdot B_{RB} \qquad \alpha = z \cdot \alpha_i$$

$$M_R \leq \mu_R \cdot p_{zul} \cdot r_2 \cdot \alpha \cdot B_{RB} \cdot r_2 = \mu_R \cdot p_{zul} \cdot \alpha \cdot B_{RB} \cdot r_2^2 \qquad \Rightarrow r_{2,erf} \geq \sqrt{\frac{M_R}{\mu_R \cdot p_{zul} \cdot \alpha \cdot B_{RB}}}$$

$$Bsp.:\ M_R = 1050\,Nm \qquad \mu_R = 0,5 \qquad p_{zul} = 200 \frac{N}{cm^2} \qquad \alpha = 4 \cdot 84,5° = 5,8992 \qquad B_{RB} = 64\,mm$$

$$r_{2,erf} \geq \sqrt{\frac{1050\,Nm}{0,5 \cdot 200 \dfrac{N}{cm^2} \cdot \dfrac{cm^2}{10^{-4}\,m^2} \cdot 5,8992 \cdot 0,064\,m}} = 52,7\,mm \qquad \Rightarrow r_2 = 100\,mm \geq r_{2,erf}$$

4.5.3 Radiale Breite der Fliehkörper und Nabenradius

Die radiale Breite der Fliehkörper b wird durch die Differenz von Kupplungskörperradius r_1 zu Nabenradius r_N beschrieben. Das Verhältnis von Kupplungskörperradius r_1 (oder Kupplungsglockenradius r_2) zu Schwerpunktradius r_{s1} (r_{s2}) ist vom Backenöffnungswinkel α abhängig und der radialen Breite der Fliehkörper. Für den Nabenradius kann in Abhängigkeit vom Öffnungswinkel ein mittlerer Wert x_M berechnet werden, der die verschiedenen Verhältnisse von Naben- zu Kupplungskörperradius ersetzt. Der mittlere Wert x_M für das Verhältnis von Nabenradius zu Außenradius ist von den gewählten Radienverhältnissen abhängig (siehe Tab. 03).

	$\alpha=40°$	$\alpha=50°$	$\alpha=60°$	$\alpha=70°$	$\alpha=80°$	$\alpha=90°$	$\alpha=100°$	$\alpha=110°$	$\alpha=120°$	$\alpha=130°$	$\alpha=140°$
α rad	0,6981	0,8727	1,0472	1,2217	1,3963	1,5708	1,7453	1,9199	2,0944	2,2689	2,4435
$r_N = 4/5 * r_1$	1,13	1,14	1,16	1,18	1,20	1,23	1,26	1,30	1,34	1,39	1,44
$r_N = 3/4 * r_1$	1,16	1,17	1,19	1,21	1,23	1,26	1,29	1,33	1,37	1,42	1,48
$r_N = 2/3 * r_1$	1,21	1,22	1,24	1,26	1,29	1,32	1,35	1,39	1,43	1,48	1,54
$r_N = 5/8 * r_1$	1,23	1,25	1,27	1,29	1,31	1,34	1,38	1,42	1,46	1,51	1,57
$r_N = 1/2 * r_1$	1,31	1,33	1,35	1,37	1,40	1,43	1,46	1,51	1,55	1,61	1,67
x_M	1,21	1,22	1,24	1,26	1,29	1,32	1,35	1,39	1,43	1,48	1,54
x_M	1,2	1,2	1,2	1,3	1,3	1,3	1,3	1,4	1,4	1,5	1,5

Tab. 03: Radienverhältnis r_2 / r_{s2} *des Kreisringsegmentes von Kupplungsglocke zum Fliehsegmentschwerpunkt*

	$\alpha=40°$	$\alpha=50°$	$\alpha=60°$	$\alpha=70°$	$\alpha=80°$	$\alpha=90°$	$\alpha=100°$	$\alpha=110°$	$\alpha=120°$	$\alpha=130°$	$\alpha=140°$
α rad	0,6981	0,8727	1,0472	1,2217	1,3963	1,5708	1,7453	1,9199	2,0944	2,2689	2,4435
$x_{M,KB}$	1,02	1,03	1,16	1,18	1,20	1,23	1,26	1,30	1,34	1,39	1,44

Tab. 04: Radienverhältnis r_2 / r_{s2}* *der Kreisbögen von Kupplungsglocke zum Fliehsegmentschwerpunkt*

Das Radienverhältnis r_2 / r_{s2}* der Kreisbögen von Kupplungsglocke zum Schwerpunkt errechnet sich nach der Schwerpunktformel für Kreisbögen (siehe S. 49).

Für eine radiale Breite der Fliehkörper von drei Achtel des Kupplungskörperradius beträgt das Radienverhältnis von Kupplungsglockenradius zu Schwerpunkt des kreisringförmigen Fliehkraftsegmentes $x = 1,34$ für einen Backenöffnungswinkel von 90° (siehe Tab. 03). Das Radienverhältnis x beeinflusst das Verhältnis von Reibmoment zu Führungsmoment.

Bem.: Vergleich der Massenträgheitsmomente von Nabe und Profilnabe, siehe Anhang A2-25
Herstellerangaben von Kupplungsbelägen, siehe Anhang A3-11;
Werte der Haft- und Gleitreibungskoeffizienten für Werkstoffpaarungen in der technischen Literatur:
Dubbel (1997), S. B15: Gleitreibung: Bremsbelag - Stahl: 0,50-0,60 (trocken); 0,20-0,50 (geschmiert)
Beckert (1973), S. 148: Gleiten: $\mu = 0,15 \dots 0,65$ (trocken); $\mu = 0,04 \dots 0,2$ (geölt)
Böge (1999), S. 251: Gleitreibung: Bremsbelag auf Stahl: $\mu = 0,5$ (trocken) $\rho = 26,6$; 0,4 (gefettet) $\rho_0 = 21,8$
Elbl (2001), S. 25: Stahl-Reibbelag: Haftreibung $\mu_H = 0,5$ (trocken); 0,1 (geschmiert); Gleitreibung $\mu_G = 0,35$ (trocken); 0,1-0,15 (geschmiert)
Elbl (2001), S. 38: Kupplungen - Haftreibungszahl: Organische Beläge: 0,30-0,35 (trocken); 0,08-0,15 (nass); anorganische Beläge: 0,35-0,45
Elbl (2001), S. 296: Haftreibung: Metall auf Kupplungsbelag: 0,4 (tr.); 0,1 (fl.); Gleitreibung: GG auf Bremsbelag: 0,33 (tr.), 0,12 (fl.)
Haupt (2004), S. 138: Stahl auf Stahl: Haftkoeffizient 0,15 - 0,5; Gleitreibungskoeffizient: 0,1 - 0,4

4.5.3.1 Optimale radiale Breite der Fliehkörper

Der Fliehkraft-Kupplungskörper gleicht näherungsweise einem flachen Hohlzylinder. Das Massenträgheitsmoment eines Hohlzylinders ist proportional zur Differenz der vierten Potenzen von Außen- und Nabenradius. Für die Wahl der optimalen Breite b der Fliehkraftsegmente wird der Nabenradius r_N gesucht, bis zu dem das Massenträgheitsmoment unterproportional wächst. Der überproportionale Bereich des Massenträgheitsmomentes wird für die Fliehkraftsegmente genutzt.

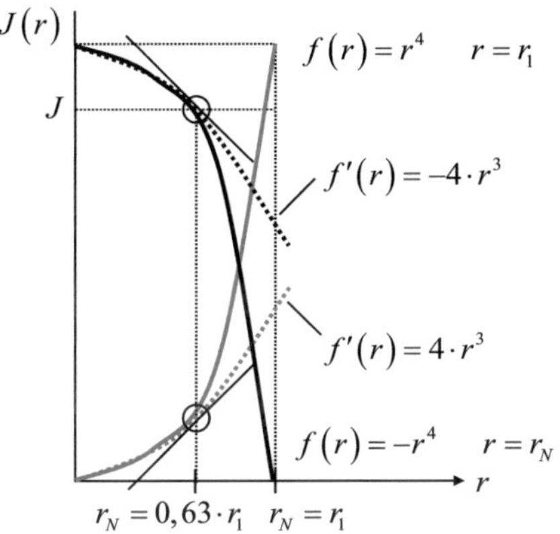

Abb. 25a: Potenzfunktion 4. Grades und Ableitungsfunktion

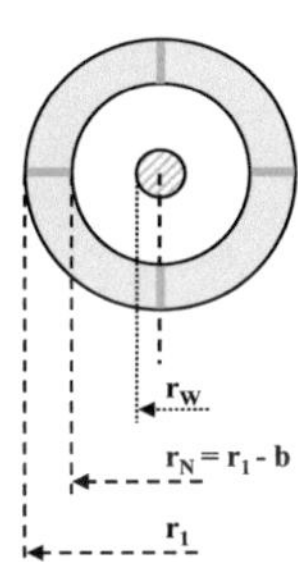

Abb. 25b: optimale radiale Breite der Fliehkörper

Die Grenze des unterproportionalen Bereiches beträgt $0,63 \cdot r_1$ ($\approx 5/8 \cdot r_1$). Die optimale radiale Breite b der Fliehkörpersegmente beträgt somit $0,37 \cdot r_1$ ($\approx 3/8 \cdot r_1$), drei Achtel des Kupplungskörperradius r_1. Die Proportionen von Naben- zu Außenradius und radialer Breite zu Nabenradius entsprechen den Proportionen des Goldenen Schnittes.

$$J = J_{Hohlzylinder} = \frac{1}{2} \cdot m \cdot \left(r_a^2 + r_i^2\right) \quad r_a = r_1 \quad r_i = r_N \quad \Rightarrow \quad J = \frac{1}{2} \cdot m \cdot \left(r_1^2 + r_N^2\right)$$

$$m = \rho \cdot \pi \cdot \left(r_1^2 - r_N^2\right) \cdot B \quad \Rightarrow \quad J = \frac{1}{2} \cdot \rho \cdot \pi \cdot \left(r_1^2 - r_N^2\right) \cdot B \cdot \left(r_1^2 + r_N^2\right) = \frac{1}{2} \cdot \rho \cdot \pi \cdot B \cdot \left(r_1^4 - r_N^4\right)$$

$$J = \frac{\rho \cdot \pi \cdot B}{2} \cdot \left(r_1^4 - r_N^4\right) \quad C = \frac{\rho \cdot \pi \cdot B}{2} \quad \Rightarrow \quad J = C \cdot \left(r_1^4 - r_N^4\right) \quad f(r_1, r_N) = r_1^4 - r_N^4$$

$$\frac{\partial f}{\partial r_1} = 4 \cdot r_1^3 \quad \frac{\partial^2 f}{\partial r_1^2} = 12 \cdot r_1^2 > 0 \quad \Rightarrow f(r_1): \ konvex$$

$$\frac{\partial f}{\partial r_N} = -4 \cdot r_N^3 \quad \frac{\partial^2 f}{\partial r_N^2} = -12 \cdot r_N^2 < 0 \quad \Rightarrow f(r_N): \ konkav$$

$$\frac{\partial f}{\partial r_N} = -1 \cdot r_1^3 \quad \Rightarrow -4 \cdot r_N^3 = -1 \cdot r_1^3 \quad 4 \cdot r_N^3 = r_1^3 \quad \Rightarrow r_N = \sqrt[3]{\frac{1}{4}} \cdot r_1 = \left(\frac{1}{4}\right)^{\frac{1}{3}} \cdot r_1 \cong 0,63 \cdot r_1 \quad \Rightarrow J = \frac{\rho \cdot \pi \cdot B}{2} \cdot r_1^4 \cdot 0,8425$$

$$r_N = 0,63 \cdot r_1 \cong \frac{5}{8} \cdot r_1 \quad \Rightarrow b = r_1 - r_N = r_1 - 0,63 \cdot r_1 = 0,37 \cdot r_1 \cong \frac{3}{8} \cdot r_1$$

Bem.: Herleitung der Massenträgheitsmomente für Voll- und Hohlzylinder, siehe Anhang A2-24

4.5.4 Radien und Radienverhältnisse

Mit dem Radienverhältnis der Kreisbögen $x_{KB} = r_2/r_{s2}{}^*$ und dem Wellenhalbmesser r_W sind die weiteren Radien einer Baugröße der Fliehkraftkupplung beschreibbar. Die Radien sind als Potenzfunktionen mit dem Radienverhältnis $r_2/r_{s2}{}^*$ als Basis und dem Wellenhalbmesser r_W als konstanten Faktor darstellbar.

$$r_i(n) = r_w \cdot \left(\frac{r_2}{r_{s2}{}^*}\right)^n \quad \Rightarrow \quad r_i(n) = r_w \cdot x_{KB}^n \quad n = 0...9 \quad r_i = f\left(r_w ; \frac{r_2}{r_{s2}{}^*}\right)$$

$d_{KuGlo,i}$: Innendurchmesser Kupplungsglocke

$d_{KuGlo,a}$: Außendurchmesser Kupplungsglocke

$$Bsp. \quad \alpha = 90°: \quad x_{KB} = \frac{r_2}{r_{s2}{}^*} = 1,11 \quad r_w = 45mm$$

$r_i(0) = r_w \cdot 1,11^0 = 45mm\,(= r_w)$ $\qquad$ $d_i(0) = d_w \cdot 1,11^0 = 90mm\,(= d_w)$

$r_i(1) = r_w \cdot 1,11^1 = 50mm\,(= r_w)$ $\qquad$ $d_i(1) = d_w \cdot 1,11^1 = 100mm\,(= d_w)$

$r_i(2) = r_w \cdot 1,11^2 = 55mm\,(= r_{N,\min})$ $\qquad$ $d_i(2) = d_w \cdot 1,11^2 = 110mm\,(= d_{N,\min})$

$r_i(3) = r_w \cdot 1,11^3 = 62mm$ $\qquad$ $d_i(3) = d_w \cdot 1,11^3 = 124mm$

$r_i(4) = r_w \cdot 1,11^4 = 68mm$ $\qquad$ $d_i(4) = d_w \cdot 1,11^4 = 136mm$

$r_i(5) = r_w \cdot 1,11^5 = 76mm$ $\qquad$ $d_i(5) = d_w \cdot 1,11^5 = 152mm$

$r_i(6) = r_w \cdot 1,11^6 = 84mm\,(= r_{N,\max})$ $\qquad$ $d_i(6) = d_w \cdot 1,11^6 = 168mm\,(= d_{N,\max})$

$r_i(7) = r_w \cdot 1,11^7 = 93mm\,(= r_{s1})$ $\qquad$ $d_i(7) = d_w \cdot 1,11^7 = 186mm\,(= d_{s1})$

$r_i(8) = r_w \cdot 1,11^8 = 104mm\,(= r_2 = r_{KuGlo,i})$ $\quad$ $d_i(8) = d_w \cdot 1,11^8 = 208mm\,(= d_2 = d_{KuGlo,i})$

$r_i(9) = r_w \cdot 1,11^9 = 115mm\,(= r_{KuGlo,a})$ $\qquad$ $d_i(9) = d_w \cdot 1,11^9 = 230mm\,(= d_{KuGlo,a})$

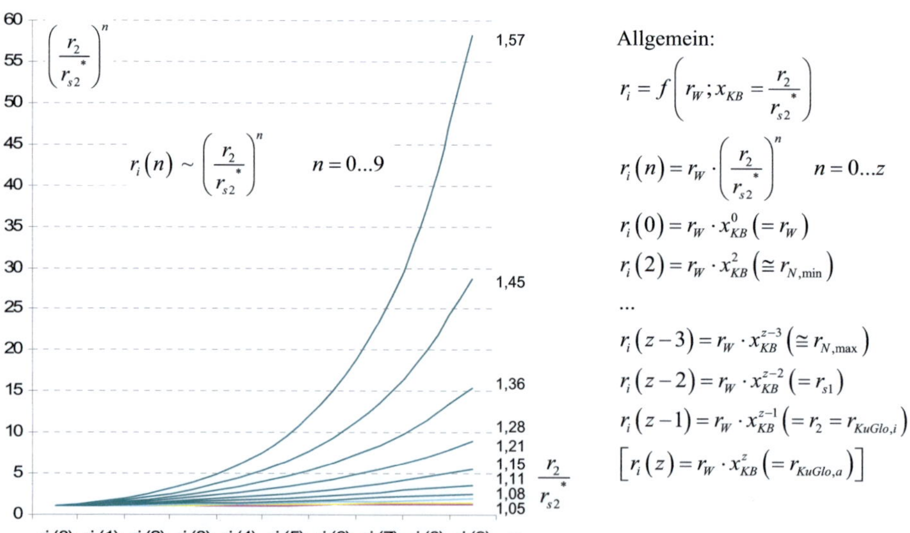

Abb. 26: Radien als Potenzfunktionen vom Radienverhältnis und Wellenradius

Bestimmung des Exponenten n

$$r_i(n) = r_W \cdot \left(\frac{r_2}{r_{s2}^*}\right)^n \qquad r_i(n) = r_W \cdot x_{KB}^n \qquad x_{KB}: \text{Kreisbogenverhältnis (Kreisbogen zu Kreisbogen-Schwerpunkt)}$$

$$(1) \quad x_{KB} = \sqrt[n]{\frac{r_i(n)}{r_W}} = \frac{r_2}{r_{s2}^*} \qquad Bsp.: \quad \frac{r_i(n)}{r_W} = 2 \quad n = 7 \quad \Rightarrow x_{KB} = \frac{r_2}{r_{s2}^*} = \sqrt[7]{2} = 1,104$$

$$(2) \quad r_i(n) = x_{KB}^n \cdot r_W \qquad Bsp.: \quad x_{KB} = 1,11 \quad r_W = 45mm \quad n = 7 \quad \Rightarrow r_i(7) = 1,11^7 \cdot 45mm = 93mm$$

$$(3) \quad n = \log_x \frac{r_i(n)}{r_W} \qquad Bsp.: \quad x_{KB} = 1,1 \quad r_W = 45mm \quad r_i(n) = 100mm \quad \Rightarrow n = \log_{1,1} \frac{100}{45} = \log_{1,1} 2,22$$

$$\left(n = \log_x A \quad \Leftrightarrow \quad x_{KB}^n = A \quad \rightarrow \quad 1,1^n = 2,22 \quad n \cong 8,37\right)$$

Radien, Momente und Leistungen

Die Normalkraft F_N wächst mit dem Quadrat der Drehzahl und zur dritten Potenz des Radius (r_1), das Reibmoment M_R wächst mit der vierten Potenz des Radius. Die Reibleistung P_R als Produkt aus Kreisfrequenz und Reibmoment wächst mit der dritten Potenz der Drehzahl und der vierten Potenz des Radius.

$$F_N = \left(1 - y^2 - \mu_{HF} + \sin\frac{\alpha}{2} \cdot \frac{r_{s2}}{r_F}\right) \cdot m \cdot r_{s2} \cdot \omega_N^2 \qquad y = \frac{\omega_2}{\omega_N}$$

$$N(B/C) = \left(1 - y^2 - \mu_{HF} + \sin\frac{\alpha}{2} \cdot \frac{r_{s2}}{r_F}\right)$$

$$m = \rho \cdot \left(r_1^2 - r_N^2\right) \cdot \frac{\alpha \cdot i}{2} \cdot B_{FK} = i \cdot \alpha \cdot \frac{\rho}{2} \cdot r_1^2 \cdot \left(1 - \left(\frac{r_N}{r_1}\right)^2\right) \cdot B_{FK} = i \cdot \alpha \cdot M \cdot r_1^2 \qquad M = \frac{\rho}{2} \cdot \left(1 - \left(\frac{r_N}{r_1}\right)^2\right) \cdot B_{FK}$$

$$r_{s2} = \frac{2}{3} \cdot \frac{r_1^3 \cdot \left(1 - (r_N/r_1)^3\right)}{r_1^2 \cdot \left(1 - (r_N/r_1)^2\right)} \cdot \frac{2 \cdot \sin(\alpha/2)}{\alpha} = P \cdot r_1 \qquad P = \frac{4}{3} \cdot \frac{\left(1 - (r_N/r_1)^3\right)}{\left(1 - (r_N/r_1)^2\right)} \cdot \frac{\sin(\alpha/2)}{\alpha}$$

$$\omega_N^2 = \left(2 \cdot \pi \cdot n / 60\right)^2$$

$$(1) \quad F_N = N \cdot i \cdot \alpha \cdot M \cdot r_1^2 \cdot P \cdot r_1 \cdot \omega_N^2 \qquad \Rightarrow F_N \sim r_1^3 \cdot \omega_N^2$$

$$(2) \quad M_R = \mu_R \cdot F_N \cdot r_2 \qquad r_2 = r_1 + \Delta x = r_1 \cdot \left(1 + \frac{\Delta x}{r_1}\right) = r_1 \cdot p_r$$

$$M_R = \mu_R \cdot N \cdot i \cdot \alpha \cdot M \cdot P \cdot p_r \cdot \omega_N^2 \cdot r_1^4 \qquad \Rightarrow M_R \sim r_1^4 \cdot \omega_N^2$$

$$M_R \sim \left(\omega_N \cdot r_1^2\right)^2 \qquad \Rightarrow \sqrt{M_R} \sim \omega_N \cdot r_1^2$$

$$(3) \quad P_R = \omega_N \cdot M_R \qquad \Rightarrow P_R \sim r_1^4 \cdot \omega_N^3$$

Bem.: L-Faktoren für verschiedene Reibwinkel, Reibwerte u. Drehzahlverhältnisse (Modell B/C) u. Modellvergleich, siehe Anhang A3-7/8

4.6 Sicherheit gegen Rutschen S_R

Die Bestimmung der Rutschphase oberhalb des Nennbetriebes ist sowohl für die Aussage über die Größe der Sicherheit gegen Rutschen notwendig als auch für die Auslegung der Fliehkraftkupplung zur Drehmomentbegrenzung.

1.) Sicherheitskriterium S_{R1}: Die Sicherheit gegen Rutschen wird entsprechend dem Beginn der Haftphase (Vgl. Kap. 4.1.1.1) durch das Verhältnis von Haft- zu Gleitreibkoeffizient bestimmt. Die Sicherheit gegen Rutschen entspricht dem Verhältnis von Nenndrehzahl n_N zur Drehzahl bei Haftreibbeginn n_3.

Beginn der Haftreibung bei der Drehzahl n_3: $n_3 = \dfrac{1}{2} \cdot \dfrac{\mu_R}{\mu_{GR}} \cdot n_N \;\;\Rightarrow\;\; \dfrac{n_3}{n_N} = \dfrac{1}{2} \cdot \dfrac{\mu_R}{\mu_{GR}} \overset{!}{<} \dfrac{n}{n_N} \;\;\Rightarrow\;\; \boxed{S_{R1} = \dfrac{n_N}{n_3}}$

Bsp.: $\mu_R = 0,5$ $\mu_{GR} = 0,4$ $n_N = 1500\,\text{min}^{-1}$ Bsp.: $n = 1200\,\text{min}^{-1}$ $M_t(n_N) = 1468\,Nm$ $M_y = 660\,Nm$

a) Senkung der Drehzahl n_N auf n: $n \overset{!}{>} n_3$ $S_{R1} = \dfrac{n_N}{n_3} \overset{!}{>} \dfrac{n_N}{n}$ $(n = n_B)$ (Daten aus 3. Bsp., S. 79)

$$n_3 = \frac{1}{2} \cdot \frac{0,5}{0,4} \cdot n_N = 0,625 \cdot n_N \;\;\Rightarrow\;\; \frac{n_N}{n_3} = \frac{1}{0,625} = 1,6 \quad \frac{n_N}{n} = \frac{1500}{1434} = 1,05 \quad S_{R1} = \frac{n_N}{n_3} = 1,6 \overset{!}{>} \frac{n_N}{n} = 1,05$$

max. Drehzahlsenkung: $\Delta n_{max} = n_N - n_3 = 0,375 \cdot n_N = 0,375 \cdot 1500\,\text{min}^{-1} = 562,5\,\text{min}^{-1}$ $\left(n_B = 1434\,\text{min}^{-1}\right)$

b) Erhöhung des Antriebsmomentes von $M_t(n_N)$ auf $M_t(n_B)^*$: $M_t(n_B) = M_t(n_N) \cdot \dfrac{n_N}{n_B} = 1468\,Nm$

$$\Delta M_t = M_t(n_B) - M_t(n_N) = 68\,Nm \qquad M_{L,max} = \Delta M_y = \frac{i \cdot K}{\pi} \cdot \Delta M_R \qquad \Delta M_t = \Delta M_R \cdot \left(1 - \frac{\cos(a/2)}{R \cdot x}\right)$$

max. Lasterhöhung: $M_{L,max} = \dfrac{i \cdot K}{\pi} \cdot \left(1 - \dfrac{\cos(a/2)}{R \cdot x}\right)^{-1} \cdot \Delta M_t = \dfrac{0,912}{2,0274} \cdot 68\,Nm = 31\,Nm$ * Annahme: Leistungs-gleichheit $P(\omega_B) = P(\omega_N)$

2.) Sicherheitskriterium S_{R2}: Das Kriterium für das Haften wird in Analogie zur translatorischen Reibung durch den Reibwinkel α und μ_R bestimmt (Hypothese für S_{R2} und den Reibungskegel ρ_0). Solange das Verhältnis von Schaltmoment M_y zu Reibmoment M_R größer ist als die Differenz $1 - \mu_R$ herrscht Sicherheit gegen Rutschen.

$i \cdot \alpha \le 2\pi:$ $\dfrac{M_y}{M_R} = \dfrac{i \cdot K}{\pi} = \dfrac{i}{\pi} \cdot \dfrac{(1 - \cos\alpha)}{\alpha}$ $\alpha \ne 0°$ $\dfrac{M_y}{M_R} \overset{!}{\ge} 1 - \mu_R$ $\boxed{S_{R2} = \dfrac{M_y / M_R}{1 - \mu_R}}$ (Vgl. Tab. 05, S.65)

rotatorischer Reibungskegel ρ_0: $\boxed{\rho_0 = \dfrac{M_y}{M_R} = \dfrac{i}{\pi} \cdot \dfrac{(1 - \cos\alpha)}{\alpha} \ge 1 - \mu_R}$ $\Rightarrow$ $\mu_R \ge 1 - \dfrac{M_y}{M_R} = \dfrac{M_R - M_y}{M_R}$

Bsp.: $\mu_R = 0,5$ $M_y / M_R = (660 / 724)\,Nm:$ $S_{R2} = 0,9 / 0,5 = 1,8$

Mit zunehmendem Reibwinkel sinkt das Verhältnis von Schalt- zu Reibmoment und damit auch die Sicherheit gegen Rutschen (Vgl. Tab. 05, S. 65 u. Anhang A3-5a/6). Für ein Reibwertverhältnis von $\mu_R/\mu_{GR} = 5/4$ ($\mu_R = 0,5$) mit $\alpha = 60°$ und $i = 6$ beträgt der Sicherheitswert $S_{R1} = 1,6$ und $S_{R2} = 1,8$ (Vgl. S. 79; 3. Beispiel). Eine kurze Rutschphase zwischen den Kreisfrequenzen ω_2 und ω_3 führt zu einer geringen Wärmebelastung bei häufigem Schalten.

Bem.: Die Theorie der Stribeckschen Wälzpressung für weiche nichtmetallische Werkstoffe findet bei Reibungskupplungen keine Anwendung, da keine punkt- oder linienförmige Berührung wie bei Reibradgetrieben vorliegt, sondern eine flächenhafte Pressung.

4.7 Bestimmung der Federsteifigkeit der Rückhaltefeder

$$m \cdot r_{s2} \cdot \omega_2^2 = c \cdot x_2 \quad \Rightarrow c = \frac{m \cdot r_{s2} \cdot \omega_2^2}{x_2} = \frac{m \cdot r_{s2} \cdot \omega_2^2}{x_v + \Delta x} \quad \wedge \quad m \cdot r_{s1} \cdot \omega_1^2 = c \cdot x_v \quad \Rightarrow c = \frac{m \cdot r_{s1} \cdot \omega_1^2}{x_v}$$

$$\omega_2 = \frac{1}{4} \cdot \omega_N : \quad \Rightarrow c = \frac{m \cdot r_{s2} \cdot \left(\frac{1}{4} \cdot \omega_N\right)^2}{x_v + \Delta x} = \frac{1}{16} \cdot \frac{m \cdot r_{s2} \cdot \omega_N^2}{x_v + \Delta x}$$

$$F_2 = c \cdot \left(x_v + \Delta x\right) = \frac{1}{16} \cdot \frac{m \cdot r_{s2} \cdot \omega_N^2}{x_v + \Delta x} \cdot \left(x_v + \Delta x\right) = \frac{m \cdot r_{s2} \cdot \omega_N^2}{16}$$

$$F_1 = c \cdot x_v = \frac{m \cdot r_{s1} \cdot \omega_1^2}{x_v} \cdot x_v = m \cdot r_{s1} \cdot \omega_1^2 \quad \Rightarrow c = \frac{F_2 - F_1}{x_2 - x_1} = \frac{F_2 - F_1}{\Delta x} = \frac{m \cdot \left(r_{s2} \cdot \omega_2^2 - r_{s1} \cdot \omega_1^2\right)}{\Delta x}$$

Federrate einer Feder für ein Fliehsegment: $\quad c_i = \dfrac{m_i \cdot r_{s2} \cdot \omega_2^2}{x_2} \quad c_i = \dfrac{m_i \cdot r_{s1} \cdot \omega_1^2}{x_v}$

$$\omega_2 = \frac{1}{4} \cdot \omega_N : \quad c_i = \frac{m_i \cdot r_{s2} \cdot \omega_2^2}{x_2} = \frac{m_i \cdot r_{s2} \cdot \frac{1}{16} \cdot \omega_N^2}{x_2}$$

$$c_i = \frac{1}{16} \cdot m_i \cdot \frac{r_{s2}}{x_2} \cdot \omega_N^2 \quad x = \frac{r_2}{r_{s2}} \quad r_{s2} = \frac{r_2}{x} \quad \Rightarrow c_i = \frac{1}{16} \cdot m_i \cdot \frac{1}{x_2} \cdot \frac{1}{x} \cdot r_2 \cdot \omega_N^2$$

$Bsp.: \quad m_i = 5{,}5 kg \quad n_N = 1500 \min^{-1} = 25 s^{-1} \left(\omega_2 = \frac{1}{4} \cdot \omega_N\right) \quad r_2 = 104 mm \quad x = 1{,}8 \ (90°)$

$x_2 = x_v + \Delta x \qquad Annahme: \ x_v = \Delta x = 4 mm \quad \Rightarrow x_2 = 8 mm$

$$c_i = \frac{1}{16} \cdot m_i \cdot \frac{1}{x_2} \cdot \frac{1}{x} \cdot r_2 \cdot \omega_N^2 = \frac{1}{16} \cdot 5{,}5 kg \cdot \frac{1}{8 mm} \cdot \frac{1}{1{,}8} \cdot 104 mm \cdot \left(2\pi \cdot 25 s^{-1}\right)^2 = 61257 \frac{kg}{s^2} = 61257 \frac{N}{m}$$

$$c_i = 61{,}257 \frac{N}{mm} \cong 61 \frac{N}{mm}$$

nächstliegender Wert für Einzelfeder gem. DIN 2098: d = 5 mm; D_m = 32 mm, i_f = 3,5; L_0 = 51 mm; s_n = 22,3 mm; R=c= 55,4 N/mm

nächstliegender Wert für zwei parallele Federn gem. DIN 2098: d = 3,2 mm; D_m = 16 mm, i_f = 8,5; L_0 = 59 mm; s_n = 23,6 mm; R=c= 30,7 N/mm $\Rightarrow c_{ges}$ = 61,4 N/mm

d: Drahtdurchmesser; D_m: mittlerer Windungsdurchmesser; i_f: Anzahl der federnden Windungen
L_0: Länge der unbelasteten Feder; s_n: größter zulässiger Federweg; R=c: Federrate

$$F_2\left(\omega_2\right) = m \cdot r_{s2} \cdot \omega_2^2 = 5{,}5 kg \cdot \frac{0{,}104 m}{1{,}8} \cdot \left(2\pi \cdot \frac{1}{4} \cdot 25 s^{-1}\right)^2 = 490 N$$

$$F_{Fe}\left(x_2\right) = x_2 \cdot c_i = 8 mm \cdot 61{,}257 \frac{N}{mm} = 490 N \qquad \left(\text{für } x = 1{,}9: \ F_2\left(\omega_2\right) = F_{Fe}\left(x_2\right) = 464 N\right)$$

4.8 Ähnlichkeitskennzahlen für Fliehkraftkupplungen

Das von der Fliehkraftkupplung erzeugte Reibmoment M_R lässt sich vollständig beschreiben durch sechs Relationen, fünf Werkstoffparameter, drei Geometriegrößen, die Reibbelagbreite, die Nenndrehzahl und den modellabhängigen Faktor k_i, der den Beitrag der Führungsnormalkraft zur Normalkraft berücksichtigt. Für das Schaltmoment M_y ist zusätzlich der Kraft-/Winkel-Faktor K erforderlich und zur Bestimmung der Sicherheit gegen Rutschen zusätzlich S_R. Damit sind die Größen für den Grundentwurf der Baureihe erfasst. Ähnlichkeitszahlen ergeben sich aus MTM, Masse und Radius.

Antriebsmoment M_t: $M_t = M_R + M_F$ Führungsmoment M_F: $M_F = \cos\left(\alpha/2\right)\cdot m\cdot r_{s2}^{\,2}\cdot \omega_N^{\,2}$

Reibmoment M_R: $M_R = \mu_R\cdot F_N\cdot r_2 = \mu_R\cdot\left[\left(1-\left(\dfrac{\omega_2}{\omega_N}\right)^2-\mu_{HF}\right)+k_i\right]\cdot m\cdot r_{s2}\cdot\omega_N^{\,2}\cdot r_2$ k_i: $k_A = 0;\ k_{B/C} = \sin\dfrac{\alpha}{2}\cdot\dfrac{r_{s2}}{r_F}$

$$\left[(\lambda_1):\ x=\frac{r_2}{r_{s2}}>1\right]\Rightarrow r_2 = x\cdot r_{s2}:\quad M_R = \mu_R\cdot\left[\left(1-\left(\frac{\omega_2}{\omega_N}\right)^2-\mu_{HF}\right)+k_i\right]\cdot x\cdot m\cdot r_{s2}^{\,2}\cdot\omega_N^{\,2}$$

$$\left[(\lambda_2):\ y=\frac{\omega_2}{\omega_N}<1\right]\Rightarrow \omega_2 = y\cdot\omega_N:\quad M_R = \mu_R\cdot\left[\left(1-y^2-\mu_{HF}\right)+k_i\right]\cdot x\cdot m\cdot r_{s2}^{\,2}\cdot\omega_N^{\,2}$$

$$m = \rho\cdot\left(r_1^2-r_N^2\right)\cdot\alpha_{FK}\cdot B_{FK}:\quad M_R = \mu_R\cdot\left[\left(1-y^2-\mu_{HF}\right)+k_i\right]\cdot x\cdot\rho\cdot\left(r_1^2-r_N^2\right)\cdot\alpha_{FK}\cdot B_{FK}\cdot r_{s2}^{\,2}\cdot\omega_N^{\,2}\quad\left(\alpha_{FK}=\alpha_{ges};\ z=i\right)$$

$$\left[(\lambda_3):\ z=\frac{\alpha_{FK}}{\alpha}>1\right]\Rightarrow \alpha_{FK}=\alpha\cdot z:\quad M_R = \mu_R\cdot\left[\left(1-y^2-\mu_{HF}\right)+k_i\right]\cdot x\cdot\rho\cdot\left(r_1^2-r_N^2\right)\cdot\alpha\cdot z\cdot B_{FK}\cdot r_{s2}^{\,2}\cdot\omega_N^{\,2}$$

$$\left[(\lambda_4):\ u=\frac{B_{FK}}{B_{RB}}\geq 1\right]\Rightarrow B_{FK}=B_{RB}\cdot u:\quad M_R = \mu_R\cdot\left[\left(1-y^2-\mu_{HF}\right)+k_i\right]\cdot x\cdot\rho\cdot\left(r_1^2-r_N^2\right)\cdot\alpha\cdot z\cdot B_{RB}\cdot u\cdot r_{s2}^{\,2}\cdot\omega_N^{\,2}$$

$$\left[(\lambda_5):\ v=\frac{r_1}{r_N}>1\right]\Rightarrow r_1=r_N\cdot v:\quad M_R = \mu_R\cdot\left[\left(1-y^2-\mu_{HF}\right)+k_i\right]\cdot x\cdot\rho\cdot r_N^2\cdot\left(v^2-1\right)\cdot\alpha\cdot z\cdot B_{RB}\cdot u\cdot r_{s2}^{\,2}\cdot\omega_N^{\,2}$$

$$\left[(\lambda_6):\ w=\frac{r_N}{r_W}>1\right]\Rightarrow r_N=r_W\cdot w:\quad M_R = \mu_R\cdot\left[\left(1-y^2-\mu_{HF}\right)+k_i\right]\cdot x\cdot\rho\cdot r_W^2\cdot w^2\cdot\left(v^2-1\right)\cdot\alpha\cdot z\cdot B_{RB}\cdot u\cdot r_{s2}^{\,2}\cdot\omega_N^{\,2}$$

$$r_{s2}=\frac{r_2}{x}:\ M_R = \mu_R\cdot\left[\left(1-y^2-\mu_{HF}\right)+k_i\right]\cdot x\cdot\rho\cdot r_W^2\cdot w^2\cdot\left(v^2-1\right)\cdot\alpha\cdot z\cdot B_{RB}\cdot u\cdot\left(\frac{r_2}{x}\right)^2\cdot\omega_N^{\,2}\qquad B_{RB}=f\left(p_{zul}\right)$$

$$M_R = \mu_R\cdot\left[\left(1-y^2-\mu_{HF}\right)+k_i\right]\cdot\rho\cdot r_W^2\cdot w^2\cdot\left(v^2-1\right)\cdot\alpha\cdot z\cdot B_{RB}\cdot u\cdot\frac{r_2^2}{x}\cdot\omega_N^{\,2}\qquad M_y=\frac{i\cdot K}{\pi}\cdot M_R\qquad K=\frac{1-\cos\alpha}{\alpha}$$

$$M_y = f\left(u,v,w,x,y,z;\ \mu_R,\mu_{GR},p_{zul},\mu_{HF},\rho;\ r_W,r_2,\alpha;\ B_{RB};\ \omega_N;\ k_i;\ K;\ S_R\right)\qquad S_{R1}=\frac{n_N}{n_3}\qquad S_{R2}=\frac{M_y/M_R}{1-\mu_R}$$

$$(A)\ \text{MTM}:\ J=\frac{1}{2}\cdot\rho\cdot\pi\cdot B\cdot\left(r_a^4-r_i^4\right)\quad \frac{\partial f}{\partial r_i}=-4\cdot r_i^3\ \wedge\ \frac{\partial f}{\partial r_i}=-1\cdot r_a:\ r_i=\sqrt[3]{\frac{1}{4}}\cdot r_a\cong 0,63\cdot r_a\quad J_{opt}=\frac{\rho\cdot\pi\cdot B}{2}\cdot r_a^4\cdot 0,84$$

$$(B)\ \text{Masse}:\ m=\rho\cdot\pi\cdot\left(r_a^2-r_i^2\right)\cdot B\quad \frac{\partial f}{\partial r_i}=-2\cdot r_i\ \wedge\ \frac{\partial f}{\partial r_i}=-1\cdot r_a:\ r_i=0,5\cdot r_a\quad m_{opt}=\rho\cdot\pi\cdot r_a^2\cdot\left(1-0,5^2\right)\cdot B$$

$$(A)\ J_{opt}\left(r_i=0,63\cdot r_a\right)=0,42\cdot\rho\cdot\pi\cdot B\cdot r_a^4\qquad (B)\ m_{opt}\left(r_i=0,5\cdot r_a\right)=0,75\cdot\rho\cdot\pi\cdot B\cdot r_a^2$$

$$m\left(J_{opt}\right)=\rho\cdot\pi\cdot r_a^2\cdot\left(1-0,63^2\right)\cdot B\quad \frac{m_{opt}}{m\left(J_{opt}\right)}=\frac{0,75}{0,6}=1,25\ \Rightarrow\ m_{opt}=1,25\cdot m\left(J_{opt}\right)\quad B\left(J_{opt}\right)=1,25\cdot B$$

$$\frac{(A)}{(B)}:\ \frac{J_{opt}}{m_{opt}}=\frac{0,42\cdot\rho\cdot\pi\cdot\left(1,25\cdot B\right)\cdot r_a^4}{0,75\cdot\rho\cdot\pi\cdot B\cdot r_a^2}=0,7\cdot r_a^2\ \Rightarrow\ \text{Ähnlichkeitszahlen}:\ \sqrt{\frac{J_{opt}}{m_{opt}}}\cdot\frac{1}{r_a}=0,837\qquad \sqrt{\frac{J_{opt}}{m_{opt}}}\cdot\frac{1}{r_i}=1,328$$

Angaben für den Grundentwurf

Die in Kap. 4 hergeleiteten Beziehungen liefern die Daten für den Grundentwurf.

$$M_R = \mu_R \cdot F_N \cdot r_2 = \mu_R \cdot \left[\left(1 - \left(\frac{\omega_2}{\omega_N}\right)^2\right) - \mu_{HF} + k_i\right] \cdot m \cdot r_{s2} \cdot \omega_N^{\ 2} \cdot r_2$$

$$k_i : \quad k_A = 0 \quad k_{B/C} = \sin\frac{\alpha}{2} \cdot \frac{r_{s2}}{r_F}$$

$$\left[(\lambda_1): \ x = \frac{r_2}{r_{s2}} > 1\right] \Rightarrow r_2 = x \cdot r_{s2}: \quad x = f(\alpha): \quad \rightarrow x \leq 1,51\,[1,5]$$

$$\alpha° : x\,[x_M] \quad 40°:1,23\,[1,2] \quad 60°:1,27\,[1,2] \quad 90°:1,34\,[1,3] \quad 120°:1,46\,[1,4] \quad 130°:1,51\,[1,5]$$

$$\left[(\lambda_2): \ y = \frac{\omega_2}{\omega_N} < 1\right] \Rightarrow \omega_2 = y \cdot \omega_N: \quad \rightarrow y \geq \frac{1}{4}$$

$$\left[(\lambda_3): \ z = \frac{\alpha_{FK}}{\alpha} > 1\right] \Rightarrow \alpha_{FK} = \alpha \cdot z: \quad \rightarrow z \geq 3 \quad (z = i)$$

$$\left[(\lambda_4): \ u = \frac{B_{FK}}{B_{RB}} \geq 1\right] \Rightarrow B_{FK} = B_{RB} \cdot u: \quad B_{RB} = f(p_{zul}):$$

$$p = \frac{F_N}{A} = \frac{F_N}{r \cdot \alpha \cdot B_{RB}} \leq p_{zul} \Rightarrow B_{RB} \geq \frac{F_N}{r \cdot \alpha \cdot p_{zul}}$$

$$m = \rho \cdot (r_1^2 - r_N^2) \cdot \alpha_{FK} \cdot B_{FK} \Rightarrow B_{FK} = \frac{m}{\rho \cdot (r_1^2 - r_N^2) \cdot \alpha_{FK}} \quad (\alpha_{FK} = \alpha)$$

$$\rightarrow u = \frac{B_{FK}}{B_{RB}} = \frac{m \cdot r \cdot \alpha \cdot p_{zul}}{\rho \cdot (r_1^2 - r_N^2) \cdot \alpha_{FK} \cdot F_N} = \frac{m \cdot r \cdot p_{zul}}{\rho \cdot (r_1^2 - r_N^2) \cdot z \cdot F_N}$$

$$\left[(\lambda_5): \ v = \frac{r_1}{r_N} > 1\right] \Rightarrow r_1 = r_N \cdot v: \quad \frac{r_N}{r_1} = \frac{5}{8} = \frac{1}{v} \quad \rightarrow v = \frac{8}{5} \quad \left(b = \frac{3}{8} \cdot r_1\right)$$

$$\left[(\lambda_6): \ w = \frac{r_N}{r_W} > 1\right] \Rightarrow r_N = r_W \cdot w: \quad r_W = f(M_t; \tau_{zul}) \ \vee \ f\left(M_t; G; \left[\frac{d\varphi}{dx}\right]_{zul}\right) \ \vee \ f(DIN\,748)$$

$$\rightarrow w = \frac{r_N}{r_W} = \frac{\sqrt[4]{\dfrac{2 \cdot |M_t| \cdot r_a}{\pi \cdot \tau_{zul}} + r_i^4}}{\sqrt[3]{\dfrac{2 \cdot M_t}{\pi \cdot \tau_{zul}}}} = \frac{\sqrt[4]{\dfrac{2 \cdot M_t}{\pi \cdot G \cdot \left[\dfrac{\varphi}{l}\right]_{zul}} + r_W^4}}{\sqrt[4]{\dfrac{2 \cdot M_t}{\pi \cdot G \cdot \left[\dfrac{\varphi}{l}\right]_{zul}}}} = \sqrt[4]{1 + \frac{r_W^4 \cdot \pi \cdot G \cdot \left[\dfrac{\varphi}{l}\right]_{zul}}{2 \cdot M_t}} \qquad w^* = \sqrt[4]{1 + \frac{r_W^4 \cdot \pi \cdot G \cdot \left[\dfrac{d\varphi}{dx}\right]_{zul}}{M_t}}$$

*(Vgl. Kap. 4.5.2, Anhang A2-33)

$$M_R = \mu_R \cdot \left[(1 - y^2 - \mu_{HF}) + k_i\right] \cdot \rho \cdot r_W^2 \cdot w^2 \cdot (v^2 - 1) \cdot \alpha \cdot z \cdot B_{RB} \cdot u \cdot \frac{r_2^2}{x} \cdot \omega_N^{\ 2} \qquad M_y = \frac{i \cdot K}{\pi} \cdot M_R \qquad K = \frac{1 - \cos\alpha}{\alpha}$$

$$M_y = f\left(u, v, w, x, y, z; \ \mu_R, \mu_{GR}, p_{zul}, \mu_{HF}, \rho; \ r_W, r_2, \alpha; \ B_{RB}; \ \omega_N; \ k_i; \ K; \ S_R\right) \qquad S_{R1} = \frac{n_N}{n_3} \qquad S_{R2} = \frac{M_y / M_R}{1 - \mu_R}$$

$$\rightarrow K = f(\alpha): \quad K_{(40°)} = 0,3351 \quad K_{(60°)} = 0,4745 \quad K_{(90°)} = 0,6366 \quad K_{(120°)} = 0,7162 \quad K_{(130°)} = 0,7240$$

Bem.: Der K-Faktor der Kraft-/Winkel-Gleichung (Radial-/Normalkraft-Relation) wird im nachfolgenden Kap. 5 hergeleitet, die Beziehung zwischen Schaltmoment M_y und Reibmoment M_R auf S. 65.

5. Allgemeine Bestimmung des Reibungswinkels

5.1 Die Kraft-/Winkel-Gleichungen

Auf die Fliehkörper wirkt die Fliehkraft F_ω. Im geschalteten Zustand erfahren die Fliehkörper als Reaktion die Normalkraft F_N an der Kupplungsglocke. Nur der radial in Schwerpunktrichtung wirkende Anteil der Normalkraft (Schaltkraft) trägt zum Schalten des Lastmomentes bei. Die Momente der senkrechten Komponenten in x-Richtung addieren sich gegensinnig drehend zu Null. Die Beziehung von Schaltkraft F_y zur Normalkraft F_N in Abhängigkeit vom Reibwinkel α ist zu bestimmen.

$$p = \frac{F_N}{A} = const. \qquad p = \frac{dF_N}{dA} \quad \Rightarrow dF_N = p \cdot dA$$

$$dA = B \cdot r \cdot d\varphi \quad \Rightarrow A = B \cdot r \cdot \int_{\varphi_1}^{\varphi_2} d\varphi = B \cdot r \cdot \left[\varphi_2 - \varphi_1\right]$$

$$p = \frac{F_N}{B \cdot r \cdot \left[\varphi_2 - \varphi_1\right]}$$

$$\sin\varphi = \frac{dF_y}{dF_N} \quad \Rightarrow dF_y = dF_N \cdot \sin\varphi$$

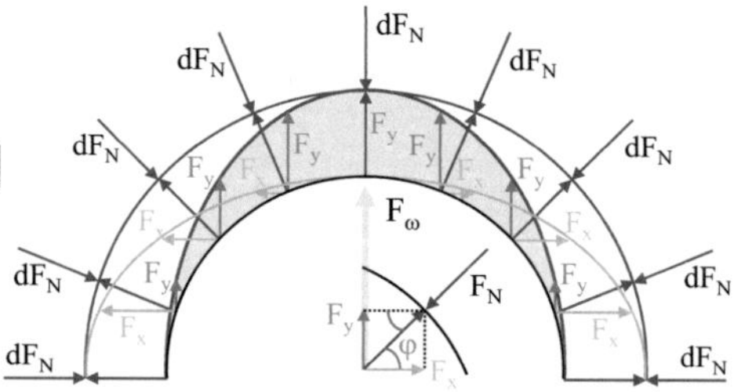

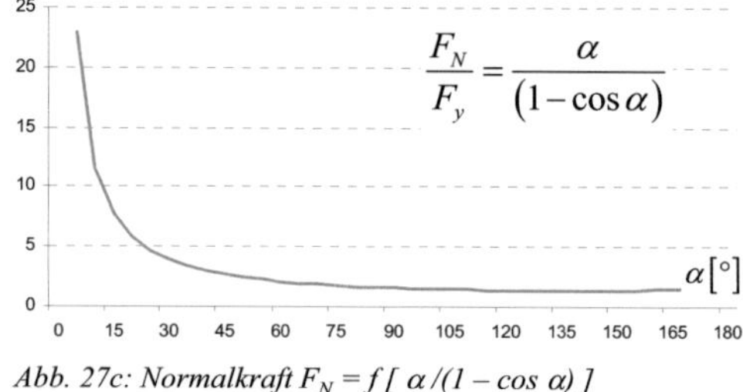

Abb. 27a: Normal- und Vertikalkraft an der Halbschale

$$\int dF_y = \int dF_N \cdot \sin\varphi = \int p \cdot dA \cdot \sin\varphi = \int p \cdot B \cdot r \cdot \sin\varphi \cdot d\varphi = p \cdot B \cdot r \cdot \int \sin\varphi \cdot d\varphi$$

$$F_y = p \cdot B \cdot r \cdot \int_{\varphi_1}^{\varphi_2} \sin\varphi \cdot d\varphi \qquad \varphi_2 = \varphi_1 + \alpha \qquad \alpha = \varphi_2 - \varphi_1 \qquad \left(0° < \alpha < 180°\right)$$

$$F_y = p \cdot B \cdot r \cdot \int_{\varphi_1=0}^{\varphi_2=\alpha} \sin\varphi \cdot d\varphi = p \cdot B \cdot r \cdot \left[-\cos\varphi\right]_0^\alpha$$

$$p = \frac{F_N}{B \cdot r \cdot \alpha}$$

$$F_y = \frac{F_N}{B \cdot r \cdot \alpha} \cdot B \cdot r \cdot \left[-\cos\alpha - (-\cos 0)\right]$$

$$F_y = \frac{F_N}{\alpha} \cdot \left[1 - \cos\alpha\right]$$

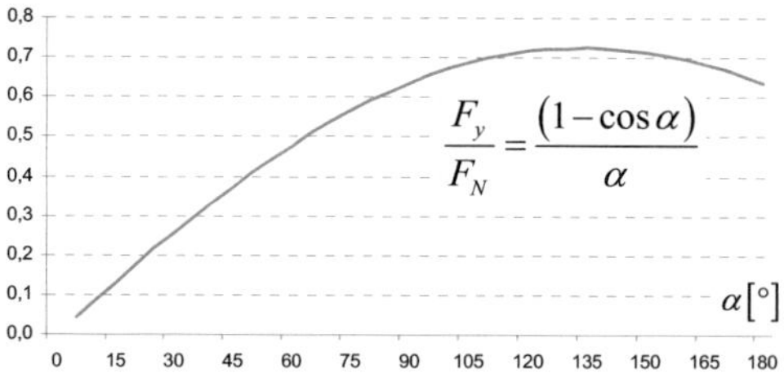

$$\frac{F_y}{F_N} = \frac{(1 - \cos\alpha)}{\alpha}$$

Abb. 27b: Schaltkraft $F_y = f[\,(1 - \cos\,\alpha)/\alpha\,]$

Die Kraft-/Winkel-Gleichung:

a) Radial-/Normalkraft-Relation:

$$\boxed{F_y = F_N \cdot \frac{(1 - \cos\alpha)}{\alpha}} \qquad \frac{F_y}{F_N} = \frac{(1 - \cos\alpha)}{\alpha}$$

b) Normal-/Radialkraft-Relation:

$$\boxed{F_N = F_y \cdot \frac{\alpha}{(1 - \cos\alpha)}} \qquad \frac{F_N}{F_y} = \frac{\alpha}{(1 - \cos\alpha)}$$

$$\frac{F_N}{F_y} = \frac{\alpha}{(1 - \cos\alpha)}$$

Abb. 27c: Normalkraft $F_N = f[\,\alpha/(1 - \cos\,\alpha)\,]$

Die durch die Fliehkraft erzeugte Schaltkraft F_y, deren Wirkungslinie durch den Schwerpunkt des Fliehkörpers und den Mittelpunkt des Kupplungskörpers verläuft, verhält sich zur Normalkraft F_N wie $(1 - \cos\alpha)/\alpha$.

Die Ableitungen der Schaltkraft F_y nach dem Reibungswinkel α

$$\frac{dF_y}{d\alpha} \qquad \rightarrow \text{Steigung der Kurve}$$

$$\frac{dF_y}{d\alpha} = \frac{d}{dt}\left[F_N \cdot \frac{(1-\cos\alpha)}{\alpha} \right] \qquad (\alpha \neq 0)$$

$$\frac{dF_y}{d\alpha} = F_N \cdot \frac{\alpha \cdot \sin\alpha - (1-\cos\alpha)}{\alpha^2} = F_N \cdot \left[\frac{\sin\alpha}{\alpha} - \frac{(1-\cos\alpha)}{\alpha^2} \right]$$

$$f_Z\left(\frac{dF_y}{d\alpha} \right) = \alpha \cdot \sin\alpha - (1-\cos\alpha)$$

$$\frac{d^2 F_y}{d\alpha^2} \qquad \rightarrow \text{Krümmung der Kurve}$$

$$\frac{d^2 F_y}{d\alpha^2} = \frac{d}{d\alpha}\left[F_N \cdot \frac{\alpha \cdot \sin\alpha - (1-\cos\alpha)}{\alpha^2} \right] \qquad (\alpha \neq 0)$$

$$\frac{d^2 F_y}{d\alpha^2} = F_N \cdot \frac{d}{d\alpha}\left[\frac{\sin\alpha}{\alpha} - \frac{(1-\cos\alpha)}{\alpha^2} \right] = F_N \cdot \left[\frac{\cos\alpha \cdot \alpha - \sin\alpha}{\alpha^2} - \frac{\sin\alpha \cdot \alpha^2 - (1-\cos\alpha)\cdot 2\alpha}{\alpha^4} \right]$$

$$\frac{d^2 F_y}{d\alpha^2} = \frac{\cos\alpha}{\alpha} - \frac{\sin\alpha}{\alpha^2} - \frac{\sin\alpha}{\alpha^2} - \frac{2\cdot(1-\cos\alpha)}{\alpha^3} = \frac{\cos\alpha}{\alpha} - \frac{2\cdot\sin\alpha}{\alpha^2} - \frac{2\cdot(1-\cos\alpha)}{\alpha^3}$$

$$\frac{d^2 F_y}{d\alpha^2} = \frac{\cos\alpha \cdot \alpha^2 - 2\alpha \cdot \sin\alpha - 2\cdot(1-\cos\alpha)}{\alpha^3} = 0$$

$$f_Z\left(\frac{d^2 F_y}{d\alpha^2} \right) = \cos\alpha \cdot \alpha^2 - 2\alpha \cdot \sin\alpha - 2\cdot(1-\cos\alpha)$$

Während die Eytelwein'sche Gleichung den Zusammenhang zwischen Haltekraft, Last und Umschlingungswinkel des biegeschlaffen Seiles darstellt, zeigt die Kraft-/Winkel-Gleichung die radial schließende Schalt- und Normalkraft in Abhängigkeit vom Reibwinkel der biegesteifen Backe.

Bei Vergrößerung des Reibwinkels α bis zu einem Reibwinkel von 135° steigt die Schaltkraft F_y im Verhältnis zur Normalkraft F_N (siehe Abb. 27b). Für Reibwinkel größer 90° leistet die Normalkraft nur noch einen unterproportionalen Beitrag zur Erhöhung der Schaltkraft bis zum Reibwinkel von 135°. Bei einem Reibwinkel von 135° ist das Verhältnis von Schaltkraft F_y zu Normalkraft F_N maximal.

Bem.: Bestimmung des Faktors für das gesamte Schaltmoment, siehe S. 65
Die allgemeine Bestimmung des Reibungswinkels mit einem Faktoransatz C/α für den Druck p_y führt zu den gleichen Kraft-Winkel-Gleichungen wie zuvor auf S. 60 (siehe Anhang A2-26).
Herleitung von Normalkraft und Druck an der Halbschale und an der Schale: siehe Anhang A2-27

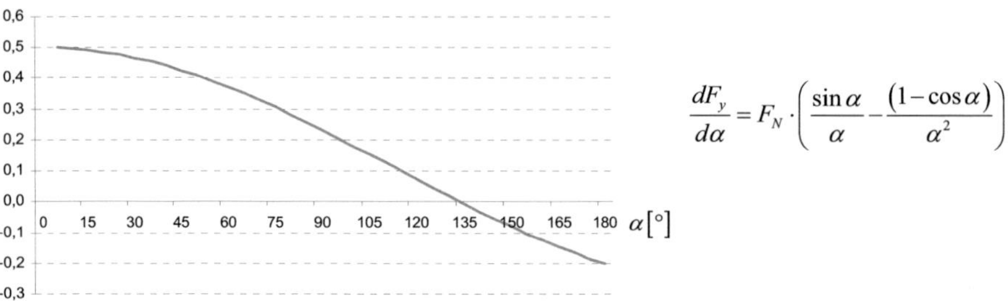

$$\frac{dF_y}{d\alpha} = F_N \cdot \left(\frac{\sin\alpha}{\alpha} - \frac{(1-\cos\alpha)}{\alpha^2} \right)$$

Abb. 28a: Erste Ableitungsfunktion $dF_y / d\alpha$

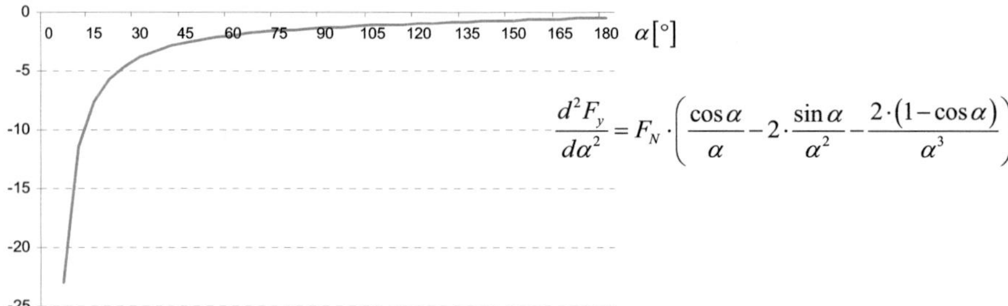

$$\frac{d^2F_y}{d\alpha^2} = F_N \cdot \left(\frac{\cos\alpha}{\alpha} - 2 \cdot \frac{\sin\alpha}{\alpha^2} - \frac{2 \cdot (1-\cos\alpha)}{\alpha^3} \right)$$

Abb. 28b: Zweite Ableitungsfunktion $d^2F_y / d\alpha^2$

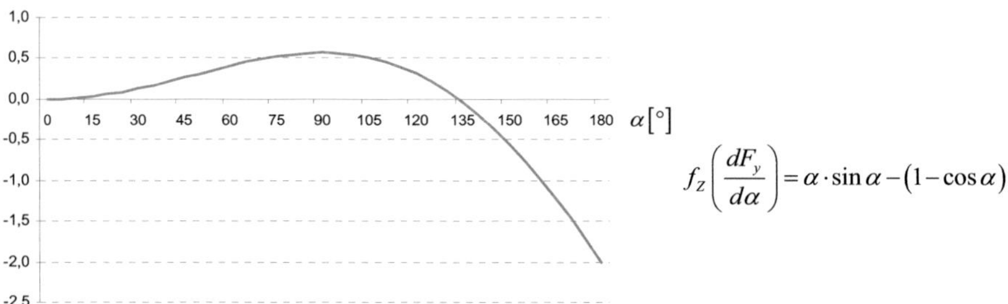

$$f_z\left(\frac{dF_y}{d\alpha} \right) = \alpha \cdot \sin\alpha - (1-\cos\alpha)$$

Abb. 28c: Erste Ableitungsfunktion $dF_y/d\alpha$ des Zählers

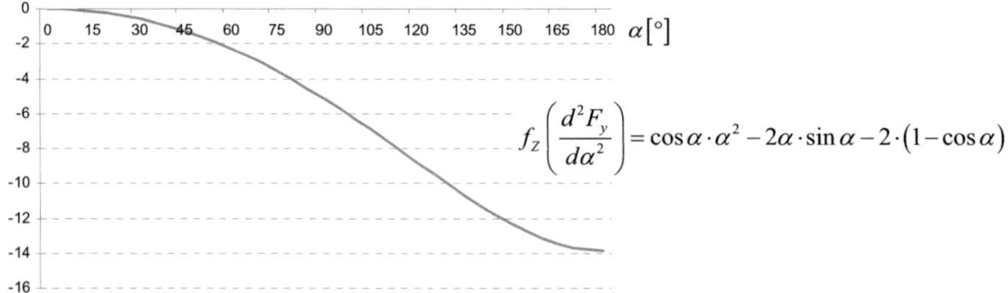

$$f_z\left(\frac{d^2F_y}{d\alpha^2} \right) = \cos\alpha \cdot \alpha^2 - 2\alpha \cdot \sin\alpha - 2 \cdot (1-\cos\alpha)$$

Abb. 28d: Zweite Ableitungsfunktion $dF_y/d\alpha$ des Zählers

Die Ableitungen der Normalkraft F_N nach dem Reibungswinkel α

$$\frac{dF_N}{d\alpha} \qquad \rightarrow \text{Steigung der Kurve}$$

$$\frac{dF_N}{d\alpha} = \frac{d}{dt}\left[F_y \cdot \frac{\alpha}{(1-\cos\alpha)} \right] \qquad (\alpha \neq 0)$$

$$\frac{dF_N}{d\alpha} = F_y \cdot \frac{(1-\cos\alpha)-\alpha\cdot\sin\alpha}{\alpha^2} \qquad \Rightarrow \frac{dF_N}{d\alpha} = F_y \cdot \left(\frac{(1-\cos\alpha)}{\alpha^2} - \frac{\sin\alpha}{\alpha} \right)$$

$$f_z\left(\frac{dF_N}{d\alpha}\right) = (1-\cos\alpha)-\alpha\cdot\sin\alpha$$

$$\frac{d^2F_N}{d\alpha^2} \qquad \rightarrow \text{Krümmung der Kurve}$$

$$\frac{d^2F_N}{d\alpha^2} = \frac{d}{d\alpha}\left[F_y \cdot \left(\frac{(1-\cos\alpha)}{\alpha^2} - \frac{\sin\alpha}{\alpha} \right) \right] \qquad (\alpha \neq 0)$$

$$\frac{d^2F_N}{d\alpha^2} = F_y \cdot \left(\frac{\sin\alpha\cdot\alpha^2-(1-\cos\alpha)\cdot 2\alpha}{\alpha^4} - \frac{\cos\alpha\cdot\alpha-\sin\alpha}{\alpha^2} \right)$$

$$\frac{d^2F_N}{d\alpha^2} = F_y \cdot \left(\frac{2\cdot\sin\alpha}{\alpha^2} - \frac{2\cdot(1-\cos\alpha)}{\alpha^3} - \frac{\cos\alpha}{\alpha} \right) = F_y \cdot \left(\frac{2\alpha\cdot\sin\alpha-2\cdot(1-\cos\alpha)-\alpha^2\cdot\cos\alpha}{\alpha^3} \right)$$

$$f_z\left(\frac{d^2F_N}{d\alpha^2}\right) = 2\alpha\cdot\sin\alpha-2\cdot(1-\cos\alpha)-\alpha^2\cdot\cos\alpha$$

Bei Vergrößerung des Reibwinkels α sinkt die Normalkraft F_N im Verhältnis zur Schaltkraft (siehe Abb. 27c). Die geringste Änderung der Normalkraft dF_N in Abhängigkeit vom Reibwinkel $d\alpha$ liegt bei 90° (siehe Abb. 29c), dort sind die Horizontal- und die Vertikalkomponente der Normalkraft dF_N gleich groß. Die Schaltkraft F_y lässt sich auch mittels Kreisbogenschwerpunkt $y_{S,KB}$ und Radius r (r_2) berechnen:

Schwerpunkt Kreisbogen: $\quad y_{s,KB} = \dfrac{2\cdot r\cdot\sin\dfrac{\alpha}{2}}{\alpha} = \dfrac{r\cdot\sqrt{2}\cdot\sqrt{1-\cos\alpha}}{\alpha}$

$(1)\quad y_{s,KB} = r\cdot\sqrt{2}\cdot\dfrac{\sqrt{1-\cos\alpha}}{\alpha} \qquad \Rightarrow 1-\cos\alpha = \left(\dfrac{y_{s,KB}}{r}\right)^2 \cdot \dfrac{\alpha^2}{2} \qquad y_{s,KB}:\text{Schwerpunkt des Kreisbogens}$

$(2)\quad F_y = F_N \cdot \dfrac{1-\cos\alpha}{\alpha} \qquad \alpha:\text{Reibwinkel} \qquad r:\text{Radius des Kreisbogens (Innenradius der Kupplungsglocke: } r = r_2)$

$(1)\,\text{in}\,(2):\quad F_y = F_N \cdot \left(\dfrac{y_{s,KB}}{r}\right)^2 \cdot \dfrac{\alpha}{2}$

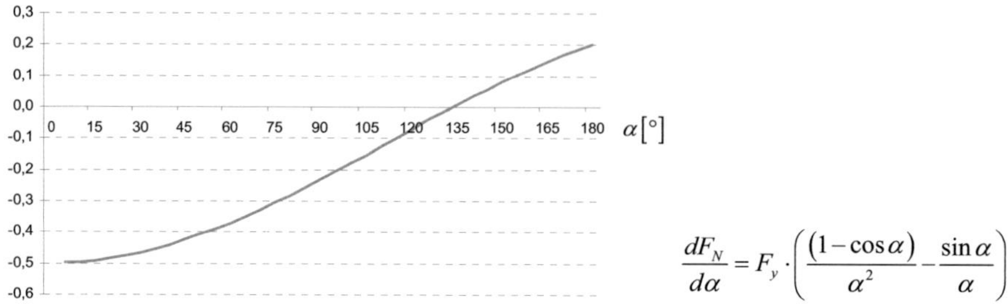

$$\frac{dF_N}{d\alpha} = F_y \cdot \left(\frac{(1-\cos\alpha)}{\alpha^2} - \frac{\sin\alpha}{\alpha} \right)$$

Abb. 29a: Erste Ableitungsfunktion $dF_N / d\alpha$

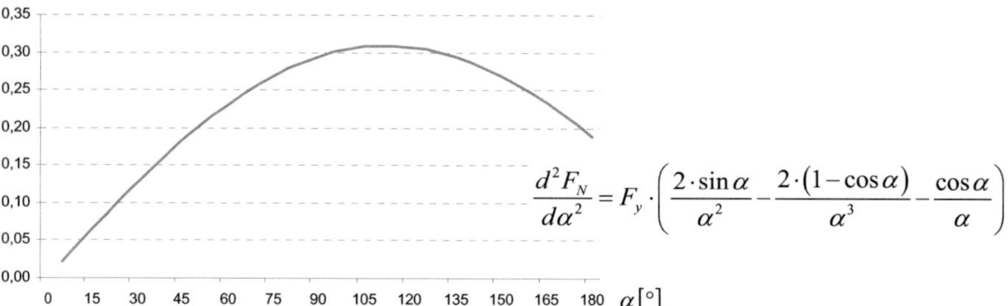

$$\frac{d^2 F_N}{d\alpha^2} = F_y \cdot \left(\frac{2\cdot\sin\alpha}{\alpha^2} - \frac{2\cdot(1-\cos\alpha)}{\alpha^3} - \frac{\cos\alpha}{\alpha} \right)$$

Abb. 29b: Zweite Ableitungsfunktion $d^2F_N /d\alpha^2$

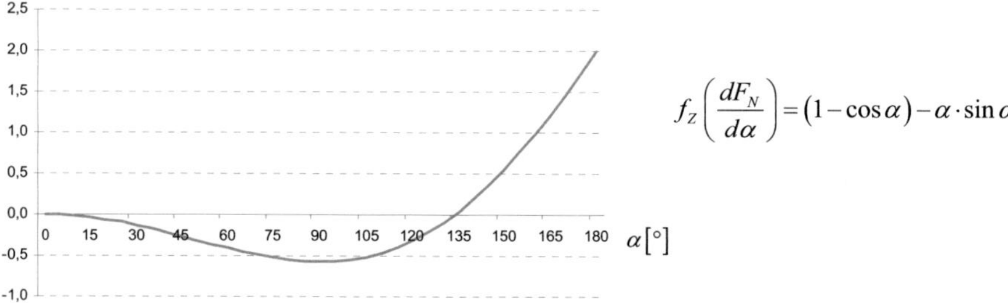

$$f_Z\left(\frac{dF_N}{d\alpha} \right) = (1-\cos\alpha) - \alpha\cdot\sin\alpha$$

Abb. 29c: Erste Ableitungsfunktion $dF_N /d\alpha$ des Zählers

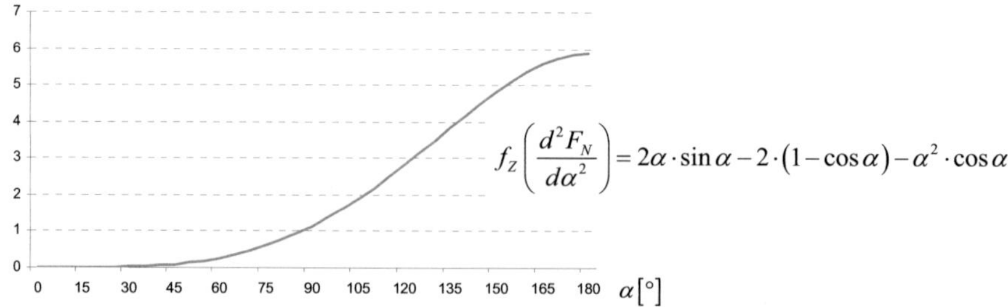

$$f_Z\left(\frac{d^2 F_N}{d\alpha^2} \right) = 2\alpha\cdot\sin\alpha - 2\cdot(1-\cos\alpha) - \alpha^2 \cdot\cos\alpha$$

Abb. 29d: Zweite Ableitungsfunktion $dF_N^2/d\alpha^2$ des Zählers

Der Kraft-Winkel-Faktor bezieht sich auf einen Reibwinkel. Für den gesamten Reibwinkel an der Halbschale der Fliehkraftkupplung muss über den Kraft-/Winkel-Faktor K hinaus auch die halbe Anzahl der Fliehkörper i/2 bezogen auf π berücksichtigt werden.

Schaltmoment an der Halbschale mit i/2 Fliehkörpern: $\dfrac{1}{2} \cdot M_y = \dfrac{i}{2} \cdot \dfrac{K}{\pi} \cdot M_R$ $K = \dfrac{1 - \cos\alpha}{\alpha}$

gesamtes Schaltmoment für $i \cdot \alpha \leq 2\pi$: $\boxed{M_y = \dfrac{i \cdot K}{\pi} \cdot M_R}$ $\dfrac{i \cdot K}{\pi} = \dfrac{i \cdot (1 - \cos\alpha)}{\pi \cdot \alpha}$ $\dfrac{M_y}{M_R} = \dfrac{i \cdot (1 - \cos\alpha)}{\pi \cdot \alpha}$

Anzahl Fliehkraftsegmente: i Drehzahlverhältnisse: $y = \dfrac{1}{4}, \dfrac{1}{3}, \dfrac{1}{2}$ Fliehkraft: $F_\omega = m \cdot r_{s2} \cdot \omega_N^2$

$(2A)$ $M_R = \mu_R \cdot \left(1 - y^2 - \mu_{HF}\right) \cdot F_\omega \cdot r_2$ $(2B/C)$ $M_R = \mu_R \cdot \left[\left(1 - y^2 - \mu_{HF}\right) + \sin\dfrac{\alpha}{2} \cdot \dfrac{r_{s2}}{r_F}\right] \cdot F_\omega \cdot r_2$

$(3A)$ $M_y = \mu_R \cdot \left(1 - y^2 - \mu_{HF}\right) \cdot \dfrac{i \cdot K}{\pi} \cdot F_\omega \cdot r_2$ $(3B/C)$ $M_y = \mu_R \cdot \left[\left(1 - y^2 - \mu_{HF}\right) + \sin\dfrac{\alpha}{2} \cdot \dfrac{r_{s2}}{r_F}\right] \cdot \dfrac{i \cdot K}{\pi} \cdot F_\omega \cdot r_2$

$(2A)$ $F_N = \left(1 - \mu_{HF} - y^2\right) \cdot F_\omega$ $(2B/C)$ $F_N = \left[\left(1 - \mu_{HF} - y^2\right) + \sin\dfrac{\alpha}{2} \cdot \dfrac{r_{s2}}{r_F}\right] \cdot F_\omega$

$(3A)$ $F_y = F_N \cdot \dfrac{i \cdot K}{\pi} = \left(1 - \mu_{HF} - y^2\right) \cdot F_\omega \cdot \dfrac{i \cdot K}{\pi}$ $(3B/C)$ $F_y = \left[\left(1 - \mu_{HF} - y^2\right) + \sin\dfrac{\alpha}{2} \cdot \dfrac{r_{s2}}{r_F}\right] \cdot F_\omega \cdot \dfrac{i \cdot K}{\pi}$

i	$\alpha[°]$	$\alpha[rad]$	$\cos\alpha$	$K = \dfrac{1-\cos\alpha}{\alpha}$	M_y/M_R $\dfrac{i \cdot K}{\pi}$	M_R/M_y $\dfrac{\pi}{i \cdot K}$	$1 - M_y/M_R$ $1 - \dfrac{i \cdot K}{\pi}$	$S_{R2} = \dfrac{M_y/M_R}{1-\mu_R}$ $\mu_R : 0{,}5$
9	40	0,6981	0,7660	0,3351	0,96	1,04	0,04	1,92
7	50	0,8727	0,6428	0,4093	0,91	1,10	0,09	1,82
6	60	1,0472	0,5000	0,4775	0,91	1,10	0,09	1,82
5	70	1,2217	0,3420	0,5386	0,86	1,17	0,14	1,71
4	80	1,3963	0,1736	0,5918	0,75	1,33	0,25	1,51
4	90	1,5708	0,0000	0,6366	0,81	1,23	0,19	1,62
3	100	1,7453	-0,1736	0,6725	0,64	1,56	0,36	1,28
3	110	1,9199	-0,3420	0,6990	0,67	1,50	0,33	1,34
3	120	2,0944	-0,5000	0,7162	0,68	1,46	0,32	1,37
2	130	2,2689	-0,6428	0,7240	0,46	2,17	0,54	0,92
2	140	2,4435	-0,7660	0,7228	0,46	2,17	0,54	0,92
2	150	2,6180	-0,8660	0,7128	0,45	2,20	0,55	0,91
2	160	2,7925	-0,9397	0,6946	0,44	2,26	0,56	0,88
2	170	2,9671	-0,9848	0,6689	0,43	2,35	0,57	0,85
2	180	3,1416	-1,0000	0,6366	0,41	2,47	0,59	0,81

Tab. 05: M_y/M_R-Verhältnis als Funktion des Reibwinkels und der rotatorische Reibungskegel

5.2 Schalt- und Reibmoment, Schalt- und Reibmoment-Faktoren

Die Schalt- und Reibmoment-Faktoren fassen die Faktoren von Fliehkraft und Reibradius zusammen. Schalt- und Reibmoment werden durch das Verhältnis $x = r_2/r_{s2}$ auf r_{s2} oder r_2 normiert. Das Reibmoment wird durch den Schaltmoment-Faktor K bezogen auf π zum Schaltmoment, wenn $i \cdot K = 2 \cdot \pi$.

modellabhängige Schaltmoment-Faktoren (R/x)			0,3		0,4		0,5		0,6	
Haftreibkoffizient Reibpaarung μ_R (μ_{HF}=0,1)										
Öffnungswinkel	Drehzahl-/Reibwert-Faktor	Kraft-/Winkel-Faktor	A	C	A	C	A	C	A	C
40		0,3351	0,07	0,10	0,09	0,13	0,11	0,16	0,14	0,19
60	$\omega_2 = \dfrac{1}{4} \cdot \omega_N:\quad \mu_R \cdot \left(\dfrac{15}{16} - \mu_{HF}\right)$	0,4775	0,09	0,14	0,12	0,19	0,15	0,23	0,18	0,28
90		0,6366	0,12	0,21	0,16	0,28	0,02	0,36	0,24	0,43
120		0,7162	0,12	0,23	0,16	0,31	0,21	0,19	0,25	0,46
40		0,3351	0,06	0,09	0,09	0,12	0,11	0,15	0,13	0,19
60	$\omega_2 = \dfrac{1}{3} \cdot \omega_N:\quad \mu_R \cdot \left(\dfrac{8}{9} - \mu_{HF}\right)$	0,4775	0,08	0,13	0,11	0,18	0,14	0,22	0,17	0,27
90		0,6366	0,11	0,21	0,15	0,28	0,19	0,34	0,22	0,41
120		0,7162	0,12	0,23	0,15	0,30	0,19	0,38	0,23	0,45
40		0,3351	0,05	0,08	0,07	0,11	0,09	0,14	0,11	0,16
60	$\omega_2 = \dfrac{1}{2} \cdot \omega_N:\quad \mu_R \cdot \left(\dfrac{3}{4} - \mu_{HF}\right)$	0,4775	0,07	0,12	0,09	0,16	0,12	0,20	0,14	0,24
90		0,6366	0,09	0,19	0,12	0,25	0,15	0,31	0,19	0,37
120		0,7162	0,10	0,20	0,13	0,27	0,16	0,34	0,19	0,41

Tab. 06a: Schaltmoment-Faktor R_y /x für das Schaltmoment M_y (M_y normiert auf r_2)

$$(1a):\ M_R = R \cdot m \cdot r_{s2} \cdot \omega_N^{\ 2} \cdot r_2 \qquad \text{R: Reibmoment-Faktor} \qquad M_R: \text{Reibmoment} \qquad F_\omega = m \cdot r_{s2} \cdot \omega_N^{\ 2} \qquad m = i \cdot m_i$$

$$(1b):\ M_y = R_y \cdot m \cdot r_{s2} \cdot \omega_N^{\ 2} \cdot r_2 \qquad R_y: \text{Schaltmoment-Faktor} \qquad M_y: \text{Schaltmoment} \qquad R_y = \frac{K}{\pi} \cdot R \qquad x = \frac{r_2}{r_{s2}}$$

$$(2):\ r_2 = x \cdot r_{s2}: \quad (2a):\ M_R(r_{s2}) = R \cdot x \cdot m \cdot r_{s2}^{\ 2} \cdot \omega_N^{\ 2} \quad (2b):\ M_y(r_{s2}) = R_y \cdot x \cdot m \cdot r_{s2}^{\ 2} \cdot \omega_N^{\ 2} \quad M_R(r_{s2}): M_R \text{ normiert auf } r_{s2}$$

$$(3):\ r_{s2} = \frac{r_2}{x}: \quad (3a):\ M_R(r_2) = \frac{R}{x} \cdot m \cdot \omega_N^{\ 2} \cdot r_2^{\ 2} \quad (3b):\ M_y(r_2) = \frac{R_y}{x} \cdot m \cdot \omega_N^{\ 2} \cdot r_2^{\ 2} \quad M_R(r_2): M_R \text{ normiert auf } r_2$$

$$R(A) = \mu_R \cdot \left(1 - y^2 - \mu_{HF}\right) \quad R_y(A) = R(A) \cdot \frac{K}{\pi} \quad R(B/C) = \mu_R \cdot \left[\left(1 - y^2 - \mu_{HF}\right) + \sin\frac{\alpha}{2} \cdot \frac{r_{s2}}{r_F}\right] \quad R_y(B/C) = R(B/C) \cdot \frac{K}{\pi}$$

$$\alpha°: x[x_M] \quad 40°:1,23[1,2] \quad 60°:1,27[1,2] \quad 90°:1,34[1,3] \quad 120°:1,46[1,4] \quad 130°:1,51[1,5]$$

modellabhängige Reibmoment-Faktoren (R* x)		0,3		0,4		0,5		0,6	
Haftreibkoffizient Reibpaarung μ_R (μ_{HF}=0)									
Öffnungswinkel	Drehzahl-/Reibwert-Faktor	A	C	A	C	A	C	A	C
40		0,3459	0,4742	0,4613	0,6323	0,5766	0,7903	0,6919	0,9484
60	$\omega_2 = \dfrac{1}{4} \cdot \omega_N:\quad \mu_R \cdot \left(\dfrac{15}{16} - \mu_{HF}\right)$	0,3572	0,5447	0,4763	0,7263	0,5953	0,9078	0,7144	1,0894
90		0,3769	0,6420	0,5025	0,8561	0,6281	1,0701	0,7538	1,2841
120		0,4106	0,7354	0,5475	0,9805	0,6844	1,2256	0,8213	1,4708
40		0,3280	0,4563	0,4373	0,6083	0,5467	0,7604	0,6560	0,9125
60	$\omega_2 = \dfrac{1}{3} \cdot \omega_N:\quad \mu_R \cdot \left(\dfrac{8}{9} - \mu_{HF}\right)$	0,3387	0,5262	0,4516	0,7016	0,5644	0,8769	0,6773	1,0523
90		0,3573	0,6225	0,4764	0,8300	0,5956	1,0375	0,7147	1,2450
120		0,3893	0,7141	0,5191	0,9521	0,6489	1,1902	0,7787	1,4282
40		0,2768	0,4050	0,3690	0,5400	0,4613	0,6750	0,5535	0,8100
60	$\omega_2 = \dfrac{1}{2} \cdot \omega_N:\quad \mu_R \cdot \left(\dfrac{3}{4} - \mu_{HF}\right)$	0,2858	0,4733	0,3810	0,6310	0,4763	0,7888	0,5715	0,9465
90		0,3015	0,5667	0,4020	0,7556	0,5025	0,9444	0,6030	1,1333
120		0,3285	0,6533	0,4380	0,8710	0,5475	1,0888	0,6570	1,3065

Tab. 06b: Reibmoment-Faktor $R \cdot x$ für das Reibmoment M_R (M_R normiert auf r_{s2})

Neben der Berechnung des Schaltmomentes (Beispielrechnungen, siehe Kap. 5.7) ermöglichen die Schaltmoment-Faktoren Vergleiche von Fliehkörperkupplungen unterschiedlicher Backenöffnungswinkel und Segmentzahlen sowie unterschiedlicher Kupplungsmodelle und Vergleiche verschiedener Reibwerte und Drehzahlverhältnisse (siehe Tab. 06a, S. 66).

(1) Verschiedene Reibungswinkel und Anzahl der Segmente:

Vergleich einer Fliehkörperkupplung mit 3 Fliehsegmenten und 120° Reibungswinkel je Segment mit einer Fliehkörperkupplung mit 6 Fliehsegmenten und 60° Reibungswinkel je Segment;

$$(1) \quad \text{Modell C}; \quad \omega_2 = \frac{1}{4} \cdot \omega_N; \quad \mu_R = 0,4: \quad \frac{R_y / x \, (60°)}{R_y / x \, (120°)} = \frac{0,19}{0,31} = 0,61$$

(2) Unterschiedliche Kupplungsmodelle:

Vergleich der Fliehkörperkupplung C mit der Fliehkörperkupplung A für die Segmentanzahl 6, einen Reibungswinkel von 60°, Drehzahlverhältnis von $\omega_2 = \frac{1}{4} \cdot \omega_N$ und einem Haftreibwert von $\mu_R = 0,4$;

$$(2) \quad i = 6; 60°; \omega_2 = \frac{1}{4} \cdot \omega_N; \quad \mu_R = 0,4: \quad \frac{R_y / x \, (C)}{R_y / x \, (A)} = \frac{0,19}{0,12} = 1,58$$

(3) Verschiedene Haftreibkoeffizienten:

Vergleich einer Fliehkörperkupplung mit 6 Fliehsegmenten und 60° Reibungswinkel für verschiedene Haftreibwerte (bei einem gewählten Drehzahlverhältnis);

$$(3) \quad \text{Modell C}; \quad i = 6; 60°; \omega_2 = \frac{1}{4} \cdot \omega_N: \quad \frac{R_y / x \, (\mu_R = 0,6)}{R_y / x \, (\mu_R = 0,3)} = \frac{0,28}{0,14} = 2$$

(4) Verschiedene Drehzahlverhältnisse:

Vergleich der Fliehkörperkupplung C mit 6 Fliehsegmenten und 60° Reibungswinkel für verschiedene Drehzahlverhältnisse;

$$(4) \quad \text{Modell C}; \quad i = 6; 60°; \quad \mu_R = 0,4: \quad \frac{R_y / x \, (\omega_2 = 1/4 \cdot \omega_N)}{R_y / x \, (\omega_2 = 1/2 \cdot \omega_N)} = \frac{0,19}{0,16} = 1,19$$

$$\frac{R_y / x \, (\omega_2 = 1/4 \cdot \omega_N)}{R_y / x \, (\omega_2 = 1/3 \cdot \omega_N)} = \frac{0,19}{0,18} = 1,06$$

5.3 Antriebs-, Schalt- und Reibmoment

Der Unterschied zwischen Antriebs- und Reibmoment wird allein durch die Faktoren R und x beschrieben und für das Schaltmoment in Relation zum Antriebsmoment ist zusätzlich der Faktor i · K / π zu berücksichtigen. Entsprechendes gilt für die Leistungsgrößen.

$$N = \left(1 - y^2 - \mu_{HF}\right) \qquad N\left(y = \frac{1}{4}; \mu_{HF} = 0\right) = 0{,}9375 \quad \dots \quad N\left(y = \frac{1}{2}; \mu_{HF} = 0{,}2\right) = 0{,}55$$

$$x = f(b,\alpha) \qquad x(\alpha) = \frac{5}{8} \cdot r_1 \left(\frac{3}{4} \cdot r_1\right):$$

$$\alpha°:x[x_M] \quad 40°:1{,}23[1,2] \quad 60°:1{,}27[1,2] \quad 90°:1{,}34[1,3] \quad 120°:1{,}46[1,4] \quad 130°:1{,}51[1,5]$$

$$\text{Modell A:} \quad R = \mu_R \cdot \left(1 - y^2 - \mu_{HF}\right) \qquad \text{Modell B/C:} \quad R = \mu_R \cdot \left(1 - y^2 - \mu_{HF} + \sin\frac{\alpha}{2} \cdot \frac{r_{s2}}{r_F}\right)$$

$$M_R = R \cdot x \cdot m \cdot r_{s2}^{\,2} \cdot \omega_N^2$$

$$M_R(A) = \mu_R \cdot \left(1 - y^2 - \mu_{HF}\right) \cdot x \cdot m \cdot r_{s2}^{\,2} \cdot \omega_N^2 \qquad M_F(A) = m \cdot r_{s2}^{\,2} \cdot \omega_N^2$$

$$M_R(B/C) = \mu_R \cdot \left(1 - y^2 - \mu_{HF} + \sin\frac{\alpha}{2} \cdot \frac{r_{s2}}{r_F}\right) \cdot x \cdot m \cdot r_{s2}^{\,2} \cdot \omega_N^2 \qquad M_F(B/C) = \cos\frac{\alpha}{2} \cdot m \cdot r_{s2}^{\,2} \cdot \omega_N^2$$

$$M_F(A) = M_R / R \cdot x \qquad M_F(B/C) = M_R / R* \cdot x \qquad R* = R / \cos(\alpha/2)$$

$$P_A = P_R + P_F = \omega_N \cdot \left(M_R + M_F\right) = \omega_N \cdot \left(M_R + \frac{M_R}{R^{(*)} \cdot x}\right) = \omega_N \cdot M_R \cdot \left(1 + \frac{1}{R^{(*)} \cdot x}\right)$$

$$M_A = M_R \cdot \left(1 + \frac{1}{R^{(*)} \cdot x}\right) \qquad M_R = M_A / \left(1 + \frac{1}{R^{(*)} \cdot x}\right) \qquad L = 1 + \frac{1}{R^{(*)} \cdot x} \qquad M_A = L \cdot M_R \qquad M_R = \frac{1}{L} \cdot M_A$$

$$M_R = \frac{\pi}{i \cdot K} \cdot M_y \quad \Rightarrow M_A = L \cdot \frac{\pi}{i \cdot K} \cdot M_y \qquad L_y = \frac{\pi}{i \cdot K} \cdot L \quad \Rightarrow M_A = L_y \cdot M_y \qquad \left(M_y = M_L\right)$$

$$M_L = \frac{1}{L_y} \cdot M_A \qquad M_L = \frac{i \cdot K}{\pi \cdot L} \cdot M_A \qquad M_L = \frac{M_A}{\dfrac{\pi}{i \cdot K} \cdot \left(1 + \dfrac{1}{R^{(*)} \cdot x}\right)} \qquad M_A = \frac{\pi}{i \cdot K} \cdot \left(1 + \frac{1}{R^{(*)} \cdot x}\right) \cdot M_L$$

Kriterien für Antriebs- und Lastkennlinie

Das Schaltmoment M_y ist gleich dem Kupplungsmoment M_K der Reibungskupplung und im stationären Betriebspunkt auch gleich dem Lastmoment M_L. Der Antrieb, der mit der Fliehkraftkupplung bis zur Betriebsdrehzahl beschleunigt und bei Betriebsdrehzahl einen stabilen Arbeitspunkt besitzt, erfüllt mit der Antriebs- und Lastkennlinie folgende Kriterien:

0) $0 < \omega < \omega_2$: $M_A = M_B = \alpha_{02} \cdot J_A$ (unbelasteter Anlauf des Antriebes vor dem Kuppeln)

1) $\omega_2 \leq \omega < \omega_3$: $M_A > M_L$ (Beschleunigung i. d. Gleitreibphase) $M_y = M_K = J_L \cdot \alpha_{L,03} + M_L = M_A - J_A \cdot \alpha_{A,23}$

2) $\omega_3 \leq \omega < \omega_N$: $M_A > M_L$ (Beschleunigung i. d. Haftreibphase) $M_y = M_K = J_L \cdot \alpha_{3N} + M_L = M_A - J_A \cdot \alpha_{3N}$

3a) $\omega = \omega_N$: $M_y = M_K = M_L$ (stationärer Betrieb bei Nenndrehfrequenz: Betriebspunkt)

3b*) $\omega = \omega_N$: $\dfrac{dM_L}{dn} > \dfrac{dM_A}{dn}$ (Steigung der Kennlinien im Betriebspunkt) *gilt für Elektromotoren

Tab. 7a:

$$P_A = P_R \cdot \left(1 + \frac{1}{R^{(*)} \cdot x}\right) = P_R \cdot L$$

	α	60 °		72 °		90 °		120 °	
		1,0472 rad		1,2566 rad		1,5708 rad		2,0944 rad	
x: $r_N = 5/8 \cdot r_1$		1,27		1,29		1,34		1,46	

Haftreibkoffizient Reibpaarung μ_R		0,5	60°			72°			90°			120°		
Reibwert der Führung μ_{HF}		R	R*	L(B/C)	L(A)	R*	L(B/C)	L(A)	R*	L(B/C)	L(A)	R*	L(B/C)	L(A)
$\omega_2 = \frac{1}{4} \cdot \omega_N: \quad \mu_R \cdot \left(\frac{15}{16} - \mu_{HF}\right)$	0	0,47	0,7155	1,95	2,68	0,7529	1,89	2,65	0,7978	1,66	2,59	0,8389	1,41	2,46
	0,1	0,42	0,6655	2,02	2,88	0,7029	1,96	2,85	0,7478	1,71	2,78	0,7889	1,43	2,64
	0,2	0,37	0,6155	2,11	3,14	0,6529	2,03	3,10	0,6978	1,76	3,02	0,7389	1,46	2,86
$\omega_2 = \frac{1}{3} \cdot \omega_N: \quad \mu_R \cdot \left(\frac{8}{9} - \mu_{HF}\right)$	0	0,44	0,6912	1,99	2,77	0,7286	1,92	2,74	0,7735	1,68	2,68	0,8146	1,42	2,54
	0,1	0,39	0,6412	2,06	3,00	0,6786	1,99	2,97	0,7235	1,73	2,89	0,7646	1,45	2,74
	0,2	0,34	0,5912	2,15	3,29	0,6286	2,07	3,25	0,6735	1,78	3,17	0,7146	1,48	2,99
$\omega_2 = \frac{1}{2} \cdot \omega_N: \quad \mu_R \cdot \left(\frac{3}{4} - \mu_{HF}\right)$	0	0,38	0,6218	2,10	3,10	0,6592	2,02	3,07	0,7040	1,75	2,99	0,7452	1,46	2,83
	0,1	0,33	0,5718	2,19	3,42	0,6092	2,10	3,39	0,6540	1,81	3,30	0,6952	1,49	3,11
	0,2	0,28	0,5218	2,31	3,86	0,5592	2,20	3,82	0,6040	1,87	3,71	0,6452	1,53	3,49

Tab. 7a: Antriebsleistung P_A und Reibleistung P_R

Tab. 07b:

$$P_A = P_L \cdot \frac{\pi}{i \cdot K} \cdot \left(1 + \frac{1}{R^{(*)} \cdot x}\right)$$

$$L_y = \frac{\pi}{i \cdot K} \cdot L$$

	α	60 °	72 °	90 °	120 °
		1,0472 rad	1,2566 rad	1,5708 rad	2,0944 rad
x:	$r_N = 5/8 \cdot r_1$	1,27	1,29	1,34	1,46
K:	$(1 - \cos\alpha)/\alpha$	0,4775	0,5499	0,6366	0,7162
	i	6	5	4	3
	$\pi/(i \cdot K)$	1,0966	1,1427	1,2337	1,4622

Haftreibkoffizient Reibpaarung μ_R		0,5	60° $L_y = L \cdot \pi/(i \cdot K)$			72° $L_y = L \cdot \pi/(i \cdot K)$			90° $L_y = L \cdot \pi/(i \cdot K)$			120° $L_y = L \cdot \pi/(i \cdot K)$		
Reibwert der Führung μ_{HF}		R	R*	(B/C)	(A)	R*	(B/C)	(A)	R*	(B/C)	(A)	R*	(B/C)	(A)
$\omega_2 = \frac{1}{4} \cdot \omega_N: \quad \mu_R \cdot \left(\frac{15}{16} - \mu_{HF}\right)$	0	0,47	0,7155	2,14	2,94	0,7529	2,09	3,03	0,7978	2,05	3,20	0,8389	2,06	3,60
	0,1	0,42	0,6655	2,22	3,16	0,7029	2,16	3,26	0,7478	2,10	3,43	0,7889	2,10	3,85
	0,2	0,37	0,6155	2,31	3,44	0,6529	2,24	3,54	0,6978	2,17	3,73	0,7389	2,14	4,18
$\omega_2 = \frac{1}{3} \cdot \omega_N: \quad \mu_R \cdot \left(\frac{8}{9} - \mu_{HF}\right)$	0	0,44	0,6912	2,18	3,04	0,7286	2,13	3,14	0,7735	2,08	3,31	0,8146	2,08	3,72
	0,1	0,39	0,6412	2,26	3,29	0,6786	2,20	3,39	0,7235	2,13	3,57	0,7646	2,12	4,00
	0,2	0,34	0,5912	2,36	3,60	0,6286	2,28	3,71	0,6735	2,20	3,91	0,7146	2,16	4,37
$\omega_2 = \frac{1}{2} \cdot \omega_N: \quad \mu_R \cdot \left(\frac{3}{4} - \mu_{HF}\right)$	0	0,38	0,6218	2,30	3,40	0,6592	2,23	3,50	0,7040	2,16	3,69	0,7452	2,13	4,13
	0,1	0,33	0,5718	2,40	3,75	0,6092	2,32	3,87	0,6540	2,23	4,07	0,6952	2,18	4,54
	0,2	0,28	0,5218	2,53	4,24	0,5592	2,42	4,36	0,6040	2,31	4,58	0,6452	2,24	5,10

	24 °	30 °	36 °	45 °
	0,4189 rad	0,5236 rad	0,6283 rad	0,7854 rad
	1,22	1,22	1,23	1,24
	0,2064	0,2559	0,3040	0,3729
	15	12	10	8
	1,0148	1,0232	1,0336	1,0530

24° $L_y = L \cdot \pi/(i \cdot K)$			30° $L_y = L \cdot \pi/(i \cdot K)$			36° $L_y = L \cdot \pi/(i \cdot K)$			45° $L_y = L \cdot \pi/(i \cdot K)$		
R*	(B/C)	(A)	R*	(B/C)	(A)	R*	(B/C)	(A)	R*	(B/C)	(A)
0,5754	2,43	2,79	0,6010	2,37	2,81	0,6258	2,31	2,83	0,6615	2,24	2,87
0,5254	2,57	3,00	0,5510	2,49	3,02	0,5758	2,42	3,04	0,6115	2,34	3,09
0,4754	2,73	3,27	0,5010	2,64	3,29	0,5258	2,55	3,31	0,5615	2,45	3,36
0,5511	2,49	2,89	0,5767	2,42	2,91	0,6015	2,36	2,93	0,6372	2,29	2,97
0,5011	2,64	3,13	0,5267	2,56	3,14	0,5515	2,48	3,16	0,5872	2,39	3,21
0,4511	2,82	3,43	0,4767	2,72	3,45	0,5015	2,63	3,47	0,5372	2,52	3,52
0,4817	2,71	3,24	0,5072	2,62	3,25	0,5321	2,54	3,28	0,5677	2,44	3,32
0,4317	2,90	3,58	0,4572	2,79	3,60	0,4821	2,69	3,62	0,5177	2,57	3,67
0,3817	3,15	4,04	0,4072	3,01	4,06	0,4321	2,88	4,09	0,4677	2,73	4,15

Tab. 07b: Antriebsleistung P_A und Lastleistung P_L (= Schaltleistung P_y)

Bem.: L- und L_y-Faktoren - Tabellen, siehe Anhang A3-7

Durch die Trennung aller vom Reibwinkel abhängigen Faktoren von den Faktoren, die Führungs- und Reibmoment gemeinsam haben, werden die Maxima und Minima von Führungs-, Reib-, Schalt- und Antriebsmoment in Abhängigkeit vom Reibwinkel α ersichtlich. Der modellabhängige Drehzahlverlust entsteht durch die Aufspaltung des Antriebsmomentes in Führungs- und Reibmoment mit der Folge der Arbeitspunktverschiebung (Drehzahlsenkung) im Vergleich zum formschlüssigen Schalten.

$$M_t = M_R + M_F \quad \text{Modell C:} \quad M_F = \cos\frac{\alpha}{2} \cdot m \cdot r_{s2}^2 \cdot \omega_N^2 \quad M_R = \mu_R \cdot \left(1 - y^2 - \mu_{HF} + \sin\frac{\alpha}{2} \cdot \frac{r_{s2}}{r_F}\right) \cdot x \cdot m \cdot r_{s2}^2 \cdot \omega_N^2$$

$$m = i \cdot m_i = \frac{\rho}{2} \cdot r_1^2 \cdot \left(1 - \left(\frac{r_N}{r_1}\right)^2\right) \cdot i \cdot \alpha \cdot B_{FK} = i \cdot \alpha \cdot M \cdot r_1^2 \quad M = \frac{\rho}{2} \cdot \left(1 - \left(\frac{r_N}{r_1}\right)^2\right) \cdot B_{FK}$$

$$N = 1 - y^2 - \mu_{HF} \quad N = f\left(\frac{\omega_2}{\omega_N}; \mu_{HF}\right) \quad r_N = \frac{3}{8} \cdot r_1 \quad \frac{\left(1 - (r_N/r_1)^3\right)}{\left(1 - (r_N/r_1)^2\right)} = 1,2404 \quad r_F = 0,8 \cdot r_1 \quad (r_{s1} \cong r_{s2})$$

$$r_{s1} = \frac{2}{3} \cdot \frac{r_1^3 \cdot \left(1 - (r_N/r_1)^3\right)}{r_1^2 \cdot \left(1 - (r_N/r_1)^2\right)} \cdot \frac{2 \cdot \cos\varphi_u}{\alpha} = S \cdot r_1 \cdot \frac{2 \cdot \cos\varphi_u}{\alpha} \quad S = \frac{2}{3} \cdot 1,2404 = 0,8269 \quad \varphi_u = \frac{\pi}{2} - \frac{\alpha}{2} \quad \cos\left(\frac{\pi}{2} - \frac{\alpha}{2}\right) = \sin\frac{\alpha}{2}$$

$$M_F = \cos\frac{\alpha}{2} \cdot \left(i \cdot \alpha \cdot M \cdot r_1^2\right) \cdot \left(S \cdot r_1 \cdot \frac{2 \cdot \cos\varphi_u}{\alpha}\right)^2 \cdot \omega_N^2 \quad M_F = \left(\cos\frac{\alpha}{2} \cdot \frac{4 \cdot \cos^2\varphi_u}{\alpha}\right) \cdot i \cdot \left[\left(M \cdot r_1^2\right) \cdot \left(S^2 \cdot r_1^2\right) \cdot \omega_N^2\right]$$

$$M_R = \mu_R \cdot \left(N + \sin\frac{\alpha}{2} \cdot \frac{S \cdot r_1 \cdot \dfrac{2 \cdot \cos\varphi_u}{\alpha}}{0,8 \cdot r_1}\right) \cdot x \cdot \left(i \cdot \alpha \cdot M \cdot r_1^2\right) \cdot \left(S \cdot r_1 \cdot \frac{2 \cdot \cos\varphi_u}{\alpha}\right)^2 \cdot \omega_N^2 \quad x = \frac{r_2}{r_{s2}} \quad r_2 = x \cdot r_{s2} \quad x = f(\alpha)$$

$$M_R = \left(\mu_R \cdot N \cdot \left(\frac{2 \cdot \cos\varphi_u}{\alpha}\right)^2 + \mu_R \cdot \sin\frac{\alpha}{2} \cdot \frac{S}{0,8} \cdot \left(\frac{2 \cdot \cos\varphi_u}{\alpha}\right)^3\right) \cdot x \cdot i \cdot \left[\left(M \cdot r_1^2\right) \cdot \left(S^2 \cdot r_1^2\right) \cdot \omega_N^2\right]$$

$$x = \frac{r_2}{r_{s2}} \cong \frac{r_1}{r_{s1}} = \frac{r_1}{S \cdot r_1 \cdot \dfrac{2 \cdot \cos\varphi_u}{\alpha}} = \frac{\alpha}{1,6538 \cdot \cos\varphi_u}$$

$$M_R = \left(\mu_R \cdot N \cdot \left(\frac{2 \cdot \cos\varphi_u}{\alpha}\right)^2 + \mu_R \cdot \sin\frac{\alpha}{2} \cdot 1,0336 \cdot \left(\frac{2 \cdot \cos\varphi_u}{\alpha}\right)^3\right) \cdot \frac{\alpha}{1,6538 \cdot \cos\varphi_u} \cdot i \cdot \left[\left(M \cdot r_1^2\right) \cdot \left(S^2 \cdot r_1^2\right) \cdot \omega_N^2\right]$$

$$\Rightarrow M_F \sim \left(4 \cdot \cos\frac{\alpha}{2} \cdot \frac{\cos^2\varphi_u}{\alpha}\right) \cdot i \quad \Rightarrow M_R \sim \left(\mu_R \cdot N \cdot \frac{4}{1,6538} \cdot \frac{\cos\varphi_u}{\alpha} + \mu_R \cdot \frac{8 \cdot 1,0336}{1,6538} \cdot \sin\frac{\alpha}{2} \cdot \frac{\cos^2\varphi_u}{\alpha^2}\right) \cdot i$$

Drehzahlverlust: $\quad \dfrac{n_N - n_B}{n_N} = \dfrac{M_t - (M_F + M_L)}{M_t} = \dfrac{M_R + M_F - (M_F + M_L)}{M_t} \quad \Rightarrow \dfrac{n_N - n_B}{n_N} = \dfrac{M_R - M_L}{M_t}$

Fliehkraft-Kupplungstyp	# Segmente * Reibwinkel	[Nm] M_y	[Nm] M_F	[Nm] M_R	[Nm] M_t	max M_y / M_t	max M_y / M_F	min M_R / M_y	min M_F / M_t	M_R / M_t	Drehzahlverlust
C	6 * 60°	660	744	724	1468	0,450	0,887	1,097	0,507	0,493	4%
C	4 * 90°	660	573	814	1387	0,476	1,152	1,233	0,413	0,587	11%
C	3 * 120°	660	418	965	1383	0,477	1,579	1,462	0,302	0,698	22%
B	4 * 75°	660	786	916	1702	0,388	0,840	1,388	0,462	0,538	15%
A	4 * 90°	660	1447	814	2261	0,292	0,456	1,233	0,640	0,360	7%

Tab. 08: Vergleich der Winkel-/Segmentzahl-Kombinationen und die Optimum-Kriterien

Bem.: Winkel-/Segmentzahl-Kombinationen aus den Beispielrechnungen S. 75 ff.

5.4 Bestimmung der Anzahl der Fliehkraftsegmente

Sowohl beim Modell A als auch bei den umfangsabgestützten Modellen B und C erhöht die steigende Anzahl der Fliehkraftsegmente das Reibmoment. Der Zusammenhang zwischen der Normal-, Schalt- und Führungsnormalkraft ist zu untersuchen. Einerseits wächst bei Reibungswinkeln über 90° die Normalkraft nur noch unterproportional zur Schaltkraft, andererseits ist die Maximierung von Schalt- zu Antriebsmoment bzw. die Minimierung von Führungs- zu Antriebsmoment zu beachten.

Reibungswinkel in Abhängigkeit von der Segmentzahl

Für die Relation M_y/M_t liefern die Winkel-/Segmentzahl-Kombinationen ($3 \cdot 120°$, $4 \cdot 90°$) näherungsweise die gleichen Werte. Drei Segmente mit Reibungswinkeln von 120° erreichen bei den Kriterien M_y/M_F und M_F/M_t die optimalen Werte. Beim Kriterium M_R/M_y bieten sechs Segmente mit 60° Reibungswinkel die günstigste Relation. (Vgl. Tab. 08, S. 70).

$$(a)\ \frac{M_y}{M_t} \to \max\ \Rightarrow \alpha = 120°, 90°:\ i = 3, 4 \qquad (b)\ \frac{M_y}{M_F} \to \max\ \Rightarrow \alpha = 120°:\ i = 3$$

$$(c)\ \frac{M_R}{M_y} \to \min\ \Rightarrow \alpha = 60°:\ i = 6 \qquad (d)\ \frac{M_F}{M_t} \to \min\ \Rightarrow \alpha = 120°:\ i = 3$$

Da beim Modell B die Führung nicht radial verläuft, muss die radiale Breite der Fliehkörper bei der Bestimmung der Anzahl der Fliehkraftsegmente in Abhängigkeit vom Reibwinkel beachtet werden. Ein gewählter Reibungswinkel α unter Beachtung einer radialen Breite von $0{,}37 \cdot r_1$ führt für das Modell B zu der folgenden Anzahl i maximaler Fliehkraftsegmente:

$U_{N,i}:$ *Umfang, inneres Kantenende der Führung*

$$U_{N,i} = 2\pi \cdot r_{N,i}$$

$r_{N,i}:$ *innerer Kreis, Führung der Fliehkörper*

$$r_{N,i} \cong r_1 - \frac{b}{\cos(\alpha/2)} \qquad b = 0{,}37 \cdot r_1$$

$$\Rightarrow r_{N,i} \cong r_1 \cdot \left(1 - \frac{0{,}37}{\cos(\alpha/2)}\right)$$

$$U_N = i \cdot \alpha \cdot (r_1 - b) \qquad U_N:\ \textit{Umfang der Nabe}$$

Kriterium: $U_{N,i} > U_N$

$$2\pi \cdot r_{N,i} > i \cdot \alpha \cdot (r_1 - b) \quad (\alpha = \alpha_{FK})$$

$$2\pi \cdot r_1 \cdot \left(1 - \frac{0{,}37}{\cos(\alpha/2)}\right) > i \cdot \alpha \cdot r_1 \cdot (1 - 0{,}37)$$

$$i < \frac{2\pi}{0{,}63 \cdot \alpha} \cdot \left(1 - \frac{0{,}37}{\cos(\alpha/2)}\right)$$

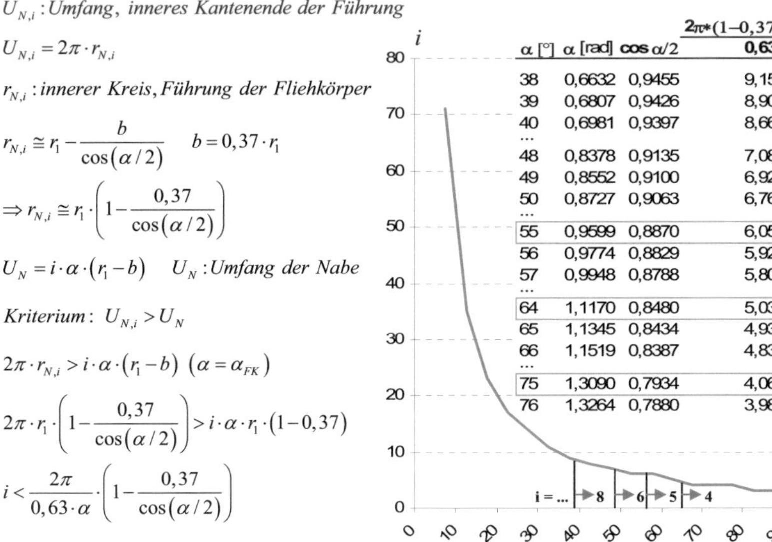

α [°]	α [rad]	$\cos \alpha/2$	$\frac{2\pi*(1-0{,}37/\cos(\alpha/2))}{0{,}63^* \alpha}$	i
38	0,6632	0,9455	9,1531	9
39	0,6807	0,9426	8,9009	8
40	0,6981	0,9397	8,6608	8
...				
48	0,8378	0,9135	7,0832	7
49	0,8552	0,9100	6,9200	6
50	0,8727	0,9063	6,7629	6
...				
55	0,9599	0,8870	6,0558	6
56	0,9774	0,8829	5,9281	5
57	0,9948	0,8788	5,8043	5
...				
64	1,1170	0,8480	5,0331	5
65	1,1345	0,8434	4,9345	4
66	1,1519	0,8387	4,8383	4
...				
75	1,3090	0,7934	4,0657	4
76	1,3264	0,7880	3,9884	3

Abb. 30: Maximale Anzahl der Fliehkörper in Abhängigkeit von α

5.5 Verhältnis von Fliehkörper- zu Reibbelagbreite und zulässige Belagpressung

Die Beziehung zwischen der Fliehkörperbreite B_{FK} und der Reibbelagbreite B_{RB} ist zu bestimmen in Abhängigkeit von der zulässigen Belagpressung p_{zul}, Nenndrehzahl ω_N, Backenöffnungswinkel α und Radienverhältnis $x = r_2/r_{s2}$.

$$(1)\quad p = \frac{F_N}{A} \qquad (2)\quad A = r_2 \cdot \alpha_{ges} \cdot B_{RB} \qquad \alpha_{ges} = i \cdot \alpha \qquad m = i \cdot m_i \qquad \text{Modell A} \qquad \text{Modell B/C}$$

$$(2)\,\text{in}\,(1):\quad p = \frac{F_N}{r_2 \cdot \alpha_{ges} \cdot B_{RB}} \qquad A: F_N \cong 0{,}8 \cdot m \cdot r_{s2} \cdot \omega_N^2 \qquad B/C: F_N \cong \left(0{,}8 + \sin\frac{\alpha}{2} \cdot \frac{r_{s2}}{r_F}\right) \cdot m \cdot r_{s2} \cdot \omega_N^2$$

$$A: p = \frac{0{,}8 \cdot m \cdot r_{s2} \cdot \omega_N^2}{\alpha_{ges} \cdot r_2 \cdot B_{RB}} \le p_{zul} \qquad B/C: p = \frac{\left(0{,}8 + \sin\frac{\alpha}{2} \cdot \frac{r_{s2}}{r_F}\right) \cdot m \cdot r_{s2} \cdot \omega_N^2}{\alpha_{ges} \cdot r_2 \cdot B_{RB}} \le p_{zul}$$

$$A: 0{,}8 \cdot \frac{m}{B_{RB}} \cdot \frac{r_{s2}}{r_2} \cdot \frac{\omega_N^2}{\alpha_{ges}} \le p_{zul} \qquad \frac{m}{B_{RB}} \le p_{zul} \cdot \frac{r_2}{r_{s2}} \cdot \frac{\alpha_{ges}}{\omega_N^2} \cdot \frac{1}{0{,}8} \qquad m = \rho \cdot V = \rho \cdot \frac{1}{2} \cdot \left(r_1^2 - r_N^2\right) \cdot \alpha_{ges} \cdot B_{FK}$$

$$A: \frac{B_{FK}}{B_{RB}} \le \frac{p_{zul}}{0{,}8 \cdot \rho \cdot \left(r_1^2 - r_N^2\right) \cdot \omega_N^2} \cdot \frac{r_2}{r_{s2}} \cdot 2 \qquad B/C: \frac{B_{FK}}{B_{RB}} \le \frac{p_{zul}}{\left(0{,}8 + \sin\frac{\alpha}{2} \cdot \frac{r_{s2}}{r_F}\right) \cdot \rho \cdot \left(r_1^2 - r_N^2\right) \cdot \omega_N^2} \cdot \frac{r_2}{r_{s2}} \cdot 2$$

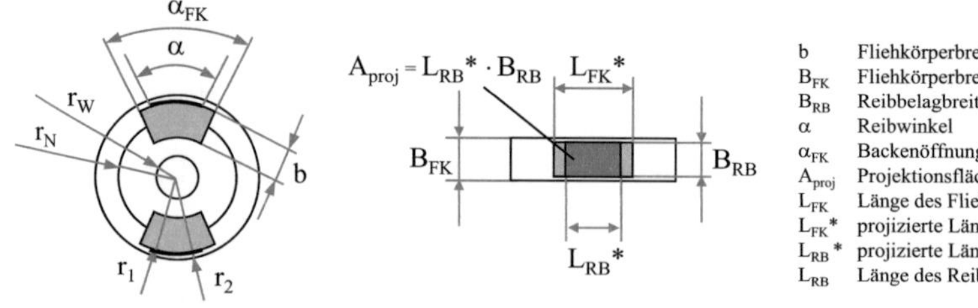

Abb. 31a: Verhältnis von Fliehkörperbreite zu Reibbelagbreite als Funktion der zulässigen Belagpressung p_{zul}

Abb. 31b: Fliehkraftkupplung (schematisch)

Bem.: Tabellen zur zulässigen Belagpressung, siehe Anhang A3-9/10

5.6 Backenöffnungswinkel und zulässige Belagpressung

Die Normalkraft F_N wird bei der Fliehkraftkupplung durch die Fliehkraft F_ω der Fliehkörper und den modellabhängigen Beitrag der Führungsnormalkraft zur Normalkraft bestimmt. Die Druckkraft (1) als bezogene Normalkraft F_N, der Vertikaldruck (2) und die Schaltkraft F_y (3) zeigen unter Beachtung der zulässigen Belagpressung die Beziehung zum Reibwinkel.[*]

$$(1)\quad p = \frac{F_N}{A} \qquad (2)\quad p_y \overset{!}{=} \frac{F_y}{A} = \frac{K \cdot F_N}{A} \qquad (3)\quad F_N = \frac{1}{K} \cdot F_y \left(K = \frac{1-\cos\alpha}{\alpha} \right) \ i=1 \ \Rightarrow F_y = F_{y,i} \qquad (4)\quad A = r_2 \cdot \alpha \cdot B_{RB}$$

$$\frac{p}{p_{zul}} \le 1 \ \Leftrightarrow \ \frac{p_y}{p_{zul}} \le K \qquad \text{Modell A}: \ F_{N,i} = F_\omega = m_i \cdot r_{s2} \cdot \omega_N^2 \qquad \text{Modell B/C}: \ F_{N,i} = \left(1 + \sin\frac{\alpha}{2} \cdot \frac{r_{s2}}{r_F}\right) \cdot m_i \cdot r_{s2} \cdot \omega_N^2$$

$$A: \ \frac{m_i \cdot r_{s2} \cdot \omega_N^2}{r_2 \cdot \alpha \cdot B_{RB}} \cdot \frac{\alpha}{1-\cos\alpha} \le p_{zul} \ \Leftrightarrow \ \frac{\alpha \cdot m_i \cdot r_{s2} \cdot \omega_N^2}{r_2 \cdot \alpha \cdot B_{RB} \cdot p_{zul}} \le 1 - \cos\alpha$$

$$A: \ \alpha \le \arccos\left(1 - \frac{\alpha \cdot m_i \cdot r_{s2} \cdot \omega_N^2}{r_2 \cdot \alpha \cdot B_{RB} \cdot p_{zul}}\right) = \arccos\left(1 - \alpha \cdot \frac{\frac{m_i \cdot r_{s2} \cdot \omega_N^2}{r_2 \cdot \alpha \cdot B_{RB}}}{p_{zul}}\right) \qquad B/C: \ \arccos\left(1 - \alpha \cdot \frac{\frac{\left(1 + \sin\frac{\alpha}{2} \cdot \frac{r_{s2}}{r_F}\right) \cdot m_i \cdot r_{s2} \cdot \omega_N^2}{r_2 \cdot \alpha \cdot B_{RB}}}{p_{zul}}\right)$$

$$\alpha \le \arccos\left(1 - \alpha \cdot \frac{p_y}{p_{zul}}\right) \quad \text{Bsp 1.)} \ \alpha = \frac{\pi}{2}: \ \frac{\pi}{2} \le \arccos\left(1 - \frac{\pi}{2} \cdot \frac{p_y}{p_{zul}}\right) \quad 0 \le 1 - \frac{\pi}{2} \cdot \frac{p_y}{p_{zul}} \quad \frac{p_y}{p_{zul}} \le \frac{2}{\pi} \quad \frac{p_y}{p_{zul}} \le 0{,}6366$$

$$\text{Bsp 2.)} \ \alpha = \frac{\pi}{3}: \ \frac{\pi}{3} \le \arccos\left(1 - \frac{\pi}{3} \cdot \frac{p_y}{p_{zul}}\right) \quad 0{,}5 \le 1 - \frac{\pi}{3} \cdot \frac{p_y}{p_{zul}} \quad \frac{p_y}{p_{zul}} \le \frac{1{,}5}{\pi} \quad \frac{p_y}{p_{zul}} \le 0{,}4775$$

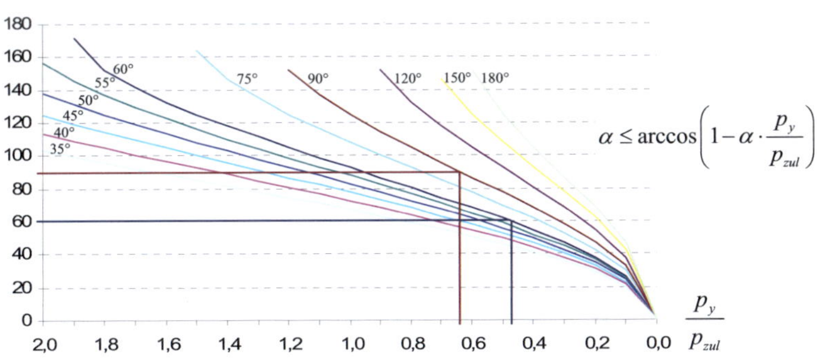

$$\alpha \le \arccos\left(1 - \alpha \cdot \frac{p_y}{p_{zul}}\right)$$

Abb. 32: Reibwinkel in Abhängigkeit vom Verhältnis p_y / p_{zul}

Das Druckverhältnis p/p_{zul} darf nicht größer als Eins sein. Äquivalente Aussage: Das Druckverhältnis p_y/p_{zul} darf nicht größer als der K-Faktor des gewählten Reibwinkels sein. Die zulässige Belagpressung wird von der Reibpaarung und dem Reibwerkstoff bestimmt und kann Werte je nach Werkstoff von 5 N/cm² (Faserpressbelag, Baumwollgewebe) bis 200 N/cm² (Bronze) erreichen und darüber hinaus.[19]

---

[*] Der Einfluss der Federvorspannkraft und des Reibwertes der Führung auf die Normal- und Schaltkraft werden vernachlässigt.

[19] Vgl. Beckert (1973), S.148; Herstellerangaben von Kupplungsbelägen: siehe Anhang A3-11

Das Verhältnis von Fliehkörpermasse m_i zur zulässigen Belagpressung p_{zul} ist für die gegebenem Größen Reibwinkel α, Schwerpunktradius r_{s2} der Fliehkörper und Kupplungsglockeninnenradius r_2 eine Funktion der Reibbelagbreite B_{RB} und der Nenndrehzahl ω_N.

$$p = \frac{F_N}{A} \qquad A = r_2 \cdot \alpha \cdot B_{RB} \qquad p \le p_{zul} \qquad (1)\ p = \frac{F_N}{r_2 \cdot \alpha \cdot B_{RB}} \qquad (2)\ F_N = F_y \cdot \frac{\alpha}{(1-\cos\alpha)}$$

$$A:\ F_{N,i} = F_\omega = m_i \cdot r_{s2} \cdot \omega_N^2 \qquad B/C:\ F_{N,i} = \left(1 + \sin\frac{\alpha}{2} \cdot \frac{r_{s2}}{r_F}\right) \cdot m_i \cdot r_{s2} \cdot \omega_N^2$$

$$(2)\,\text{in}\,(1):\ p = \frac{F_{N,i} \cdot \alpha}{r_2 \cdot \alpha \cdot B_{RB} \cdot (1-\cos\alpha)} \qquad x = \frac{r_2}{r_{s2}} \qquad p \le p_{zul}$$

$$A:\ p = \frac{m_i \cdot r_{s2} \cdot \omega_N^2 \cdot \alpha}{r_2 \cdot \alpha \cdot B_{RB} \cdot (1-\cos\alpha)} \qquad \frac{\dfrac{m_i}{B_{RB}} \cdot \omega_N^2}{\dfrac{r_2}{r_{s2}} \cdot (1-\cos\alpha)} \le p_{zul}$$

$$\Rightarrow \frac{m_i}{B_{RB}} \le \frac{p_{zul} \cdot \dfrac{r_2}{r_{s2}} \cdot (1-\cos\alpha)}{\omega_N^2} \qquad \to \frac{m_i}{B_{RB}} = f(p_{zul})$$

$$\Rightarrow \frac{m_i}{p_{zul}} \le \frac{B_{RB} \cdot \dfrac{r_2}{r_{s2}} \cdot (1-\cos\alpha)}{\omega_N^2} \qquad \to \frac{m_i}{p_{zul}} = f(B_{RB})$$

$$B/C:\ p = \frac{\left(1 + \sin\dfrac{\alpha}{2} \cdot \dfrac{r_{s2}}{r_F}\right) \cdot m_i \cdot r_{s2} \cdot \omega_N^2 \cdot \alpha}{r_2 \cdot \alpha \cdot B_{RB} \cdot (1-\cos\alpha)}$$

$$\Rightarrow \frac{m_i}{B_{RB}} \le \frac{p_{zul} \cdot \dfrac{r_2}{r_{s2}} \cdot (1-\cos\alpha)}{\left(1 + \sin\dfrac{\alpha}{2} \cdot \dfrac{r_{s2}}{r_F}\right) \cdot \omega_N^2} \qquad \to \frac{m_i}{B_{RB}} = f(p_{zul})$$

$$\Rightarrow \frac{m_i}{p_{zul}} \le \frac{B_{RB} \cdot \dfrac{r_2}{r_{s2}} \cdot (1-\cos\alpha)}{\left(1 + \sin\dfrac{\alpha}{2} \cdot \dfrac{r_{s2}}{r_F}\right) \cdot \omega_N^2} \qquad \to \frac{m_i}{p_{zul}} = f(B_{RB})$$

Bem.: Vergleichsrechnungen zu den Beispielrechnungen von Kap. 5.7 (S. 75 ff.), siehe Anhang A2-45/46;
Geometrische Komponenten radialer Reibung, siehe Kap. 11.2 (S. 115);
Beispielrechnungen axial wirkender Reibungskupplungen, siehe Kap. 9.3 (S. 106 ff.), Vergleichsrechnungen, siehe Anhang A2-47/48;
Geometrische Komponenten axialer Reibung, siehe Kap. 11.3 (S. 116);
Für die Berechnung des maximalen Lastmomentes und des erreichten Antriebsmomentes wird in den Beispielrechnungen von Kap. 5.7 und Kap. 9.3 die Annahme eines konstanten Lastmomentes über den gesamten Drehzahlbereich aufgegeben. Das erhöhte Antriebsmoment $M(n_B)$ wird unter der Annahme der Leistungsgleichheit $P(n_B) = P(n_N)$ berechnet.

5.7 Beispielrechnungen

Modell A : $M_L = 660\,Nm$ $\Rightarrow M_y = 660\,Nm$; $n_N = 1500\,min^{-1} = 25\,s^{-1}$ $\Rightarrow P_L\left(\omega_N\right) = 103,7\,kW$ 1. Beispiel:

1) Reibwerte : μ_R; μ_{GR}; μ_{HF} $\left(\mu_R = 0,5;\ \mu_{GR} = 0,4;\ \mu_{HF} = 0,1\right)$ Modell A

                                                                                                              (90°)

2) Schaltdrehfrequenzen/Drehzahlverhältnis y: $y = \omega_2 / \omega_N$ $\Rightarrow \omega_2 = \left(1/4\right)\cdot \omega_N$ gewählt

3a) Reibwinkel α: $\alpha = 90°$ $i = 4$ gewählt $x = 1,9$ 3b) Radienverhältnis x: $x = r_2 / r_{s2}$ $\Rightarrow r_2 = x\cdot r_{s2}$ $x = 1,3432$

4) Reibmoment M_R: $M_R = \mu_R \cdot \left(1 - y^2 - \mu_{HF}\right)\cdot x\cdot m\cdot r_{s2}^{\;2}\cdot \omega_N^2$ $R\cdot x = 0,5\cdot \left(1 - \left(1/16\right) - 0,1\right)\cdot 1,3432 = 0,5625$

$$\Rightarrow M_R = R\cdot x\cdot m\cdot r_{s2}^{\;2}\cdot \omega_N^2 = 0,5625\cdot m\cdot r_{s2}^{\;2}\cdot \omega_N^2$$ Schaltmoment M_y: $M_y = \dfrac{i\cdot K}{\pi}\cdot M_R$ $M_R = \dfrac{\pi}{i\cdot K}\cdot M_y$

$$K\left(\alpha = 90°\right) = 0,6366$$ $M_R = \dfrac{\pi}{4\cdot 0,6366}\cdot 660\,Nm = 1,2337\cdot 660\,Nm = 814\,Nm$ $M_y = M_L = 660\,Nm$

5) Sicherheit gegen Rutschen: $S_{R1} = \dfrac{n_N}{n_3}\overset{!}{>}\dfrac{n_N}{n}$ $S_{R2} = \dfrac{M_y / M_R}{1 - \mu_R} = \dfrac{660/814}{0,5} = 0,8108 / 0,5 = 1,62$

$n_3 = \dfrac{1}{2}\cdot \dfrac{0,5}{0,4}\cdot n_N = 0,625\cdot n_N$ $\dfrac{n_N}{n_3} = \dfrac{1}{0,625} = 1,6$ $\dfrac{n_N}{n} = \dfrac{1500}{1398} = 1,07$ $\left(n = n_B\right)$

max. Drehzahlsenkung: $\Delta n_{max} = n_N - n_3 = 0,375\cdot n_N = 0,375\cdot 1500\,min^{-1} = 562,5\,min^{-1}$

$\Delta M_t = M_t\left(n_B\right) - M_t\left(n_N\right) = 165\,Nm$ max. Lasterhöhung: $M_{L,max} = \dfrac{i\cdot K}{\pi}\cdot \left(1 + \dfrac{1}{R\cdot x}\right)^{-1}\cdot \Delta M_t = 48\,Nm$

6) Führungsmoment M_F: $M_F = m\cdot r_{s2}^{\;2}\cdot \omega_N^2 = M_R /\left(R\cdot x\right) = 814\,Nm / 0,5625 = 1447\,Nm$

7) Antriebsmoment M_t: $M_t = M_R + M_F = \left(814 + 1447\right)Nm = 2261\,Nm$

$M_F = M_R /\left(R\cdot x\right)$ $\Rightarrow M_t = M_R \cdot \left(1 + 1/\left(R\cdot x\right)\right) = M_R \cdot 2,7778 = 814\,Nm\cdot 2,7778 = 2261\,Nm$

8) Antriebswellenradius r_W: r_W aus DIN748 bestimmen: $1900\,Nm < M_t \le 2360\,Nm$

$\Rightarrow r_W = \dfrac{d_W}{2} = \dfrac{95\,mm}{2} = 47,5\,mm$ l Länge des Wellenendes für $d_W = 95$mm gem. DIN 748: $l = 170\,mm$

9a) mech. Antriebsleistung $P_A\left(\omega_N\right)$: $P_A = \omega_N \cdot M_t$ $\Rightarrow P_A = \left(2\pi\cdot 25\,s^{-1}\right)\cdot 2261\,Nm = 355157\,W = 355,157\,kW$

   $\Rightarrow$ hoher Leistungsbedarf (im Vergleich mit Modell C) $\rightarrow$ keine praktische Anwendung!

9b) erreichbare Betriebsdrehzahl n_B: $\dfrac{n_N - n_B}{n_N} = \dfrac{M_R - M_L}{M_t}$ $\Rightarrow n_B = \left(1 - \dfrac{M_R - M_L}{M_t}\right)\cdot n_N = 1398\,min^{-1}$ $\left(-6,8\%\right)$

9c) erreichtes Antriebsmoment $M_t\left(n_B\right)$: $M_t\left(n_B\right) = M_t\left(n_N\right)\cdot \dfrac{n_N}{n_B} = 2261\,Nm\cdot 1,073 = 2426\,Nm$

   Drehzahlstellung des Motors: $n_B \rightarrow n_N$ Drehzahlerhöhung um … $\left(n_N - n_B\right)/n_B = 0,07\cdot n_N / 0,93\cdot n_N = 7,5\%$

10) Nabenradius bestimmen: $d_{N,erf} \ge 2\cdot \sqrt[4]{\dfrac{2\cdot M_t}{\pi\cdot G\cdot \left[\varphi / l\right]_{zul}} + r_i^4}$ $M_t = 2261\,Nm$ $r_i = r_W = 47,5\,mm$ $r_a = r_N$

$$r_{N,erf} \ge \sqrt[4]{\dfrac{2\cdot 2261\,Nm\cdot 1000\,mm / m}{\pi\cdot 80000\,N / mm^2 \cdot 3,5\cdot 10^{-3}\,rad / 10^3\,mm} + \left(47,5\,mm\right)^4} = 56,6\,mm$$ $\Rightarrow r_N = 55\,mm$ gewählt

11) Fliehkörperradius r_1 : $b = \left(3/8\right)\cdot r_1$ $55\,mm \rightarrow 5/8$ $33\,mm \rightarrow 3/8$ $\Rightarrow r_1 = r_N + b = \left(55 + 33\right)mm = 88\,mm$

12) Schaltweg Δx: $\Delta x = 4mm$

13) Kupplungsglockenradius r_2: $r_2 = r_1 + \Delta x = (88+4)mm = 92mm$ $p_{zul} = 200N/cm^2$ $B_{RB} = 66mm$ (siehe 17)

$$r_{2,erf} \geq \sqrt{\frac{M_R}{\mu_R \cdot p_{zul} \cdot \alpha \cdot B_{RB}}} \qquad r_{2,erf} \geq \sqrt{\frac{814Nm}{0,4 \cdot 200\frac{N}{cm^2} \cdot 10^4\frac{cm^2}{m^2} \cdot 5,8992 \cdot 0,066m}} = 51mm \qquad r_2 > r_{2,erf}$$

14) Normalkraft F_N: $M_R = F_R \cdot r_2 = \mu_R \cdot F_N \cdot r_2 \quad \Rightarrow F_N = \frac{M_R}{\mu_R \cdot r_2} = \frac{814Nm}{0,5 \cdot 0,092m} = 17696N$

15) Fliehkörperbreite B_{FK}: $F_N = \left(1 - \left(\frac{\omega_2}{\omega_N}\right)^2 - \mu_{HF}\right) \cdot m \cdot r_{s2} \cdot \omega_N^2 = R \cdot m \cdot r_{s2} \cdot \omega_N^2 \qquad R = \left(1 - \left(\frac{1}{4}\right)^2 - 0,1\right) = 0,8375$

$$m = \rho \cdot \frac{1}{2} \cdot \left(r_1^2 - r_N^2\right) \cdot \alpha_{ges} \cdot B_{FK} = \frac{\rho}{2} \cdot r_1^2 \cdot \left(1 - \left(r_N/r_1\right)^2\right) \cdot \alpha_{ges} \cdot B_{FK} = N \cdot B_{FK} \cdot r_1^2$$

$$N = \frac{\rho}{2} \cdot \left(1 - \left(r_N/r_1\right)^2\right) \cdot \alpha_{ges} = \frac{7860kg/m^3}{2} \cdot 0,6094 \cdot 5,8992 = 14.128\frac{kg}{m^3} \qquad \varphi_u = \frac{\pi}{2} - \frac{\alpha}{2}$$

$$r_{s1} = \frac{2}{3} \cdot \frac{\left(r_1^3 - r_N^3\right)}{\left(r_1^2 - r_N^2\right)} \cdot \frac{2 \cdot \cos\varphi_u}{\alpha} = \frac{4}{3} \cdot \frac{r_1^3 \cdot \left(1 - \left(r_N/r_1\right)^3\right)}{r_1^2 \cdot \left(1 - \left(r_N/r_1\right)^2\right)} \cdot \frac{\cos\varphi_u}{\alpha} = \frac{4}{3} \cdot r_1 \cdot 1,2404 \cdot \frac{0,7071}{\pi/2} = \frac{8}{3\pi} \cdot 88mm \cdot 0,8771 = 66mm$$

$$r_{s2} = r_{s1} + \Delta x = (66+4)mm = 70mm \qquad \omega_N^2 = \left(2\pi \cdot 25s^{-1}\right)^2 = 24.674s^{-2}$$

$$\Rightarrow B_{FK} = \frac{F_N}{R \cdot N \cdot r_1^2 \cdot r_{s2} \cdot \omega_N^2} = \frac{17696N}{0,8375 \cdot 14.128\frac{kg}{m^3} \cdot \frac{m^3}{10^9 mm^3} \cdot \left(88mm\right)^2 \cdot 70mm \cdot 24.674s^{-2}} = 112mm$$

16) Reibbelagbreite B_{RB}: $p = \frac{F_N}{\alpha_{ges} \cdot r_2 \cdot B_{RB}} \leq p_{zul} \quad \Rightarrow B_{RB} \geq \frac{F_N}{\alpha_{ges} \cdot r_2 \cdot p_{zul}} = \frac{17696N}{5,8992 \cdot 92mm \cdot 2\frac{N}{mm^2}} = 16,3mm$

17) Breitenverhältnis von Reibbelag zu Fliehkörper:

$$\frac{B_{RB}}{B_{FK}} < 1: \quad \Rightarrow \left(\frac{B_{RB}}{B_{FK}} = 0,5\right) \; gewählt \quad \Rightarrow B_{RB} = 0,5 \cdot B_{FK} = 0,5 \cdot 112mm = 66mm$$

18) Belagpressung p: $p = \frac{F_N}{A_{ges}} = \frac{F_N}{\alpha_{ges} \cdot r_2 \cdot B_{RB}} \leq p_{zul}$

$$p = \frac{17696N}{5,8992 \cdot 0,092m \cdot 0,066m} = 49,4 \cdot 10^4\frac{N}{m^2} \cong 50\frac{N}{cm^2} \qquad p < p_{zul}$$

19a) Gesamtmasse der Fliehkörper m: $m = \rho \cdot \frac{1}{2} \cdot \left(r_1^2 - r_N^2\right) \cdot \alpha_{ges} \cdot B_{FK}$

$$m = 7860\frac{kg}{m^3} \cdot \frac{1}{2} \cdot \left(\left(0,088m\right)^2 - \left(0,055m\right)^2\right) \cdot 5,8992 \cdot 0,112m = 12,253kg$$

19b) Masse m_i eines Fliehkörpers: $m = i \cdot m_i \quad \Rightarrow m_i = \frac{m}{i} = \frac{12,253kg}{4} = 3,063kg$ (4 Fliehkörper)

20) Massenträgheitsmoment J: $J_{FK,red} = J_{FK} \qquad J_{FK,red} = m_{FK,red} \cdot r_{s2}^2 \qquad J_{FK} = \frac{1}{2} \cdot m \cdot \left(r_1^2 + r_N^2\right)$

$$\Rightarrow m_{FK,red} = \frac{1}{2} \cdot m \cdot \frac{\left(r_1^2 + r_N^2\right)}{r_{s2}^2} \qquad m_{FK,red} = \frac{1}{2} \cdot 12,253kg \cdot \frac{\left(0,088m\right)^2 + \left(0,055m\right)^2}{\left(0,070m\right)^2} = 13,465kg$$

$$J_{FK,red} = m_{FK,red} \cdot r_{s2}^2 = 13,465kg \cdot \left(0,070m\right)^2 = 0,066kgm^2$$

Modell C: $M_L = 660\,Nm \Rightarrow M_y = 660\,Nm$; $n_N = 1500\,\text{min}^{-1} = 25\,s^{-1} \Rightarrow P_L(\omega_N) = 103,7\,kW$ 2. Beispiel:

Modell C
(90°)

1) Reibwerte: μ_R; μ_{GR}; μ_{HF} $\left(\mu_R = 0,5;\ \mu_{GR} = 0,4;\ \mu_{HF} = 0,1\right)$

2) Schaltdrehfrequenzen/Drehzahlverhältnis y: $y = \omega_2 / \omega_N \Rightarrow \omega_2 = (1/4)\cdot \omega_N$ gewählt

3a) Reibwinkel α: $\alpha = 90°$ $i = 4$ gewählt   3b) Radienverhältnis x: $x = r_2 / r_{s2} \Rightarrow r_2 = x\cdot r_{s2}$ $x(90°) = 1,3432$

$$x = \frac{r_2}{r_{s2}} \cong \frac{r_1}{r_{s1}} \qquad r_{s2} \cong r_{s1} \cong \frac{r_1}{1,3432} = 0,7445\cdot r_1 \qquad r_F \cong 0,8\cdot r_1 \qquad \frac{r_{s2}}{r_F} = \frac{0,7445\cdot r_1}{0,8\cdot r_1} = 0,9306$$

4) Reibmoment M_R: $M_R = \mu_R \cdot \left[\left(1 - y^2 - \mu_{HF}\right) + \sin\dfrac{\alpha}{2}\cdot\dfrac{r_{s2}}{r_F}\right]\cdot x\cdot m\cdot r_{s2}^{\,2}\cdot\omega_N^2$ $M_R = R\cdot x\cdot m\cdot r_{s2}^{\,2}\cdot\omega_N^2$

$$R\cdot x = 0,5\cdot\left[\left(1 - \frac{1}{16} - 0,1\right) + 0,7071\cdot 0,9306\right]\cdot 1,3432 = 1,0044 \Rightarrow M_R = 1,0044\cdot m\cdot r_{s2}^{\,2}\cdot\omega_N^2 \qquad M_y = \frac{i\cdot K}{\pi}\cdot M_R$$

$$\Rightarrow M_R = \frac{\pi}{i\cdot K}\cdot M_y \qquad K(\alpha = 90°) = 0,6366 \qquad M_R = \frac{\pi}{4\cdot 0,6366}\cdot 660\,Nm = 1,2337\cdot 660\,Nm = 814\,Nm$$

5) Sicherheit gegen Rutschen: $S_{R1} = \dfrac{n_N}{n_3} \overset{!}{>} \dfrac{n_N}{n}$ $S_{R2} = \dfrac{M_y / M_R}{1 - \mu_R} = \dfrac{660/814}{0,5} = 0,8108/0,5 = 1,62$

$$n_3 = \frac{1}{2}\cdot\frac{0,5}{0,4}\cdot n_N = 0,625\cdot n_N \qquad \frac{n_N}{n_3} = \frac{1}{0,625} = 1,6 \qquad \frac{n_N}{n} = \frac{1500}{1333} = 1,13 \ \left(n = n_B\right)$$

max. Drehzahlsenkung: $\Delta n_{max} = n_N - n_3 = 0,375\cdot n_N = 0,375\cdot 1500\,\text{min}^{-1} = 562,5\,\text{min}^{-1}$

$$\Delta M_t = M_t(n_B) - M_t(n_N) = 174\,Nm \qquad \text{max. Lasterhöhung: } M_{L,max} = \frac{i\cdot K}{\pi}\cdot\left(1 + \frac{\cos(a/2)}{R\cdot x}\right)^{-1}\cdot\Delta M_t = 126\,Nm$$

6) Führungsmoment M_F: $M_F = \cos\dfrac{\alpha}{2}\cdot m\cdot r_{s2}^{\,2}\cdot\omega_N^2 = \cos\dfrac{\alpha}{2}\cdot\dfrac{M_R}{R\cdot x} = 0,7071\cdot\dfrac{814\,Nm}{1,0044} = 573\,Nm$

7) Antriebsmoment M_t: $M_t = M_R + M_F = (814 + 573)\,Nm = 1387\,Nm$

$$M_F = \cos(\alpha/2)\cdot M_R /(R\cdot x) \Rightarrow M_t = M_R\cdot\left(1 + \cos(\alpha/2)/(R\cdot x)\right) = M_R\cdot 1,7040 = 814\,Nm\cdot 1,7040 = 1387\,Nm$$

8) Antriebswellenradius r_W: r_W aus DIN748 bestimmen: $1250\,Nm < M_t \le 1600\,Nm$

$$\Rightarrow r_W = \frac{d_W}{2} = \frac{85mm}{2} = 42,5mm \qquad l \text{ Länge des Wellenendes für } d_W = 85mm \text{ gem. DIN 748: } l = 170mm$$

9a) mech. Antriebsleistung $P_A(\omega_N)$: $P_A = \omega_N\cdot M_t \Rightarrow P_A = (2\pi\cdot 25\,s^{-1})\cdot 1387\,Nm = 217869\,W = 217,869\,kW$

9b) erreichbare Betriebsdrehzahl n_B: $\dfrac{n_N - n_B}{n_N} = \dfrac{M_R - M_L}{M_t} \Rightarrow n_B = \left(1 - \dfrac{M_R - M_L}{M_t}\right)\cdot n_N = 1333\,\text{min}^{-1}\ (-11\%)$

9c) erreichtes Antriebsmoment $M_t(n_B)$: $M_t(n_B) = M_t(n_N)\cdot n_N / n_B = 1387\,Nm\cdot 1,1253 = 1561\,Nm$

Drehzahlstellung des Motors: $n_B \to n_N$ Drehzahlerhöhung um ... $(n_N - n_B)/n_B = 0,11\cdot n_N / 0,89\cdot n_N = 12,4\%$

10) Nabenradius bestimmen: $d_{N,erf} \ge 2\cdot\sqrt[4]{\dfrac{2\cdot M_t}{\pi\cdot G\cdot[\varphi/l]_{zul}} + r_i^4}$ $M_t = 1387\,Nm$ $r_i = r_W = 42,5mm$ $r_a = r_N$

$$r_{N,erf} \ge \sqrt[4]{\frac{2\cdot 1387\,Nm\cdot 1000mm/m}{\pi\cdot 80000\,N/mm^2\cdot 3,5\cdot 10^{-3}\,rad/10^3\,mm} + (42,5mm)^4} = 50,3mm \Rightarrow r_N = 50mm \text{ gewählt}$$

11) Fliehkörperradius r_1: $b = (3/8)\cdot r_1$ $50mm \to 5/8$ $30mm \to 3/8 \Rightarrow r_1 = r_N + b = (50 + 30)mm = 80mm$

12) Schaltweg Δx : $\Delta x = 4mm$

13) Kupplungsglockenradius r_2 : $r_2 = r_1 + \Delta x = (80 + 4)\,mm = 84mm$ $p_{zul} = 200N\,/\,cm^2$ $B_{RB} = 52mm$ (siehe 17)

$$r_{2,erf} \geq \sqrt{\frac{M_R}{\mu_R \cdot p_{zul} \cdot \alpha \cdot B_{RB}}} \qquad r_{2,erf} \geq \sqrt{\frac{814Nm}{0,4 \cdot 200\,\dfrac{N}{cm^2} \cdot 10^4\,\dfrac{cm^2}{m^2} \cdot 5,8992 \cdot 0,052m}} = 57,6mm \qquad r_2 > r_{2,erf}$$

14) Normalkraft F_N: $M_R = F_R \cdot r_2 = \mu_R \cdot F_N \cdot r_2 \quad \Rightarrow F_N = \dfrac{M_R}{\mu_R \cdot r_2} = \dfrac{814Nm}{0,5 \cdot 0,084m} = 19381N$

15) Fliehkörperbreite B_{FK} : $F_N = \left(1 - \left(\dfrac{\omega_2}{\omega_N}\right)^2 - \mu_{HF} + \sin\dfrac{\alpha}{2} \cdot \dfrac{r_{s2}}{r_F}\right) \cdot m \cdot r_{s2} \cdot \omega_N^2 = R \cdot m \cdot r_{s2} \cdot \omega_N^2$

$$R = \left(1 - \left(\frac{1}{4}\right)^2 - 0,1 + \sin\frac{90°}{2} \cdot \frac{0,5263 \cdot r_2}{0,8 \cdot r_2}\right) = 1,3027 \qquad m = \frac{\rho}{2} \cdot r_1^2 \cdot \left(1 - \left(\frac{r_N}{r_1}\right)^2\right) \cdot \alpha_{ges} \cdot B_{FK} = N \cdot B_{FK} \cdot r_1^2$$

$$N = \frac{\rho}{2} \cdot \left(1 - (r_N / r_1)^2\right) \cdot \alpha_{ges} = \frac{7860 kg\,/\,m^3}{2} \cdot 0,6094 \cdot 5,8992 = 14.128\,\frac{kg}{m^3} \qquad \varphi_u = \frac{\pi}{2} - \frac{\alpha}{2}$$

$$r_{s1} = \frac{2}{3} \cdot \frac{\left(r_1^3 - r_N^3\right)}{\left(r_1^2 - r_N^2\right)} \cdot \frac{2 \cdot \cos\varphi_u}{\alpha} = \frac{4}{3} \cdot \frac{r_1^3 \cdot \left(1 - (r_N / r_1)^3\right)}{r_1^2 \cdot \left(1 - (r_N / r_1)^2\right)} \cdot \frac{\cos\varphi_u}{\alpha} = \frac{4}{3} \cdot r_1 \cdot 1,2404 \cdot \frac{0,7071}{\pi / 2} = \frac{8}{3\pi} \cdot 80mm \cdot 0,8771 = 60mm$$

$$r_{s2} = r_{s1} + \Delta x = (60 + 4)\,mm = 64mm \qquad \omega_N^2 = \left(2\pi \cdot 25 s^{-1}\right)^2 = 24.674\,s^{-2}$$

$$\Rightarrow B_{FK} = \frac{F_N}{R \cdot N \cdot r_1^2 \cdot r_{s2} \cdot \omega_N^2} = \frac{19381N}{1,3027 \cdot 14.128\,\dfrac{kg}{m^3} \cdot \dfrac{m^3}{10^9 mm^3} \cdot \left(80mm\right)^2 \cdot 64mm \cdot 24.674\,s^{-2}} = 104mm$$

16) Reibbelagbreite B_{RB}: $p = \dfrac{F_N}{\alpha_{ges} \cdot r_2 \cdot B_{RB}} \leq p_{zul} \quad \Rightarrow B_{RB} \geq \dfrac{F_N}{\alpha_{ges} \cdot r_2 \cdot p_{zul}} = \dfrac{19381N}{5,8992 \cdot 84mm \cdot 2\,\dfrac{N}{mm^2}} = 19,6mm$

17) Breitenverhältnis von Reibbelag zu Fliehkörper :

$$\frac{B_{RB}}{B_{FK}} < 1: \quad \Rightarrow \left(\frac{B_{RB}}{B_{FK}} = 0,5\right)\ gewählt \quad \Rightarrow B_{RB} = 0,5 \cdot B_{FK} = 0,5 \cdot 104mm = 52mm$$

18) Belagpressung p: $p = \dfrac{F_N}{A_{ges}} = \dfrac{F_N}{\alpha_{ges} \cdot r_2 \cdot B_{RB}} \leq p_{zul}$

$$p = \frac{19381N}{5,8992 \cdot 0,084m \cdot 0,052m} = 75,2 \cdot 10^4\,\frac{N}{m^2} \cong 75\,\frac{N}{cm^2} \qquad p < p_{zul}$$

19a) Gesamtmasse der Fliehkörper m: $m = \rho \cdot \dfrac{1}{2} \cdot \left(r_1^2 - r_N^2\right) \cdot \alpha_{ges} \cdot B_{FK}$

$$m = 7860\,\frac{kg}{m^3} \cdot \frac{1}{2} \cdot \left((0,080m)^2 - (0,050m)^2\right) \cdot 5,8992 \cdot 0,104m = 9,403kg$$

19b) Masse m_i eines Fliehkörpers: $m = i \cdot m_i \quad \Rightarrow m_i = \dfrac{m}{i} = \dfrac{9,404kg}{4} = 2,351kg$ (4 Fliehkörper)

20) Massenträgheitsmoment J: $J_{FK,red} = J_{FK} \qquad J_{FK,red} = m_{FK,red} \cdot r_{s2}^2 \qquad J_{FK} = \dfrac{1}{2} \cdot m \cdot \left(r_1^2 + r_N^2\right)$

$$\Rightarrow m_{FK,red} = \frac{1}{2} \cdot m \cdot \frac{\left(r_1^2 + r_N^2\right)}{r_{s2}^2} \qquad m_{FK,red} = \frac{1}{2} \cdot 9,404kg \cdot \frac{(0,080m)^2 + (0,050m)^2}{(0,064m)^2} = 10,217kg$$

$$J_{FK,red} = m_{FK,red} \cdot r_{s2}^2 = m \cdot r_{s2}^2 = 10,217kg \cdot \left(0,064m\right)^2 = 0,042\,kgm^2$$

Modell C: $M_L = 660\,Nm \;\Rightarrow\; M_y = 660\,Nm$; $n_N = 1500\,\text{min}^{-1} = 25\,s^{-1} \;\Rightarrow\; P_L(\omega_N) = 103,7\,kW$ 3. Beispiel:

Modell C
(60°)

1) Reibwerte: $\mu_R;\; \mu_{GR};\; \mu_{HF}\;\; (\mu_R = 0,5;\; \mu_{GR} = 0,4;\; \mu_{HF} = 0,1)$

2) Schaltdrehfrequenzen/Drehzahlverhältnis y: $y = \omega_2 / \omega_N \;\Rightarrow\; \omega_2 = (1/4)\cdot\omega_N$ *gewählt*

3a) Reibwinkel α: $\alpha = 60°$ $i = 6$ *gewählt*   3b) Radienverhältnis x: $x = r_2/r_{s2} \;\Rightarrow\; r_2 = x\cdot r_{s2}$ $x(60°) = 1,2665$

$$x = \frac{r_2}{r_{s2}} \cong \frac{r_1}{r_{s1}} \qquad r_{s2} \cong r_{s1} \cong \frac{r_1}{1,2665} = 0,7896\cdot r_1 \qquad r_F \cong 0,8\cdot r_1 \qquad \frac{r_{s2}}{r_F} = \frac{0,7896\cdot r_1}{0,8\cdot r_1} = 0,987$$

4) Reibmoment M_R: $M_R = \mu_R \cdot \left[\left(1 - y^2 - \mu_{HF}\right) + \sin\dfrac{\alpha}{2}\cdot\dfrac{r_{s2}}{r_F}\right]\cdot x\cdot m\cdot r_{s2}^{\,2}\cdot\omega_N^2 \qquad M_R = R\cdot x\cdot m\cdot r_{s2}^{\,2}\cdot\omega_N^2$

$$R\cdot x = 0,5\cdot\left[\left(1 - \frac{1}{16} - 0,1\right) + 0,5\cdot 0,987\right]\cdot 1,2665 = 0,8429 \;\Rightarrow\; M_R = 0,8429\cdot m\cdot r_{s2}^{\,2}\cdot\omega_N^2 \qquad M_y = \frac{i\cdot K}{\pi}\cdot M_R$$

$$\Rightarrow M_R = \frac{\pi}{i\cdot K}\cdot M_y \qquad K(\alpha = 60°) = 0,4775 \qquad M_R = \frac{\pi}{6\cdot 0,4775}\cdot 660\,Nm = 1,0965\cdot 660\,Nm = 724\,Nm$$

5) Sicherheit gegen Rutschen: $S_{R1} = \dfrac{n_N}{n_3} \overset{!}{>} \dfrac{n_N}{n} \qquad S_{R2} = \dfrac{M_y/M_R}{1 - \mu_R} = \dfrac{660/724}{0,5} = 0,9116/0,5 = 1,82$

$$n_3 = \frac{1}{2}\cdot\frac{0,5}{0,4}\cdot n_N = 0,625\cdot n_N \qquad \frac{n_N}{n_3} = \frac{1}{0,625} = 1,6 \qquad \frac{n_N}{n} = \frac{1500}{1434} = 1,05 \;\; (n = n_B)$$

max. Drehzahlsenkung: $\Delta n_{max} = n_N - n_3 = 0,375\cdot n_N = 0,375\cdot 1500\,\text{min}^{-1} = 562,5\,\text{min}^{-1}$

$$\Delta M_t = M_t(n_B) - M_t(n_N) = 68\,Nm \qquad \text{max. Lasterhöhung:} \quad M_{L,max} = \frac{i\cdot K}{\pi}\cdot\left(1 + \frac{\cos(a/2)}{R\cdot x}\right)^{-1}\cdot\Delta M_t = 31\,Nm$$

6) Führungsmoment M_F: $M_F = \cos\dfrac{\alpha}{2}\cdot m\cdot r_{s2}^{\,2}\cdot\omega_N^2 = \cos\dfrac{\alpha}{2}\cdot\dfrac{M_R}{R\cdot x} = 0,8660\cdot\dfrac{724\,Nm}{0,8429} = 744\,Nm$

7) Antriebsmoment M_t: $M_t = M_R + M_F = (724 + 744)\,Nm = 1468\,Nm$

$$M_F = \cos(\alpha/2)\cdot M_R/(R\cdot x) \;\Rightarrow\; M_t = M_R\cdot\left(1 + \cos(\alpha/2)/(R\cdot x)\right) = M_R\cdot 2,0274 = 724\,Nm\cdot 2,0274 = 1468\,Nm$$

8) Antriebswellenradius r_W: r_W aus DIN748 bestimmen: $1250\,Nm < M_t \le 1600\,Nm$

$$\Rightarrow r_W = \frac{d_W}{2} = \frac{85\,mm}{2} = 42,5\,mm \qquad l \;\text{Länge des Wellenendes für } d_W = 85\,mm \text{ gem. DIN 748: } l = 170\,mm$$

9a) mech. Antriebsleistung $P_A(\omega_N)$: $P_A = \omega_N\cdot M_t \;\Rightarrow\; P_A = (2\pi\cdot 25\,s^{-1})\cdot 1468\,Nm = 230593\,W = 230,593\,kW$

9b) erreichbare Betriebsdrehzahl n_B: $\dfrac{n_N - n_B}{n_N} = \dfrac{M_R - M_L}{M_t} \;\Rightarrow\; n_B = \left(1 - \dfrac{M_R - M_L}{M_t}\right)\cdot n_N = 1434\,\text{min}^{-1}\;(-4,4\%)$

9c) erreichtes Antriebsmoment $M_t(n_B)$: $M_t(n_B) = M_t(n_N)\cdot n_N/n_B = 1468\,Nm\cdot 1,046 = 1536\,Nm$

Drehzahlstellung des Motors: $n_B \to n_N$ Drehzahlerhöhung um ... $(n_N - n_B)/n_B = 0,05\cdot n_N/0,95\cdot n_N = 5\%$

10) Nabenradius bestimmen: $d_{N,erf} \ge 2\cdot\sqrt[4]{\dfrac{2\cdot M_t}{\pi\cdot G\cdot[\varphi/l]_{zul}} + r_i^4}$ $M_t = 1468\,Nm$ $r_i = r_W = 42,5\,mm$ $r_a = r_N$

$$r_{N,erf} \ge \sqrt[4]{\frac{2\cdot 1468\,Nm\cdot 1000\,mm/m}{\pi\cdot 80000\,N/mm^2\cdot 3,5\cdot 10^{-3}\,rad/10^3\,mm} + (42,5\,mm)^4} = 50,7\,mm \;\Rightarrow\; r_N = 50\,mm \;\text{gewählt}$$

11) Fliehkörperradius r_i: $b = (3/8)\cdot r_1$ $50\,mm \to 5/8$ $30\,mm \to 3/8$ $\Rightarrow r_1 = r_N + b = (50 + 30)\,mm = 80\,mm$

Modell C: $M_L = 660\,Nm$ $\Rightarrow M_y = 660\,Nm$; $n_N = 1500\,\text{min}^{-1} = 25\,s^{-1}$ $\Rightarrow P_L(\omega_N) = 103,7\,kW$ 4. Beispiel:

Modell C

(120°)

1) Reibwerte: μ_R; μ_{GR}; μ_{HF} $(\mu_R = 0,5;\ \mu_{GR} = 0,33;\ \mu_{HF} = 0,1)$

2) Schaltdrehfrequenzen/Drehzahlverhältnis y: $y = \omega_2 / \omega_N$ $\Rightarrow \omega_2 = (1/4)\cdot\omega_N$ gewählt

3a) Reibwinkel α: $\alpha = 120°$ $i = 3$ gewählt 3b) Radienverhältnis x: $x = r_2 / r_{s2}$ $\Rightarrow r_2 = x\cdot r_{s2}$ $x(120°) = 1,4623$

$$x = \frac{r_2}{r_{s2}} \cong \frac{r_1}{r_{s1}} \quad r_{s2} \cong r_{s1} \cong \frac{r_1}{1,4623} = 0,68385\cdot r_1 \quad r_F \cong 0,8\cdot r_1 \quad \frac{r_{s2}}{r_F} = \frac{0,68385\cdot r_1}{0,8\cdot r_1} = 0,8548$$

4) Reibmoment M_R: $M_R = \mu_R\cdot\left[\left(1 - y^2 - \mu_{HF}\right) + \sin\frac{\alpha}{2}\cdot\frac{r_{s2}}{r_F}\right]\cdot x\cdot m\cdot r_{s2}^2\cdot\omega_N^2$ $M_R = R\cdot x\cdot m\cdot r_{s2}^2\cdot\omega_N^2$

$$R\cdot x = 0,5\cdot\left[\left(1 - \frac{1}{16} - 0,1\right) + 0,8660\cdot 0,8548\right]\cdot 1,4623 = 1,1536 \quad \Rightarrow M_R = 1,1536\cdot m\cdot r_{s2}^2\cdot\omega_N^2 \quad M_y = \frac{i\cdot K}{\pi}\cdot M_R$$

$$\Rightarrow M_R = \frac{\pi}{i\cdot K}\cdot M_y \quad K(\alpha = 120°) = 0,7162 \quad M_R = \frac{\pi}{3\cdot 0,7162}\cdot 660\,Nm = 1,4622\cdot 660\,Nm = 965\,Nm$$

5) Sicherheit gegen Rutschen: $S_{R1} = \frac{n_N}{n_3} \overset{!}{>} \frac{n_N}{n}$ $S_{R2} = \frac{M_y / M_R}{1 - \mu_R} = \frac{660/965}{0,5} = 0,6839 / 0,5 = 1,37$

$$n_3 = \frac{1}{2}\cdot\frac{0,5}{0,4}\cdot n_N = 0,625\cdot n_N \quad \frac{n_N}{n_3} = \frac{1}{0,625} = 1,6 \quad \frac{n_N}{n} = \frac{1500}{1169} = 1,28 \ (n = n_B)$$

max. Drehzahlsenkung: $\Delta n_{max} = n_N - n_3 = 0,375\cdot n_N = 0,375\cdot 1500\,\text{min}^{-1} = 562,5\,\text{min}^{-1}$

$$\Delta M_t = M_t(n_B) - M_t(n_N) = 392\,Nm \quad \text{max. Lasterhöhung:} \quad M_{L,max} = \frac{i\cdot K}{\pi}\cdot\left(1 + \frac{\cos(a/2)}{R\cdot x}\right)^{-1}\cdot\Delta M_t = 187\,Nm$$

6) Führungsmoment M_F: $M_F = \cos\frac{\alpha}{2}\cdot m\cdot r_{s2}^2\cdot\omega_N^2 = \cos\frac{\alpha}{2}\cdot\frac{M_R}{R\cdot x} = 0,5\cdot\frac{965\,Nm}{1,1536} = 418\,Nm$

7) Antriebsmoment M_t: $M_t = M_R + M_F = (965 + 418)\,Nm = 1383\,Nm$

$$M_F = \cos(\alpha/2)\cdot M_R /(R\cdot x) \quad \Rightarrow M_t = M_R\cdot\left(1 + \cos(\alpha/2)/(R\cdot x)\right) = M_R\cdot 1,4334 = 965\,Nm\cdot 1,4334 = 1383\,Nm$$

8) Antriebswellenradius r_W: r_W aus DIN748 bestimmen: $1250\,Nm < M_t \le 1600\,Nm$

$$\Rightarrow r_W = \frac{d_W}{2} = \frac{85\,mm}{2} = 42,5\,mm \quad l\ \text{Länge des Wellenendes für } d_W = 85\,mm \text{ gem. DIN 748: } l = 170\,mm$$

9a) mech. Antriebsleistung $P_A(\omega_N)$: $P_A = \omega_N\cdot M_t$ $\Rightarrow P_A = (2\pi\cdot 25\,s^{-1})\cdot 1383\,Nm = 217241\,W = 217,241\,kW$

9b) erreichbare Betriebsdrehzahl n_B: $\dfrac{n_N - n_B}{n_N} = \dfrac{M_R - M_L}{M_t}$ $\Rightarrow n_B = \left(1 - \dfrac{M_R - M_L}{M_t}\right)\cdot n_N = 1169\,\text{min}^{-1}\ (-12\%)$

9c) erreichtes Antriebsmoment $M_t(n_B)$: $M_t(n_B) = M_t(n_N)\cdot n_N / n_B = 1383\,Nm\cdot 1,2831 = 1775\,Nm$

Drehzahlstellung des Motors: $n_B \to n_N$ Drehzahlerhöhung um ... $(n_N - n_B)/n_B = 0,12\cdot n_N / 0,78\cdot n_N = 15\%$

10) Nabenradius bestimmen: $d_{N,erf} \ge 2\cdot\sqrt[4]{\dfrac{2\cdot M_t}{\pi\cdot G\cdot[\varphi/l]_{zul}} + r_i^4}$ $M_t = 1383\,Nm$ $r_i = r_W = 42,5\,mm$ $r_a = r_N$

$$r_{N,erf} \ge \sqrt[4]{\frac{2\cdot 1383\,Nm\cdot 1000\,mm/m}{\pi\cdot 80000\,N/mm^2\cdot 3,5\cdot 10^{-3}\,rad/10^3\,mm} + (42,5\,mm)^4} = 50,3\,mm \quad \Rightarrow r_N = 50\,mm \text{ gewählt}$$

11) Fliehkörperradius r_1: $b = (3/8)\cdot r_1$ $50\,mm \to 5/8$ $30\,mm \to 3/8$ $\Rightarrow r_1 = r_N + b = (50 + 30)\,mm = 80\,mm$

Modell B: $M_L = 660\,Nm$ $\Rightarrow M_y = 660\,Nm$; $n_N = 1500\,min^{-1} = 25\,s^{-1}$ $\Rightarrow P_L(\omega_N) = 103,7\,kW$ 5. Beispiel:

Modell B

(75°)

1) Reibwerte: μ_R; μ_{GR}; μ_{HF} $(\mu_R = 0,5;\ \mu_{GR} = 0,33;\ \mu_{HF} = 0,1)$

2) Schaltdrehfrequenzen/Drehzahlverhältnis y: $y = \omega_2 / \omega_N$ $\Rightarrow \omega_2 = (1/4)\cdot\omega_N$ gewählt

3a) Reibwinkel α: $\alpha = 75°$ $i = 4$ gewählt   3b) Radienverhältnis x: $x = r_2 / r_{s2}$ $\Rightarrow r_2 = x\cdot r_{s2}$ $x(75°) = 1,3002$

$$x = \frac{r_2}{r_{s2}} \cong \frac{r_1}{r_{s1}} \qquad r_{s2} \cong r_{s1} \cong \frac{r_1}{1,3002} = 0,7691\cdot r_1 \qquad r_F \cong 0,8\cdot r_1 \qquad \frac{r_{s2}}{r_F} = \frac{0,7691\cdot r_1}{0,8\cdot r_1} = 0,9614$$

4) Reibmoment M_R: $M_R = \mu_R \cdot \left[(1 - y^2 - \mu_{HF}) + \sin\dfrac{\alpha}{2}\cdot\dfrac{r_{s2}}{r_F} \right]\cdot x\cdot m\cdot r_{s2}^{\,2}\cdot\omega_N^2$ $M_R = R\cdot x\cdot m\cdot r_{s2}^{\,2}\cdot\omega_N^2$

$$R\cdot x = 0,5\cdot\left[\left(1 - \frac{1}{16} - 0,1\right) + 0,6088\cdot 0,9614\right]\cdot 1,3002 = 0,925 \quad \Rightarrow M_R = 0,925\cdot m\cdot r_{s2}^{\,2}\cdot\omega_N^2 \quad M_y = \frac{i\cdot K}{\pi}\cdot M_R$$

$$\Rightarrow M_R = \frac{\pi}{i\cdot K}\cdot M_y \qquad K(\alpha = 75°) = 0,5662 \qquad M_R = \frac{\pi}{4\cdot 0,5662}\cdot 660\,Nm = 1,3871\cdot 660\,Nm = 916\,Nm$$

5) Sicherheit gegen Rutschen: $S_{R1} = \dfrac{n_N}{n_3} \overset{!}{>} \dfrac{n_N}{n}$ $S_{R2} = \dfrac{M_y / M_R}{1 - \mu_R} = \dfrac{660/916}{0,5} = 0,7205/0,5 = 1,44$

$$n_3 = \frac{1}{2}\cdot\frac{0,5}{0,4}\cdot n_N = 0,625\cdot n_N \qquad \frac{n_N}{n_3} = \frac{1}{0,625} = 1,6 \qquad \frac{n_N}{n} = \frac{1500}{1275} = 1,18 \quad (n = n_B)$$

max. Drehzahlsenkung: $\Delta n_{max} = n_N - n_3 = 0,375\cdot n_N = 0,375\cdot 1500\,min^{-1} = 562,5\,min^{-1}$

$$\Delta M_t = M_t(n_B) - M_t(n_N) = 300\,Nm \qquad \text{max. Lasterhöhung:} \qquad M_{L,max} = \frac{i\cdot K}{\pi}\cdot\left(1 + \frac{\cos(a/2)}{R\cdot x}\right)^{-1}\cdot\Delta M_t = 116\,Nm$$

6) Führungsmoment M_F: $M_F = \cos\dfrac{\alpha}{2}\cdot m\cdot r_{s2}^{\,2}\cdot\omega_N^2 = \cos\dfrac{\alpha}{2}\cdot\dfrac{M_R}{R\cdot x} = 0,7934\cdot\dfrac{916\,Nm}{0,925} = 786\,Nm$

7) Antriebsmoment M_t: $M_t = M_R + M_F = (916 + 786)\,Nm = 1702\,Nm$

$$M_F = \cos(\alpha/2)\cdot M_R /(R\cdot x) \quad \Rightarrow M_t = M_R\cdot(1 + \cos(\alpha/2)/(R\cdot x)) = M_R\cdot 1,8577 = 916\,Nm\cdot 1,7433 = 1702\,Nm$$

8) Antriebswellenradius r_W: r_W aus DIN748 bestimmen: $1600\,Nm < M_t \leq 1900\,Nm$

$$\Rightarrow r_W = \frac{d_W}{2} = \frac{90\,mm}{2} = 45\,mm \qquad l \text{ Länge des Wellenendes für } d_W = 90\,mm \text{ gem. DIN 748: } l = 170\,mm$$

9a) mech. Antriebsleistung $P_A(\omega_N)$: $P_A = \omega_N\cdot M_t$ $\Rightarrow P_A = (2\pi\cdot 25\,s^{-1})\cdot 1702\,Nm = 267350\,W = 267,350\,kW$

9b) erreichbare Betriebsdrehzahl n_B: $\dfrac{n_N - n_B}{n_N} = \dfrac{M_R - M_L}{M_t}$ $\Rightarrow n_B = \left(1 - \dfrac{M_R - M_L}{M_t}\right)\cdot n_N = 1275\,min^{-1}$ (-15%)

9c) erreichtes Antriebsmoment $M_t(n_B)$: $M_t(n_B) = M_t(n_N)\cdot n_N / n_B = 1702\,Nm\cdot 1,1765 = 2002\,Nm$

Drehzahlstellung des Motors: $n_B \to n_N$ Drehzahlerhöhung um ... $(n_N - n_B)/n_B = 0,15\cdot n_N / 0,85\cdot n_N = 2\%$

10) Nabenradius bestimmen: $d_{N,erf} \geq 2\cdot\sqrt[4]{\dfrac{2\cdot M_t}{\pi\cdot G\cdot[\varphi/l]_{zul}} + r_i^4}$ $M_t = 1702\,Nm$ $r_i = r_W = 45\,mm$ $r_a = r_N$

$$r_{N,erf} \geq \sqrt[4]{\frac{2\cdot 1702\,Nm\cdot 1000\,mm/m}{\pi\cdot 80000\,N/mm^2\cdot 3,5\cdot 10^{-3}\,rad/10^3\,mm} + (45\,mm)^4} = 53,1\,mm \qquad \to r_N = 52,5\,mm \text{ gewählt}$$

11) Fliehkörperradius r_1: $b = (3/8)\cdot r_1$ $52,5\,mm \to 5/8$ $31,5\,mm \to 3/8$ $\Rightarrow r_1 = r_N + b = (52,5 + 31,5)\,mm = 84\,mm$

6. Beschleunigungsverhalten und Wärmebilanz der Reibungskupplung

6.1 Beschleunigungsmoment M_B

Die Fliehkraftkupplung fährt ohne Last an, somit setzt sich das Beschleunigungsmoment aus dem Produkt von Massenträgheitsmoment des Antriebes und der Beschleunigung zusammen. Die Beschleunigung α wird als konstant angenommen, d. h. die Winkelgeschwindigkeit ω steigt linear mit der Zeit t.

$$M_B\left(\omega < \omega_2\right) = J_A \cdot \alpha \quad M_L\left(\omega < \omega_2\right) = 0: \quad \alpha = const.: \quad \alpha = \frac{\Delta\omega}{\Delta t} = \frac{d\omega}{dt} \quad \Rightarrow \alpha \cdot dt = d\omega$$

$$\int d\omega = \alpha \cdot \int dt \quad \Rightarrow \omega + \omega_0 = \alpha \cdot t + t_0 \quad \omega_0 = 0s^{-1} \quad t_0 = 0s \quad \Rightarrow \quad \alpha = \frac{\omega}{t}$$

$$\int_{\omega_1}^{\omega_2} d\omega = \alpha \cdot \int_{t_1}^{t_2} dt \quad \Rightarrow \omega_2 - \omega_1 = \alpha \cdot \left(t_2 - t_1\right) \quad \Rightarrow \quad \alpha = \frac{\omega_2 - \omega_1}{t_2 - t_1} = \frac{\omega_{12}}{t_{12}}$$

Das Beschleunigungsmoment M_B beim Anfahren unter Last ist gleich der Differenz zwischen Antriebs- und Abtriebsmoment.

$$M_B = \left(J_A + J_L\right) \cdot \alpha = M_A - M_L$$

In der industriellen Praxis wird mit zwei Formen von Beschleunigungsmomenten gerechnet, mit dem konstanten und dem linear abnehmenden Beschleunigungsmoment.[20] Von einem konstantem Beschleunigungsmoment wird näherungsweise ausgegangen, wenn ein Asynchronmotor ein quadratisch mit der Drehzahl steigendes Abtriebsmoment beschleunigt (siehe S. 84, Abb. 34a).

(1) Konstante Beschleunigung: $\quad \alpha = const. \quad \omega(t) = \alpha \cdot t \quad v(t) = a \cdot t \quad v_t = v(t) = r \cdot \omega(t) = r \cdot \alpha \cdot t$

(2) Linear abnehmende Beschleunigung: $\quad \alpha(t) = \alpha_0 \cdot \left(1 - \dfrac{t}{t_L}\right) \quad \alpha_0:$ Anfangsbeschleunigung $\quad t_L:$ Leerlaufzeit

(3) Exponentiell abnehmende Beschleunigung: $\quad \omega(t) = \omega_N \cdot \left(1 - e^{-t/T_m}\right) \quad \Rightarrow \alpha(t) = \dfrac{d\omega(t)}{dt} = \dfrac{\omega_N}{T_m} \cdot e^{-t/T_m}$

mechanische Zeitkonstante: $\quad \tau = T_m = \dfrac{J \cdot \omega_N}{M_B} \quad \left(\text{Annahme: } M_B \cong const. \wedge M_B \cong M_N\right)$

Bemessungsmoment: $\quad M_N = M(n_N) \quad \left(\text{in Abb. 34a, S. 84: } M_B = M_N = M_{M,0}\right)$

(1) Konstante Beschleunigung:

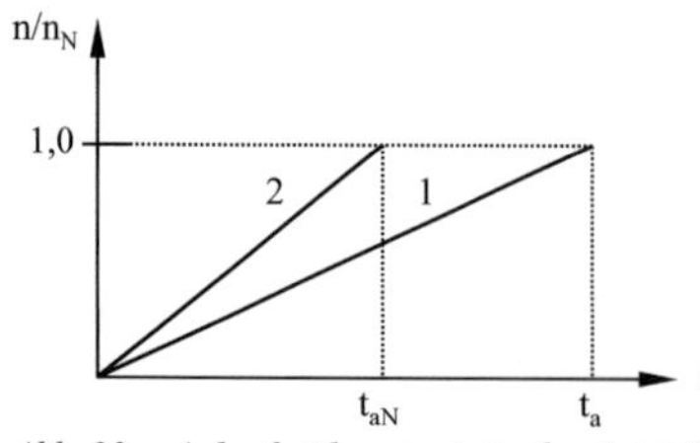

Abb. 33a: Anlaufzeitkonstante t_a des Antriebs und Normalanlaufzeitkonstante t_{aN} des Motors[21]

(3) Exponentiell abnehmende Beschleunigung:

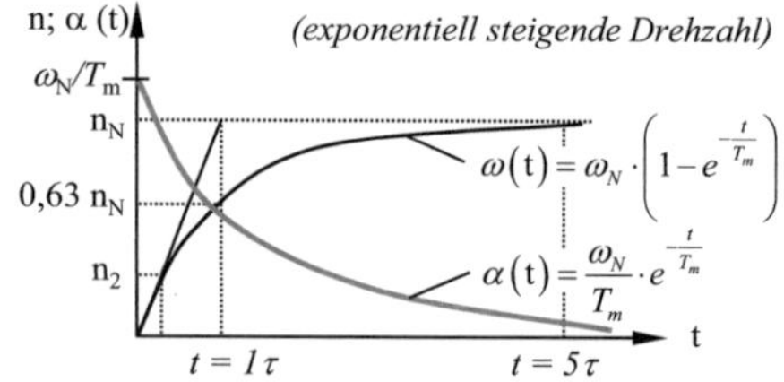

Abb. 33b: Exponentieller Hochlauf des Antriebs

---

[20] Vgl. Mollberg (2004), S. 28
[21] Vgl. Linse (2005), S. 301; Herleitung der Normalanlaufzeit, siehe Anhang A2-29

6.2 Rutschzeit t_R

Für die reibungsfrei anlaufende Fliehkraftkupplung mit der rutschfreien Anlaufzeit t_{02} beginnt die Rutschzeit t_{23} bei Erreichen der Drehfrequenz ω_2 und endet mit Erreichen der Haftreibung bei der Drehfrequenz ω_3. Der Antrieb besitzt bei Beginn der Gleitreibphase die Drehfrequenz ω_2 und die Last wird nun von Null an beschleunigt. Die Beschleunigung der Last $\alpha_{L,03}$ muss in der Rutschphase größer sein als die Beschleunigung des Antriebs $\alpha_{A,23}$, um am Ende der Rutschzeit die Drehfrequenz des Antriebs ω_3 zu erreichen. Die Reibarbeit, die an der Abtriebsseite der Kupplung geleistet wird, beginnt bei stillstehendem Abtrieb.

$$M_B\left(\omega < \omega_2\right) = M_{B,02} = J_A \cdot \alpha_{02} \qquad \alpha = \text{const. (abschnittsweise)}$$

$$\alpha_{02} = \frac{\Delta\omega_{02}}{\Delta t_{02}} = \frac{\omega_2 - \omega_0}{t_2 - t_0} = \frac{\omega_2}{t_2} = 2\pi \cdot \frac{n_2}{t_2} \qquad M_{B,02} = J_A \cdot \frac{\omega_2}{t_2} = J_A \cdot \alpha_{02} \qquad t_2 = J_A \cdot 2\pi \cdot \frac{n_2}{M_{B,02}} = 2\pi \cdot \frac{n_2}{\alpha_{02}}$$

$$M_B\left(\omega_2 \le \omega < \omega_3\right) = M_{B,23} = M_{B,A,23} + M_{B,L,03} = J_A \cdot \alpha_{A,23} + J_L \cdot \alpha_{L,03}$$

Bsp.: $\quad \omega_2 = 0,25 \cdot \omega_N \qquad \omega_3 = 0,625 \cdot \omega_N$

$$\alpha_{A,23} = \frac{\omega_{23}}{t_{23}} = \frac{\left(0,625 - 0,25\right) \cdot \omega_N}{t_{23}} = \frac{0,375 \cdot \omega_N}{t_{23}} \qquad t_{23} = \frac{0,375 \cdot \omega_N}{\alpha_{A,23}} \qquad t_{23}: \text{ Rutschzeit}$$

$$\alpha_{L,03} = \frac{\omega_{03}}{t_{23}} = \frac{0,625 \cdot \omega_N}{t_{23}} \qquad t_{23} = \frac{0,625 \cdot \omega_N}{\alpha_{L,03}} \qquad \Rightarrow \alpha_{L,03} = \frac{0,625 \cdot \omega_N}{0,375 \cdot \omega_N} \cdot \alpha_{A,23} \qquad \alpha_{L,03} = \frac{5}{3} \cdot \alpha_{A,23}$$

$$M_B\left(\omega_3 < \omega \le \omega_N\right) = M_{B,3N} = \left(J_A + J_L\right) \cdot \alpha_{3N}$$

$$\alpha_{3N} = \frac{\omega_{3N}}{t_{3N}} = \frac{\omega_N - \omega_3}{t_N - t_3} = 2\pi \cdot \frac{n_N - n_3}{t_N - t_3} \qquad M_{B,3N} = \left(J_A + J_L\right) \cdot \frac{\omega_{3N}}{t_{3N}} = \left(J_A + J_L\right) \cdot \alpha_{3N}$$

$$t_{3N} = \left(J_A + J_L\right) \cdot 2\pi \cdot \frac{n_{3N}}{M_{B,3N}} = 2\pi \cdot \frac{n_{3N}}{\alpha_{3N}}$$

Rutschzeit t_R bei konstanter Beschleunigung

In der Anlaufphase vor Beginn der Rutschzeit werden ausschließlich die Massen des Antriebes und der Fliehkörper beschleunigt. Bei der Schaltfrequenz ω_2 erreichen die Fliehkörper die Kupplungsglocke und die Gleitreibung zwischen Fliehkörpern und Kupplungsglocke samt Abtrieb beginnt, die sog. Rutschphase. Sie endet mit Erreichen der Haftreibung bei der Drehfrequenz ω_3.

Beschleunigungsmoment in der Anlaufphasen:

$$M_B\left(\omega < \omega_2\right) = M_{B,02} = J_A \cdot \alpha_{02} \qquad \text{MTM der Anlaufphase: } J = J_A$$

Beschleunigungsmoment der Fliehkraftkupplung in der Rutschphase:

$$M_B\left(\omega_2 \le \omega < \omega_3\right) = M_{B,23} = M_{B,A,23} + M_{B,L,03} = J_A \cdot \alpha_{A,23} + J_L \cdot \alpha_{L,03}$$

$$M_{B,23} = M_{F,23} + M_{R,23} \qquad \text{MTM in der Rutsch- und Haftreibphase: } J = J_A + J_L$$

Beschleunigungsmoment der Haftreibphase:

$$M_B\left(\omega_3 \le \omega < \omega_N\right) = M_{B,3N} = \left(J_A + J_L\right) \cdot \alpha_{3N}$$

Reibleistung der Fliehkraftkupplung in der Rutschphase:

$$P_{R,23} = f\left(t_{23}\right): \qquad P_{R,23} = \frac{W_{R,23}}{t_{23}} \quad \Rightarrow W_{R,23} = P_{R,23} \cdot t_{23}$$

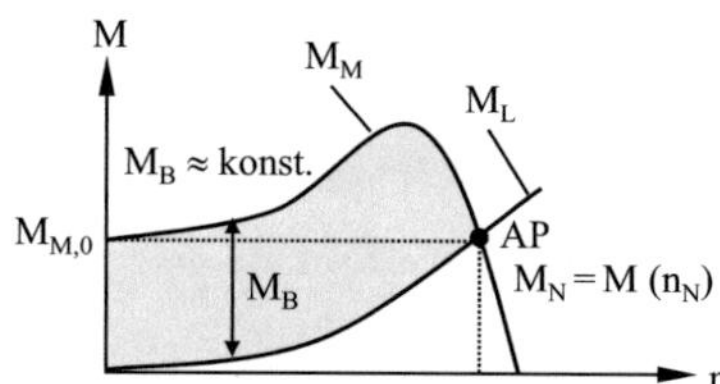

Abb. 34a: Asynchronmotor und quadratisch steigendes Lastmoment

Reibarbeit der Fliehkraftkupplung in der Rutschphase:

$$W_{R,23} = f\left(t_{23}\right): \qquad W_{R,23} = \int_{\varphi_0}^{\varphi_3} M_{R,23} \cdot d\varphi = M_{R,23} \cdot \varphi_{03}$$

$$\alpha = const.: \qquad \omega = \alpha \cdot t \qquad \varphi = \frac{\alpha}{2} \cdot t^2 \qquad \alpha = \alpha_{L,03}:$$

$$W_{R,23} = \int_{t_2}^{t_3} M_{R,23} \cdot \omega_{03} \cdot dt = \int_{t_2}^{t_3} M_{R,23} \cdot \alpha_{L,03} \cdot t \cdot dt = M_{R,23} \cdot \frac{\alpha_{L,03}}{2} \cdot t_{23}^2$$

$$\alpha_{L,03} = \frac{\omega_{03}}{t_{23}}: \qquad W_{R,23} = \frac{1}{2} \cdot M_{R,23} \cdot \omega_{03} \cdot t_{23}$$

Reibmoment in der Rutschphase und die Rutschzeit :

$$M_{R,23} = f\left(t_{23}\right): \qquad W_{R,23} = \frac{1}{2} \cdot J_L \cdot \omega_{03}^2$$

$$\frac{1}{2} \cdot J_L \cdot \omega_{03}^2 = \frac{1}{2} \cdot M_{R,23} \cdot \omega_{03} \cdot t_{23} \quad \Rightarrow \quad M_{R,23} = J_L \cdot \frac{\omega_{03}}{t_{23}} \qquad t_{23} = J_L \cdot \frac{\omega_{03}}{M_{R,23}}$$

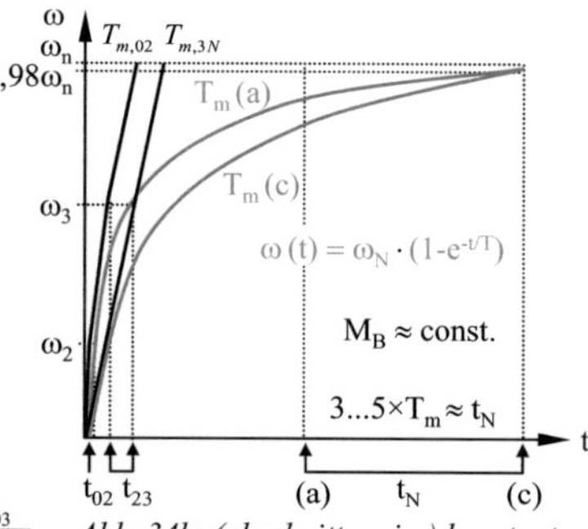

Abb. 34b: (abschnittsweise) konstante Beschleunigung und exponentiell steigende Kreisfrequenz

Beschleunigungsmoment der Last in der Rutschphase:

$$M_{B,L,03} = J_L \cdot \frac{\omega_{03}}{t_{23}} \quad \Rightarrow M_{B,L,03} = M_{R,23}$$

gesamtes Beschleunigungsmoment: $\qquad M_{B,23} = M_{B,A,23} + M_{B,L,03} \quad \Rightarrow M_{B,A,23} = M_{F,23}$

Bem.: abschnittsweise konstante Beschleunigung u. exponentiell steigende Kreisfrequenz (mit $\omega_2 = 0{,}25 \cdot \omega_N$ u. $\omega_3 = 0{,}625 \cdot \omega_N$), siehe Anhang A2-30a

Rutschzeit t_R bei linear abnehmender Beschleunigung

1.) Beschleunigungsmoment mit eingekuppelter (konstanter) Last: $M_B(n) = (J_A + J_L) \cdot 2\pi \cdot \dfrac{dn}{dt}$

$$M_M(n=0) = M_{M,0} \qquad M_M(n=n_N) = M_N = M_L \qquad n_N : \text{Nennbetriebsdrehzahl} \qquad M_L = const.$$

$$M_B(n) = M_M(n) - M_L \qquad M_M(n) = M_{M,0} \cdot \left[1 - \frac{n}{n_N}\right] + M_L \quad \Rightarrow M_B(n) = M_{M,0} \cdot \left[1 - \frac{n}{n_N}\right]$$

$$t_{01} = \frac{(J_A + J_L)}{M_{M,0}} \cdot 2\pi \cdot n_N \cdot \ln \frac{n_N - n_0}{n_N - n_1} \qquad n_0 = 0 s^{-1} : \; t_{01} = \frac{(J_A + J_L)}{M_{M,0}} \cdot 2\pi \cdot n_N \cdot \ln \frac{n_N}{n_N - n_1} \longrightarrow$$

(Herleitung, siehe Anhang A2-29 und A2-30)

2.) Beschleunigungsmoment ohne Last: $M_B(n) = J_A \cdot 2\pi \cdot \dfrac{dn}{dt} \quad \wedge \quad M_B(n) = M_{M,0} \cdot \left[1 - \dfrac{n}{n_N}\right]$

$$J_A \cdot 2\pi \cdot \frac{dn}{dt} = M_{M,0} \cdot \left[1 - \frac{n}{n_N}\right] \quad \Rightarrow J_A \cdot 2\pi \cdot \frac{dn}{M_{M,0} \cdot [1 - n/n_N]} = dt \qquad t_{01} = \int_0^1 dt = \frac{J_A \cdot 2\pi \cdot n_N}{M_{M,0}} \cdot \int_0^1 \frac{1}{[n_N - n]} dn$$

$$t_{01} = \frac{J_A}{M_{M,0}} \cdot 2\pi \cdot n_N \cdot \ln \frac{n_N - n_0}{n_N - n_1} \qquad n_0 = 0 s^{-1} : \; t_{01} = \frac{J_A}{M_{M,0}} \cdot 2\pi \cdot n_N \cdot \ln \frac{n_N}{n_N - n_1}$$

Drehzahl $n(t)$: $J_A \cdot 2\pi \cdot \dfrac{dn}{dt} = M_{M,0} \cdot \left[1 - \dfrac{n}{n_N}\right] \quad \Rightarrow \dfrac{dn}{dt} + \dfrac{M_{M,0}}{J_A \cdot 2\pi n_N} \cdot n = \dfrac{M_{M,0}}{J_A \cdot 2\pi} \qquad \dfrac{1}{\tau} = \dfrac{M_{M,0}}{J_A \cdot 2\pi} = const. \quad (\tau = T_m)$

hom. DGL: $\dfrac{dn}{dt} + \dfrac{1}{\tau} \cdot n = 0 \quad \Rightarrow n(t) = C \cdot e^{-t/\tau}$ Lösung inhom. DGL: $n(t) = C \cdot e^{-t/\tau} + \dfrac{1}{\tau} \qquad n(t=0s) = 0$

$$\Rightarrow C = -\frac{1}{\tau} \quad \Rightarrow n(t) = \frac{1}{\tau} \cdot \left(1 - e^{-t/\tau}\right) \qquad \omega(t) = \frac{2\pi}{\tau} \cdot \left(1 - e^{-t/\tau}\right)$$

Massenträgheitsmoment in der Rutschphase: $J = J_A + J_L$

Rutschzeit der Fliehkraftkupplung in der Rutschphase: $t_R = t_{23} \qquad t_R = \dfrac{J_A + J_L}{M_{M,0}} \cdot 2\pi \cdot n_N \cdot \ln \dfrac{n_N - n_2}{n_N - n_3}$

Fremderregter Gleichstrommotor auf Bemessungsdreh-zahl n_N beschleunigt und konstantes Lastmoment M_L

Linear steigendes Lastdrehmoment $M_L \sim n_L$, $P_L \sim n_L{}^2$
Anwendung: Kalanderantriebe

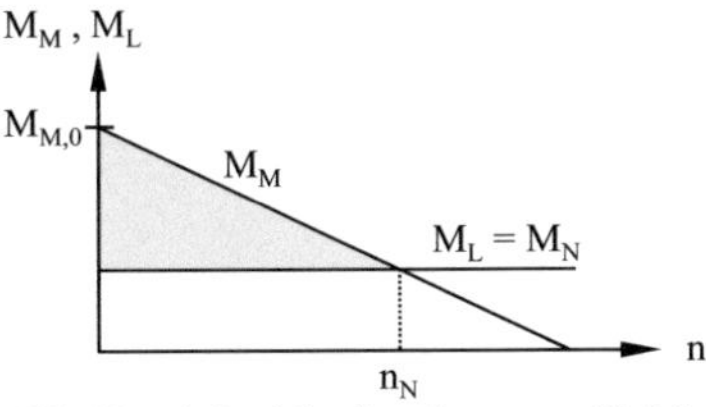

Abb. 35a: Anlauf des fremderregten Gleichstrommotors

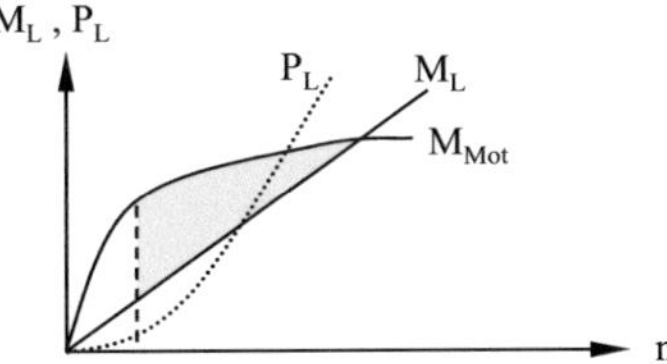

Abb. 35b: Linear ansteigendes Lastmoment

Rutschzeit t_R bei exponentiell abnehmender Beschleunigung

$$\alpha(t) = \frac{d\omega}{dt} = \frac{\omega_N}{T_m} \cdot e^{-t/T_m} \qquad \int d\omega = \frac{\omega_N}{T_m} \cdot \int e^{-t/T_m} \cdot dt \qquad \omega(t) = -\omega_N \cdot e^{-t/T_m} + C \qquad \omega(t=0s) = 0 \quad \Rightarrow C = \omega_N$$

$$\Rightarrow \omega = \omega_N \cdot \left(1 - e^{-\frac{t}{T_m}}\right) \quad \Rightarrow n = n_N \cdot \left(1 - e^{-\frac{t}{T_m}}\right) \qquad n_R = n_{23} : \; n_{23} = n_N \cdot \left(1 - e^{-\frac{t_{23}}{T_m}}\right)$$

$$\Rightarrow t_{23} = -T_m \cdot \ln\left(1 - \frac{n_{23}}{n_N}\right) \qquad t_{23} = T_m \cdot \ln\left(\frac{n_N}{n_N - n_{23}}\right)$$

6.3 Rutschwinkel φ_R und Anzahl der Umdrehungen N_R während der Rutschzeit

Wird für den Antrieb mit der Fliehkraftkupplung aufgrund eines Schaltweges von einem reibungs-freien Anlauf ausgegangen (rutschfreie Anlaufzeit t_{02}), beginnt die Rutschzeit nach dem Überwinden der Federvorspannkraft und endet mit dem Erreichen der Haftreibung (Rutschzeit t_{23}). Dabei durch-läuft der Abtrieb den Drehzahlbereich vom Stillstand ω_0 bis zur Drehfrequenz des Haftreibbeginns ω_3.

$$\frac{d\varphi_R}{dt} = \omega \quad \Rightarrow d\varphi_R = \omega \cdot dt \quad \omega = \omega(t) \quad \varphi_R = \int d\varphi_R = \int \omega(t) \cdot dt$$

$$\frac{d\omega}{dt} = \alpha \quad \Rightarrow d\omega = \alpha \cdot dt \quad \alpha = \alpha(t) \quad \omega = \int d\omega = \int \alpha(t) \cdot dt$$

Anzahl der Umdrehungen (allg.): $\quad N = \Delta n \cdot \Delta t \quad \Delta t = \dfrac{N}{\Delta n}$

$$N_{01} = n_{01} \cdot t_{01} \quad t_{01} = \frac{N_{01}}{n_1 - n(t=0)} = \frac{N_{01}}{n_1} \quad n(t=0) = 0 \ \wedge \ t_0 = 0s$$

Anzahl der Umdrehungen des Antriebes i. d. Rutschphase: $\quad N_R = N_{A,23} = n_{23} \cdot t_{23} \quad t_{23} = \dfrac{N_R}{n_{23}} = \dfrac{N_R}{n_3 - n_2}$

Anzahl der Umdrehungen des Abtriebes i. d. Rutschphase: $\quad N_R = N_{L,23} = n_{03} \cdot t_{23} \quad t_{23} = \dfrac{N_R}{n_{03}} = \dfrac{N_R}{n_3}$

Rutschwinkel φ_R bei konstanter Beschleunigung

$$\alpha = \frac{d\omega}{dt} = \frac{\Delta\omega}{\Delta t} = const. : \quad \omega(t) = \int \alpha \cdot dt \quad \omega(t) = \alpha \cdot t + C$$

AB: $\omega(t = 0s) = 0s^{-1} \quad \Rightarrow C = 0 \quad \Rightarrow \omega(t) = \alpha \cdot t$

$$\varphi(t) = \int \omega(t) \cdot dt = \alpha \cdot \int t \cdot dt = \frac{1}{2} \cdot \alpha \cdot t^2 + C$$

AB: $\varphi(t = 0s) = 0rad \quad \Rightarrow C = 0 \quad \Rightarrow \varphi(t) = \frac{1}{2} \cdot \alpha \cdot t^2$

$$\varphi_R = \int_{t_2}^{t_3} \omega(t) \cdot dt = \int_{t_2}^{t_3} \alpha_R \cdot t \cdot dt = \frac{1}{2} \cdot \alpha_R \cdot \left(t_3^2 - t_2^2 \right)$$

Antrieb: $\alpha_R = \alpha_{A,23} = \dfrac{\omega_{23}}{t_{23}} \quad \omega_R = \dfrac{\omega_3 - \omega_2}{t_3 - t_2} = \dfrac{\varphi_{23}}{t_3 - t_2}$

Abtrieb: $\alpha_R = \alpha_{L,03} = \dfrac{\omega_{03}}{t_{23}} \quad \omega_R = \dfrac{\omega_3 - \omega_0}{t_3 - t_2} = \dfrac{\varphi_{03}}{t_3 - t_2}$

$$\varphi_R = \frac{1}{2} \cdot \frac{\omega_R}{t_3 - t_2} \cdot \left(t_3^2 - t_2^2 \right) = \frac{1}{2} \cdot \frac{\omega_R}{t_3 - t_2} \cdot \left(t_3 - t_2 \right) \cdot \left(t_3 + t_2 \right)$$

$$\varphi_R = \frac{1}{2} \cdot \omega_R \cdot \left(t_3 + t_2 \right) \quad t_R = t_{23} = t_3 - t_2$$

$$\varphi_R = \frac{1}{2} \cdot \alpha_R \cdot t_R^2 \quad \Rightarrow t_R = \sqrt{2 \cdot \frac{\varphi_R}{\alpha_R}}$$

$$\varphi_R \, , N_R \ (\text{Antriebsseite}): \ t_R\left(\alpha = const.\right) = \left(J_A + J_L\right) \cdot 2\pi \cdot \frac{\left(n_3 - n_2\right)}{M_{B,23}} \qquad \varphi_R = \frac{\alpha_R}{2} \cdot \left[\left(J_A + J_L\right) \cdot 2\pi \cdot \frac{\left(n_3 - n_2\right)}{M_{B,23}}\right]^2$$

$$N_R = N_{A,23} = n_{23} \cdot t_{23} \qquad N_R = \left(J_A + J_L\right) \cdot 2\pi \cdot \frac{\left(n_3 - n_2\right)^2}{M_{B,23}} = \left(J_A + J_L\right) \cdot \frac{\left(\omega_3 - \omega_2\right)^2}{2\pi \cdot M_{B,23}}$$

$$N_R = n_{23} \cdot t_R = \left(n_3 - n_2\right) \cdot \sqrt{\frac{2}{\alpha_R} \cdot \varphi_R} \qquad \Rightarrow \left(J_A + J_L\right) \cdot 2\pi \cdot \frac{\left(n_3 - n_2\right)^2}{M_{B,23}} = \left(n_3 - n_2\right) \cdot \sqrt{\frac{2}{\alpha_R} \cdot \varphi_R}$$

$$\Rightarrow M_{B,23} = \left(J_A + J_L\right) \cdot 2\pi \cdot \left(n_3 - n_2\right) \cdot \sqrt{\frac{\alpha_R}{2 \cdot \varphi_R}} = \left(J_A + J_L\right) \cdot \left(n_3 - n_2\right) \cdot \sqrt{\frac{2\pi^2 \cdot \alpha_R}{\varphi_R}}$$

$$M_{B,23} = \left(J_A + J_L\right) \cdot \left(n_3 - n_2\right) \cdot \sqrt{\frac{2\pi^2 \cdot \alpha_R}{\varphi_R}} \qquad \Rightarrow \varphi_R = 2\pi^2 \cdot \alpha_R \cdot \frac{\left(J_A + J_L\right)^2}{M_{B,23}^{\,2}} \cdot \left(n_3 - n_2\right)^2$$

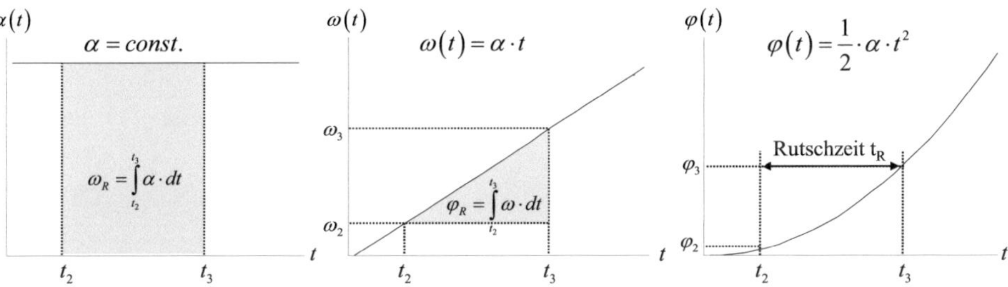

Abb. 36a: Kinematische Diagramme für konstante Beschleunigung

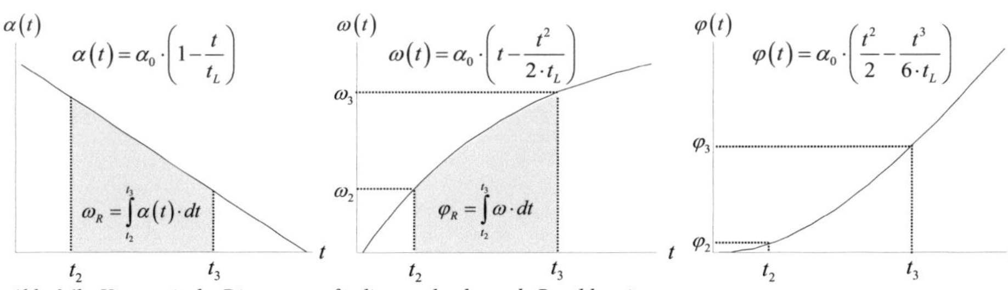

Abb. 36b: Kinematische Diagramme für linear abnehmende Beschleunigung

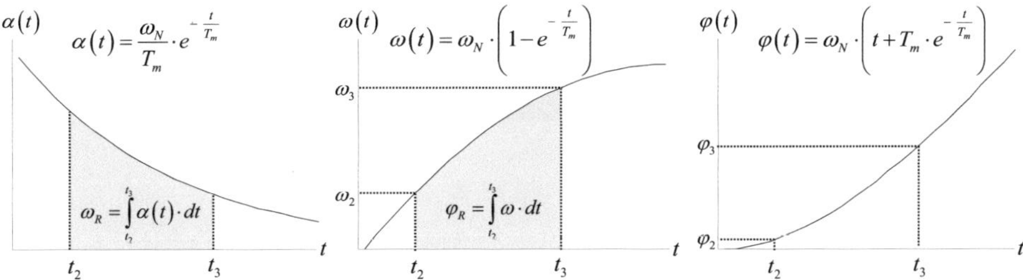

Abb. 36c: Kinematische Diagramme für exponentiell abnehmende Beschleunigung

Rutschwinkel φ_R bei linear abnehmender Beschleunigung

$$\alpha(t) = \alpha_0 \cdot \left(1 - \frac{t}{t_L}\right) \qquad \alpha_0: \text{Anfangsbeschl.} \quad t_L: \text{Leerlaufzeit} \qquad t_R: \text{Rutschzeit } t_R = t_{23} = t_3 - t_2$$

$$\alpha(t) = \frac{d\omega(t)}{dt} \quad \Rightarrow \omega(t) = \int \alpha(t) \cdot dt = \int \alpha_0 \cdot \left(1 - \frac{t}{t_L}\right) \cdot dt \qquad \omega(t) = \alpha_0 \cdot \left(t - \frac{t^2}{2 \cdot t_L}\right) + C$$

$$\text{AB: } \omega(t = 0s) = 0s^{-1} \quad \Rightarrow C = 0 \quad \Rightarrow \omega(t) = \alpha_0 \cdot \left(t - \frac{t^2}{2 \cdot t_L}\right) \qquad \omega(t_{23}) = \omega_R = \alpha_0 \cdot \left(t_3 - t_2 - \frac{t_3^2 - t_2^2}{2 \cdot t_L}\right)$$

$$\omega(t) = \frac{d\varphi(t)}{dt} \quad \Rightarrow \varphi(t) = \int \omega(t) \cdot dt = \int \alpha_0 \cdot \left(t - \frac{t^2}{2 \cdot t_L}\right) \cdot dt \qquad \varphi(t) = \alpha_0 \cdot \left(\frac{t^2}{2} - \frac{t^3}{6 \cdot t_L}\right) + C$$

$$\text{AB: } \varphi(t = 0s) = 0rad \quad \Rightarrow C = 0 \quad \Rightarrow \varphi(t) = \alpha_0 \cdot \left(\frac{t^2}{2} - \frac{t^3}{6 \cdot t_L}\right) \qquad \varphi(t_{23}) = \varphi_R = \alpha_0 \cdot \left(\frac{t_3^2 - t_2^2}{2} - \frac{t_3^3 - t_2^3}{6 \cdot t_L}\right)$$

Anzahl der Umdrehungen in der Rutschphase N_R: $t_R = t_{23} = \dfrac{N_R}{n_{23}} = \dfrac{N_R}{n_3 - n_2}$

Antrieb: $N_R = N_{A,23} = n_{23} \cdot t_{23}$ $t_R = \dfrac{(J_A + J_L)}{M_{M,0}} \cdot 2\pi \cdot n_N \cdot \ln\dfrac{n_N - n_2}{n_N - n_3}$ $N_R = (\omega_3 - \omega_2) \cdot \dfrac{(J_A + J_L)}{M_{M,0}} \cdot n_N \cdot \ln\dfrac{n_N - n_2}{n_N - n_3}$

Abtrieb: $N_R = N_{L,23} = n_{03} \cdot t_{23}$ $t_R = \dfrac{(J_A + J_L)}{M_{M,0}} \cdot 2\pi \cdot n_N \cdot \ln\dfrac{n_N - n_0}{n_N - n_3}$ $N_R = \omega_3 \cdot \dfrac{(J_A + J_L)}{M_{M,0}} \cdot n_N \cdot \ln\dfrac{n_N}{n_N - n_3}$

Rutschwinkel φ_R bei exponentiell abnehmender Beschleunigung

$$\alpha(t) = \frac{\omega_N}{T_m} \cdot e^{-\frac{t}{T_m}} \qquad \omega_N: \text{Nenndrehfrequenz} \quad T_m: \text{Zeitkonstante} \qquad \alpha(t) = \frac{d\omega(t)}{dt} \quad \Rightarrow \omega(t) = \int \alpha(t) \cdot dt$$

$$\omega(t) = \int \left(\frac{\omega_N}{T_m} \cdot e^{-\frac{t}{T_m}}\right) \cdot dt = \frac{\omega_N}{T_m} \cdot \frac{-1}{1/T_m} \cdot e^{-\frac{t}{T_m}} + C = -\omega_N \cdot e^{-\frac{t}{T_m}} + C \qquad t_R = t_{23} = t_3 - t_2$$

$$\text{AB: } \omega(t = 0s) = 0s^{-1} \quad \omega(t \to \infty) = \omega_N \quad \Rightarrow C = \omega_N \quad \Rightarrow \omega(t) = \omega_N \cdot \left(1 - e^{-\frac{t}{T_m}}\right) \qquad \omega(t_{23}) = \omega_R = \omega_N \cdot \left(1 - e^{-\frac{t_R}{T_m}}\right)$$

$$\omega(t) = \frac{d\varphi(t)}{dt} \quad \Rightarrow \varphi(t) = \int \omega(t) \cdot dt = \int \omega_N \cdot \left(1 - e^{-\frac{t}{T_m}}\right) \cdot dt = \omega_N \cdot \left(t + T_m \cdot e^{-\frac{t}{T_m}}\right) + C$$

$$\text{AB: } \varphi(t = 0s) = 0rad \quad \Rightarrow C = 0 \quad \Rightarrow \varphi(t) = \omega_N \cdot \left(t + T_m \cdot e^{-\frac{t}{T_m}}\right) \qquad \varphi(t_{23}) = \varphi_R = \omega_N \cdot \left(t_R + T_m \cdot e^{-\frac{t_R}{T_m}}\right)$$

Anzahl der Umdrehungen des Antriebes in der Rutschphase: $N_R = N_{A,23} = n_{23} \cdot t_{23}$

$$t_R = t_{23} = \frac{N_R}{n_{23}} = \frac{N_R}{n_3 - n_2} \qquad \omega_R = \omega_N \cdot \left(1 - e^{-\frac{t_R}{T_m}}\right) \quad \Rightarrow n_{23} = n_N \cdot \left(1 - e^{-\frac{t_{23}}{T_m}}\right) \quad \Rightarrow t_{23} = -\ln\left(1 - \frac{n_{23}}{n_N}\right) \cdot T_m$$

$$N_R = n_{23} \cdot t_{23}: \qquad N_R = n_N \cdot \left(e^{-\frac{t_{23}}{T_m}} - 1\right) \cdot \ln\left(1 - \frac{n_{23}}{n_N}\right) \cdot T_m$$

6.4 Kupplungserwärmung und Wärmebilanz beim Kuppeln

Reibungskupplungen werden beim Schalten thermisch belastet, deshalb ist eine Wärmebilanz aufzustellen. Die aufgewendete Schaltarbeit ist mit der zulässigen Wärmemenge je Schaltung zu vergleichen. Die Reibarbeit Q_R des Kupplungsvorganges wird in Wärme umgesetzt [Gl.(1a,b)]. Die Reibarbeit W_R ist die gesamte Arbeit des Reibmomentes M_R während des Kuppelns. Die Wärmeübergangszahl α_K ist von der Umfangsgeschwindigkeit am Reibungsradius abhängig.[22]

Kupplungserwärmung Q_R (Verlustleistung P_V):

1.) bei einmaligem Schalten: $\quad Q_R = m \cdot c \cdot \left(\vartheta - \vartheta_a\right) \quad (1a)$

$$P_V \leq P_{V,zul} = m \cdot c \cdot \frac{\left(\vartheta_{zul} - \vartheta_a\right)}{t_B - t_a} \quad \text{Schaltpausen: } >3...4T^* \quad \text{Anfangstemperatur/-zeit: } \vartheta_a \,/\, t_a$$

Q_R: Reibungswärme pro Schaltung $\quad$ m: wärmespeichernde Kupplungsmasse

c: spezifische Wärmekapazität der Kupplungsmasse

2.) bei Dauerschaltung: $\quad Q_R \cdot z = \alpha_K \cdot A_K \cdot \left(\vartheta - \vartheta_a\right) \quad (1b)$

$$P_V \leq P_{V,zul} = \alpha_K \cdot A_K \cdot \left(\vartheta_{zul} - \vartheta_a\right) \qquad \dot{Q}_{zu} = \dot{Q}_{ab}$$

z: Anzahl Schaltungen $\quad$ α_K: Wärmeübergangskoeffizient (Übergang Kupplungsoberfläche $\rightarrow$ Umgebung)

A_K: wärmeabgebende Kupplungsoberfläche

Wärmeübergangskoeffizient α_K (näherungsweise): $\quad \alpha_K = 6 \cdot v^{0,75} \quad \left[\dfrac{W}{m^2 K}\right] \quad [v] = \dfrac{m}{s}$

a) Reibarbeit $W_{R,23}$ bei konstanter Beschleunigung $\left(\alpha = const.\right)$:

$$P_{R,23} = f\left(t_{23}\right): \quad P_{R,23} = \frac{\Delta W_{R,23}}{\Delta t_{23}} = \frac{W_{R,23}}{t_{23}} \quad \Rightarrow W_{R,23} = P_{R,23} \cdot t_{23}$$

$$W_{R,23} = M_{R,23} \cdot \frac{\alpha_{L,03}}{2} \cdot t_{23}^{\,2} \qquad \alpha_{L,03} = \frac{\omega_{03}}{t_{23}} \qquad \omega_{03} = \alpha_{L,03} \cdot t_{23} \qquad \varphi_{03} = \frac{\alpha_{L,03}}{2} \cdot t_{23}^{\,2} :$$

$$W_{R,23} = \frac{1}{2} \cdot M_{R,23} \cdot \omega_{03} \cdot t_{23}$$

$$W_{R,23} = M_{R,23} \cdot \varphi_{03}$$

$$W_{R,23} = \frac{1}{2} \cdot J_L \cdot \omega_{03}^{\,2}$$

---

[22] Vgl. Beckert (1973), S. 149; Köhler (1992), S. 197; Luck (1987), S. 139; Rieg (2006), S. 456-457; Linse (2005), S. 307-308

b) Reibarbeit $W_{R,23}$ bei linear abnehmender Beschleunigung $\left(\alpha(t)=\alpha_0\cdot\left(1-\dfrac{t}{t_L}\right)\right)$:

$$W_{R,23}=\int_{t_2}^{t_3}M_R\cdot\alpha(t_{23})\cdot t\cdot dt=\int_{t_2}^{t_3}M_R\cdot\left(\alpha_0\cdot\left(1-\frac{t}{t_L}\right)\right)\cdot t\cdot dt=M_R\cdot\alpha_0\cdot\left(\frac{t^2}{2}-\frac{t^3}{3\cdot t_L}\right)\Bigg|_{t_2}^{t_3}$$

$$W_{R,23}=M_R\cdot\alpha_0\cdot\left(\frac{t_3^2-t_2^2}{2}-\frac{t_3^3-t_2^3}{3\cdot t_L}\right)$$

c) Reibarbeit $W_{R,23}$ bei exponentiell abnehmender Beschleunigung $\left(\alpha(t)=\dfrac{\omega_N}{T_m}\cdot e^{-\frac{t}{T_m}}\right)$:

$$W_{R,23}=\int_{t_2}^{t_3}M_R\cdot\alpha(t_{23})\cdot t\cdot dt=\int_{t_2}^{t_3}M_R\cdot\left(\frac{\omega_N}{T_m}\cdot e^{-\frac{t}{T_m}}\right)\cdot t\cdot dt=M_R\cdot\frac{\omega_N}{T_m}\cdot\int_{t_2}^{t_3}e^{-\frac{t}{T_m}}\cdot t\cdot dt$$

partielle Integration: $u=t$ $\dfrac{du}{dt}=1$ $\dfrac{dv}{dt}=e^{-\frac{t}{T_m}}$ $v=-T_m\cdot e^{-\frac{t}{T_m}}$ $\int u\cdot v'=u\cdot v-\int u'\cdot v$

$$\int t\cdot e^{-\frac{t}{T_m}}\cdot dt=t\cdot\left(-T_m\cdot e^{-\frac{t}{T_m}}\right)+\int T_m\cdot e^{-\frac{t}{T_m}}\cdot dt=-T_m\cdot(t-T_m)\cdot e^{-\frac{t}{T_m}}+C=T_m\cdot(T_m-t)\cdot e^{-\frac{t}{T_m}}+C$$

$$\int_{t_2}^{t_3}t\cdot e^{-\frac{t}{T_m}}=T_m\cdot(T_m-t_{23})\cdot e^{-\frac{t_{23}}{T_m}}$$

$$W_{R,23}=M_R\cdot\omega_N\cdot(T_m-t_{23})\cdot e^{-\frac{t_{23}}{T_m}}$$

Verlustleistung P_V (bei Dauerschaltung): $P_V=Q_R\cdot z$

spezifische Reibleistung q: $q\le q_{zul}\cdot A\cdot\dfrac{i}{z}$ $q\le q_{zul}$

Dickenabnahme Δs je Reibstelle durch Verschleiß: $\Delta s=\dfrac{Q_R\cdot z\cdot t_B}{Q_v\cdot i\cdot A}$

z: Anzahl Schaltungen je Zeiteinheit t_B: Betriebszeit   i: Anzahl Reibstellen

A: Größe der Reibfläche Q_v: relative Verschleißarbeit

Verschleißlebensdauer L_v: $L_v=\dfrac{V_v}{q_v\cdot P_R}$ V_v: verschleißbares Belagvolumen

Lebensdauer von Rutsch- und Schaltkupplungen L_h: $L_h=\dfrac{2\cdot e_R\cdot\Delta s_{zul}}{p_{tats}\cdot v_R\cdot t_R\cdot z\cdot\mu}$

e_R: zulässige Reibungsenergiedichte Δs_{zul}: zulässige Abnutzung der Reibflächen

p_{tats}: vorhandene Flächenpressung an den Reibflächen μ: Reibungskoeffizient der Reibpaarung

v_R: Rutschgeschwindigkeit am mittleren Reibdurchmesser

Aufheizen beim Einkuppeln[23]

Zeitlicher Temperaturverlauf beim Aufheizen für konstante Verlustleistung P_V (Einkörpermodell):

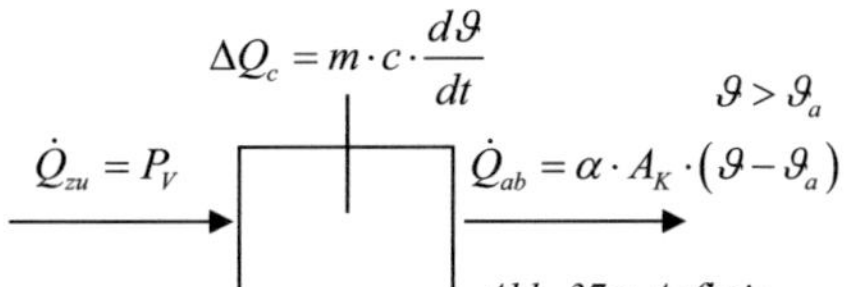

Aufheizen: $\quad \dot{Q}_C = \dot{Q}_{zu} - \dot{Q}_{ab}$

$\Rightarrow P_V = \dot{Q}_{zu} = \dot{Q}_C + \dot{Q}_{ab}$

$\dot{Q}_C = m \cdot c \cdot \dfrac{d\vartheta}{dt} \quad \dot{Q}_{ab} = \alpha \cdot A_K \cdot \left(\vartheta - \vartheta_a\right)$

$P_V = m \cdot c \cdot \dfrac{d\vartheta}{dt} + \alpha \cdot A_K \cdot \left(\vartheta - \vartheta_a\right)$

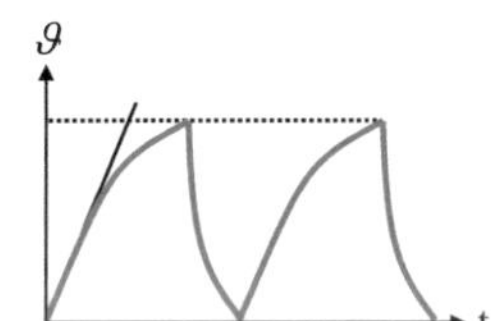

Abb. 37a: Aufheiz-
und Abkühlmodell

$\Rightarrow$ DGL für das Aufheizen: $\quad \dfrac{d\vartheta}{dt} + \dfrac{\alpha \cdot A_K}{m \cdot c} \cdot \vartheta = \dfrac{P_V + \alpha \cdot A_K \cdot \vartheta_a}{m \cdot c}$

homogene DGL: $\quad \dfrac{d\vartheta}{dt} + \dfrac{\alpha \cdot A_K}{m \cdot c} \cdot \vartheta = 0 \quad \displaystyle\int_{\vartheta_a}^{\vartheta} \dfrac{d\vartheta_i}{\vartheta_i} = -\dfrac{\alpha \cdot A_K}{m \cdot c} \cdot \int_{t_a}^{t} dt \quad \ln\dfrac{\vartheta}{\vartheta_a} = -\dfrac{\alpha \cdot A_K}{m \cdot c} \cdot \left(t - t_a\right) \quad \dfrac{\vartheta}{\vartheta_a} = e^{-\frac{\alpha \cdot A_K}{m \cdot c}\left(t - t_a\right)}$

Zeitkonstante für das Erhitzen: $\quad T_c = \dfrac{m \cdot c}{\alpha \cdot A_K} \quad t_c = \left(t - t_a\right) \quad c: chauffage\ (Erhitzen)$

Lösung homogene DGL: $\quad \vartheta = \vartheta_a \cdot e^{-\frac{t_c}{T_c}}$

allg. Lösung: $\quad \vartheta = \dfrac{P_V}{\alpha \cdot A_K} + C \cdot e^{-\frac{t_c}{T_c}}$

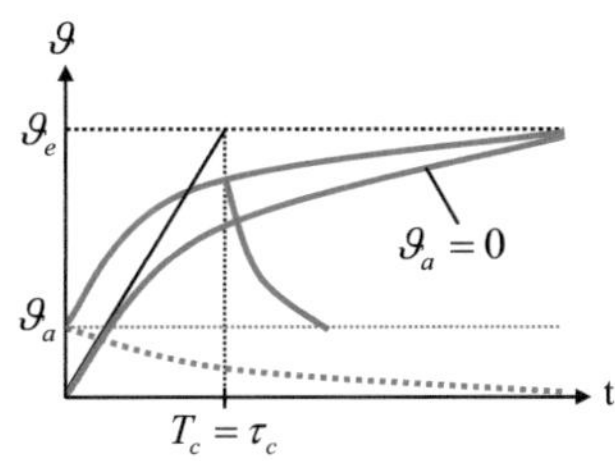

$t = 0: \quad \vartheta = \dfrac{P_V}{\alpha \cdot A_K} + C \quad \left(\vartheta = \vartheta_a\right) \quad \vartheta_a: Anfangstemperatur$

$\Rightarrow$ Integrationskonstante: $\quad C = \vartheta_a - \dfrac{P_V}{\alpha \cdot A_K}$

Abb. 37b: Aufheiz- und Abkühlfunktion

$t \to \infty: \quad \vartheta = \dfrac{P_V}{\alpha \cdot A_K} \quad \left(\vartheta = \vartheta_e\right) \quad \vartheta_e: Endtemperatur$

allg. Lösung: $\quad \vartheta = \dfrac{P_V}{\alpha \cdot A_K} + \left(\vartheta_a - \dfrac{P_V}{\alpha \cdot A_K}\right) \cdot e^{-\frac{t_c}{T_c}}$

$\vartheta_e = \dfrac{P_V}{\alpha \cdot A_K}: \quad$ Aufheizfkt.: $\vartheta = \vartheta_e - \left(\vartheta_e - \vartheta_a\right) \cdot e^{-\frac{t_c}{T_c}}$

(a) $\vartheta = f\left(t; \vartheta_a; \vartheta_e\right): \quad \vartheta = \vartheta_e \cdot \left(1 - e^{-t_c/T_c}\right) + \vartheta_a \cdot e^{-t_c/T_c}$

(b) $\vartheta = f\left(t; \vartheta_a; \vartheta_e\right)*: \quad \vartheta = \vartheta_e \cdot \left(1 - e^{-t/\tau}\right) + \vartheta_a \quad t = t_c \quad \tau = T_c$

Abb.37c: Aufheiz- und Abkühlfunktion

$\vartheta_a = 0°C: \quad \vartheta = \vartheta_e \cdot \left(1 - e^{-t/\tau}\right) \quad t = 0s: \quad \vartheta(t = 0s) = \vartheta_a$

(a) $t = \tau: \quad \vartheta = \vartheta_e \cdot \left(1 - e^{-1}\right) + \vartheta_a \cdot e^{-1} = \vartheta_e \cdot 0{,}63 + \vartheta_a \cdot 0{,}37$

(b) $t = \tau: \quad \vartheta = \vartheta_e \cdot \left(1 - e^{-1}\right) + \vartheta_a = \vartheta_e \cdot 0{,}63 + \vartheta_a$

* mit Laplace-Transformation hergeleitet (Vgl. Anhang A2-43)

---

[23] Vgl. Rieg (2006), S. 455-457; Vgl. Vogel (1989), S. 178-179; Vgl. Köhler (1992), S. 197

Abkühlen nach dem Auskuppeln

DGL für das Abkühlen: $m \cdot c \cdot \dfrac{d\vartheta}{dt} + \alpha \cdot A_K \cdot (\vartheta - \vartheta_e) = 0$

homogene DGL: $\dfrac{d\vartheta}{dt} + \dfrac{\alpha \cdot A_K}{m \cdot c} \cdot \vartheta = 0$ $\displaystyle\int_{\vartheta_a}^{\vartheta} \dfrac{d\vartheta_i}{\vartheta_i} = -\dfrac{\alpha \cdot A_K}{m \cdot c} \cdot \int_{t_a}^{t} dt$

$\ln \vartheta - \ln \vartheta_a = \ln \dfrac{\vartheta}{\vartheta_a} = -\dfrac{\alpha \cdot A_K}{m \cdot c} \cdot (t - t_a)$ $\dfrac{\vartheta}{\vartheta_a} = e^{-\frac{\alpha \cdot A_K}{m \cdot c}(t - t_a)}$

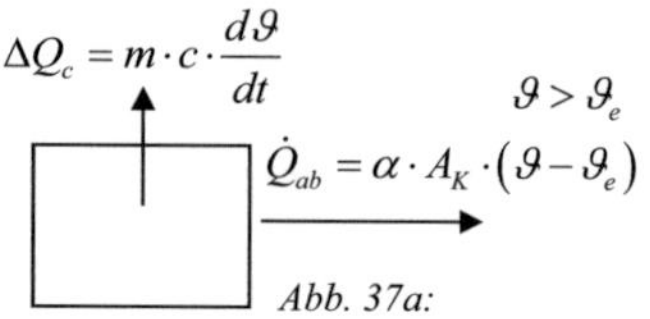

$\Delta Q_c = m \cdot c \cdot \dfrac{d\vartheta}{dt}$

$\vartheta > \vartheta_e$

$\dot{Q}_{ab} = \alpha \cdot A_K \cdot (\vartheta - \vartheta_e)$

Abb. 37a:
Abkühlmodell

Zeitkonstante für das Abkühlen: $T_{rf} = \dfrac{m \cdot c}{\alpha \cdot A_K}$ $t_{rf} = (t - t_a)$ $rf : refroidissement\ (Abkühlung)$

Lösung homogene DGL: $\vartheta = \vartheta_a \cdot e^{-\frac{t_{rf}}{T_{rf}}}$ inhomogene DGL: $\dfrac{d\vartheta}{dt} + \dfrac{\alpha \cdot A_K}{m \cdot c} \cdot \vartheta = \dfrac{\alpha \cdot A_K}{m \cdot c} \cdot \vartheta_e$

Lösung inhomogene DGL - partikulärer Ansatz: $\vartheta = B = const.$ $\Rightarrow \dfrac{d\vartheta}{dt} = 0$

$\dfrac{\alpha \cdot A_K}{m \cdot c} \cdot B = \dfrac{\alpha \cdot A_K}{m \cdot c} \cdot \vartheta_e$ $\Rightarrow B = \vartheta_e = \vartheta_{part}$

allg. Lösung - Abkühlfkt.: $\vartheta = \vartheta_{hom} + \vartheta_{part} = \vartheta_a \cdot e^{-\frac{t_{rf}}{T_{rf}}} + \vartheta_e$

(a) $\vartheta = f(t; \vartheta_a; \vartheta_e)$ $\vartheta = \vartheta_e + \vartheta_a \cdot e^{-t_{rf}/T_{rf}}$

(b) $\vartheta = f(t; \vartheta_a; \vartheta_e)^*$ $\vartheta = \vartheta_e \cdot (1 - e^{-t/\tau}) + \vartheta_a \cdot e^{-t/\tau}$

(c) $\vartheta = f(t; \vartheta_a)$ $\vartheta = \vartheta_a \cdot e^{-t_{rf}/T_{rf}}$

$t = 0s:$ (a) $\vartheta = \vartheta_a + \vartheta_e$ (b),(c) $\vartheta = \vartheta_a$ $t \to \infty:$ (a),(b) $\vartheta = \vartheta_e$ (c) $\vartheta = 0°C$

* mit Laplace-Transformation hergeleitet (Vgl. Anhang A2-43)

Wärmeübergangskoeffizient (Näherung): $\alpha = 6 \cdot v^{0,75}$ $\left[\dfrac{W}{m^2 \cdot K} \right]$

1. Schaltpausen $> 3...4 \cdot T_{rf}:$ $P_V \le P_{V,zul} = m \cdot c \cdot \dfrac{\vartheta_{zul} - \vartheta_a}{t_B - t_a}$

2. Dauerschaltbetrieb: $P_V \le P_{V,zul} = m \cdot c \cdot (\vartheta_{zul} - \vartheta_a)$ $\Rightarrow \dot{Q}_{ch} = \dot{Q}_{rf}$

$\dot{Q}_{zu}; \dot{Q}_{ab}; \dot{Q}_C$ zugeführter, abgeführter, gespeicherter...Wärmestrom $[\dot{Q}] = 1J/s = 1W$

m wärmespeichernde (Kupplungs-)Masse

c spezifische Wärmekapazität $[c] = 1J/(kg \cdot K)$

$(\vartheta_a; \vartheta_e); \vartheta$ (Anfangs-, End-)Temperatur

α Wärmeübergangskoeffizient, Wärmeübertragungskoeffizient $[\alpha] = 1W/(m^2 \cdot K)$

A_K wärmeabgebende (Kupplungs-)Oberfläche

$(t_a; t_e); t$ (Anfangs-, End-)Zeit

7. Kupplungsvorgang, Drallerhaltung und Energiebilanz

7.1 Energiesatz, Drallerhaltung und Energieverlust

Energiesatz

Gemäß Energiesatz gilt für die rotatorisch bewegten Massen der Fliehkraftkupplung im geschalteten Fall - Phase (c) - im stationären Zustand (ω_N = const.):

$$E_{ges} = E_{pot} + E_{kin,rot} = E_{pot} + \left(E_{kin,M} + E_{kin,FK} + E_{kin,L} \right) \qquad E_{pot} = \frac{1}{2} \cdot c \cdot \Delta x^2$$

kinetische Energie des Antriebes(Motors): $E_{kin,M}$ ... *der Fliehkraftkörper*: $E_{kin,FK}$ ... *der Last*: $E_{kin,L}$

$$E_{kin,rot} = E_{kin,M} + E_{kin,FK} + E_{kin,L} = \frac{1}{2} \cdot J_M \cdot \omega_N^2 + \frac{1}{2} \cdot J_{FK} \cdot \omega_N^2 + \frac{1}{2} \cdot J_L \cdot \omega_N^2 = \frac{1}{2} \cdot \left(J_M + J_L + J_{FK} \right) \cdot \omega_N^2$$

$$E_{kin,rot} = \frac{1}{2} \cdot m_{M,red} \cdot r_{s2}^2 \cdot \omega_N^2 + \frac{1}{2} \cdot m_{FK,red} \cdot r_{s2}^2 \cdot \omega_N^2 + \frac{1}{2} \cdot m_{L,red} \cdot r_{s2}^2 \cdot \omega_N^2 = \frac{1}{2} \cdot \left(m_{M,red} + m_{FK,red} + m_{L,red} \right) \cdot r_{s2}^2 \cdot \omega_N^2$$

*Energiebilanz beim Anlauf und stationärem Weiterlauf**

1.) Anlauf: $\quad \omega: \quad \omega_0 = 0 s^{-1} \quad \rightarrow \quad \omega_N$

FK: $\quad W_{kin,1,FK} = \frac{1}{2} \cdot J_A \cdot \omega_{02}^2 + \frac{1}{2} \cdot \left(J_A + J_L \right) \cdot \omega_{23}^2 + \frac{1}{2} \cdot \left(J_A + J_L \right) \cdot \omega_{3N}^2 \qquad$ FK: Fliehkraftkupplung

FS: $\quad W_{kin,1,FS} = \frac{1}{2} \cdot \left(J_A + J_L \right) \cdot \omega_{0N}^2 \qquad$ FS: formschlüssige Kupplung

$\omega_{02} = 0,25 \cdot \omega_N \qquad \omega_{23} = 0,375 \cdot \omega_N \qquad \omega_{3N} = 0,375 \cdot \omega_N \qquad \omega_{0N} = \omega_N$:

$$\frac{W_{kin,1,FK}}{W_{kin,1,FS}} = \frac{0,5 \cdot \left[J_A \cdot \left(0,25 \cdot \omega_N \right)^2 + \left(J_A + J_L \right) \cdot \left(0,375 \cdot \omega_N \right)^2 + \left(J_A + J_L \right) \cdot \left(0,375 \cdot \omega_N \right)^2 \right]}{0,5 \cdot \left(J_A + J_L \right) \cdot \omega_N^2}$$

$$J_A = J_L : \quad \frac{W_{kin,1,FK}}{W_{kin,1,FS}} = \frac{J_A \cdot \left(0,25 \cdot \omega_N \right)^2 + 2 \cdot J_A \cdot \left(0,375 \cdot \omega_N \right)^2 + 2 \cdot J_L \cdot \left(0,375 \cdot \omega_N \right)^2}{2 \cdot J_A \cdot \omega_N^2} = \frac{0,25^2 + 4 \cdot 0,375^2}{2}$$

$\dfrac{W_{kin,1,FK}}{W_{kin,1,FS}} = 0,3125 \quad \Rightarrow W_{kin,1,FK} = 0,3 \cdot W_{kin,1,FS} \quad$ (Energieverbrauch des Antriebes beim Anlauf) $\quad W_{kin,1} = -E_{kin,1}$

2.) Weiterlauf: $\quad \omega = \omega_N = const.$

$$W_{kin,2,FK} = M_y \cdot \varphi \qquad M_y \cong 0,5 \cdot M_t \left(FS \right) \qquad W_{kin,2,FS} = M_t \cdot \varphi \qquad \frac{W_{kin,2,FK}}{W_{kin,2,FS}} \cong \frac{0,5 \cdot M_t \cdot \varphi}{M_t \cdot \varphi} \cong 0,5$$

$\Rightarrow W_{kin,2,FK} \cong 0,5 \cdot W_{kin,2,FS} \quad$ (Energieabgabe des Antriebes im stationären Dauerbetrieb) $\quad W_{kin,2} = +E_{kin,2}$

3.) $E_{kin,FK,ges} \overset{?}{\leq} E_{kin,FS,ges} \qquad E_{kin,FK,ges} = -0,3 \cdot E_{kin,FS} + 0,5 \cdot M_t \cdot \varphi \qquad E_{kin,FS,ges} = -1 \cdot E_{kin,FS} + 1 \cdot M_t \cdot \varphi$

$-0,3 \cdot E_{kin,FS} + 0,5 \cdot M_t \cdot \varphi \leq -1 \cdot E_{kin,FS} + 1 \cdot M_t \cdot \varphi \qquad \Rightarrow 0,7 \cdot E_{kin,FS} \leq 0,5 \cdot M_t \cdot \varphi \qquad \Rightarrow \varphi \geq \dfrac{0,7 \cdot E_{kin,FS}}{0,5 \cdot M_t}$

$Bsp.: J_A = J_L = 0,25 kgm^2 \quad \omega_N = 25 s^{-1} \quad M_t = 660 Nm \quad \Rightarrow \varphi \geq \dfrac{0,7 \cdot 0,5 \cdot 0,5 kgm^2 \cdot 4\pi^2 \cdot 625 s^{-2}}{0,5 \cdot 660 Nm} = 13,0847 rad = 750°$

---

*ohne Berücksichtigung der Wärmeentwicklung der Reibungskupplung und der Motorwicklungen des E-Motors bei häufigem Anlauf

Drallerhaltung und Energieverlust

Besitzen Antrieb und Last vor dem Kuppeln verschiedene Geschwindigkeiten (bspw. durch vormaliges Ein- und Auskuppeln), errechnet sich die gemeinsame Geschwindigkeit von Antrieb und Last nach dem Kuppeln - ohne Beschleunigung der Antriebes - und der relative Energieverlust wie folgt:

Drall vor dem Kuppeln: $L_V = J_A \cdot \omega_A + J_L \cdot \omega_L$ Drall nach dem Kuppeln: $L_N = \left(J_A + J_L\right) \cdot \omega$

Drallerhaltungssatz: $L_V = L_N$: $J_A \cdot \omega_A + J_L \cdot \omega_L = \left(J_A + J_L\right) \cdot \omega$ $\Rightarrow \omega = \dfrac{J_A \cdot \omega_A + J_L \cdot \omega_L}{J_A + J_L}$

$$\frac{\Delta E_{kin}}{E_{kin,V}} = 1 - \frac{\left(J_A + J_L\right)}{\left(J_A \cdot \omega_A^2 + J_L \cdot \omega_L^2\right)} \cdot \omega^2 \quad (a) \qquad \text{(Herleitung, siehe Anhang A2-31)}$$

$$\frac{\Delta E_{kin}}{E_{kin,V}} = \frac{\left(\omega_A - \omega_L\right)^2}{\omega_A^2 \cdot \left(1 + \dfrac{J_A}{J_L}\right) + \omega_L^2 \cdot \left(1 + \dfrac{J_L}{J_A}\right)} = \frac{\left(\omega_A - \omega_L\right)^2}{\omega_A^2 \cdot \left(\dfrac{J_A + J_L}{J_L}\right) + \omega_L^2 \cdot \left(\dfrac{J_A + J_L}{J_A}\right)} = \frac{\left(\omega_A - \omega_L\right)^2}{\left(J_A + J_L\right) \cdot \left(\dfrac{\omega_A^2}{J_L} + \dfrac{\omega_L^2}{J_A}\right)} \quad (b)$$

Beim Kuppeln mit $\omega_L \neq 0$ ist der auf die Energie vor dem Stoß (Kuppeln) bezogene Energieverlust abhängig von der Differenz der Drehzahlen zum Quadrat und dem Verhältnis der Massenträgheiten.[24] Beim Anfahren ohne Last gilt: $\omega_L = 0$: Während bei der nichtschaltbaren Kupplung die Massen von Antrieb und Abtrieb beim Anfahren beschleunigen, wird beim Einsatz einer schaltbaren Kupplung während des Anfahrens zunächst nur die Masse des Antriebs einschließlich der antriebsseitigen Kupplungsmasse beschleunigt. Der Abtrieb steht beim Anfahren still.

Drall vor dem Kuppeln: $L_V = J_A \cdot \omega_A$ $\omega_L = 0$ Drall nach dem Kuppeln: $L_N = \left(J_A + J_L\right) \cdot \omega$

Drallerhaltungssatz: $L_V = L_N$ $\Leftrightarrow$ $J_A \cdot \omega_A = \left(J_A + J_L\right) \cdot \omega$ Drehzahl nach dem Kuppeln: $\omega = \dfrac{J_A}{J_A + J_L} \cdot \omega_A$

Kinetische Energie vor/nach dem Kuppeln: $E_{kin,V} = \dfrac{1}{2} \cdot J_A \cdot \omega_A^2$ $E_{kin,N} = \dfrac{1}{2} \cdot \left(J_A + J_L\right) \cdot \omega^2$

Der Energieverlust bezogen auf die Anfangsenergie beträgt:

$$\frac{\Delta E_{kin}}{E_{kin,V}} = \frac{E_{kin,V} - E_{kin,N}}{E_{kin,V}} = \frac{\dfrac{1}{2} \cdot J_A \cdot \omega_A^2 - \dfrac{1}{2} \cdot \left(J_A + J_L\right) \cdot \omega^2}{\dfrac{1}{2} \cdot J_A \cdot \omega_A^2} = \frac{J_A \cdot \omega_A^2 - \dfrac{J_A^2 \cdot \omega_A^2}{J_A + J_L}}{J_A \cdot \omega_A^2} = 1 - \frac{J_A}{J_A + J_L} = \frac{J_L}{J_A + J_L}$$

Zuvor wurde die formschlüssige Schaltung bei konstanter Antriebsgeschwindigkeit unterstellt, die aber bei großer Geschwindigkeitsdifferenz ($\omega_L = 0$) nicht realisierbar ist, wohl aber mit einer Reibungskupplung bei Beschleunigung.

Während beim Anfahren mit $\omega_L \neq 0$ der auf die Energie vor dem Stoß (Kuppeln) bezogene Energieverlust sowohl vom Quadrat der Drehzahlen abhängt als auch vom Verhältnis der Massenträgheiten von Antrieb und Last, wird für das Anfahren ohne Last der bezogene Energieverlust allein vom Verhältnis der Massenträgheitsmomente von Antrieb und Last bestimmt. Je geringer das Massenträgheitsmoment der Last, desto geringer ist der Energieverlust beim Anfahren. Ohne Beschleunigung der Antriebes sinkt die gemeinsame Geschwindigkeit ω auf das Verhältnis $J_L / (J_A + J_L)$ von ω_A.

---

[24] Vgl. Knappstein (2000), S. 89/90

7.2 Drehstoß, Drehmomentstoß, Geschwindigkeitsstoß

Drehstoß

Dralländerung in der Rutschphase:

$$\dot{L}_{23} = \frac{dL}{dt} = M_R \cdot \left(\omega_{3_-}\right) - M_R \cdot \left(\omega_2\right) = J_L \cdot \frac{\omega_{3_-} - \omega_2}{t_{3_-} - t_2} = m_{L,red} \cdot r_{s2}^{\;2} \cdot \frac{\omega_{3_-} - \omega_2}{t_{3_-} - t_2}$$

ω_2 : *Beginn der Rutschphase* ω_{3_-} : *Ende der Rutschphase*   Annahme: $\alpha = \dfrac{\omega_{3_-} - \omega_2}{t_{3_-} - t_2} = const$

Der Drehstoß bei festen Drehachsen[25]:

ω_A : *Kreisfrequenz des Antriebes vor dem Drehstoß*

ω_L : *Kreisfrequenz der Last vor dem Drehstoß (Fliehkraftkupplung* : $\omega_L = 0$)

ω_{cA} : *Kreisfrequenz des Antriebes nach dem Drehstoß* ω_{cL} : *Kreisfrequenz der Last nach dem Drehstoß*

$$\int_0^{t_0} P \cdot dt = -\frac{J_A \cdot \left(\omega_{cA} - \omega_A\right)}{r_A} = \frac{J_L \cdot \left(\omega_{cL} - \omega_L\right)}{r_L} \qquad r_A = r_L : \quad \Rightarrow -J_A \cdot \left(\omega_{cA} - \omega_A\right) = J_L \cdot \left(\omega_{cL} - \omega_L\right)$$

$$\omega_L = 0 : \quad -J_A \cdot \left(\omega_{cA} - \omega_A\right) = J_L \cdot \omega_{cL} \qquad J_A \cdot \left(\omega_A - \omega_{cA}\right) = J_L \cdot \omega_{cL} \qquad \Rightarrow \frac{J_A}{J_L} = \frac{\omega_{cL}}{\omega_A - \omega_{cA}}$$

$$v_A = \omega_A \cdot r_A \qquad v_L = \omega_L \cdot r_L \qquad \left(v_L = \omega_L = 0\right)$$

$m_{A,red}$: *reduzierte Masse des Antriebes* $m_{L,red}$: *reduzierte Masse der Last*

J_A : *Massenträgheitsmoment des Antriebes* J_L : *Massenträgheitsmoment der Last*

$$m_{A,red} = \frac{J_A}{r_s^{\;2}} \qquad m_{L,red} = \frac{J_L}{r_s^{\;2}} : \qquad \frac{m_{A,red}}{m_{L,red}} = \frac{v_{cL} - v_L}{-v_{cA} + v_A} \qquad v_L = 0 : \quad \Rightarrow \frac{m_{A,red}}{m_{L,red}} = \frac{v_{cL}}{v_A - v_{cA}}$$

Der Energieverlust beim zentralen geraden Stoß mit den reduzierten Massen m_A und m_L[26]:

$$\Delta E_{Verlust} = \frac{m_{A,red} \cdot m_{L,red}}{2 \cdot \left(m_{A,red} + m_{L,red}\right)} \cdot \left(v_A - v_L\right)^2 \cdot \left(1 - k^2\right) = \frac{m_{A,red} \cdot m_{L,red}}{2 \cdot \left(m_{A,red} + m_{L,red}\right)} \cdot \left(\omega_2 \cdot r_{s2}\right)^2 \cdot \left(1 - k^2\right)$$

$$v_L = 0 \quad \wedge \quad v_A = \omega_2 \cdot r_{s2} :$$

$$\Delta E_{Verlust} = \frac{m_{A,red} \cdot m_{L,red}}{2 \cdot \left(m_{A,red} + m_{L,red}\right)} \cdot v_A^2 \cdot \left(1 - k^2\right) = \frac{m_{A,red} \cdot m_{L,red}}{2 \cdot \left(m_{A,red} + m_{L,red}\right)} \cdot \left(\omega_2 \cdot r_{s2}\right)^2 \cdot \left(1 - k^2\right)$$

$$m_{A,red} = \frac{J_A}{r_{s2}^{\;2}} \qquad m_{L,red}\left(t_{R23}\right) = \frac{J_L}{r_{s2}^{\;2}}$$

$$\Delta E_{Verlust} = \frac{\dfrac{J_A}{r_{s2}^{\;2}} \cdot \dfrac{J_L}{r_{s2}^{\;2}}}{2 \cdot \left(\dfrac{J_A}{r_{s2}^{\;2}} + \dfrac{J_L}{r_{s2}^{\;2}}\right)} \cdot \left(\omega_2 \cdot r_{s2}\right)^2 \cdot \left(1 - k^2\right)$$

$$\Delta E_{Verlust} = \frac{J_A \cdot J_L}{2 \cdot \left(J_A + J_L\right)} \cdot \omega_2^{\;2} \cdot \left(1 - k^2\right) \qquad \left(Stoßzahl\ für\ Stahl : 5/9\right)$$

---

[25] Vgl. Beckert (1970), S. 132

[26] Vgl. Knappstein (2000), S. 138, 139; Vgl. Dubbel (1997), S. B36-B37; Vgl. Hering (2007), S. 265-266

Drehmomentstoß

Im stationären Betrieb beträgt beim Asynchronmotor das Verhältnis von Kipp- zu Nennmoment $M_K/M_N = 2 \dots 4$. Das Kippmoment des Motors muss gemäß VDE 0530 mindestens den 1,6fachen Wert des Nennmomentes betragen. Die Stoßfaktoren berücksichtigen Vergrößerungen der antriebs- und lastseitigen Maximalmomente infolge von Schwingungs- und Prellvorgängen. Gemäß DIN 740-2 wird maximal mit dem Drehmomentstoßfaktor $S_A = 1,8$ gerechnet.[27] Die DIN 740 berücksichtigt die Stoßfaktoren bei der Berechnung der Spitzenmomente.

a) nicht schaltbare Kupplung / synchron schaltende Kupplung: a), b) Antrieb ohne Getriebe

Drehmomentstoß auf der Antriebsseite: $M_{K,\max} = M_N \cdot S_A$

Drehmomentstoß auf der Abtriebsseite: $M_{K,\max} = M_N \cdot S_L$

S_A: Stoßfaktor Antriebsseite S_L: Stoßfaktor Lastseite

b) schaltbare Reibungskupplung (selbstschaltende Fliehkraftkupplung) / asynchron schaltende Kupplung:

Beschleunigungsmoment (vor dem Einkuppeln): $M_B = M_A = J_A \cdot \alpha \quad (M_L = 0)$

Kupplungsmoment beim Einkuppeln (Rutschphase): $M_K = \alpha_{L,03} \cdot J_L + M_L = M_A - J_A \cdot \alpha_{A,23}$

Kupplungsmoment der Fliehkraftkupplung (Rutschphase): $M_K = M_y = f(M_R) \; \wedge \; M_R = f(\mu_{GR})$

$$M_K = M_y = \frac{i \cdot K}{\pi} \cdot M_R = \frac{i \cdot K}{\pi} \cdot \mu_{GR} \cdot F_N \cdot r_2 \quad \text{B/C:} \; F_N\left(\omega_2 \leq \omega < \omega_3\right) = \left(1 - \mu_{HF} - \left(\frac{\omega}{\omega_3}\right)^2 + \sin\frac{\alpha}{2} \cdot \frac{r_{s2}}{r_F}\right) \cdot m \cdot r_{s2} \cdot \omega^2$$

c) Getriebeübersetzung: Der antriebsseitige Stoß bei Übersetzung ins Langsamere (i>1) ist bei der Dimensionierung des lastseitigen Kupplungsmomentes M_{K2} zu berücksichtigen und der lastseitige Stoß bei Übersetzung ins Schnellere (i<1) beim antriebsseitigen Kupplungsmoment M_{K1}.

antriebsseitiger Stoß S_A und $i > 1$: $M_{K2} = i \cdot M_{K1} \; \wedge \; M_{K1} = M_{N,A} \cdot S_A \quad \Rightarrow \quad M_{K2} = i \cdot M_{N,A} \cdot S_A$

lastseitiger Stoß S_L und $i < 1$: $M_{K1} = 1/i \cdot M_{K2} \; \wedge \; M_{K2} = M_{N,L} \cdot S_L \quad \Rightarrow \quad M_{K1} = 1/i \cdot M_{N,L} \cdot S_L$

antriebsseitiger Stoß bei Übersetzung ins Langsamere (i>1) und das lastseitige Kupplungsmoment M_{K2}

lastseitiger Stoß bei Übersetzung ins Schnellere (i<1) und das antriebsseitige Kupplungsmoment M_{K1}

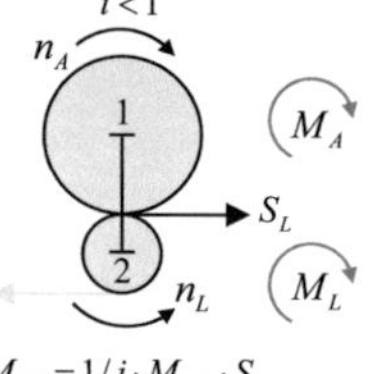

Abb. 38a/b:
Übersetzung und Stoßfaktoren

Die Stoßfaktoren beziehen sich auf Antriebs- und Lastmoment im Nennbetrieb.

---

[27] Vgl. Vogel (1989), S. 93; Vgl. VDE 0530; Vgl. Künne (2001), S. 367; Vgl. Freud (1992), S. 84-85

Durch den Stoß wird in der Kupplung Energie gespeichert. Aus der Energiebilanz folgt für die schaltbare Kupplung mit zwei unterschiedlichen Geschwindigkeiten von Antrieb und Last:

$$\Delta E_{kin} = E_{kin,V} - E_{kin,N} = \frac{1}{2} \cdot \left(J_A \cdot \omega_A^2 + J_L \cdot \omega_L^2 \right) - \frac{1}{2} \cdot \left(J_A + J_L \right) \cdot \omega^2 \qquad mit \qquad \omega = \frac{J_A \cdot \omega_A + J_L \cdot \omega_L}{J_A + J_L}$$

$$\Delta E_{kin} = \frac{1}{2} \cdot \left(J_A \cdot \omega_A^2 + J_L \cdot \omega_L^2 - \left(J_A + J_L \right) \cdot \frac{\left(J_A \cdot \omega_A + J_L \cdot \omega_L \right)^2}{\left(J_A + J_L \right)^2} \right)$$

$$\Delta E_{kin} = \frac{1}{2} \cdot \left(\frac{J_A^2 \cdot \omega_A^2 + J_L^2 \cdot \omega_L^2 + J_A \cdot J_L \cdot \omega_A^2 + J_A \cdot J_L \cdot \omega_L^2}{\left(J_A + J_L \right)} - \frac{J_A^2 \cdot \omega_A^2 + 2 \cdot J_A \cdot J_L \cdot \omega_A \cdot \omega_L + J_L^2 \cdot \omega_L^2}{\left(J_A + J_L \right)} \right)$$

$$\Delta E_{kin} = \frac{1}{2} \cdot \frac{J_A \cdot J_L \cdot \omega_A^2 + J_A \cdot J_L \cdot \omega_L^2 - 2 \cdot J_A \cdot J_L \cdot \omega_A \cdot \omega_L}{\left(J_A + J_L \right)} = \frac{1}{2} \cdot \frac{J_A \cdot J_L \cdot \left(\omega_A^2 - 2 \cdot \omega_A \cdot \omega_L + \omega_L^2 \right)}{\left(J_A + J_L \right)}$$

$$\Delta E_{kin} = \frac{J_A \cdot J_L \cdot \left(\omega_A - \omega_L \right)^2}{2 \cdot \left(J_A + J_L \right)} \qquad \Delta E_{kin} = \Delta E_{pot} \qquad \Delta E_{pot} = \Delta E_{elast} = \frac{1}{2} \cdot \frac{M_\varphi^2}{c_\varphi} \qquad \Rightarrow M_\varphi = \sqrt{2 \cdot c_\varphi \cdot \Delta E_{kin}}$$

$$M_\varphi = c_\varphi \cdot \varphi \qquad \Rightarrow \Delta E_{elast} = \frac{1}{2} \cdot c_\varphi \cdot \varphi^2$$

$$M_\varphi = \sqrt{2 \cdot c_\varphi \cdot \frac{J_A \cdot J_L \cdot \left(\omega_A - \omega_L \right)^2}{2 \cdot \left(J_A + J_L \right)}} \qquad \Rightarrow M_\varphi = M_S = \left(\omega_A - \omega_L \right) \cdot \sqrt{c_\varphi \cdot \frac{J_A \cdot J_L}{J_A + J_L}}$$

c_φ : Verdrehfederrate φ : Verdrehwinkel

M_φ : Drehfedermoment des Geschwindigkeitsstoßes $(= Stoßmoment\ M_S)$

Aus der Energiebilanz folgt für die (selbst-)schaltende Reibkupplung mit stillstehender Last ($\omega_L = 0$):

$$\Delta E_{kin} = E_{kin,V} - E_{kin,N} = \frac{1}{2} \cdot J_A \cdot \omega_A^2 - \frac{1}{2} \cdot \left(J_A + J_L \right) \cdot \omega^2 \qquad mit \qquad \omega = \frac{J_A}{J_A + J_L} \cdot \omega_A$$

$$\Delta E_{kin} = \frac{1}{2} \cdot \left(J_A \cdot \omega_A^2 - \left(J_A + J_L \right) \cdot \frac{J_A^2}{\left(J_A + J_L \right)^2} \cdot \omega_A^2 \right) = \frac{1}{2} \cdot \left(J_A \cdot \omega_A^2 - \frac{J_A^2}{J_A + J_L} \cdot \omega_A^2 \right)$$

$$\Delta E_{kin} = \frac{1}{2} \cdot J_A \cdot \omega_A^2 \cdot \left(1 - \frac{J_A}{J_A + J_L} \right) = \frac{1}{2} \cdot J_A \cdot \omega_A^2 \cdot \left(\frac{J_L}{J_A + J_L} \right) \qquad \Rightarrow \Delta E_{kin} = \frac{1}{2} \cdot \omega_A^2 \cdot \frac{J_A \cdot J_L}{J_A + J_L}$$

$$\Delta E_{kin} = \Delta E_{pot} \qquad \Delta E_{pot} = \Delta E_{elast} = \frac{1}{2} \cdot \frac{M_\varphi^2}{c_\varphi} \qquad \Rightarrow M_\varphi = \sqrt{2 \cdot c_\varphi \cdot \Delta E_{kin}}$$

$$M_\varphi = \sqrt{2 \cdot c_\varphi \cdot \frac{1}{2} \cdot \omega_A^2 \cdot \frac{J_A \cdot J_L}{J_A + J_L}} \qquad \Rightarrow M_\varphi = M_S = \omega_A \cdot \sqrt{c_\varphi \cdot \frac{J_A \cdot J_L}{J_A + J_L}}$$

Der kinetische Energieverlust ΔE_{kin} während des Geschwindigkeitsstoßes wird als Formänderungsenergie $\Delta E_{pot} = \Delta E_{elast}$ in der Kupplung (in elastischen Kupplungselementen oder im Kupplungsbelag) gespeichert. Der Energieverlust während der anschließenden Rutschphase wird überwiegend in Wärme umgesetzt.

Geschwindigkeitsstoß

Der Geschwindigkeitsstoß entsteht bei Kupplungen mit Verdrehspiel, beim Drehrichtungswechsel oder beim Anfahren mit einer Relativgeschwindigkeit zwischen den Kupplungshälften. Bei allen Reibungskupplungen herrscht in der Rutschphase eine Relativgeschwindigkeit zwischen beiden Kupplungshälften. Aus den Relativgeschwindigkeiten ergibt sich nach dem Impulssatz das auftretende Stoßmoment.[28]

a) schaltbare Reibkupplung mit zwei unterschiedlichen Geschwindigkeiten vor dem (erneuten) Kuppeln:

Geschwindigkeitsstoß: $\displaystyle\int_t M_K \cdot dt = J_A \cdot \omega_A - J_L \cdot \omega_L$

Geschwindigkeiten der Kupplungshälften vor dem Stoß: ω_A, ω_L

gemeinsame Geschwindigkeit der Kupplungshälften nach dem Stoß: $\displaystyle\omega = \frac{J_A \cdot \omega_A + J_L \cdot \omega_L}{J_A + J_L}$

Für die Relativgeschwindigkeit von Reibungskupplungen einschließlich der Fliehkraftkupplungen gilt in der Rutschphase für den Geschwindigkeitsstoß:

b) schaltbare Reibungskupplung mit stillstehender Last $(\omega_L = 0)$:

Geschwindigkeitsstoß: $\displaystyle\int_{t_R} M_K \cdot dt = J_A \cdot \omega_A - J_L \cdot \omega_L$

Geschwindigkeit der antriebsseitigen Kupplungshälfte vor dem Stoß: ω_A

gemeinsame Geschwindigkeit beider Kupplungshälften nach dem Stoß: $\displaystyle\omega = \frac{J_A}{J_A + J_L} \cdot \omega_A$

In der Schaltphase muss der Antrieb beschleunigen, damit die Geschwindigkeit nicht unter die Schaltfrequenz sinkt, die Rutschphase durchfahren und die Haftfrequenz erreicht wird.

Beim Anfahren ohne Last auftretende antriebsbedingte Stöße werden durch Stoßfaktoren berücksichtigt in Abhängigkeit von der Antriebsmaschine.[29]

Elektromotoren, Turbinen, Hydraulikmotoren	1,2
Kolbenmaschinen, 4-6 Zylinder	1,5
Kolbenmaschinen, 1-3 Zylinder	1,8

Tab. 09: antriebsseitige Stoßfaktoren

---

[28] Vgl. Freud (1992), S. 84-86
[29] Vgl. Herstellerangaben zur Kupplungsauslegung von Fliehkraftkupplungen (Fa. Desch, Arnsberg)

7.3 Fliehkörperkupplung kombiniert mit elastischer Kupplung

Um auftretenden Wellenversatz auszugleichen, wird die Fliehkraft-Kupplung mit einer elastischen Kupplung kombiniert (Anwendung: Pumpenantriebe). Die elastische Kupplung ist gemäß DIN 740-2 auszulegen. Zur Dämpfung zusätzlich auftretender Drehschwingungen können hochelastische Kupplungselemente an die Fliehkraft-Kupplung angeflanscht werden (Anwendung: Kompressoranlagen, Silofahrzeuge).[30]

Die Berechnung drehelastischer Kupplungen richtet sich nach den Anforderungen und Betriebsbedingungen. Die Berechnung erfolgt überschlägig, unter Berücksichtigung von Stoßeinflüssen oder periodisch wechselnder Momentbelastung.

Die von den Anwendern und Herstellern anzugebenden Informationen bezüglich der elastischen Wellenkupplungen regelt die ISO 4863. Anschlussmaße und Anforderungen für Schwungräder und elastische Kupplungen für Hubkolben-Verbrennungsmotoren beschreibt die DIN 6288.

A) überschlägige Berechnung:

1. Nennmoment M_N

2. Temperatur-Sicherheitswert S_ϑ

3. Kupplungsnennmoment M_K

zu 1.: $P_N = \omega_N \cdot M_N \quad \Rightarrow M_N = \dfrac{P_N}{\omega_N} = \dfrac{P_N}{2\pi \cdot n_N}$

$$M_N = \frac{P_N}{2\pi \cdot n_N} \frac{[kW]}{[1/\min]} \cdot \frac{\left[\dfrac{1000W}{kW}\right]}{\left[\dfrac{1/60s}{1/\min}\right]} = \frac{P_N}{n_N} \cdot \left[\frac{60000}{2\pi}\right] = \frac{P_N}{n_N} \frac{[kW]}{\left[\min^{-1}\right]} \cdot 9549 = M_N \left[Nm\right]$$

zu 2.: S_ϑ berücksichtigt das Absinken der Festigkeit gummielastischer Werkstoffe bei erhöhter Temperatur ϑ.

zu 3.: Kupplungsnennmoment M_{KN}: $\quad M_{KN} \geq \varphi \cdot S_\vartheta \cdot M_N \quad \varphi$: Betriebsfaktor (Anwendungsfaktor)

B) Berücksichtigung von Stoßeinflüssen (hervorgerufen durch motorseitige Stöße (Kippmoment beim Asynchronmotor) oder lastseitige Stöße (plötzliche Belastungsänderung) oder sonstige dynamische Vorgänge (z.B. Spiel im Antriebsstrang):
Ermittlung von Stoßfaktoren, Spitzendrehmoment und erforderliches maximales Kupplungsmoment

C) Berücksichtigung periodisch wechselnder Momentbelastung:
Bestimmung von Wechseldrehmoment, Frequenzfaktor und Vergrößerungsfaktor[31]

---

[30] Vgl. Herstellerangaben zu Fliehkraftkupplungen (Fa. Amsbeck, Everswinkel); Vgl. Haberhauer (2007), Kap. 4.4.3 Elastische Kupplungen
[31] Vgl. Künne (2001), S. 366-369

7.4 Reibungsschwingungen

Der Beginn des Reibschlusses der Fliehkörper mit der Kupplungsglocke kann zu kurzzeitigem, mehrfachem Wechsel von Haften und Gleiten führen (Reibungsschwingungen, auch Stick-Slip-Effekt oder Ratterschwingungen, Vgl. Kap. 4.1.1.1 Drehfrequenzbeginn der Haftreibung ω_3, S. 37).[32]

$\ddot{\varphi}_R$: Beschleunigung nach Überschreiten der max. Verdrehung (Ende des Haftens)

φ_R : Verdrehung des Reibbelages (Schubbeanspruchung) $c_{\varphi K}$: Federrate des Reibbelages (Schubfeder)

$\varphi_{R,\max}$: max. Verdrehung Reibbelag (Einsetzen der Rückstellung) $M_{\varphi K}$: Verdrehmoment Reibbelag

G_K : Schubmodul Kupplungsbelag A : Querschnittsfläche h : Dicke Kupplungsbelag

(1) Beginn des Haftens: $\ddot{\varphi}_R = 0$ $\omega \approx \omega_3$ $\mu = \mu_R$ $(J_L + J_A) \cdot \ddot{\varphi}_R = M_t - M_L \left[-M_{\varphi K} \right]$ $M_{\varphi K} = c_{\varphi K} \cdot \varphi_R$

(2) Ende des Haftens: $\ddot{\varphi}_R > 0$ $\omega \approx \omega_3$ $\varphi_R = \varphi_{R,\max}$ $\mu = \mu_{GR}$

$$(J_A + J_L) \cdot \ddot{\varphi}_R = M_t - M_L \left[+M_{\varphi K} \right] \qquad M_{\varphi K}(\varphi_{R,\max}) = c_{\varphi K} \cdot \varphi_{R,\max} \qquad c_{\varphi K} = \frac{G_K \cdot A}{h}$$

DGL: $(J_A + J_L) \cdot \ddot{\varphi}_R = M_t - M_L + c_{\varphi K} \cdot \varphi_R \quad \Rightarrow \ddot{\varphi}_R - \dfrac{c_{\varphi K}}{J_A + J_L} \cdot \varphi_R = \dfrac{M_t - M_L}{J_A + J_L}$

homogene DGL: $\ddot{\varphi}_R - \dfrac{c_{\varphi K}}{J_A + J_L} \cdot \varphi_R = 0 \quad \Rightarrow \omega_R = \sqrt{\dfrac{c_{\varphi K}}{J_A + J_L}}$

Lösung der homogenen DGL: $\varphi_R = C_1 \cdot e^{\omega_1 t} + C_2 \cdot e^{\omega_2 t} = C_1 \cdot e^{\omega_1 t} + C_2 \cdot e^{-\omega_1 t}$

Bestimmung der Integrationskonstanten: $\varphi_R(t=0) = \varphi_{R,\max} \qquad \varphi_{R,\max} = C_1 + C_2 \qquad (\omega_R = \omega_1)$

$$\dot{\varphi}_R = \omega_R \cdot C_1 \cdot e^{\omega_R \cdot t} - \omega_R \cdot C_2 \cdot e^{-\omega_R \cdot t} = \omega_R \cdot \left(C_1 \cdot e^{\omega_R \cdot t} - C_2 \cdot e^{-\omega_R \cdot t} \right)$$

$$\dot{\varphi}_R(t=0) = 0 \qquad \omega_R \cdot \left(C_1 \cdot e^{\omega_R \cdot t} - C_2 \cdot e^{-\omega_R \cdot t} \right) = 0 \quad \Rightarrow C_1 = C_2 \quad \Rightarrow C_1 = C_2 = \frac{\varphi_{R,\max}}{2}$$

allg. Lösung der homogenen DGL: $\varphi_R = \dfrac{\varphi_{R,\max}}{2} \cdot e^{\omega_R \cdot t} + \dfrac{\varphi_{R,\max}}{2} \cdot e^{-\omega_R \cdot t} = \varphi_{R,\max} \cdot \left(\dfrac{e^{\omega_R \cdot t} - e^{-\omega_R \cdot t}}{2} \right) = \varphi_{R,\max} \cdot \cosh(\omega_R \cdot t)$

partikuläre Lösung - Ansatz: $\varphi_R = B = const. \quad \Rightarrow \dot{\varphi}_R = \ddot{\varphi}_R = 0$

$$0 - \frac{c_{\varphi K}}{J_A + J_L} \cdot B = \frac{M_t - M_L}{J_A + J_L} \quad \Leftrightarrow \quad -c_{\varphi K} \cdot B = M_t - M_L \quad \Rightarrow B = -\frac{M_t - M_L}{c_{\varphi K}} = \varphi_{part}$$

allg. Lösung der inhomogenen DGL: $\varphi_R = \varphi_{\hom} + \varphi_{part} = \varphi_{R,\max} \cdot \cosh(\omega_R \cdot t) - \dfrac{M_t - M_L}{c_{\varphi K}}$ $M_t = M_R + M_F$

$$M_L = M_y \qquad M_y = \frac{i \cdot K}{\pi} \cdot M_R \qquad M_F = m \cdot r_{s2}^{\,2} \cdot \omega_R^2 \ \ (A) \qquad M_F = \cos\frac{\alpha}{2} \cdot m \cdot r_{s2}^{\,2} \cdot \omega_R^2 \ \ (B/C) \qquad (*): \text{Näherung für } i = 6$$

allg.: $\varphi_R(t) = \varphi_{R,\max} \cdot \cosh(\omega_R \cdot t) - \dfrac{M_F + M_R \cdot (1 - i \cdot K / \pi)}{c_{\varphi K}}$ $(*): \ \varphi_R(t) \cong \varphi_{R,\max} \cdot \cosh(\omega_R \cdot t) - \dfrac{M_F}{c_{\varphi K}}$

$(*): \ \varphi_R(t) \cong \varphi_{R,\max} \cdot \cosh(\omega_R \cdot t) - \dfrac{m \cdot r_{s2}^{\,2} \cdot \omega_R^2}{c_{\varphi K}} \ \ (A)$ $(*): \ \varphi_R(t) \cong \varphi_{R,\max} \cdot \cosh(\omega_R \cdot t) - \cos\dfrac{\alpha}{2} \cdot \dfrac{m \cdot r_{s2}^{\,2} \cdot \omega_R^2}{c_{\varphi K}} \ \ (B/C)$

---

[32] Ratterschwingungen (Slip-Stick-Effekt) für translatorische Relativbewegung: Vgl. Gamer (1999), S. 157-159; Vgl. Scherf (2007), S. 14-17; Vgl. Fischer (1993), S. 171-175; Reibungszahl μ, Ratterneigung, Auswahl der Reibpaarungen: Vgl. Niemann (2004), S. 241-244

Weg-Zeit-Gesetz der Bewegung (Modell C): $(*)$: $\varphi_R(t) \cong \varphi_{R,max} \cdot \cosh(\omega_R \cdot t) - \dfrac{\cos(\alpha/2) \cdot m \cdot r_{s2}^{\,2} \cdot \omega_R^2}{c_{\varphi K}}$ $(1a)$

$(*)$: $\varphi_R(t=0) \cong \varphi_{R,max} - \dfrac{\cos(\alpha/2) \cdot m \cdot r_{s2}^{\,2} \cdot \omega_R^2}{c_{\varphi K}}$ $(*)$: Näherung für $i = 6$

$(*)$: $\varphi_R(t=t_{3+}) = \varphi_{R,max} \cong \varphi_{R,max} \cdot \cosh(\omega_R \cdot t_{3+}) - \dfrac{\cos(\alpha/2) \cdot m \cdot r_{s2}^{\,2} \cdot \omega_R^2}{c_{\varphi K}}$

$(*)$: $\varphi_{R,max} \cong \dfrac{\cos(\alpha/2) \cdot m \cdot r_{s2}^{\,2} \cdot \omega_R^2}{c_{\varphi K} \cdot \left(\cosh(\omega_R \cdot t_{3+}) - 1\right)}$ $(1b)$

$(*)$: $t_{3+} \cong \dfrac{1}{\omega_R} \cdot ar\cosh\left(1 + \dfrac{\cos(\alpha/2) \cdot m \cdot r_{s2}^{\,2} \cdot \omega_R^2}{c_{\varphi K} \cdot \varphi_{R,max}}\right)$ $(1c)$

$(*)$: $\dot{\varphi}_R(t) = \varphi_{R,max} \cdot \omega_R \cdot \sinh(\omega_R \cdot t)$ $(1d)$

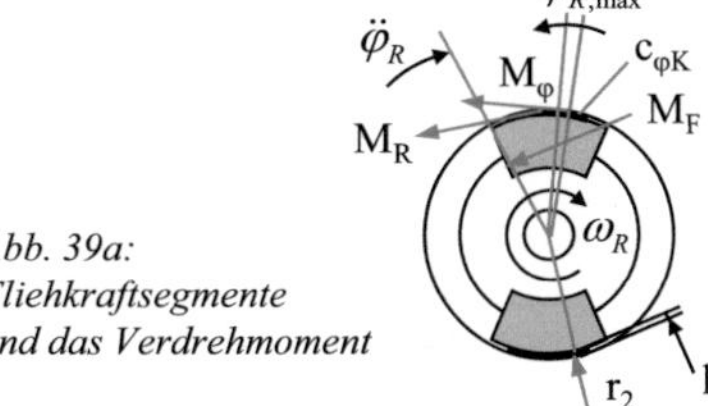

Abb. 39a:
Fliehkraftsegmente
und das Verdrehmoment

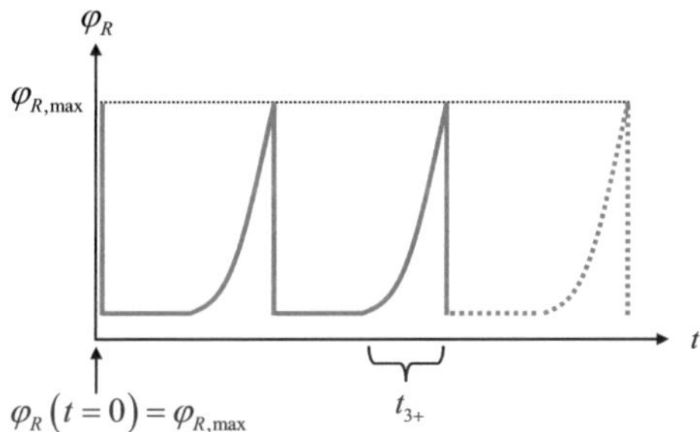

M_R	Reibmoment
M_F	Führungsmoment
M_t	eingeleitetes Moment (Antriebsmoment)
$M_{\varphi K}$	Verdrehmoment (Rattermoment)
ω_R	Kreisfrequenz des Ratterns ($\approx \omega_3$)
$\ddot{\varphi}_R$	Beschleunigung der Rückstellung
$\varphi_{R,max}$	max. Verdrehung des Reibbelages
$c_{\varphi K}$	Federrate des Reibbelages
r_2	Innenradius der Kupplungsglocke (Reibradius)
t_{3+}	Zeitintervall für das Haften beim Rattern
h	Dicke des Reibbelages

Abb. 39b: Reibungsschwingungen

7.5 Vergleich der Verlustwärme von formschlüssiger Kupplung und Fliehkraftkupplung

Die Verlustwärme der Dreieckschaltung des Asynchronmotors, der über eine formschlüssige Kupplung die Last bewegt, wird verglichen mit der beim Anlauf einer Reibungskupplung aufzuwendenden Arbeit für das Reibmoment und die Verlustwärme der Stern-Dreieck-Schaltung.

1.) $P_{V,Formschluss} > P_{V,Reibschluss}$ $\Rightarrow$ Einsatz Fliehkraftkupplung   Y-Δ-Umschaltung bei $\omega_1 = 0{,}25 \cdot \omega_N$

2.) $P_{V,I,\Delta} > P_R + \dfrac{1}{4} \cdot P_{V,I,Y} + \dfrac{3}{4} \cdot P_{V,I,\Delta}$ $\Rightarrow \dfrac{1}{4} \cdot P_{V,I,\Delta} > P_R + \dfrac{1}{4} \cdot P_{V,I,Y}$ $I_{1,\Delta}^{\,2} = \left(3 \cdot I_{1,Y}\right)^2$ $\Rightarrow P_{V,I,\Delta} = 9 \cdot P_{V,I,Y}$

$\Rightarrow 2 \cdot P_{V,I,Y} > P_R$ $\Leftrightarrow$ $P_{V,I,Y} = m_1 \cdot I_{1,Y}^{\,2} \cdot R$ $2 \cdot m_1 \cdot I_{1,Y}^{\,2} \cdot R > Q_R$ (m_1/I_1: Ständerstrangzahl/-strom;)

a) $P_R = f(t_{23})$: $P_R = Q_R = m \cdot c \cdot \dfrac{\vartheta - \vartheta_a}{t - t_a}$ $M_R(\omega_{03}) = \mu_R \cdot \left[\left(1 - y^2 - \mu_{HF}\right) + \sin\dfrac{\alpha}{2} \cdot \dfrac{r_{s2}}{r_F}\right] \cdot x \cdot m \cdot r_{s2}^{\,2} \cdot \omega_{03}^2$

b) $P_R = \dfrac{dW_R}{dt}$ $W_{R,23} = M_R \cdot \dfrac{\alpha_{L,03}}{2} \cdot t_{23}^{\,2} = M_R \cdot \dfrac{\omega_{03}}{2} \cdot t_{23}$ $\alpha_{L,03} = \dfrac{\omega_{03}}{t_{23}} = const.$ $P_{R,23} = M_R \cdot \dfrac{\omega_{03}}{2}$

c) $W_{R,23} = \dfrac{1}{2} \cdot J \cdot \omega_{03}^2$ $\Rightarrow P_{R,23} = \dfrac{dW_R}{dt} = \dfrac{1}{2} \cdot J \cdot \dfrac{d}{dt}\left(\omega_{03}^2\right) = J \cdot \alpha_{L,03} \cdot \omega_{03}$ $J - J_A + J_L$

a) $2 \cdot m_1 \cdot I_{1,Y}^{\,2} \cdot R > m \cdot c \cdot \dfrac{\vartheta - \vartheta_a}{t - t_a}$ b) $2 \cdot m_1 \cdot I_{1,Y}^{\,2} \cdot R > M_R \cdot \dfrac{\omega_{03}}{2}$ c) $2 \cdot m_1 \cdot I_{1,Y}^{\,2} \cdot R > J \cdot \alpha_{L,03} \cdot \omega_{03}$

8. Beanspruchung der Reibelemente und der Profilnabe

Die Fliehkraftkörper werden auf Druck und Schub, die Profilnabe auf Biegung beansprucht. Die Werte bleiben im Beispiel unter den zulässigen Festigkeitswerten für Stahl, Grauguss und zul. Belagpressung.

$$Bsp.:\quad \alpha = 85° = 1,4835 \quad z = 4 \quad r_2 = 84mm \quad B_{FK} = 150mm \quad \mu_R = 0,5 \quad p_{zul} = 200\frac{N}{cm^2}$$

$$\sigma_{zul}\left[S235\,(St37)\right]:\quad \sigma_{zdSch} = 180\frac{N}{mm^2} \quad \sigma_{bSch} = 270\frac{N}{mm^2} \quad \sigma_{tSch} = 115\frac{N}{mm^2}$$

$$M_R = 814Nm \quad F_R = \frac{M_R}{r_2} = 9690N \quad F_{R,i} = \frac{F_{R,i}}{z} = \frac{9690N}{4} = 2422,5N$$

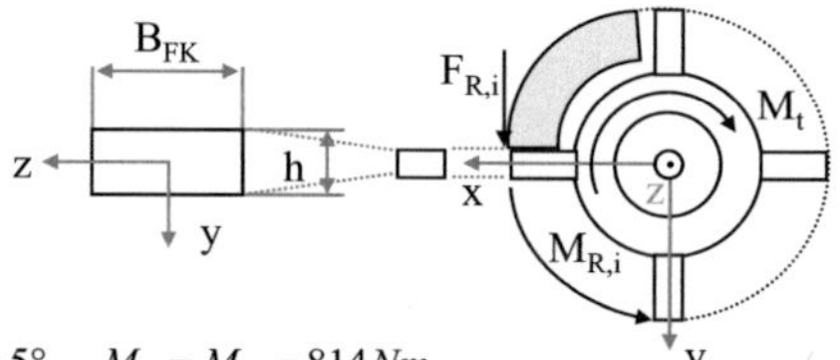

Abb. 40: Beanspruchung der Profilnabe

A) Biegung der Profilnabe:

Höhe Profilnabe: h Öffnungswinkel Profilnabe: $\alpha_{PN} = 5°$ $M_R = M_{bx} = 814Nm$

$$h = 2\cdot\tan\frac{5°}{2}\cdot 84mm = 7,4mm \quad y_{max} = \frac{h}{2} = 3,7mm \quad I_{xx} = \frac{B_{FK}\cdot h^3}{12} = \frac{150mm\cdot(7,4mm)^3}{12} = 5065,3mm^4$$

reine Biegung: $\sigma_{zz}(y) = \dfrac{M_{bx}(y)}{W_{xx}} = \dfrac{M_{bx}(y)}{I_{xx}}\cdot y_{max} = \dfrac{814Nm\cdot 1/4}{5065,3mm^4}\cdot 3,7mm = 149\dfrac{N}{mm^2} < \sigma_{zul}\,(=\sigma_{bSch})$

B) Druck- und Schubspannung im Reibbelag:

Normalkraft F_N: $\quad M_R = F_R\cdot r_2 = \mu_R\cdot F_N\cdot r_2 \quad\Rightarrow F_N = \dfrac{M_R}{\mu_R\cdot r_2} = \dfrac{814Nm}{0,5\cdot 0,084m} = 19381N$

Breitenverhältnis (Reibbelag zu Fliehkörper): $\dfrac{B_{RB}}{B_{FK}} = 0,5$ *gewählt* $\quad B_{RB} = 0,5\cdot B_{FK} = 0,5\cdot 150mm = 75mm$

B1) Druckspannung (Belagpressung): $p = \dfrac{F_{N,i}}{A_{RB}} = \dfrac{F_{R,i}/\mu_R}{r_2\cdot\alpha\cdot B_{RB}} \quad p = \dfrac{2422,5N/0,5}{5,934\cdot 84mm\cdot 75mm} \cong 52\dfrac{N}{cm^2} \le p_{zul}$

B2) Schubspannung: $\tau_s = \dfrac{F_{\parallel}}{A_{\parallel}} \quad \tau_{s,i} = \dfrac{F_R}{A} = \dfrac{F_{R,i}}{r_2\cdot\alpha\cdot B_{RB}} = \dfrac{2422,5N}{84mm\cdot 1,4835\cdot 75mm} = 0,26\dfrac{N}{mm^2}$

C) Spannungshypothesen für Stahl/Grauguss:

C1) Normalspannungshypothese (NSH): Vergleichsspg.: $\sigma_V = |\sigma|_{max} = \sigma_{d,i}$ Druck: $\sigma_V = |\sigma|_{d,i} = 0,52\dfrac{N}{mm^2}$

C2) Schubspannungshypothese (SSH): Vergleichsspg.: $\sigma_V = \sqrt{\sigma_{yy}{}^2 + 4\cdot\tau^2} \le \sigma_{zul}$

$$\tau_{s,i} = \frac{F_R}{A} = \frac{F_{R,i}}{r_2\cdot\alpha\cdot B_{FK}} = \frac{2422,5N}{84mm\cdot 1,4835\cdot 150mm} = 0,13\frac{N}{mm^2}$$

Druck u. Schub: $\sigma_{d,i} = \sigma_{yy} \quad \tau = \sigma_{yz} \quad \sigma_V = \sqrt{0,52^2 + 4\cdot 0,13^2}\,\dfrac{N}{mm^2} = \sqrt{0,2704 + 0,0676}\,\dfrac{N}{mm^2} = 0,58\dfrac{N}{mm^2}$

C3) Gestaltänderungsenergiehypothese (GEH): Vergleichsspg.: $\sigma_V = \sqrt{\sigma_{zz}{}^2 + 3\cdot\tau^2} \le \sigma_{zul}$

Biegung u. Schub: $\sigma = \sigma_{zz} \quad \tau = \sigma_{yz} \quad \sigma_V = \sqrt{149^2 + 3\cdot 0,13^2}\,\dfrac{N}{mm^2} = \sqrt{22201 + 0,0507}\,\dfrac{N}{mm^2} = 149\dfrac{N}{mm^2}$

9. Axial schaltende Reibungs- und Fliehkraftkupplungen

9.1 Berechnung der axial schaltenden Reibungs- und Fliehkraftkupplung

Mit der Momentengleichung und der rechtwinkligen Komponentenzerlegung des Antriebsmomentes wird die Berechnung der axial wirkenden Reibungskupplung und der axial wirkenden Fliehkraftkupplung hergeleitet.

$$(1):\ M_t = M_R + M_L \quad \Rightarrow \quad M_t^{\,2} = \left(M_R + M_L\right)^2 = M_R^{\,2} + 2\cdot M_R \cdot M_L + M_L^{\,2}$$

$$(2):\ M_t = \sqrt{M_{t,x}^{\,2} + M_{t,y}^{\,2}} \quad \Rightarrow \quad M_t^{\,2} = M_{t,x}^{\,2} + M_{t,y}^{\,2} \quad (2a):\ M_{t,x} = \sin\frac{\alpha}{2}\cdot M_t \quad (2b):\ M_{t,y} = \cos\frac{\alpha}{2}\cdot M_t$$

$$(3):\ M_R = \sqrt{M_{R,x}^{\,2} + M_{R,y}^{\,2}} \quad \Rightarrow \quad M_R^{\,2} = M_{R,x}^{\,2} + M_{R,y}^{\,2} \quad (3a):\ M_{R,x} = \mu_R \cdot M_{t,x} \quad (3b):\ M_{R,y} = \mu_R \cdot M_{t,y}$$

$$(4):\ M_L = M_{R,y} \quad \text{(Modell C)}$$

$$(1)=(2):\ M_R^{\,2} + 2\cdot M_R \cdot M_L + M_L^{\,2} = M_{t,x}^{\,2} + M_{t,y}^{\,2}$$

$$(3a,b):\ M_{R,x}^{\,2} + M_{R,y}^{\,2} + 2\cdot M_R \cdot M_L + M_L^{\,2} = M_{R,x}^{\,2}/\mu_R^{\,2} + M_{R,y}^{\,2}/\mu_R^{\,2}$$

$$(4):\ 2\cdot M_R \cdot M_{R,y} = \left(\frac{1}{\mu_R^{\,2}}-1\right)\cdot M_{R,x}^{\,2} + \left(\frac{1}{\mu_R^{\,2}}-2\right)\cdot M_{R,y}^{\,2} \quad \Rightarrow \quad M_R = \frac{1}{2}\cdot\left[\left(\frac{1}{\mu_R^{\,2}}-1\right)\cdot\frac{M_{R,x}^{\,2}}{M_{R,y}} + \left(\frac{1}{\mu_R^{\,2}}-2\right)\cdot M_{R,y}\right]$$

$$(3a/b),(2a/b):\ M_R = \frac{1}{2}\cdot\left[\left(\frac{1}{\mu_R}-\mu_R\right)\cdot\sin\frac{\alpha}{2}\cdot\tan\frac{\alpha}{2} + \left(\frac{1}{\mu_R^{\,2}}-2\right)\cdot\mu_R\cdot\cos\frac{\alpha}{2}\right]\cdot M_t$$

$$(C):\ M_R = \frac{1}{2}\cdot\left[\left(\frac{1}{\mu_R}-\mu_R\right)\cdot\sin\frac{\alpha}{2}\cdot\tan\frac{\alpha}{2}\ \pm\ \left(\frac{1}{\mu_R}-2\cdot\mu_R\right)\cdot\cos\frac{\alpha}{2}\right]\cdot M_t \quad \pm\begin{cases}\alpha \le 90°\\ \alpha > 90°\end{cases} \quad (0° < \alpha < 180°)$$

Die Erhöhung der Anzahl der Reibsegmente des axialen Reibringes und damit einhergehende Verringerung des Reibwinkels α führt zu einer Erhöhung der Reibmoment-Komponente $M_{R,y}$, so dass das Antriebsmoment für $\mu_R = 0{,}5$ näherungsweise doppelt so groß ist wie die Reibmoment-Komponente $M_{R,y}$ und damit auch doppelt so groß wie das Lastmoment M_L.

$$M_t = M_R + M_L \qquad M_R: \text{ Reibmoment} \qquad M_L: \text{ Lastmoment} \qquad M_t': \text{ formschlüssiges Antriebsmoment}$$

Modell A (Kreisring): $M_L = M_t'$ $\quad M_t = \sqrt{\left(1/\mu_R\right)^2 + \left(1/\mu_R\right)^2}\cdot M_t' \quad \Rightarrow \quad M_t = \left(\sqrt{2}/\mu_R\right)\cdot M_t'$

Bsp.: $\mu_R = 0{,}5 \quad \Rightarrow \quad M_t = \sqrt{8}\cdot M_t' \cong 2{,}8\cdot M_t' = 2{,}8\cdot M_L$

Modell C (segmentierter Kreisring): $M_L = M_{R,y} = M_t'$

$$M_t = \sqrt{M_{t,x}^{\,2} + M_{t,y}^{\,2}} \quad \Rightarrow \quad M_t^{\,2} = M_{t,x}^{\,2} + M_{t,y}^{\,2} \qquad M_{t,x} = M_t\cdot\sin\frac{\alpha}{2} \qquad M_{t,y} = M_t\cdot\cos\frac{\alpha}{2}$$

$$M_R = \sqrt{M_{R,x}^{\,2} + M_{R,y}^{\,2}} \quad \Rightarrow \quad M_R^{\,2} = M_{R,x}^{\,2} + M_{R,y}^{\,2} \qquad M_{R,x} = \mu_R \cdot M_{t,x} \qquad M_{R,y} = \mu_R \cdot M_{t,y}$$

Fall: $i \to \infty;\ \alpha \to 0:\quad \cos\frac{\alpha}{2} \to 1 \quad \Rightarrow \quad M_{R,y} = \mu_R \cdot \cos\frac{\alpha}{2}\cdot M_t \to M_R \quad \left(M_{R,x} \to 0\right)$

Bsp: $i = 24;\ \alpha = 15°;\ \mu_R = 0{,}5:\quad \Rightarrow \quad M_{t,x} \ll M_{t,y} \qquad M_{t,y} = M_t\cdot 0{,}9914 \qquad M_{t,x} = M_t\cdot 0{,}1305$

$$M_R \cong M_{R,y} \ \wedge\ M_L = M_{R,y}:\quad \Rightarrow \quad M_t = M_R + M_L \cong 2\cdot M_{R,y} \cong 2\cdot M_L \cong 2\cdot M_t'$$

9.2 Sicherheit gegen Rutschen S_R

Für die axial wirkende Reibungskupplung werden – in Analogie zur radial schließenden Reibungskupplung – Kriterien für die Sicherheit gegen Rutschen formuliert.

1.) Sicherheitskriterium S_{R1}: Die Sicherheit gegen Rutschen wird entsprechend dem Beginn der Haftphase (Vgl. Kap. 4.1.1.1) durch das Verhältnis von Haft- zu Gleitreibkoeffizient bestimmt. Die Sicherheit gegen Rutschen entspricht dem Verhältnis von Nenndrehzahl n_N zur Drehzahl bei Haftreibbeginn n_3.

Beginn der Haftreibung bei der Drehzahl n_3: $n_3 = \dfrac{1}{2} \cdot \dfrac{\mu_R}{\mu_{GR}} \cdot n_N \quad \Rightarrow \quad \dfrac{n_3}{n_N} = \dfrac{1}{2} \cdot \dfrac{\mu_R}{\mu_{GR}} \overset{!}{<} \dfrac{n}{n_N}$

$\Rightarrow$ Kriterium S_{R1} : $\boxed{S_{R1} = \dfrac{n_N}{n_3}}$

a) Senkung der Drehzahl n_N auf n : $n \overset{!}{>} n_3 \quad S_{R1} = \dfrac{n_N}{n_3} \overset{!}{>} \dfrac{n_N}{n}$ (Daten aus 2. Bsp., Kap. 9.3)

Bsp.: $\alpha = 60° \quad \mu_R = 0,5 \quad \mu_{GR} = 0,4 \quad n_N = 1500 \, \text{min}^{-1} \quad \left(\text{Bsp.: } n = 1200 \, \text{min}^{-1} \right) \quad M_t\left(n_N\right) = 1524 Nm$

a) $n_3 = \dfrac{1}{2} \cdot \dfrac{0,5}{0,4} \cdot n_N = 0,625 \cdot n_N \quad \Rightarrow \quad \dfrac{n_N}{n_3} = \dfrac{1}{0,625} = 1,6 \quad \dfrac{n_N}{n} = \dfrac{1500}{1275} = 1,18 \quad S_{R1} = \dfrac{n_N}{n_3} = 1,6 \overset{!}{>} \dfrac{n_N}{n} = 1,25$

max. Drehzahlsenkung: $\Delta n_{max} = n_N - n_3 = 0,375 \cdot n_N = 0,375 \cdot 1500 \, \text{min}^{-1} = 562,5 \, \text{min}^{-1}$

b) Erhöhung des Antriebsmomentes $M_t\left(n_N\right)$ auf $M_t\left(n\right)$: $M_t\left(n_B\right) = M_t\left(n_N\right) \cdot \dfrac{n_N}{n_B} = 1524 Nm \cdot 1,18 = 1798 Nm$

$\Delta M_t = M_t\left(n_B\right) - M_t\left(n_N\right) = 274 Nm$ max. Lasterhöhung $M_{L,max}$: $M_{L,max} = \Delta M_{R,y} = 0,433 \cdot \Delta M_t = 118 Nm$

2.) Sicherheitskriterium S_{R2}: Das Kriterium für das Haften wird in Analogie zur translatorischen Reibung durch den Reibwinkel α und μ_R bestimmt (Hypothese für S_{R2} und den rotatorischer Reibungskegel ρ_0 bei axialer Beaufschlagung). Solange das Verhältnis von Reibmoment-Komponente $M_{R,y}$ zu Reibmoment M_R größer ist als die Differenz $1-\mu_R$ herrscht Sicherheit gegen Rutschen.

Kriterium S_{R2} : $\boxed{S_{R2} = \dfrac{M_{R,y} / M_R}{1 - \mu_R}}$ $\dfrac{M_{R,y}}{M_R} \overset{!}{\geq} 1 - \mu_R \quad \mu_R \overset{!}{\geq} 1 - \dfrac{M_{R,y}}{M_R}$ Bsp.: $\dfrac{M_{R,y}}{M_R} = \dfrac{0,433 \cdot M_t}{0,6495 \cdot M_t} = 0,67$

rotatorischer Reibungskegel ρ_0 (axiale Beaufschlagung): $\boxed{\rho_0 = \dfrac{M_{R,y}}{M_R} \geq 1 - \mu_R}$

Bsp.: $(C) \quad \alpha = 60° \quad \mu_R = 0,5 \quad M_{R,y} / M_R = 0,67 : \quad \Rightarrow \quad S_{R2} = 0,67 / 0,5 = 1,34$

$(C): M_R = \dfrac{1}{2} \cdot \left[\left(\dfrac{1}{\mu_R} - \mu_R \right) \cdot \sin\dfrac{\alpha}{2} \cdot \tan\dfrac{\alpha}{2} + \left(\dfrac{1}{\mu_R} - 2 \cdot \mu_R \right) \cdot \cos\dfrac{\alpha}{2} \right] \cdot M_t = \dfrac{1}{2} \cdot \left(1,5 \cdot 0,5 \cdot 0,5774 \cdot M_t + 0,866 \cdot M_t \right)$

$M_R = \left(0,2165 + 0,433 \right) \cdot M_t = 0,6495 \cdot M_t \quad M_t = 1,54 \cdot M_R \quad M_{R,y} = \mu_R \cdot \cos\dfrac{\alpha}{2} \cdot M_t = 0,5 \cdot 0,833 \cdot M_t = 0,433 \cdot M_t$

Drehzahlverlust der axial wirkenden Reibungskupplung:

$$\dfrac{n_N - n_B}{n_N} = \dfrac{M_R + M_L - \left(M_{t,x} + M_L \right)}{M_t} = \dfrac{M_R - M_{t,x}}{M_t}$$

$\mu_R = 0,5$	Modell C: segmentierter Kreisring											
i	$\alpha[°]$	$\alpha[rad]$	$\sin\dfrac{\alpha}{2}$	$\tan\dfrac{\alpha}{2}$	$\cos\dfrac{\alpha}{2}$	M_R	$\pm\begin{cases}\alpha\le 90°\\\alpha>90°\end{cases}$	$M_{R,y}$	$\dfrac{M_{R,y}}{M_R}$	$\pm\begin{cases}\alpha\le 90°\\\alpha>90°\end{cases}$	$S_{R2}=\dfrac{M_{R,y}/M_R}{1-\mu_R}$	$\pm\begin{cases}\alpha\le 90°\\\alpha>90°\end{cases}$
36	10	0,1745	0,0872	0,0875	0,9962	0,50	0,50	0,50	0,99	0,99	1,98	1,98
18	20	0,3491	0,1736	0,1763	0,9848	0,52	0,52	0,49	0,96	0,96	1,91	1,91
12	30	0,5236	0,2588	0,2679	0,9659	0,53	0,53	0,48	0,90	0,90	1,81	1,81
9	40	0,6981	0,3420	0,3640	0,9397	0,56	0,56	0,47	0,83	0,83	1,67	1,67
7	50	0,8727	0,4226	0,4663	0,9063	0,60	0,60	0,45	0,75	0,75	1,51	1,51
6	60	1,0472	0,5000	0,5774	0,8660	0,65	0,65	0,43	0,67	0,67	1,33	1,33
5	70	1,2217	0,5736	0,7002	0,8192	0,71	0,71	0,41	0,58	0,58	1,15	1,15
4	80	1,3963	0,6428	0,8391	0,7660	0,79	0,79	0,38	0,49	0,49	0,97	0,97
4	90	1,5708	0,7071	1,0000	0,7071	0,88	0,88	0,35	0,40	0,40	0,80	0,80
3	100	1,7453	0,7660	1,1918	0,6428	1,01	0,36	0,32	0,32	0,88	0,64	1,77
3	110	1,9199	0,8192	1,4281	0,5736	1,16	0,59	0,29	0,25	0,49	0,49	0,97
3	120	2,0944	0,8660	1,7321	0,5000	1,38	0,88	0,25	0,18	0,29	0,36	0,57
2	130	2,2689	0,9063	2,1445	0,4226	1,67	1,25	0,21	0,13	0,17	0,25	0,34
2	140	2,4435	0,9397	2,7475	0,3420	2,11	1,77	0,17	0,08	0,10	0,16	0,19
2	150	2,6180	0,9659	3,7321	0,2588	2,83	2,57	0,13	0,05	0,05	0,09	0,10
2	160	2,7925	0,9848	5,6713	0,1736	4,28	4,10	0,09	0,02	0,02	0,04	0,04
2	170	2,9671	0,9962	11,4301	0,0872	8,58	8,50	0,04	0,01	0,01	0,01	0,01
2	180	3,1416	1,0000		0,0000							

Tab. 11: $M_{R,y}/M_R$-Verhältnis als Funktion des Reibwinkels und der rotatorische Reibungskegel (axial)

Modell A: nicht segmentierter Kreisring	
μ_R	$M_t = \sqrt{\left(\dfrac{1}{\mu_R}\right)^2 + \left(\dfrac{1}{\mu_R}\right)^2}\cdot M_t{}'$
0,65	2,18
0,6	2,36
0,55	2,57
0,5	2,83
0,45	3,14
0,4	3,54
0,35	4,04
0,3	4,71
0,25	5,66

(Spalte der Werte $\cdot\,M_t{}'$)

Tab. 12: M_t als Funktion des Reibkoeffizienten (Modell A)

$$M_t = M_R + M_L$$

Modell C (segmentierter Kreisring): $\quad M_L = M_{R,y} = M_t{}' \qquad M_{R,y} = \mu_R \cdot \cos\dfrac{\alpha}{2}\cdot M_t$

$$M_R = \frac{1}{2}\cdot\left[\left(\frac{1}{\mu_R}-\mu_R\right)\cdot\sin\frac{\alpha}{2}\cdot\tan\frac{\alpha}{2} \pm \left(\frac{1}{\mu_R}-2\cdot\mu_R\right)\cdot\cos\frac{\alpha}{2}\right]\cdot M_t \quad \pm\begin{cases}\alpha\le 90°\\\alpha>90°\end{cases} \quad \left(0°<\alpha<180°\right)$$

Modell A (Kreisring): $\quad M_L = M_t{}' \qquad M_t = \sqrt{\left(\dfrac{1}{\mu_R}\right)^2 + \left(\dfrac{1}{\mu_R}\right)^2}\cdot M_t{}' = \dfrac{\sqrt{2}}{\mu_R}\cdot M_t{}'$

$M_t{}'$: formschlüssiges Antriebsmoment $\qquad M_R$: Reibmoment $\qquad M_L$: Lastmoment

9.3 Beispielrechnungen axial schaltender Reibungskupplungen

1. Beispiel: Modell A

Modell A: $M_L = 660\,Nm$ $\Rightarrow M_{R,y} = 660\,Nm$; $n_N = 1500\,\text{min}^{-1} = 25\,s^{-1}$ $\Rightarrow P_L(\omega_N) = 103,7\,kW$

1) Reibwerte: μ_R; μ_{GR}; μ_{HF} $(\mu_R = 0,5;\ \mu_{GR} = 0,4;\ \mu_{HF} = 0,1)$

2) Schaltdrehfrequenzen/Drehzahlverhältnis y: $y = \omega_2 / \omega_N$ $\Rightarrow \omega_2 = (1/4)\cdot\omega_N$ gewählt

3) Reibwinkel α: $\alpha = 0$ nicht segmentierte Kreisringfläche

4) Reibmoment M_R: $M_R = M_t - M_L$ $M_t = \sqrt{(1/\mu_R)^2 + (1/\mu_R)^2}\cdot M_t{}'$ $M_t{}' = M_L$

$M_t = \sqrt{(1/0,5)^2 + (1/0,5)^2}\cdot M_t{}' = \sqrt{8}\cdot M_t{}' = \sqrt{8}\cdot 660\,Nm = 2,8284\cdot 660\,Nm = 1867\,Nm$

$M_R = M_t - M_L = (1867 - 660)\,Nm = 1207\,Nm$ $M_R = \sqrt{M_{R,x}{}^2 + M_{R,y}{}^2}$

5) Sicherheit gegen Rutschen: $S_{R1} = \dfrac{n_N}{n_3} \overset{!}{>} \dfrac{n_N}{n}$ $S_{R2} = \dfrac{M_L / M_R}{1 - \mu_R} = \dfrac{660/1207}{0,5} = 1,09$ $\dfrac{M_L}{M_R} = \dfrac{660\,Nm}{1207\,Nm} = 0,5468$

$n_3 = \dfrac{1}{2}\cdot\dfrac{0,5}{0,4}\cdot n_N = 0,625\cdot n_N$ $\dfrac{n_N}{n_3} = \dfrac{1}{0,625} = 1,6$ $\dfrac{n_N}{n} = \dfrac{1500}{1216} = 1,234$ $(n = n_B)$ $\left(\Delta M_t = M_{t,n_B} - M_{t,n_N} = 437\,Nm\right)^*$

max. Drehzahlsenkung: $\Delta n_{max} = n_N - n_3 = 0,375\cdot n_N = 0,375\cdot 1500\,\text{min}^{-1} = 562,5\,\text{min}^{-1}$

max. Lasterhöhung*: $\Delta M_R = \dfrac{M_R}{M_t}\cdot\Delta M_t = 0,6465\cdot\Delta M_t = 283\,Nm$ $M_{L,max} = \Delta M_{R,y} = 0,7067\cdot\Delta M_R = 200\,Nm$

6) Reibmomentverlust $M_{R,V}$: $M_{R,V} = M_R - M_L = 0,4532\cdot M_R$ $M_{R,V} = 0,4532\cdot 0,6465\cdot M_t = 0,293\cdot M_t$

7) Antriebsmoment M_t: $M_t = \sqrt{(1/0,5)^2 + (1/0,5)^2}\cdot M_t{}' = \sqrt{8}\cdot M_t{}' = \sqrt{8}\cdot 660\,Nm = 2,8284\cdot 660\,Nm = 1867\,Nm$

8) Antriebswellenradius r_W: r_W aus DIN748 bestimmen: $1600\,Nm < M_t \le 1900\,Nm$

$\Rightarrow r_W = \dfrac{d_W}{2} = \dfrac{90\,mm}{2} = 45\,mm$ l Länge des Wellenendes für $d_W = 90\,mm$ gem. DIN 748: $l = 170\,mm$

9a) mech. Antriebsleistung $P_A(\omega_N)$: $P_A = \omega_N\cdot M_t$ $\Rightarrow P_A = (2\pi\cdot 25\,s^{-1})\cdot 1867\,Nm = 293268\,W = 293,268\,kW$

9b) erreichte Betriebsdrehzahl n_B: $\dfrac{n_N - n_B}{n_N} = \dfrac{M_R - M_{t,x}}{M_t} = \dfrac{1207 - 853}{1867} = 0,1896$ $n_B = 0,8104\cdot n_N = 1216\,\text{min}^{-1}$

9c) erreichtes Antriebsmoment $M_t(n)$: $M_t(n) = M_t(n_N) + \Delta M_L = M_t(n_N)\cdot\dfrac{n_N}{n} = 1867\,Nm\cdot 1,234 = 2304\,Nm$

Drehzahlstellung des Motors: $n_B \rightarrow n_N$ Drehzahlerhöhung um ... $(n_N - n_B)/n_B = 0,19\cdot n_N / 0,81\cdot n_N = 23\%$

10) Nabenradius bestimmen: $d_{N,erf} \ge 2\cdot\sqrt[4]{\dfrac{2\cdot M_t}{\pi\cdot G\cdot[\varphi/l]_{zul}} + r_i^4}$ $M_t = 1867\,Nm$ $r_i = r_W = 45\,mm$ $r_a = r_N$

$r_{N,erf} \ge \sqrt[4]{\dfrac{2\cdot 1867\,Nm\cdot 1000\,mm/m}{\pi\cdot 80000\,N/mm^2\cdot 3,5\cdot 10^{-3}\,rad/10^3\,mm} + (45\,mm)^4} = 53,75\,mm$ $\Rightarrow r_N = 55\,mm$ gewählt

11) Fliehkörperradius r_1: $b = (3/8)\cdot r_1$ $55\,mm \rightarrow 5/8$ $33\,mm \rightarrow 3/8$ $\Rightarrow r_1 = r_N + b = 88\,mm$

12) zu erzeugende Normalkraft und Druck: $r_1 = r_a = 0,088\,m$ $r_m = r_a\cdot(1 - 0,375/2) = r_a\cdot 0,8125 = 0,072\,m$

$F_N = \dfrac{M_R}{\mu_R\cdot r_m} = \dfrac{1207\,Nm}{0,5\cdot 0,072\,m} = 33528\,N$ $p = \dfrac{F_N}{A} = \dfrac{F_N}{2\pi\cdot r_m\cdot b} = \dfrac{33528\,N}{2\pi\cdot 0,072\,m\cdot 0,375\,m} = 197635\,\dfrac{N}{m^2} \cong 20\,\dfrac{N}{cm^2}$

2. Beispiel: Modell C $\alpha = 60°$

Modell C: $M_L = 660\,Nm$ $\Rightarrow M_R = 660\,Nm$; $n_N = 1500\,\min^{-1} = 25\,s^{-1}$ $\Rightarrow P_L(\omega_N) = 103,7\,kW$

1) Reibwerte: μ_R; μ_{GR}; μ_{HF} $(\mu_R = 0,5;\ \mu_{GR} = 0,4;\ \mu_{HF} = 0,1)$

2) Schaltdrehfrequenzen/Drehzahlverhältnis y: $y = \omega_2 / \omega_N$ $\Rightarrow \omega_2 = (1/4) \cdot \omega_N$ gewählt

3) Reibwinkel α: $\alpha = 60°$ $i = 6$ gewählt

4) Reibmoment M_R: $M_R = \dfrac{1}{2} \left[\left(\dfrac{1}{\mu_R} - \mu_R \right) \cdot \sin\dfrac{\alpha}{2} \cdot \tan\dfrac{\alpha}{2} \pm \left(\dfrac{1}{\mu_R} - 2 \cdot \mu_R \right) \cdot \cos\dfrac{\alpha}{2} \right] \cdot M_t$ $\pm \begin{cases} \alpha \le 90° \\ \alpha > 90° \end{cases}$

$$M_R = \frac{1}{2} \cdot 1,5 \cdot 0,5 \cdot 0,5774 \cdot M_t + \frac{1}{2} \cdot 0,866 \cdot M_t \qquad M_R = 0,2165 \cdot M_t + 0,433 \cdot M_t = 0,6495 \cdot M_t$$

$$\Rightarrow M_t = 1,54 \cdot M_R \qquad M_{R,y} = \mu_R \cdot \cos\frac{\alpha}{2} \cdot M_R = 0,5 \cdot 0,866 \cdot M_t = 0,433 \cdot M_t \qquad \frac{M_{R,y}}{M_R} = \frac{0,433 \cdot M_t}{0,6495 \cdot M_t} = 0,6667$$

5) Sicherheit gegen Rutschen: $S_{R1} = \dfrac{n_N}{n_3} \overset{!}{>} \dfrac{n_N}{n}$ $S_{R2} = \dfrac{M_{R,y} / M_R}{1 - \mu_R} = \dfrac{0,67}{0,5} = 1,34$

$$n_3 = \frac{1}{2} \cdot \frac{0,5}{0,4} \cdot n_N = 0,625 \cdot n_N \qquad \frac{n_N}{n_3} = \frac{1}{0,625} = 1,6 \qquad \frac{n_N}{n} = \frac{1500}{1275} = 1,18 \quad (n = n_B)$$

max. Drehzahlsenkung: $\Delta n_{max} = n_N - n_3 = 0,375 \cdot n_N = 0,375 \cdot 1500\,\min^{-1} = 562,5\,\min^{-1}$

max. Lasterhöhung: $\Delta M_t = M_{t,n_B} - M_{t,n_N} = 274\,Nm$ $M_{L,max} = \Delta M_{R,y} = 0,433 \cdot \Delta M_t = 118\,Nm$

6) Reibmomentverlust $M_{R,V}$: $M_{R,V} = 0,3333 \cdot M_R$ $M_{R,V} = M_t - M_{R,y} - M_L = (1 - 2 \cdot 0,433) \cdot M_t = 0,134 \cdot M_t$

7) Antriebsmoment M_t: $M_t = M_R + M_L$ $M_L = M_{R,y} = 0,433 \cdot M_t$ $\Rightarrow M_t = 2,3095 \cdot M_L = 1524\,Nm$

8) Antriebswellenradius r_W: r_W aus DIN748 bestimmen: $1250\,Nm < M_t \le 1600\,Nm$

$$\Rightarrow r_W = \frac{d_W}{2} = \frac{85mm}{2} = 42,5mm \qquad l\ \text{Länge des Wellenendes für } d_W = 85mm \text{ gem. DIN 748: } l = 170mm$$

9a) mech. Antriebsleistung $P_A(\omega_N)$: $P_A = \omega_N \cdot M_t$ $\Rightarrow P_A = (2\pi \cdot 25\,s^{-1}) \cdot 1524\,Nm = 239389\,W = 239,389\,kW$

9b) erreichte Betriebsdrehzahl n_B: $\dfrac{n_N - n_B}{n_N} = \dfrac{M_R - M_{t,x}}{M_t} = \dfrac{(0,6495 - 0,5) \cdot M_t}{M_t} = 0,15$ $n_B = 0,85 \cdot n_N = 1275\,\min^{-1}$

9c) erreichtes Antriebsmoment $M_t(n)$: $M_t(n) = M_t(n_N) + \Delta M_L = M_t(n_N) \cdot \dfrac{n_N}{n} = 1524\,Nm \cdot 1,18 = 1798\,Nm$

Drehzahlstellung des Motors: $n_B \to n_N$ Drehzahlerhöhung um ... $(n_N - n_B) / n_B = 0,15 \cdot n_N / 0,85 \cdot n_N = 18\%$

10) Nabenradius bestimmen: $d_{N,erf} \ge 2 \cdot \sqrt[4]{\dfrac{2 \cdot M_t}{\pi \cdot G \cdot [\varphi / l]_{zul}} + r_i^4}$ $M_t = 1524\,Nm$ $r_i = r_W = 42,5mm$ $r_a = r_N$

$$r_{N,erf} \ge \sqrt[4]{\frac{2 \cdot 1524\,Nm \cdot 1000mm/m}{\pi \cdot 80000\,N/mm^2 \cdot 3,5 \cdot 10^{-3}\,rad/10^3\,mm} + (42,5mm)^4} = 50,9mm \qquad \Rightarrow r_N = 50mm \text{ gewählt}$$

11) Fliehkörperradius r_1: $b = (3/8) \cdot r_1$ $50mm \to 5/8$ $30mm \to 3/8$ $\Rightarrow r_1 = r_N + b = 80mm$

12) zu erzeugende Normalkraft und Druck: $r_i = r_a = 0,08m$ $r_m = r_a \cdot (1 - 0,375/2) = r_a \cdot 0,8125 = 0,065m$

$$F_N = \frac{M_R}{\mu_R \cdot r_m} = \frac{990\,Nm}{0,5 \cdot 0,065m} = 30462\,N \qquad p = \frac{F_N}{A} = \frac{F_N}{2\pi \cdot r_m \cdot b} = \frac{30462\,N}{2\pi \cdot 0,065m \cdot 0,375m} = 198900\,\frac{N}{m^2} \cong 20\,\frac{N}{cm^2}$$

3. Beispiel: Modell C $\alpha = 90°$

Modell C: $M_L = 660 Nm$ $\Rightarrow M_{R,y} = 660 Nm$; $n_N = 1500 \min^{-1} = 25 s^{-1}$ $\Rightarrow P_L(\omega_N) = 103,7 kW$

1) Reibwerte: μ_R; μ_{GR}; μ_{HF} $(\mu_R = 0,5; \ \mu_{GR} = 0,4; \ \mu_{HF} = 0,1)$

2) Schaltdrehfrequenzen/Drehzahlverhältnis y: $y = \omega_2 / \omega_N$ $\Rightarrow \omega_2 = (1/4) \cdot \omega_N$ gewählt

3) Reibwinkel α: $\alpha = 90°$ $i = 4$ gewählt

4) Reibmoment M_R: $M_R = \dfrac{1}{2} \cdot \left[\left(\dfrac{1}{\mu_R} - \mu_R \right) \cdot \sin\dfrac{\alpha}{2} \cdot \tan\dfrac{\alpha}{2} \ \pm \ \left(\dfrac{1}{\mu_R} - 2 \cdot \mu_R \right) \cdot \cos\dfrac{\alpha}{2} \right] \cdot M_t$ $\pm \begin{cases} \alpha \le 90° \\ \alpha > 90° \end{cases}$

$$M_R = \frac{1}{2} \cdot 1,5 \cdot 0,7071 \cdot 1 \cdot M_t + \frac{1}{2} \cdot 1 \cdot 0,7071 \cdot M_t \qquad M_R = 0,5303 \cdot M_t + 0,3536 \cdot M_t = 0,8839 \cdot M_t$$

$$\Rightarrow \ M_t = 1,13 \cdot M_R \qquad M_{R,y} = \mu_R \cdot \cos\frac{\alpha}{2} \cdot M_t = 0,5 \cdot 0,7071 \cdot M_t = 0,3536 \cdot M_t \qquad \frac{M_{R,y}}{M_R} = \frac{0,3536 \cdot M_t}{0,8839 \cdot M_t} = 0,4$$

5) Sicherheit gegen Rutschen: $S_{R1} = \dfrac{n_N}{n_3} \overset{!}{>} \dfrac{n_N}{n}$ $S_{R2} = \dfrac{M_{R,y}/M_R}{1 - \mu_R} = \dfrac{0,4}{0,5} = 0,8$

$$n_3 = \frac{1}{2} \cdot \frac{0,5}{0,4} \cdot n_N = 0,625 \cdot n_N \qquad \frac{n_N}{n_3} = \frac{1}{0,625} = 1,6 \qquad \frac{n_N}{n} = \frac{1500}{1230} = 1,22 \ (n = n_B)$$

max. Drehzahlsenkung: $\Delta n_{max} = n_N - n_3 = 0,375 \cdot n_N = 0,375 \cdot 1500 \min^{-1} = 562,5 \min^{-1}$

max. Lasterhöhung: $\Delta M_t = M_{t,n_B} - M_{t,n_N} = 411 Nm$ $M_{L,max} = \Delta M_{R,y} = 0,3536 \cdot \Delta M_t = 145 Nm$

6) Reibmomentverlust $M_{R,V}$: $M_{R,V} = 0,6 \cdot M_R$ $M_{R,V} = M_t - M_{R,y} - M_L = (1 - 2 \cdot 0,3536) \cdot M_t = 0,2928 \cdot M_t$

7) Antriebsmoment M_t: $M_t = M_R + M_L$ $M_L = M_{R,y} = 0,3536 \cdot M_t$ $\Rightarrow M_t = 2,8281 \cdot M_L = 1867 Nm$

8) Antriebswellenradius r_W: aus DIN 748 bestimmen: $1600 Nm < M_t \le 1900 Nm$

$$\Rightarrow r_W = \frac{d_W}{2} = \frac{90mm}{2} = 45mm \qquad l \ \text{Länge des Wellenendes für } d_W = 85mm \text{ gem. DIN 748: } l = 170mm$$

9a) mech. Antriebsleistung $P_A(\omega_N)$: $P_A = \omega_N \cdot M_t$ $\Rightarrow P_A = (2\pi \cdot 25 s^{-1}) \cdot 1867 Nm = 293268 W = 293,268 kW$

9b) erreichte Betriebsdrehzahl n_B: $\dfrac{n_N - n_B}{n_N} = \dfrac{M_R - M_{t,x}}{M_t} = 0,8839 - 0,7071 = 0,18$ $n_B = 0,82 \cdot n_N = 1230 \min^{-1}$

9c) erreichtes Antriebsmoment $M_t(n)$: $M_t(n) = M_t(n_N) + \Delta M_L = M_t(n_N) \cdot \dfrac{n_N}{n} = 1867 Nm \cdot 1,22 = 2278 Nm$

Drehzahlstellung des Motors: $n_B \to n_N$ Drehzahlerhöhung um ... $(n_N - n_B)/n_B = 0,18 \cdot n_N / 0,82 \cdot n_N = 22\%$

10) Nabenradius bestimmen: $d_{N,erf} \ge 2 \cdot \sqrt[4]{\dfrac{2 \cdot M_t}{\pi \cdot G \cdot [\varphi/l]_{zul}} + r_i^4}$ $M_t = 1524 Nm$ $r_i = r_W = 42,5mm$ $r_a = r_N$

$$r_{N,erf} \ge \sqrt[4]{\frac{2 \cdot 1867 Nm \cdot 1000 mm/m}{\pi \cdot 80000 N/mm^2 \cdot 3,5 \cdot 10^{-3} rad / 10^3 mm} + (45mm)^4} = 53,7mm \qquad \Rightarrow r_N = 55mm \text{ gewählt}$$

11) Fliehkörperradius r_1: $b = (3/8) \cdot r_1$ $55mm \to 5/8$ $33mm \to 3/8$ $\Rightarrow r_1 = r_N + b = 88mm$

12) zu erzeugende Normalkraft und Druck: $r_1 = r_a = 0,088m$ $r_m = r_a \cdot (1 - 0,375/2) = r_a \cdot 0,8125 = 0,072m$

$$F_N = \frac{M_R}{\mu_R \cdot r_m} = \frac{1650 Nm}{0,5 \cdot 0,072m} = 45833 N \qquad p = \frac{F_N}{A} = \frac{F_N}{2\pi \cdot r_m \cdot b} = \frac{45833 N}{2\pi \cdot 0,072m \cdot 0,375m} = 270168 \frac{N}{m^2} \cong 28 \frac{N}{cm^2}$$

4. Beispiel: Modell C $\alpha = 120°$

Modell C: $M_L = 660\,Nm$ $\Rightarrow M_{R,y} = 660\,Nm$; $n_N = 1500\,min^{-1} = 25\,s^{-1}$ $\Rightarrow P_L(\omega_N) = 103,7\,kW$

1) Reibwerte: μ_R; μ_{GR}; μ_{HF} $(\mu_R = 0,5;\ \mu_{GR} = 0,4;\ \mu_{HF} = 0,1)$

2) Schaltdrehfrequenzen/Drehzahlverhältnis y: $y = \omega_2 / \omega_N$ $\Rightarrow \omega_2 = (1/4)\cdot\omega_N$ gewählt

3) Reibwinkel α: $\alpha = 120°$ $i = 3$ gewählt

4) Reibmoment M_R: $M_R = \dfrac{1}{2}\cdot\left[\left(\dfrac{1}{\mu_R}-\mu_R\right)\cdot\sin\dfrac{\alpha}{2}\cdot\tan\dfrac{\alpha}{2} \pm \left(\dfrac{1}{\mu_R}-2\cdot\mu_R\right)\cdot\cos\dfrac{\alpha}{2}\right]\cdot M_t$ $\pm\begin{cases}\alpha\le 90°\\\alpha>90°\end{cases}$

$$M_R = \frac{1}{2}\cdot 1,5\cdot 0,866\cdot 1,732\cdot M_t - \frac{1}{2}\cdot 1\cdot 0,5\cdot M_t \qquad M_R = 1,1249\cdot M_t - 0,25\cdot M_t = 0,8749\cdot M_t$$

$$\Rightarrow M_t = 1,143\cdot M_R \qquad M_{R,y} = \mu_R\cdot\cos\frac{\alpha}{2}\cdot M_t = 0,5\cdot 0,5\cdot M_t = 0,25\cdot M_t \qquad \frac{M_{R,y}}{M_R} = \frac{0,25\cdot M_t}{0,8749\cdot M_t} = 0,2857$$

5) Sicherheit gegen Rutschen: $S_{R1} = \dfrac{n_N}{n_3} \overset{!}{>} \dfrac{n_N}{n}$ $S_{R2} = \dfrac{M_{R,y}/M_R}{1-\mu_R} = \dfrac{0,2857}{0,5} = 0,5715$

$$n_3 = \frac{1}{2}\cdot\frac{0,5}{0,4}\cdot n_N = 0,625\cdot n_N \qquad \frac{n_N}{n_3} = \frac{1}{0,625} = 1,6 \qquad \frac{n_N}{n} = \frac{1500}{1230} = 1,22 \ \ (n = n_B)$$

max. Drehzahlsenkung: $\Delta n_{max} = n_N - n_3 = 0,375\cdot n_N = 0,375\cdot 1500\,min^{-1} = 562,5\,min^{-1}$

max. Lasterhöhung: $\Delta M_t = M_{t,n_B} - M_{t,n_N} = 24\,Nm$ $M_{L,max} = \Delta M_{R,y} = 0,25\cdot\Delta M_t = 6\,Nm$

6) Reibmomentverlust $M_{R,V}$: $M_{R,V} = 0,7143\cdot M_R$ $M_{R,V} = M_t - M_{R,y} - M_L = (1-2\cdot 0,25)\cdot M_t = 0,5\cdot M_t$

7) Antriebsmoment M_t: $M_t = M_R + M_L$ $M_L = M_{R,y} = 0,25\cdot M_t$ $\Rightarrow M_t = 4\cdot M_L = 2640\,Nm$

8) Antriebswellenradius r_W: r_W aus DIN748 bestimmen: $2360\,Nm < M_t \le 2800\,Nm$

$$\Rightarrow r_W = \frac{d_W}{2} = \frac{100\,mm}{2} = 50\,mm \qquad l \text{ Länge des Wellenendes für } d_W = 100\,mm \text{ gem. DIN 748: } l = 210\,mm$$

9a) mech. Antriebsleistung $P_A(\omega_N)$: $P_A = \omega_N\cdot M_t$ $\Rightarrow P_A = (2\pi\cdot 25\,s^{-1})\cdot 2640\,Nm = 414690\,W = 414,690\,kW$

9b) erreichte Betriebsdrehzahl n_B: $\dfrac{n_N - n_B}{n_N} = \dfrac{M_R - M_{t,x}}{M_t} = 0,8749 - 0,866 = 0,0089$ $n_B = 0,9911\cdot n_N = 1487\,min^{-1}$

9c) erreichtes Antriebsmoment $M_t(n)$: $M_t(n) = M_t(n_N) + \Delta M_L = M_t(n_N)\cdot\dfrac{n_N}{n} = 2640\,Nm\cdot 1,009 = 2664\,Nm$

Drehzahlstellung des Motors: $n_B \to n_N$ Drehzahlerhöhung um ... $(n_N - n_B)/n_B = 0,01\cdot n_N / 0,99\cdot n_N = 1\%$

10) Nabenradius bestimmen: $d_{N,erf} \ge 2\cdot\sqrt[4]{\dfrac{2\cdot M_t}{\pi\cdot G\cdot[\varphi/l]_{zul}} + r_i^4}$ $M_t = 2640\,Nm$ $r_i = r_W = 50\,mm$ $r_a = r_N$

$$r_{N,erf} \ge \sqrt[4]{\frac{2\cdot 2640\,Nm\cdot 1000\,mm/m}{\pi\cdot 80000\,N/mm^2\cdot 3,5\cdot 10^{-3}\,rad/10^3\,mm} + (50\,mm)^4} = 59,2\,mm \qquad \Rightarrow r_N = 60\,mm \text{ gewählt}$$

11) Fliehkörperradius r_1: $b = (3/8)\cdot r_1$ $60\,mm \to 5/8$ $36\,mm \to 3/8$ $\Rightarrow r_1 = r_N + b = 96\,mm$

12) zu erzeugende Normalkraft und Druck: $r_1 = r_a = 0,088\,m$ $r_m = r_a\cdot(1 - 0,375/2) = r_a\cdot 0,8125 = 0,078\,m$

$$F_N = \frac{M_R}{\mu_R\cdot r_m} = \frac{2310\,Nm}{0,5\cdot 0,072\,m} = 64167\,N \qquad p = \frac{F_N}{A} = \frac{F_N}{2\pi\cdot r_m\cdot b} = \frac{64167\,N}{2\pi\cdot 0,078\,m\cdot 0,375\,m} = 349145\,\frac{N}{m^2} \cong 35\,\frac{N}{cm^2}$$

10. Vergleich von axial und radial schaltender Reibungs- und Fliehkraftkupplung

Bei axial wirkenden Fliehkraftkupplungen erfolgt der Kraftschluss durch Reibung nicht an den Fliehkörpern, sondern durch axialen Vorschub von Reibelementen (siehe Abb. 42a/b).

A) Reibschluss radial: $\quad (1)\ M_t = M_R + M_F \quad$ Modell C: $\ M_F = M_{t,y} = m \cdot r_s^{\,2} \cdot \omega_N^{\,2} \cdot \cos\dfrac{\alpha}{2}$

$$(2)\ M_R = \frac{\pi}{i \cdot K} \cdot M_y \quad (3)\ M_{t,y} = \frac{\cos(\alpha/2)}{R \cdot x} \cdot M_R \quad (4)\ M_y = M_L \quad K = \frac{1 - \cos\alpha}{\alpha} \quad x = \frac{r_2}{r_{s2}}$$

$$(2),(3),(4)\,\text{in}\,(1): \quad M_t = \frac{\pi}{i \cdot K} \cdot M_y + \frac{\cos(\alpha/2)}{R \cdot x} \cdot M_R = \frac{\pi}{i \cdot K} \cdot \left(1 + \frac{\cos(\alpha/2)}{R \cdot x}\right) \cdot M_L \quad \frac{M_t}{M_L} = \frac{\pi}{i \cdot K} \cdot \left(1 + \frac{\cos(\alpha/2)}{R \cdot x}\right)$$

A1) radial schließende Fliehkraftkupplung: $\quad M_R = \mu_R \cdot \left(1 - y^2 - \mu_{HF} \cdot \dfrac{r_{s2}}{r_F} + \sin\dfrac{\alpha}{2} \cdot \dfrac{r_{s2}}{r_F}\right) \cdot F_\omega \cdot r_2$

A2) radial schließende Reibkupplung: $\quad M_R = \mu_R \cdot \left(1 - \mu_{HF} \cdot \dfrac{r_{s2}}{r_F} + \sin\dfrac{\alpha}{2} \cdot \dfrac{r_{s2}}{r_F}\right) \cdot F_N \cdot r_2 \quad F_N = F_B$ (Betätigungskraft)

B) Reibschluss axial: $\quad M_t = M_R + M_L \quad M_L = M_{R,y} \quad$ (Modell C) $\quad \alpha \ll 90°;\ i \gg 4;\ \mu_R = 0{,}5: \quad M_{R,y} \cong M_R$

$$M_t \cong 2 \cdot M_R \quad M_t \cong 2 \cdot M_L \quad \frac{M_t}{M_L} \cong 2 \quad M_t = m_{A,red} \cdot r_m^{\,2} \cdot \omega^2 \ \wedge\ F_{NF} = m_{A,red} \cdot r_m \cdot \omega_N^{\,2}$$

$M_{t,y} = F_{NF} \cdot r_y = m_{A,red} \cdot r_m \cdot \omega_N^{\,2} \cdot r_y \quad r_y = \cos\dfrac{\alpha}{2} \cdot r_m \quad m_A$: Antriebsmasse

$F_R(NF) = F_{R,y} = \mu_R \cdot F_{NF,y}$: Beitrag der Führungsnormalkraft zur Reibkraft

$M_{R,y} = \mu_R \cdot M_{t,y} = \mu_R \cdot F_{NF,y} \cdot r_m = F_{R,y} \cdot r_m$: für die Last nutzbares Reibmoment

$M_{t,y} = m_{A,red} \cdot r_m \cdot \omega_N^{\,2} \cdot r_y \quad r_y = \cos\dfrac{\alpha}{2} \cdot r_m \quad M_t = \sqrt{M_{t,x}^{\,2} + M_{t,y}^{\,2}} \quad m_A$: Antriebsmasse

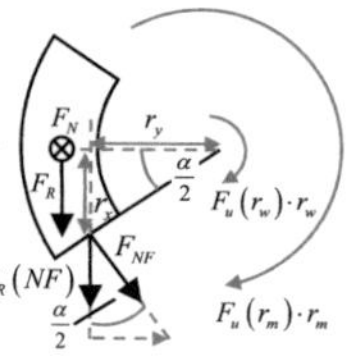

axial schließende Reibkupplung: $\quad M_R = \dfrac{1}{2} \cdot \left[\left(\dfrac{1}{\mu_R} - \mu_R\right) \cdot \sin\dfrac{\alpha}{2} \cdot \tan\dfrac{\alpha}{2} \pm \left(\dfrac{1}{\mu_R} - 2 \cdot \mu_R\right) \cdot \cos\dfrac{\alpha}{2}\right] \cdot M_t \quad \pm \begin{cases} \alpha \le 90° \\ \alpha > 90° \end{cases}$

Für kleine Reibwinkelsegmente ($\alpha \le 15°$; $i \ge 24$; $\mu_P \ge 0{,}5$) ist das Antriebsmoment M_t näherungsweise doppelt so groß wie das Reibmoment M_R ($\approx M_{R,y}$) und damit auch doppelt so groß wie das Lastmoment M_L. Das Verhältnis M_t/M_L der axial schaltenden Reibungskupplungen beträgt somit mindestens zwei ohne Berücksichtigung der Erhöhung des Antriebsmomentes, die aus der axialen Betätigung erfolgt. Die radial schließende Reibungskupplung wurde ohne Einschaltverlust mit einem Haftkoeffizienten $\mu_R = 0{,}5$ berechnet für reibungsfreie ($\mu_{HF} = 0$) und reibungsbehaftete Führung ($\mu_{HF} = 0{,}1$ und $0{,}2$) sowie die Fliehkraftkupplungen mit den drei Drehzahlverhältnissen $y = 1/4$, $1/3$ und $1/2$. Höhere Drehzahlverhältnisse $y = 1/3$ und $y = 1/2$ und steigende Haftreibwerte der Führung μ_{HF} verschieben die Werte zu höheren M_t/M_L-Verhältnissen. Beim Modell C mit Drehbacken steigt das M_t/M_L-Verhältnis geringfügig aufgrund des benötigten Bauraumes für die Drehgelenke.

Bem.: Tabellen zu axial und radial schaltender Fliehkraft- und Reibungskupplung, siehe Anhang A3-12 bis A3-14

Fliehkraftkupplung: radial $\mu_R = 0,5$ $\mu_{HF} = 0,1$ $y = 1/4$

α	i	K	$\dfrac{i \cdot K}{\pi}$	$\dfrac{\pi}{i \cdot K}$	$R \cdot x$	$1 + \dfrac{\cos(\alpha/2)}{R \cdot x}$	$\dfrac{\pi}{i \cdot K} \cdot \left(1 + \dfrac{\cos(\alpha/2)}{R \cdot x}\right)$	
60	6	0,4775	0,9119	1,0966	0,8824	1,9815	2,1729	$\dfrac{M_t}{M_L}$
90	4	0,6366	0,8106	1,2337	1,0413	1,6791	2,0715	
120	3	0,7162	0,6839	1,4622	1,1946	1,4186	2,0742	

Reibungskupplung: radial $\mu_R = 0,5$ $\mu_{HF} = 0,1$

α	i	K	$\dfrac{i \cdot K}{\pi}$	$\dfrac{\pi}{i \cdot K}$	$R \cdot x$	$1 + \dfrac{\cos(\alpha/2)}{R \cdot x}$	$\dfrac{\pi}{i \cdot K} \cdot \left(1 + \dfrac{\cos(\alpha/2)}{R \cdot x}\right)$	
60	6	0,4775	0,9119	1,0966	0,8849	1,9787	2,1699	$\dfrac{M_t}{M_L}$
90	4	0,6366	0,8106	1,2337	1,0439	1,6774	2,0694	
120	3	0,7162	0,6839	1,4622	1,1974	1,4176	2,0727	

Tab. 10: radial wirkende Fliehkraft- und Reibungskupplung

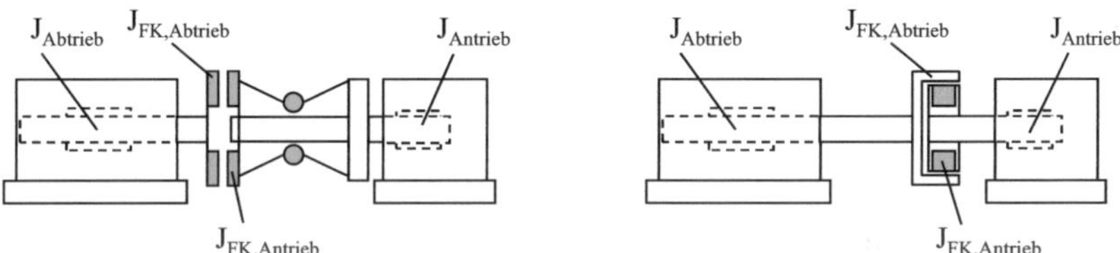

Abb. 42a: axial und radial schaltende Fliehkraftkupplung mit Arbeitsmaschine (schematisch)

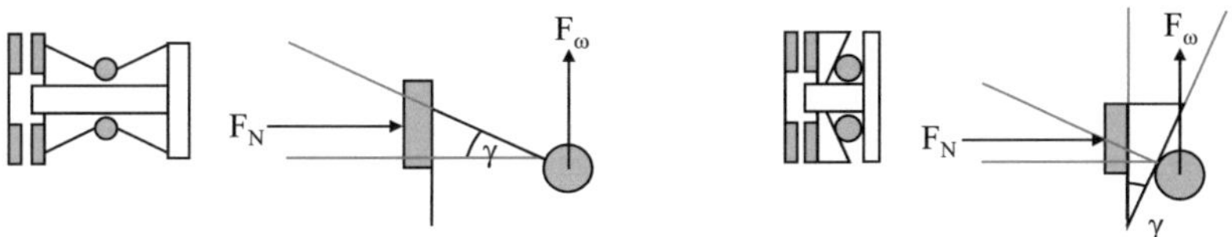

Abb. 42b: axial schaltende Fliehkraftmechanismen (schematisch)

11. Radiale und axiale Reibung

11.1 Vergleich radialer und axialer Reibung

Die axial wirkende Reibungskupplung überträgt nur mit der Reibmomentkomponente $M_{R,y}$, deren Kraftkomponente in Richtung der Reibkraft F_R liegt, das Lastmoment M_L. Das Antriebsmoment M_t ist gleich der Summe aus Reibmoment M_R und Lastmoment M_L (Momentengleichung).

Die radial wirkende Reibungskupplung überträgt nur mit dem Schaltmoment M_y, dessen Kraftkomponente in der Wirkungslinie der radial gerichteten Kraft liegt, das Lastmoment. Das Reibmoment setzt sich zusammen aus den Reibanteilen der Normalkraft F_N und der Komponente der Abstützkraft $F_{NF,x}$, die in Richtung der Normalkraft F_N liegt. Das Antriebsmoment M_t ist gleich der Summe aus Reibmoment M_R und Führungsmoment M_F (Momentengleichung).

Axial wirkende Reibungskupplung

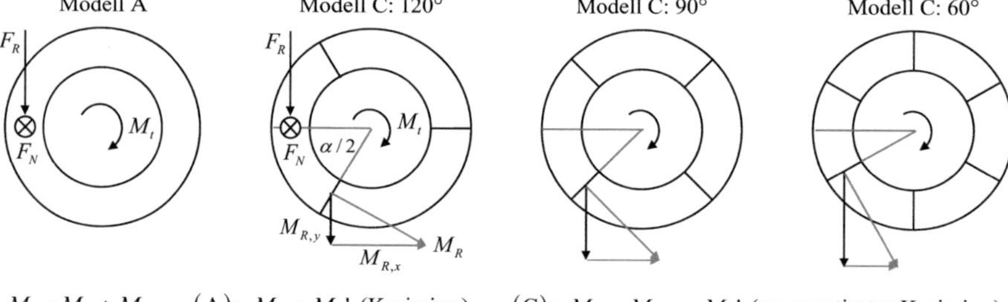

$$M_t = M_R + M_L \qquad (A): \ M_L = M_t' \ (\text{Kreisring}) \qquad (C): \ M_L = M_{R,y} = M_t' \ (\text{segmentierter Kreisring})$$

$$(A): \ M_t = \sqrt{(1/\mu_R)^2 + (1/\mu_R)^2} \cdot M_t' = (\sqrt{2}/\mu_R) \cdot M_t' \qquad M_t': \text{formschlüssiges Antriebsmoment}$$

$$(C): \ M_t = M_R + M_{R,y} \qquad M_R = \sqrt{M_{R,x}^2 + M_{R,y}^2} \quad \Rightarrow \quad M_R^2 = M_{R,x}^2 + M_{R,y}^2 \qquad M_{R,y} = \mu_R \cdot M_{t,y}$$

Radial wirkende Reibungskupplung

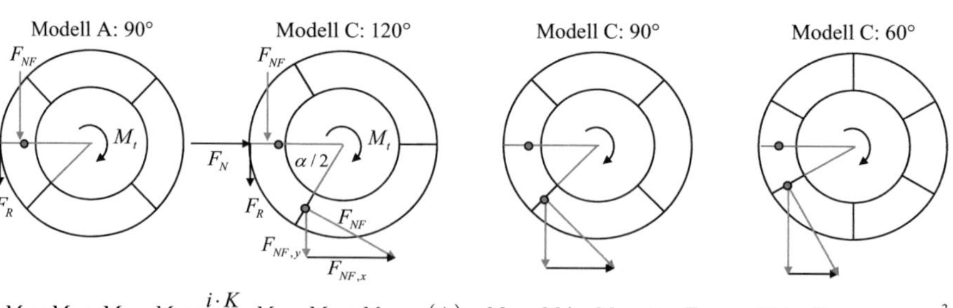

$$M_t = M_R + M_F \qquad M_y = \frac{i \cdot K}{\pi} \cdot M_R \qquad M_L = M_y \qquad (A): \ M_F = M_t' \qquad M_R = \mu_R \cdot F_N \cdot r_2 \qquad M_t' = F_{NF} \cdot r_F = m \cdot r_{s2}^2 \cdot \omega_N^2$$

$$(C): \ M_F = M_{t,y} = F_{NF} \cdot r_y = m \cdot r_{s2}^2 \cdot \omega_N^2 \cdot \cos\frac{\alpha}{2} \qquad M_R = \mu_R \cdot (F_N \cdot r_2 + F_{NF} \cdot r_x) \qquad M_{t,x} = F_{NF} \cdot r_x = m \cdot r_{s2}^2 \cdot \omega_N^2 \cdot \sin\frac{\alpha}{2}$$

Radial wirkende Reibungskupplung *(aus der Momentengleichung hergeleitet)*

$(1):\ M_t = M_R + M_F \qquad M_F = M_{t,y} \qquad \Rightarrow \qquad M_t^{\,2} = \left(M_R + M_{t,y}\right)^2 = M_R^{\,2} + 2 \cdot M_R \cdot M_{t,y} + M_{t,y}^{\,2}$

$(2):\ M_t = \sqrt{M_{t,x}^{\,2} + M_{t,y}^{\,2}} \quad \Rightarrow \quad M_t^{\,2} = M_{t,x}^{\,2} + M_{t,y}^{\,2} \quad (2a):\ M_{t,x} = \sin\dfrac{\alpha}{2} \cdot M_t \quad (2b):\ M_{t,y} = \cos\dfrac{\alpha}{2} \cdot M_t$

$(3):\ M_R = \sqrt{M_{R,x}^{\,2} + M_{R,y}^{\,2}} \quad \Rightarrow \quad M_R^{\,2} = M_{R,x}^{\,2} + M_{R,y}^{\,2} \quad (3a):\ M_{R,x} = \mu_R \cdot M_{t,x} \quad (3b):\ M_{R,y} = \mu_R \cdot M_{t,y}$

$(4):\ M_R = M_{R*} + M_{R,x} \ \text{(Modell B/C)} \quad \Rightarrow \quad M_t = M_{R*} + M_{R,x} + M_{t,y} \quad \left(M_{R*} = \mu_R \cdot F_N \cdot r_2 \quad F_N = F_\omega - F_{Fe}\right)$

$(5):\ M_y = \dfrac{i \cdot K}{\pi} \cdot M_R \quad \Rightarrow \quad M_R = \dfrac{\pi}{i \cdot K} \cdot M_y \qquad (6):\ M_y = M_L$

$(1)=(2):\ M_R^{\,2} + 2 \cdot M_R \cdot M_{t,y} + M_{t,y}^{\,2} = M_{t,x}^{\,2} + M_{t,y}^{\,2} \quad \Rightarrow \quad M_R^{\,2} + 2 \cdot M_R \cdot M_{t,y} = M_{t,x}^{\,2}$

$(2a/b):\ \sin^2\dfrac{\alpha}{2} \cdot M_t^{\,2} - 2 \cdot M_R \cdot \cos\dfrac{\alpha}{2} \cdot M_t - M_R^{\,2} = 0 \quad \Rightarrow \quad M_t^{\,2} - 2 \cdot M_R \cdot \dfrac{\cot(\alpha/2)}{\sin(\alpha/2)} \cdot M_t - \dfrac{1}{\sin^2(\alpha/2)} \cdot M_R^{\,2} = 0$

$(5),(6):\ M_t^{\,2} - 2 \cdot \left(\dfrac{\pi}{i \cdot K} \cdot M_L\right) \cdot \dfrac{\cot(\alpha/2)}{\sin(\alpha/2)} \cdot M_t - \dfrac{1}{\sin^2(\alpha/2)} \cdot \left(\dfrac{\pi}{i \cdot K} \cdot M_L\right)^2 = 0$

$$M_t = \left(\dfrac{\pi}{i \cdot K} \cdot M_L\right) \cdot \dfrac{\cot(\alpha/2)}{\sin(\alpha/2)} \pm \sqrt{\left(\dfrac{\pi}{i \cdot K} \cdot M_L\right)^2 \cdot \dfrac{\cot^2(\alpha/2)}{\sin^2(\alpha/2)} + \dfrac{1}{\sin^2(\alpha/2)} \cdot \left(\dfrac{\pi}{i \cdot K} \cdot M_L\right)^2}$$

$$M_t = \left(\dfrac{\pi}{i \cdot K} \cdot M_L\right) \cdot \dfrac{1}{\sin(\alpha/2)} \cdot \left[\cot\dfrac{\alpha}{2} \pm \sqrt{\cot^2\dfrac{\alpha}{2} + 1}\right]$$

Gewichtungsfaktor GF :

$$M_t = GF \cdot \left(\dfrac{\pi}{i \cdot K} \cdot M_L\right) \cdot \dfrac{1}{\sin(\alpha/2)} \cdot \left[\cot\dfrac{\alpha}{2} \pm \sqrt{\cot^2\dfrac{\alpha}{2} + 1}\right]$$

$$\left.\begin{array}{l} \alpha = 60°:\ GF = i_H / i = 2/6 \\[4pt] \alpha = 90°:\ GF = i_H / i = 2/4 \\[4pt] \alpha = 120°:\ GF = i_H / i = 2/3 \end{array}\right\} \quad i_H : \#\,\text{Halbschalen} \qquad i : \#\,\text{Segmente}$$

Bsp.: $M_L = 660\,Nm$

1.) $\alpha = 90°;\ i = 4:\quad K(90°) = 0{,}6366 \quad \dfrac{\pi}{i \cdot K} = 1{,}2337 \quad \sin\dfrac{\alpha}{2} = 0{,}7071 \quad \cot\dfrac{\alpha}{2} = 1$

$$M_t = \dfrac{1}{2} \cdot (1{,}2337 \cdot 660\,Nm) \cdot \dfrac{1}{0{,}7071} \cdot \left[1 + \sqrt{1^2 + 1}\right] = 2{,}1061 \cdot 660\,Nm = 1390\,Nm \quad (1387\,Nm)*$$

2.) $\alpha = 60°;\ i = 6:\quad K(60°) = 0{,}4775 \quad \dfrac{\pi}{i \cdot K} = 1{,}0965 \quad \sin\dfrac{\alpha}{2} = 0{,}5 \quad \cot\dfrac{\alpha}{2} = 1{,}7321$

$$M_t = \dfrac{1}{3} \cdot (1{,}0965 \cdot 660\,Nm) \cdot \dfrac{1}{0{,}5} \cdot \left[1{,}7321 + \sqrt{1{,}7321^2 + 1}\right] = 2{,}7282 \cdot 0{,}8 \cdot 660\,Nm = 1441\,Nm \quad (1468\,Nm)*$$

3.) $\alpha = 120°;\ i = 3:\quad K(120°) = 0{,}7162 \quad \dfrac{\pi}{i \cdot K} = 1{,}4622 \quad \sin\dfrac{\alpha}{2} = 0{,}8660 \quad \cot\dfrac{\alpha}{2} = 0{,}5774$

$$M_t = \dfrac{2}{3} \cdot (1{,}4622 \cdot 660\,Nm) \cdot \dfrac{1}{0{,}866} \cdot \left[0{,}5774 + \sqrt{0{,}5774^2 + 1}\right] = 1{,}95 \cdot 660\,Nm = 1287\,Nm \quad (1383\,Nm)*$$

*Werte aus Kap. 5.7

Vergleich von axialem und radialem Druck

1a) Reibfläche Kreisring-Segment: $A_{KR} = \pi \cdot \left(r_a^2 - r_i^2\right) \cdot \dfrac{\alpha}{2\pi} = \dfrac{\alpha}{2} \cdot \left(r_a^2 - r_i^2\right)$

1b) Reibfläche Zylinderstirnflächen-Segment: $A_{ZS} = r \cdot \alpha \cdot B$ B : axiale Breite

2) Normalkräfte: a) axial: $F_N = F_y$ b) radial: $F_y = \dfrac{1 - \cos\alpha}{\alpha} \cdot F_N$ $\Rightarrow F_N = \dfrac{\alpha}{1 - \cos\alpha} \cdot F_y$

3) Gleichheit der Drücke $p_{axial} = p_{radial}$: $p = \dfrac{F_N}{A}$ $\dfrac{F_y}{\dfrac{\alpha}{2} \cdot \left(r_a^2 - r_i^2\right)} = \dfrac{\dfrac{\alpha}{1 - \cos\alpha} \cdot F_y}{r \cdot \alpha \cdot B}$

$\Rightarrow \dfrac{2}{\left(r_a^2 - r_i^2\right)} = \dfrac{\alpha}{\left(1 - \cos\alpha\right) \cdot r \cdot B}$ $\left(r_a^2 - r_i^2\right) = \left(r_a + r_i\right)\left(r_a - r_i\right) = d_m \cdot b$

d_m : mittlerer Durchmesser b : radiale Breite $\Rightarrow \dfrac{2}{d_m \cdot b} = \dfrac{\alpha}{\left(1 - \cos\alpha\right) \cdot r \cdot B}$

3.1) $b = B$ $\wedge$ $\dfrac{d_m}{2} = r_m = r$: $1 = \dfrac{\alpha}{\left(1 - \cos\alpha\right)}$

3.2) $b = B$ $\wedge$ $d_m = r$: $2 = \dfrac{\alpha}{\left(1 - \cos\alpha\right)}$

3.3) $b = B$ $\wedge$ $r_{a,(axial)} = r_{(radial)}$ $\wedge$ $b = \left(r_a - r_i\right) = 0{,}375 \cdot r_a$: $1{,}23 = \dfrac{\alpha}{\left(1 - \cos\alpha\right)}$

$b = r_a \cdot \left(1 - r_i / r_a\right) = r_a \cdot \left(1 - 0{,}625\right) = 0{,}375 \cdot r_a$ $\Rightarrow r_m = r_a \cdot \left(1 - 0{,}375 / 2\right) = r_a \cdot 0{,}8125$

$\Rightarrow \dfrac{1}{r_m} = \dfrac{\alpha}{\left(1 - \cos\alpha\right) \cdot r}$ $\Rightarrow$ $\dfrac{1}{r_a \cdot 0{,}8125} = \dfrac{\alpha}{\left(1 - \cos\alpha\right) \cdot r_a}$: $1{,}23 = \dfrac{\alpha}{\left(1 - \cos\alpha\right)}$

4.) Volumen-Vergleich von Hohlzylindern mit den geometrischen Größen b, B, r:

$V = \dfrac{\alpha}{2} \cdot \left(r_a^2 - r_i^2\right) \cdot B = \dfrac{\alpha}{2} \cdot d_m \cdot b \cdot B = \alpha \cdot r_m \cdot b \cdot B$ $b = \left(r_a - r_i\right)$: radiale Breite B : axiale Breite

4.1) $b = B$ $\wedge$ $r_{m(axial)} = r_{(radial)}$: $V_{axial} = \alpha \cdot r_m \cdot b \cdot B = \alpha \cdot r_m \cdot b^2$ $V_{radial} = \alpha \cdot r \cdot b^2$ $\Rightarrow V_{axial} = V_{radial}$

4.2) $b = B$ $\wedge$ $d_{m(axial)} = r_{(radial)}$: $V_{axial} = \alpha \cdot r_m \cdot b \cdot B = \alpha \cdot \dfrac{d_m}{2} \cdot b^2$ $V_{radial} = \alpha \cdot r \cdot b^2$ $\Rightarrow V_{axial} = \dfrac{1}{2} \cdot V_{radial}$

4.3) $b = B$ $\wedge$ $r_{a(axial)} = r_{(radial)}$: $V_{axial} = \alpha \cdot r_m \cdot b \cdot B = \alpha \cdot \dfrac{r_a + r_i}{2} \cdot b^2$ $r_m = \dfrac{r_a + r_i}{2}$ $V_{radial} = \alpha \cdot r \cdot b^2$

Fall: $r_i = 0{,}625 \cdot r_a$ $r_m = \dfrac{1{,}625 \cdot r_a}{2} = 0{,}8125 \cdot r_a$ $\Rightarrow V = 0{,}8125 \cdot \alpha \cdot r_a \cdot b^2$ $\Rightarrow V_{axial} = 0{,}8 \cdot V_{radial}$

$\Rightarrow$ Volumengleichheit, wenn: $b = B$ $\wedge$ $r_{m,(axial)} = r_{(radial)}$

Unter der Voraussetzung der Gleichheit von radialer und axialer Breite (b=B) und der Gleichheit von mittlerem Radius r_m bei axialer Reibung und dem Zylinderradius r bei radialer Reibung (r_m=r) besteht Volumengleichheit und der radiale Druck ist stets größer als der axiale.

Tabelle zum Vergleich von axialem und radialem Druck, siehe Anhang A2-52

11.2 Geometrische Komponenten der radialen Reibung

(1) $\quad M_t = \sqrt{{M_{t,x}}^2 + {M_{t,y}}^2} \qquad M_t{}' = F_u\left(r_w\right)\cdot r_w = F_u\left(r_s\right)\cdot r_s = F_{NF}\cdot r_F = m\cdot r_s^2\cdot \omega_N^2$

(2) $\quad M_{t,x} = M_t\cdot\sin\dfrac{\alpha}{2} \qquad M_{t,y} = M_t\cdot\cos\dfrac{\alpha}{2} \qquad$ (3) $\quad M_{t,x}{}^* = \dfrac{M_{R,x}}{\mu_R} \qquad M_y = \dfrac{i\cdot K}{\pi}\cdot M_R$

$M_{t,x}, M_{t,y}$: formschlüssige Komponenten des Drehmomentes $\qquad M_t{}'$: formschlüssiges Drehmoment

$M_{t,x}{}^*$: reibschlüssige Komponente des Drehmomentes

Modell (C): $\quad M_t = \sqrt{\left(\dfrac{M_{R,x}}{\mu_R}\right)^2 + {M_{t,y}}^2} = \sqrt{\dfrac{1}{{\mu_R}^2}\cdot\sin^2\dfrac{\alpha}{2}+\cos^2\dfrac{\alpha}{2}}\cdot m\cdot r_s^2\cdot\omega_N^2 \quad M_L = M_t{}'$

Modell (A): $\quad M_t = \sqrt{\left(\dfrac{M_{R,x}}{\mu_R}\right)^2 + \left(M_t{}'\right)^2} = \sqrt{\dfrac{1}{{\mu_R}^2}\cdot\sin^2\dfrac{\alpha}{2}+1}\cdot m\cdot r_s^2\cdot\omega_N^2 \quad M_{t,y} = M_t{}' \;\; \left(\alpha_A = 0°\right)$

α_A : Abstützung von Modell (A) auf der Symmetrielinie $\alpha_A = 0° \;\Rightarrow\; \cos\left(\alpha_A\right) = 1;\;\; \alpha$: Reibungswinkel

Bsp.: $\quad \mu_R = 0,5 \quad M_L = 660\,Nm \quad$ Modell: (A),(C)

Berücksichtigung Momentenfaktor $\left(\dfrac{\pi}{i\cdot K}\right)$ bzw. $\left(\dfrac{i\cdot K}{\pi}\right)$

[1]** : Faktor $\dfrac{r_{s2}}{r_F}\cdot\left(\dfrac{i\cdot K}{\pi}\right)^{(-2)}$:

Modell (C): $\quad M_t = \sqrt{\dfrac{r_{s2}}{r_F}\cdot\left(\dfrac{\pi}{i\cdot K}\right)^{-2}\cdot\left(\dfrac{M_{R,x}}{\mu_R}\right)^2 + {M_{t,y}}^2}$

Modell (A): $\quad M_t = \sqrt{\dfrac{r_{s2}}{r_F}\cdot\left(\dfrac{\pi}{i\cdot K}\right)^{2}\cdot\left(\dfrac{M_{R,x}}{\mu_R}\right)^2 + \left(M_t{}'\right)^2}$

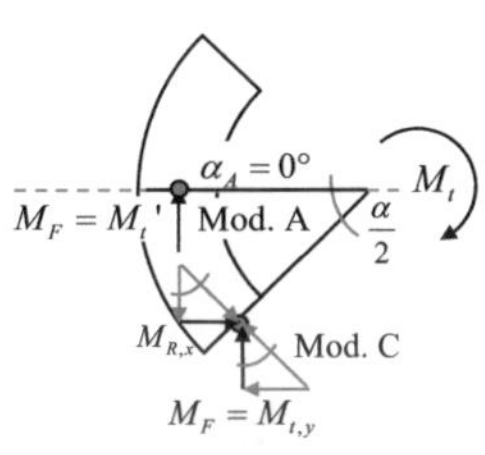

	Abweichung*
Modell A:	+1%
Modell C (60°):	+6%
Modell C (90°):	+10%
Modell C (120°):	-7%

* Abweichung von den Werten aus Kap. 5.7

Bem.: Vergleichsrechnungen zu den Beispielrechnungen von Kap. 5.7, Tabellenwerte, siehe Anhang A2-45/46

11.3 Geometrische Komponenten der axialen Reibung

$$(1)\quad M_t = \sqrt{M_{t,x}^2 + M_{t,y}^2} \qquad M_t' = F_u(r_w)\cdot r_w = F_u(r_s)\cdot r_s = F_{NF}\cdot r_m = m\cdot r_s^2\cdot \omega_N^2$$

$$(2)\quad M_{t,x} = M_t\cdot\sin\frac{\alpha}{2}\quad M_{t,y} = M_t\cdot\cos\frac{\alpha}{2}\quad (3a)\ \text{Modell C:}\ M_{t,y}^* = \frac{M_{R,y}}{\mu_R}\quad (3b)\ \text{Modell A:}\ M_{t,x}^* = M_{t,y}^* = \frac{M_t'}{\mu_R}$$

$M_{t,x}, M_{t,y}$: formschlüssige Komponenten des Drehmomentes M_t' : formschlüssiges Drehmoment

$M_{t,y}^*$: reibschlüssige Komponente des Drehmomentes (Modell C) $M_{R,y} = \mu_R\cdot\cos(\alpha/2)\cdot M_t'$

Modell (A): $(3b)$ in (1): $M_t = \sqrt{\left(\dfrac{M_t'}{\mu_R}\right)^2 + \left(\dfrac{M_t'}{\mu_R}\right)^2} = \sqrt{\left(\dfrac{1}{\mu_R}\right)^2 + \left(\dfrac{1}{\mu_R}\right)^2}\cdot m\cdot r_s^2\cdot\omega_N^2 = \dfrac{\sqrt{2}}{\mu_R}\cdot M_t'$

Modell (C): $(3a),(2)$ in (1): $M_t = \sqrt{M_{t,x}^2 + \left(\dfrac{M_{R,y}}{\mu_R}\right)^2} = \sqrt{\sin^2\left(\dfrac{\alpha}{2}\right) + \dfrac{1}{\mu_R^2}\cdot\cos^2\left(\dfrac{\alpha}{2}\right)}\cdot m\cdot r_s^2\cdot\omega_N^2$ $\left\{\begin{array}{l}\text{reibschlüssiges}\\ \text{Drehmoment}\end{array}\right.$

$$M_t = M_R + M_L \qquad M_R = \mu_R\cdot\left(1 - y^2 - \mu_{HF}\right)\cdot x\cdot m\cdot r_s^2\cdot\omega_N^2$$

$$S\cdot x = \left(1 - y^2 - \mu_{HF}\right)\cdot x \qquad M_t' = m\cdot r_s^2\cdot\omega_N^2 \qquad M_t = S\cdot x\cdot M_t'$$

$$M_{R,y} = \mu_R\cdot\cos\frac{\alpha}{2}\cdot M_t \quad\Rightarrow\quad M_t = \frac{M_{R,y}}{\mu_R\cdot\cos(\alpha/2)}$$

Modell (C): segmentierter Kreisring $M_L = M_{R,y} = M_t'$ Modell (A): Kreisring $M_L = M_t'$

Faktoren - segmentiertes Modell C: $\left(\dfrac{r_m}{r_s}\right)^2$; $\dfrac{r_m}{r_s}$; $\dfrac{1}{\sqrt{2}}\cdot\left(\dfrac{r_m}{r_s}\right)^2$; $\dfrac{1}{2}\cdot\left(\dfrac{r_m}{r_s}\right)^2$

Faktoren - Modell A: $\left(\dfrac{r_1}{r_m}\right)^2$; $\dfrac{r_1}{r_m}$; $\dfrac{1}{\sqrt{2}}\cdot\left(\dfrac{r_1}{r_m}\right)^2$; $\dfrac{1}{2}\cdot\left(\dfrac{r_1}{r_m}\right)^2$

$[1]$: (C) $M_t = \sqrt{M_{t,x}^2 + \left(\dfrac{M_{R,y}}{\mu_R}\right)^2\cdot\left(\dfrac{r_m}{r_s}\right)^2}$ (A) $M_t = \sqrt{\left(\dfrac{1}{\mu_R}\right)^2 + \left(\dfrac{1}{\mu_R}\right)^2}\cdot M_t'$

$[1]^*$: (C) $M_t = \sqrt{M_{t,x}^2 + \left(\dfrac{M_{R,y}}{\mu_R}\right)^2\cdot\dfrac{r_m}{r_s}}$ (A) $M_t = \sqrt{\left(\left(\dfrac{1}{\mu_R}\right)^2 + \left(\dfrac{1}{\mu_R}\right)^2\right)\cdot\dfrac{r_1}{r_m}}\cdot M_t'$

$[1]^{**}$: (C) $M_t = \sqrt{M_{t,x}^2 + \left(\dfrac{M_{R,y}}{\mu_R}\right)^2\cdot\dfrac{r_m}{r_s}}$ (A) $M_t = \sqrt{\left(\dfrac{1}{\mu_R}\right)^2 + \left(\dfrac{1}{\mu_R}\right)^2}\cdot\dfrac{r_1}{r_m}\cdot M_t'$

$[2]$: (C) $M_t = \sqrt{M_{t,x}^2 + \left(\dfrac{M_{R,y}}{\mu_R}\right)^2\cdot\left(\dfrac{r_m}{r_s}\right)^2}$ (A) $M_t = \sqrt{\left(\left(\dfrac{1}{\mu_R}\right)^2 + \left(\dfrac{1}{\mu_R}\right)^2\right)\cdot\left(\dfrac{r_1}{r_m}\right)^2}\cdot M_t'$ **[2]** **Modell C: 90°** 2% Abweichung

$[2]^*$: (C) $M_t = \sqrt{M_{t,x}^2 + \left(\dfrac{M_{R,y}}{\mu_R}\right)^2\cdot\dfrac{(r_m/r_s)^2}{\sqrt{2}}}$ (A) $M_t = \sqrt{\left(\left(\dfrac{1}{\mu_R}\right)^2 + \left(\dfrac{1}{\mu_R}\right)^2\right)\cdot\dfrac{(r_1/r_m)^2}{\sqrt{2}}}\cdot M_t'$ **[2]*** **Modell C: 120°** 8% Abweichung

$[2]^{**}$: (C) $M_t = \sqrt{M_{t,x}^2 + \left(\dfrac{M_{R,y}}{\mu_R}\right)^2\cdot\dfrac{(r_m/r_s)^2}{2}}$ (A) $M_t = \sqrt{\left(\left(\dfrac{1}{\mu_R}\right)^2 + \left(\dfrac{1}{\mu_R}\right)^2\right)\cdot\dfrac{(r_1/r_m)^2}{2}}\cdot M_t'$ **[2]**** **Modell C: 60°** 9% Abweichung

---

Bem.: Vergleichsrechnungen zu den Beispielrechnungen von Kap. 9.3, Tabellenwerte, siehe Anhang A2-47/48

12. Zusammenfassung

Die Fliehkraftkupplung schaltet selbsttätig in Abhängigkeit von der Drehzahl mit Kraftschluss durch Reibung. Die wesentlichen Aufgaben der Fliehkraftkupplung sind die Anlauferleichterung, drehzahlabhängiges Schalten und die Drehmomentbegrenzung. Fliehkraftkupplungen eignen sich für schnell laufende Antriebe wegen der quadratisch mit der Drehzahl zunehmenden Fliehkraft, die als Schaltkraft arbeitet, insbesondere für Anwendungen mit häufigen Beschleunigungen ohne ausgeprägte stationäre Phase.

Die Fliehkraft steigt mit der dritten Potenz des Kupplungskörperradius r_1 und das Reibmoment mit der vierten Potenz. Der Einsatz der Fliehkraftkupplung als Anlaufkupplung ermöglicht das lastfreie Beschleunigen der Antriebsmaschine. Das Antriebsmoment beim Anlauf kann unter dem – nicht geschalteten – Lastmoment liegen. Bei Verlegung der Schlupfphase in den überproportional steigenden Kurvenverlauf der Fliehkraft beträgt die Einschaltdrehzahl ein Viertel der Nenndrehzahl.

Für den auf der Kreisbahn geführten Massenpunkt bei konstanter Drehzahl entspricht das Moment dem Skalarprodukt aus Drall und Kreisfrequenz. Somit hängt das Antriebsmoment generell vom Quadrat der Drehzahl ab. Die Umfangskraft $F_U(r_S)$ im Schwerpunktabstand r_S des radial geführten Massenpunktes ist betragsmäßig gleich der Fliehkraft F_ω. Für Fliehkörper mit geometrischer Ausdehnung greift die Reaktionskraft der Umfangskraft, die Führungsnormalkraft F_{NF}, im Flächenschwerpunkt r_F der Führung an.

Die stationären Gleichgewichtszustände $\omega_1 = $ const. und $\omega_2 = $ const. zeigen, dass die Drehzahl n_1 nicht erheblich von der Einschaltdrehzahl n_2 abweicht, obwohl die Fliehkraft quadratisch mit der Drehzahl wächst, wenn der Federschaltweg Δx und der Federvorspannweg x_v sehr viel kleiner sind als der Schwerpunktradius r_{s1} der Fliehkörper. Das Verhältnis der Drehfrequenzen ω_2 zu ω_1 ist vom Verhält-nis des Schaltweges Δx zum Federvorspannweg x_v abhängig. Je höher der Federvorspannweg im Ver-gleich zum Schaltweg, desto geringer ist das Verhältnis der Drehfrequenzen ω_2 zu ω_1. Je geringer der Unterschied beider Reibwerte (statischer Haftreibwert μ_R und dynamischer Gleitreibwert μ_{GR}), desto geringer ist die Dauer der Gleitreibphase, um so näher liegt ω_3 an ω_2. Mit zunehmendem Reibwinkel sinkt das Verhältnis von Schalt- zu Reibmoment und damit auch die Sicherheit gegen Rutschen.

Die Lage der Eigenkreisfrequenz ω_e der Fliehkraftkörper ist abhängig vom Reibungswinkel, Drehzahlverhältnis, Federvorspannweg und Schaltweg. Für die Einschaltdrehfrequenz $\omega_2 = \frac{1}{2} \cdot \omega_N$ liegt die Eigenkreisfrequenz überwiegend in der Haftphase zwischen ω_3 und ω_N, für $\omega_2 = \frac{1}{4} \cdot \omega_N$ überwiegend in der Gleitreibphase zwischen ω_2 und ω_3. Die Eigenkreisfrequenz der formschlüssigen, vollkommen starren Kupplung wird als ungedämpfter Zweimassen-Torsionsschwinger berechnet.

Die Torsionsfederraten von Antrieb und Last verhalten sich reziprok zu den Wellenlängen und proportional zur vierten Potenz der Wellenradien. Bei der Kupplung fluchtender Wellen entspricht das Verhältnis der Federraten von Antrieb und Last dem Verhältnis der Massenträgheitsmomente. Bei Getrieben mit einfacher Übersetzung entspricht das Verhältnis der Federraten dem Verhältnis der Beschleunigungsmomente, also den Produkten aus Massenträgheitsmoment und Beschleunigung.

In der Schaltphase muss der Antrieb beschleunigen, damit die Geschwindigkeit nicht unter die Schaltfrequenz sinkt, die Rutschphase durchfahren und die Haftfrequenz erreicht wird.

Die partielle DGL für Torsionsschwingungen ergibt eine Ausbreitungsgeschwindigkeit von Torsionsschwingungen in Stäben von rd. 4,5 km/s für Stahl. Allein aus den Geometrien bestimmte Eigenfrequenzen der Torsionsschwingungen verhalten sich proportional zum r/l-Verhältnis und zu den Drehzahlen, die Eigenfrequenzen der Biegeschwingungen verhalten sich quadratisch zum r/l-Verhältnis und zu den Drehzahlen. Das Torsionsmoment ist das doppelte Produkt aus polarem Trägheitsmoment, Schubmodul und differentieller Drillung. Somit gilt für die 2. Bredt'sche Formel, die differentielle Drillung ist gleich dem Torsionsmoment dividiert durch das doppelte Produkt aus Schubmodul und polarem Trägheitsmoment. Auf der Nebendiagonale des ebenen Verzerrungstensors stehen dann die Gleitungen bzw. Dehnungen $\gamma_{xy} \approx \varepsilon_{xy}$ und $\gamma_{yx} \approx \varepsilon_{yx}$. Damit gilt die Analogie zwischen Hook'schem Gesetz für Normal- und Schubspannungen mit $\sigma_{xx} = \varepsilon_{xx} \cdot E$ und $\tau_{xy} = \gamma_{xy} \cdot G \approx \varepsilon_{xy} \cdot G$.

Der antriebsseitige Stoß bei Übersetzung ins Langsamere (i>1) ist bei der Dimensionierung des lastseitigen Kupplungsmomentes M_{K2} zu berücksichtigen und der lastseitige Stoß bei Übersetzung ins Schnellere (i<1) beim antriebsseitigen Kupplungsmoment M_{K1}.

Die optimale radiale Breite b der Fliehkörpersegmente beträgt $0{,}37 \cdot r_1$ ($\approx 3/8 \cdot r_1$), drei Achtel des Kupplungskörperradius r_1. Die Proportionen von Naben- zu Außenradius und radialer Breite zu Nabenradius entsprechen den Proportionen des Goldenen Schnittes.

Die von der Fliehkraft erzeugte Schaltkraft ist vom Reibungswinkel abhängig. Die durch die Fliehkraft erzeugte Schaltkraft F_y, deren Wirkungslinie durch den Schwerpunkt des Fliehkörpers und den Mittelpunkt des Kupplungskörpers verläuft, verhält sich zur Normalkraft F_N wie $(1-\cos\alpha)/\alpha$. Für Reibwinkel größer 90° leistet die Normalkraft nur noch einen unterproportionalen Beitrag zur Erhöhung der Schaltkraft, dem nutzbaren Anteil der Reibkraft.

Während die Eytelwein'sche Gleichung den Zusammenhang zwischen Haltekraft, Last und Umschlingungswinkel des biegeschlaffen Seiles darstellt, zeigt die Kraft-/Winkel-Gleichung die radial schließende Schalt- und Normalkraft in Abhängigkeit vom Reibwinkel der biegesteifen Backe. Die Schaltkraft wird als Verminderung der Normalkraft durch die Radial-Normalkraft-Relation mit dem Kraft-/Winkel-Faktor $K = (1-\cos\alpha)/\alpha$ beschrieben. Das Schaltmoment M_y ist das um den Faktor $i \cdot K / \pi$ korrigierte Reibmoment M_R. Im stationärem Betriebspunkt muss das Schaltmoment gleich dem Lastmoment sein, um die Last schlupffrei zu übertragen. Das Schaltmoment M_y (M_{Ry}) der radial (axial) wirkenden Reibungskupplung ist gleich dem Kupplungsmoment M_K.

Die Hypothese für den rotatorischen Reibungskegel ρ_0 lautet: $M_y/M_R \geq (1-\mu_R)$, bei axialer Beaufschlagung $M_{R,y}/M_R \geq (1-\mu_R)$, die Sicherheit gegen Rutschen: $S_R = M_y/M_R/(1-\mu_R)$ bzw. $S_R = M_{R,y}/M_R/(1-\mu_R)$.

Für die Führung der Fliehkörper im Kupplungskörper muss ein Führungsmoment aufgebracht werden, so dass nur ein Teil des eingeleiteten Antriebsmomentes als Reibmoment wirksam wird.

Die Größe des Reibmomentes und damit des schaltbaren Momentes ist von mehreren Parametern abhängig, dem Reibwert der Werkstoffpaarung, dem Innenradius der Kupplungsglocke (Reibradius), an dem das Reibmoment wirkt, der Masse der Fliehkörper, dem Backenöffnungswinkel, dem Schwerpunktabstand der Fliehkörper, der wiederum vom Backenöffnungswinkel und der radialen Breite der Fliehkörper abhängt und vom modellabhängigen Beitrag der Führungsnormalkraft, der die Normalkraft und damit auch das Reibmoment erhöht.

Modell C liefert bei der Relation M_y/M_t für die Winkel-/Segmentzahl-Kombinationen $3 \cdot 120°$ und $4 \cdot 90°$ die besten Werte. Drei Segmente mit Reibungswinkeln von $120°$ erreichen bei den Kriterien M_y/M_F und M_F/M_t optimale Werte. Beim Kriterium M_R/M_y bieten sechs Segmente mit $60°$ Reibungswinkel die günstigste Relation und den geringsten Drehzahlverlust. Modell B benötigt ein geringeres Antriebsmoment als Modell A und bietet bessere Werte für die Kriterien M_y/M_t, M_y/M_F und M_F/M_t.

Die radial wirkende Reibungskupplung überträgt nur mit dem Schaltmoment M_y, dessen Normalkraftkomponenten in der Wirkungslinie der radial gerichteten Kraft liegen, das Lastmoment. Das Reibmoment setzt sich zusammen aus den Reibanteilen der Normalkraft F_N und der Komponente der Abstützkraft $F_{NF,x}$, die in Richtung der Normalkraft F_N liegt. Das Antriebsmoment M_t ist gleich der Summe aus Reibmoment M_R und Führungsmoment M_F.

Die axial wirkende Reibungskupplung mit segmentiertem Reibbelag überträgt nur mit der Reibmomentkomponente $M_{R,y}$, deren Reibkraftkomponente $F_{R,y} = \mu_R \cdot F_{NF,y}$ in Richtung der Reibkraft F_R liegt, das Lastmoment M_L. Für kleine Reibwinkelsegmente ($\alpha \leq 15°$; $i \geq 24$; $\mu_R \geq 0,5$) ist das Antriebsmoment M_t näherungsweise doppelt so groß wie das Reibmoment M_R ($\approx M_{R,y}$) und damit auch doppelt so groß wie das Lastmoment M_L. Das Antriebsmoment M_t ist gleich der Summe aus Reibmoment M_R und Lastmoment M_L.

Bei der radial wirkenden Reibungskupplung teilt sich das Antriebsmoment in Reib- und Führungsmoment auf und nur der übertragbare Anteil des Reibmomentes, das Schaltmoment, wird als Lastmoment übertragen. Dabei ist das Reibmoment vom Sinus-Anteil der Führungskraft abhängig. Bei der axial wirkenden Reibungskupplung besteht das Antriebsmoment aus Reib- und Lastmoment. Bei segmentiertem Kreisringbelag wird der Cosinus-Anteil des Reibmomentes als Lastmoment übertragen. Eine axiale Betätigungskraft ist für die Funktion der Kupplung notwendig.

Unter der Voraussetzung der Gleichheit von radialer und axialer Breite (b=B) und der Gleichheit von mittlerem Radius r_m bei axialer Reibung und dem Zylinderradius r bei radialer Reibung ($r_m=r$) besteht Volumengleichheit und der radiale Druck ist stets größer als der axiale.

Um über den Vorteil des lastfreien Anlaufes hinaus auch das auftretende Führungsmoment bei radialer Reibung für den Antrieb der Last zu nutzen, muss nach Erreichen des Reibschlusses beider Kupplungshälften deren Formschluss erfolgen. Ebenso muss bei der axial wirkenden Reibungskupplung nach erfolgtem Reibschluss der Formschluss erfolgen, um das Reibmoment zu eliminieren.

ABSTRACT

The centrifugal clutch switches dependent on speed by force of friction. The essential tasks of centrifugal clutches are starting without load, to switch dependent on speed and torque limitating. Centrifugal clutches suit for fast driving devices because of square increasing centrifugal force which works as switching force, especially for applications with frequent accelerations without following distinct stationary phases. The centrifugal force grows up to the third power of the clutch radius r_1 and the torque of friction to the fourth power. The action of the centrifugal clutch makes possible the load-free acceleration of the device. If the device starts with the centrifugal clutch, the torque of device can be lower than the – not switched – torque of the working machine. If the begin of the slipping phase has fixed at the beginning of the over-proportional part of the parabolic function of the centrifugal force, the engagement speed has an amount of a quarter of the running speed.

When the guided mass point rotates by constant speed, the torque will be equal to the scalar product (dot/inner product) of angular momentum and angular velocity. Thus the device torque depends generally on the square of the number of rotations. The tangential force $F_U(r_S)$ at the point of gravity r_S of the radial guided mass point has the same amount as the centrifugal force F_ω. If the flyweights have a geometrical extension, the force of reaction – the guided normal force F_{NF} – shows the force at the point of gravity of the surface r_F.

The stationary equilibrium conditions $\omega_1 = $ const. and $\omega_2 = $ const. show that the number of rotation n_1 does not diverge from the engagement speed n_2, although the centrifugal force grows up by square to the speed if the switching distance Δx and the spring load distance x_v is quite smaller than the center of gravity r_{s1} of the flyweights. The relation of angular velocity ω_2 to ω_1 depends on the relation of the switching distance Δx to the spring load distance x_V. A high spring load distance in relation to the distance of switching causes a low relation of the angular velocities ω_2 to ω_1. A small distance of both frictional rates (static coefficient of friction μ_R and kinetic coefficient of friction μ_{GR}) causes a short duration of the slipping phase and ω_3 is also near to ω_2. An increasing friction angle causes a decreasing relation of switching torque to friction torque and thus a decreasing safety against slippage.

Natural frequence ω_e of the flyweigths depends on the friction angle, the relation of engagement to running velocity, the spring load and the switching distance. For the engagement angular speed $\omega_2 = \frac{1}{2} \cdot \omega_N$ the natural frequency is mainly at the stiction phase between ω_3 and ω_N, for $\omega_2 = \frac{1}{4} \cdot \omega_N$ prevailing at the slipping phase between ω_2 and ω_3.

The natural frequency of a positive clutch can be calculated as an undamping two-mass-torsion vibrator. The torsion spring rates of the device and the working machine are reziprocal to the shaft lengths and proportional to the fourth power of the shaft radii. If aligning shafts of the device and the working machine are coupled, the relation of spring rates of the shafts will be equal to the relation of its moments of inertia. Gears with one transforming of torque and velocity show that the relation of spring rates is equal to the relation of the acceleration torques, i. e. the products of moment of inertia and acceleration.

While the switching phase the device has to accelerate, thereby the velocity is higher than the switching frequency and is able to pass the slipping phase and reaching the running speed.

The PDE (Partial Differential Equation) for torsional vibrations shows an inertial speed of torsional vibrations of bars of approx. 4,5 km/s for steel. The natural frequencies only destinated by geometrical characteristics are proportional to the r/l-relation and also proportional to the rotations. The natural frequencies for bending vibrations are proportional to the square power of the r/l-relation and also the square power to the rotations. The torsional torque is the double product of torsional strain, shear modulus and differential twist. The distance between the natural frequencies is equidistant for torsion and has a square distance for bending.

The device-side shock by transformation motion into slower motion (i>1) has to take into consider to the load-side coupling torque M_{K2} and the load-side shock by transformation motion into faster motion (i<1) has to take into consider to the device-side coupling torque M_{K1}.

The optimal radial width of the flyweights is $0{,}37 \cdot r_1$ ($\approx 3/8 \cdot r_1$), three eights part of the coupling radius r_1. The proportions of hub radius to outer radius r_1 and the radial width to hub radius correspond to the medial section.

The switching force caused by the centrifugal force depends on the friction angle. The switching force F_y which works along the point of gravitiy of the flyweigths and the center point of the clutch acts to the normal force as the relation $(1-\cos\alpha)/\alpha$. Friction angles with more than 90° make only a underproportional distribution to grow up the switching force which is the usable part of the friction force.

While the Eytelwein formula describes the context of holding force, load and clasp angle of the pliable rope, the force-/angle-formula shows the radial closed switching force and normal force depending on the friction angle of the rigid flyweigth. The switching force is the decrease of the normal force by the radial-/normal force-relation decribed by the force-/angle-factor $K = (1-\cos\alpha)/\alpha$. The switching torque M_y is the corrected friction torque M_R by the factor $i \cdot K / \pi$. At the stationary running speed the switching torque is equal to the load by taking the load without slipping. The switching torque M_y (M_{Ry}) of the radial (axial) operating friction clutch is equal to the torque of coupling M_K.

There is a guide torque necessary for the guide of the flyweights, so that only a part of the device torque is effective as friction torque. The amount of the friction torque and thus the switching torque depends on several parameters: The coefficient of the mating frictional members, the inner radius of the clutch drum (radius of friction) at which the friction torque is effective, the mass of the flyweights, the circular segment angle of the flyweigths, the point of gravity of the flyweigths which also depends on the circular segment angle and the radial width of the flyweigths, and the contribution of the guide force to the normal force which increase the normal force and thus the friction torque.

The angle-/number of segments-combinations $3 \cdot 120°$ and $4 \cdot 90°$ deliver the best results for the relation M_y/M_t. Three segments with a friction angle of $120°$ achieve best results by the criteria of M_y/M_F and M_F/M_t. Six segments with $60°$ friction angle deliver the most favourable result for the relation M_R/M_y and the minimal decrease of rotating number. The model B achieves a lower device torque than model A and has better results by the criteria M_y/M_t, M_y/M_F and M_F/M_t.

The radial acting frictional clutch can take the load torque only by the switching torque M_y, which has the force component with the same direction of the radial directed force (centrifugal force). The friction torque consists of the friction component of the normal force F_N and the contribution of the guide force $F_{NF,x}$, which has the same direction as the normal force. The device torque M_t is the sum of the friction torque M_R and the guide torque M_F.

The axial operating friction clutch with segmented coatings uses only the friction component $M_{R,y}$ to take the load. The friction force component $F_{R,y} = \mu_R \cdot F_{NF,y}$ has the same direction as the friction force F_R. For little friction segments ($\alpha \leq 15°$; $i \geq 24$; $\mu_R \geq 0{,}5$) the device torque M_t is approximately the double of the friction torque M_R ($\approx M_{R,y}$) and thus also the double of the load torque M_L. The device torque M_t is the sum of the friction torque M_R and the load torque M_L.

The device torque of a radial acting frictional clutch consists of the friction torque and the guide torque and only the transforming part of the friction torque, the switching torque, can take the load torque. The friction torque depends on the sinus-part of the guide force. The device torque of an axial acting frictional clutch consists of the friction torque and the load torque. A segmented circular ring depends on the cosinus-part of the friction torque, which takes the load torque. An axial acting force is neccessary for the function of the coupling.

According to the equality of radial and axial width ($b=B$) and the equality of the middle radius r_m by axial friction and the cylinder radius r by the radial friction ($r_m=r$) there is equality of the volumina and the radial pressure is always greater than the axial pressure.

To use the advantage of the load free acceleration the guide torque has to be used to take the load. After reaching the friction phase of both coupling parts the positive contact has to be taken. In the same way the axial acting friction clutch has to use the positive contact after reaching the friction phase.

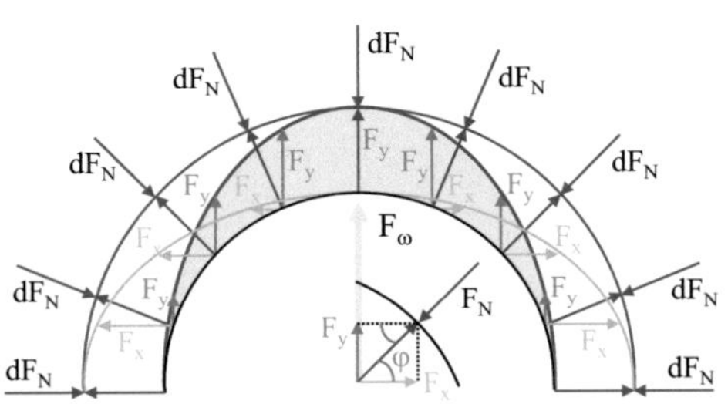

normal force and vertical force at hemispherical bowl (half pipe)

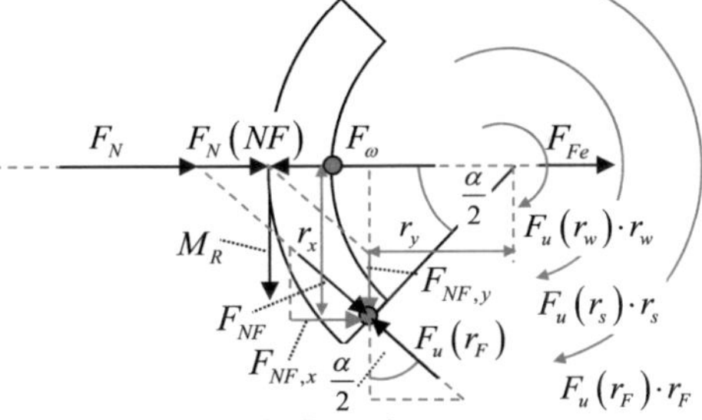

radial friction of a flyweight segment
[contribution of the guide force to the normal force F_N (NF)]

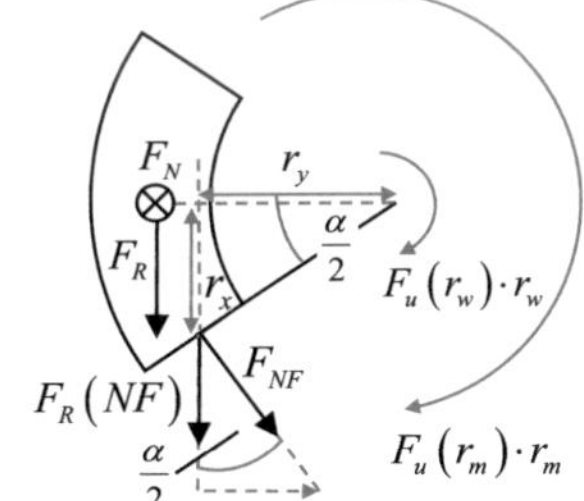

axial friction of an axial friction element

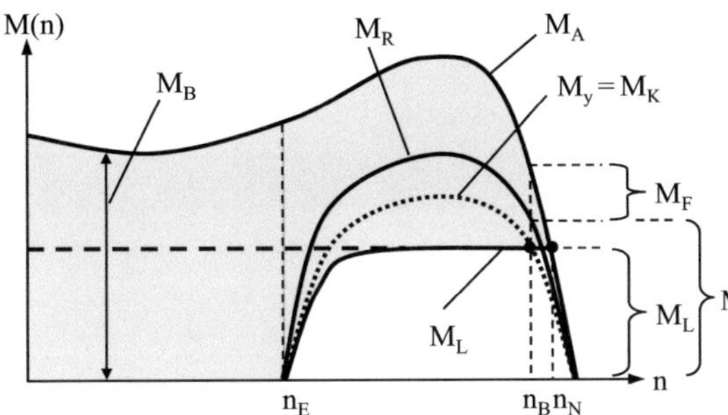

electrical drive with centrifugal clutch

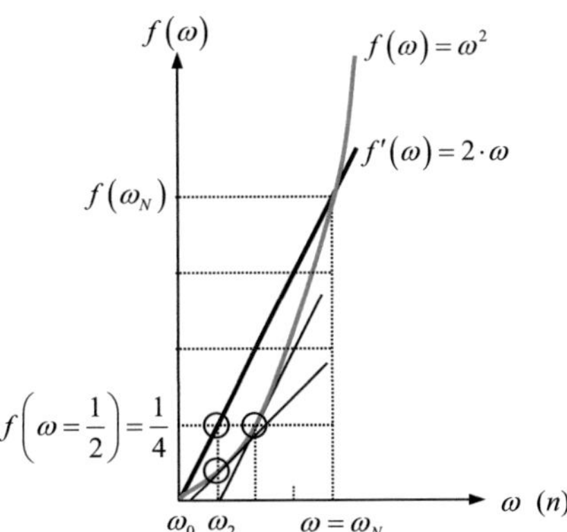

parabel function and gradient function

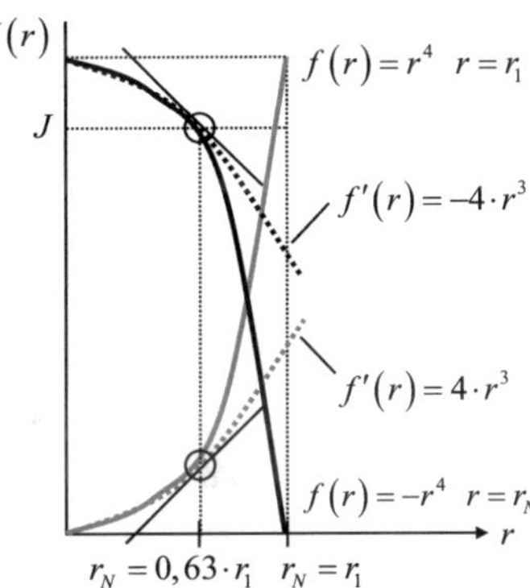

power function 4. grade and gradient function

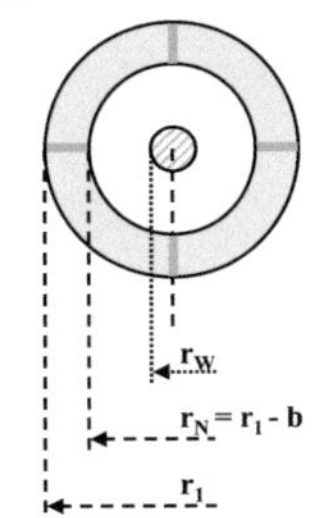

optimal radial width of flyweights

M_A torque of device
M_F torque of guide
M_L torque of load
M_B torque of acceleration
n_E engagement speed
n_B running speed
n_N target speed

$$M_A\,(n_B) = M_F + M_R$$

$$M_B\,(n < n_E) = M_A$$

$$M_B\,(n \geq n_E) = M_A - M_L$$

ANHANG

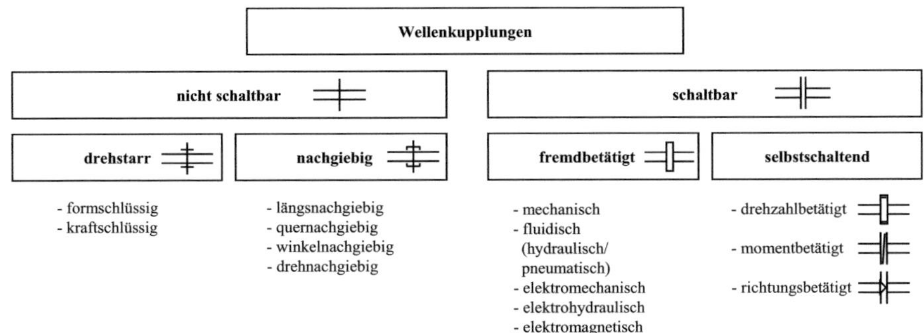

Systematische Einteilung der Kupplungen und Kupplungssymbole (nach VDI 2240)

Leistungsbereich von Fliehkraft- und Strömungskupplungen

Fliehkörperkupplungen: $1,3 - 1850$ Nm (Vgl. Suco, Firmenangaben); max. Drehzahl: 3000 min^{-1}

$1,6 - 4547$ Nm (Vgl. Desch, Firmenangaben); max. Drehzahl: 2800 min^{-1}

Füllgutkupplungen: Metalluk-Ku.: bis 25000 kpcm = 2500 Nm (Vgl. Bauer (1976), S. 338)

0,9 bis 450 kpm (= 9 bis 4500 Nm) (Vgl. Fronius (1971), S. 338)

[bis 150000 kpcm = 15000 Nm (Vgl. Bauer (1976), S. 338)]

Strömungskupplungen: 15000 Nm (Vgl. KWD Kupplungswerk Dresden, Firmenangaben)

Vergleich der Fliehkraftkupplung mit Magnet- und Strömungskupplungen

Die Fliehkraftkupplungen arbeiten innerhalb und oberhalb des Drehmomentbereiches der Magnetkupplungen und unterhalb der Strömungskupplungen und elastischen Kupplungen.

1) berührungsloses elektromagnetisches Kuppeln mit Permanentmagnet-Kupplung:
Elektromagnete erzeugen den Kraftfluss.
Herstellerangaben (KEB, Barntrup; Kupplungstyp: „COMBIPERM P1"):
von $M_{2N} = 0,4$ Nm, $P_{20} = 8$ kW, n = 3000 min^{-1} (Größe „1" ($C^{H8} = d_W = 11$mm)
bis $M_{2N} = 145$ Nm , $P_{20} = 50$ kW, n = 2000 min^{-1} (Größe „10" ($C^{H8} = d_W = 80$mm)
M_{2N}: Nennmoment nach Einlauf; P20: Leistung bei 20°C
=> schnell laufende Antriebe und kleine bis mittlere Momente

2) hydrodynamisches Kuppeln: Die Strömungskupplung nutzt die Impulsänderung der Strömung durch die Schaufeln. Herstellerangaben (Flender, Bocholt; Kupplungstyp: „FLUDEX"):
von $v_U = 80$ m/s, P = 0,5 kW ... 2500 kW
=> hohe Drehzahlen, hohe Momente

3) Elastische Kupplungen: Die elastische Kupplung dient der Dämpfung von Drehschwingungen.
Herstellerangaben (Flender, Bocholt; Kupplungstyp: „ELPEX"):
ELPEX B (Reifenkupplung): $v_U = 35$ m/s, M = 24 Nm ... 14.500 Nm, (zul. Winkelverlagerung: 4°)
ELPEX S (Scheibenkupplung): $v_U = 66$ m/s, M = 330 Nm ... 63.000 Nm, (zul. Winkelverlagerung: 0,5°)
ELPEX Standard (Scheibenkuppl.): $v_U = 36/60$ m/s, M = 1.600 Nm ... 90.000 Nm, (zul. Winkelverlagerung: 0,5°)
=> hohe Drehzahlen, hohe Momente

Kinematik der Punktbewegung

Geschwindigkeit (Tangential-/Umfangsgeschwindigkeit):

$$\vec{v} = \dot{\vec{r}} = \vec{v}_t = \vec{\omega} \times \vec{r} \qquad |\vec{v}| = |\vec{\omega} \times \vec{r}| = |\vec{\omega}| \cdot |\vec{r}| \cdot \sin(\vec{\omega}, \vec{r})$$

$$\vec{\omega} \perp \vec{r} \qquad \Rightarrow \sin(\vec{\omega}, \vec{r}) = \sin 90° = 1 \qquad \Rightarrow |\vec{v}| = v = \omega \cdot r$$

$$\vec{v} = \omega \cdot \vec{e}_z \times \vec{r} \qquad \vec{v} = \omega \cdot \vec{e}_z \times r \cdot \vec{e}_r \qquad v \cdot \vec{e}_t = \omega \cdot \vec{e}_z \times r \cdot \vec{e}_r$$

Beschleunigung (Tangential- und Normalbeschleunigung):

$$\vec{a} = \dot{\vec{v}} = \frac{d}{dt}(\vec{\omega} \times \vec{r}) = \dot{\vec{\omega}} \times \vec{r} + \vec{\omega} \times \dot{\vec{r}} = \vec{\alpha} \times \vec{r} + \vec{\omega} \times \vec{v}$$

$$\vec{a} = \vec{\alpha} \times \vec{r} + \vec{\omega} \times \vec{v} = \vec{a}_t + \vec{a}_n$$

Durchfahrener Winkel, Winkelgeschwindigkeit und Winkelbeschleunigung:

$$\varphi \qquad \dot{\varphi} = \omega \qquad \ddot{\varphi} = \dot{\omega} = \alpha$$

Geschwindigkeit (tangential, Umfangsrichtung) der Kreisbewegung (r = const.):

$$|\vec{v}| = |\dot{\vec{r}}| = |\vec{v}_t| = \omega \cdot r$$

Bogen und Bogengeschwindigkeit (= Tangentialgeschwindigkeit) der Kreisbewegung (r = const.):

$$s = \varphi \cdot r \qquad \Rightarrow \dot{s} = \frac{ds}{dt} = \frac{d\varphi}{dt} \cdot r = \dot{\varphi} \cdot r = \omega \cdot r$$

$$\dot{\vec{s}} = \vec{v}_t = \omega \cdot \vec{r} = \omega \cdot r \cdot \vec{e}_t$$

Tangential- und Normalbeschleunigung in natürlichen Koordinaten:

$$\vec{a} = a_n \cdot \vec{e}_n + a_t \cdot \vec{e}_t$$

$$\vec{e}_n = -\vec{e}_r \qquad \vec{e}_t = \vec{e}_\varphi$$

$$\vec{a} = a_r \cdot \vec{e}_r + a_\varphi \cdot \vec{e}_\varphi = -a_r \cdot \vec{e}_n + a_\varphi \cdot \vec{e}_t$$

$$a_r = \ddot{r} - r \cdot \dot{\varphi}^2 \qquad a_\varphi = r \cdot \ddot{\varphi} + 2 \cdot \dot{r} \cdot \dot{\varphi}$$

$$\vec{a} = \left(-\ddot{r} + r \cdot \dot{\varphi}^2\right) \cdot \vec{e}_n + \left(r \cdot \ddot{\varphi} + 2 \cdot \dot{r} \cdot \dot{\varphi}\right) \cdot \vec{e}_t$$

$$\rho = r = const.: \quad \vec{a} = \vec{a}_t + \vec{a}_n = r \cdot \alpha \cdot \vec{e}_t + r \cdot \omega^2 \cdot \vec{e}_n$$

Tangential- und Bogengeschwindigkeit der Kreisbewegung (r = const.):

$$v = \frac{ds}{dt} = \dot{s} \qquad v = \frac{dr}{dt} = \dot{r} \qquad \Rightarrow \frac{ds}{dt} = \frac{dr}{dt} \qquad v = \dot{s} = \dot{r}$$

$$\vec{v} = v \cdot \vec{e}_t = \dot{s} \cdot \vec{e}_t \qquad \Rightarrow \vec{a} = \ddot{s} \cdot \vec{e}_t + \dot{s} \cdot \dot{\vec{e}}_t \qquad \dot{\vec{e}}_t = \frac{\dot{s}}{r} \cdot \vec{e}_n \qquad \Rightarrow \vec{a} = \frac{\dot{s}^2}{r} \cdot \vec{e}_n + \ddot{s} \cdot \vec{e}_t$$

$$a = \sqrt{a_n^2 + a_t^2} \qquad \Rightarrow a = \sqrt{\frac{\dot{s}^4}{r^2} + \ddot{s}^2} \qquad \dot{s} = \dot{r} \qquad \Rightarrow a = \sqrt{\frac{\dot{r}^4}{r^2} + \ddot{s}^2}$$

$$\vec{e}_\varphi = -\dot{\varphi} \cdot \vec{e}_r \wedge \vec{e}_t = \vec{e}_\varphi \wedge \vec{e}_n = -\vec{e}_r: \qquad \Rightarrow \dot{\vec{e}}_t = \dot{\varphi} \cdot \vec{e}_n \qquad \vec{a} = \left(\frac{\dot{s}^2}{r} + \ddot{s} \cdot \dot{\varphi}\right) \cdot \vec{e}_n \qquad \Rightarrow a = \frac{\dot{s}^2}{r} + \ddot{s} \cdot \dot{\varphi}$$

$$\dot{s} = \omega \cdot r \wedge \ddot{s} = r \cdot \ddot{\varphi} + 2 \cdot \dot{r} \cdot \dot{\varphi} \wedge \frac{\dot{s}^2}{r} = -\ddot{r} \cdot \dot{\varphi} + r \cdot \dot{\varphi}^2: \qquad a = \left(-\ddot{r} \cdot \dot{\varphi} + r \cdot \dot{\varphi}^2\right) + \left(r \cdot \ddot{\varphi} + 2 \cdot \dot{r} \cdot \dot{\varphi}\right) \cdot \dot{\varphi}$$

Mechanische Größen zur Beschreibung der Fliehkraftkupplung

Konstante Leistung liefert der Antrieb bei Konstanz der Größen Radius r, Umfangskraft F_U und Kreisfrequenz ω und somit das konstante Moment M_t an der Antriebswelle.

$$\omega = const. \qquad P = const. \qquad \Rightarrow F_u = F\left(r_W\right) = const.$$

Für die Leistungsabgabe des Antriebes gilt:

$$P = \vec{F}\cdot\vec{v} \qquad \vec{F} = \vec{F}_u \qquad F = F_u \qquad F_u = F_{u,W} = F_{u,N} \qquad \vec{v} = \vec{v}_t \qquad v = v_t \qquad v = \omega\cdot r$$

$$P = \vec{F}\cdot\vec{v} = F\cdot v\cdot\cos(\vec{F},\vec{v}) \qquad \vec{F}\,\|\vec{v} \qquad \Rightarrow \cos(\vec{F},\vec{v}) = \cos 0° = 1$$

$$P = F\cdot v = F_u\cdot\omega\cdot r$$

Im formschlüssig geschalteten Zustand beträgt das eingeleitete, konstante Moment M_t am Wellenradius r_w der Antriebswelle:

$$M_t = F_u\cdot r_w = const. \qquad F_u = F_{u,W} = F_{u,N} \qquad \Rightarrow P = M_t\cdot\omega = const.$$

Vergleich mit statischem Moment einer Kraft: $\qquad \vec{M}_0 = \vec{r}\times\vec{F} \qquad \left(\vec{r} = \vec{r}_{01};\ \vec{F} = \vec{F}_1;\ \vec{r}\perp\vec{F}\right)$

$$\left|\vec{M}_0\right| = \left|\vec{r}\right|\cdot\left|\vec{F}\right|\cdot\sin\left(\vec{r};\vec{F}\right) = r\cdot F \qquad \Rightarrow M = r\cdot F$$

Im reibschlüssig geschalteten Zustand der Fliehkraftkupplung wirkt bei konstanter Kreisfrequenz dem eingeleiteten Moment M_t das Reibmoment M_R und das Führungsmoment M_F entgegen. Die Reibkraft F_R wirkt am Innenradius der Kupplungsglocke r_2. Die Kraft des Führungsmomentes steht senkrecht zur Führung (Führungsnormalkraft F_{NF}) und wirkt im Schwerpunktabstandes der Führung r_F. Somit lässt sich für ω = const. das eingeleitete Moment der reibschlüssigen Kupplung wie folgt angeben:

$$M_t = M_R + M_F \qquad F_u = F_{u,W} = F_{u,N}$$
$$M_t = F_u\cdot r_w = F_R\cdot r_2 + F_{NF}\cdot r_F$$

Die kinetische Vektorgröße Drehimpuls (Drall) $\underline{L}_0$ ist das Vektorprodukt aus dem Ortsvektor $\underline{r}$ und dem Impulsvektor $\underline{p}$ und steht als Vektorprodukt senkrecht auf $\underline{r}$ und $\underline{p}$. Für die Kreisbewegung berechnet sich der Betrag des Dralles L_0 wie folgt (und für den Massenpunkt gilt $r = r_s$):

$$\vec{L}_0 = \vec{r}\times\vec{p} = \vec{r}\times m\vec{v} \qquad L_0 = \left|\vec{L}_0\right| = \left|\vec{r}\times\vec{p}\right| = \left|\vec{r}\right|\cdot m\cdot\left|\vec{v}\right|\cdot\sin(\vec{r},\vec{v}) \qquad \vec{r}\perp\vec{v} \qquad \sin(\vec{r},\vec{v}) = \sin 90° = 1$$

Drall der Kreisbewegung: $\quad L_0 = m\cdot r\cdot v \qquad v = v_t = \omega\cdot r \qquad J = m\cdot r^2 \qquad \Rightarrow L_0 = m\cdot r^2\cdot\omega = J\cdot\omega$

$$\frac{d\vec{L}_0}{dt} = \dot{\vec{L}}_0 = \frac{d}{dt}\left(\vec{r}\times\vec{p}\right) = \dot{\vec{r}}\times m\vec{v} + \vec{r}\times m\dot{\vec{v}} = \vec{v}\times m\vec{v} + \vec{r}\times m\vec{a} = \vec{0} + \vec{r}\times\vec{F} \qquad \Rightarrow \dot{\vec{L}}_0 = \vec{M}_0 = \vec{r}\times\vec{F}$$

Die kinetische Größe Moment ist das Vektorprodukt aus dem Ortsvektor $\underline{r}$ und der Kraft $\underline{F}$ und steht als Vektorprodukt senkrecht auf $\underline{r}$ und $\underline{F}$. Die zeitliche Ableitung des Drehimpulses bezüglich des Drehpunktes 0 um die Achse z ist gleich dem Moment der an dem Massenpunkt m angreifenden Kraft (Momentensatz, Drehimpulssatz, Drallsatz).

Darstellung der Bewegung eines Massenpunktes in Polarkoordinaten

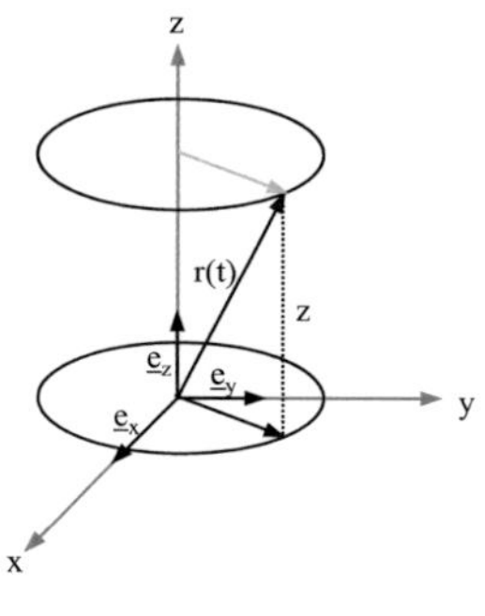

Die allgemeine räumliche Bewegung eines Massenpunktes:

$$r = r(t):$$

$$\vec{r} = r(t)\cdot\vec{e}_r + z(t)\cdot\vec{e}_z = r\cdot\vec{e}_r + z\cdot\vec{e}_z$$

$$\dot{\vec{r}} = \vec{v} = \frac{d}{dt}\left(r\cdot\vec{e}_r + z\cdot\vec{e}_z\right) = \dot{r}\cdot\vec{e}_r + r\cdot\dot{\vec{e}}_r + \dot{z}\cdot\vec{e}_z$$

$$\vec{v} = \dot{r}\cdot\vec{e}_r + r\cdot\dot{\varphi}\cdot\vec{e}_\varphi + \dot{z}\cdot\vec{e}_z$$

$$\ddot{\vec{r}} = \vec{a} = \frac{d}{dt}\left(\dot{r}\cdot\vec{e}_r + r\cdot\dot{\varphi}\cdot\vec{e}_\varphi + \dot{z}\cdot\vec{e}_z\right)$$

$$\vec{a} = \ddot{r}\cdot\vec{e}_r + \dot{r}\cdot\dot{\vec{e}}_r + \dot{r}\cdot\dot{\varphi}\cdot\vec{e}_\varphi + r\cdot\ddot{\varphi}\cdot\vec{e}_\varphi + r\cdot\dot{\varphi}\cdot\dot{\vec{e}}_\varphi + \ddot{z}\cdot\vec{e}_z$$

$$\vec{a} = \ddot{r}\cdot\vec{e}_r + \dot{r}\cdot\dot{\varphi}\cdot\vec{e}_\varphi + \dot{r}\cdot\dot{\varphi}\cdot\vec{e}_\varphi + r\cdot\ddot{\varphi}\cdot\vec{e}_\varphi - r\cdot\dot{\varphi}\cdot\dot{\varphi}\cdot\vec{e}_r + \ddot{z}\cdot\vec{e}_z$$

$$\vec{a} = \underbrace{\left(\ddot{r} - r\cdot\dot{\varphi}^2\right)\cdot\vec{e}_r}_{a_r} + \underbrace{\left(r\cdot\ddot{\varphi} + 2\cdot\dot{r}\cdot\dot{\varphi}\right)\cdot\vec{e}_\varphi}_{a_\varphi} + \ddot{z}\cdot\vec{e}_z$$

radiale Beschleunigung   zirkulare Beschleunigung

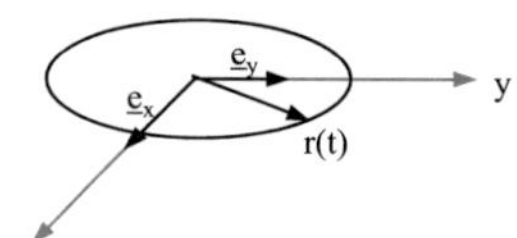

Die allgemeine ebene Bewegung ($z = 0$):

$$\vec{a}_r = \left(\ddot{r} - r\cdot\dot{\varphi}^2\right)\cdot\vec{e}_r \qquad\qquad a_r = \ddot{r} - r\cdot\dot{\varphi}^2$$

$$\vec{a}_\varphi = \left(r\cdot\ddot{\varphi} + 2\cdot\dot{r}\cdot\dot{\varphi}\right)\cdot\vec{e}_\varphi \qquad\qquad a_\varphi = r\cdot\ddot{\varphi} + 2\cdot\dot{r}\cdot\dot{\varphi} \qquad \left(a_C = 2\cdot\dot{r}\cdot\dot{\varphi}\right)$$

$$\vec{a}_z = \ddot{z}\cdot\vec{e}_z = \vec{0} \qquad\qquad a_z = \ddot{z} = 0$$

Die ebene Bewegung eines Massenpunktes auf einer Kreisbahn:

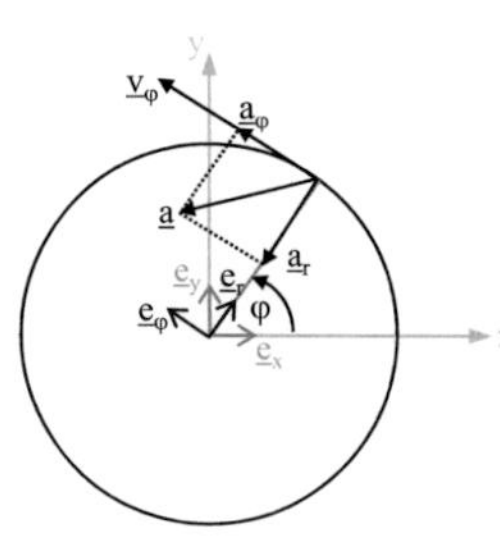

$$r = const. \qquad \Rightarrow r \neq r(t):$$

$$\vec{r} = r\cdot\vec{e}_r \qquad \left|\vec{r}\right| = r$$

$$\dot{\vec{r}} = \vec{v} = r\cdot\frac{d}{dt}\left(\vec{e}_r\right) = r\cdot\dot{\vec{e}}_r \qquad \dot{\vec{e}}_r = \dot{\varphi}\cdot\vec{e}_\varphi$$

$$\dot{\vec{r}} = \vec{v} = r\cdot\dot{\varphi}\cdot\vec{e}_\varphi = r\cdot\omega\cdot\vec{e}_\varphi \qquad \dot{\varphi} = \omega$$

$$\vec{v} = \vec{v}_\varphi = r\cdot\omega\cdot\vec{e}_\varphi \qquad \left|\vec{v}\right| = v = r\cdot\omega \qquad \ddot{\varphi} = \dot{\omega}$$

$$\ddot{\vec{r}} = \vec{a} = r\cdot\frac{d}{dt}\left(\dot{\varphi}\cdot\vec{e}_\varphi\right) = r\cdot\ddot{\varphi}\cdot\vec{e}_\varphi + r\cdot\dot{\varphi}\cdot\dot{\vec{e}}_\varphi \qquad \dot{\vec{e}}_\varphi = -\dot{\varphi}\cdot\vec{e}_r$$

$$\vec{a} = r\cdot\ddot{\varphi}\cdot\vec{e}_\varphi - r\cdot\dot{\varphi}^2\cdot\vec{e}_r = r\cdot\dot{\omega}\cdot\vec{e}_\varphi - r\cdot\omega^2\cdot\vec{e}_r$$

$$\vec{a} = \vec{a}_\varphi + \vec{a}_r = r\cdot\dot{\omega}\cdot\vec{e}_\varphi - r\cdot\omega^2\cdot\vec{e}_r$$

$$\left|\vec{a}_\varphi\right| = a_\varphi = r\cdot\ddot{\varphi} = r\cdot\dot{\omega} \qquad\qquad \text{zirkulare Beschleunigung}$$

$$\left|\vec{a}_r\right| = a_r = -r\cdot\dot{\varphi}^2 = -r\cdot\omega^2 \qquad\qquad \text{radiale Beschleunigung}$$

Zusammenhang zwischen Polar- und natürlichen Koordinaten bei beliebiger Bewegung in der Ebene

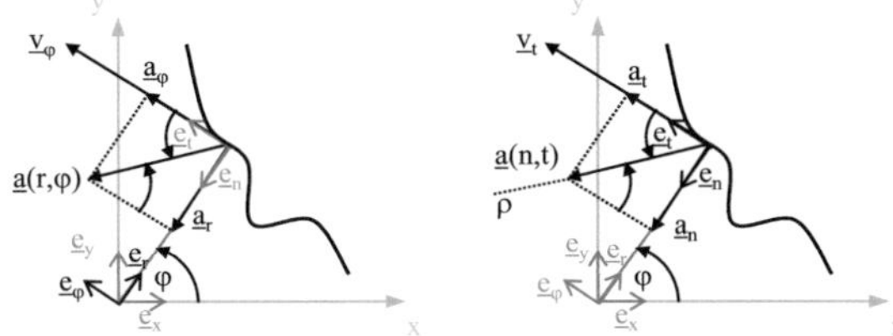

Zusammenhang zwischen Polar- und natürlichen Koordinaten am Kreis

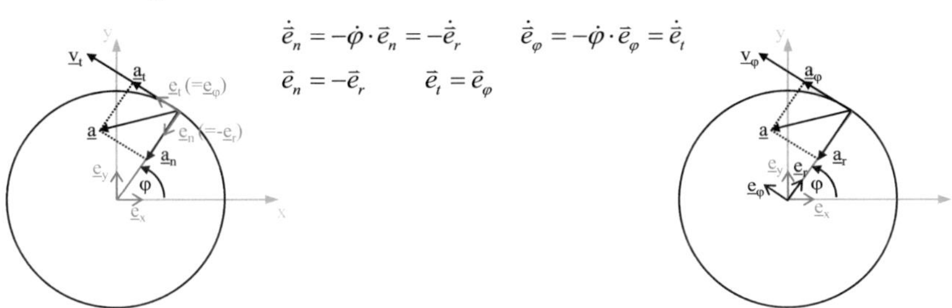

$$\dot{\vec{e}}_n = -\dot{\varphi}\cdot\vec{e}_n = -\dot{\vec{e}}_r \qquad \dot{\vec{e}}_\varphi = -\dot{\varphi}\cdot\vec{e}_\varphi = \dot{\vec{e}}_t$$

$$\vec{e}_n = -\vec{e}_r \qquad \vec{e}_t = \vec{e}_\varphi$$

$$\vec{a} = a_n\cdot\vec{e}_n + a_t\cdot\vec{e}_t \qquad \vec{e}_n = -\vec{e}_r \qquad \vec{e}_t = \vec{e}_\varphi \qquad \left(\rho = r = const.\right)$$

$$\vec{a} = a_r\cdot\vec{e}_r + a_\varphi\cdot\vec{e}_\varphi = -a_r\cdot\vec{e}_n + a_\varphi\cdot\vec{e}_t \qquad a_r = \ddot{r} - r\cdot\dot{\varphi}^2 \qquad a_\varphi = r\cdot\ddot{\varphi} + 2\cdot\dot{r}\cdot\dot{\varphi}$$

$$\vec{a} = \left(-\ddot{r} + r\cdot\dot{\varphi}^2\right)\cdot\vec{e}_n + \left(r\cdot\ddot{\varphi} + 2\cdot\dot{r}\cdot\dot{\varphi}\right)\cdot\vec{e}_t$$

$$v = \frac{ds}{dt} = \dot{s} \qquad v = \frac{dr}{dt} = \dot{r} \qquad \Rightarrow \frac{ds}{dt} = \frac{dr}{dt} \qquad v = \dot{s} = \dot{r} \qquad \vec{v} = v\cdot\vec{e}_t = \dot{s}\cdot\vec{e}_t \qquad \Rightarrow \vec{a} = \ddot{s}\cdot\vec{e}_t + \dot{s}\cdot\dot{\vec{e}}_t$$

$$\left(\vec{e}_t\cdot\vec{e}_t = 1\right)' \rightarrow \dot{\vec{e}}_t\cdot\vec{e}_t + \vec{e}_t\cdot\dot{\vec{e}}_t = 0 \rightarrow 2\cdot\dot{\vec{e}}_t\cdot\vec{e}_t = 0 \rightarrow \dot{\vec{e}}_t\cdot\vec{e}_t = 0 \qquad \Rightarrow \dot{\vec{e}}_t \perp \vec{e}_t$$

κ: Krümmung $\qquad \rho$: Radius des Krümmungskreises

$$\vec{e}_t' = \frac{d\vec{e}_t}{ds} \quad \text{(Geschwindigkeit der Tangentendrehung)} \qquad \vec{e}_n = \frac{\vec{e}_t'}{\left|\vec{e}_t'\right|} = \frac{\vec{e}_t'}{\kappa} = \rho\cdot\vec{e}_t' \qquad \vec{e}_t' = \frac{1}{\rho}\cdot\vec{e}_n$$

$$\dot{\vec{e}}_t\left(s(t)\right) = \frac{d\vec{e}_t}{ds}\cdot\frac{ds}{dt} = \dot{s}\cdot\vec{e}_t' = \frac{\dot{s}}{\rho}\cdot\vec{e}_n \qquad r = \rho \qquad \Rightarrow \dot{\vec{e}}_t = \frac{\dot{s}}{r}\cdot\vec{e}_n \qquad \text{r: konstanter Kreisradius}$$

$$\Rightarrow \vec{a} = \ddot{s}\cdot\vec{e}_t + \dot{s}\cdot\dot{\vec{e}}_t = \ddot{s}\cdot\vec{e}_t + \frac{\dot{s}^2}{r}\cdot\vec{e}_n = \left(-\ddot{r} + r\cdot\dot{\varphi}^2\right)\cdot\vec{e}_n + \left(r\cdot\ddot{\varphi} + 2\cdot\dot{r}\cdot\dot{\varphi}\right)\cdot\vec{e}_t$$

$$\ddot{s} = r\cdot\ddot{\varphi} + 2\cdot\dot{r}\cdot\dot{\varphi} \qquad \frac{\dot{s}^2}{r} = -\ddot{r} + r\cdot\dot{\varphi}^2 \qquad \Rightarrow \dot{s} = \sqrt{-r\cdot\ddot{r} + r^2\cdot\dot{\varphi}^2} = \sqrt{r\cdot\left(r\cdot\dot{\varphi}^2 - \ddot{r}\right)}$$

Kreisbewegung: $\quad \dot{s} = \dot{r} \qquad \Rightarrow \dot{s}^2 = \dot{r}^2 = r\cdot\left(r\cdot\dot{\varphi}^2 - \ddot{r}\right)$

Vgl. Schreiber (2007), S. 19, 20

Beschreibung der Bewegung auf krummlinigen Bahnen in der Ebene in Polarkoordinaten

Zirkularbeschleunigung:

$$\vec{a}_\varphi = \left(r\cdot\ddot{\varphi}+2\cdot\dot{r}\cdot\dot{\varphi}\right)\cdot\vec{e}_\varphi \qquad a_\varphi = r\cdot\ddot{\varphi}+2\cdot\dot{r}\cdot\dot{\varphi}$$

Radialbeschleunigung:

$$\vec{a}_r = \left(\ddot{r}-r\cdot\dot{\varphi}^2\right)\cdot\vec{e}_r \qquad a_r = \ddot{r}-r\cdot\dot{\varphi}^2$$

$Beschleunigung:\quad r\cdot\ddot{\varphi}+2\cdot\dot{r}\cdot\dot{\varphi}>0 \quad \left(a_\varphi>0\right)$ $\qquad$ $Beschleunigung:\quad \ddot{r}-r\cdot\dot{\varphi}^2>0 \quad \left(a_r>0\right)\quad \ddot{r}>r\cdot\dot{\varphi}^2$

$Bremsen:\qquad r\cdot\ddot{\varphi}+2\cdot\dot{r}\cdot\dot{\varphi}<0 \quad \left(a_\varphi<0\right)$ $\qquad$ $Bremsen:\qquad \ddot{r}-r\cdot\dot{\varphi}^2<0 \quad \left(a_r<0\right)\quad \ddot{r}<r\cdot\dot{\varphi}^2$

$\omega=const.:\qquad r\cdot\ddot{\varphi}+2\cdot\dot{r}\cdot\dot{\varphi}=0 \quad \left(a_\varphi=0\right)$ $\qquad$ $\omega=const.:\qquad \ddot{r}-r\cdot\dot{\varphi}^2=0 \quad \left(a_r=0\right)\quad \ddot{r}=r\cdot\dot{\varphi}^2$

Beschreibung der Bewegung auf einer Kreisbahn in Polarkoordinaten

Zirkularbeschleunigung:

$$\vec{a}_\varphi = r\cdot\ddot{\varphi}\cdot\vec{e}_\varphi \qquad a_\varphi = r\cdot\ddot{\varphi}$$

Radialbeschleunigung:

$$\vec{a}_r = -r\cdot\dot{\varphi}^2\cdot\vec{e}_r \qquad a_r = -r\cdot\dot{\varphi}^2 \qquad \vec{a}_{zp} = -r\cdot\dot{\varphi}^2\cdot\vec{e}_r$$

$Beschleunigung:\quad r\cdot\ddot{\varphi}>0 \quad \left(a_\varphi>0\right)$ $\qquad$ $\vec{a}_{zf} = -\vec{a}_{zp} = r\cdot\dot{\varphi}^2\cdot\vec{e}_r \qquad a_{zf} = r\cdot\dot{\varphi}^2$

$Bremsen:\qquad r\cdot\ddot{\varphi}<0 \quad \left(a_\varphi<0\right)$ $\qquad$ $Beschleunigung\,/\,Bremsen\,/\,\omega=const.:$

$\omega=const.:\qquad r\cdot\ddot{\varphi}=0 \quad \left(a_\varphi=0\right)$ $\qquad$ $r\cdot\dot{\varphi}^2>0\,/\,r\cdot\dot{\varphi}^2>0\,/\,r\cdot\dot{\varphi}^2=const.$

Einheitsvektoren und ihre Ableitungen

$$\vec{e}_r = \cos\varphi\cdot\vec{e}_x+\sin\varphi\cdot\vec{e}_y = \begin{pmatrix}\cos\varphi\\\sin\varphi\end{pmatrix} \qquad \vec{e}_\varphi = \cos\left(\varphi+90°\right)\cdot\vec{e}_x+\sin\left(\varphi+90°\right)\cdot\vec{e}_y = -\sin\varphi\cdot\vec{e}_x+\cos\varphi\cdot\vec{e}_y = \begin{pmatrix}-\sin\varphi\\\cos\varphi\end{pmatrix}$$

$$\dot{\vec{e}}_r = \frac{d\vec{e}_r}{d\varphi}\cdot\frac{d\varphi}{dt} = \left(-\sin\varphi\cdot\vec{e}_x+\cos\varphi\cdot\vec{e}_y\right)\cdot\dot{\varphi} = \begin{pmatrix}-\sin\varphi\\\cos\varphi\end{pmatrix}\cdot\dot{\varphi} = \dot{\varphi}\cdot\vec{e}_\varphi$$

$$\dot{\vec{e}}_\varphi = \frac{d\vec{e}_\varphi}{d\varphi}\cdot\frac{d\varphi}{dt} = \left(-\cos\varphi\cdot\vec{e}_x-\sin\varphi\cdot\vec{e}_y\right)\cdot\dot{\varphi} = \begin{pmatrix}-\cos\varphi\\-\sin\varphi\end{pmatrix}\cdot\dot{\varphi} = -\dot{\varphi}\cdot\vec{e}_r$$

Radiale und zirkulare Beschleunigung und der Betrag der resultierenden Beschleunigung

$$\alpha = \frac{d\omega}{dt} = const. \qquad \alpha = \frac{\Delta\omega}{\Delta t} = \frac{\omega_i}{t_i} = const. \qquad a_\varphi = r\cdot\alpha \qquad a = \sqrt{a_\varphi^2+a_r^2} = \sqrt{a_t^2+a_n^2}$$

$$a = \sqrt{\left(r\cdot\ddot{\varphi}+2\cdot\dot{r}\cdot\dot{\varphi}\right)^2+\left(\ddot{r}-r\cdot\dot{\varphi}^2\right)^2} = \sqrt{\left(r\cdot\ddot{\varphi}+2\cdot\dot{r}\cdot\dot{\varphi}\right)^2+\left(-\ddot{r}+r\cdot\dot{\varphi}^2\right)^2} \qquad a^2 = \left(r\cdot\ddot{\varphi}+2\cdot\dot{r}\cdot\dot{\varphi}\right)^2+\left(\ddot{r}-r\cdot\dot{\varphi}^2\right)^2$$

$$a^2 = r^2\cdot\ddot{\varphi}^2+4\cdot r\cdot\dot{r}\cdot\dot{\varphi}\cdot\ddot{\varphi}+4\cdot\dot{r}^2\cdot\dot{\varphi}^2+\ddot{r}^2-2\cdot r\cdot\ddot{r}\cdot\dot{\varphi}^2+r^2\cdot\dot{\varphi}^4 \qquad \ddot{\varphi}\cdot\dot{\varphi} = \frac{\dot{\varphi}^2}{2} \quad \Rightarrow \dot{\varphi}^2 = 2\cdot\dot{\varphi}\cdot\ddot{\varphi}:$$

$$a^2 = r^2\cdot\ddot{\varphi}^2+2\cdot r\cdot\ddot{r}\cdot\dot{\varphi}^2+4\cdot\dot{r}^2\cdot\dot{\varphi}^2+\ddot{r}^2-2\cdot r\cdot\ddot{r}\cdot\dot{\varphi}^2+r^2\cdot\dot{\varphi}^4 \quad \Rightarrow a^2 = \ddot{r}^2+4\cdot\dot{\varphi}^2\cdot\dot{r}^2+\left(\dot{\varphi}^4+\ddot{\varphi}^2\right)\cdot r^2 \quad \Rightarrow a\neq\ddot{r}$$

Bogen, Radius, Geschwindigkeit, Beschleunigung und die Übersetzung i

1.) Gleichheit der überstrichenen Bögen: $\qquad \hat{b}_A = r_A\cdot\varphi_A \qquad \hat{b}_L = r_L\cdot\varphi_L \qquad \Rightarrow r_A\cdot\varphi_A = r_L\cdot\varphi_L \qquad i = \dfrac{\varphi_A}{\varphi_L} = \dfrac{r_L}{r_A}$

2.) Gleichheit der Bogengeschwindigkeiten: $\qquad \dfrac{d\hat{b}_A}{dt} = r_A\cdot\dfrac{d\varphi_A}{dt} \qquad \dfrac{d\hat{b}_L}{dt} = r_L\cdot\dfrac{d\varphi_L}{dt} \qquad \Rightarrow r_A\cdot\omega_A = r_L\cdot\omega_L \qquad i = \dfrac{\omega_A}{\omega_L} = \dfrac{r_L}{r_A}$

3.) Gleichheit der Bogenbeschleunigungen: $\qquad \dfrac{d^2\hat{b}_A}{dt^2} = r_A\cdot\dfrac{d^2\varphi_A}{dt^2} \qquad \dfrac{d^2\hat{b}_L}{dt^2} = r_L\cdot\dfrac{d^2\varphi_L}{dt^2} \qquad \Rightarrow r_A\cdot\alpha_A = r_L\cdot\alpha_L \qquad i = \dfrac{\alpha_A}{\alpha_L} = \dfrac{r_L}{r_A}$

Füllgutkupplungen (Füllgut: Stahlkugeln) – Druckspannungen und Kontaktflächen (1)

Rollreibungskraft F_{Rr}: $F_{Rr} = \dfrac{f}{r_K} \cdot F_G$ $\left(F_G = m_K \cdot g \right)$ $F_{Rr} = \dfrac{f}{r_K} \cdot F_\omega$ $\left(F_\omega = m_K \cdot r_s \cdot \omega^2 \right)$

$f \cong 0,5mm \;\; (GG, St)$

Druckspannungen und Kontaktflächen:

1) Körperkombination: Kugel/Hohlkugel: $a = b = \sqrt[3]{\dfrac{3 \cdot r_1 \cdot r_2 \cdot F}{2 \cdot E_{12} \cdot (r_2 - r_1)}}$ $p_{max} = \dfrac{1}{\pi} \cdot \sqrt[3]{\dfrac{3 \cdot (r_2 - r_1)^2 \cdot E_{12}^{\;2} \cdot F}{2 \cdot r_1^{\;2} \cdot r_2^{\;2}}}$

2) Körperkombination: Kugel/Kugel: $a = b = \sqrt[3]{\dfrac{3 \cdot r_1 \cdot r_2 \cdot F}{2 \cdot E_{12} \cdot (r_1 + r_2)}}$ $p_{max} = \dfrac{1}{\pi} \cdot \sqrt[3]{\dfrac{3 \cdot (r_1 + r_2)^2 \cdot E_{12}^{\;2} \cdot F}{2 \cdot r_1^{\;2} \cdot r_2^{\;2}}}$

$F_\omega = m \cdot r_s \cdot \omega^2$ $m = m_K = \rho \cdot V$ $\rho = \rho_{Fe} = 7860 \dfrac{kg}{m^3}$ $V = V_K = \dfrac{4}{3} \cdot \pi \cdot r_K^3$ $E_{12} = E_{Stahl} = 210.000 \dfrac{N}{mm^2}$

Bsp.: $r_K = 5mm$ $\omega = 3000 \min^{-1} = 50 s^{-1}$ $m_K = 7860 \dfrac{kg}{m^3} \cdot \dfrac{4}{3} \cdot \pi \cdot r_K^3 = 7860 \dfrac{kg}{m^3} \cdot \dfrac{4}{3} \cdot \pi \cdot (0,005m)^3 = 0,0041 kg$

A) äußere Kugelreihe (Kugeln an der Kupplungsglocke):

1) Körperkombination: Kugel/Hohlkugel: $a = b = \sqrt[3]{\dfrac{3 \cdot r_1 \cdot r_2 \cdot F}{2 \cdot E_{12} \cdot (r_2 - r_1)}}$ $p_{max} = \dfrac{1}{\pi} \cdot \sqrt[3]{\dfrac{3 \cdot (r_2 - r_1)^2 \cdot E_{12}^{\;2} \cdot F}{2 \cdot r_1^{\;2} \cdot r_2^{\;2}}}$

$r_{s1} = r_2 - r_K$ r_{s1}: Schwerpunktabstand der äußeren Kugel (reihe) vom Drehpunkt $r_1 = r_K$ $r_2 = r_{Kupplungsglocke}$

1a) Fliehkraft*: $F_\omega = m \cdot r_s \cdot \omega^2 = m \cdot (r_2 - r_K) \cdot \omega^2 = 0,0041 kg \cdot (100 - 5) mm \cdot \left(2\pi \cdot 50 s^{-1} \right)^2 = 38,44 N$

*Fliehkraft einer Kugel

1b) Halbachsen der Ellipse: $a = b = \sqrt[3]{\dfrac{3 \cdot r_1 \cdot r_2 \cdot F}{2 \cdot E_{12} \cdot (r_2 - r_1)}}$ $\left(A_{Ellipse} = a \cdot b \cdot \pi \right)$

$$a = b = \sqrt[3]{\dfrac{3 \cdot r_1 \cdot r_2 \cdot F}{2 \cdot E_{12} \cdot (r_2 - r_1)}} = \sqrt[3]{\dfrac{3 \cdot 5mm \cdot 100mm \cdot 38,44 N}{2 \cdot 210.000 \dfrac{N}{mm^2} \cdot (100 - 5) mm}} = 0,113 mm$$

$$A_{Ellipse} = a \cdot b \cdot \pi = (0,113 mm)^2 \cdot \pi = 0,04 mm^2$$

$$p = \dfrac{F_\omega}{A} = \dfrac{38,44 N}{0,04 mm^2} = 958 \dfrac{N}{mm^2}$$

$$p_{max} = \dfrac{1}{\pi} \cdot \sqrt[3]{\dfrac{3 \cdot (r_2 - r_1)^2 \cdot E_{12}^{\;2} \cdot F}{2 \cdot r_1^{\;2} \cdot r_2^{\;2}}} = \dfrac{1}{\pi} \cdot \sqrt[3]{\dfrac{3 \cdot (100 - 5)^2 \, mm^2 \cdot (210000)^2 \dfrac{N^2}{mm^4} \cdot 38,44 N}{2 \cdot (5mm)^2 \cdot (100mm)^2}} = 1.436 \dfrac{N}{mm^2}$$

$\Rightarrow p < p_{max}$

(Formeln: siehe Beckert (1970), S. 57, 214; Wert für f: siehe Böge (1999), S. 262)

Füllgutkupplungen (Füllgut: Stahlkugeln) – Druckspannungen und Kontaktflächen (2)

B) zweite Kugelreihe:

2) Körperkombination: Kugel/Kugel: $\quad a = b = \sqrt[3]{\dfrac{3 \cdot r_1 \cdot r_2 \cdot F}{2 \cdot E_{12} \cdot (r_1 + r_2)}} \qquad p_{max} = \dfrac{1}{\pi} \cdot \sqrt[3]{\dfrac{3 \cdot (r_1 + r_2)^2 \cdot E_{12}{}^2 \cdot F}{2 \cdot r_1{}^2 \cdot r_2{}^2}}$

2a) Fliehkraft: $\quad F_\omega = m \cdot r_s \cdot \omega^2 = m \cdot (r_2 - 3 \cdot r_K) \cdot \omega^2 = 0,0041 kg \cdot (100 - 15) mm \cdot (2\pi \cdot 50 s^{-1})^2 = 34,4 N$

*Fliehkraft einer Kugel

$r_{s,2} = r_2 - 3 \cdot r_K \qquad r_{s,2}$: Schwerpunktabstand der zweiten Kugel (reihe) vom Drehpunkt $\qquad r_1 = r_2 = r_K$

2b) Halbachsen der Ellipse: $\quad a = b = \sqrt[3]{\dfrac{3 \cdot r_1 \cdot r_2 \cdot F}{2 \cdot E_{12} \cdot (r_1 + r_2)}} \quad \left(A_{Ellipse} = a \cdot b \cdot \pi \right)$

$$a = b = \sqrt[3]{\frac{3 \cdot r_1 \cdot r_2 \cdot F}{2 \cdot E_{12} \cdot (r_1 + r_2)}} = \sqrt[3]{\frac{3 \cdot 5mm \cdot 5mm \cdot 34,4N}{2 \cdot 210.000 \frac{N}{mm^2} \cdot (5+5) mm}} = 0,085 mm$$

$$A_{Ellipse} = a \cdot b \cdot \pi = (0,085mm)^2 \cdot \pi = 0,0227 mm^2$$

$$p = \frac{F_\omega}{A} = \frac{34,4N}{0,0227 mm^2} = 1515 \frac{N}{mm^2}$$

$$p_{max} = \frac{1}{\pi} \cdot \sqrt[3]{\frac{3 \cdot (r_1 + r_2)^2 \cdot E_{12}{}^2 \cdot F}{2 \cdot r_1{}^2 \cdot r_2{}^2}} = \frac{1}{\pi} \cdot \sqrt[3]{\frac{3 \cdot (5+5)^2 \, mm^2 \cdot (210000)^2 \, \frac{N^2}{mm^4} \cdot 34,4N}{2 \cdot (5mm)^2 \cdot (5mm)^2}} = 2.273 \frac{N}{mm^2}$$

$$\Rightarrow p < p_{max}$$

Vergleich der Druckspannungen der Kontaktpaare:

(1) [Kugel/Hohlkugel]: $\quad p_{max} = \dfrac{1}{\pi} \cdot \sqrt[3]{\dfrac{3 \cdot (r_2 - r_1)^2 \cdot E_{12}{}^2 \cdot F}{2 \cdot r_1{}^2 \cdot r_2{}^2}} \quad \Rightarrow F = \dfrac{p_{max}{}^3 \cdot \pi^3 \cdot 2 \cdot r_1{}^2 \cdot r_2{}^2}{3 \cdot (r_2 - r_1)^2 \cdot E_{12}{}^2} \quad (1^*)$

(2) [Kugel/Kugel]: $\quad p_{max} = \dfrac{1}{\pi} \cdot \sqrt[3]{\dfrac{3 \cdot (r_1 + r_2)^2 \cdot E_{12}{}^2 \cdot F}{2 \cdot r_1{}^2 \cdot r_2{}^2}} \quad \Rightarrow F = \dfrac{p_{max}{}^3 \cdot \pi^3 \cdot 2 \cdot r_1{}^2 \cdot r_2{}^2}{3 \cdot (r_1 + r_2)^2 \cdot E_{12}{}^2} \quad (2^*)$

$(1^*) \overset{?}{>} (2^*): \quad \dfrac{p_{max}{}^3 \cdot \pi^3 \cdot 2 \cdot r_1{}^2 \cdot r_2{}^2}{3 \cdot (r_2 - r_1)^2 \cdot E_{12}{}^2} > \dfrac{p_{max}{}^3 \cdot \pi^3 \cdot 2 \cdot r_1{}^2 \cdot r_2{}^2}{3 \cdot (r_1 + r_2)^2 \cdot E_{12}{}^2} \quad \Rightarrow \dfrac{1}{(r_2 - r_1)^2} > \dfrac{1}{(r_1 + r_2)^2}$

$$\Rightarrow (r_1 + r_2)^2 > (r_2 - r_1)^2$$

$$p_{max} [\text{Kugel/Hohlkugel}] > p_{max} [\text{Kugel/Kugel}]$$

=> Der maximale Kontaktdruck wird bei Füllgutkupplungen mit Stahlkugeln nicht erreicht.

Füllgutkupplungen (Füllgut: Stahlkugeln) – Berechnungen (1)

$$\rightarrow \sum F_{ir} = 0: \quad F_\omega - F_N = 0 \quad \Rightarrow F_N = F_\omega \quad F_{\omega,i} = m_K \cdot r_{s,i} \cdot \omega^2 \quad F_{\omega,ges}(z) = \sum_i z_i \cdot m_K \cdot r_{s,i} \cdot \omega^2 = m_K \cdot \omega^2 \cdot \sum_i z_i \cdot r_{s,i}$$

$$i = 1: \quad r_{s,1} = r_{s,a} = r_1 - r_K$$

$$i = 2: \quad r_{s,2} = r_{s,a} = r_1 - \left(1 + \frac{\sqrt{2}}{2}\right) \cdot r_K \quad \text{(Annahme: dichteste Kugelpackung)}$$

$$i = 3: \quad r_{s,2} = r_{s,a} = r_1 - \left(1 + 2 \cdot \frac{\sqrt{2}}{2}\right) \cdot r_K = r_1 - \left(1 + \sqrt{2}\right) \cdot r_K$$

Bsp.: $\quad r_1 = 100mm \quad r_K = \dfrac{d_K}{2} = 2,5mm \quad r_B = 10mm \quad B_{FK} = 80mm \quad s = 10mm$

Anzahl der maximalen Kugeln einer Reihe in axialer Richtung: $\quad z_{R,max} = \dfrac{80mm - 2 \cdot s}{d_K} = \dfrac{60mm}{5mm} = 12$

$$r_{s,1} = r_{s,a} = r_1 - r_K = (100 - 2,5)mm = 97,5mm$$

Anzahl der maximalen Kugeln der äußeren Kugelreihe in Umfangsrichtung:

$$z_1 = \frac{U_1 - 3 \cdot d_B}{r_K} = \frac{2 \cdot r_{s,1} \cdot \pi - 3 \cdot d_B}{2 \cdot r_K} = \frac{195mm \cdot \pi - 3 \cdot 10mm}{5mm} = 116,5 \quad z_1 = 116$$

gesamte Anzahl der Kugeln einer äußeren Kugellage: $\quad z_{ges}(L_1) = \dfrac{n}{2} \cdot z_1 + \left(\dfrac{n}{2} - 1\right) \cdot z_1 = (n-1) \cdot z_1$

$$\Rightarrow z_{ges}(L_1) = (n-1) \cdot z_1 = 11 \cdot 116 = 1276$$

$$r_{s,2} = r_1 - \left(1 + \frac{\sqrt{2}}{2}\right) \cdot r_K = \left(100 - \left(1 + \frac{\sqrt{2}}{2}\right) \cdot 2,5\right)mm = 95,73mm$$

Anzahl der maximalen Kugeln der zweiten Kugelreihe in Umfangsrichtung:

$$z_2 = \frac{U_2 - 3 \cdot d_B}{r_K} = \frac{2 \cdot r_{s,2} \cdot \pi - 3 \cdot d_B}{2 \cdot r_K} = \frac{191,46mm \cdot \pi - 3 \cdot 10mm}{5mm} = 114,3 \quad z_2 = 114$$

gesamte Anzahl der Kugeln der zweiten Lage: $\quad z_{ges}(L_2) = \left(\dfrac{n}{2} - 1\right) \cdot z_2 + \left(\dfrac{n}{2} - 1\right) \cdot z_2 = (n-2) \cdot z_2$

$$\Rightarrow z_{ges}(L_2) = (n-2) \cdot z_2 = 10 \cdot 114 = 1140$$

$$r_{s,3} = r_1 - \left(1 + \sqrt{2}\right) \cdot r_K = \left(100 - \left(1 + \sqrt{2}\right) \cdot 2,5\right)mm = 93,96mm$$

Anzahl der maximalen Kugeln der dritten Kugelreihe in Umfangsrichtung:

$$z_3 = \frac{U_3 - 3 \cdot d_B}{r_K} = \frac{2 \cdot r_{s,3} \cdot \pi - 3 \cdot d_B}{2 \cdot r_K} = \frac{187,92mm \cdot \pi - 3 \cdot 10mm}{5mm} = 112,07 \quad z_3 = 112$$

gesamte Anzahl der Kugeln der dritten Lage: $\quad z_{ges}(L_3) = (n-1) \cdot z_3 \quad \Rightarrow z_{ges}(L_3) = 11 \cdot 112 = 1232$

$$z_{ges}(L_1) \cdot r_{s,1} = 1276 \cdot 97,5mm = 124410mm = 124,410m$$

$$z_{ges}(L_2) \cdot r_{s,2} = 1140 \cdot 95,73mm = 109132mm = 109,132m$$

$$z_{ges}(L_3) \cdot r_{s,3} = 1232 \cdot 93,96mm = 115759mm = 115,759m$$

Füllgutkupplungen (Füllgut: Stahlkugeln) – Berechnungen (2)

$$m_K = \rho \cdot V_K \qquad \rho = \rho_{Fe} = 7860 \frac{N}{m^3} \qquad V = V_K = \frac{4}{3} \cdot \pi \cdot r_K^3$$

$$\Rightarrow m_K = \frac{4}{3} \cdot \pi \cdot (2{,}5mm)^3 \cdot 7860 \frac{kg}{m^3} = 0{,}00051 kg = 0{,}51 g$$

$$\omega_N = 3000 \min^{-1} = 50 s^{-1}: \qquad m_K \cdot \omega_N^2 = 0{,}00051 kg \cdot \left(50 s^{-1}\right)^2 = 1{,}275 \frac{kg}{s^2}$$

gesamte Füllmasse:

$$m_{K,1} = z_{1,ges} \cdot m_K = 1276 \cdot 0{,}00051 kg = 0{,}651 kg$$

$$m_{K,2} = z_{2,ges} \cdot m_K = 1140 \cdot 0{,}00051 kg = 0{,}581 kg \qquad \Rightarrow m_{K,2,ges} = m_{K,1} + m_{K,2} = 1{,}232 kg$$

$$m_{K,3} = z_{3,ges} \cdot m_K = 1232 \cdot 0{,}00051 kg = 0{,}628 kg \qquad \Rightarrow m_{K,3,ges} = m_{K,1} + m_{K,2} + m_{K,2} = 1{,}860 kg$$

Fliehkraft:

$$F_{\omega,z1}\left(z=1,\omega_N\right) = m_K \cdot \omega^2 \cdot \left(z_i \cdot r_{s,i}\right) = 1{,}275 \frac{kg}{s^2} \cdot 124{,}41 m = 159 N$$

$$F_{\omega,z2}\left(z=2,\omega_N\right) = m_K \cdot \omega^2 \cdot \left(z_i \cdot r_{s,i}\right) = 1{,}275 \frac{kg}{s^2} \cdot 109{,}132 m = 139 N$$

$$F_{\omega,z3}\left(z=3,\omega_N\right) = m_K \cdot \omega^2 \cdot \left(z_i \cdot r_{s,i}\right) = 1{,}275 \frac{kg}{s^2} \cdot 115{,}759 m = 148 N$$

$$f = 0{,}5mm \qquad r_K = 2{,}5mm \qquad r_1 = 100mm \qquad \frac{f}{r_K} = \frac{0{,}5mm}{2{,}5mm} = 0{,}2$$

Rollreibungskraft: $\qquad F_{Rr} = \frac{f}{r_K} \cdot F_\omega$

$$F_{Rr,z1}\left(\omega_N\right) = \frac{f}{r_K} \cdot F_{\omega,z1} = 0{,}2 \cdot 159 N = 31{,}8 N$$

$$F_{Rr,z2}\left(\omega_N\right) = \frac{f}{r_K} \cdot F_{\omega,z2} = 0{,}2 \cdot 139 N = 27{,}8 N$$

$$F_{Rr,z3}\left(\omega_N\right) = \frac{f}{r_K} \cdot F_{\omega,z3} = 0{,}2 \cdot 148 N = 29{,}6 N$$

Reibmoment der Rollreibungskraft: $\qquad M_{Rr} = \frac{f}{r_K} \cdot F_\omega \cdot r_1 = F_{Rr,i} \cdot r_1$

$$M_{Rr,z1}\left(\omega_N\right) = \frac{f}{r_K} \cdot F_{\omega,z1} \cdot r_1 = F_{Rr,z1} \cdot r_1 = 31{,}8 N \cdot 0{,}1 m = 3{,}18 Nm$$

$$M_{Rr,z2}\left(\omega_N\right) = \frac{f}{r_K} \cdot F_{\omega,z2} \cdot r_1 = F_{Rr,z2} \cdot r_2 = 27{,}8 N \cdot 0{,}1 m = 2{,}78 Nm$$

$$M_{Rr,z3}\left(\omega_N\right) = \frac{f}{r_K} \cdot F_{\omega,z3} \cdot r_1 = F_{Rr,z3} \cdot r_3 = 29{,}6 N \cdot 0{,}1 m = 2{,}96 Nm$$

gesamtes Reibmoment der Rollreibungskraft: $\qquad M_{Rr} = \frac{f}{r_K} \cdot F_\omega \cdot r_1 = F_{Rr,i} \cdot r_1$

einreihig: $\qquad M_{Rr,z1} = M_{Rr,z1}\left(\omega_N\right) = F_{Rr,z1} \cdot r_1 = 3{,}18 Nm$

zweireihig: $\qquad M_{Rr,z1,2} = M_{Rr,z1}\left(\omega_N\right) + M_{Rr,z2}\left(\omega_N\right) = 3{,}18 Nm + 2{,}78 Nm = 5{,}96 Nm$

dreireihig: $\qquad M_{Rr,z1,2,3} = M_{Rr,z1}\left(\omega_N\right) + M_{Rr,z2}\left(\omega_N\right) + M_{Rr,z3}\left(\omega_N\right) = 5{,}96 Nm + 2{,}96 Nm = 8{,}92 Nm$

Füllgutkupplungen (Füllgut: Stahlkugeln) – Berechnungen (3)

Momentengleichgewicht im geschalteten Zustand ($\omega = const.$):

$$\uparrow \sum M_{it} = 0: \quad M_t - M_{Rr} - M_F = 0 \quad \Rightarrow M_t = M_{Rr} + M_F \quad M_{Rr} = F_{Rr,i} \cdot r_{s,i} = \frac{f}{r_K} \cdot F_\omega \cdot r_{s,i}$$

$$M_F = F_{NF} \cdot r_F = F_\omega \cdot r_{s1} \quad F_{NF} = F_\omega \cdot \frac{r_{s1}}{r_F} \quad r_F \cong r_1 - \frac{z \cdot d_K}{2} \quad \Rightarrow \frac{r_{s1}}{r_F} \cong \frac{r_{s1}}{r_1 - (z \cdot d_K)/2}$$

Fliehkraft:

$$F_{\omega,z1}(z = 1, \omega_N) = 159N \quad F_{\omega,z2}(z = 2, \omega_N) = 139N \quad F_{\omega,z3}(z = 3, \omega_N) = 148N$$

$$r_{s1}(z = 1) = 97,5mm = 0,0975m \quad r_{s2}(z = 2) = 95,73mm = 0,0957m \quad r_{s3}(z = 3) = 93,96mm = 0,094m$$

Führungsmoment:

$$M_{F,z1}(z = 1, \omega_N) = F_\omega \cdot r_{s1} = 159N \cdot 0,0975m = 15,5Nm$$

$$M_{F,z2}(z = 2, \omega_N) = F_\omega \cdot r_{s2} = 139N \cdot 0,0957m = 13,3Nm$$

$$M_{F,z3}(z = 3, \omega_N) = F_\omega \cdot r_{s3} = 148N \cdot 0,094m = 13,9Nm$$

$$M_{F,z1,2} = 15,5Nm + 13,3Nm = 28,8Nm \quad M_{F,z1,2,3} = 28,8Nm + 13,9Nm = 42,7Nm$$

Antriebsmoment:

einreihig: $\quad M_t(z = 1, \omega_N) = M_{Rr,z1} + M_{F,z1} = 3,18Nm + 15,5Nm = 18,68Nm$

zweireihig: $\quad M_t(z = 2, \omega_N) = M_{Rr,z1,2} + M_{F,z1,2} = 5,96Nm + 28,8Nm = 34,76Nm$

dreireihig: $\quad M_t(z = 3, \omega_N) = M_{Rr,z1,2,3} + M_{F,z1,2,3} = 8,92Nm + 42,7Nm = 51,62Nm$

$$\frac{M_{Rr,z1}}{M_t(z = 1, \omega_N)} = \frac{3,18Nm}{18,68Nm} = 0,170 \quad \frac{M_{Rr,z1,2}}{M_t(z = 2, \omega_N)} = \frac{5,96Nm}{34,76Nm} = 0,1715$$

$$\frac{M_{Rr,z1,2,3}}{M_t(z = 3, \omega_N)} = \frac{8,92Nm}{51,62Nm} = 0,173$$

übertragbare Reibleistung:

$$P_{Rr,z1} = M_{Rr,z1} \cdot \omega_N = 3,18Nm \cdot 2\pi \cdot 50s^{-1} = 1,0kW$$

$$P_{Rr,z1,2} = M_{Rr,z1,2} \cdot \omega_N = 5,96Nm \cdot 2\pi \cdot 50s^{-1} = 1,9kW$$

$$P_{Rr,z1,2,3} = M_{Rr,z1,2,3} \cdot \omega_N = 8,92Nm \cdot 2\pi \cdot 50s^{-1} = 2,8kW$$

gesamte Antriebsleistung:

$$P_{t,z1} = M_t(z = 1, \omega_N) \cdot \omega_N = 18,68Nm \cdot 2\pi \cdot 50s^{-1} = 5,9kW$$

$$P_{t,z1,2} = M_t(z = 2, \omega_N) \cdot \omega_N = 34,76Nm \cdot 2\pi \cdot 50s^{-1} = 10,9kW$$

$$P_{t,z1,2,3} = M_t(z = 3, \omega_N) \cdot \omega_N = 51,62Nm \cdot 2\pi \cdot 50s^{-1} = 16,2kW$$

Füllgutkupplungen (Füllgut: Stahlkugeln): Anzahl der Kammern

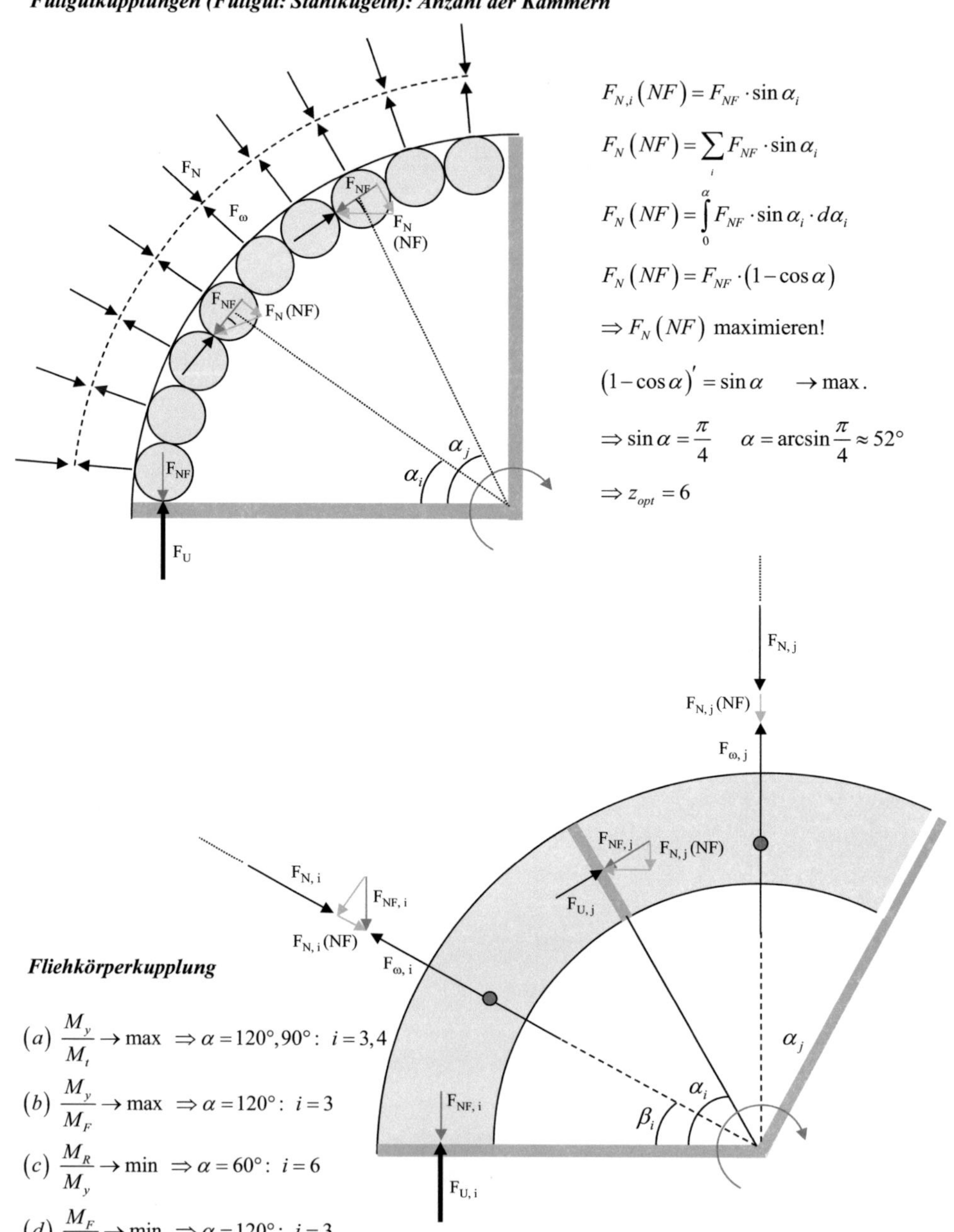

$$F_{N,i}\left(NF\right) = F_{NF} \cdot \sin \alpha_i$$

$$F_N\left(NF\right) = \sum_i F_{NF} \cdot \sin \alpha_i$$

$$F_N\left(NF\right) = \int_0^\alpha F_{NF} \cdot \sin \alpha_i \cdot d\alpha_i$$

$$F_N\left(NF\right) = F_{NF} \cdot \left(1 - \cos \alpha\right)$$

$$\Rightarrow F_N\left(NF\right) \text{ maximieren!}$$

$$\left(1 - \cos \alpha\right)' = \sin \alpha \qquad \rightarrow \max.$$

$$\Rightarrow \sin \alpha = \frac{\pi}{4} \qquad \alpha = \arcsin \frac{\pi}{4} \approx 52°$$

$$\Rightarrow z_{opt} = 6$$

Fliehkörperkupplung

$$(a)\ \frac{M_y}{M_t} \rightarrow \max \quad \Rightarrow \alpha = 120°, 90° :\ i = 3, 4$$

$$(b)\ \frac{M_y}{M_F} \rightarrow \max \quad \Rightarrow \alpha = 120° :\ i = 3$$

$$(c)\ \frac{M_R}{M_y} \rightarrow \min \quad \Rightarrow \alpha = 60° :\ i = 6$$

$$(d)\ \frac{M_F}{M_t} \rightarrow \min \quad \Rightarrow \alpha = 120° :\ i = 3$$

Berechnung der Füllgutkupplung mit Läuferkranz und Stahlgranulat (1)
(Fliehpulverkupplung nach TGL 20483)

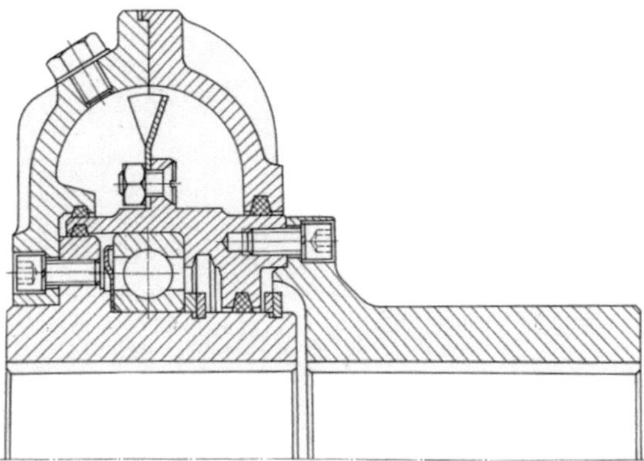

Bild 5.34 Fliehpulverkupplung

Tafel 5.8 Fliehpulverkupplungen

$M_t{}^{1)}$	in kpm	0,9	1,8	3,55	7,1	14	28	56	112	224	450
d_1	in mm	28	35	40	45	55	65	80	95	110	125
d_2	in mm	170	190	220	250	290	340	385	440	505	595
l	in mm	125	140	155	175	205	240	270	325	365	420
m	in kg	4,7	6,8	10,5	15,5	22,3	36,6	53,8	82,5	123	198
n_{zul}	in U/min	3300	3000	2880	2300	2000	1700	1500	1440	1100	970
f_s	—		350	495	775	1110	1620	2480	3700	5650	8470	14050

[1]) M_t-Werte bei n = 970 U/min.

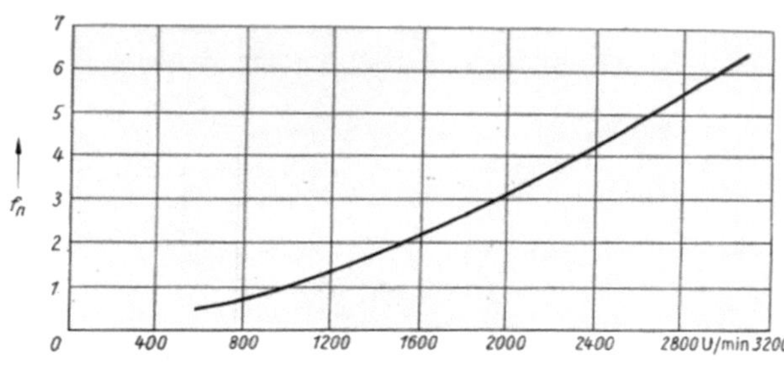

Bild 5.35. Faktor f_n

„Für andere Drehzahlen als n = 970 U/min kann das übertragbare Drehmoment nach $M_{tn} = f_n \cdot M_t$ (f_n nach Bild 5.35) berechnet werden. Es ist zu prüfen, ob die Rutschzeit (t_R) bzw. die Anlaufzeit (t_A) die durch die Erwärmung gesetzte Grenze nicht überschreitet:" (Fronius (1971), S. 339)

$$t_{A\max} = \frac{10000 \cdot f_s}{n_2 \cdot M_t} \qquad \left. \frac{t}{s} \right| \left. \frac{n}{U/\min} \right| \frac{M_t}{kpm} \qquad (1kp=9{,}81N)$$

$$t_{R\max} = \frac{1000 \cdot f_s}{2 \cdot (n_2 - n_1) \cdot M_t} \qquad f_s \;\; \text{siehe Tafel 5.8}$$

Vgl. Fronius (1971), S. 337-339

__Berechnung der Füllgutkupplung mit Läuferkranz und Stahlgranulat (2)__
__Granulat-Anlaufkupplung (Rigamat)__

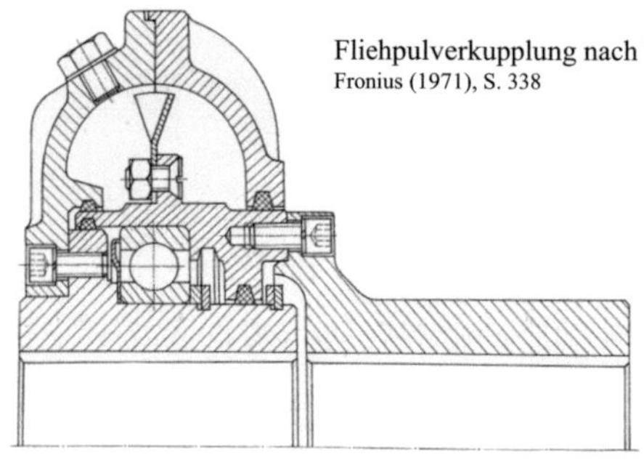

Fliehpulverkupplung nach TGL 20483
Fronius (1971), S. 338

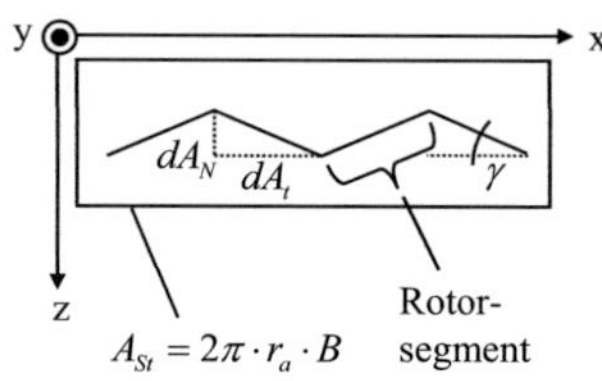

$$\frac{dA_N}{dA_t} = \tan\gamma \qquad \Rightarrow dA_N = \tan\gamma \cdot dA_t$$

$$dA_t = \frac{1}{2}\cdot\left(r_a^2 - r_i^2\right)\cdot\alpha_i$$

γ : Einstellwinkel der Rotorsegmente i : Anzahl der Rotorsegmente $\alpha_{ges} = i\cdot\alpha_i = 2\pi$

$$dA_t \approx A_{Kreisringsegment} \qquad A_{Kreisringsegment} = \pi\cdot\left(r_a^2 - r_i^2\right)\cdot\frac{a_i}{2\pi}$$

$$dA_t = \frac{1}{2}\cdot\left(r_a^2 - r_i^2\right)\cdot\alpha_i \quad \Rightarrow A_t = \frac{1}{2}\cdot\left(r_a^2 - r_i^2\right)\cdot\alpha_i\cdot i = \frac{1}{2}\cdot\left(r_a^2 - r_i^2\right)\cdot\alpha_{ges} = \pi\cdot\left(r_a^2 - r_i^2\right)$$

$$dA_N = \frac{1}{2}\cdot\left(r_a^2 - r_i^2\right)\cdot\alpha_i\cdot\tan\gamma \quad \Rightarrow A_N = \frac{1}{2}\cdot\left(r_a^2 - r_i^2\right)\cdot\alpha_i\cdot\tan\gamma\cdot i = \frac{1}{2}\cdot\left(r_a^2 - r_i^2\right)\cdot 2\pi\cdot\tan\gamma = \left(r_a^2 - r_i^2\right)\cdot\pi\cdot\tan\gamma$$

Druck in radialer Richtung: $p_r = \dfrac{F_\omega}{A_{St}} = \dfrac{m\cdot r_s\cdot\omega^2}{2\pi\cdot r_a\cdot B}$ $A_{St} = 2\pi\cdot r_a\cdot B$ A_{St} : Stirnseite des Umfanges

Druck in Umfangsrichtung[1]: $p_u = \dfrac{F_u}{A_N} = \dfrac{m\cdot r_s\cdot\omega^2}{\left(r_a^2 - r_i^2\right)\cdot\pi\cdot\tan\gamma}$ $F_u = F_\omega$

Bedingung für schlupffreien Betrieb: $\dfrac{p_r}{p_u} \geq 1$

1) Ohne Berücksichtigung des abschnittsweise ellipsenförmigen Verlaufes des Rotor-Innenradius r_i:

$$\frac{p_r}{p_u} = \frac{\dfrac{m\cdot r_s\cdot\omega^2}{2\pi\cdot r_a\cdot B}}{\dfrac{m\cdot r_s\cdot\omega^2}{\left(r_a^2 - r_i^2\right)\cdot\pi\cdot\tan\gamma}} = \frac{\left(r_a^2 - r_i^2\right)\cdot\tan\gamma}{2\cdot r_a\cdot B} \qquad \frac{p_r}{p_u} = \frac{1}{2}\,\frac{r_a}{B}\cdot\left(1 - \left(\frac{r_i}{r_a}\right)^2\right)\cdot\tan\gamma$$

$$\Rightarrow \frac{p_r}{p_u} = f\left(\frac{r_a}{B};\ \frac{r_i}{r_a};\ \tan\gamma\right)$$

2) vereinfachter Ansatz für den abschnittsweise ellipsenförmigen Verlauf des Rotor-Innenradius r_i:

$$\cos\gamma = \frac{r_i}{r_{i,E}} \qquad r_i = r_{i,E}\cdot\cos\gamma \qquad r_{i,E} : \text{ellipsenförmiger Verlauf des Rotor-Innenradius}$$

$$\frac{p_r}{p_u} = \frac{1}{2}\cdot\frac{r_a}{B}\cdot\left(1 - \left(\frac{r_{i,E}\cdot\cos\gamma}{r_a}\right)^2\right)\cdot\tan\gamma \qquad \Rightarrow \frac{p_r}{p_u} = f\left(\frac{r_a}{B};\ \frac{r_i}{r_a};\ \tan\gamma;\ \cos\gamma\right)$$

Berechnung der Füllgutkupplung mit Läuferkranz und Stahlgranulat (3)
Granulat-Anlaufkupplung (Rigamat)

	tan γ	35 [°]

$\dfrac{r_a}{B}$	$\dfrac{r_i}{r_a}$	0,80	0,75	0,70	0,65	0,50
10		1,2604	1,5317	1,7855	2,0218	2,6258
9		1,1343	1,3785	1,6070	1,8197	2,3632
8		1,0083	1,2254	1,4284	1,6175	2,1006
7		0,8823	1,0722	1,2499	1,4153	1,8380
6		0,7562	0,9190	1,0713	1,2131	1,5755
5		0,6302	0,7659	0,8928	1,0109	1,3129
4		0,5041	0,6127	0,7142	0,8087	1,0503

$$\frac{p_r}{p_u} = \frac{1}{2} \cdot \frac{r_a}{B} \cdot \left(1 - \left(\frac{r_i}{r_a}\right)^2\right) \cdot \tan \gamma$$

Bei einem Einstellwinkel von $\gamma = 10°$ ist noch kein Moment schlupffrei übertragbar. Für den Einstellwinkel von $\gamma = 15°$ und die Radienverhältnisse $r_i/r_a = 0,5$ und $r_a/B = 10$ wird erstmals der Radialdruck größer als der Umfangsdruck ($p_r/p_u > 1$), so dass das Moment schlupffrei übertragen wird. Der Einstellwinkel von $\gamma = 35°$ bietet bei $r_i/r_a = 0,5$ für alle Radienverhältnisse r_a/B schlupffreien Betrieb und bei $r_a/B > 7$ für alle Radienverhältnisse r_i/r_a. (Vgl. Tabellen: Anhang A3-1/2)

Unter der Wirkung der Fliehkraft wird für das Füllgut Festkörperverhalten angenommen.

Das Druckverhältnis ist nicht von der Fliehkraft abhängig, sondern ausschließlich von den geometrischen Relationen r_i/r_a und r_a/B sowie dem Einstellwinkel γ der Rotorsegmente.

Bem.: Relation von Radial- zu Umfangsdruck der Granulat-Anlaufkupplung, siehe Anhang A3-1/2

Fallunterscheidung zu den Differentialgleichungen der Phase (b) in Kap. 3.2

(b1) $F_{GF} = 0$:

$$\ddot{x}_i + x_i \cdot \left(\frac{c}{m} - \omega^2 \right) - r_{s1} \cdot \omega^2 + \frac{c}{m} \cdot x_v = 0 \qquad (13a)$$

(A) $x_i = 0 \quad \Rightarrow \ddot{x}_i = 0 \;\wedge\; \omega = const. = \omega_1 : \qquad -r_{s1} \cdot \omega^2 + \frac{c}{m} \cdot x_v = 0$

$$\Rightarrow \omega = \omega_1 = \sqrt{\frac{c \cdot x_v}{m \cdot r_{s1}}}$$

(B) $x_i \neq 0 = const. \quad \Rightarrow \ddot{x}_i = 0 \;\wedge\; \omega_1 < \omega < \omega_2 : \qquad x_i \cdot \left(\frac{c}{m} - \omega^2 \right) - r_{s1} \cdot \omega^2 + \frac{c}{m} \cdot x_v = 0$

$$\Rightarrow \omega = \omega_i = \sqrt{\frac{c}{m} \cdot \frac{(x_i + x_v)}{(x_i + r_{s1})}} \qquad (9)$$

(C) $x_i = \Delta x \quad \Rightarrow \ddot{x}_i = 0 \;\wedge\; \omega = const. = \omega_2 : \qquad \Delta x \cdot \left(\frac{c}{m} - \omega^2 \right) - r_{s1} \cdot \omega^2 + \frac{c}{m} \cdot x_v = 0$

$$\Rightarrow \omega = \omega_2 = \sqrt{\frac{c}{m} \cdot \frac{(\Delta x + x_v)}{(\Delta x + r_{s1})}} = \sqrt{\frac{c}{m} \cdot \frac{x_2}{r_{s2}}}$$

(D) $x_i \neq 0 \;\wedge\; \ddot{x}_i \neq 0 \quad \Rightarrow \omega \neq const. : \; \omega_1 < \omega < \omega_2 :$

$$\ddot{x}_i + x_i \cdot \left(\frac{c}{m} - \omega^2 \right) - r_{s1} \cdot \omega^2 + \frac{c}{m} \cdot x_v = 0 \qquad (13a)$$

(b2) $F_{GF} \neq 0$:

$$\frac{d^2 x_i}{dt^2} - (r_{s1} + x_i) \cdot \left(\frac{d\varphi}{dt} \right)^2 + \mu_{GF} \cdot \frac{(r_{s1} + x_i)^2}{r_F} \cdot \frac{d^2\varphi}{dt^2} + \frac{c}{m} \cdot (r_{s1} + x_i) = 0$$

$$\mu_{GF} \cdot \frac{(r_{s1} + x_i)^2}{r_F} \cdot \dot{\omega} = \mu_{GF} \cdot \frac{r_{s1}^2 + 2 \cdot r_{s1} \cdot x_i + x_i^2}{r_F} \cdot \dot{\omega} = \mu_{GF} \cdot \frac{r_{s1}^2}{r_F} \cdot \dot{\omega} + \mu_{GF} \cdot \frac{2 \cdot r_{s1} \cdot x_i}{r_F} \cdot \dot{\omega} + \mu_{GF} \cdot \frac{x_i^2}{r_F} \cdot \dot{\omega}$$

$$\ddot{x}_i + x_i \cdot \left(\frac{c}{m} - \omega^2 + \mu_{GF} \cdot \frac{2 \cdot r_{s1} \cdot \dot{\omega}}{r_F} \right) + x_i^2 \cdot \mu_{GF} \cdot \frac{\dot{\omega}}{r_F} + \mu_{GF} \cdot \frac{r_{s1}^2}{r_F} \cdot \dot{\omega} - r_{s1} \cdot \omega^2 + \frac{c}{m} \cdot x_v = 0$$

(A), (C) : siehe oben

(B) $x_i \neq 0 = const. \quad \Rightarrow \ddot{x}_i = 0 \;\wedge\; \omega_1 < \omega < \omega_2 : \; (\omega = const.) :$

$$\omega = \sqrt{\frac{c \cdot (x_v + x_i) \cdot r_F}{(r_F - \mu_{GF}) \cdot m \cdot (r_{s1} + x_i)}} \qquad (11a) \qquad \omega = \sqrt{\frac{r_F}{(r_F - \mu_{GF})}} \cdot \sqrt{\frac{c \cdot (x_v + x_i)}{m \cdot (r_{s1} + x_i)}} \qquad (11b)$$

(D) $x_i \neq 0 \;\wedge\; \ddot{x}_i \neq 0 \quad \Rightarrow \omega \neq const. : \; \omega_1 < \omega < \omega_2 :$

$$\ddot{x}_i - (r_{s1} + x_i) \cdot \omega^2 + \mu_{GF} \cdot \frac{(r_{s1} + x_i)^2}{r_F} \cdot \dot{\omega} + \frac{c}{m} \cdot (r_{s1} + x_i) = 0 \qquad (14a)$$

Qualitativer Verlauf von Antriebs-, Last- und Beschleunigungsmoment

Asynchronmotor ohne Fliehkraftkupplung bei konstantem Lastmoment (Dreiecksanlauf)

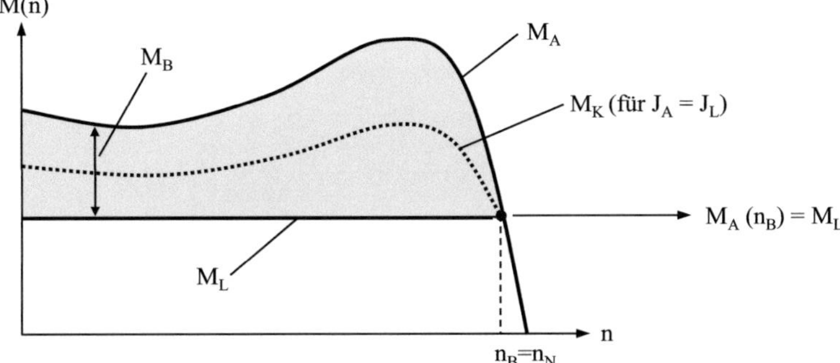

Asynchronmotor mit Fliehkraftkupplung bei konstantem Lastmoment (Dreiecksanlauf)

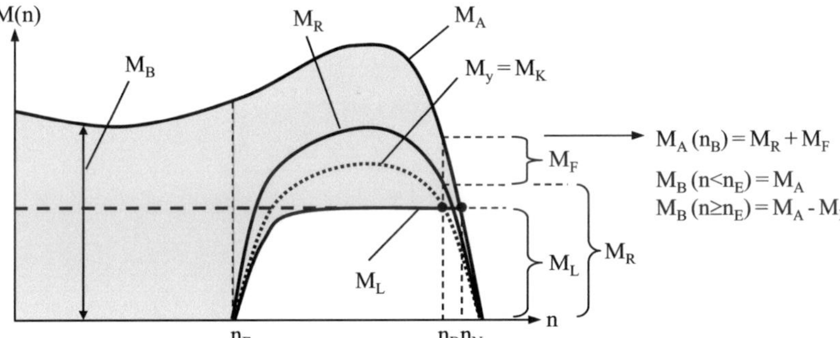

Asynchronmotor mit Fliehkraftkupplung bei konstantem Lastmoment (Stern-Dreieck-Anlauf)

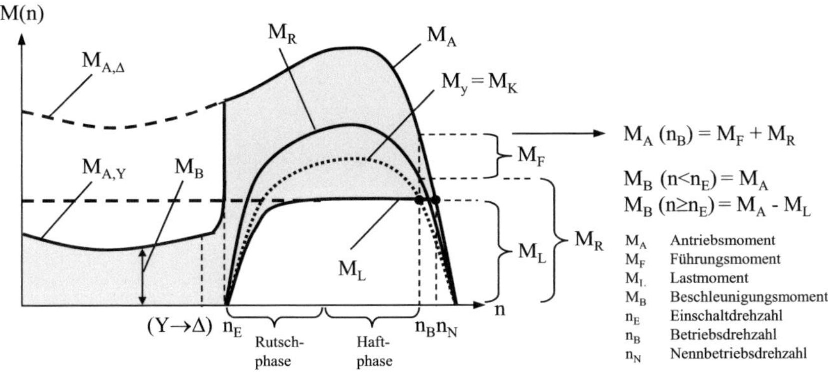

Berechnung der Eigenkreisfrequenz von einfach übersetzenden Getrieben (1)

Ansatz mit Bewegungsdifferentialgleichungen und Frequenzdeterminante:
(ungedämpfter Zweimassen-Torsionsschwinger mit zwei unterschiedlichen Beschleunigungen der Drehmassen)

Bewegungsdifferentialgleichungen des Zweimassen-Torsionsschwingers:

$$J_1 \cdot \ddot{\varphi}_1 + c_{\varphi 1} \cdot \varphi_{t1} + c_{\varphi 1} \cdot \varphi_{t2} = 0 \quad (1) \qquad \Rightarrow \quad J_1 \cdot \ddot{\varphi}_1 + c_{\varphi 1} \cdot \left(\varphi_{t1} + \varphi_{t2} \right) = 0$$

$$J_2 \cdot \ddot{\varphi}_2 + c_{\varphi 2} \cdot \varphi_{t2} + c_{\varphi 2} \cdot \varphi_{t1} = 0 \quad (2) \qquad \Rightarrow \quad J_2 \cdot \ddot{\varphi}_2 + c_{\varphi 2} \cdot \left(\varphi_{t1} + \varphi_{t2} \right) = 0$$

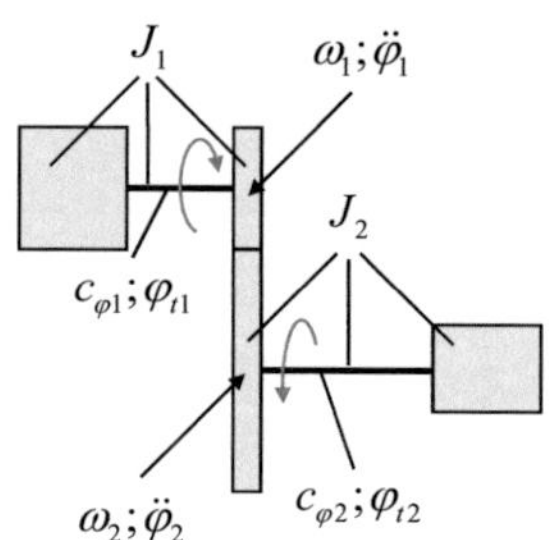

gekoppelte Schwingungen - Lösungsansatz:

$$\varphi_{t1} = A_1 \cdot \sin \left(\omega \cdot t \right) \qquad \Rightarrow \quad \ddot{\varphi}_1 = -\omega^2 \cdot A_1 \cdot \sin \left(\omega \cdot t \right)$$

$$\varphi_{t2} = A_2 \cdot \sin \left(\omega \cdot t \right) \qquad \Rightarrow \quad \ddot{\varphi}_2 = -\omega^2 \cdot A_2 \cdot \sin \left(\omega \cdot t \right)$$

einsetzen in (1) und (2):

$$(1): \quad -\omega^2 \cdot A_1 \cdot \sin \left(\omega \cdot t \right) \cdot J_1 + c_{\varphi 1} \cdot A_1 \cdot \sin \left(\omega \cdot t \right) + c_{\varphi 1} \cdot A_2 \cdot \sin \left(\omega \cdot t \right) = 0$$

$$-\omega^2 \cdot A_1 \cdot J_1 + c_{\varphi 1} \cdot A_1 + c_{\varphi 1} \cdot A_2 = 0 \qquad \Rightarrow \quad \left(-\omega^2 \cdot J_1 + c_{\varphi 1} \right) \cdot A_1 + c_{\varphi 1} \cdot A_2 = 0$$

$$(2): \quad -\omega^2 \cdot A_2 \cdot \sin \left(\omega \cdot t \right) \cdot J_2 + c_{\varphi 2} \cdot A_2 \cdot \sin \left(\omega \cdot t \right) + c_{\varphi 2} \cdot A_1 \cdot \sin \left(\omega \cdot t \right) = 0$$

$$-\omega^2 \cdot A_2 \cdot J_2 + c_{\varphi 2} \cdot A_2 + c_{\varphi 2} \cdot A_1 = 0 \qquad \Rightarrow \quad c_{\varphi 2} \cdot A_1 + \left(-\omega^2 \cdot J_2 + c_{\varphi 2} \right) \cdot A_2 = 0$$

Das Gleichungssystem hat nur dann eine Lösung, wenn die Koeffizientendeterminante (sog. Frequenzdeterminante) gleich Null wird:

$$\begin{vmatrix} -\omega^2 \cdot J_1 + c_{\varphi 1} & c_{\varphi 1} \\ c_{\varphi 2} & -\omega^2 \cdot J_2 + c_{\varphi 2} \end{vmatrix} = 0$$

Aus der Frequenzdeterminante folgt für die Eigenkreisfrequenz ω_e:

$$\left(-\omega^2 \cdot J_1 + c_{\varphi 1} \right) \cdot \left(-\omega^2 \cdot J_2 + c_{\varphi 2} \right) - c_{\varphi 1} \cdot c_{\varphi 2} = 0$$

$$\omega^4 \cdot J_1 \cdot J_2 - \omega^2 \cdot J_1 \cdot c_{\varphi 2} - \omega^2 \cdot J_2 \cdot c_{\varphi 1} + c_{\varphi 1} \cdot c_{\varphi 2} - c_{\varphi 1} \cdot c_{\varphi 2} = 0$$

$$\omega^4 \cdot J_1 \cdot J_2 - \omega^2 \cdot \left(J_1 \cdot c_{\varphi 2} + J_2 \cdot c_{\varphi 1} \right) = 0 \qquad \Rightarrow \omega^4 - \omega^2 \cdot \left(\frac{c_{\varphi 2}}{J_2} + \frac{c_{\varphi 1}}{J_1} \right) = 0$$

$$\omega^2 = \Omega: \qquad \Omega^2 - \Omega \cdot \left(\frac{c_{\varphi 2}}{J_2} + \frac{c_{\varphi 1}}{J_1} \right) = 0 \qquad \Omega_{1,2} = \frac{1}{2} \cdot \left(\frac{c_{\varphi 2}}{J_2} + \frac{c_{\varphi 1}}{J_1} \right) \pm \sqrt{\frac{1}{4} \cdot \left(\frac{c_{\varphi 1}}{J_1} + \frac{c_{\varphi 2}}{J_2} \right)^2}$$

$$\omega_{1,2} = +\sqrt{\Omega_{1,2}} \quad \omega_1 = \sqrt{\frac{c_{\varphi 1}}{J_1} + \frac{c_{\varphi 2}}{J_2}} \quad \omega_2 = 0 \qquad \omega_{3,4} = -\sqrt{\Omega_{1,2}} \quad \omega_3 = -\omega_1 \quad \omega_4 = 0$$

$$\omega_e = \omega_1 = \left| \omega_3 \right| \quad \omega_e = \sqrt{\frac{c_{\varphi 1}}{J_1} + \frac{c_{\varphi 2}}{J_2}} \qquad \text{Fall: } c_{\varphi 1} = c_{\varphi 2} = c_\varphi \quad \Rightarrow \omega_e = \sqrt{c_\varphi \cdot \left(\frac{1}{J_1} + \frac{1}{J_2} \right)}$$

Vgl. Haase (1986), S. 445-447

Berechnung der Eigenkreisfrequenz von einfach übersetzenden Getrieben (2)

Ansatz mit Energiesatz und Lagrangegleichung 2. Art:

Gleichheit der überstrichenen Bögen: $r_1 \cdot \varphi_1 = r_2 \cdot \varphi_2 \quad \Rightarrow \varphi_2 = \dfrac{r_1}{r_2} \cdot \varphi_1 = \dfrac{1}{i} \cdot \varphi_1$ (1) $\qquad i = \dfrac{n_1}{n_2} = \dfrac{r_2}{r_1}$

durchfahrener Winkel (Zahnrad 1): $\varphi_1 = \omega_1 \cdot t + \varphi_{t1}$ (2a) $\qquad \varphi_i = 2\pi n_i \cdot t + \varphi_{ti} = 2\pi \dfrac{N_i}{t} \cdot t + \varphi_{ti} = 2\pi N_i + \varphi_{ti}$

durchfahrener Winkel (Zahnrad 2): $\varphi_2 = \omega_2 \cdot t + \varphi_{t2}$ (2b) $\qquad$ Gesamtverdrehwinkel: $\varphi_t = \varphi_{t1} + \varphi_{t2}$ (3)

Momentengleichgewichte (der Torsionsmomente): $F_u \cdot r_1 = c_{\varphi 1} \cdot \varphi_{t1} \qquad F_u \cdot r_2 = c_{\varphi 2} \cdot \varphi_{t2}$ (4)

gleiche Umfangskraft (Tangentialkraft): $F_u = \dfrac{c_{\varphi 1}}{r_1} \cdot \varphi_{t1} = \dfrac{c_{\varphi 2}}{r_2} \cdot \varphi_{t2} \Rightarrow \varphi_{t1} = \dfrac{r_1}{r_2} \cdot \dfrac{c_{\varphi 2}}{c_{\varphi 1}} \cdot \varphi_{t2}$ (4a) $\varphi_{t1} = \dfrac{1}{i} \cdot \dfrac{c_{\varphi 2}}{c_{\varphi 1}} \cdot \varphi_{t2}$ (4b)

(2a) und (4b) in (1): $\varphi_2 = \dfrac{1}{i} \cdot \varphi_1 = \dfrac{1}{i} \cdot (\omega_1 \cdot t + \varphi_{t1}) = \dfrac{1}{i} \cdot \left(\omega_1 \cdot t + \dfrac{1}{i} \dfrac{c_{\varphi 2}}{c_{\varphi 1}} \cdot \varphi_{t2} \right) \Rightarrow \varphi_2 = \dfrac{1}{i} \cdot \omega_1 \cdot t + \dfrac{1}{i^2} \dfrac{c_{\varphi 2}}{c_{\varphi 1}} \cdot \varphi_{t2}$ (5)

Winkelgeschwindigkeit ω_2: $\omega_2 = \dot{\varphi}_2 = \dfrac{1}{i} \cdot \omega_1 + \dfrac{1}{i^2} \cdot \dfrac{c_{\varphi 2}}{c_{\varphi 1}} \cdot \dot{\varphi}_{t2}$ (6)

kinetische Energie des Systems: $E_{kin} = \dfrac{1}{2} \cdot J_1 \cdot \omega_1^2 + \dfrac{1}{2} \cdot J_2 \cdot \omega_2^2 = \dfrac{1}{2} \cdot J_1 \cdot \omega_1^2 + \dfrac{1}{2} \cdot J_2 \cdot \left(\dfrac{1}{i} \cdot \omega_1 + \dfrac{1}{i^2} \cdot \dfrac{c_{\varphi 2}}{c_{\varphi 1}} \cdot \dot{\varphi}_{t2} \right)^2$

$$E_{kin} = \dfrac{1}{2} \cdot J_1 \cdot \omega_1^2 + \dfrac{1}{2} \cdot J_2 \cdot \left(\dfrac{1}{i^2} \cdot \omega_1^2 + 2 \cdot \dfrac{1}{i} \cdot \omega_1 \cdot \dfrac{1}{i^2} \cdot \dfrac{c_{\varphi 2}}{c_{\varphi 1}} \cdot \dot{\varphi}_{t2} + \dfrac{1}{i^4} \cdot \left(\dfrac{c_{\varphi 2}}{c_{\varphi 1}} \right)^2 \cdot \dot{\varphi}_{t2}^2 \right) \quad (7)$$

$$\dfrac{\partial E_{kin}}{\partial \dot{\varphi}_{t2}} = \dfrac{1}{2} \cdot J_2 \cdot \left(2 \cdot \dfrac{1}{i} \cdot \omega_1 \cdot \dfrac{1}{i^2} \cdot \dfrac{c_{\varphi 2}}{c_{\varphi 1}} + 2 \cdot \dfrac{1}{i^4} \cdot \left(\dfrac{c_{\varphi 2}}{c_{\varphi 1}} \right)^2 \cdot \dot{\varphi}_{t2} \right) = J_2 \cdot \left(\dfrac{1}{i} \cdot \omega_1 \cdot \dfrac{1}{i^2} \cdot \dfrac{c_{\varphi 2}}{c_{\varphi 1}} + \dfrac{1}{i^4} \cdot \left(\dfrac{c_{\varphi 2}}{c_{\varphi 1}} \right)^2 \cdot \dot{\varphi}_{t2} \right) \quad (8)$$

$$\dfrac{d}{dt} \left[\dfrac{\partial E_{kin}}{\partial \dot{\varphi}_{t2}} \right] = \dfrac{d}{dt} \cdot \left[J_2 \cdot \left(\dfrac{1}{i} \cdot \omega_1 \cdot \dfrac{1}{i^2} \cdot \dfrac{c_{\varphi 2}}{c_{\varphi 1}} + \dfrac{1}{i^4} \cdot \left(\dfrac{c_{\varphi 2}}{c_{\varphi 1}} \right)^2 \cdot \dot{\varphi}_{t2} \right) \right] (\omega_1 = const.) \qquad \dfrac{d}{dt} \left[\dfrac{\partial E_{kin}}{\partial \dot{\varphi}_{t2}} \right] = J_2 \cdot \dfrac{1}{i^4} \cdot \left(\dfrac{c_{\varphi 2}}{c_{\varphi 1}} \right)^2 \cdot \ddot{\varphi}_{t2} \quad (9)$$

potentielle Energie des Systems (Federarbeit): $E_{pot} = \dfrac{1}{2} \cdot c_{\varphi 1} \cdot \varphi_{t1}^2 + \dfrac{1}{2} \cdot c_{\varphi 2} \cdot \varphi_{t2}^2$ (10)

(4b) in (10): $E_{pot} = \dfrac{1}{2} \cdot c_{\varphi 1} \cdot \left(\dfrac{1}{i} \dfrac{c_{\varphi 2}}{c_{\varphi 1}} \cdot \varphi_{t2} \right)^2 + \dfrac{1}{2} \cdot c_{\varphi 2} \cdot \varphi_{t2}^2 = \dfrac{1}{2} \cdot c_{\varphi 2} \cdot \left(\dfrac{1}{i^2} \dfrac{c_{\varphi 2}}{c_{\varphi 1}} + 1 \right) \cdot \varphi_{t2}^2 \qquad \dfrac{\partial E_{pot}}{\partial \varphi_{t2}} = c_{\varphi 2} \cdot \left(\dfrac{1}{i^2} \dfrac{c_{\varphi 2}}{c_{\varphi 1}} + 1 \right) \cdot \varphi_{t2}$

Lagrangesche Gleichung 2. Art (System mit einem Freiheitsgrad): $\dfrac{d}{dt} \left[\dfrac{\partial E_{kin}}{\partial \dot{\varphi}_{t2}} \right] - \dfrac{\partial}{\partial \varphi_{t2}} (E_{kin} - E_{pot}) = 0$ (11) $\dfrac{\partial E_{kin}}{\partial \varphi_{t2}} = 0$

$$J_2 \cdot \dfrac{1}{i^4} \cdot \left(\dfrac{c_{\varphi 2}}{c_{\varphi 1}} \right)^2 \cdot \ddot{\varphi}_{t2} + c_{\varphi 2} \cdot \left(\dfrac{1}{i^2} \dfrac{c_{\varphi 2}}{c_{\varphi 1}} + 1 \right) \cdot \varphi_{t2} = 0 \qquad \ddot{\varphi}_{t2} + \dfrac{c_{\varphi 2} \cdot \left(1/i^2 \cdot c_{\varphi 2} / c_{\varphi 1} + 1 \right)}{J_2 \cdot 1/i^4 \cdot \left(c_{\varphi 2} / c_{\varphi 1} \right)^2} \cdot \varphi_{t2} = 0$$

$$\ddot{\varphi}_{t2} + \dfrac{c_{\varphi 2} \cdot i^2 \cdot c_{\varphi 1} / c_{\varphi 2} + c_{\varphi 2} \cdot i^4 \cdot \left(c_{\varphi 1} / c_{\varphi 2} \right)^2}{J_2} \cdot \varphi_{t2} = 0 \qquad \ddot{\varphi}_{t2} + i^2 \cdot \left(\dfrac{c_{\varphi 1} + i^2 \cdot c_{\varphi 1}^2 / c_{\varphi 2}}{J_2} \right) \cdot \varphi_{t2} = 0$$

$\Rightarrow$ Eigenkreisfrequenz: $\omega_e = i \cdot \sqrt{\dfrac{c_{\varphi 1} + i^2 \cdot c_{\varphi 1}^2 / c_{\varphi 2}}{J_2}}$ (12a) $\quad i = \dfrac{\omega_1}{\omega_2} = \sqrt{\dfrac{J_2}{J_1}} \quad \Rightarrow \omega_e = \sqrt{\dfrac{c_{\varphi 1}}{J_1} + \dfrac{J_2}{c_{\varphi 2}} \cdot \left(\dfrac{c_{\varphi 1}}{J_1} \right)^2}$ (12b)

Bem.: Rechengang in Anlehnung an Klepp (1987), Technische Mechanik II, KE7, S. 27-30

Zweimassen-Torsionsschwinger — Eigenkreisfrequenz, Eigenwerte und Eigenvektoren (1)

(ungedämpfter Zweimassen-Torsionsschwinger mit zwei unterschiedlichen Beschleunigungen der Drehmassen)

Bewegungsdifferentialgleichungen des Zweimassen-Torsionsschwingers:

$$J_1 \cdot \ddot{\varphi}_1 + c_{\varphi 1} \cdot \varphi_{t1} + c_{\varphi 1} \cdot \varphi_{t2} = 0 \;\; (1) \qquad \Rightarrow J_1 \cdot \ddot{\varphi}_1 + c_{\varphi 1} \cdot \left(\varphi_{t1} + \varphi_{t2} \right) = 0$$

$$J_2 \cdot \ddot{\varphi}_2 + c_{\varphi 2} \cdot \varphi_{t2} + c_{\varphi 2} \cdot \varphi_{t1} = 0 \;\; (2) \qquad \Rightarrow J_2 \cdot \ddot{\varphi}_2 + c_{\varphi 2} \cdot \left(\varphi_{t2} + \varphi_{t1} \right) = 0$$

$$\underline{\underline{M}} \cdot \ddot{\underline{\varphi}}_i + \underline{\underline{K}} \cdot \underline{\varphi}_i = \underline{0} : \quad \begin{bmatrix} J_1 & 0 \\ 0 & J_2 \end{bmatrix} \cdot \begin{bmatrix} \ddot{\varphi}_1 \\ \ddot{\varphi}_2 \end{bmatrix} + \begin{bmatrix} c_{\varphi 1} & c_{\varphi 1} \\ c_{\varphi 2} & c_{\varphi 2} \end{bmatrix} \cdot \begin{bmatrix} \varphi_{t1} \\ \varphi_{t2} \end{bmatrix} = \begin{bmatrix} 0 \\ 0 \end{bmatrix}$$

Ansatz: $\quad \varphi_{ti} = \varphi \cdot e^{j\omega t} \quad \Rightarrow \ddot{\varphi}_{ti} = j^2 \omega^2 \cdot \varphi \cdot e^{j\omega t} = -\omega^2 \cdot \varphi \cdot e^{j\omega t} \quad \left(\ddot{\varphi}_{ti} = \ddot{\varphi}_i \right)$

$$\left[\underline{\underline{K}} - \omega^2 \cdot \underline{\underline{M}} \right] \cdot \underline{\varphi} = \underline{0} : \quad \begin{bmatrix} -\omega^2 J_1 + c_{\varphi 1} & c_{\varphi 1} \\ c_{\varphi 2} & -\omega^2 J_2 + c_{\varphi 2} \end{bmatrix} \cdot \begin{bmatrix} \varphi_{t1} \\ \varphi_{t2} \end{bmatrix} = \begin{bmatrix} 0 \\ 0 \end{bmatrix}$$

$\det \left\{ \underline{\underline{K}} - \omega^2 \cdot \underline{\underline{M}} \right\} \cdot \varphi = 0 :$

$$\left(-\omega^2 J_1 + c_{\varphi 1} \right) \cdot \left(-\omega^2 J_2 + c_{\varphi 2} \right) - c_{\varphi 1} c_{\varphi 2} = 0$$

$$\omega^4 \cdot J_1 J_2 - \omega^2 \cdot \left(c_{\varphi 2} \cdot J_1 + c_{\varphi 1} \cdot J_2 \right) + c_{\varphi 1} c_{\varphi 2} - c_{\varphi 1} c_{\varphi 2} = 0$$

$$\Omega = \omega^2 : \quad \Omega^2 \cdot J_1 J_2 - \Omega \cdot \left(c_{\varphi 2} \cdot J_1 + c_{\varphi 1} \cdot J_2 \right) = 0$$

$$\Omega^2 - \frac{c_{\varphi 2} \cdot J_1 + c_{\varphi 1} \cdot J_2}{J_1 J_2} \cdot \Omega = 0$$

$$\Omega_{1,2} = \frac{c_{\varphi 2} \cdot J_1 + c_{\varphi 1} \cdot J_2}{2 \cdot J_1 J_2} \pm \sqrt{\left(\frac{c_{\varphi 2} \cdot J_1 + c_{\varphi 1} \cdot J_2}{2 \cdot J_1 J_2} \right)^2}$$

$$\Omega_{1,2} = \frac{c_{\varphi 2} \cdot J_1 + c_{\varphi 1} \cdot J_2}{2 \cdot J_1 J_2} \pm \frac{c_{\varphi 2} \cdot J_1 + c_{\varphi 1} \cdot J_2}{2 \cdot J_1 J_2}$$

$$\omega_{1,2} = +\sqrt{\Omega_{1,2}} : \quad \omega_1 = \sqrt{\frac{c_{\varphi 2} \cdot J_1 + c_{\varphi 1} \cdot J_2}{J_1 J_2}} \qquad \omega_2 = 0 \qquad \omega_{3,4} = -\sqrt{\Omega_{1,2}} : \quad \omega_3 = -\omega_1 \qquad \omega_4 = -\omega_2$$

$$\omega_e = \omega_1 = \left| \omega_3 \right| \qquad \omega_e = \sqrt{\frac{c_{\varphi 2} \cdot J_1 + c_{\varphi 1} \cdot J_2}{J_1 J_2}} \qquad \omega_e = \sqrt{\frac{c_{\varphi 1}}{J_1} + \frac{c_{\varphi 2}}{J_2}}$$

Fall: $\quad c_{\varphi 1} = c_{\varphi 2} = c_\varphi \quad \Rightarrow \omega_e = \sqrt{c_\varphi \cdot \frac{\left(J_1 + J_2 \right)}{J_1 J_2}} \qquad \omega_e = \sqrt{c_\varphi \cdot \left(\frac{1}{J_1} + \frac{1}{J_2} \right)}$

Matrizengleichung: $\quad \underline{\underline{K}} \cdot \varphi = \lambda \cdot \underline{\underline{E}} \cdot \varphi \quad \left[\underline{\underline{K}} - \lambda \cdot \underline{\underline{E}} \right] \cdot \underline{\varphi} = \underline{0} :$

charakteristische Matrix: $\quad \begin{bmatrix} c_{\varphi 1} & c_{\varphi 1} \\ c_{\varphi 2} & c_{\varphi 2} \end{bmatrix} - \lambda \cdot \begin{bmatrix} 1 & 0 \\ 0 & 1 \end{bmatrix} = \begin{bmatrix} 0 \\ 0 \end{bmatrix}$

Zweimassen-Torsionsschwinger – Eigenkreisfrequenz, Eigenwerte und Eigenvektoren (2)

(ungedämpfter Zweimassen-Torsionsschwinger mit zwei unterschiedlichen Beschleunigungen der Drehmassen)

$$\det\left\{\underline{\underline{K}} - \lambda \cdot \underline{\underline{E}}\right\} = 0: \quad \begin{vmatrix} c_{\varphi 1} - \lambda & c_{\varphi 1} \\ c_{\varphi 2} & c_{\varphi 2} - \lambda \end{vmatrix} = 0 \quad \left(c_{\varphi 1} - \lambda\right) \cdot \left(c_{\varphi 2} - \lambda\right) - c_{\varphi 1} c_{\varphi 2} = 0$$

$$c_{\varphi 1} c_{\varphi 2} - \lambda \cdot c_{\varphi 1} - \lambda \cdot c_{\varphi 2} + \lambda^2 - c_{\varphi 1} c_{\varphi 2} = 0 \quad \lambda^2 - \lambda \cdot \left(c_{\varphi 1} + c_{\varphi 2}\right) = 0$$

$$\lambda_{1,2} = \frac{c_{\varphi 1} + c_{\varphi 2}}{2} \pm \frac{c_{\varphi 1} + c_{\varphi 2}}{2}$$

Eigenwerte der Matrix: $\quad \lambda_1 = c_{\varphi 1} + c_{\varphi 2} \quad \lambda_2 = 0$

Eigenvektoren der Matrix: $\quad \left[\underline{\underline{K}} - \lambda \cdot \underline{\underline{E}}\right] \cdot \varphi = \underline{0}$:

$$\left[\begin{pmatrix} c_{\varphi 1} & c_{\varphi 1} \\ c_{\varphi 2} & c_{\varphi 2} \end{pmatrix} - \begin{pmatrix} \lambda_i & 0 \\ 0 & \lambda_i \end{pmatrix}\right] \cdot \begin{bmatrix} \varphi_{t1} \\ \varphi_{t2} \end{bmatrix} = \begin{bmatrix} 0 \\ 0 \end{bmatrix} \qquad \begin{bmatrix} c_{\varphi 1} - \lambda_i & c_{\varphi 1} \\ c_{\varphi 2} & c_{\varphi 2} - \lambda_i \end{bmatrix} \cdot \begin{bmatrix} \varphi_{t1} \\ \varphi_{t2} \end{bmatrix} = \begin{bmatrix} 0 \\ 0 \end{bmatrix}$$

Lösung:

$$(1) \ \left(c_{\varphi 1} - \lambda_i\right) \cdot \varphi_{t1} + c_{\varphi 1} \cdot \varphi_{t2} = 0 \quad \Rightarrow \varphi_{t1} = \frac{-c_{\varphi 1}}{\left(c_{\varphi 1} - \lambda_i\right)} \cdot \varphi_{t2}$$

$$(2) \ c_{\varphi 2} \cdot \varphi_{t1} + \left(c_{\varphi 2} - \lambda_i\right) \cdot \varphi_{t2} = 0 \quad \Rightarrow \varphi_{t2} = \frac{-c_{\varphi 2}}{\left(c_{\varphi 2} - \lambda_i\right)} \cdot \varphi_{t1}$$

Eigenvektoren: $\quad \tilde{\varphi} = \begin{pmatrix} \varphi_{t1} \\ \varphi_{t2} \end{pmatrix} = \begin{pmatrix} 1 \\ \dfrac{-c_{\varphi 2}}{\left(c_{\varphi 2} - \lambda_i\right)} \end{pmatrix} \cdot \varphi_{t1} = \begin{pmatrix} \dfrac{-c_{\varphi 1}}{\left(c_{\varphi 1} - \lambda_i\right)} \\ 1 \end{pmatrix} \cdot \varphi_{t2}$

Eigenvektor für $\lambda_1 = c_{\varphi 1} + c_{\varphi 2}$: $\quad \tilde{\varphi} = \begin{pmatrix} 1 \\ \dfrac{c_{\varphi 2}}{c_{\varphi 1}} \end{pmatrix} \cdot \varphi_{t1} = \varphi_{t1} \cdot \vec{e}_x + \frac{c_{\varphi 2}}{c_{\varphi 1}} \cdot \varphi_{t1} \cdot \vec{e}_y$

$$\tilde{\varphi} = \begin{pmatrix} \dfrac{c_{\varphi 1}}{c_{\varphi 2}} \\ 1 \end{pmatrix} \cdot \varphi_{t2} = \frac{c_{\varphi 1}}{c_{\varphi 2}} \cdot \varphi_{t2} \cdot \vec{e}_x + \varphi_{t2} \cdot \vec{e}_y$$

Eigenvektor für $\lambda_2 = 0$: $\quad \tilde{\varphi} = \begin{pmatrix} 1 \\ -1 \end{pmatrix} \cdot \varphi_{t1} = \varphi_{t1} \cdot \vec{e}_x - \varphi_{t1} \cdot \vec{e}_y \qquad \tilde{\varphi} = \begin{pmatrix} -1 \\ 1 \end{pmatrix} \cdot \varphi_{t2} = -\varphi_{t2} \cdot \vec{e}_x + \varphi_{t2} \cdot \vec{e}_y$

Zweimassen-Torsionsschwinger – Eigenkreisfrequenz, Eigenwerte und Eigenvektoren (3)

(ungedämpfter Zweimassen-Torsionsschwinger mit einer Beschleunigung beider Drehmassen)

Bewegungsdifferentialgleichungen: $\quad J_1 \cdot \ddot{\varphi}_1 + c_{\varphi 1} \cdot \varphi_{t1} + c_{\varphi 1} \cdot \varphi_{t2} = 0$ (1) $\quad J_2 \cdot \ddot{\varphi}_1 + c_{\varphi 2} \cdot \varphi_{t2} + c_{\varphi 2} \cdot \varphi_{t1} = 0$ (2)

$\underline{\underline{M}} \cdot \underline{\ddot{\varphi}}_i + \underline{\underline{K}} \cdot \underline{\varphi}_i = \underline{0}:$ $\quad \begin{bmatrix} J_1 & 0 \\ J_2 & 0 \end{bmatrix} \cdot \begin{bmatrix} \ddot{\varphi}_1 \\ \ddot{\varphi}_2 \end{bmatrix} + \begin{bmatrix} c_{\varphi 1} & c_{\varphi 1} \\ c_{\varphi 2} & c_{\varphi 2} \end{bmatrix} \cdot \begin{bmatrix} \varphi_{t1} \\ \varphi_{t2} \end{bmatrix} = \begin{bmatrix} 0 \\ 0 \end{bmatrix}$ $\quad (\ddot{\varphi}_{ti} = \ddot{\varphi}_i)$

Ansatz: $\quad \varphi_{ti} = \varphi \cdot e^{j\omega t} \quad \Rightarrow \ddot{\varphi}_{ti} = j^2 \omega^2 \cdot \varphi \cdot e^{j\omega t} = -\omega^2 \cdot \varphi \cdot e^{j\omega t}$

$\left[\underline{\underline{K}} - \omega^2 \cdot \underline{\underline{M}} \right] \cdot \underline{\varphi} = \underline{0}:$ $\quad \begin{bmatrix} -\omega^2 J_1 + c_{\varphi 1} & c_{\varphi 1} \\ -\omega^2 J_2 + c_{\varphi 2} & c_{\varphi 2} \end{bmatrix} \cdot \begin{bmatrix} \varphi_{t1} \\ \varphi_{t2} \end{bmatrix} = \begin{bmatrix} 0 \\ 0 \end{bmatrix}$

$\det\left\{ \underline{\underline{K}} - \omega^2 \cdot \underline{\underline{M}} \right\} \cdot \varphi = 0:$ $\quad \left(-\omega^2 J_1 + c_{\varphi 1} \right) \cdot c_{\varphi 2} - c_{\varphi 1} \cdot \left(-\omega^2 J_2 + c_{\varphi 2} \right) = 0$

$-\omega^2 J_1 \cdot c_{\varphi 2} + c_{\varphi 1} \cdot c_{\varphi 2} + \omega^2 J_2 \cdot c_{\varphi 1} - c_{\varphi 1} \cdot c_{\varphi 2} = 0 \quad \Rightarrow J_1 \cdot c_{\varphi 2} = J_2 \cdot c_{\varphi 1} \quad \Rightarrow \dfrac{J_1}{J_2} = \dfrac{c_{\varphi 1}}{c_{\varphi 2}}$

Matrizengleichung: $\quad \underline{\underline{K}} \cdot \underline{\varphi} = \lambda \cdot \underline{\underline{E}} \cdot \underline{\varphi} \quad \left[\underline{\underline{K}} - \lambda \cdot \underline{\underline{E}} \right] \cdot \underline{\varphi} = \underline{0}:$

charakteristische Matrix: $\quad \begin{bmatrix} c_{\varphi 1} & c_{\varphi 1} \\ c_{\varphi 2} & c_{\varphi 2} \end{bmatrix} - \lambda \cdot \begin{bmatrix} 1 & 0 \\ 0 & 1 \end{bmatrix} = \begin{bmatrix} 0 \\ 0 \end{bmatrix}$

$\det\left\{ \underline{K} - \lambda \cdot \underline{\underline{E}} \right\} = 0:$ $\quad \begin{vmatrix} c_{\varphi 1} - \lambda & c_{\varphi 1} \\ c_{\varphi 2} & c_{\varphi 2} - \lambda \end{vmatrix} = 0 \quad \left(c_{\varphi 1} - \lambda \right) \cdot \left(c_{\varphi 2} - \lambda \right) - c_{\varphi 1} c_{\varphi 2} = 0$

$c_{\varphi 1} c_{\varphi 2} - \lambda \cdot c_{\varphi 1} - \lambda \cdot c_{\varphi 2} + \lambda^2 - c_{\varphi 1} c_{\varphi 2} = 0 \quad \lambda^2 - \lambda \cdot \left(c_{\varphi 1} + c_{\varphi 2} \right) = 0$

$\lambda_{1,2} = \dfrac{c_{\varphi 1} + c_{\varphi 2}}{2} \pm \sqrt{\left(\dfrac{c_{\varphi 1} + c_{\varphi 2}}{2} \right)^2} = \dfrac{c_{\varphi 1} + c_{\varphi 2}}{2} \pm \dfrac{c_{\varphi 1} + c_{\varphi 2}}{2} \quad \lambda_1 = c_{\varphi 1} + c_{\varphi 2} \quad \lambda_2 = 0$

Eigenwerte der Matrix: $\quad \lambda_1 = c_{\varphi 1} + c_{\varphi 2} \quad \lambda_2 = 0 \qquad$ Eigenvektoren der Matrix: $\quad \left[\underline{\underline{K}} - \lambda \cdot \underline{\underline{E}} \right] \cdot \underline{\varphi} = \underline{0}:$

$\begin{bmatrix} \begin{pmatrix} c_{\varphi 1} & c_{\varphi 1} \\ c_{\varphi 2} & c_{\varphi 2} \end{pmatrix} - \begin{pmatrix} \lambda_i & 0 \\ 0 & \lambda_i \end{pmatrix} \end{bmatrix} \cdot \begin{bmatrix} \varphi_{t1} \\ \varphi_{t2} \end{bmatrix} = \begin{bmatrix} 0 \\ 0 \end{bmatrix} \qquad \begin{bmatrix} c_{\varphi 1} - \lambda_i & c_{\varphi 1} \\ c_{\varphi 2} & c_{\varphi 2} - \lambda_i \end{bmatrix} \begin{bmatrix} \varphi_{t1} \\ \varphi_{t2} \end{bmatrix} = \begin{bmatrix} 0 \\ 0 \end{bmatrix}$

$\lambda_1 = c_{\varphi 1} + c_{\varphi 2}:$ $\quad \begin{bmatrix} -c_{\varphi 2} & c_{\varphi 1} \\ c_{\varphi 2} & -c_{\varphi 1} \end{bmatrix} \cdot \begin{bmatrix} \varphi_{t1} \\ \varphi_{t2} \end{bmatrix} = \begin{bmatrix} 0 \\ 0 \end{bmatrix}$

$(1) \; -c_{\varphi 2} \cdot \varphi_{t1} + c_{\varphi 1} \cdot \varphi_{t2} = 0 \quad \varphi_{t1} = \dfrac{c_{\varphi 1}}{c_{\varphi 2}} \cdot \varphi_{t2} \qquad (2) \; c_{\varphi 2} \cdot \varphi_{t1} - c_{\varphi 1} \cdot \varphi_{t2} = 0 \quad \varphi_{t2} = \dfrac{c_{\varphi 2}}{c_{\varphi 1}} \cdot \varphi_{t1}$

Eigenvektor für $\lambda_1 = c_{\varphi 1} + c_{\varphi 2}:$ $\quad \tilde{\varphi} = \begin{pmatrix} 1 \\ \dfrac{c_{\varphi 2}}{c_{\varphi 1}} \end{pmatrix} \cdot \varphi_{t1} = \varphi_{t1} \cdot \vec{e}_x + \dfrac{c_{\varphi 2}}{c_{\varphi 1}} \cdot \varphi_{t1} \cdot \vec{e}_y \qquad \tilde{\varphi} = \begin{pmatrix} \dfrac{c_{\varphi 1}}{c_{\varphi 2}} \\ 1 \end{pmatrix} \cdot \varphi_{t2} = \dfrac{c_{\varphi 1}}{c_{\varphi 2}} \cdot \varphi_{t2} \cdot \vec{e}_x + \varphi_{t2} \cdot \vec{e}_y$

$\lambda_2 = 0:$ $\quad \begin{bmatrix} c_{\varphi 1} & c_{\varphi 1} \\ c_{\varphi 2} & c_{\varphi 2} \end{bmatrix} \cdot \begin{bmatrix} \varphi_{t1} \\ \varphi_{t2} \end{bmatrix} = \begin{bmatrix} 0 \\ 0 \end{bmatrix}$

$(1) \; c_{\varphi 1} \cdot \varphi_{t1} + c_{\varphi 1} \cdot \varphi_{t2} = 0 \quad \varphi_{t1} = -\dfrac{c_{\varphi 1}}{c_{\varphi 1}} \cdot \varphi_{t2} = -\varphi_{t2} \qquad (2) \; c_{\varphi 2} \cdot \varphi_{t1} + c_{\varphi 2} \cdot \varphi_{t2} = 0 \quad \varphi_{t2} = -\dfrac{c_{\varphi 2}}{c_{\varphi 2}} \cdot \varphi_{t1} = -\varphi_{t1}$

Eigenvektor für $\lambda_2 = 0:$ $\quad \tilde{\varphi} = \begin{pmatrix} 1 \\ -1 \end{pmatrix} \cdot \varphi_{t1} = \varphi_{t1} \cdot \vec{e}_x - \varphi_{t1} \cdot \vec{e}_y \qquad \tilde{\varphi} = \begin{pmatrix} -1 \\ 1 \end{pmatrix} \cdot \varphi_{t2} = -\varphi_{t2} \cdot \vec{e}_x + \varphi_{t2} \cdot \vec{e}_y$

Zweimassen-Torsionsschwinger – Vergleich

(zu 3) unterschiedliche Beschleunigungen beider Drehmassen:

$$J_1 \cdot \ddot{\varphi}_1 + c_{\varphi 1} \cdot \varphi_{t1} + c_{\varphi 1} \cdot \varphi_{t2} = 0 \ (1) \qquad \Rightarrow \quad J_1 \cdot \ddot{\varphi}_1 + c_{\varphi 1} \cdot \left(\varphi_{t1} + \varphi_{t2} \right) = 0 \qquad \varphi_t = \varphi_{t1} + \varphi_{t2}$$

$$J_2 \cdot \ddot{\varphi}_2 + c_{\varphi 2} \cdot \varphi_{t2} + c_{\varphi 2} \cdot \varphi_{t1} = 0 \ (2) \qquad \Rightarrow \quad J_2 \cdot \ddot{\varphi}_2 + c_{\varphi 2} \cdot \left(\varphi_{t2} + \varphi_{t1} \right) = 0$$

$$(1) \ J_1 \cdot \ddot{\varphi}_1 + c_{\varphi 1} \cdot \varphi_t = 0 \ \Rightarrow \ \varphi_t = -\frac{J_1 \cdot \ddot{\varphi}_1}{c_{\varphi 1}} \qquad (2) \ J_2 \cdot \ddot{\varphi}_2 + c_{\varphi 2} \cdot \varphi_t = 0 \ \Rightarrow \ \varphi_t = -\frac{J_2 \cdot \ddot{\varphi}_2}{c_{\varphi 2}}$$

$$\Rightarrow \ \frac{J_1 \cdot \ddot{\varphi}_1}{c_{\varphi 1}} = \frac{J_2 \cdot \ddot{\varphi}_2}{c_{\varphi 2}} \qquad \Rightarrow \ \frac{c_{\varphi 1}}{c_{\varphi 2}} = \frac{J_1 \cdot \ddot{\varphi}_1}{J_2 \cdot \ddot{\varphi}_2} = \frac{M_{B1}}{M_{B2}} \ \left(\text{allg.} \right)$$

Fall 1: $c_{\varphi 1} = c_{\varphi 2} \ \Rightarrow \ J_1 \cdot \ddot{\varphi}_1 = J_2 \cdot \ddot{\varphi}_2 \ \Rightarrow \ \dfrac{J_1}{J_2} = \dfrac{\ddot{\varphi}_2}{\ddot{\varphi}_1}$ Fall 2: $J_1 = J_2 \ \Rightarrow \ \dfrac{\ddot{\varphi}_1}{c_{\varphi 1}} = \dfrac{\ddot{\varphi}_2}{c_{\varphi 2}} \ \Rightarrow \ \dfrac{c_{\varphi 1}}{c_{\varphi 2}} = \dfrac{\ddot{\varphi}_1}{\ddot{\varphi}_2}$

(zu 4) eine Beschleunigung beider Drehmassen:

$$J_1 \cdot \ddot{\varphi}_1 + c_{\varphi 1} \cdot \varphi_{t1} + c_{\varphi 1} \cdot \varphi_{t2} = 0 \ (1) \qquad \Rightarrow \quad J_1 \cdot \ddot{\varphi}_1 + c_{\varphi 1} \cdot \left(\varphi_{t1} + \varphi_{t2} \right) = 0 \qquad \varphi_t = \varphi_{t1} + \varphi_{t2}$$

$$J_2 \cdot \ddot{\varphi}_1 + c_{\varphi 2} \cdot \varphi_{t2} + c_{\varphi 2} \cdot \varphi_{t1} = 0 \ (2) \qquad \Rightarrow \quad J_2 \cdot \ddot{\varphi}_1 + c_{\varphi 2} \cdot \left(\varphi_{t2} + \varphi_{t1} \right) = 0$$

$$\Rightarrow \ \frac{c_{\varphi 1} \cdot \varphi_t}{J_1} = \frac{c_{\varphi 2} \cdot \varphi_t}{J_2} \ \Rightarrow \ \frac{J_1}{J_2} = \frac{c_{\varphi 1}}{c_{\varphi 2}} \ \left(\text{allg.} \right) \qquad \text{Fall: } c_{\varphi 1} = c_{\varphi 2} \ \Rightarrow \ J_1 = J_2$$

zu (3): $\dfrac{c_{\varphi 1}}{c_{\varphi 2}} = \dfrac{J_1 \cdot \ddot{\varphi}_1}{J_2 \cdot \ddot{\varphi}_2} = \dfrac{M_{B1}}{M_{B2}}$

Eigenvektor für $\lambda_1 = c_{\varphi 1} + c_{\varphi 2}$: $\tilde{\varphi} = \begin{pmatrix} 1 \\ \dfrac{c_{\varphi 2}}{c_{\varphi 1}} \end{pmatrix} \cdot \varphi_{t1} = \begin{pmatrix} 1 \\ \dfrac{M_{B2}}{M_{B1}} \end{pmatrix} \cdot \varphi_{t1} \qquad \tilde{\varphi} = \begin{pmatrix} \dfrac{c_{\varphi 1}}{c_{\varphi 2}} \\ 1 \end{pmatrix} \cdot \varphi_{t2} = \begin{pmatrix} \dfrac{M_{B1}}{M_{B2}} \\ 1 \end{pmatrix} \cdot \varphi_{t2}$

zu (4): $\dfrac{J_1}{J_2} = \dfrac{c_{\varphi 1}}{c_{\varphi 2}}$

Eigenvektor für $\lambda_1 = c_{\varphi 1} + c_{\varphi 2}$: $\tilde{\varphi} = \begin{pmatrix} 1 \\ \dfrac{c_{\varphi 2}}{c_{\varphi 1}} \end{pmatrix} \cdot \varphi_{t1} = \begin{pmatrix} 1 \\ \dfrac{J_2}{J_1} \end{pmatrix} \cdot \varphi_{t1} \qquad \tilde{\varphi} = \begin{pmatrix} \dfrac{c_{\varphi 1}}{c_{\varphi 2}} \\ 1 \end{pmatrix} \cdot \varphi_{t2} = \begin{pmatrix} \dfrac{J_1}{J_2} \\ 1 \end{pmatrix} \cdot \varphi_{t2}$

$$\frac{M_{B1}}{M_{B2}} = \frac{J_1 \cdot \ddot{\varphi}_1}{J_2 \cdot \ddot{\varphi}_2} = \frac{c_{\varphi 1}}{c_{\varphi 2}} \quad \Rightarrow \quad \frac{M_{B1}}{M_{B2}} = \frac{1}{i^2} \cdot i = \frac{1}{i} = \frac{c_{\varphi 1}}{c_{\varphi 2}}: \qquad i > 1: \ \omega_e(A) > \omega_e(B) \qquad i < 1: \ \omega_e(A) < \omega_e(B)$$

(A) Lagrange-Ansatz: $\omega_e = i \cdot \sqrt{\dfrac{c_{\varphi 1} + i^2 \cdot c_{\varphi 1}{}^2 / c_{\varphi 2}}{J_2}} = \sqrt{\dfrac{c_{\varphi 1}}{J_1} + \dfrac{J_2}{c_{\varphi 2}} \cdot \left(\dfrac{c_{\varphi 1}}{J_1} \right)^2} = \sqrt{\dfrac{c_{\varphi 1}}{J_1} + \dfrac{J_2}{J_1} \cdot \dfrac{c_{\varphi 1}}{c_{\varphi 2}} \cdot \dfrac{c_{\varphi 1}}{J_1}}$

$\omega_e = \sqrt{\dfrac{c_{\varphi 1}}{J_1} \cdot \left(1 + i^2 \cdot \dfrac{1}{i} \right)} \ \Rightarrow \ (A1) \ \omega_e = \sqrt{\dfrac{c_{\varphi 1}}{J_1} \cdot \left(1 + i \right)} \qquad \omega_e = \sqrt{\dfrac{c_{\varphi 2} / i}{J_2 / i^2} \cdot \left(1 + i \right)} \ \Rightarrow \ (A2) \ \omega_e = \sqrt{\dfrac{c_{\varphi 2}}{J_2} \cdot \left(i + i^2 \right)}$

(B) Frequenzdeterminante: $\omega_e = \sqrt{\dfrac{c_{\varphi 1}}{J_1} + \dfrac{c_{\varphi 2}}{J_2}}$

$\omega_e = \sqrt{\dfrac{c_{\varphi 1}}{J_1} + \dfrac{c_{\varphi 1} \cdot i}{J_1 \cdot i^2}} \ \Rightarrow \ (B1) \ \omega_e = \sqrt{\dfrac{c_{\varphi 1}}{J_1} \cdot \left(1 + \dfrac{1}{i} \right)} \qquad \omega_e = \sqrt{\dfrac{c_{\varphi 2} / i}{J_2 / i^2} \cdot \left(1 + \dfrac{1}{i} \right)} \ \Rightarrow \ (B2) \ \omega_e = \sqrt{\dfrac{c_{\varphi 2}}{J_2} \cdot \left(i + 1 \right)}$

Schwerpunkt der Führung in radialer Richtung

Bestimmung von Abstandes r_F (Angriffspunkt der Führungsnormalkraft F_{NF}):

Schwerpunkt der Führung in radialer Richtung :

$$x_s = \frac{1}{A} \cdot \int x \cdot (y_o - y_u) \cdot dx$$

$$A = \int_{b_i}^{b_a} \frac{1}{r} \cdot dr = \ln(b_a / b_i)$$

$$x_s = r_F \qquad y_o(r) = \frac{1}{r} \qquad y_u = 0$$

$$\Rightarrow \quad r_F = \frac{1}{\ln(b_a / b_i)} \cdot \int_{b_i}^{b_a} r \cdot \left(\frac{1}{r} - 0\right) \cdot dr$$

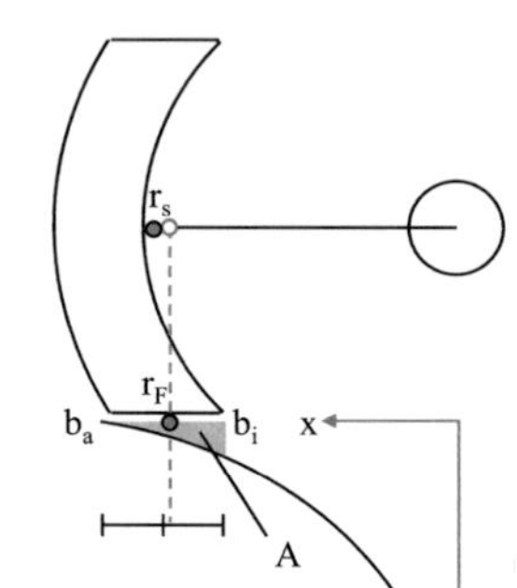

Führungsmoment als Moment der Führungsnormalkraft im Abstand r_F :

$$M_F = F_{NF} \cdot r_F$$

Drehmoment und Umfangskraft (allg.) im Abstand r_i :

$$M_t = F_{u,i} \cdot r_i = const. \qquad F_{u,1} \cdot r_1 = F_{u,2} \cdot r_2$$

$$F_{u,i} = \frac{M_t}{r_i} \qquad F_{u,i} = f\left(\frac{1}{r_i}\right)$$

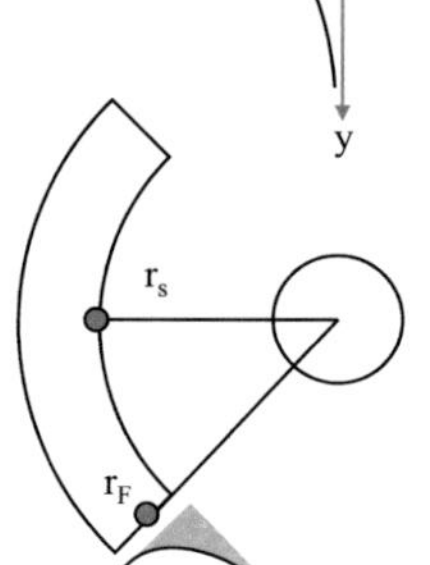

Beispiele für die Berechnung des Schwerpunktabstandes r_F der Fläche:

1.) $b = b_a - b_i = \frac{1}{5} \cdot r_1 \qquad r_1 = b_a \qquad b_a - b_i = \frac{1}{5} \cdot b_a \qquad \frac{b_a}{b_i} - 1 = \frac{1}{5} \cdot \frac{b_a}{b_i} \qquad \frac{b_a}{b_i} = \frac{5}{4}$

$$r_F = \frac{1}{\ln(b_a / b_i)} \cdot \int_{b_i}^{b_a} r \cdot \left(\frac{1}{r} - 0\right) \cdot dr = \frac{b_a - b_i}{\ln(b_a / b_i)} = \frac{1/5 \cdot r_1}{\ln(5/4)} = \frac{0,2}{0,2231} \cdot r_1 = 0,896 \cdot r_1$$

2.) $b = b_a - b_i = \frac{1}{4} \cdot r_1 \qquad b_a - b_i = \frac{1}{4} \cdot b_a \qquad \frac{b_a}{b_i} = \frac{4}{3}$

$$r_F = \frac{1}{\ln(b_a / b_i)} \cdot \int_{b_i}^{b_a} r \cdot \left(\frac{1}{r} - 0\right) \cdot dr = \frac{b_a - b_i}{\ln(b_a / b_i)} = \frac{1/4 \cdot r_1}{\ln(4/3)} = \frac{0,25}{0,2877} \cdot r_1 = 0,869 \cdot r_1$$

3.) $b = b_a - b_i = \frac{1}{3} \cdot r_1 \qquad b_a - b_i = \frac{1}{3} \cdot r_1 \qquad \frac{b_a}{b_i} = \frac{3}{2}$

$$r_F = \frac{1}{\ln(b_a / b_i)} \cdot \int_{b_i}^{b_a} r \cdot \left(\frac{1}{r} - 0\right) \cdot dr = \frac{b_a - b_i}{\ln(b_a / b_i)} = \frac{1/3 \cdot r_1}{\ln(3/2)} = \frac{0,3333}{0,4055} \cdot r_1 = 0,822 \cdot r_1$$

4.) $b = b_a - b_i = \frac{1}{2} \cdot r_1 \qquad b_a - b_i = \frac{1}{2} \cdot r_1 \qquad \frac{b_a}{b_i} = \frac{2}{1}$

$$r_F = \frac{1}{\ln(b_a / b_i)} \cdot \int_{b_i}^{b_a} r \cdot \left(\frac{1}{r} - 0\right) \cdot dr = \frac{b_a - b_i}{\ln(b_a / b_i)} = \frac{1/2 \cdot r_1}{\ln(2)} = \frac{0,5}{0,6931} \cdot r_1 = 0,721 \cdot r_1$$

Kreis, Kreiselemente und Schwerpunkte

Fläche Kreis: $\quad A = \pi \cdot r^2 \qquad dA = db \cdot dr \qquad db = r \cdot d\alpha \qquad A = \int_0^{2\pi}\int_0^{r} r \cdot d\alpha \cdot dr = \frac{1}{2}\cdot r^2 \cdot 2\pi = \pi \cdot r^2$

Fläche Kreissektor: $\quad A = \frac{1}{2}\cdot \alpha \cdot r^2 \qquad A = \int_0^{\alpha}\int_0^{r} r \cdot d\alpha \cdot dr = \frac{1}{2}\cdot r^2 \cdot \alpha$

Fläche Kreissegment: $\quad A = \frac{1}{2}\cdot r^2 \cdot \left(\alpha - \sin\alpha\right) \qquad x_i = r \cdot \sin\frac{\alpha}{2} \qquad y_i = r \cdot \cos\frac{\alpha}{2}$

$x_i \cdot y_i = r^2 \cdot \sin\frac{\alpha}{2}\cdot \cos\frac{\alpha}{2} = \frac{1}{2}\cdot r^2 \cdot \sin\alpha \qquad A = \frac{1}{2}\cdot \alpha \cdot r^2 - x_i \cdot y_i = \frac{1}{2}\cdot r^2 \cdot \left(\alpha - \sin\alpha\right)$

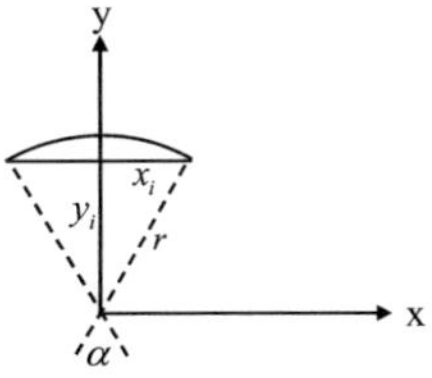

Schwerpunkt $\left(x_s ; y_s\right)$ eines Kreisbogens (symmetrisch zur y-Achse): $\quad y_s = \dfrac{M_x}{l}$

$dM_x = dl \cdot y \qquad y = r \cdot \sin\varphi \qquad dl = r \cdot d\varphi \qquad \Rightarrow dM_x = r \cdot d\varphi \cdot r \cdot \sin\varphi = r^2 \cdot \sin\varphi \cdot d\varphi$

$M_x = r^2 \cdot \int_{\pi/2-\alpha/2}^{\pi/2+\alpha/2} \sin\varphi \cdot d\varphi = r^2 \cdot \left[-\cos\varphi\right]_{\pi/2-\alpha/2}^{\pi/2+\alpha/2} = r^2 \cdot \left[\cos\left(\frac{\pi}{2}-\frac{\alpha}{2}\right)-\cos\left(\frac{\pi}{2}+\frac{\alpha}{2}\right)\right]$

Länge des Kreisbogens: $\quad l = r \cdot \alpha° \cdot \dfrac{\pi}{180°} = r \cdot \alpha \qquad y_s = \dfrac{M_x}{l} = \dfrac{r^2 \cdot 2 \cdot \cos\varphi_u}{r \cdot \alpha}$

Symmetrie Cosinus-Fkt.: $\quad \cos\left(\dfrac{\pi}{2}-\dfrac{\alpha}{2}\right)-\cos\left(\dfrac{\pi}{2}+\dfrac{\alpha}{2}\right) = 2 \cdot \cos\varphi_u \qquad \varphi_u = \dfrac{\pi}{2}-\dfrac{\alpha}{2} \qquad \cos\left(\dfrac{\pi}{2}-\dfrac{\alpha}{2}\right) = \sin\dfrac{\alpha}{2}$

Schwerpunkt Kreisbogen: $\quad y_s = \dfrac{2 \cdot r \cdot \sin\left(\alpha/2\right)}{\alpha} \qquad M_x = y_s \cdot l :$ statisches Moment der Linie (bzgl. x-Achse)

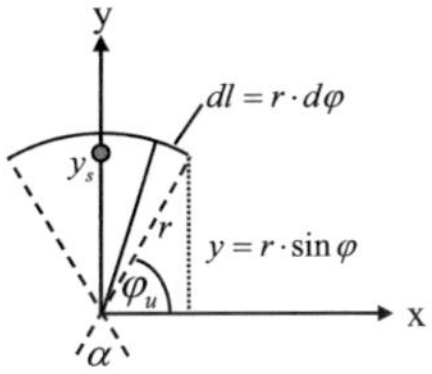

Schwerpunkt $\left(x_s ; y_s\right)$ eines Kreisringausschnittes (symmetrisch zur y-Achse): $\quad y_s = \dfrac{M_x}{A} \qquad dM_x = dA \cdot y$

$dA = db \cdot dr \qquad db = r \cdot d\varphi \qquad \sin\varphi = \dfrac{y}{r} \qquad y = \sin\varphi \cdot r \qquad \Rightarrow dM_x = r \cdot d\varphi \cdot dr \cdot \sin\varphi \cdot r = r^2 \cdot dr \cdot \sin\varphi \cdot d\varphi$

$M_x = \int_{\pi/2-\alpha/2}^{\pi/2+\alpha/2} \int_{r_i}^{r_a} r^2 \cdot dr \cdot \sin\varphi \cdot d\varphi = \frac{1}{3}\cdot r^3 \Big|_{r_i}^{r_a} \cdot \left[-\cos\varphi\right]_{\pi/2-\alpha/2}^{\pi/2+\alpha/2} = \frac{1}{3}\cdot\left(r_a^3 - r_i^3\right)\cdot\left[\cos\left(\frac{\pi}{2}-\frac{\alpha}{2}\right)-\cos\left(\frac{\pi}{2}+\frac{\alpha}{2}\right)\right]$

Symmetrie Cosinus-Fkt.: $\;\ldots\; \cos\varphi_u = \cos\left(\dfrac{\pi}{2}-\dfrac{\alpha}{2}\right) = \sin\dfrac{\alpha}{2} \qquad M_x = \frac{1}{3}\cdot\left(r_a^3 - r_i^3\right)\cdot 2 \cdot \cos\varphi_u$

Schwerpunkt Kreisringstück: $\quad y_s = \dfrac{4}{3}\cdot\dfrac{\left(r_a^3 - r_i^3\right)}{\left(r_a^2 - r_i^2\right)}\cdot\dfrac{\sin\left(\alpha/2\right)}{\alpha} \qquad A = \pi \cdot \left(r_a^2 - r_i^2\right)\cdot\dfrac{\alpha}{2\pi}$

$M_x = y_s \cdot A :$ statisches Moment der Fläche (bzgl. x-Achse); Flächenmoment 1. Grades

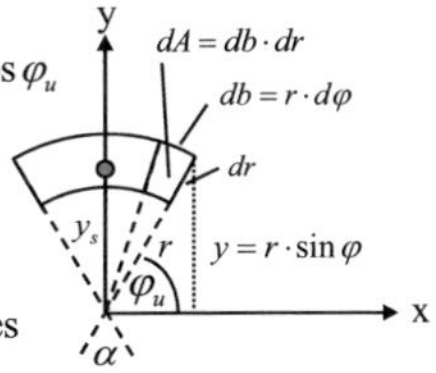

Schwerpunkt $\left(x_s ; y_s\right)$ eines Kreissektors/Kreisausschnittes (symmetrisch zur y-Achse):

$y_s = \dfrac{M_x}{A} \qquad dM_x = dA \cdot y \qquad dA = db \cdot dr_i \qquad db = r_i \cdot d\varphi \qquad \sin\varphi = \dfrac{y}{r_i} \qquad y = \sin\varphi \cdot r_i$

$dM_x = dA \cdot y = r_i \cdot d\varphi \cdot dr_i \cdot \sin\varphi \cdot r_i = r_i^2 \cdot dr_i \cdot \sin\varphi \cdot d\varphi$

Symmetrie Cosinus-Fkt.: $\quad \cos\left(\dfrac{\pi}{2}-\dfrac{\alpha}{2}\right)-\cos\left(\dfrac{\pi}{2}+\dfrac{\alpha}{2}\right) = 2 \cdot \cos\varphi_u \qquad \varphi_u = \dfrac{\pi}{2}-\dfrac{\alpha}{2} \quad \ldots$

$M_x = \int_{\pi/2-\alpha/2}^{\pi/2+\alpha/2} \int_0^{r} r_i^2 \cdot dr_i \cdot \sin\varphi \cdot d\varphi = \frac{1}{3}\cdot r_i^3 \Big|_0^{r} \cdot \left[-\cos\varphi\right]_{\pi/2-\alpha/2}^{\pi/2+\alpha/2} = \frac{1}{3}\cdot r^3 \cdot \left[\cos\left(\frac{\pi}{2}-\frac{\alpha}{2}\right)-\cos\left(\frac{\pi}{2}+\frac{\alpha}{2}\right)\right] = \frac{2}{3}\cdot r^3 \cdot \cos\varphi_u$

$A = \pi \cdot r^2 \cdot \dfrac{\alpha}{2\pi} = \dfrac{1}{2}\cdot r^2 \cdot \alpha \qquad$ Schwerpunkt Kreissektor/Kreisausschnitt: $\quad y_s = \dfrac{4}{3}\cdot\dfrac{r \cdot \cos\varphi_u}{\alpha} \qquad y_s = \dfrac{4}{3}\cdot\dfrac{r \cdot \sin\left(\alpha/2\right)}{\alpha}$

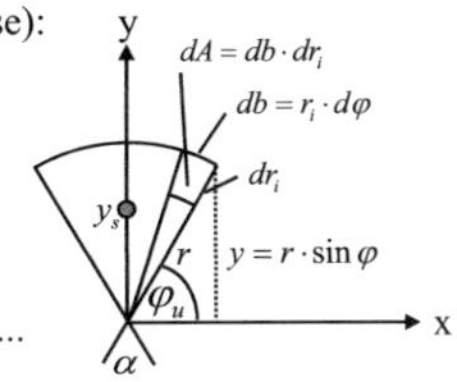

Massenträgheitsmomente

$$dJ = r^2 \cdot dm \qquad J = \int dJ = \int_m r^2 \cdot dm \qquad dm = \rho \cdot dV \qquad J = \int_V r^2 \cdot \rho \cdot dV$$

$$J \; bzgl. \; z \text{-} Achse: \; J = J_z$$

$J_{Vollzylinder}:$
$$J = \int_V r^2 \cdot \rho \cdot dV \qquad dV = 2 \cdot \pi \cdot r_i \cdot dr_i \cdot B$$

$$J = \int_0^r r_i^2 \cdot \rho \cdot 2 \cdot \pi \cdot r_i \cdot dr_i \cdot B = 2 \cdot \pi \cdot B \cdot \rho \cdot \int_0^r r_i^3 \cdot dr_i = \frac{1}{2} \cdot \pi \cdot B \cdot \rho \cdot r^4$$

$$J = \frac{\pi}{2} \cdot B \cdot \rho \cdot r^4 \qquad m = \rho \cdot \pi \cdot r^2 \cdot B \qquad J_z = \frac{1}{2} \cdot m \cdot r^2 \qquad r = \frac{d}{2}: \qquad J_z = \frac{1}{8} \cdot m \cdot d^2$$

$J_{Hohlzylinder}:$
$$J = \int_V r^2 \cdot \rho \cdot dV \qquad dV = 2 \cdot \pi \cdot r \cdot dr \cdot B$$

$$J = \int_{r_i}^{r_a} r^2 \cdot \rho \cdot 2 \cdot \pi \cdot r \cdot dr \cdot B = 2 \cdot \pi \cdot B \cdot \rho \cdot \int_{r_i}^{r_a} r^3 \cdot dr = \frac{1}{2} \cdot \pi \cdot B \cdot \rho \cdot \left(r_a^4 - r_i^4 \right)$$

$$r_a^4 - r_i^4 = \left(r_a^2 \right)^2 - \left(r_i^2 \right)^2 = \left(r_a^2 - r_i^2 \right) \cdot \left(r_a^2 + r_i^2 \right)$$

$$J = \frac{\pi}{2} \cdot B \cdot \rho \cdot \left(r_a^2 - r_i^2 \right) \cdot \left(r_a^2 + r_i^2 \right)$$

$$m = \rho \cdot \pi \cdot \left(r_a^2 - r_i^2 \right) \cdot B \qquad J = \frac{1}{2} \cdot m \cdot \left(r_a^2 + r_i^2 \right)$$

$$r = \frac{d}{2}: \qquad J_z = \frac{1}{8} \cdot m \cdot \left(d_a^2 + d_i^2 \right)$$

$J_{Kreisringsegment}:$
$$J = \int_V r^2 \cdot \rho \cdot dV \qquad dV = r \cdot d\varphi \cdot dr \cdot B$$

$$J = \iint r^2 \cdot \rho \cdot r \cdot d\varphi \cdot dr \cdot B = \rho \cdot B \cdot \int_{r_i}^{r_a} r^3 \cdot dr \cdot \int_0^\alpha d\varphi = \rho \cdot B \cdot \left[\frac{r^4}{4} \right]_{r_i}^{r_a} \cdot \alpha$$

$$J = \rho \cdot B \cdot \frac{1}{4} \cdot \left[r_a^4 - r_i^4 \right] \cdot \alpha = \rho \cdot B \cdot \frac{1}{4} \cdot \left(r_a^2 - r_i^2 \right) \cdot \left(r_a^2 + r_i^2 \right) \cdot \alpha$$

$$J = \left[\rho \cdot B \cdot \left(r_a^2 - r_i^2 \right) \cdot \pi \right] \cdot \left[\frac{\alpha}{2\pi} \cdot \frac{1}{2} \cdot \left(r_a^2 + r_i^2 \right) \right] \qquad m_{Vollring} = \rho \cdot B \cdot \left(r_a^2 - r_i^2 \right) \cdot \pi$$

$$J = m_{Vollring} \cdot \left[\frac{\alpha}{2\pi} \cdot \frac{1}{2} \cdot \left(r_a^2 + r_i^2 \right) \right]$$

$J_{Vollring}:$ $\qquad \alpha = 2\pi: \qquad J_{Vollring} = \frac{1}{2} \cdot m_{Vollring} \cdot \left(r_a^2 + r_i^2 \right)$

$J_{Vollscheibe}:$ $\qquad \alpha = 2\pi, \; r_i = 0, \; r_a = r: \qquad J_{Vollscheibe} = \frac{1}{2} \cdot m_{Vollscheibe} \cdot r^2 \qquad m_{Vollscheibe} = \rho \cdot B \cdot \pi \cdot r^2$

Vergleich der Massenträgheitsmomente und Nabenradien von Nabe und Profilnabe (viergliedrig)

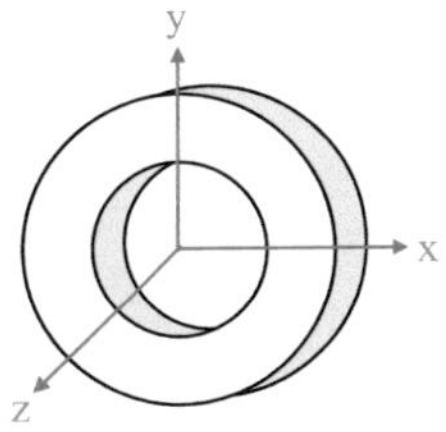

$$J_{\text{Nabe}} = J_{\text{N}} = J_{\text{Hohlzylinder}} = \frac{1}{2} \cdot m_{HZ} \cdot \left(r_a^2 + r_i^2 \right) \qquad r_a = r_1 \qquad r_i = r_N$$

$$J_{\text{Profilnabe}} = J_{\text{PN}} = J_{\text{Hohlzylinder}} * + 4 \cdot J_{\text{Quader}} \qquad J \ bzgl. \ z\text{-}Achse: \ J_z$$

b: radiale Breite $\qquad$ B: axiale Breite $\qquad r_a = r_1 \qquad r_i = r_{N,i}$

$$J_{\text{Hohlzylinder}}: \qquad J_z = \frac{1}{2} \cdot m_{HZ} \cdot \left(r_a^2 + r_{N,i}^2 \right) \qquad m_{HZ} = \rho \cdot \pi \cdot \left(r_a^2 - r_{N,i}^2 \right) \cdot B$$

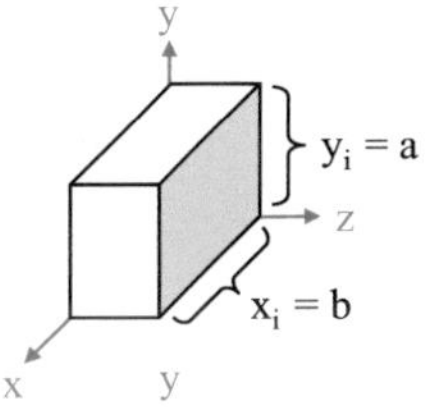

$$J_{\text{Quader}}: \qquad J_z = \frac{m_Q}{12} \cdot \left(x_i^2 + y_i^2 \right) \qquad m_Q = \rho \cdot a \cdot b \cdot B \qquad b = x_i = r_1 - r_{N,i} \qquad y_i = a$$

$$J_{\text{PN}} = \frac{1}{2} \cdot m_{HZ} \cdot \left(r_a^2 + r_{N,i}^2 \right) + 4 \cdot \frac{m_Q}{12} \cdot \left(x_i^2 + y_i^2 \right)$$

$$J_{\text{PN}} = \frac{1}{2} \cdot \rho \cdot \pi \cdot \left(r_a^2 - r_{N,i}^2 \right) \cdot B \cdot \left(r_a^2 + r_{N,i}^2 \right) + \frac{1}{3} \cdot \rho \cdot x_i \cdot y_i \cdot B \cdot \left(x_i^2 + y_i^2 \right)$$

$$\left(r_a^2 - r_{N,i}^2 \right) = \left(r_a - r_{N,i} \right) \cdot \left(r_a + r_{N,i} \right) = b \cdot d_m \qquad \left(r_a^2 - r_{N,i}^2 \right) \cdot \left(r_a^2 + r_{N,i}^2 \right) = \left(r_a^4 - r_{N,i}^4 \right)$$

$$J_{\text{PN}} = \rho \cdot B \cdot \left[\frac{\pi}{2} \cdot \left(r_a^4 - r_{N,i}^4 \right) + \frac{1}{3} \cdot x_i \cdot y_i \cdot \left(x_i^2 + y_i^2 \right) \right]$$

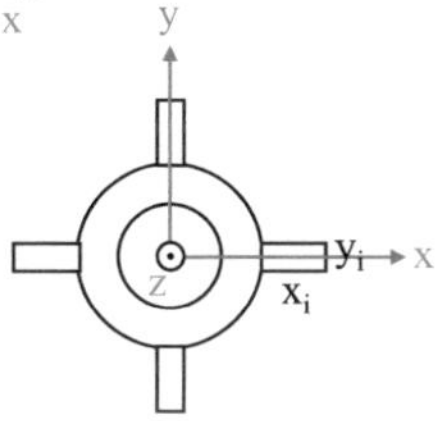

Bsp.: $\quad \alpha_i = 84{,}5° \qquad i = 4 \qquad r = 100mm \qquad \alpha = \alpha_{ges} = i \cdot \alpha_i$

$$\Rightarrow y_i = \frac{5{,}5°}{180°} \cdot \pi \cdot 100mm = 9{,}6mm = a \qquad r_N = 0{,}63 \cdot r_1 \qquad x_i = r_1 - r_{N,i} = b$$

$$J_{\text{N}} = J_{\text{PN}}: \qquad \frac{\pi}{2} \cdot \rho \cdot \left(r_1^2 - r_N^2 \right) \cdot B \cdot \left(r_1^2 + r_N^2 \right) = \rho \cdot B \cdot \left[\frac{\pi}{2} \cdot \left(r_1^4 - r_{N,i}^4 \right) + \frac{1}{3} \cdot x_i \cdot y_i \cdot \left(x_i^2 + y_i^2 \right) \right]$$

$$\left(r_1^2 - r_N^2 \right) \cdot \left(r_1^2 + r_N^2 \right) = \left(r_1^4 - r_{N,i}^4 \right) + \frac{2}{3\pi} \cdot x_a \cdot y_b \cdot \left(x_i^2 + y_i^2 \right)$$

$$\left(r_1^4 - r_N^4 \right) = \left(r_1^4 - r_{N,i}^4 \right) + \frac{2}{3\pi} \cdot x_i \cdot y_i \cdot \left(x_i^2 + y_i^2 \right) \qquad \Rightarrow \left(r_1^4 - r_N^4 \right) = \left(r_1^4 - r_{N,i}^4 \right) + \frac{2}{3\pi} \cdot \left(x_i^3 \cdot y_i + x_i \cdot y_i^3 \right)$$

$$\left(r_1^4 - r_N^4 \right) > \left(r_1^4 - r_{N,i}^4 \right) \qquad \Rightarrow r_N^4 < r_{N,i}^4$$

$$\left(r_1^4 - r_N^4 \right) = \left(r_1^4 - r_{N,i}^4 \right) + 0{,}2122 \cdot \left(x_i^3 \cdot y_i + x_i \cdot y_i^3 \right) \qquad \Rightarrow r_{N,i}^4 = 0{,}2122 \cdot \left(x_i^3 \cdot y_i + x_i \cdot y_i^3 \right) + r_N^4$$

$$r_N = 0{,}63 \cdot r_1: \qquad r_{N,i}^4 = 0{,}2122 \cdot \left(x_i^3 \cdot y_i + x_i \cdot y_i^3 \right) + 0{,}63^4 \cdot r_1^4$$

Profilnabe (viergliedrig) - Fall: $\quad x_i = b = 0{,}37 \cdot r_1 = 37mm \qquad \left(r_1 = 100mm \qquad y_i = a = 9{,}6mm \right)$

$$r_{N,i}^4 = 0{,}2122 \cdot \left((37mm)^3 \cdot 9{,}6mm + 37mm \cdot (9{,}6mm)^3 \right) + 0{,}63^4 \cdot (100mm)^4$$

$$r_{N,i} = \sqrt[4]{0{,}2122 \cdot \left((37mm)^3 \cdot 9{,}6mm + 37mm \cdot (9{,}6mm)^3 \right) + 0{,}63^4 \cdot (100mm)^4}$$

$$r_{N,i} = \sqrt[4]{0{,}2122 \cdot \left(486269mm^4 + 32735mm^4 \right) + 15752961mm^4} = 63{,}11mm \qquad \Rightarrow r_{N,i} \simeq r_N$$

Profilnabe (viergliedrig) - allgemein: $\quad r_{N,i} = f\left(x_i; y_i; r_N \right) \qquad r_{N,i} = \sqrt[4]{0{,}2122 \cdot \left(x_i^3 \cdot y_i + x_i \cdot y_i^3 \right) + r_N^4}$

Reibmoment M_R in Abhängigkeit vom Reibwinkel α

$$F_N(\omega) = \left(1 - \mu_{HF} \cdot \frac{r_{s2}}{r_F}\right) \cdot m \cdot r_{s2} \cdot \omega_N^2 - c \cdot x_2 + F_N(NF)$$

$$c \cdot x_2 = m \cdot r_{s2} \cdot \omega_2^2 \qquad F_N(NF) = \sin\frac{\alpha}{2} \cdot \frac{r_{s2}}{r_F} \cdot m \cdot r_{s2} \cdot \omega_N^2 :$$

$$F_N(\omega) = \left(1 - \left(\frac{\omega_2}{\omega_N}\right)^2 - \mu_{HF} \cdot \frac{r_{s2}}{r_F}\right) \cdot m \cdot r_{s2} \cdot \omega_N^2 + F_N(NF)$$

$$F_\omega = m \cdot r_{s2} \cdot \omega_N^2 \qquad m = i \cdot m \qquad \alpha_{ges} = i \cdot \alpha \qquad \left(r_1 \cong r_2\right)$$

$$y = \frac{\omega_2}{\omega_N} : \qquad F_N = \left(1 - y^2 - \mu_{HF} \cdot \frac{r_{s2}}{r_F} + \sin\frac{\alpha}{2} \cdot \frac{r_{s2}}{r_F}\right) \cdot m \cdot r_{s2} \cdot \omega_N^2$$

Der Faktor r_{s2}/r_F des Haftreibkoeffizienten der Führung wird vernachlässigt.

$$M_R = \mu_R \cdot F_N \cdot r_2 : \qquad M_R = \mu_R \cdot \left[\left(1 - y^2 - \mu_{HF} + \sin\frac{\alpha}{2} \cdot \frac{r_{s2}}{r_F}\right)\right] \cdot m \cdot r_{s2} \cdot \omega_N^2 \cdot r_2$$

$$x = \frac{r_2}{r_{s2}} \Rightarrow r_{s2} = \frac{r_2}{x} : \qquad M_R = \mu_R \cdot \left[\left(1 - y^2 - \mu_{HF} + \sin\frac{\alpha}{2} \cdot \frac{r_{s2}}{r_F}\right)\right] \cdot m \cdot \frac{r_2}{x} \cdot \omega_N^2 \cdot r_2$$

$$\underbrace{1 - 0,25^2 - 0,1}$$

60°: 0,5	0,8375	0,5·0,9870	1/1,2664 = 0,7896
90°:		0,7071·0,9306	1/1,3432 = 0,7445
120°:		0,8660·0,8548	1/1,4623 = 0,6838

60°: 0,5	0,8375	0,4935
90°:		0,6580
120°:		0,7403

60°:	R = 0,2067	$R/x = R \cdot r_{s2} = 0,1632$
90°:	= 0,2755	= 0,2051
120°:	= 0,3100	= 0,2120

	$\alpha=60°$	$\alpha=90°$	$\alpha=120°$
α rad	1,0472	1,5708	2,0944
$r_N = 4/5 \cdot r_1$	1,1588	1,2291	1,3380
$r_N = 3/4 \cdot r_1$	1,1887	1,2608	1,3726
$r_N = 2/3 \cdot r_1$	1,2401	1,3153	1,4319
$r_N = 5/8 \cdot r_1$	1,2664	1,3432	1,4623
$r_N = 1/2 \cdot r_1$	1,3464	1,4281	1,5547
x_M	1,24	1,32	1,43
x_M	1,2	1,3	1,4

Radienverhältnis r_2 / r_{s2} des Kreisringsegmentes von Kupplungsglocke zum Fliehsegmentschwerpunkt

Allgemeine Bestimmung des Reibungswinkels (Annahme: $p = const.$, Ansatz: $p_y \sim 1/\alpha$)

Auf die Fliehkörper wirkt die Fliehkraft F_ω. Im geschalteten Zustand erfahren die Fliehkörper als Reaktion die Normalkraft F_N an der Kupplungsglocke. Nur der radial in Schwerpunktrichtung wirkende Anteil der Normalkraft (Schaltkraft) trägt zum Schalten des Lastmomentes bei. Die Beziehung von Schaltkraft F_y zur Normalkraft in Abhängigkeit vom Reibwinkel ist zu bestimmen.

$$p = \frac{F_N}{A} = const. \quad p_i = \frac{dF_N}{dA} \quad dF_N = p_i \cdot dA \quad dF_N(y) = p_{yi} \cdot dA \quad p_{yi} \sim \frac{1}{\alpha} \quad p_{yi} = \frac{C}{\alpha} \quad (\alpha = \varphi_2 - \varphi_1)$$

$$dA = B \cdot r \cdot d\varphi \quad dF_N(y) = \frac{C}{\alpha} \cdot B \cdot r \cdot d\varphi \quad F_N(y) = \frac{C}{\alpha} \cdot B \cdot r \cdot \int_{\varphi_1}^{\varphi_2} d\varphi = \frac{C}{\alpha} \cdot B \cdot r \cdot \int_0^{\alpha} d\varphi = \frac{C}{\alpha} \cdot B \cdot r \cdot \alpha$$

$$\Rightarrow F_N(y) = C \cdot B \cdot r \quad (r = r_2) \quad \sin\varphi = \frac{dF_y}{dF_N}$$

$$\Rightarrow dF_y = dF_N(y) \cdot \sin\varphi = p_{yi} \cdot dA \cdot \sin\varphi$$

$$A = B \cdot r \cdot \int_{\varphi_1}^{\varphi_2} d\varphi = B \cdot r \cdot [\varphi_2 - \varphi_1] = B \cdot r \cdot \alpha$$

$$\int dF_y = \int dF_N(y) \cdot \sin\varphi = \frac{C}{\alpha} \cdot B \cdot r \cdot \int \sin\varphi \cdot d\varphi$$

$$F_y = \frac{C}{\alpha} \cdot B \cdot r \cdot \int_{\varphi_1}^{\varphi_2} \sin\varphi \cdot d\varphi = \frac{C}{\alpha} \cdot B \cdot r \cdot [-\cos\varphi]_0^{\alpha}$$

$$F_y = \frac{C}{\alpha} \cdot B \cdot r \cdot (1 - \cos\alpha) \quad (0° < \alpha < 180°)$$

$$\Rightarrow C = \frac{\alpha \cdot F_y}{B \cdot r \cdot (1 - \cos\alpha)}$$

$$F_N = C \cdot B \cdot r = \frac{\alpha \cdot F_y}{B \cdot r \cdot (1 - \cos\alpha)} \cdot B \cdot r$$

$$\Rightarrow F_N = \frac{\alpha}{(1 - \cos\alpha)} \cdot F_y$$

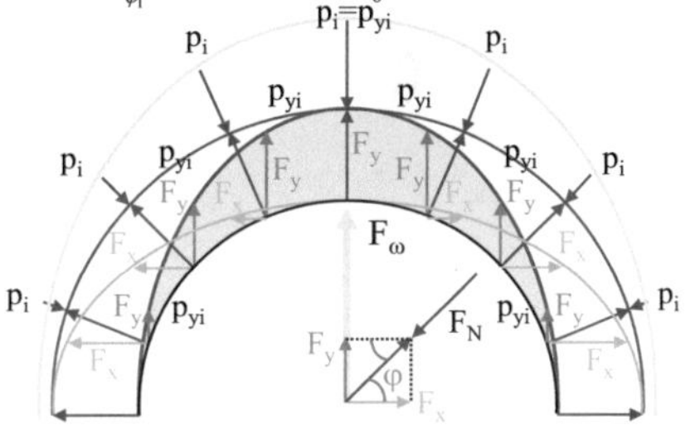

Die Kraft-/Winkel-Gleichung:

$$\boxed{\begin{array}{l} F_N = F_y \cdot \dfrac{\alpha}{(1 - \cos\alpha)} \\[2ex] F_y = F_N \cdot \dfrac{(1 - \cos\alpha)}{\alpha} \end{array}} \qquad \begin{array}{l} \dfrac{F_N}{F_y} = \dfrac{\alpha}{(1 - \cos\alpha)} \\[2ex] \dfrac{F_y}{F_N} = \dfrac{(1 - \cos\alpha)}{\alpha} \end{array}$$

Abb. 27a: Normal- und Vertikalkraft an der Halbschale

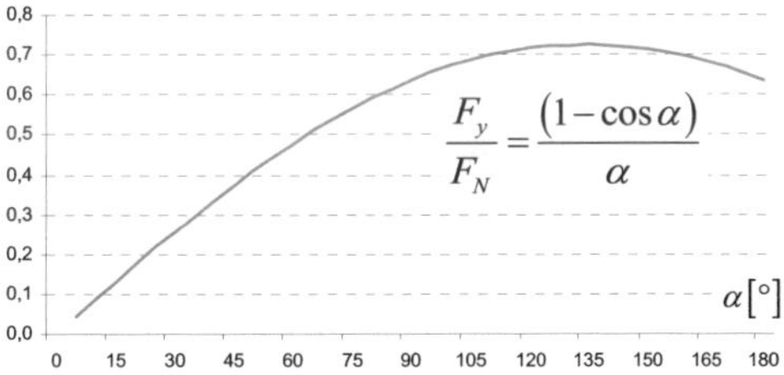

Abb. 27b: Schaltkraft $F_y = f\,[\,(1 - \cos\alpha)/\alpha\,]$

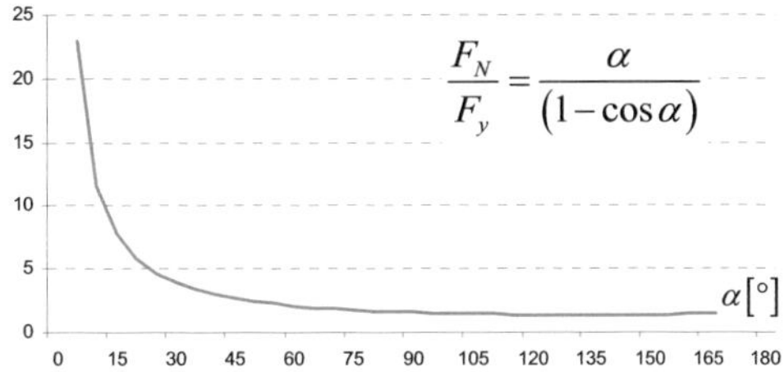

Abb. 27c: Normalkraft $F_N = f\,[\,\alpha/(1 - \cos\alpha)\,]$

Die durch die Fliehkraft erzeugte Schaltkraft F_y, deren Wirkungslinie durch den Schwerpunkt des Fliehkörpers und den Mittelpunkt des Kupplungskörpers verläuft, verhält sich zur Normalkraft wie $(1 - \cos\alpha)/\alpha$.

Normalkraft an der Halbschale und an der Schale

$$F_{N,Halbschale} = \int_0^\pi dF_N = \int_0^\pi p \cdot dA$$

$$dA = \frac{d}{2} \cdot d\alpha \cdot B \qquad A_{Halbschale*} = \int_0^\pi \frac{d}{2} \cdot d\alpha \cdot B$$

$$A_{Halbschale*} = \frac{d}{2} \cdot \pi \cdot B$$

$$F_{N,Halbschale} = \int_0^\pi p \cdot \frac{d}{2} \cdot d\alpha \cdot B = p \cdot \frac{d}{2} \cdot B \cdot \int_0^\pi d\alpha$$

$$F_{N,Halbschale} = p \cdot \frac{d}{2} \cdot \pi \cdot B$$

$$p = p_{Halbschale} = \frac{F_{N,Halbschale}}{\frac{d}{2} \cdot \pi \cdot B} = \frac{2}{\pi} \cdot \frac{F_{N,Halbschale}}{d \cdot B}$$

$$A_{Halbschale*} = \frac{d}{2} \cdot \pi \cdot B \quad \text{* Stirnseite} \qquad A_{proj} = d \cdot B$$

$$p_{Halbschale} = \frac{2}{\pi} \cdot \frac{F_{N,Halbschale}}{A_{proj}} \cong 0{,}637 \cdot \frac{F_{N,Halbschale}}{A_{proj}}$$

$$F_{N,ges} = 2 \cdot F_{N,Halbschale} = 2 \cdot p \cdot \frac{d}{2} \cdot \pi \cdot B = p \cdot \pi \cdot d \cdot B$$

$$p_{Schale} = \frac{F_{N,ges}}{A_{Schale}} = \frac{2 \cdot F_{N,Halbschale}}{2 \cdot A_{Halbschale*}} = \frac{F_{N,Halbschale}}{A_{Halbschale*}} = p_{Halbschale} = p$$

$$p = \frac{2}{\pi} \cdot \frac{F_N}{A_{proj}}$$

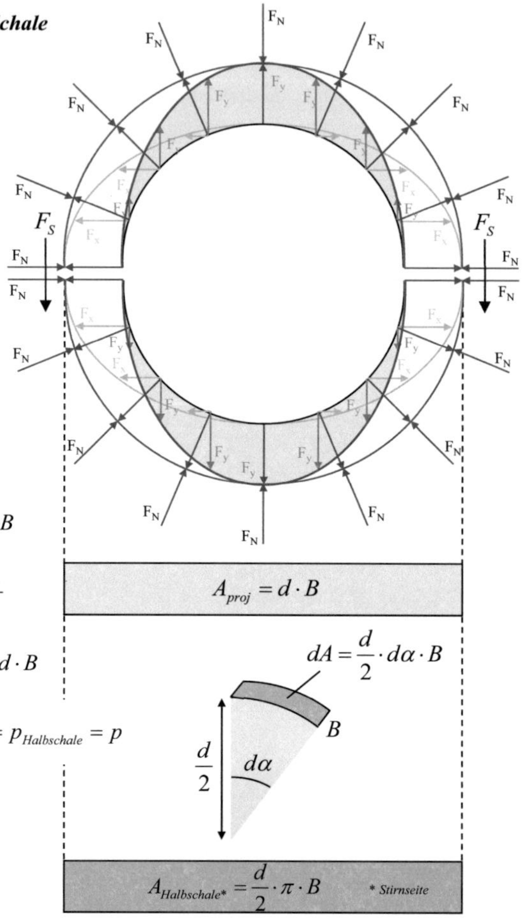

(Halb-)Schale und die Kraft-Winkel-Gleichung:

$$F_N = F_y \cdot \frac{\alpha}{1 - \cos\alpha} \qquad \alpha = \pi: \quad F_N = F_y \cdot \frac{\pi}{2} \ (1) \quad \Rightarrow F_y = F_N \cdot \frac{2}{\pi} \ (2) \qquad p = \frac{F_N}{A} \ (3)$$

$$A = \frac{d}{2} \cdot \pi \cdot B \quad A_{Proj} = d \cdot B \qquad p = \frac{F_N}{A} = \frac{F_N}{\frac{d}{2} \cdot \pi \cdot B} = \frac{2}{\pi} \frac{F_N}{d \cdot B} \quad \Rightarrow p = \frac{2}{\pi} \cdot \frac{F_N}{A_{Proj}} \ (4)$$

$$(1) in (4): \quad p = \frac{2}{\pi} \cdot \frac{F_N}{A_{Proj}} = \frac{F_y}{A_{Proj}} \ (5) \qquad \text{Schale: } F_{N,ges} = 2 \cdot F_N$$

Die am Flansch (der Schalenkupplung) aufgebrachte Schraubenkraft erzeugt als Reaktionskraft eine Normalkraft F_N an der Schale. Nur der Vertikalanteil der Normalkraft F_y multipliziert mit dem Reibradius und -koeffizienten wird als Schaltmoment übertragen (übertragbares Reibmoment). Der erzeugte Druck p ist gleich dem Vertikalanteil der Normalkraft F_y bezogen auf die Projektionsfläche A_{Proj}.

Antriebs-, Schalt- und Reibmoment

$$M_t = M_F + M_R$$

Modell C: $\quad M_F = \cos\dfrac{\alpha}{2} \cdot m \cdot r_{s2}^{\,2} \cdot \omega_N^2 \qquad M_R = \mu_R \cdot \left(1 - y^2 - \mu_{HF} + \sin\dfrac{\alpha}{2} \cdot \dfrac{r_{s2}}{r_F}\right) \cdot m \cdot r_{s2} \cdot \omega_N^2 \cdot r_2$

$$x = \frac{r_2}{r_{s2}} \quad x = f(\alpha) \quad r_2 = x \cdot r_{s2}: \quad M_R = \mu_R \cdot \left(1 - y^2 - \mu_{HF} + \sin\frac{\alpha}{2} \cdot \frac{r_{s2}}{r_F}\right) \cdot x \cdot m \cdot r_{s2}^{\,2} \cdot \omega_N^2$$

$$m = i \cdot m_i = \frac{\rho}{2} \cdot r_1^2 \cdot \left(1 - \left(\frac{r_N}{r_1}\right)^2\right) \cdot i \cdot \alpha \cdot B_{FK} = i \cdot \alpha \cdot M \cdot r_1^2 \qquad M = \frac{\rho}{2} \cdot \left(1 - \left(\frac{r_N}{r_1}\right)^2\right) \cdot B_{FK}$$

$$N = 1 - y^2 - \mu_{HF} \qquad N = f\left(\frac{\omega_2}{\omega_N}; \mu_{HF}\right)$$

$$r_N = \frac{3}{8} \cdot r_1 \qquad \frac{\left(1 - (r_N/r_1)^3\right)}{\left(1 - (r_N/r_1)^2\right)} = 1{,}2404 \qquad r_F = 0{,}8 \cdot r_1 \qquad \varphi_u = \frac{\pi}{2} - \frac{\alpha}{2} \qquad \cos\left(\frac{\pi}{2} - \frac{\alpha}{2}\right) = \sin\frac{\alpha}{2}$$

$$r_{s1} = \frac{2}{3} \cdot \frac{r_1^3 \cdot \left(1 - (r_N/r_1)^3\right)}{r_1^2 \cdot \left(1 - (r_N/r_1)^2\right)} \cdot \frac{2 \cdot \cos\varphi_u}{\alpha} = S \cdot r_1 \cdot \frac{2 \cdot \cos\varphi_u}{\alpha} \qquad S = \frac{2}{3} \cdot 1{,}2404 = 0{,}8269 \qquad (r_{s1} \cong r_{s2})$$

$$M_F = \cos\frac{\alpha}{2} \cdot m \cdot r_{s2}^{\,2} \cdot \omega_N^2 = \cos\frac{\alpha}{2} \cdot \left(i \cdot \alpha \cdot M \cdot r_1^2\right) \cdot \left(S \cdot r_1 \cdot \frac{2 \cdot \cos\varphi_u}{\alpha}\right)^2 \cdot \omega_N^2$$

$$M_F = \left(\cos\frac{\alpha}{2} \cdot \frac{4 \cdot \cos^2\varphi_u}{\alpha}\right) \cdot i \cdot \left[\left(M \cdot r_1^2\right) \cdot \left(S^2 \cdot r_1^2\right) \cdot \omega_N^2\right]$$

$$M_R = \mu_R \cdot \left(N + \sin\frac{\alpha}{2} \cdot \frac{S \cdot r_1 \cdot \dfrac{2 \cdot \cos\varphi_u}{\alpha}}{0{,}8 \cdot r_1}\right) \cdot x \cdot \left(i \cdot \alpha \cdot M \cdot r_1^2\right) \cdot \left(S \cdot r_1 \cdot \frac{2 \cdot \cos\varphi_u}{\alpha}\right)^2 \cdot \omega_N^2$$

$$M_R = \left(\mu_R \cdot N \cdot \left(\frac{2 \cdot \cos\varphi_u}{\alpha}\right)^2 + \mu_R \cdot \sin\frac{\alpha}{2} \cdot \frac{S}{0{,}8} \cdot \left(\frac{2 \cdot \cos\varphi_u}{\alpha}\right)^3\right) \cdot x \cdot i \cdot \left[\left(M \cdot r_1^2\right) \cdot \left(S^2 \cdot r_1^2\right) \cdot \omega_N^2\right]$$

$$x = \frac{r_2}{r_{s2}} \cong \frac{r_1}{r_{s1}} = \frac{r_1}{S \cdot r_1 \cdot \dfrac{2 \cdot \cos\varphi_u}{\alpha}} = \frac{\alpha}{1{,}6538 \cdot \cos\varphi_u}$$

$$M_R = \left(\mu_R \cdot N \cdot \left(\frac{2 \cdot \cos\varphi_u}{\alpha}\right)^2 + \mu_R \cdot \sin\frac{\alpha}{2} \cdot 1{,}0336 \cdot \left(\frac{2 \cdot \cos\varphi_u}{\alpha}\right)^3\right) \cdot \frac{\alpha}{1{,}6538 \cdot \cos\varphi_u} \cdot i \cdot \left[\left(M \cdot r_1^2\right) \cdot \left(S^2 \cdot r_1^2\right) \cdot \omega_N^2\right]$$

$$\Rightarrow M_F \sim \left(4 \cdot \cos\frac{\alpha}{2} \cdot \frac{\cos^2\varphi_u}{\alpha}\right) \cdot i$$

$$M_R \sim \left(\mu_R \cdot N \cdot \frac{4}{1{,}6538} \cdot \frac{\cos\varphi_u}{\alpha} + \mu_R \cdot \frac{8 \cdot 1{,}0336}{1{,}6538} \cdot \sin\frac{\alpha}{2} \cdot \frac{\cos^2\varphi_u}{\alpha^2}\right) \cdot i$$

$$\Rightarrow M_R \sim \mu_R \cdot \left(N \cdot 2{,}4187 + 5 \cdot \sin\frac{\alpha}{2} \cdot \frac{\cos\varphi_u}{\alpha}\right) \cdot \frac{\cos\varphi_u}{\alpha} \cdot i$$

Anlaufzeitkonstanten bei konstantem Beschleunigungsmoment

(1) Antrieb läuft mit der Last an $J = J_A + J_L$: $M_B = const.$ $(\alpha = const.)$ Annahme: $M_B \cong M_N$

$$M_B = J \cdot \frac{d\omega}{dt} \quad d\omega = \frac{M_B}{J} \cdot dt \quad \int_0^\omega d\omega = \frac{M_B}{J} \cdot \int_0^t dt \quad \Rightarrow \omega = \frac{M_B}{J} \cdot t$$

auf die Bemessungsdrehzahl n_N normiert: $\dfrac{\omega}{\omega_N} = \dfrac{n}{n_N} = \dfrac{M_B}{J \cdot \omega_N} \cdot t$

$$n = n_N: \quad \frac{n_N}{n_N} = \frac{M_B}{J \cdot \omega_N} \cdot \tau \quad \Rightarrow \tau = t_a = \frac{J \cdot \omega_N}{M_B} \quad \text{(Gerade 1)}$$

t_a Anlaufzeitkonstante des Antriebes mit Last

(2) Antrieb läuft ohne Last an $J = J_A$ (Gerade 2):

$$n = n_N: \quad \tau = t_{aN} = \frac{J_A \cdot \omega_N}{M_B} \qquad t_{aN} \text{ Normalanlaufzeitkonstante des Motors (ohne Last)}$$

Die Drehzahl n_N wird nach der Anlaufzeit $t \approx 3...5 \cdot \tau$ erreicht.

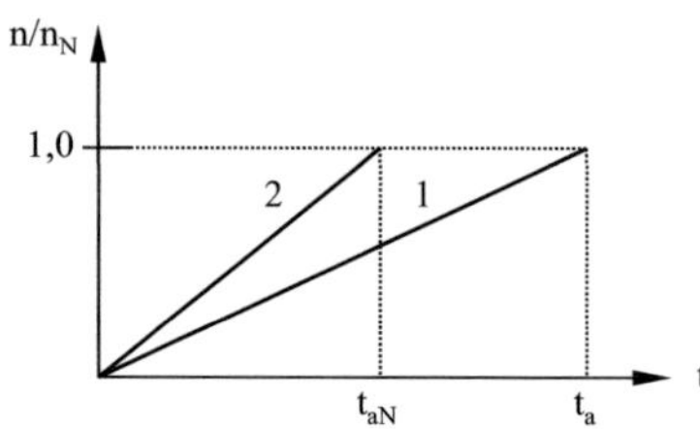

Abb. 33a: Anlaufzeitkonstante t_a des Antriebs und Normalanlaufzeitkonstante t_{aN} des Motors

Rutschzeit bei linear abnehmender Beschleunigung

DGL des dynamischen Antriebes:

$$M_B(n) = M_M(n) - M_L(n) = (J_A + J_L) \cdot \frac{d\omega}{dt} = (J_A + J_L) \cdot 2\pi \cdot \frac{dn}{dt}$$

linear abnehmendes Beschleunigungsmoment: Anlaufmoment des Motors: $M_M(n = 0) = M_{M,0}$

$$M_B(n) = M_{M,0} \cdot \left[1 - \frac{n}{n_N}\right] \quad \wedge \quad M_B(n) = (J_A + J_L) \cdot 2\pi \cdot \frac{dn}{dt}$$

$$M_{M,0} \cdot \left[1 - \frac{n}{n_N}\right] = (J_A + J_L) \cdot 2\pi \cdot \frac{dn}{dt}$$

$$\Rightarrow dt = \frac{(J_A + J_L) \cdot 2\pi \cdot dn}{M_{M,0} \cdot \left[1 - \frac{n}{n_N}\right]}$$

$$t_{01} = \frac{(J_A + J_L)}{M_{M,0}} \cdot 2\pi \cdot n_N \cdot \int_{n_0}^{n_1} \frac{1}{n_N - n} \cdot dn$$

Fremderregter Gleichstrommotor wird aus dem Stillstand bis auf die Bemessungsdrehzahl n_N beschleunigt und dabei mit konst. Lastmoment M_L beaufschlagt

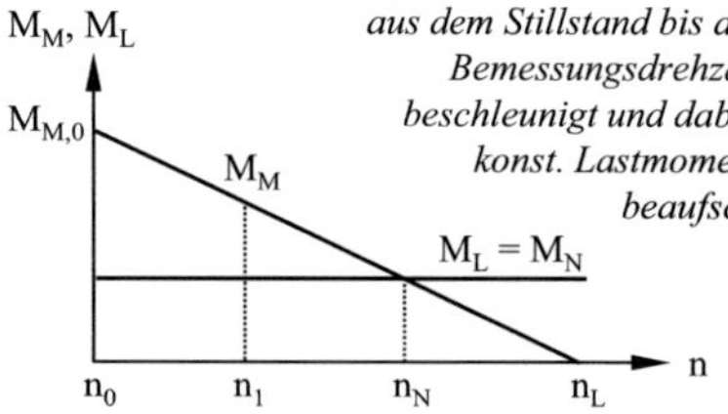

Abb. 35a: Anlauf des fremderregten Gleichstrommotors

Substitution: $u = n_N - n$ $\dfrac{du}{dn} = -1$ $du = -dn$ $\displaystyle\int \frac{1}{n_N - n} \cdot dn = -\int \frac{1}{u} \cdot du = -\ln u$

Rücksubstitution: $-\ln u = -\ln(n_N - n)$ $\Rightarrow t_{01} = \dfrac{(J_A + J_L)}{M_{M,0}} \cdot 2\pi \cdot n_N \cdot \left(-\ln(n_N - n)\Big|_{n_0}^{n_1}\right)$

$$-\ln(n_N - n)\Big|_{n_0}^{n_1} = -\ln(n_N - n_1) + \ln(n_N - n_0) = \ln\frac{(n_N - n_0)}{(n_N - n_1)}$$

$$t_{01} = \frac{(J_A + J_L)}{M_{M,0}} \cdot 2\pi \cdot n_N \cdot \ln\frac{n_N - n_0}{n_N - n_1} \qquad n_0 = 0\ s^{-1}: \qquad t_{01} = \frac{(J_A + J_L)}{M_{M,0}} \cdot 2\pi \cdot n_N \cdot \ln\frac{n_N}{n_N - n_1}$$

lastfreier Anlauf: $\Rightarrow M_{M,0} = M_B$ $t_{01} = \dfrac{J_A}{M_{M,0}} \cdot 2\pi \cdot n_N \cdot \ln\dfrac{n_N}{n_N - n_1}$

Bsp.: $n_N = \dfrac{\omega_N}{2\pi} = \dfrac{157 s^{-1}}{2\pi} = 25 s^{-1}$; $n_1 = \dfrac{1}{4} \cdot n_N = 6{,}25 s^{-1}$; $J_A = 0{,}25 kgm^2$; $M_B = 30 Nm$ $\Rightarrow t_{01} = 0{,}38 s$

Drehzahl bei linear abnehmendem Motormoment und konstantem Lastmoment

Beschleunigungsmoment (Drallsatz): $\quad M_B(n) = (J_A + J_L) \cdot 2\pi \cdot \dfrac{dn}{dt} \qquad M_B(n) = M_M(n) - M_L$

linear abnehmendes Motormoment: $\quad M_M(n) = M_{M,0} \cdot [1 - \dfrac{n}{n_N}] = M_{M,0} \cdot \dfrac{n_N - n}{n_N}$

konstantes Lastmoment $\left(M_L = const.\right)$: $\quad M_B(n) = M_{M,0} \cdot [1 - \dfrac{n}{n_N}] - M_L = (J_A + J_L) \cdot 2\pi \cdot \dfrac{dn}{dt}$

$\Rightarrow M_{M,0} \cdot \dfrac{n_N - n}{n_N} - M_L = (J_A + J_L) \cdot 2\pi \cdot \dfrac{dn}{dt} \quad \Rightarrow \quad (J_A + J_L) \cdot 2\pi \cdot \dfrac{dn}{dt} + M_{M,0} \cdot \dfrac{n}{n_N} = M_{M,0} - M_L$

inhomogene DGL: $\quad \dfrac{dn}{dt} + \dfrac{M_{M,0}}{(J_A + J_L) \cdot 2\pi \cdot n_N} \cdot n = \dfrac{M_{M,0} - M_L}{(J_A + J_L) \cdot 2\pi}$

homogene DGL: $\quad \dfrac{dn}{dt} + \dfrac{M_{M,0}}{(J_A + J_L) \cdot 2\pi \cdot n_N} \cdot n = 0 \quad \Rightarrow \quad \int_{n_i}^{n_N} \dfrac{dn}{n} = -\dfrac{M_{M,0}}{(J_A + J_L) \cdot 2\pi \cdot n_N} \cdot \int_{t_i}^{t_N} dt$

$\ln n_N - \ln n_i = -\dfrac{M_{M,0}}{(J_A + J_L) \cdot 2\pi \cdot n_N} \cdot \left(t_N - t_i \right) \quad \Rightarrow \quad \ln \dfrac{n_N}{n_i} = -\dfrac{M_{M,0}}{(J_A + J_L) \cdot 2\pi \cdot n_N} \cdot \left(t_N - t_i \right)$

$\Rightarrow \quad \dfrac{n_N}{n_i} = e^{-\frac{M_{M,0}}{(J_A + J_L) \cdot 2\pi \cdot n_N} \cdot \left(t_N - t_i \right)}$

Lösung der homogenen DGL: $\quad n_i = n_N \cdot e^{\left(\frac{M_{M,0}}{(J_A + J_L) \cdot 2\pi \cdot n_N} \cdot t_N - \frac{M_{M,0}}{(J_A + J_L) \cdot 2\pi \cdot n_N} \cdot t_i \right)}$

$e^{\frac{M_{M,0}}{(J_A + J_L) \cdot 2\pi \cdot n_N} \cdot t_N} = const. = C \quad \Rightarrow \quad n_i = n_{i,\mathrm{hom}} = n_N \cdot C \cdot e^{-\frac{M_{M,0}}{(J_A + J_L) \cdot 2\pi \cdot n_N} \cdot t_i} = n_N \cdot C \cdot e^{-\frac{t_i}{\tau}}$

Anlaufzeitkonstante τ des Antriebes mit konstanter Last: $\quad \tau = \dfrac{(J_A + J_L) \cdot 2\pi \cdot n_N}{M_{M,0}} \qquad A = \dfrac{M_{M,0} - M_L}{(J_A + J_L) \cdot 2\pi}$

inhomogene DGL: $\quad \dfrac{dn_i}{dt} + \dfrac{M_{M,0}}{(J_A + J_L) \cdot 2\pi \cdot n_N} \cdot n_i = \dfrac{M_{M,0} - M_L}{(J_A + J_L) \cdot 2\pi} \quad \Rightarrow \quad \dot{n}_i + \dfrac{1}{\tau} \cdot n_i = A$

Laplace-Transformation: $\quad$ Bildfunktion von $n_i = f(t) = V(s) \quad \Rightarrow \quad \dot{n}_i = s \cdot V(s) - n_0 \qquad \alpha = \dfrac{1}{\tau} \qquad n_0 = n(0) = 0s^{-1}$

$s \cdot V(s) - n_0 + \alpha \cdot V(s) = L\{A\} = A \cdot L\{1\} = A \cdot \dfrac{1}{s} \qquad L: \text{Laplace-Transformationsoperator}$

$V(s) \cdot (s + \alpha) - n_0 = A \cdot \dfrac{1}{s} \quad \Rightarrow \quad V(s) = A \cdot \dfrac{1}{s \cdot (s + \alpha)} + n_0 \cdot \dfrac{1}{(s + \alpha)}$

Rücktransformation in den Originalbereich: $\quad n_i(t) = L^{-1} \cdot \{V(s)\} = L^{-1} \cdot \left\{ A \cdot \dfrac{1}{s \cdot (s + \alpha)} + n_0 \cdot \dfrac{1}{(s + \alpha)} \right\}$

$n_i(t) = A \cdot L^{-1} \cdot \left\{ \dfrac{1}{s \cdot (s + \alpha)} \right\} + n_0 \cdot L^{-1} \cdot \left\{ \dfrac{1}{(s + \alpha)} \right\} = A \cdot \dfrac{e^{-t/\tau} - 1}{-\alpha} + n_0 \cdot e^{-t/\tau} \quad \Rightarrow \quad n_i(t) = \left(n_0 - \dfrac{A}{\alpha} \right) \cdot e^{-t/\tau} + \dfrac{A}{\alpha}$

$n_i(t) = \dfrac{A}{\alpha} \cdot \left(1 - e^{-t/\tau} \right) + n_0 \cdot e^{-t/\tau} \qquad \dfrac{A}{\alpha} = A \cdot \tau = \dfrac{M_{M,0} - M_L}{(J_A + J_L) \cdot 2\pi} \cdot \dfrac{(J_A + J_L) \cdot 2\pi \cdot n_N}{M_{M,0}} = \dfrac{M_{M,0} - M_L}{M_{M,0}} \cdot n_N = \left[1 - \dfrac{M_L}{M_{M,0}} \right] \cdot n_N$

Drehzahl $n_i(t)$ für $t = 0s$: $\quad n_i(t = 0) = n_0 = 0s^{-1}$

Drehzahl $n_i(t)$ für $t = \tau$: $\quad n_i(t = \tau) = \dfrac{A}{\alpha} \cdot \left(1 - e^{-\tau/\tau} \right) + n_0 \cdot e^{-\tau/\tau} = \dfrac{A}{\alpha} \cdot \left(1 - e^{-1} \right) = \dfrac{A}{\alpha} \cdot (1 - 0{,}37) = \dfrac{A}{\alpha} \cdot 0{,}63$

Bsp.: $\quad M_L = \dfrac{1}{2} \cdot M_{M,0}$ und $t = \tau$: $\quad n_i(t = \tau) = \dfrac{A}{\alpha} \cdot 0{,}63 = \left[1 - \dfrac{M_L}{M_{M,0}} \right] \cdot n_N \cdot 0{,}63 = [1 - 0{,}5] \cdot n_N \cdot 0{,}63 = 0{,}315 \cdot n_N$

abschnittsweise konstante Beschleunigung und exponentiell steigende Kreisfrequenz
(mit $\omega_2 = 0{,}25 \cdot \omega_N$ und $\omega_3 = 0{,}625 \cdot \omega_N$)

A) abschnittsweise konstante Beschleunigung bei konstantem Beschleunigungsmoment M_B: (s. Abb. 34a/b, S. 84)

Bsp: $M_B = 30Nm \left(= M_{M,0} = M_N\right) \quad J_A = J_L = 0{,}25 kgm^2 \quad \omega_N = 2\pi \cdot \dfrac{1500}{60s} = 157 s^{-1} \quad t_{ges} = t_{02} + t_{23} + t_{3N}$

(1): $M_B = \alpha_{02} \cdot J_A \quad \alpha_{02} = \dfrac{\omega_2 - \omega_0}{t_2 - t_0} = \dfrac{\omega_{02}}{t_{02}} \quad \omega_{02} = 0{,}25 \cdot \omega_N : \quad t_{02} = \dfrac{J_A \cdot 0{,}25 \cdot \omega_N}{M_B} = \dfrac{0{,}25 kgm^2 \cdot 0{,}25 \cdot 157 s^{-1}}{30 Nm} = 0{,}33s$

(2): $M_B = J_A \cdot \alpha_{A,23} + J_L \cdot \alpha_{L,03} \quad \alpha_{L,03} = \dfrac{5}{3} \cdot \alpha_{A,23}$ (s. S. 83) $\quad \omega_{23} = 0{,}375 \cdot \omega_N : \quad t_{23} = \dfrac{\left(J_A + J_L\right) \cdot \omega_{23}}{\left(0{,}6 \cdot J_A + J_L\right) \cdot \alpha_{L,03}} = \ldots$

(3): $M_B = \left(J_A + J_L\right) \cdot \alpha_{3N} \quad \alpha_{3N} = \dfrac{\omega_N - \omega_3}{t_N - t_3} = \dfrac{\omega_{3N}}{t_{3N}} \quad \omega_{3N} = 0{,}375 \cdot \omega_N : \quad t_{3N} = \dfrac{\left(J_A + J_L\right) \cdot \omega_{3N}}{M_B} = 0{,}98s$

(1) = (2): $\alpha_{02} \cdot J_A = J_A \cdot \alpha_{A,23} + J_L \cdot \alpha_{L,03} \;\wedge\; J_A = J_L \;\wedge\; \alpha_{L,03} = \dfrac{5}{3} \cdot \alpha_{A,23} \quad \Rightarrow \alpha_{02} = \alpha_{A,23} + \alpha_{L,03} = \dfrac{8}{3} \cdot \alpha_{A,23}$

$\alpha_{02} = \dfrac{\omega_{02}}{t_{02}} = \dfrac{0{,}25 \cdot 157 s^{-1}}{0{,}33s} = 119 s^{-2} \qquad \alpha_{3N} = \dfrac{\omega_{3N}}{t_{3N}} = \dfrac{0{,}375 \cdot 157 s^{-1}}{0{,}98s} = 60 s^{-2}$

(2) = (3): $J_A \cdot \alpha_{A,23} + J_L \cdot \alpha_{L,03} = \left(J_A + J_L\right) \cdot \alpha_{3N} \;\wedge\; J_A = J_L \;\wedge\; \alpha_{L,03} = \dfrac{5}{3} \cdot \alpha_{A,23} \quad \Rightarrow \alpha_{A,23} + \alpha_{L,03} = 2 \cdot \alpha_{3N}$

$\dfrac{8}{3} \cdot \alpha_{A,23} = 2 \cdot \alpha_{3N} \quad \Rightarrow \alpha_{A,23} = \dfrac{3}{4} \cdot \alpha_{3N} = 45 s^{-2} \qquad t_{23} = \dfrac{0{,}98s \cdot 30 Nm}{0{,}25 kgm^2 \cdot 1{,}6 \cdot \alpha_{L,23}} = 0{,}98s \qquad \alpha_{02} > \alpha_{3N} > \alpha_{A,23}$

B) exponentiell steigende Kreisfrequenz: (s. Abb. 34a/b, S. 84)

$\omega(t) = \omega_N \cdot \left(1 - e^{-t/T_m}\right) \qquad$ mechanische Zeitkonstante: $\tau = T_m = \dfrac{J \cdot \omega_N}{M_B} \qquad (a)\; T_{m,02} \qquad (b)\; T_{m,23} \qquad (c)\; T_{m,3N}$

1.) unbelasteter Anlauf vor dem Kuppeln: $0 < \omega < \omega_2 : \quad M_B = \alpha_{02} \cdot J_A \quad (a)\; T_{m,02} = \dfrac{0{,}25 kgm^2 \cdot 157 s^{-1}}{30 Nm} = 1{,}3s$

$\omega_{02} = 0{,}25 \cdot \omega_N \quad \left(\omega_0 = 0 s^{-1}, t_0 = 0s\right) \quad \omega_2 = \omega(t_{02}) = \omega_N \cdot \left(1 - e^{-t_{02}/T_m}\right) \quad \Rightarrow \dfrac{\omega_2}{\omega_N} = 1 - e^{-t_{02}/T_m}$

$t_{02} = -T_m \cdot \ln\left(1 - \omega_2 / \omega_N\right) = -T_m \cdot \ln\left(1 - 0{,}25\right) = -T_m \cdot \ln 0{,}75 = T_m \cdot 0{,}2877 \quad t_{02}(a/b/c) = 0{,}37 / 0{,}75 / 0{,}75 \; s$

2.) Beschleunigung Gleitreibphase: $\omega_2 \leq \omega < \omega_3 : \quad M_B = \left(J_A + J_L\right) \cdot \alpha_{23} \quad (b)\; T_{m,23} = \dfrac{0{,}5 kgm^2 \cdot 157 s^{-1}}{30 Nm} = 2{,}6s$

$\omega_{23} = 0{,}375 \cdot \omega_N \quad \omega_3 = \omega(t_{02} + t_{23}) = \omega_N \cdot \left(1 - e^{-(t_{02}+t_{23})/T_m}\right) \quad \Rightarrow \dfrac{\omega_3}{\omega_N} = 1 - e^{-(t_{02}+t_{23})/T_m} \quad t_{23} = -T_m \cdot \ln\left(1 - \omega_3 / \omega_N\right) - t_{02}$

$t_{23} = -T_m \cdot \ln\left(1 - 0{,}625\right) - t_{02} = -T_m \cdot \ln 0{,}375 - t_{02} = T_m \cdot 0{,}9808 - t_{02} \quad t_{23}(a/b/c) = 0{,}95 / 2{,}22 / 2{,}22 \; s$

3.) Beschleunigung Haftphase: $\omega_3 \leq \omega < \omega_N : \quad M_B = \left(J_A + J_L\right) \cdot \alpha_{3N} \quad (c)\; T_{m,3N} = \dfrac{0{,}5 kgm^2 \cdot 157 s^{-1}}{30 Nm} = 2{,}6s$

$\omega_{3N} = 0{,}375 \cdot \omega_N \quad \omega = \omega(t_{02} + t_{23} + t_{3N}) = \omega(t_{03} + t_{3N}) = \omega_N \cdot \left(1 - e^{-(t_{03}+t_{3N})/T_m}\right) \quad \Rightarrow \dfrac{\omega}{\omega_N} = 1 - e^{-(t_{03}+t_{3N})/T_m}$

Bsp.: $\omega = 0{,}98 \cdot \omega_N \quad t_{3N} = -T_m \cdot \ln\left(1 - \omega / \omega_N\right) - t_{03} = -T_m \cdot \ln\left(1 - 0{,}98\right) - t_{03} = -T_m \cdot \ln 0{,}02 - t_{03} = T_m \cdot 3{,}9120 - t_{03}$

$t_{3N} = t(a/b/c) = 3{,}78 / 8{,}86 / 8{,}86 s \quad t_{ges} : (a) = 5{,}1s \; (b) = 11{,}83s \; (c) = 11{,}83s$

$t_{ges} : (a/b/c) = \left(0{,}37 + 2{,}22 + 8{,}86\right)s = 11{,}45s$

Änderung der kinetischen Energie bezogen auf die kinetische Energie vor dem Stoß

$$L_V = J_A \cdot \omega_A + J_L \cdot \omega_L \qquad L_N = \left(J_A + J_L \right) \cdot \omega$$

$$L_V = L_N \quad \Leftrightarrow \quad J_A \cdot \omega_A + J_L \cdot \omega_L = \left(J_A + J_L \right) \cdot \omega \quad \Rightarrow \quad \omega = \frac{J_A \cdot \omega_A + J_L \cdot \omega_L}{J_A + J_L}$$

$$\frac{\Delta E_{kin}}{E_{kin,V}} = \frac{E_{kin,V} - E_{kin,N}}{E_{kin,V}} = \frac{\frac{1}{2}\left(J_A \cdot \omega_A^2 + J_L \cdot \omega_L^2 \right) - \frac{1}{2}\left(J_A + J_L \right) \cdot \omega^2}{\frac{1}{2}\left(J_A \cdot \omega_A^2 + J_L \cdot \omega_L^2 \right)}$$

$$\frac{\Delta E_{kin}}{E_{kin,V}} = 1 - \frac{\left(J_A + J_L \right)}{\left(J_A \cdot \omega_A^2 + J_L \cdot \omega_L^2 \right)} \cdot \omega^2 \qquad (a)$$

$$\frac{\Delta E_{kin}}{E_{kin,V}} = \frac{\left(J_A \cdot \omega_A^2 + J_L \cdot \omega_L^2 \right) - \left(J_A + J_L \right) \cdot \left(\frac{J_A \cdot \omega_A + J_L \cdot \omega_L}{J_A + J_L} \right)^2}{\left(J_A \cdot \omega_A^2 + J_L \cdot \omega_L^2 \right)} \quad \Rightarrow \quad \frac{\Delta E_{kin}}{E_{kin,V}} = 1 - \frac{\left(J_A + J_L \right) \cdot \left(J_A \cdot \omega_A + J_L \cdot \omega_L \right)^2}{\left(J_A \cdot \omega_A^2 + J_L \cdot \omega_L^2 \right) \cdot \left(J_A + J_L \right)^2}$$

$$\frac{\Delta E_{kin}}{E_{kin,V}} = 1 - \frac{\left(J_A \cdot \omega_A + J_L \cdot \omega_L \right)^2}{\left(J_A \cdot \omega_A^2 + J_L \cdot \omega_L^2 \right) \cdot \left(J_A + J_L \right)} \quad \Rightarrow \quad \frac{\Delta E_{kin}}{E_{kin,V}} = 1 - \frac{J_A^2 \cdot \omega_A^2 + 2 \cdot J_A \cdot \omega_A \cdot J_L \cdot \omega_L + J_L^2 \cdot \omega_L^2}{J_A^2 \cdot \omega_A^2 + J_A \cdot J_L \cdot \left(\omega_A^2 + \omega_L^2 \right) + J_L^2 \cdot \omega_L^2}$$

$$\frac{\Delta E_{kin}}{E_{kin,V}} = \frac{J_A^2 \cdot \omega_A^2 + J_A \cdot J_L \cdot \left(\omega_A^2 + \omega_L^2 \right) + J_L^2 \cdot \omega_L^2 - J_A^2 \cdot \omega_A^2 - 2 \cdot J_A \cdot \omega_A \cdot J_L \cdot \omega_L - J_L^2 \cdot \omega_L^2}{J_A^2 \cdot \omega_A^2 + J_A \cdot J_L \cdot \left(\omega_A^2 + \omega_L^2 \right) + J_L^2 \cdot \omega_L^2}$$

$$\frac{\Delta E_{kin}}{E_{kin,V}} = \frac{J_A \cdot J_L \cdot \left(\omega_A^2 + \omega_L^2 \right) - 2 \cdot J_A \cdot \omega_A \cdot J_L \cdot \omega_L}{J_A^2 \cdot \omega_A^2 + J_A \cdot J_L \cdot \left(\omega_A^2 + \omega_L^2 \right) + J_L^2 \cdot \omega_L^2} = \frac{J_A \cdot J_L \cdot \left(\omega_A^2 - 2 \cdot \omega_A \cdot \omega_L + \omega_L^2 \right)}{J_A^2 \cdot \omega_A^2 + J_A \cdot J_L \cdot \left(\omega_A^2 + \omega_L^2 \right) + J_L^2 \cdot \omega_L^2}$$

$$\frac{\Delta E_{kin}}{E_{kin,V}} = \frac{J_A \cdot J_L \cdot \left(\omega_A - \omega_L \right)^2}{J_A^2 \cdot \omega_A^2 + J_A \cdot J_L \cdot \left(\omega_A^2 + \omega_L^2 \right) + J_L^2 \cdot \omega_L^2} = \frac{\left(\omega_A - \omega_L \right)^2}{\frac{J_A}{J_L} \cdot \omega_A^2 + \left(\omega_A^2 + \omega_L^2 \right) + \frac{J_L}{J_A} \cdot \omega_L^2}$$

$$\frac{\Delta E_{kin}}{E_{kin,V}} = \frac{\left(\omega_A - \omega_L \right)^2}{\omega_A^2 \cdot \left(1 + \frac{J_A}{J_L} \right) + \omega_L^2 \cdot \left(1 + \frac{J_L}{J_A} \right)} = \frac{\left(\omega_A - \omega_L \right)^2}{\omega_A^2 \cdot \left(\frac{J_A + J_L}{J_L} \right) + \omega_L^2 \cdot \left(\frac{J_A + J_L}{J_A} \right)}$$

$$\frac{\Delta E_{kin}}{E_{kin,V}} = \frac{\left(\omega_A - \omega_L \right)^2}{\left(J_A + J_L \right) \cdot \left(\frac{\omega_A^2}{J_L} + \frac{\omega_L^2}{J_A} \right)} \qquad (b)$$

2. Guildinische Regel für Rotationskörper

$$V = A \cdot \left(2\pi \cdot x_0 \right) \quad \text{(Rotation um } 2\pi) \, x_0 : \text{ Schwerpunkt des rotierenden Flächenstückes} \qquad A = b \cdot B_{FK}$$

$$x_0 = r_m = \frac{r_1 + r_N}{2} = r_1 - \frac{b}{2} \qquad m = \rho \cdot V = \rho \cdot b \cdot B_{FK} \cdot \left(2\pi \cdot x_0 \right) \qquad r_m = r_1 - \frac{b}{2} = \left(90 - \frac{33}{2} \right) mm = 73,5mm$$

$$Bsp.: \quad \rho = 7860 \frac{kg}{m^3} \qquad r_1 = 90mm \qquad r_N = 57mm \qquad b = r_1 - r_N \qquad B_{FK} = 160mm$$

$$\alpha_{ges} = 5,8992 \quad \text{(Rotation um } 4 \cdot 84,5° = 5,8992 rad)$$

$$m_{FK} = \rho \cdot b \cdot B_{FK} \cdot \left(5,8992 \cdot r_m \right) = 7860 \frac{kg}{m^3} \cdot 33mm \cdot 160mm \cdot \left(5,8992 \cdot 73,5mm \right) = 17,994kg$$

$$Vgl.: \quad m_{FK} \cong \rho \cdot \left(r_1^2 - r_N^2 \right) \cdot \pi \cdot \frac{\alpha_{ges}}{2\pi} \cdot B_{FK} = 7860 \frac{kg}{m^3} \cdot \left(0,09^2 - 0,057^2 \right) m^2 \cdot \frac{5,8992}{2} \cdot 0,16m = 17,994kg$$

Torsionsschwingungen und die partielle DGL (1)

Torsionsmoment: $\quad M_t = \int r_i \cdot \tau(r_i) \cdot dA_i(r_i) \quad dA_i = 2\pi r_i \cdot dr_i$

(differentieller/summarischer) Torsionsbogen: $\quad \gamma \cdot dx \cong d \cdot d\varphi \quad \gamma \cdot l_0 \cong d \cdot \varphi_0 \quad d = 2r$

Torsionsbogen: $\quad \gamma \cdot (l_0 + dx) = d \cdot (\varphi_0 + d\varphi) \quad \Leftrightarrow \quad \gamma \cdot l = d \cdot \varphi$

Hook'sches Gesetz für Schubspannung: $\quad \tau = \gamma \cdot G$

Schubspannung: $\quad \tau \cong G \cdot d \cdot \dfrac{d\varphi}{dx} = G \cdot 2r \cdot \dfrac{d\varphi}{dx} \quad \Rightarrow \tau(r_i) \cong G \cdot 2r_i \cdot \dfrac{d\varphi}{dx}$

$$M_t = \int_{r_i=0}^{r_i=r} r_i \cdot \tau(r_i) \cdot dA_i(r_i) \cong \int_{r_i=0}^{r_i=r} r_i \cdot G \cdot 2r_i \cdot \frac{d\varphi}{dx} \cdot 2\pi r_i \cdot dr_i = G \cdot 4\pi \cdot \frac{d\varphi}{dx} \int_{r_i=0}^{r_i=r} r_i^3 \cdot dr_i = G \cdot \pi r^4 \cdot \frac{d\varphi}{dx}$$

$I_p = \dfrac{\pi}{2} \cdot r^4: \quad \Rightarrow M_t \cong 2 \cdot G \cdot I_p \cdot \dfrac{d\varphi}{dx}$

Torsion am Kreisquerschnitt: $\quad \gamma \overset{A}{\cong} d \cdot \dfrac{d\varphi}{dx} \quad \dfrac{\gamma}{2} \overset{B}{\cong} 2r \cdot \dfrac{d}{dx} \dfrac{\varphi}{2}$

Torsion/Kreissegment: $\quad \dfrac{\gamma}{i} = \dfrac{\tau/i}{G} = \dfrac{F_\parallel/i}{G \cdot A} \cong d \cdot \dfrac{d}{dx} \cdot \dfrac{\varphi}{i} \quad\quad F \| A \quad F_\parallel = F_u$

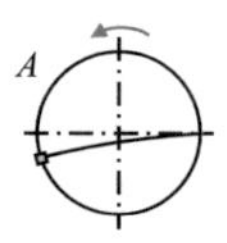

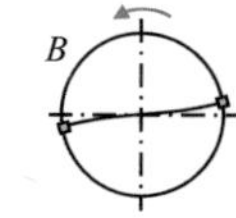

Laplace-Gleichung: $\quad \Delta u = 0 \quad \Delta u = \dfrac{\partial^2 u}{\partial x^2} + \dfrac{\partial^2 u}{\partial y^2} + \dfrac{\partial^2 u}{\partial z^2} \quad \Delta = \vec{\nabla} \cdot \vec{\nabla} = \vec{\nabla}^2 = \begin{pmatrix} \partial/\partial x \\ \partial/\partial y \\ \partial/\partial z \end{pmatrix} \begin{pmatrix} \partial/\partial x \\ \partial/\partial y \\ \partial/\partial z \end{pmatrix} = \dfrac{\partial^2}{\partial x^2} + \dfrac{\partial^2}{\partial y^2} + \dfrac{\partial^2}{\partial z^2}$

Poisson-Gleichung: $\quad \Delta u = f \quad f: \Omega \to \Re$

Anwendung der Poisson-Gleichung - Wellengleichung: $\quad \Delta u = \dfrac{1}{c_0^2} \cdot u_{tt} \quad (f = u_{tt}) \quad (u = \varphi)$

eindimensionale Wellengleichung: $\quad \dfrac{\partial^2 \varphi}{\partial t^2} = c_0^2 \cdot \dfrac{\partial^2 \varphi}{\partial x^2}$

Drallsatz: $\quad J \cdot \ddot{\varphi} = \sum M_{ix} \quad \left(J = J_x \quad \ddot{\varphi} = \ddot{\varphi}_x \quad \sum M_{ix} = \partial M_t \right)$

DGL für den Verdrehwinkel: $\quad dM_t + m_t \cdot dx = 0 \quad \dfrac{dM_t}{dx} = -m_t \quad m_t = 0 \quad \Rightarrow M_t = const.$

Torsionsmoment pro Längeneinheit: $\quad m_t = m_t(x)$

Anwendung des Drallsatzes auf homogenen Stab der Länge *dx*:

Torsionsschwingung (homogener Stab): $\quad \rho \cdot I_p \cdot \dfrac{\partial^2 \varphi(x,t)}{\partial t^2} \cdot dx = \dfrac{\partial}{\partial x}\left[G \cdot \pi r^4 \cdot \dfrac{d\varphi}{dx} \right] \cdot dx \quad \Leftrightarrow \quad J \cdot \ddot{\varphi} = \dfrac{\partial M_t}{\partial x} \cdot dx$

rechte Seite Drallsatz:

$W_p = \dfrac{I_p}{r} = \dfrac{\pi}{2} \cdot r^3 \quad M_t = W_p \cdot \tau \quad M_t = \dfrac{\pi}{2} \cdot r^3 \cdot G \cdot 2r \cdot \dfrac{d\varphi}{dx} \quad \Rightarrow \dfrac{\partial M_t}{\partial x} \cdot dx = \dfrac{\partial}{\partial x}\left[2 \cdot G \cdot I_p \cdot \dfrac{d\varphi}{dx} \right] \cdot dx = 2 \cdot G \cdot I_p \cdot \dfrac{\partial^2 \varphi}{\partial x^2} \cdot dx$

linke Seite Drallsatz:

$J_{Zylinder} = \dfrac{1}{2} \cdot m \cdot r^2 \quad m = \rho \cdot \pi \cdot r^2 \cdot dx \quad J = \dfrac{1}{2} \cdot \rho \cdot \pi \cdot r^4 \cdot dx = \rho \cdot I_p \cdot dx \quad \Rightarrow J \cdot \ddot{\varphi} = \rho \cdot I_p \cdot \dfrac{\partial^2 \varphi}{\partial t^2} \cdot dx$

Torsionsschwingungen und die partielle DGL (2)

A) summarische Größen:

$(1a)\ \ M_t = F_u(r)\cdot r = F_{u,t}(d)\cdot d \ \ \Rightarrow\ \ F_u(r) = 2\cdot F_{u,t}(d) \qquad (1b)\ \ F_{u,t}(r) = \dfrac{1}{2}\cdot F_{u,t}(d) \ \ \Rightarrow\ \ F_u(r) = 4\cdot F_{u,t}(r)$

$(2)\ \ \tau(r) = \dfrac{2\cdot F_u(r)}{A} \qquad M_t = F_u\cdot r = \dfrac{1}{2}\cdot\tau\cdot A\cdot r = \tau\cdot\dfrac{\pi}{2}\cdot r^3 = \tau\cdot W_p \qquad \tau(r) = \dfrac{8\cdot F_{u,t}(r)}{A} \qquad M_t = 4\cdot F_{u,t}\cdot r = \dfrac{1}{2}\cdot\tau\cdot A\cdot r$

$(3)\ \ \tau = G\cdot\gamma \qquad F_u:$ Umfangskraft des eingeleiteten Momentes $\quad F_{u,t}:$ Umfangskraft der Torsion $\quad \left(\hat{F}_{u,t}(n) = F_u\right)$

(differentieller/summarischer) Torsionsbogen: $\quad \gamma\cdot dx \cong d\cdot d\varphi \qquad \gamma\cdot l_0 \cong d\cdot\varphi_0$

Torsionsbogen: $\quad \gamma\cdot(l_0 + dx) = d\cdot(\varphi_0 + d\varphi) \quad \Leftrightarrow \quad \gamma\cdot l = d\cdot\varphi \qquad d = 2r$

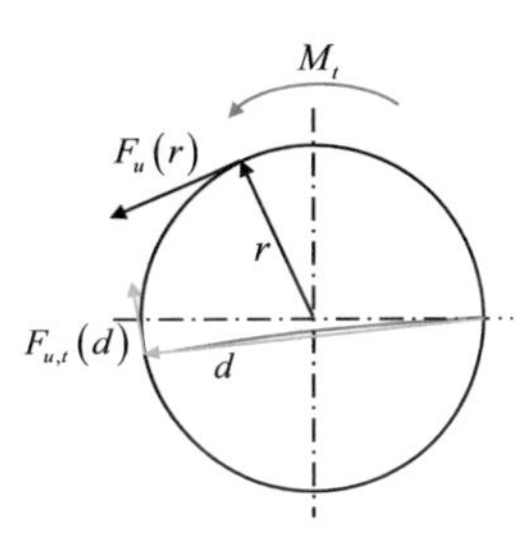

$\gamma\cdot dx \cong d\cdot d\varphi \quad \Rightarrow \quad \gamma \cong 2r\cdot\dfrac{d\varphi}{dx}$

$(4):\quad \tau \cong G\cdot 2r\cdot\dfrac{d\varphi}{dx} \qquad \tau(r) = \dfrac{2\cdot F_u(r)}{A(r)} \qquad F_u(r) = \dfrac{1}{2}\cdot\tau(r)\cdot A(r) \qquad A(r) = \pi r^2$

$(1a)$ und $(4):\quad M_t = F_u(r)\cdot r = \dfrac{1}{2}\cdot\tau(r)\cdot A(r)\cdot r \cong \dfrac{1}{2}\cdot\left(G\cdot 2r\cdot\dfrac{d\varphi}{dx}\right)\cdot(\pi r^2)\cdot r$

$M_t \cong G\cdot\pi r^4\cdot\dfrac{d\varphi}{dx} \qquad I_p = \dfrac{\pi}{2}r^4 \quad \Rightarrow \quad M_t \cong 2\cdot G\cdot I_p\cdot\dfrac{d\varphi}{dx}$

B) differentielle Größen:

$dM_t = r_i\cdot\tau(r_i)\cdot dA_i(r_i):\quad (1)\ \ M_t = \displaystyle\int_{r_i=0}^{r_i=r} r_i\cdot\tau(r_i)\cdot dA_i(r_i) \qquad dA_i = 2\pi r_i\cdot dr_i \qquad \left(0 < r_i \le r_w\right)$

(differentieller/summarischer) Torsionsbogen: $\quad \gamma\cdot dx \cong d\cdot d\varphi \qquad \gamma\cdot l_0 \cong d\cdot\varphi_0$

Torsionsbogen: $\quad \gamma\cdot(l_0 + dx) = d\cdot(\varphi_0 + d\varphi) \quad \Leftrightarrow \quad \gamma\cdot l = d\cdot\varphi \qquad d = 2r$

$\tau = \gamma\cdot G \quad \Rightarrow \tau(r_i) = \gamma_i\cdot G \quad \gamma_i\cdot dx \cong 2r_i\cdot d\varphi \quad \Rightarrow \gamma_i \cong 2r_i\cdot\dfrac{d\varphi}{dx}$

$(2)\ \ \tau(r_i) \cong G\cdot 2r_i\cdot\dfrac{d\varphi}{dx} \quad \Rightarrow \tau(r_i) \sim r_i$

(2) in $(1):\quad M_t = \displaystyle\int dM_t = \int_{r_i=0}^{r_i=r}\tau(r_i)\cdot dA_i(r_i)\cdot r_i \cong \int_{r_i=0}^{r_i=r} r_i\cdot\left(G\cdot 2r_i\cdot\dfrac{d\varphi}{dx}\right)\cdot 2\pi r_i\cdot dr_i$

$M_t \cong 4\cdot G\cdot\pi\cdot\dfrac{d\varphi}{dx}\cdot\displaystyle\int_{r_i=0}^{r_i=r} r_i^3\cdot dr_i \qquad M_t \cong G\cdot\pi r^4\cdot\dfrac{d\varphi}{dx} \qquad I_p = \dfrac{\pi}{2}r^4 \quad \Rightarrow \quad M_t \cong 2\cdot G\cdot I_p\cdot\dfrac{d\varphi}{dx}$

$\dfrac{\varphi(l) - \varphi(0)}{l - 0} = \varphi'(\xi) \quad \Rightarrow \quad \dfrac{\varphi(l)}{l} = \varphi'\left(\dfrac{l}{2}\right) = \dfrac{\gamma}{2r} \qquad \dfrac{d\varphi}{dx} = \dfrac{\gamma}{2r}:\ M_t = G\cdot I_p\cdot\dfrac{\gamma}{r} \qquad \tau = G\cdot\gamma:\ M_t = \tau\cdot\dfrac{I_p}{r} = \tau\cdot W_p$

Das Torsionsmoment ist das doppelte Produkt aus polarem Trägheitsmoment, Schubmodul und differentieller Drillung. Die Herleitung der partiellen DGL für Torsionsschwingungen aus dem Drallsatz ergibt eine Ausbreitungsgeschwindigkeit von Torsionsschwingungen in Stäben von rd. 4,5 km/s für Stahl (siehe A2-34). Die Eigenfrequenzen in Abhängigkeit vom Faktor c_0 verhalten sich proportional zum Radius und reziprok zum Quadrat der Länge (siehe auch A2-40).

Torsionsschwingungen und die partielle DGL (3)

Torsionsschwingung(1): $\dfrac{\partial^2\varphi(x,t)}{\partial t^2}=c_0{}^2\cdot\dfrac{\partial^2\varphi(x,t)}{\partial x^2}$ $c_0=\sqrt{2\cdot\dfrac{G}{\rho}}$

Lösungsansatz(2): $\varphi(x,t)=X(x)\cdot T(t)$ (2)in(1): $X(x)\cdot\ddot{T}(t)=c_0{}^2\cdot X''(x)\cdot T(t)$ $\Rightarrow$ $\dfrac{\ddot{T}}{T}=c_0{}^2\cdot\dfrac{X''}{X}$

$\Rightarrow$ 2 gewöhnliche DGLn: $X''+\lambda^2\cdot X=0$ $\ddot{T}+\omega^2\cdot T=0$ $\omega=\lambda\cdot c_0=\dfrac{\gamma}{l}\cdot c_0$

Ausbreitungsgeschwindigkeit der Torsions-Schwingungen in Stahl: $G_{Stahl}=80.000\,\dfrac{N}{mm^2}$ $\rho_{Stahl}=7.860\,\dfrac{N}{m^3}$

$\Rightarrow c_0=\sqrt{2\cdot\dfrac{G}{\rho}}$ $c_0=\sqrt{2\cdot\dfrac{80.000}{7.860}\cdot\dfrac{kgm}{s^2\cdot10^{-6}m^2}\cdot\dfrac{m^3}{kg}}=4512\,\dfrac{m}{s}\cong4,5\,\dfrac{km}{s}$ A B

$\gamma=\dfrac{\tau}{G}$: Gleitung (Scherung), $[\gamma]=$ rad

$\dfrac{d\varphi}{dx}\;/\;\dfrac{\varphi}{l}$: differentielle / summarische Drillung (Verdrehung), $\left[\dfrac{d\varphi}{dx}\right]=\dfrac{rad}{m}$

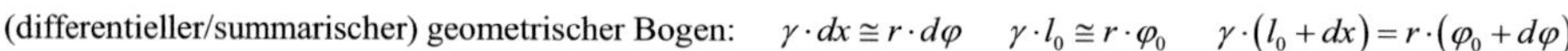

(differentieller/summarischer) geometrischer Bogen: $\gamma\cdot dx\cong r\cdot d\varphi$ $\gamma\cdot l_0\cong r\cdot\varphi_0$ $\gamma\cdot(l_0+dx)=r\cdot(\varphi_0+d\varphi)$

Integration (geometrischer Bogen), Torsionsbogen und (differentielle) Drillung:

A) einfache Tordierung: $\dfrac{\gamma}{l}\cdot x=\dfrac{d}{dx}\varphi_i\cdot r$ B) zweifache symmetrische Tordierung: $\dfrac{(\gamma/2)}{l}\cdot x=\dfrac{d}{dx}(\varphi_i/2)\cdot r$

$\dfrac{\gamma}{l}\cdot x\cdot dx=d\varphi_i\cdot r$ $\dfrac{\gamma}{l}\cdot\displaystyle\int_0^l x\cdot dx=\int_0^\varphi d\varphi_i\cdot r$ $\dfrac{\gamma}{l}\cdot\dfrac{x^2}{2}\bigg|_0^l=\varphi_i\big|_0^\varphi\cdot r\;[m]$

$\Rightarrow\varphi(x)=\dfrac{\gamma}{l\cdot r}\cdot\dfrac{x^2}{2}=\dfrac{\gamma}{l\cdot d}\cdot x^2\;[\text{rad}]$ Gleichung für den Torsionsbogen für $\varphi=\varphi(l)$: $\gamma\cdot l=\varphi\cdot d\;[m]$

$\dfrac{d\varphi(x)}{dx}=\dfrac{\gamma}{l\cdot r}\cdot\dfrac{2x}{2}=\dfrac{\gamma}{l\cdot r}\cdot x$ $\varphi'(x=l)=\dfrac{d\varphi(l)}{dx}=\dfrac{\gamma}{l\cdot r}\cdot l=\dfrac{\gamma}{r}$ $\Rightarrow$ $\gamma=r\cdot\dfrac{d\varphi}{dx}\bigg|_{x=l}$

Lösungsansatz: $\varphi(x,t)=X(x)\cdot T(t)$ $\Rightarrow$ $X(x)=\varphi(x)=\dfrac{\gamma}{l\cdot d}\cdot x^2$ $T(t)=\varphi(t)=\cos(\omega t)$

Lösung der DGL: $\varphi(x,t)=\dfrac{\gamma}{l\cdot d}\cdot x^2\cdot\cos(\omega t)$ Dirichlet-Randbedingung: $\varphi(x,0)=\dfrac{\gamma}{l\cdot d}\cdot x^2=X(x)$

Randbedingungen: $\varphi(0,t)=0$ $\varphi(l,t)=\dfrac{\gamma}{d}\cdot l\cdot\cos(\omega t)$ $\dot{\varphi}(x,0)=\dfrac{\gamma}{l\cdot d}\cdot x^2\cdot[-\omega\cdot\sin(\omega t)]=0$

$c_\varphi=\dfrac{G\cdot I_p}{l}$ $I_p=\dfrac{\pi}{2}\cdot r^4$ $\omega_e=\sqrt{\dfrac{c_\varphi}{J}}$ $J_{Zylinder}=\dfrac{1}{2}\cdot m\cdot r^2=\rho\cdot\dfrac{\pi}{2}\cdot r^4\cdot l$ $\Rightarrow$ $\omega_e=\sqrt{\dfrac{G}{\rho\cdot l^2}}=\dfrac{1}{l}\cdot\sqrt{\dfrac{G}{\rho}}=\dfrac{1}{l}\cdot3190\,\dfrac{m}{s}$

$A(l)=\dfrac{\gamma}{d}\cdot l$: $\cos(\omega t)=0$: $\omega t=\dfrac{\pi}{2}\cdot(2n-1)$ $n=1,2,3,\dots$ $x=l$: $\dfrac{\gamma_n}{d}\cdot l=\dfrac{\pi}{2}\cdot(2n-1)$ $\Rightarrow$ $\gamma_n=\dfrac{r}{l}\cdot\pi\cdot(2n-1)$

$\omega_n=\lambda_n\cdot c_0=\dfrac{\gamma_n}{l}\cdot c_0$: $\omega_n=\dfrac{r}{l^2}\cdot(2n-1)\cdot\pi\cdot c_0$ $c_0=\sqrt{2\cdot G/\rho}$ $c_0=4512\,\dfrac{m}{s}$ $C=\pi\cdot c_0=14175\,\dfrac{m}{s}$

Bsp.: $(a)\;\dfrac{r}{l}=\dfrac{1}{10}$; $\dfrac{d}{l}=\dfrac{20}{100}$ $l=10\cdot r$ $\dfrac{r}{l^2}=\dfrac{1}{100\cdot r}$ $(b)\;\dfrac{r}{l}=\dfrac{1}{20}$; $\dfrac{d}{l}=\dfrac{10}{100}$ $l=20\cdot r$ $\dfrac{r}{l^2}=\dfrac{1}{400\cdot r}$

$(a)\;r=0,1m$: $\omega_1=\dfrac{1\cdot C}{100\cdot r}=1417,5s^{-1}$ $n_1=\dfrac{13536}{min}$ $\omega_2=\dfrac{2\cdot C}{100\cdot r}=2835s^{-1}$ $(\omega_e=3190s^{-1})$

$(b)\;r=0,1m$: $\omega_1=\dfrac{1\cdot C}{400\cdot r}=354,375s^{-1}$ $n_1=\dfrac{3384}{min}$ $\omega_2=\dfrac{2\cdot C}{400\cdot r}=708,75s^{-1}$ $(\omega_e=1595s^{-1})$

Torsionsschwingungen und die partielle DGL (4)

A) Einfache, unsymmetrische Tordierung:
   Bsp.: einfache Passfederverbindung

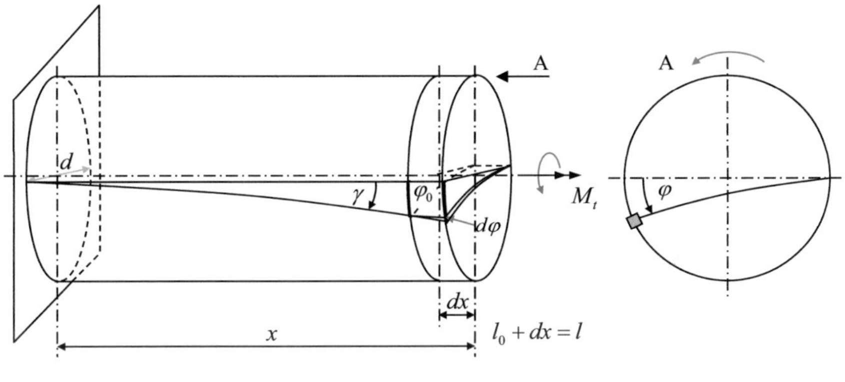

$$\varphi(x) = \frac{\gamma}{l \cdot d} \cdot x^2 \qquad \Rightarrow \qquad \frac{d\varphi(x)}{dx} = \frac{\gamma}{l \cdot r} \cdot x$$

B) Symmetrische Tordierung:
   Bsp.: Vielnut-/Kerbzahn-/Polygonprofil/Pressverband

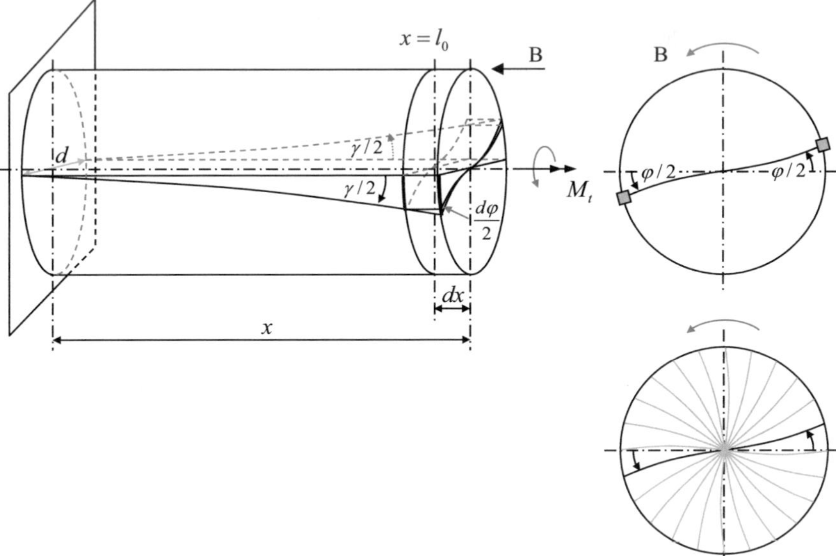

Torsionsschwingungen und die partielle DGL (5)

A) Einfache, unsymmetrische Tordierung:
    Bsp.: einfache Passfederverbindung

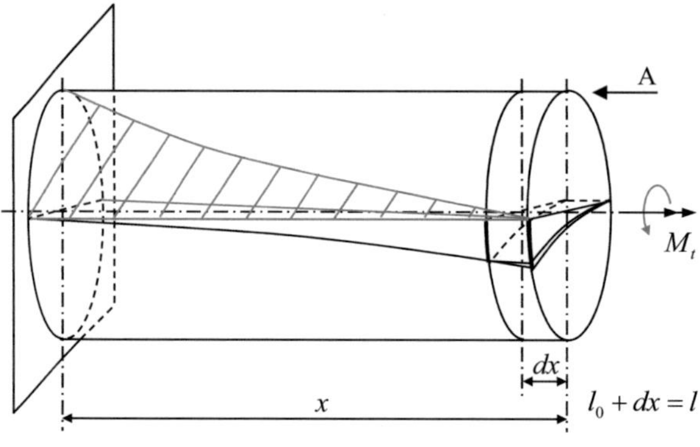
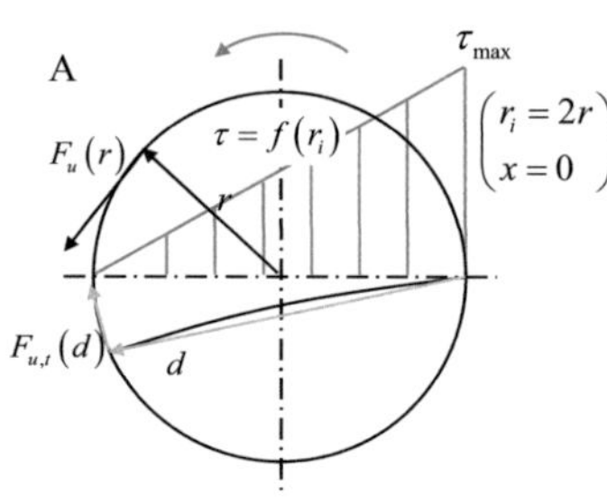

$$\varphi(x) = \frac{\gamma}{l \cdot d} \cdot x^2 \quad \Rightarrow \quad \frac{d\varphi(x)}{dx} = \frac{\gamma}{l \cdot r} \cdot x$$

$$M_t = F_u(r) \cdot r = 4 \cdot F_{u,t}(r) \cdot r$$

$$\Rightarrow F_u = 4 \cdot F_{u,t}$$

$$F_{u,t}(r) = \frac{1}{2} \cdot F_{u,t}(d)$$

B) Symmetrische Tordierung:
    Bsp.: Vielnut-/Kerbzahn-/Polygonprofil/Pressverband

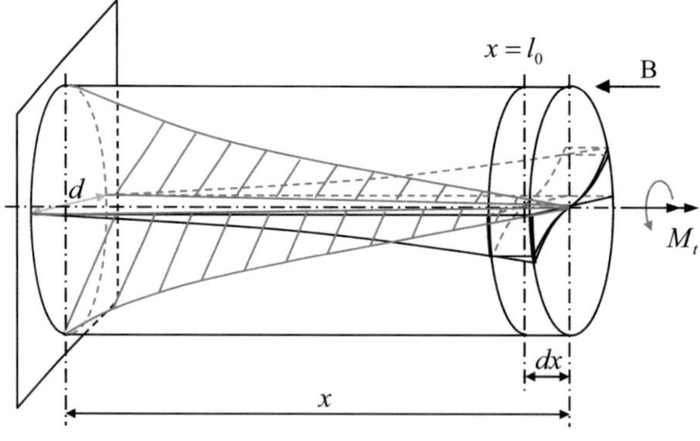

$$M_t = F_u(r) \cdot r = 4 \cdot \left(F_{u,t,1} + F_{u,t,2} \right) \cdot r$$

$$F_{u,t,1} = F_{u,t,2} = F_{u,t,i}$$

$$\Rightarrow F_{u,t} = i \cdot 4 \cdot F_{u,t,i}$$

Torsionsschwingungen und die partielle DGL (6)

1.) einseitig eingespannt

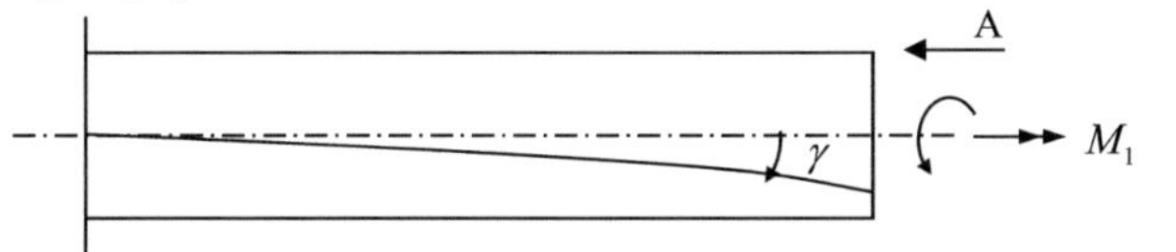
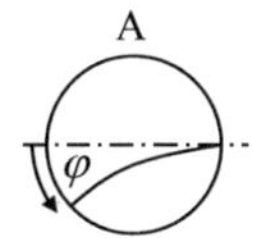

Randbedingungen: $\varphi(0,t)=0$ $\varphi(l,0)=\dfrac{\gamma}{d}\cdot l$ $\rightarrow \varphi(x,t)=\dfrac{\gamma}{l\cdot d}\cdot x^2\cdot\cos(\omega t)$

$$\gamma(x)=\frac{\gamma}{l}\cdot x \quad \gamma(0)=0 \quad \gamma(l)=\gamma \quad\quad \gamma=\frac{\varphi\cdot d}{l} \quad\quad X(x)=\varphi(x)=\frac{\gamma}{l\cdot d}\cdot x^2$$

2.) zweiseitige symmetrische Tordierung $\left(M_2=M_1\right)$

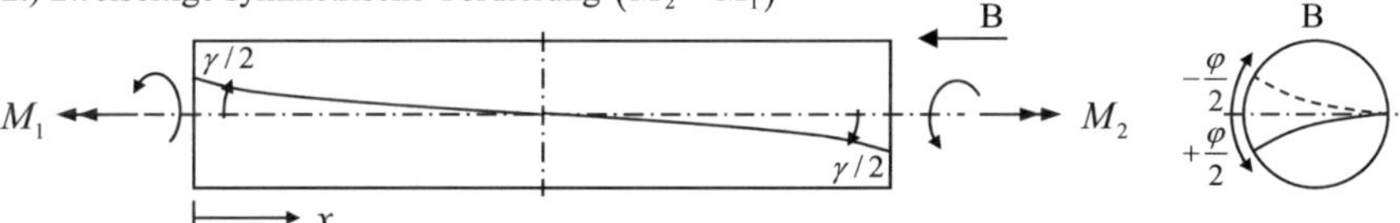

Randbedingungen: $\varphi(0,0)=-\dfrac{\varphi}{2}$ $\varphi\!\left(\dfrac{l}{2},t\right)=0$ $\varphi(l,0)=+\dfrac{\varphi}{2}$ $\rightarrow \varphi(x,t)=\dfrac{\gamma}{d}\cdot l^2\cdot\left(\dfrac{x}{l}-\dfrac{1}{2}\right)\cdot\cos(\omega t)$

$$\gamma(x)=\gamma\cdot\left(\frac{x}{l}-\frac{1}{2}\right) \quad \gamma(0)=-\frac{\gamma}{2}=-\gamma_1 \quad \gamma\!\left(\frac{l}{2}\right)=0 \quad \gamma(l)=\frac{\gamma}{2}=\gamma_2 \quad\quad \gamma_{1,2}=\frac{\varphi_{1,2}\cdot d}{l_{1,2}}$$

$$X(x)=\varphi(x)=\frac{\gamma}{d}\cdot l^2\cdot\left(\frac{x}{l}-\frac{1}{2}\right) \quad X(0)=-\frac{1}{2}\cdot\frac{\gamma}{d}\cdot l^2 \quad X\!\left(\frac{l}{2}\right)=0 \quad X(l)=+\frac{1}{2}\cdot\frac{\gamma}{d}\cdot l^2$$

3.) zweiseitige unsymmetrische Tordierung $\left(M_1>M_2\right)$

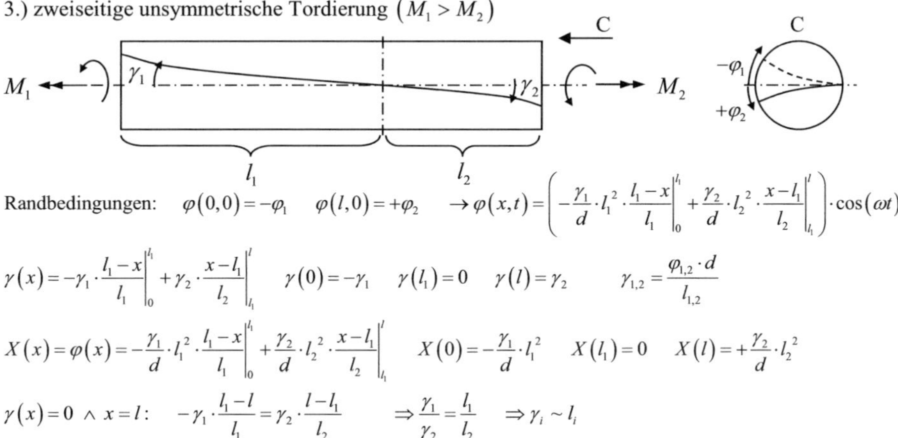

Randbedingungen: $\varphi(0,0)=-\varphi_1$ $\varphi(l,0)=+\varphi_2$ $\rightarrow \varphi(x,t)=\left(-\dfrac{\gamma_1}{d}\cdot l_1^2\cdot\dfrac{l_1-x}{l_1}\Big|_0^{l_1}+\dfrac{\gamma_2}{d}\cdot l_2^2\cdot\dfrac{x-l_1}{l_2}\Big|_{l_1}^{l}\right)\cdot\cos(\omega t)$

$$\gamma(x)=-\gamma_1\cdot\frac{l_1-x}{l_1}\Big|_0^{l_1}+\gamma_2\cdot\frac{x-l_1}{l_2}\Big|_{l_1}^{l} \quad \gamma(0)=-\gamma_1 \quad \gamma(l_1)=0 \quad \gamma(l)=\gamma_2 \quad\quad \gamma_{1,2}=\frac{\varphi_{1,2}\cdot d}{l_{1,2}}$$

$$X(x)=\varphi(x)=-\frac{\gamma_1}{d}\cdot l_1^2\cdot\frac{l_1-x}{l_1}\Big|_0^{l_1}+\frac{\gamma_2}{d}\cdot l_2^2\cdot\frac{x-l_1}{l_2}\Big|_{l_1}^{l} \quad X(0)=-\frac{\gamma_1}{d}\cdot l_1^2 \quad X(l_1)=0 \quad X(l)=+\frac{\gamma_2}{d}\cdot l_2^2$$

$$\gamma(x)=0 \wedge x=l:\quad -\gamma_1\cdot\frac{l_1-l}{l_1}=\gamma_2\cdot\frac{l-l_1}{l_2} \quad\quad \Rightarrow\frac{\gamma_1}{\gamma_2}=\frac{l_1}{l_2} \quad \Rightarrow \gamma_i\sim l_i$$

Dehnungen, Gleitungen und das Torsionsmoment für kreisförmige Querschnitte

lokale Dehnungen in Richtung der Koordinatenachsen: $\quad \varepsilon_{xx} = \dfrac{\partial u}{\partial x} \quad \varepsilon_{yy} = \dfrac{\partial v}{\partial y} \quad \varepsilon_{zz} = \dfrac{\partial w}{\partial z}$

lokale Schubverzerrungen der Tangentialebenen: $\quad 2\varepsilon_{xy} = \dfrac{\partial u}{\partial y} + \dfrac{\partial v}{\partial x} \quad 2\varepsilon_{yz} = \dfrac{\partial v}{\partial z} + \dfrac{\partial w}{\partial y} \quad 2\varepsilon_{zx} = \dfrac{\partial w}{\partial x} + \dfrac{\partial u}{\partial z}$

Gleitung/Scherung (Scherwinkel) $\overset{!}{\cong}$ Schubverzerrung: $\quad \gamma_{xy} \cong \varepsilon_{xy} \quad \gamma_{yz} \cong \varepsilon_{yz} \quad \gamma_{zx} \cong \varepsilon_{zx}$

resultierendes Moment $\vec{M}$: $\quad \vec{M}(x) = \displaystyle\int_A \left(\vec{r}_Q \times \vec{s}_x\right) \cdot dA \quad \vec{r}_Q = y \cdot \vec{e}_y + z \cdot \vec{e}_z \quad \vec{s}_x \cdot dA = \left(\sigma_{xx} \cdot \vec{e}_x + \sigma_{yx} \cdot \vec{e}_y + \sigma_{zx} \cdot \vec{e}_z\right) \cdot dA$

$\Leftrightarrow \vec{M} = \displaystyle\int_A \left(y \cdot \vec{e}_y + z \cdot \vec{e}_z\right) \times \left(\sigma_{xx} \cdot \vec{e}_x + \sigma_{yx} \cdot \vec{e}_y + \sigma_{zx} \cdot \vec{e}_z\right) \cdot dA$

Spannungsvektor $\vec{s}_x$ auf der Fläche dA im Punkt $x \cdot \vec{e}_x + \vec{r}_Q$:

$\Leftrightarrow \vec{M} = \displaystyle\int_A \left[\left(y \cdot \sigma_{zx} - z \cdot \sigma_{yx}\right) \cdot \vec{e}_x + z \cdot \sigma_{xx} \cdot \vec{e}_y - y \cdot \sigma_{xx} \cdot \vec{e}_z\right] \cdot dA$

$\vec{s}_x \cdot dA = \left(\sigma_{xx} \cdot \vec{e}_x + \sigma_{yx} \cdot \vec{e}_y + \sigma_{zx} \cdot \vec{e}_z\right) \cdot dA$

$\Leftrightarrow \vec{M} = M_x \cdot \vec{e}_x + M_y \cdot \vec{e}_y + M_z \cdot \vec{e}_z$

Moment der x-Komponente $\vec{M}_x(x)$

$=$ Torsionsmoment $\vec{M}_t$ (reine Torsion):

$\vec{M}_x(x) = M_x \cdot \vec{e}_x = \vec{M}_t \qquad M_x = \displaystyle\int_A \left(y \cdot \sigma_{zx} - z \cdot \sigma_{yx}\right) \cdot dA$

Torsionsmoment $\vec{M}_t$: $\quad \vec{M}_t(r) = M_t \cdot \vec{e}_\varphi \qquad M_t = \displaystyle\int_A r \cdot \tau(r) \cdot dA \qquad M_t = \displaystyle\int_{r_i=0}^{r_i=r} r_i \cdot \tau(r_i) \cdot dA_i(r_i)$

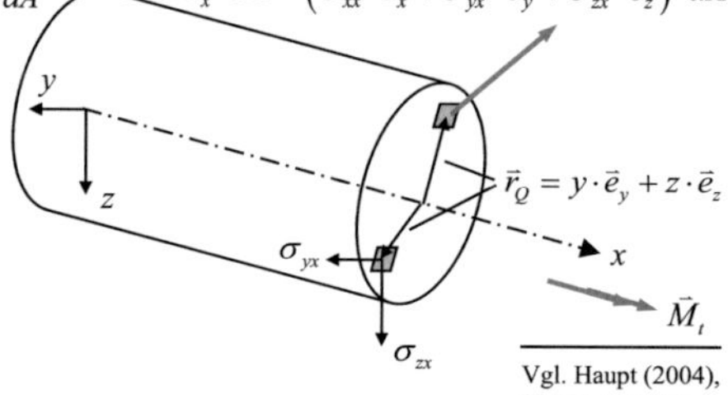

Vgl. Haupt (2004), S. 346, 347, 370

$\Rightarrow \left(y \cdot \sigma_{zx} - z \cdot \sigma_{yx}\right) \cdot dA = r_i \cdot \tau(r_i) \cdot dA_i(r_i)$

Verschiebungssatz für kleine Verdrehwinkel: $\quad u = 0 \quad v = -z \cdot \varphi(x) \quad w = y \cdot \varphi(x)$

Zusammenhang zwischen Schubverzerrungen und Drillung für kreisrunde Querschnitte:

$\varepsilon_{zx} = \dfrac{1}{2} \cdot \left(\dfrac{\partial w}{\partial x} + \dfrac{\partial u}{\partial z}\right) = \dfrac{1}{2} \cdot \left(\dfrac{\partial w}{\partial x}\right) = \dfrac{y}{2} \cdot \varphi'(x) \qquad \varepsilon_{xy} = \dfrac{1}{2} \cdot \left(\dfrac{\partial u}{\partial y} + \dfrac{\partial v}{\partial x}\right) = \dfrac{1}{2} \cdot \left(\dfrac{\partial v}{\partial x}\right) = -\dfrac{z}{2} \cdot \varphi'(x) \qquad \varepsilon_{yz} = \dfrac{1}{2} \cdot \left(\dfrac{\partial v}{\partial z} + \dfrac{\partial w}{\partial y}\right) = 0$

$\varepsilon_{zx} \overset{!}{\cong} \dfrac{\sigma_{zx}}{G} \quad \Rightarrow \quad \sigma_{zx} \cong \dfrac{y}{2} \cdot \varphi'(x) \cdot G \qquad \varepsilon_{xy} \overset{!}{\cong} \dfrac{\sigma_{xy}}{G} \quad \Rightarrow \quad \sigma_{yx} \cong -\dfrac{z}{2} \cdot \varphi'(x) \cdot G$

$M_t(r) = M_x(x) \quad \Rightarrow \quad r \cdot \tau(r) = y \cdot \sigma_{zx} - z \cdot \sigma_{yx}$

$\Leftrightarrow r \cdot \tau(r) \cong y \cdot \dfrac{y}{2} \cdot \varphi'(x) \cdot G - \left(-z \cdot \dfrac{z}{2} \cdot \varphi'(x) \cdot G\right)$

$\Leftrightarrow r \cdot \tau(r) \cong \dfrac{1}{2} \cdot G \cdot \varphi'(x) \cdot \left(y^2 + z^2\right) \qquad y^2 + z^2 \overset{!}{=} d^2 = (2r)^2:$

$r \cdot \tau(r) \cong 2 \cdot G \cdot \varphi'(x) \cdot r^2 \quad \Rightarrow \quad \tau(r) \cong 2 \cdot r \cdot G \cdot \varphi'(x)$

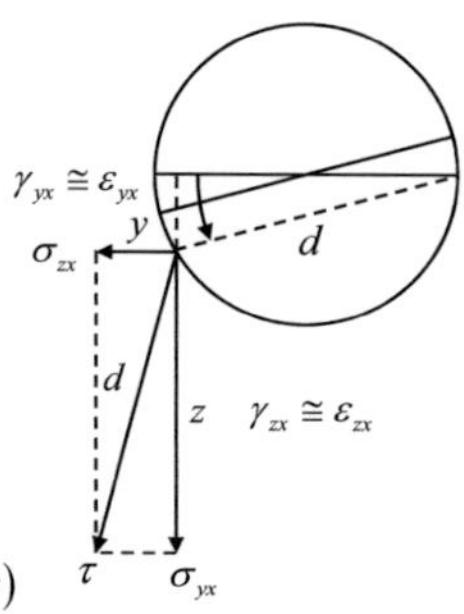

$M_t(r) = W_p \cdot \tau(r) = \dfrac{\pi}{2} \cdot r^3 \cdot \tau(r) \cong \pi \cdot r^4 \cdot G \cdot \varphi'(x) \qquad I_p = \dfrac{\pi}{2} \cdot r^4 : \; M_t \cong 2 \cdot I_p \cdot G \cdot \varphi'(x)$

Analogie von Dehnung und Schubverzerrung (Hook'sches Gesetz für Normal- und Schubspannung):

$\varepsilon_{xx} = \dfrac{\sigma_{xx}}{E} \quad \Rightarrow \quad \sigma_{xx} = \varepsilon_{xx} \cdot E \qquad \varepsilon_{xy} \cong \gamma_{xy} = \dfrac{\tau_{xy}}{G} \quad \Rightarrow \quad \tau_{xy} = \gamma_{xy} \cdot G \left(\cong \varepsilon_{xy} \cdot G\right)$

Partielle DGL für freie Biegeschwingungen (in Analogie zu Torsionsschwingungen)

DGL der Biegelinie: $\quad M_y''(x) = Q'(x) = -q(x) \quad M_y'(x) = Q$

$"F = a \cdot m":\quad dQ = \dfrac{\partial^2 w}{\partial t^2} \cdot dm = -q(x) \cdot dx \quad \Rightarrow \quad \dfrac{\partial^2 w}{\partial t^2} \cdot dm = -\dfrac{\partial^2}{\partial x^2} M_y(x) \cdot dx$

rechte Seite: $\quad M_y(x) = -E \cdot I_{yy} \cdot w''(x) \qquad -\dfrac{\partial^2}{\partial x^2} M_y(x) = E \cdot I_{yy} \cdot \dfrac{\partial^4 w}{\partial x^4}$

linke Seite: $\quad dm = \rho \cdot dV = \rho \cdot A \cdot dx \qquad \dfrac{\partial^2 w}{\partial t^2} \cdot dm = \dfrac{\partial^2 w}{\partial t^2} \cdot \rho \cdot dA \cdot dx \quad \Rightarrow \quad \dfrac{\partial^2 w}{\partial t^2} \cdot \rho \cdot A = E \cdot I_{yy} \cdot \dfrac{\partial^4 w}{\partial x^4}$

partielle DGL für Biegeschwingungen: $\quad \dfrac{\partial^2 w}{\partial t^2} = \dfrac{E \cdot I_{yy}}{\rho \cdot A} \cdot \dfrac{\partial^4 w}{\partial x^4} \quad c_0^{\,2} = \dfrac{E \cdot I_{yy}}{\rho \cdot A} \quad \left[c_0^{\,2}\right] = \dfrac{kgm \cdot m^3 \cdot m^4}{s^2 m^2 \cdot kg \cdot m^2} = \dfrac{m^4}{s^2}$

einachsige Biegung von Stäben: $\quad \sigma_{xx} = \dfrac{M_y}{I_{yy}} \cdot z \quad W_{yy} = \dfrac{I_{yy}}{z} \quad \sigma_{xx} = \dfrac{M_y}{W_{yy}}$

Kreisquerschnitt: $\quad I_{yy} = I_{zz} = \dfrac{\pi}{4} \cdot r^4 = \dfrac{1}{4} \cdot A \cdot r^2 \qquad$ Rechteckquerschnitt: $\quad I_{yy} = \dfrac{b \cdot h^3}{12} \quad I_{zz} = \dfrac{h \cdot b^3}{12}$

DGL der Biegelinie: $\quad w = f(M) \quad E \cdot I \cdot w''(x) = -M(x) \quad E \cdot I_{yy} \cdot w''(x) = -F \cdot x + F \cdot l = -F \cdot (x - l)$

$E \cdot I_{yy} \cdot w'(x) = -F \cdot \dfrac{1}{2} \cdot x^2 + F \cdot l \cdot x + C_1 \qquad E \cdot I_{yy} \cdot w(x) = -F \cdot \dfrac{1}{6} \cdot x^3 + \dfrac{1}{2} \cdot F \cdot l \cdot x^2 + C_1 \cdot x + C_2$

Randbedingungen: $\quad x = 0 \quad w(0) = 0 \;\Rightarrow\; C_2 = 0 \quad w'(0) = 0 \;\Rightarrow\; C_1 = 0: \quad E \cdot I_{yy} \cdot w(x) = \left(-\dfrac{1}{6} \dfrac{x}{l} + \dfrac{1}{2}\right) \cdot F \cdot l \cdot x^2$

$\Rightarrow$ Biegelinie: $\quad w(x) = \dfrac{F \cdot l \cdot x^2}{6 \cdot E \cdot I_{yy}} \cdot \left(3 - \dfrac{x}{l}\right) \qquad X(x) = w(x) \quad T(t) = \cos(\omega t)$

$\Rightarrow$ Lösungsansatz: $\quad w(x,t) = X(x) \cdot T(t) \qquad$ 2 gewöhnliche DGLn: $\quad X'' + \lambda^2 \cdot X = 0 \quad \ddot{T} + \omega^2 \cdot T = 0 \quad \omega = \lambda^2 \cdot c_0$

Lösung der partiellen DGL: $\quad w(x,t) = \dfrac{F \cdot l \cdot x^2}{6 \cdot E \cdot I_{yy}} \cdot \left(3 - \dfrac{x}{l}\right) \cdot \cos(\omega t) \qquad$ Dirichlet-Randbedingung: $\quad w(x,0) = X(x)$

Randbedingungen: $\quad w(0,t) = 0 \quad w(l,t) = \dfrac{F \cdot l^3}{3 \cdot E \cdot I_{yy}} \cdot \cos(\omega t) \quad \dot{w}(x,0) = \dfrac{F \cdot l \cdot x^2}{6 \cdot E \cdot I_{yy}} \cdot \left(3 - \dfrac{x}{l}\right) \cdot \left[-\omega \cdot \sin(\omega t)\right] = 0$

$k = \dfrac{3 \cdot E \cdot I_{yy}}{l^3} \quad I_{yy} = \dfrac{\pi}{4} \cdot r^4 \quad \omega_e = \sqrt{\dfrac{k}{m}} \quad m_{Zylinder} = \rho \cdot \pi \cdot r^2 \cdot l \;\Rightarrow\; \omega_e = \sqrt{\dfrac{3 \cdot E \cdot \pi \cdot r^4}{4 \cdot \rho \cdot \pi \cdot r^2 \cdot l^4}} = \dfrac{r}{l^2} \cdot \dfrac{\sqrt{3}}{2} \cdot \sqrt{\dfrac{E}{\rho}} = \dfrac{r}{l^2} \cdot 4476 \dfrac{m}{s}$

$A = \dfrac{F \cdot l^3}{3 \cdot E \cdot I_{yy}}: \; M_{max} = F \cdot l: \; \dfrac{M_{max} \cdot l^2}{3 \cdot E \cdot I_{yy}} \quad \sigma_{max} = \dfrac{M_{max}}{I_{yy}} \cdot z_{max}: \; \dfrac{\sigma_{max}}{z_{max}} \cdot \dfrac{l^2}{3 \cdot E} \quad \dfrac{\sigma_{max}}{E} = \varepsilon_{max} \;\wedge\; z_{max} = r: \; A = \varepsilon_{max} \cdot \dfrac{1}{3} \cdot \dfrac{l^2}{r}$

$\cos(\omega t) = 0: \; \omega t = \dfrac{\pi}{2} \cdot (2n - 1) \quad n = 1,2,3,\dots \quad A(l) = \varepsilon_{max} \cdot \dfrac{1}{3} \cdot \dfrac{l^2}{r} = \dfrac{\pi}{2} \cdot (2n - 1) \quad \varepsilon_{max} = \dfrac{r}{l^2} \cdot \dfrac{3\pi}{2} \cdot (2n - 1) \quad \omega_n(l) = \lambda^2 \cdot c_0$

$\omega_n(l) = \lambda^2 \cdot c_0 = \varepsilon_{max}^{\,2} \cdot c_0: \; \omega_n = \dfrac{r^2}{l^4} \cdot \dfrac{9\pi^2}{4} \cdot (2n - 1)^2 \cdot c_0 \quad A = \pi \cdot r^2 \quad \dfrac{I_{yy}}{A} = \dfrac{\pi \cdot r^4}{4 \cdot \pi \cdot r^2} = \dfrac{r^2}{4} \;\Rightarrow\; c_0 = \sqrt{\dfrac{E \cdot I_{yy}}{\rho \cdot A}} = \dfrac{r}{2} \cdot \sqrt{\dfrac{E}{\rho}}$

$\omega_n = \dfrac{r^3}{l^4} \cdot \dfrac{9\pi^2}{8} \cdot (2n - 1)^2 \cdot \sqrt{\dfrac{E}{\rho}} \quad \sqrt{\dfrac{E}{\rho}} = 5169 \dfrac{m}{s} \quad C = \dfrac{9\pi^2}{8} \cdot \sqrt{\dfrac{E}{\rho}} = 57393 \dfrac{m}{s} \quad$ Bsp.: $(a)\; l = 10 \cdot r \quad (b)\; l = 20 \cdot r$

$(a)\; r = 0,1m: \; \dfrac{r}{l} = \dfrac{1}{10} \quad \dfrac{r^3}{l^4} = \dfrac{1}{10^4 \cdot r} \quad \omega_1 = \dfrac{C \cdot 1}{10^4 \cdot r} = \dfrac{5,74}{s} \quad \omega_2 = \dfrac{C \cdot 9}{10^4 \cdot r} = \dfrac{52}{s} \;\dots\; \omega_5 = \dfrac{C \cdot 81}{10^4 \cdot r} = \dfrac{465}{s} \quad \left(\omega_e = \dfrac{447,6}{s}\right)$

$(b)\; r = 0,1m: \; \dfrac{r}{l} = \dfrac{1}{20} \quad \dfrac{r^3}{l^4} = \dfrac{10^{-5}}{1,6 \cdot r} \quad \omega_1 = \dfrac{C \cdot 1}{1,6 \cdot 10^5 \cdot r} = \dfrac{0,36}{s} \quad \omega_2 = \dfrac{C \cdot 9}{[\dots]} = \dfrac{3,2}{s} \;\dots\; \omega_9 = \dfrac{C \cdot 289}{[\dots]} = \dfrac{104}{s} \quad \left(\omega_e = \dfrac{111,9}{s}\right)$

Zusammenhang zwischen der Eigenfrequenz ω_e der Bewegungs-DGL und den Eigenfrequenzen ω_n der partiellen DGL

Torsionsschwingungen von Stäben und abgesetzten Wellen

$$\omega_e = \sqrt{\frac{c_\varphi}{J}} \quad \text{Zylinder: } c_\varphi = \frac{G \cdot I_p}{l} \ \wedge\ I_p = \frac{\pi}{2} \cdot r^4 \ \wedge\ J = \frac{1}{2} \cdot m \cdot r^2 = \frac{1}{2} \cdot \rho \cdot \pi r^2 \cdot l \cdot r^2 = \rho \cdot I_p \cdot l \quad \Rightarrow \quad \omega_e = \sqrt{\frac{G}{\rho \cdot l^2}} = \frac{1}{l}\sqrt{\frac{G}{\rho}}$$

$$\Rightarrow \sqrt{\frac{G}{\rho}} = l \cdot \omega_e \qquad \omega_n = \lambda_n \cdot c_0 = \frac{\gamma_n}{l} \cdot c_0 \ \wedge\ \gamma_n = \frac{r}{l} \cdot (2n-1) \cdot \pi \quad \Rightarrow \quad \boxed{\omega_n = \frac{r}{l^2} \cdot (2n-1) \cdot \pi \cdot c_0}$$

$$\sqrt{\frac{G}{\rho}} = l \cdot \omega_e \ \wedge\ c_0 = \sqrt{2 \cdot \frac{G}{\rho}}: \qquad \omega_n = \frac{r}{l^2} \cdot (2n-1) \cdot \pi \cdot \sqrt{2 \cdot \frac{G}{\rho}} = \frac{r}{l^2} \cdot (2n-1) \cdot \pi \cdot \sqrt{2} \cdot l \cdot \omega_e$$

$$\omega_n = f(\omega_e): \qquad \boxed{\omega_n = \sqrt{2} \cdot \pi \cdot \frac{r}{l} \cdot \omega_e \cdot (2n-1)} \qquad n = 1,2,3,\dots$$

$$\text{abgesetzte Welle: } \frac{r_j}{l_j} \qquad \text{Fall: } \frac{r_j}{r_{j+1}} << \frac{l_j}{l_{j+1}} \qquad {}^*\Rightarrow \quad \boxed{\omega_n \cong \sqrt{2} \cdot \pi \cdot \left(\frac{r_j}{l_j}\right)_{min} \cdot \omega_e \cdot (2n-1)}$$

*Annahme: Das kleinste Verhältnis von Radius zu Wellenabsatz $\left(r_j / l_j\right)_{min}$ bestimmt die Eigenfrequenzen.

Biegeschwingungen von Stäben und abgesetzten Wellen

$$\omega_e = \sqrt{\frac{k}{m}} \quad k = \frac{3 \cdot E \cdot I_{yy}}{l^3} \quad I_{yy} = \frac{\pi}{4} \cdot r^4 \quad m_{Zylinder} = \rho \cdot \pi \cdot r^2 \cdot l \quad \Rightarrow \quad \omega_e = \sqrt{\frac{3 \cdot E \cdot \pi \cdot r^4}{4 \cdot \rho \cdot \pi \cdot r^2 \cdot l^4}} = \frac{r}{l^2} \cdot \frac{\sqrt{3}}{2} \cdot \sqrt{\frac{E}{\rho}}$$

$$\Rightarrow \sqrt{\frac{E}{\rho}} = \omega_e \cdot \frac{l^2}{r} \cdot \frac{2}{\sqrt{3}} \ (1) \quad \omega_n(l) = \lambda^2 \cdot c_0 = \varepsilon_{max}^2 \cdot c_0 \ \wedge\ \varepsilon_{max} = \frac{r}{l^2} \cdot \frac{3\pi}{2} \cdot (2n-1) \quad \Rightarrow \quad \boxed{\omega_n = \frac{r^2}{l^4} \cdot \left(\frac{3\pi}{2}\right)^2 \cdot (2n-1)^2 \cdot c_0} \ (2)$$

$$A = \pi \cdot r^2 \quad \frac{I_{yy}}{A} = \frac{\pi \cdot r^4}{4 \cdot \pi \cdot r^2} = \frac{r^2}{4}: \quad c_0 = \sqrt{\frac{E \cdot I_{yy}}{\rho \cdot A}} = \frac{r}{2} \cdot \sqrt{\frac{E}{\rho}} \ (3) \quad \Rightarrow \quad \omega_n = \frac{r^3}{l^4} \cdot \frac{1}{2} \cdot \left(\frac{3\pi}{2}\right)^2 \cdot (2n-1)^2 \cdot \sqrt{\frac{E}{\rho}} \ (2a)$$

$$(1)\text{in}(3): \quad c_0 = \omega_e \cdot \frac{l^2}{\sqrt{3}} \qquad (3)\text{in}(2): \quad \omega_n = \frac{r^2}{l^4} \cdot \frac{9\pi^2}{4} \cdot (2n-1)^2 \cdot \omega_e \cdot \frac{l^2}{\sqrt{3}} = \frac{r^2}{l^2} \cdot \frac{9\pi^2}{4\sqrt{3}} \cdot (2n-1)^2 \cdot \omega_e$$

$$\omega_n = f(\omega_e): \qquad \boxed{\omega_n = \frac{1}{\sqrt{3}} \cdot \left(\frac{3\pi}{2}\right)^2 \cdot \left(\frac{r}{l}\right)^2 \cdot \omega_e \cdot (2n-1)^2} \qquad n = 1,2,3,\dots$$

$$\text{abgesetzte Welle: } \left(\frac{r_j}{l_j}\right)^2 \qquad \text{Fall: } \frac{r_j}{r_{j+1}} < \frac{l_j}{l_{j+1}} \qquad {}^*\Rightarrow \quad \boxed{\omega_n \cong \frac{1}{\sqrt{3}} \cdot \left(\frac{3\pi}{2}\right)^2 \cdot \left(\frac{r_j}{l_j}\right)^2_{min} \cdot \omega_e \cdot (2n-1)^2}$$

*Annahme: Das kleinste Verhältnis von Radius zu Wellenabsatz $\left(r_j / l_j\right)_{min}$ bestimmt die Eigenfrequenzen.

Die Eigenfrequenzen der partiellen DGL für Torsions- und Biegeschwingungen lassen sich allein aus der Geometrie mit Radius und Länge sowie der Eigenfrequenz der Bewegungs-DGL bestimmen. Aus den Geometrien bestimmte Eigenfrequenzen der Torsionsschwingungen verhalten sich proportional zum r/l-Verhältnis und die Eigenfrequenzen der Biegeschwingungen quadratisch zum r/l-Verhältnis. Ebenso verhalten sich die Eigenfrequenzen bei Torsion proportional zu den Drehzahlen und bei Biegung quadratisch.

Federarbeit, Verdrehwinkel und die Ableitungen (1)

Für (a) gilt: $\varphi(l)\cdot r=\gamma\cdot l$ Für $(0),(b),(c)$ gilt: $\varphi(l)\cdot d=\gamma\cdot l$

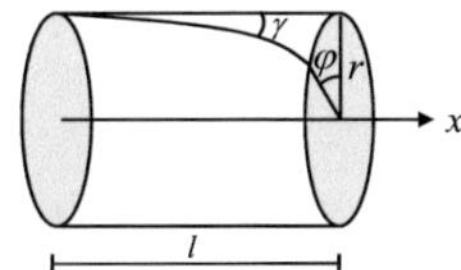

$(0)\quad \varphi(x)=\dfrac{\gamma\cdot x}{d}\;\Rightarrow\; W_{elast}=\dfrac{1}{2}\cdot c_\varphi\cdot\left(\dfrac{\gamma\cdot x}{d}\right)^2\quad W_{elast}(x=l)=\dfrac{1}{2}\cdot c_\varphi\cdot\left(\dfrac{\gamma\cdot l}{d}\right)^2$

$(a)\quad \varphi(x)=\dfrac{\gamma\cdot x}{r}\;\Rightarrow\; W_{elast}=\dfrac{1}{2}\cdot c_\varphi\cdot\left(\dfrac{\gamma\cdot x}{r}\right)^2\quad W_{elast}(x=l)=\dfrac{1}{2}\cdot c_\varphi\cdot\left(\dfrac{\gamma\cdot l}{r}\right)^2$

$(b)\quad \varphi(x)=\dfrac{\gamma}{l\cdot d}\cdot x^2\;\Rightarrow\; W_{elast}=\dfrac{1}{2}\cdot c_\varphi\cdot\left(\dfrac{\gamma}{l\cdot d}\cdot x^2\right)^2\quad W_{elast}(x=l)=\dfrac{1}{2}\cdot c_\varphi\cdot\left(\dfrac{\gamma\cdot l}{2r}\right)^2=\dfrac{1}{2}\cdot c_\varphi\cdot\left(\dfrac{\gamma\cdot l}{r}\right)^2\cdot\dfrac{1}{4}$

$(c)\quad \varphi(x)=\dfrac{\gamma\cdot l}{d}\cdot\dfrac{1-e^{-x/l}}{1-e^{-1}}\;\Rightarrow\; W_{elast}=\dfrac{1}{2}\cdot c_\varphi\cdot\left(\dfrac{\gamma\cdot l}{d}\cdot\dfrac{1-e^{-x/l}}{1-e^{-1}}\right)^2\quad W_{elast}(x=l)=\dfrac{1}{2}\cdot c_\varphi\cdot\left(\dfrac{\gamma\cdot l}{d}\right)^2=\dfrac{1}{2}\cdot c_\varphi\cdot\left(\dfrac{\gamma\cdot l}{r}\right)^2\cdot\dfrac{1}{4}$

$(0)\quad \dfrac{d\varphi(x)}{dx}=\dfrac{\gamma}{2r}\;\Rightarrow\; \dfrac{dW_{elast}}{dx}=c_\varphi\cdot\left(\dfrac{\gamma}{r}\right)^2\cdot\dfrac{x}{4}$

$(a)\quad \dfrac{d\varphi(x)}{dx}=\dfrac{\gamma}{r}\;\Rightarrow\; \dfrac{dW_{elast}}{dx}=c_\varphi\cdot\left(\dfrac{\gamma}{r}\right)^2\cdot x$

$(b)\quad \dfrac{d\varphi(x)}{dx}=\dfrac{\gamma}{r}\cdot\dfrac{x}{l}\;\Rightarrow\; \dfrac{dW_{elast}}{dx}=c_\varphi\cdot\left(\dfrac{\gamma}{r}\right)^2\cdot\dfrac{x^3}{2\cdot l^2}$

$(c)\quad \dfrac{d\varphi(x)}{dx}=\dfrac{\gamma}{r}\cdot\dfrac{l}{2}\cdot\dfrac{1}{l}\cdot\dfrac{e^{-x/l}}{1-e^{-1}}=\dfrac{\gamma}{r}\cdot\dfrac{e^{-x/l}}{2\cdot\left(1-e^{-1}\right)}\;\Rightarrow\; \dfrac{dW_{elast}}{dx}=c_\varphi\cdot\left(\dfrac{\gamma}{r}\right)^2\cdot\dfrac{l^2}{8\cdot\left(1-e^{-1}\right)^2}\cdot\left[\left(1-e^{-x/l}\right)^2\right]'$

$\left[\left(1-e^{-x/l}\right)^2\right]'=2\cdot\left(1-e^{-x/l}\right)\cdot\left(-e^{-x/l}\right)\cdot\left(-\dfrac{1}{l}\right)=2\cdot\left(1-e^{-x/l}\right)\cdot\dfrac{e^{-x/l}}{l}\qquad \dfrac{dW_{elast}}{dx}=c_\varphi\cdot\left(\dfrac{\gamma}{r}\right)^2\cdot\dfrac{l\cdot e^{-x/l}}{4\cdot\left(1-e^{-1}\right)}$

$f(\varphi)=W_{pot}=W_{elast}=\dfrac{1}{2}\cdot c_\varphi\cdot\varphi^2\qquad \varphi(x,r_i):\; x=[0;l]\quad r_i=[0;r]\qquad (b)\;\varphi(x)=\dfrac{\gamma}{l\cdot d}\cdot x^2:$

$W_{elast}(x,r_i)=\dfrac{1}{2}\cdot c_\varphi\cdot\left(\varphi(x,r_i)\right)^2=\dfrac{1}{16}\cdot c_\varphi\cdot\left(\dfrac{\gamma}{r}\right)^2\cdot\left(\left(\dfrac{1}{l}\cdot x^2\right)^2+\left(l\cdot\left(\dfrac{r_i}{r}\right)^2\right)^2\right)\qquad W_{elast}(l,r)=\dfrac{1}{8}\cdot c_\varphi\cdot\left(\dfrac{\gamma\cdot l}{r}\right)^2$

$dW_{elast}(x,r_i)=\dfrac{\partial W_{elast}(x,r_i)}{\partial x}\cdot dx+\dfrac{\partial W_{elast}(x,r_i)}{\partial r_i}\cdot dr_i\qquad dW_{elast}(x,r_i)=\dfrac{1}{16}\cdot c_\varphi\cdot\left(\dfrac{\gamma}{r}\right)^2\cdot\left[\dfrac{4x^3}{l^2}\cdot dx+\dfrac{l^2}{r^4}\cdot 4r_i^3\cdot dr_i\right]$

Verdrehwinkel φ in Abhängigkeit von Stablänge x und Radius r_i

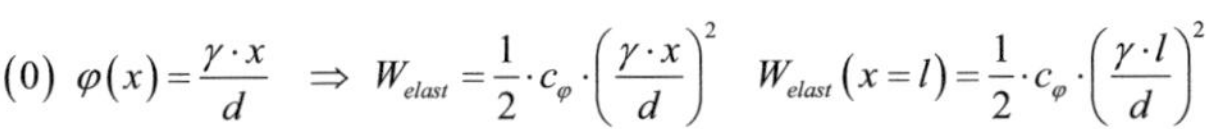

$\bar{\varphi}(x,r_i)=\begin{pmatrix}\dfrac{\varphi(x)}{\sqrt{2}}\\[2mm]\dfrac{\varphi(r_i)}{\sqrt{2}}\end{pmatrix}$ für $x,r_i>0$

$\varphi(x)=\dfrac{\gamma}{l\cdot r}\cdot\dfrac{x^2}{2}\qquad \varphi(l)=\dfrac{\gamma\cdot l}{2\cdot r}\;\Rightarrow\;\varphi(l)\cdot d=\gamma\cdot l$

$\varphi(r_i)=\dfrac{\gamma\cdot l}{2\cdot r}\cdot\left(\dfrac{r_i}{r}\right)^2\qquad \varphi(r)=\dfrac{\gamma\cdot l}{2\cdot r}\;\Rightarrow\;\varphi(r)\cdot d=\gamma\cdot l$

$\left|\bar{\varphi}(x,r_i)\right|=\varphi(x,r_i)=\sqrt{\dfrac{\varphi^2(x)}{2}+\dfrac{\varphi^2(r)}{2}}=\dfrac{1}{\sqrt{2}}\cdot\sqrt{\left(\dfrac{\gamma}{l\cdot r}\cdot\dfrac{x^2}{2}\right)^2+\left(\dfrac{\gamma\cdot l}{2\cdot r}\cdot\left(\dfrac{r_i}{r}\right)^2\right)^2}$

$\varphi(x,r_i)=\dfrac{1}{\sqrt{2}}\cdot\dfrac{\gamma}{2\cdot r}\cdot\sqrt{\left(\dfrac{1}{l}\cdot x^2\right)^2+\left(l\cdot\left(\dfrac{r_i}{r}\right)^2\right)^2}\qquad \varphi(l,r)=\dfrac{1}{\sqrt{2}}\cdot\dfrac{\gamma}{2\cdot r}\cdot\sqrt{l^2+l^2}=\dfrac{\gamma\cdot l}{2\cdot r}\;\Rightarrow\;\varphi(l,r)\cdot d=\gamma\cdot l$

Federarbeit, Verdrehwinkel und die Ableitungen (2)

Energie-Funktionen

	x =	0,1	0,2	0,3	0,4	0,5	0,6	0,7	0,8	0,9	1	
0	$\frac{1}{2}\cdot c_\varphi\cdot\left(\frac{\gamma\cdot x}{d}\right)^2$	0,01	0,04	0,09	0,16	0,25	0,36	0,49	0,64	0,81	1,00	2
a	$\frac{1}{2}\cdot c_\varphi\cdot\left(\frac{\gamma\cdot x}{d}\right)^2\cdot 4$	0,04	0,16	0,36	0,64	1,00	1,44	1,96	2,56	3,24	4,00	max (4)
b	$\frac{1}{2}\cdot c_\varphi\cdot\left(\frac{\gamma}{l\cdot d}\cdot x^2\right)^2$	0,00	0,00	0,01	0,03	0,06	0,13	0,24	0,41	0,66	1,00	min (1)
c	$\frac{1}{2}\cdot c_\varphi\cdot\left(\frac{\gamma\cdot l}{d}\cdot\frac{1-e^{-x/l}}{1-e^{-1}}\right)^2$	0,02	0,08	0,17	0,27	0,39	0,51	0,63	0,76	0,88	1,00	3

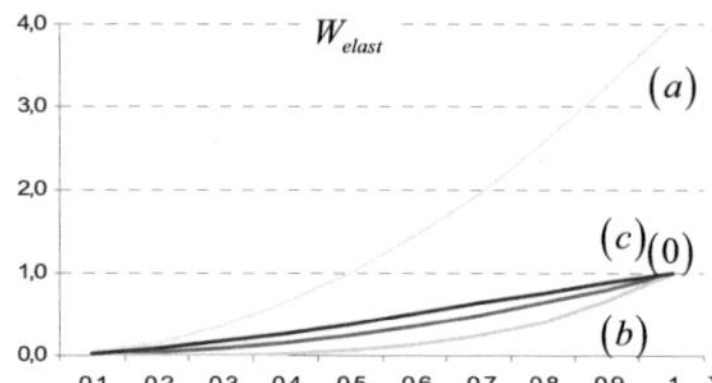

Verdrehwinkel-Funktionen

	x =	0,1	0,2	0,3	0,4	0,5	0,6	0,7	0,8	0,9	1	
0	$\frac{\gamma\cdot x}{d}$	0,10	0,20	0,30	0,40	0,50	0,60	0,70	0,80	0,90	1,00	2
a	$\frac{\gamma\cdot 2x}{d}$	0,20	0,40	0,60	0,80	1,00	1,20	1,40	1,60	1,80	2,00	max (4)
b	$\frac{\gamma}{l\cdot d}\cdot x^2$	0,01	0,04	0,09	0,16	0,25	0,36	0,49	0,64	0,81	1,00	min (1)
c	$\frac{\gamma\cdot l}{d}\cdot\frac{1-e^{-x/l}}{1-e^{-1}}$	0,15	0,29	0,41	0,52	0,62	0,71	0,80	0,87	0,94	1,00	3

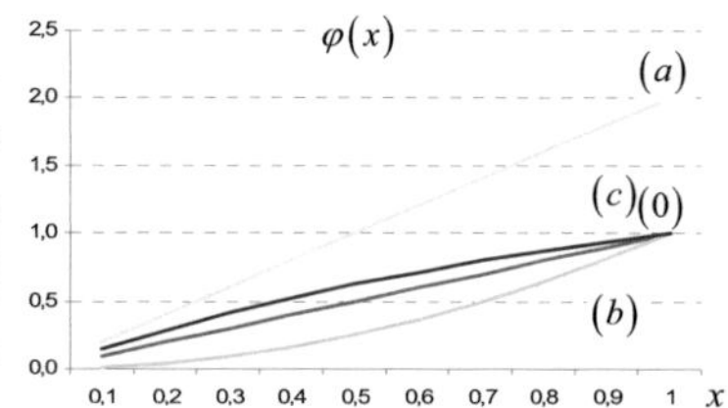

Energie-Ableitungsfunktionen

	x =	0,1	0,2	0,3	0,4	0,5	0,6	0,7	0,8	0,9	1	
0	$c_\varphi\cdot\left(\frac{\gamma}{r}\right)^2\cdot\frac{x}{4}$	0,03	0,05	0,08	0,10	0,13	0,15	0,18	0,20	0,23	0,25	3
a	$c_\varphi\cdot\left(\frac{\gamma}{r}\right)^2\cdot x$	0,10	0,20	0,30	0,40	0,50	0,60	0,70	0,80	0,90	1,00	max (1)
b	$c_\varphi\cdot\left(\frac{\gamma}{r}\right)^2\cdot\frac{x^3}{2\cdot l^2}$	0,00	0,00	0,01	0,03	0,06	0,11	0,17	0,26	0,36	0,50	2
c	$c_\varphi\cdot\left(\frac{\gamma}{r}\right)^2\cdot\frac{l\cdot e^{-x/l}}{4\cdot\left(1-e^{-1}\right)}$	0,36	0,32	0,29	0,27	0,24	0,22	0,20	0,18	0,16	0,15	min (4)

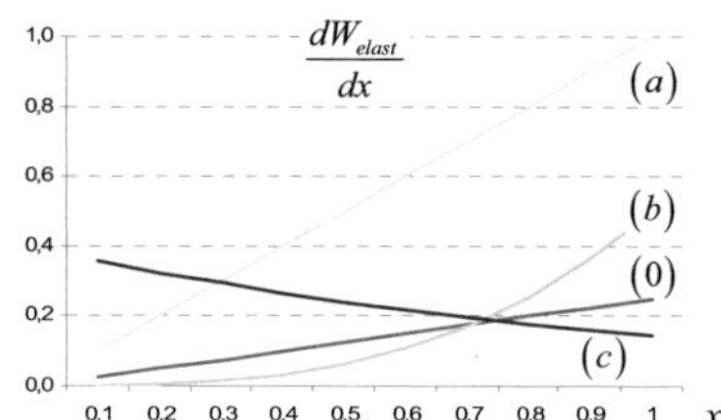

Verdrehwinkel-Ableitungsfunktionen

	x =	0,1	0,2	0,3	0,4	0,5	0,6	0,7	0,8	0,9	1
0	$\frac{\gamma}{r}\cdot\frac{1}{2}$	0,50	0,50	0,50	0,50	0,50	0,50	0,50	0,50	0,50	0,50
a	$\frac{\gamma}{r}$	1,00	1,00	1,00	1,00	1,00	1,00	1,00	1,00	1,00	1,00
b	$\frac{\gamma}{r}\cdot\frac{x}{l}$	0,10	0,20	0,30	0,40	0,50	0,60	0,70	0,80	0,90	1,00
c	$\frac{\gamma}{r}\cdot\frac{e^{-x/l}}{2\cdot\left(1-e^{-1}\right)}$	0,72	0,65	0,59	0,53	0,48	0,43	0,39	0,36	0,32	0,29

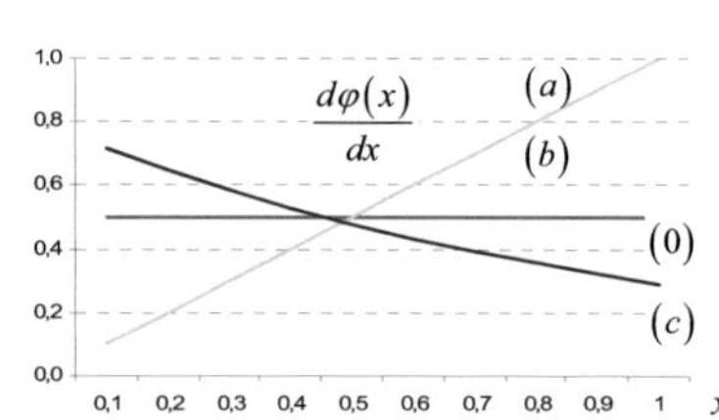

Für (a) gilt: $\varphi(l)\cdot r=\gamma\cdot l$ Für $(0),(b),(c)$ gilt: $\varphi(l)\cdot d=\gamma\cdot l$

	$W_{elast}:$	$\varphi(x):$	$\dfrac{dW_{elast}}{dx}:$	$\dfrac{d\varphi(x)}{dx}:$
(0)	$\frac{1}{2}\cdot c_\varphi\cdot\left(\frac{\gamma\cdot x}{d}\right)^2$	$\frac{\gamma\cdot x}{d}$	$c_\varphi\cdot\left(\frac{\gamma}{r}\right)^2\cdot\frac{x}{4}$	$\frac{\gamma}{r}\cdot\frac{1}{2}$
(a)	$\frac{1}{2}\cdot c_\varphi\cdot\left(\frac{\gamma\cdot x}{d}\right)^2\cdot 4$	$\frac{\gamma\cdot 2x}{d}$	$c_\varphi\cdot\left(\frac{\gamma}{r}\right)^2\cdot x$	$\frac{\gamma}{r}$
(b)	$\frac{1}{2}\cdot c_\varphi\cdot\left(\frac{\gamma}{l\cdot d}\cdot x^2\right)^2$	$\frac{\gamma}{l\cdot d}\cdot x^2$	$c_\varphi\cdot\left(\frac{\gamma}{r}\right)^2\cdot\frac{x^3}{2\cdot l^2}$	$\frac{\gamma}{r}\cdot\frac{x}{l}$
(c)	$\frac{1}{2}\cdot c_\varphi\cdot\left(\frac{\gamma\cdot l}{d}\cdot\frac{1-e^{-x/l}}{1-e^{-1}}\right)^2$	$\frac{\gamma\cdot l}{d}\cdot\frac{1-e^{-x/l}}{1-e^{-1}}$	$c_\varphi\cdot\left(\frac{\gamma}{r}\right)^2\cdot\frac{l\cdot e^{-x/l}}{4\cdot\left(1-e^{-1}\right)}$	$\frac{\gamma}{r}\cdot\frac{e^{-x/l}}{2\cdot\left(1-e^{-1}\right)}$

Herleitung von Aufheiz- und Abkühlfunktion mit Laplace-Transformation

Laplace-Transformation : $\quad$ Bildfunktion von $\vartheta_i = f(t) = V(s) \;\Rightarrow\; \dot{\vartheta}_i = s \cdot V(s) - \vartheta_a \quad \vartheta_a = \vartheta(t_a)$

$\alpha_{(c,rf)}$: Wärmeübergangskoeffizient $\quad \alpha$: Laplace-Konstante $\quad \tau, T_{(c,rf)}$: Zeitkonstante $\quad \rightarrow \; \alpha = \dfrac{1}{\tau} = \dfrac{1}{T_{(c,rf)}}$

$$s \cdot V(s) - \vartheta_a + \alpha \cdot V(s) = L\{A\} = A \cdot L\{1\} = A \cdot \frac{1}{s} \qquad L : \text{Laplace-Transformationsoperator}$$

$$V(s) \cdot (s+\alpha) - \vartheta_a = A \cdot \frac{1}{s} \;\Rightarrow\; V(s) = A \cdot \frac{1}{s \cdot (s+\alpha)} + \vartheta_a \cdot \frac{1}{(s+\alpha)}$$

Rücktransformation in den Originalbereich : $\quad \vartheta_i(t) = L^{-1} \cdot \{V(s)\} = L^{-1} \cdot \left\{ A \cdot \dfrac{1}{s \cdot (s+\alpha)} + \vartheta_a \cdot \dfrac{1}{(s+\alpha)} \right\}$

$$\vartheta_i(t) = A \cdot L^{-1} \cdot \left\{ \frac{1}{s \cdot (s+\alpha)} \right\} + \vartheta_a \cdot L^{-1} \cdot \left\{ \frac{1}{(s+\alpha)} \right\} = A \cdot \frac{e^{-t/\tau} - 1}{-\alpha} + \vartheta_a \cdot e^{-t/\tau} \;\Rightarrow\; \vartheta_i(t) = \frac{A}{\alpha} \cdot \left(1 - e^{-t/\tau}\right) + \vartheta_a \cdot e^{-t/\tau}$$

1.) Aufheizfunktion - inhomogene DGL : $\quad \dfrac{d\vartheta}{dt} + \dfrac{\alpha_c \cdot A_K}{m \cdot c} \cdot \vartheta = \dfrac{P_V + \alpha_c \cdot A_K \cdot \vartheta_a}{m \cdot c} \;\Rightarrow\; \dot{\vartheta}_i - \dfrac{1}{\tau} \cdot \vartheta_i = A \quad \alpha = \dfrac{1}{T_c} = \dfrac{\alpha_c \cdot A_K}{m \cdot c}$

$$\frac{A}{\alpha} = \frac{P_V + \alpha_c \cdot A_K \cdot \vartheta_a}{m \cdot c} \cdot \frac{m \cdot c}{\alpha_c \cdot A_K} = \frac{P_V}{\alpha_c \cdot A_K} + \vartheta_a = \vartheta_e + \vartheta_a : \quad \vartheta_i(t) = \left(\vartheta_e + \vartheta_a\right) \cdot \left(1 - e^{-t/\tau}\right) + \vartheta_a \cdot e^{-t/\tau} = \vartheta_e \cdot \left(1 - e^{-t/\tau}\right) + \vartheta_a$$

Aufheizfunktion $\vartheta = f(t; \vartheta_a; \vartheta_e)$: $\quad \vartheta(t) = \vartheta_e \cdot \left(1 - e^{-t/\tau}\right) + \vartheta_a$

Temperatur $\vartheta(t)$ für t = 0s : $\quad \vartheta(t = 0s) = \vartheta_a$

Temperatur $\vartheta(t)$ für t = τ : $\quad \vartheta(t = \tau) = \vartheta_e \cdot \left(1 - e^{-1}\right) + \vartheta_a = \vartheta_a + \vartheta_e \cdot 0,63$

2.) Abkühlfunktion - inhomogene DGL : $\quad \dfrac{d\vartheta}{dt} + \dfrac{\alpha_{rf} \cdot A_K}{m \cdot c} \cdot \vartheta = \dfrac{\alpha_{rf} \cdot A_K}{m \cdot c} \cdot \vartheta_e \;\Rightarrow\; \dot{\vartheta}_i - \dfrac{1}{\tau} \cdot \vartheta_i = A \quad \alpha = \dfrac{1}{T_{rf}} = \dfrac{\alpha_{rf} \cdot A_K}{m \cdot c}$

$$\frac{A}{\alpha} = \frac{\alpha_{rf} \cdot A_K}{m \cdot c} \cdot \vartheta_e \cdot \frac{m \cdot c}{\alpha_{rf} \cdot A_K} = \vartheta_e : \quad \vartheta_i(t) = \vartheta_e \cdot \left(1 - e^{-t/\tau}\right) + \vartheta_a \cdot e^{-t/\tau}$$

Abkühlfunktion $\vartheta = f\left(t; \vartheta_a; \vartheta_e\right)$: $\quad \vartheta(t) = \vartheta_e \cdot \left(1 - e^{-t/\tau}\right) + \vartheta_a \cdot e^{-t/\tau}$

Temperatur $\vartheta(t)$ für t = 0s : $\quad \vartheta(t = 0) = \vartheta_a$

Temperatur $\vartheta(t)$ für t = τ : $\quad \vartheta(t = \tau) = \vartheta_e \cdot \left(1 - e^{-1}\right) + \vartheta_a \cdot e^{-1} = \vartheta_e \cdot 0,63 + \vartheta_a \cdot 0,37$

Bsp.: $\quad \vartheta_a = 1600°C, \; \vartheta_e = 20°C : \quad \vartheta(t = \tau) = 20°C \cdot 0,63 + 1600°C \cdot 0,37 = 605°C$

Bsp.: $\quad \vartheta_a = 1600°C, \; \vartheta_e = 20°C : \quad \vartheta(t = 2\tau) = 20°C \cdot 0,865 + 1600°C \cdot 0,135 = 233°C$

radialer und axialer Reibschluss

radiale Reibung eines Fliehkraftsegmentes

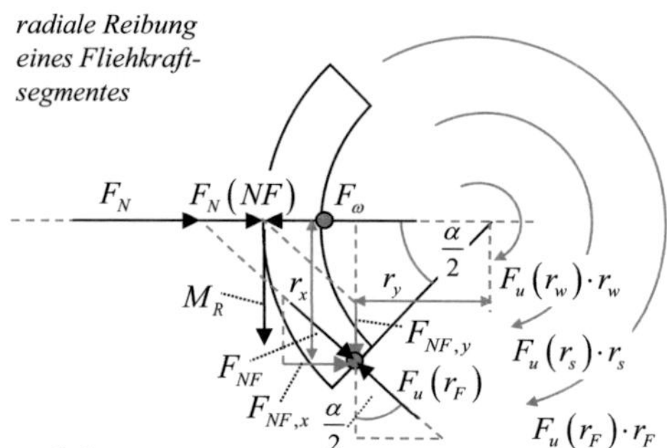

axiale Reibung eines axialen Reibelementes

radial :

$$M_t = M_R + M_F \quad (A): M_F = M_t' \quad (C): M_F = M_{t,y}$$

$$M_R = \frac{\pi}{i \cdot K} \cdot M_y \quad K = \frac{1-\cos\alpha}{\alpha} \quad (M_y = M_L)$$

$$M_R = \mu_R \cdot F_N \cdot r_a \quad (A): F_N = F_\omega - F_{Fe}$$

$$M_R = \mu_R \cdot (F_N \cdot r_a + F_{NF} \cdot r_x) \quad (C): F_N(NF) = F_{NF,x}$$

$$F_{NF} = m \cdot \frac{r_s^2}{r_F} \cdot \omega_N^2 \quad F_{NF,x} = m \cdot \frac{r_s^2}{r_F} \cdot \omega_N^2 \cdot \sin\frac{\alpha}{2}$$

$$M_{t,y} = F_{NF} \cdot r_y = F_{NF,y} \cdot r_F \quad r_y = \cos\frac{\alpha}{2} \cdot r_F$$

$$M_{t,x} = F_{NF} \cdot r_x = F_{NF,x} \cdot r_F \quad r_x = \sin\frac{\alpha}{2} \cdot r_F$$

$$M_t = \sqrt{M_{t,x}^2 + M_{t,y}^2} = \sqrt{(F_{NF} \cdot r_x)^2 + M_{t,y}^2}$$

$$M_t' = F_u(r_w) \cdot r_w = F_u(r_s) \cdot r_s = M_F = F_{NF} \cdot r_F = m \cdot r_s^2 \cdot \omega_N^2$$

$M_{t,x}*$: reibschlüssige Drehmoment-Komponente

$$M_{t,x}* = M_{R,x} / \mu_R \quad M_t': \text{formschlüssiges Drehmoment}$$

Modell A: α_A : Abstützung auf der Symmetrielinie

$$\alpha_A = 0°; \quad \cos(\alpha_A) = 1; \quad A: M_{t,y} = M_t' = M_L$$

Vergleichsrechnungen (Abweichungen $\leq 10\%$):

$$(C): \quad M_t = \sqrt{\frac{r_{s2}}{r_F} \cdot \left(\frac{\pi}{i \cdot K}\right)^{-2} \cdot \left(\frac{M_{R,x}}{\mu_R}\right)^2 + M_{t,y}^2}$$

$$(A): \quad M_t = \sqrt{\frac{r_{s2}}{r_F} \cdot \left(\frac{\pi}{i \cdot K}\right)^2 \cdot \left(\frac{M_{R,x}}{\mu_R}\right)^2 + (M_t')^2}$$

axial :

$$M_t = M_R + M_L \quad (A): M_L = M_t' \quad (C): M_L = M_{R,y}$$

$$(A): M_R = \mu_R \cdot F_N \cdot r_m \quad (C): F_R(NF) = \mu_R \cdot F_{NF,y}$$

$$(C): M_R = \mu_R \cdot (F_N \cdot r_m + F_{NF} \cdot r_y) = \sqrt{M_{R,x}^2 + M_{R,y}^2}$$

$$\mu_{HF} = 0: \quad F_N = F_{B,ax} \quad F_{B,ax}: \text{axiale Betätigungskraft}$$

[Annahme: axiale Betätigung erfolgt aus M_t]

$$F_{NF,y} = m_{A,red} \cdot r_m \cdot \omega_N^2 \cdot \cos\frac{\alpha}{2} \quad m_{A,red} = m_{FK} \cdot \frac{r_s}{r_m}$$

$$M_{t,y} = F_{NF} \cdot r_y = m_{A,red} \cdot r_m \cdot \omega_N^2 \cdot r_y \quad r_y = \cos\frac{\alpha}{2} \cdot r_m$$

$$M_{t,x} = F_{NF} \cdot r_x = m_{A,red} \cdot r_m \cdot \omega_N^2 \cdot r_x \quad r_x = \sin\frac{\alpha}{2} \cdot r_m$$

$$M_t = \sqrt{M_{t,x}^2 + M_{t,y}^2} = \sqrt{M_{t,x}^2 + (F_{NF} \cdot r_y)^2}$$

$$M_t' = F_u(r_w) \cdot r_w = M_F = F_{NF} \cdot r_m = m \cdot r_m^2 \cdot \omega_N^2$$

$M_{t,y}*$: reibschlüssige Drehmoment-Komponente

$$M_{t,y}* = M_{R,y} / \mu_R \quad M_t': \text{formschlüssiges Drehmoment}$$

Modell A: Kreisring   ...C: segmentierter Kreisring

$$[1] \; A: \quad M_t = \sqrt{(1/\mu_R)^2 + (1/\mu_R)^2} \cdot M_t'$$

$$[2] \; C \; 90°: \quad M_t = \sqrt{M_{t,x}^2 + \left(\frac{M_{R,y}}{\mu_R}\right)^2 \cdot \left(\frac{r_m}{r}\right)^2}$$

$$[2]* \; C \; 120°: \quad M_t = \sqrt{M_{t,x}^2 + \left(\frac{M_{R,y}}{\mu_R}\right)^2 \cdot \frac{1}{\sqrt{2}} \cdot \left(\frac{r_m}{r}\right)^2}$$

$$[2]** \; C \; 60°: \quad M_t = \sqrt{M_{t,x}^2 + \left(\frac{M_{R,y}}{\mu_R}\right)^2 \cdot \frac{1}{2} \cdot \left(\frac{r_m}{r}\right)^2}$$

Vergleichsrechnungen zu den Beispielrechnungen (Kap. 5.7): radial wirkende Reibung (1)

$$(1)\quad M_t = \sqrt{M_{t,x}^2 + M_{t,y}^2} \qquad M_t{}' = F_u(r_w)\cdot r_w = F_u(r_s)\cdot r_s = F_{NF}\cdot r_F = m\cdot r_s^2 \cdot \omega_N^2 \qquad M_R = \frac{\pi}{i\cdot K}\cdot M_y \qquad M_y = M_L$$

$$(2)\quad M_{t,x} = M_t\cdot\sin(\alpha/2) \qquad M_{t,y} = M_t\cdot\cos(\alpha/2) \qquad (3)\quad M_{t,x}{}^* = M_{R,x}/\mu_R$$

$M_{t,x}{}^*$: reibschlüssige Komponente des Drehmomentes $M_t{}'$: formschlüssiges Drehmoment $[1],[2]: M_L = M_t{}'$

Modell (C): (3),(2) in (1): $M_t = \sqrt{\left(M_{R,x}/\mu_R\right)^2 + M_{t,y}^2} = \sqrt{\left(1/\mu_R^2\right)\cdot\sin^2(\alpha/2) + \cos^2(\alpha/2)}\cdot m\cdot r_s^2 \cdot \omega_N^2$

Modell (A): $M_{t,y} = M_t{}'$: $M_t = \sqrt{\left(M_{R,x}/\mu_R\right)^2 + \left(M_t{}'\right)^2} = \sqrt{\left(1/\mu_R^2\right)\cdot\sin^2(\alpha/2) + 1}\cdot m\cdot r_s^2 \cdot \omega_N^2 \quad (\alpha_A = 0°)$

α_A: Abstützung von Modell (A) auf der Symmetrielinie $\alpha_A = 0° \;\Rightarrow\; \cos(\alpha_A) = 1;$ α: Reibungswinkel

Bsp.: $\mu_R = 0,5$ $M_L = 660\,Nm$ Modell: (A),(C) $[1],[2]$: Berücksichtigung Momentenfaktor $\left(\dfrac{\pi}{i\cdot K}\right)$

$[1]$ Faktor $\left(\dfrac{i\cdot K}{\pi}\right)^{(-2)}$: $M_t \overset{(C)}{=} \sqrt{\left(\dfrac{\pi}{i\cdot K}\right)^{-2}\cdot\left(\dfrac{M_{R,x}}{\mu_R}\right)^2 + M_{t,y}^2}$ $M_t \overset{(A)}{=} \sqrt{\left(\dfrac{\pi}{i\cdot K}\right)^2\cdot\left(\dfrac{M_{R,x}}{\mu_R}\right)^2 + \left(M_t{}'\right)^2}$

$[1]^*$ Faktor $\sqrt{\dfrac{r_{s2}}{r_F}}\cdot\left(\dfrac{i\cdot K}{\pi}\right)^{(-2)}$: $M_t \overset{(C)}{=} \sqrt{\dfrac{r_{s2}}{r_F}}\cdot\sqrt{\left(\dfrac{\pi}{i\cdot K}\right)^{-2}\cdot\left(\dfrac{M_{R,x}}{\mu_R}\right)^2 + M_{t,y}^2}$ $M_t \overset{(A)}{=} \sqrt{\dfrac{r_{s2}}{r_F}}\cdot\sqrt{\left(\dfrac{\pi}{i\cdot K}\right)^2\cdot\left(\dfrac{M_{R,x}}{\mu_R}\right)^2 + \left(M_t{}'\right)^2}$

$[1]^{**}$ Faktor $\dfrac{r_{s2}}{r_F}\cdot\left(\dfrac{i\cdot K}{\pi}\right)^{(-2)}$: $M_t \overset{(C)}{=} \sqrt{\dfrac{r_{s2}}{r_F}\cdot\left(\dfrac{\pi}{i\cdot K}\right)^{-2}\cdot\left(\dfrac{M_{R,x}}{\mu_R}\right)^2 + M_{t,y}^2}$ $M_t \overset{(A)}{=} \sqrt{\dfrac{r_{s2}}{r_F}\cdot\left(\dfrac{\pi}{i\cdot K}\right)^2\cdot\left(\dfrac{M_{R,x}}{\mu_R}\right)^2 + \left(M_t{}'\right)^2}$

$[1]$ (A) $\alpha = 90°$: $M_t = \sqrt{\left(\dfrac{\pi}{i\cdot K}\right)^2\cdot\left(\dfrac{0,707}{\mu_R}\right)^2 + 1}\cdot M_t{}' = \sqrt{1,2333^2\cdot 2 + 1}\cdot M_t{}' = 2,0105\cdot M_t{}'$

$[1]$ (C) $\alpha = 60°$: $M_t = \sqrt{\left(\dfrac{\pi}{i\cdot K}\right)^{-2}\cdot\left(\dfrac{0,5}{\mu_R}\right)^2 + 0,866^2}\cdot M_t{}' = \sqrt{1,0970^{-2}\cdot 1 + 0,866^2}\cdot M_t{}' = 1,2573\cdot M_t{}'$

$[1]$ (A) $\alpha = 90°$: $M_t = 2,0105\cdot\dfrac{M_R}{S\cdot x} = \dfrac{2,0105}{0,5625}\cdot M_t{}' = 3,5742\cdot M_t{}' = 3,5742\cdot 660\,Nm = 2359\,Nm$

$[1]$ (C) $\alpha = 60°$: $M_t = 1,2573\cdot\dfrac{M_R}{S\cdot x} = \dfrac{1,2573}{0,5303}\cdot M_t{}' = 2,3710\cdot M_t{}' = 2,3710\cdot 660\,Nm = 1565\,Nm$

$[2]$ Faktor $\left(\dfrac{r_{s2}}{r_F}\right)^2\cdot\left(\dfrac{i\cdot K}{\pi}\right)^{(-1)}$: $M_t \overset{(C)}{=} \sqrt{\left(\dfrac{r_{s2}}{r_F}\right)^2\cdot\dfrac{i\cdot K}{\pi}\cdot\left(\dfrac{M_{R,x}}{\mu_R}\right)^2 + M_{t,y}^2}$ $M_t \overset{(A)}{=} \sqrt{\left(\dfrac{r_{s2}}{r_F}\right)^2\cdot\dfrac{\pi}{i\cdot K}\cdot\left(\dfrac{M_{R,x}}{\mu_R}\right)^2 + \left(M_t{}'\right)^2}$

$[2]^*$ Faktor $\sqrt{\dfrac{r_{s2}}{r_F}}\cdot\left(\dfrac{i\cdot K}{\pi}\right)^{(-1)}$: $M_t \overset{(C)}{=} \sqrt{\dfrac{r_{s2}}{r_F}}\cdot\sqrt{\dfrac{i\cdot K}{\pi}\cdot\left(\dfrac{M_{R,x}}{\mu_R}\right)^2 + M_{t,y}^2}$ $M_t \overset{(A)}{=} \sqrt{\dfrac{r_{s2}}{r_F}}\cdot\sqrt{\dfrac{\pi}{i\cdot K}\cdot\left(\dfrac{M_{R,x}}{\mu_R}\right)^2 + \left(M_t{}'\right)^2}$

$[2]^{**}$ Faktor $\dfrac{r_{s2}}{r_F}\cdot\left(\dfrac{i\cdot K}{\pi}\right)^{(-1)}$: $M_t \overset{(C)}{=} \sqrt{\dfrac{r_{s2}}{r_F}\cdot\dfrac{i\cdot K}{\pi}\cdot\left(\dfrac{M_{R,x}}{\mu_R}\right)^2 + M_{t,y}^2}$ $M_t \overset{(A)}{=} \sqrt{\dfrac{r_{s2}}{r_F}\cdot\dfrac{\pi}{i\cdot K}\cdot\left(\dfrac{M_{R,x}}{\mu_R}\right)^2 + \left(M_t{}'\right)^2}$

$[2]$ (A) $\alpha = 90°$: $M_t = \sqrt{0,9306^2\cdot 1,2333\cdot\left(0,707/\mu_R\right)^2 + 1}\cdot M_t{}' = \sqrt{2,1361 + 1}\cdot M_t{}' = 1,7709\cdot M_t{}'$

$[2]$ (C) $\alpha = 60°$: $M_t = \sqrt{0,987^2\cdot 1,0970^{-1}\cdot\left(0,5/\mu_R\right)^2 + 0,866^2}\cdot M_t{}' = \sqrt{0,888 + 0,75}\cdot M_t{}' = 1,2799\cdot M_t{}'$

$[2]$ (A) $\alpha = 90°$: $M_t = 1,7709\cdot\dfrac{M_R}{S\cdot x} = \dfrac{1,7709}{0,5625}\cdot M_R - 3,1483\cdot M_R = 2078\,Nm$

$[2]$ (C) $\alpha = 60°$: $M_t = 1,2799\cdot\dfrac{M_R}{S\cdot x} = \dfrac{1,2799}{0,5303}\cdot M_R = 2,4135\cdot M_R = 1593\,Nm$

Vergleichsrechnungen zu den Beispielrechnungen (Kap. 5.7): radial wirkende Reibung (2)

$$M_R = \mu_R \cdot \left(1 - y^2 - \mu_{HF}\right) \cdot x \cdot m \cdot r_{s2}^{\,2} \cdot \omega_N^{\,2} \qquad S \cdot x = \mu_R \cdot \left(1 - y^2 - \mu_{HF}\right) \cdot x \qquad \Rightarrow \qquad m \cdot r_s^{\,2} \cdot \omega_N^{\,2} = M_R / (S \cdot x) = M_t{'}$$

	$M_{t,x}$	$M_{t,y}$	$\left(M_{R,x}/\mu_R\right)^2$	x	$S \cdot x$	$\pi/(i \cdot K)$
$\alpha = 60°:$	0,5	0,866	1	1,2665	0,5303	1,0970
$\alpha = 90°:$	0,707	0,707	2	1,3432	0,5625	1,2333
$\alpha = 120°:$	0,866	0,5	3	1,4623	0,6123	1,4621

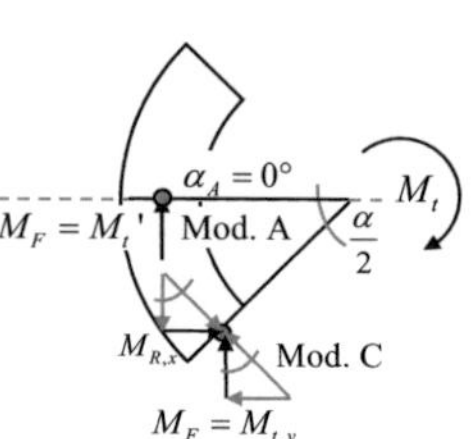

[3] keine Berücksichtigung Momentenfaktor: $M_R \overset{!}{=} M_L \qquad M_t{'} = M_R / (S \cdot x)$

[3] Faktor $\dfrac{r_{s2}}{r_F}$: $M_t \overset{(C)}{=} \sqrt{\left(r_{s2}/r_F\right) \cdot \left(M_{R,x}/\mu_R\right)^2 + M_{t,y}^{\,2}} \qquad M_t \overset{(A)}{=} \sqrt{\left(r_{s2}/r_F\right) \cdot \left(M_{R,x}/\mu_R\right)^2 + \left(M_t{'}\right)^2}$

[3]* Faktor $\sqrt{\dfrac{r_{s2}}{r_F}}$: $M_t \overset{(C)}{=} \sqrt{\dfrac{r_{s2}}{r_F}} \cdot \sqrt{\left(\dfrac{M_{R,x}}{\mu_R}\right)^2 + M_{t,y}^{\,2}} \qquad M_t \overset{(A)}{=} \sqrt{\dfrac{r_{s2}}{r_F}} \cdot \sqrt{\left(\dfrac{M_{R,x}}{\mu_R}\right)^2 + \left(M_t{'}\right)^2}$

[3]** Faktor $\left(\dfrac{r_{s2}}{r_F}\right)^2$: $M_t \overset{(C)}{=} \sqrt{\left(\dfrac{r_{s2}}{r_F}\right)^2 \cdot \left(\dfrac{M_{R,x}}{\mu_R}\right)^2 + M_{t,y}^{\,2}} \qquad M_t \overset{(A)}{=} \sqrt{\left(\dfrac{r_{s2}}{r_F}\right)^2 \cdot \left(\dfrac{M_{R,x}}{\mu_R}\right)^2 + \left(M_t{'}\right)^2}$

[3]** (A) $\alpha = 90°:\ M_t = 1,6529 \cdot M_R / (S \cdot x) = 1,6529 / 0,5625 \cdot M_R = 2,9385 \cdot M_R = 2,9385 \cdot 660\,Nm = 1939\,Nm$

[3]** (C) $\alpha = 60°:\ M_t = 1,3131 \cdot M_R / (S \cdot x) = 1,3131 / 0,5303 \cdot M_R = 2,4761 \cdot M_R = 2,4761 \cdot 660\,Nm = 1634\,Nm$

	Vergleichsrechnungen für das Antriebsmoment M_t				$m \cdot r_s^{\,2} \cdot \omega_N^{\,2} = \dfrac{M_R}{S \cdot x} = M_t{'}$				Abweichung von Beispielrechnungnen Kap. 5.7			
	A	**C**	**C**	**C**	**A**	**C**	**C**	**C**	**A**	**C**	**C**	**C**
[°]	**90**	**60**	**90**	**120**	**90**	**60**	**90**	**120**	**90**	**60**	**90**	**120**
[1]	2,0105	1,2574	1,3472	1,2858	3,5742	2,3710	2,3950	2,1000	1,04	1,07	1,14	1,00
[1]*	1,9395	1,2492	1,2996	1,1888	3,4479	2,3556	2,3104	1,9416	1,01	1,06	1,10	0,93
[1]**	1,9395	1,2492	1,2996	1,1888	3,4479	2,3556	2,3104	1,9416	**1,01**	**1,06**	**1,10**	**0,93**
[2]	1,7709	1,2799	1,3800	1,3226	3,1483	2,4135	2,4533	2,1600	0,92	1,09	1,17	1,03
[2]*	1,7961	1,2806	1,4051	1,4027	3,1931	2,4149	2,4980	2,2909	0,93	1,09	1,19	1,09
[2]**	1,8153	1,2844	1,4174	1,4156	3,2272	2,4221	2,5199	2,3119	0,94	1,09	1,20	1,10
[3]	1,6915	1,3180	1,5366	1,6776	3,0071	2,4853	2,7318	2,7399	0,88	1,12	1,30	1,31
[3]*	1,6709	1,3142	1,5253	1,6668	2,9704	2,4783	2,7116	2,7221	0,87	1,11	1,29	1,30
[3]**	1,6529	1,3131	1,4940	1,5627	2,9385	2,4761	2,6560	2,5522	0,86	1,11	1,26	1,22

Werte aus Kap. 5.7

	A 90	C 60	C 90	C 120
[Nm]	**2261**	**1468**	**1387**	**1383**

	A 90	**C 60**	**C 90**	**C 120**	
2359	1565	1581	1386	[1]
2276	1555	1525	1281	[1]*
2276	**1555**	**1525**	**1281**	[1]**
2078	1593	1619	1426	[2]
2107	1594	1649	1512	[2]*
2130	1599	1663	1526	[2]**
1985	1640	1803	1808	[3]
1960	1636	1790	1797	[3]*
1939	1634	1753	1684	[3]**

	A 90	C 60	C 90	C 120
$\sin(\alpha/2)$	0,7071	0,5000	0,7071	0,8660
$\cos(\alpha/2)$	0,7071	0,8660	0,7071	0,5000
x	1,3432	1,2665	1,3432	1,4623
$S \cdot x$	0,5625	0,5303	0,5625	0,6123
r_s / r_F	0,9306	0,9870	0,9306	0,8548
$\pi/(i \cdot K)$	1,2333	1,0970	1,2333	1,4621

M_L	**660**	[Nm]
μ_R	0,5	

Vergleichsrechnungen zu den Beispielrechnungen (Kap. 9.3): axial wirkende Reibung (3)

(1) $\quad M_t = \sqrt{M_{t,x}^{\,2} + M_{t,y}^{\,2}} \qquad M_t' = F_u(r_w)\cdot r_w = F_u(r_s)\cdot r_s = F_{NF}\cdot r_F = m\cdot r_s^{\,2}\cdot \omega_N^{\,2}$

(2) $\quad M_{t,x} = M_t\cdot \sin(\alpha/2) \qquad M_{t,y} = M_t\cdot \cos(\alpha/2) \qquad$ (3) $\quad M_{t,y}{}^* = M_{R,y}/\mu_R$

$M_{t,x}, M_{t,y}$: formschlüssige Komponenten des Drehmomentes $\qquad M_t'$: formschlüssiges Drehmoment

$M_{t,y}{}^*$: reibschlüssige Komponente des Drehmomentes

Modell C: $\quad$ segmentierte Kreisringscheibe $\quad M_{R,y} = \mu_R\cdot \cos\dfrac{\alpha}{2}\cdot M_t \quad \Rightarrow \quad M_t = \dfrac{M_{R,y}}{\mu_R\cdot \cos(\alpha/2)}$

(3),(2) in (1): $\quad M_t = \sqrt{M_{t,x}^{\,2} + \left(\dfrac{M_{R,y}}{\mu_R}\right)^2} = \sqrt{\sin^2\left(\dfrac{\alpha}{2}\right) + \dfrac{1}{\mu_R^{\,2}}\cdot \cos^2\left(\dfrac{\alpha}{2}\right)}\cdot m\cdot r_s^{\,2}\cdot \omega_N^{\,2} \quad \begin{cases} \text{reibschlüssiges} \\ \text{Drehmoment} \end{cases}$

Modell A: $\quad$ Kreisringscheibe $\quad M_t = \sqrt{M_{t,x}^{\,2} + M_{t,y}^{\,2}} = \sqrt{\left(\dfrac{1}{\mu_R}\right)^2 + \left(\dfrac{1}{\mu_R}\right)^2}\cdot M_t' \qquad M_L = M_t'$

Bsp.: $\quad \mu_R = 0,5 \qquad M_L = 660\,Nm$

[1]: (C) $\quad M_t = \sqrt{M_{t,x}^{\,2} + (M_{R,y}/\mu_R)^2} \qquad$ (A) $\quad M_t = \sqrt{(1/\mu_R)^2 + (1/\mu_R)^2}\cdot M_t'$

[1]*: (C) $\quad M_t = \sqrt{M_{t,x}^{\,2} + (M_{R,y}/\mu_R)^2}\cdot r_m/r_s \qquad$ (A) $\quad M_t = \sqrt{\left((1/\mu_R)^2 + (1/\mu_R)^2\right)\cdot (r_1/r_m)}\cdot M_t'$

[1]**: (C) $\quad M_t = \sqrt{M_{t,x}^{\,2} + (M_{R,y}/\mu_R)^2}\cdot r_m/r_s \qquad$ (A) $\quad M_t = \sqrt{(1/\mu_R)^2 + (1/\mu_R)^2}\cdot (r_1/r_m)\cdot M_t'$

Bsp. [1]: (C) $\alpha = 60°$: $\quad M_t = \sqrt{M_{t,x}^{\,2} + (M_{R,y}/\mu_R)^2} = \sqrt{0,5^2 + (0,866/0,5)^2}\cdot M_t' \qquad$ (C) $\quad M_R = M_L$

$M_t = \sqrt{0,25 + 3}\cdot M_t' = 1,8028/(S\cdot x)\cdot M_R = (1,8028/0,6114)\cdot 660\,Nm = 2,9482\cdot 660\,Nm = 1946\,Nm$

Bsp. [1]: (A) $\quad M_t = \sqrt{(1/\mu_R)^2 + (1/\mu_R)^2}\cdot M_t' = \sqrt{(1/0,5)^2 + (1/0,5)^2}\cdot M_t'$

$M_t = \sqrt{4+4}\cdot M_t' = 2,8284\cdot M_t' \qquad$ (A) $\quad M_t' = M_L$: $\quad M_t = 2,8284\cdot 660\,Nm = 1867\,Nm$

[2]: (C) $\quad M_t = \sqrt{M_{t,x}^{\,2} + (M_{R,y}/\mu_R)^2\cdot (r_m/r_s)^2} \qquad$ (A) $\quad M_t = \sqrt{\left((1/\mu_R)^2 + (1/\mu_R)^2\right)\cdot (r_1/r_m)^2}\cdot M_t'$

[2]*: (C) $\quad M_t = \sqrt{M_{t,x}^{\,2} + (M_{R,y}/\mu_R)^2}\cdot \dfrac{1}{\sqrt{2}}\cdot (r_m/r_s)^2 \qquad$ (A) $\quad M_t = \sqrt{\left((1/\mu_R)^2 + (1/\mu_R)^2\right)\cdot (r_1/r_m)^2/\sqrt{2}}\cdot M_t'$

[2]**: (C) $\quad M_t = \sqrt{M_{t,x}^{\,2} + (M_{R,y}/\mu_R)^2}\cdot \dfrac{1}{2}\cdot (r_m/r_s)^2 \qquad$ (A) $\quad M_t = \sqrt{\left((1/\mu_R)^2 + (1/\mu_R)^2\right)\cdot (r_1/r_m)^2/2}\cdot M_t'$

Bsp. [2]: (C) $\alpha = 60°$: $\quad M_t = \sqrt{M_{t,x}^{\,2} + (M_{R,y}/\mu_R)^2\cdot (r_m/r_s)^2} = \sqrt{0,5^2 + (0,866/0,5)^2\cdot (1/0,8429)^2}\cdot M_t'$

$M_t = \sqrt{0,25 + 3\cdot 1,4075}\cdot M_t' = 2,1148/(S\cdot x)\cdot M_R = (2,1148/0,6114)\cdot M_R = 3,4589\cdot 660\,Nm = 2283\,Nm$

Bsp. [2]: (A) $\quad M_t = \sqrt{\left((1/\mu_R)^2 + (1/\mu_R)^2\right)\cdot (r_1/r_m)^2}\cdot M_t' = \sqrt{\left((1/0,5)^2 + (1/0,5)^2\right)\cdot (1/0,8125)^2}\cdot M_t'$

$M_t = \sqrt{(4+4)\cdot 1,5148}\cdot M_t' \qquad$ (A) $\quad M_t' = M_L$: $\quad M_t = 3,4811\cdot 660\,Nm = 2298\,Nm$

Vergleichsrechnungen zu den Beispielrechnungen (Kap. 9.3): axial wirkende Reibung (4)

$$M_R = \mu_R \cdot \left(1 - y^2 - \mu_{HF}\right) \cdot x \cdot m \cdot r_s^2 \cdot \omega_N^2 \qquad S \cdot x = \mu_R \cdot \left(1 - y^2 - \mu_{HF}\right) \cdot x \quad \Rightarrow \quad m \cdot r_s^2 \cdot \omega_N^2 = M_R / S \cdot x = M_t'$$

	$M_{t,x}$	$M_{t,y}$	$\left(M_{R,y}/\mu_R\right)^2$	x	$S \cdot x$
$\alpha = 60°:$	0,5	0,866	3	1,46	1,2228
$\alpha = 90°:$	0,707	0,707	2	1,90	1,5913
$\alpha = 120°:$	0,866	0,5	1	2,92	2,4455

[3]: (C) $M_t = \sqrt{M_{t,x}^2 + \left(M_{R,y}/\mu_R\right)^2} \cdot \sqrt{r_m/r_s}$ (A) $M_t = \sqrt{\left(1/\mu_R\right)^2 + \left(1/\mu_R\right)^2} \cdot \sqrt{r_i/r_m} \cdot M_t'$

[3]*: (C) $M_t = \sqrt{M_{t,x}^2 + \left(M_{R,y}/\mu_R\right)^2} \cdot \sqrt{r_m/r_s}$ (A) $M_t = \sqrt{\left(1/\mu_R\right)^2 + \left(1/\mu_R\right)^2} \cdot \sqrt{r_i/r_m} \cdot M_t'$

[3]**: (C) $M_t = \sqrt{M_{t,x}^2 + \left(M_{R,y}/\mu_R\right)^2} \cdot \sqrt{r_s/r_m}$ (A) $M_t = \sqrt{\left(1/\mu_R\right)^2 + \left(1/\mu_R\right)^2} \cdot \sqrt{r_m/r_i} \cdot M_t'$

Bsp. [3]: (C) $\alpha = 60°:$ $M_t = \sqrt{M_{t,x}^2 + \left(M_{R,y}/\mu_R\right)^2} \cdot \sqrt{r_m/r_s} = \sqrt{0,5^2 + \left(0,866/0,5\right)^2} \cdot \sqrt{1/0,8429} \cdot M_t'$

$M_t = \sqrt{0,25 + 3 \cdot 1,0892} \cdot M_t' = 1,8755/\left(S \cdot x\right) \cdot M_R = \left(1,8755/0,6114\right) \cdot M_R = 3,0675 \cdot 660\,Nm = 2025\,Nm$

Bsp. [3]: (A) $M_t = \sqrt{\left(1/\mu_R\right)^2 + \left(1/\mu_R\right)^2} \cdot \sqrt{r_i/r_m} \cdot M_t' = \sqrt{\left(1/0,5\right)^2 + \left(1/0,5\right)^2} \cdot \sqrt{1/0,8125} \cdot M_t'$

$M_t = \sqrt{\left(4+4\right) \cdot 1,1094} \cdot M_t' = 2,9791 \cdot M_t'$ (A) $M_t' = M_L:$ $M_t = 2,9791 \cdot 660\,Nm = 1966\,Nm$

Vergleichsrechnungen für das Antriebsmoment M_t

[°]	A	C 60	C 90	C 120
[1]	2,8284	1,8028	1,5811	1,3229
[1]*	3,1379	1,9517	1,8941	1,7670
[1]**	3,4811	2,1387	2,4409	3,1384
[2]	3,4811	2,1148	2,2948	2,5255
[2]*	2,9273	1,7941	2,6644	5,2648
[2]**	2,4615	1,2686	1,8840	3,7228
[3]	2,9791	1,8755	1,7277	1,5134
[3]*	3,3139	1,9636	1,9645	2,0376
[3]**	2,6853	1,7333	1,4525	1,1829

$$m \cdot r_s^2 \cdot \omega_N^2 = \frac{M_R}{S \cdot x} = M_t'$$

[°]	A	C 60	C 90	C 120
[1]	2,8284	2,9486	1,9874	1,0818
[1]*	3,1379	3,1921	2,3807	1,4451
[1]**	3,4811	3,4980	3,0680	2,5666
[2]	3,4811	3,4589	2,8844	2,0654
[2]*	2,9273	2,9344	3,3489	4,3055
[2]**	2,4615	2,0749	2,3681	3,0445
[3]	2,9791	3,0676	2,1716	1,2376
[3]*	3,3139	3,2116	2,4692	1,6663
[3]**	2,6853	2,8350	1,8256	0,9674

Werte aus Kap. 9.3

[Nm]			
1866	1524	1867	2640

Abweichung von Beispielrechnungen Kap. 9.3

[°]	A	C 60	C 90	C 120
[1]	**1,00**	1,28	0,70	0,27
[1]*	1,11	1,38	0,84	0,36
[1]**	1,23	1,51	1,08	0,64
[2]	1,23	1,50	**1,02**	0,52
[2]*	**1,04**	1,27	1,18	**1,08**
[2]**	0,87	**0,90**	0,84	0,76
[3]	1,05	1,33	0,77	0,31
[3]*	1,17	1,39	0,87	0,42
[3]**	0,95	1,23	0,65	0,24

A	C 60	C 90	C 120	
1867	1946	1312	714	[1]
2071	2107	1571	954	[1]*
2298	2309	2025	1694	[1]**
2298	2283	**1904**	1363	[2]
1932	1937	2210	**2842**	[2]*
1625	**1369**	1563	2009	[2]**
1966	2025	1433	817	[3]
2187	2120	1630	1100	[3]*
1772	1871	1205	638	[3]**

$\sin(\alpha/2)$		0,5000	0,7071	0,8660
$\cos(\alpha/2)$		0,8660	0,7071	0,5000
x		1,4600	1,9000	2,9200
$S \cdot x$		0,6114	0,7956	1,2228
r_s/r_m		0,8429	0,6478	0,4215
$*r_m/r_i$	0,8125	0,8125	0,8125	0,8125

M_L	660	[Nm]
μ_R	0,5	

$*r_m = 0,8125 \cdot r_i$

Axial wirkende Reibungskupplung: Scheibenkupplung (1)

Annahme: $p = const.$ $\overset{(*)}{F_N = F_B}$ **Annahme**[**]: $p \neq const.$ $\overset{(*)}{F_N = F_B}$ $p \sim \dfrac{1}{r}$

$dF_N = p \cdot dA \quad dA = 2\pi r \cdot dr$ $p(r) = \dfrac{C}{r} \quad dF_N = p(r) \cdot dA \quad dA = 2\pi r \cdot dr$

$F_N = p \cdot \displaystyle\int_{r_i}^{r_a} 2\pi r \cdot dr = p \cdot \pi \cdot \left(r_a^2 - r_i^2\right)$ $F_N = \displaystyle\int_{r_i}^{r_a} \dfrac{C}{r} \cdot 2\pi r \cdot dr = 2\pi \cdot C \cdot \left(r_a - r_i\right)$

$(1):\ p = \dfrac{F_N}{\pi \cdot \left(r_a^2 - r_i^2\right)} \quad p = \dfrac{F_N}{A_{Kreisring}}$ $(1):\ C = \dfrac{F_N}{2\pi \cdot b} \quad b = r_a - r_i$

$dM_R = dF_R \cdot r \quad dF_R = \mu \cdot dF_N = \mu \cdot p \cdot dA$ $dM_R = dF_R \cdot r \quad dF_R = \mu \cdot dF_N = \mu \cdot \dfrac{C}{r} \cdot 2\pi r \cdot dr$

$dF_R = \mu \cdot p \cdot 2\pi r \cdot dr \quad dM_R = \mu \cdot p \cdot 2\pi r^2 \cdot dr$ $dF_R = \mu \cdot C \cdot 2\pi \cdot dr \quad dM_R = \mu \cdot C \cdot 2\pi r \cdot dr$

$(2):\ M_R = \mu \cdot p \cdot 2\pi \cdot \displaystyle\int_{r_i}^{r_a} r^2 \cdot dr = \mu \cdot p \cdot \dfrac{2}{3} \cdot \pi \cdot \left(r_a^3 - r_i^3\right)$ $(2):\ M_R = \mu \cdot C \cdot 2\pi \cdot \displaystyle\int_{r_i}^{r_a} r \cdot dr = \mu \cdot C \cdot \pi \cdot \left(r_a^2 - r_i^2\right)$

$(1)\,in\,(2):\ M_R = \mu \cdot F_N \cdot \dfrac{2}{3} \cdot \dfrac{\left(r_a^3 - r_i^3\right)}{\left(r_a^2 - r_i^2\right)}$ $r_a^2 - r_i^2 = \left(r_a + r_i\right) \cdot \left(r_a - r_i\right) = d_m \cdot b$

      $(1)\,in\,(2):\ M_R = \mu \cdot F_N \cdot \dfrac{d_m}{2} \quad M_R = \mu \cdot F_N \cdot r_m$

$M_{R,ges} = i \cdot M_R = i \cdot \mu \cdot F_N \cdot \dfrac{2}{3} \cdot \dfrac{\left(r_a^3 - r_i^3\right)}{\left(r_a^2 - r_i^2\right)}$ $M_{R,ges} = i \cdot M_R = i \cdot \mu \cdot F_N \cdot r_m$

$^{(*)} \uparrow\downarrow \displaystyle\sum_i F_{i,r} = -m_{red} \cdot r_m \cdot \omega_N^2 :\ -F_{N,F} = -m_{red} \cdot r_m \cdot \omega_N^2 \quad \left(F_\omega = m_{red} \cdot r_m \cdot \omega_N^2\right) \quad F_\omega - F_{N,F} = 0 \quad F_{R,F} = \mu_F \cdot F_{N,F}$

$\rightarrow \displaystyle\sum_i F_{i,x} = 0 :\ F_B - F_N - F_{R,F} = 0 \quad F_B = F_N + \mu_F \cdot m_{red} \cdot r_m \cdot \omega_N^2 \quad F_N = F_B - \mu_F \cdot m_{red} \cdot r_m \cdot \omega_N^2$

[*] Statisch sind F_N und F_B der Scheibenkupplung (für $\mu_F = 0$) gleich groß. Dynamisch ist F_B um den μ_F-Anteil der Fliehkraft größer ($\mu_F \neq 0$).
[**] Entspricht den experimentell ermittelten Abhängigkeiten des Reibradius von Druck, Temperatur, Abrieb und Reibwert (s. u.).
Für beide Annahmen liegen die rechnerischen Unterschiede von M_R für $r_i/r_a > 0{,}6$ unter 2%.

Vergleich: 1. Annahme: $p = const.$ $\land$ 2. Annahme: $p \neq const.$

$$\frac{M_R\left(p = const.\right)}{M_R\left(p \neq const.\right)} = \frac{\mu \cdot F_N \cdot \dfrac{2}{3} \cdot \dfrac{\left(r_a^3 - r_i^3\right)}{\left(r_a^2 - r_i^2\right)}}{\mu \cdot F_N \cdot \dfrac{d_m}{2}} = \frac{4}{3} \cdot \frac{\left(r_a^3 - r_i^3\right)}{\left(r_a^2 - r_i^2\right) \cdot d_m} = \frac{4}{3} \cdot \frac{r_a^3 \cdot \left(1 - \left(\dfrac{r_i}{r_a}\right)^3\right)}{\left(r_a^2 - r_i^2\right) \cdot \left(r_a + r_i\right)}$$

$$\left(r_a^2 - r_i^2\right) \cdot \left(r_a + r_i\right) = r_a^3 - r_a r_i^2 + r_a^2 r_i - r_i^3 = r_a^3 \cdot \left(1 - \left(\frac{r_i}{r_a}\right)^2 + \frac{r_i}{r_a} - \left(\frac{r_i}{r_a}\right)^3\right)$$

$$\frac{M_R\left(p = const.\right)}{M_R\left(p \neq const.\right)} = \frac{4}{3} \cdot \frac{1 - \left(r_i/r_a\right)^3}{1 + r_i/r_a - \left(r_i/r_a\right)^2 - \left(r_i/r_a\right)^3}$$

Druck, Temperatur, Abrieb und mittlerer Reibwert an der Bremsscheibe*:

1.) Druck: $p \sim \dfrac{1}{r}$ $p_a < p_i$ 2.) Temperatur: $T \sim \dfrac{1}{r}$ $T_a < T_i$

3.) Abrieb: $\Delta Z \sim \dfrac{1}{r}$ $\Delta Z_a < \Delta Z_i$ 4.) Reibwert: $\mu_m \sim \dfrac{1}{r}$ $\mu_{m,a} < \mu_{m,i}$

*Vgl. Breuer (2004), S. 318 - 323

Axial wirkende Reibungskupplung: Scheibenkupplung (2)

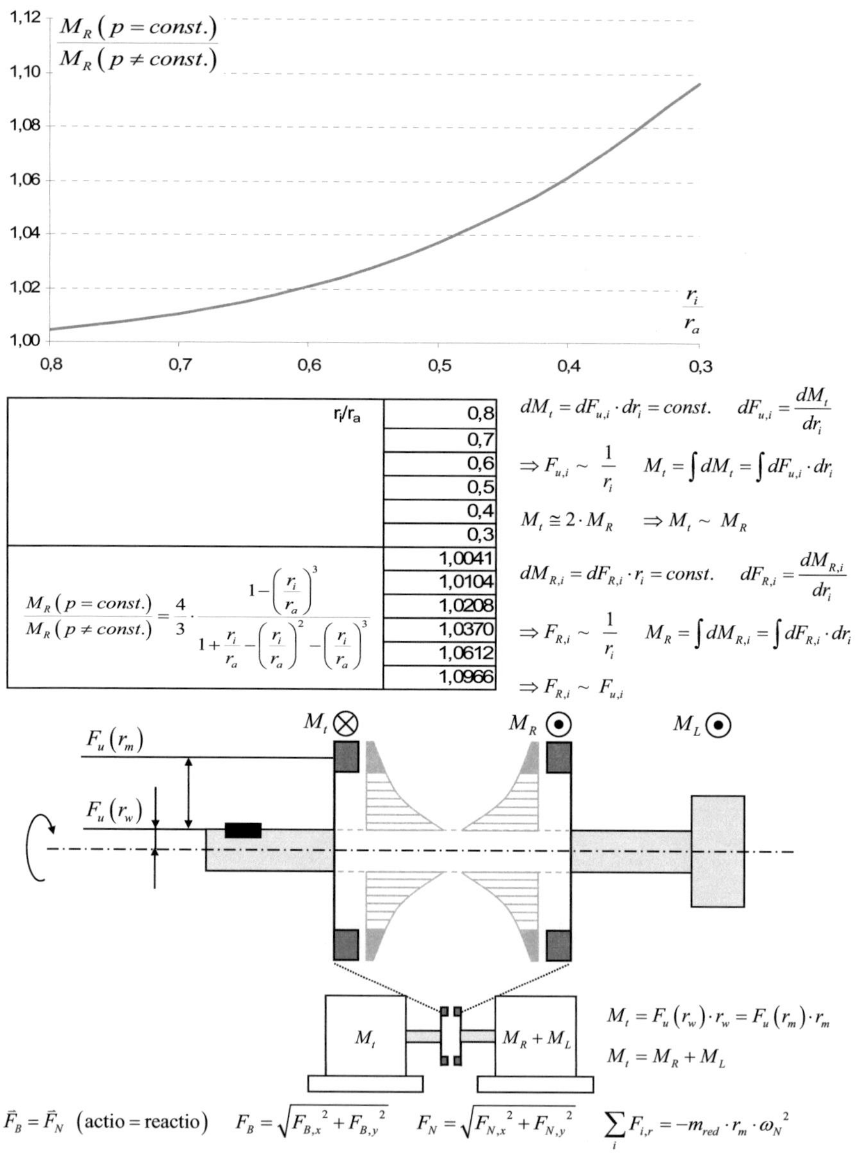

$$\frac{M_R\left(p=const.\right)}{M_R\left(p\neq const.\right)}$$

$$\frac{r_i}{r_a}$$

r_i/r_a	
0,8	
0,7	
0,6	
0,5	
0,4	
0,3	
	1,0041
	1,0104
	1,0208
	1,0370
	1,0612
	1,0966

$$\frac{M_R\left(p=const.\right)}{M_R\left(p\neq const.\right)}=\frac{4}{3}\cdot\frac{1-\left(\dfrac{r_i}{r_a}\right)^3}{1+\dfrac{r_i}{r_a}-\left(\dfrac{r_i}{r_a}\right)^2-\left(\dfrac{r_i}{r_a}\right)^3}$$

$$dM_t = dF_{u,i}\cdot dr_i = const. \qquad dF_{u,i}=\frac{dM_t}{dr_i}$$

$$\Rightarrow F_{u,i}\sim\frac{1}{r_i} \qquad M_t=\int dM_t=\int dF_{u,i}\cdot dr_i$$

$$M_t\cong 2\cdot M_R \qquad \Rightarrow M_t\sim M_R$$

$$dM_{R,i}=dF_{R,i}\cdot r_i=const. \qquad dF_{R,i}=\frac{dM_{R,i}}{dr_i}$$

$$\Rightarrow F_{R,i}\sim\frac{1}{r_i} \qquad M_R=\int dM_{R,i}=\int dF_{R,i}\cdot dr_i$$

$$\Rightarrow F_{R,i}\sim F_{u,i}$$

$$M_t = F_u\left(r_w\right)\cdot r_w = F_u\left(r_m\right)\cdot r_m$$

$$M_t = M_R + M_L$$

$$\vec{F}_B=\vec{F}_N \ \ (\text{actio}=\text{reactio}) \qquad F_B=\sqrt{F_{B,x}{}^2+F_{B,y}{}^2} \qquad F_N=\sqrt{F_{N,x}{}^2+F_{N,y}{}^2} \qquad \sum_i F_{i,r}=-m_{red}\cdot r_m\cdot\omega_N{}^2$$

a) Scheibenkupplung: $\quad F_B=F_{B,x} \quad F_{B,y}=0 \quad F_N=F_{N,x} \quad F_{N,y}=0 \quad$ (reibungsfreie Führung)

b) Kegelkupplung: $\quad F_B=F_{B,x} \quad F_{B,y}=0 \quad F_{N,x}=F_N\cdot\cos\beta=F_N\cdot\sin\alpha \quad F_{N,y}=F_N\cdot\cos\alpha$

Axial wirkende Reibungskupplung: Kegelkupplung

Annahme: $p = const.$ $F_N \neq F_B$ $dF_N = p \cdot dA$

$dF_N = \sin\alpha \cdot dF_B$ $dA = 2\pi r \cdot dr$

$$F_N = p \cdot \int_{r_i}^{r_a} 2\pi r \cdot dr = p \cdot \pi \cdot \left(r_a^2 - r_i^2\right)$$

$(1):$ $p = \dfrac{F_N}{\pi \cdot \left(r_a^2 - r_i^2\right)}$ $p = \dfrac{F_N}{A_{Kreisring}}$

$dM_R = dF_R \cdot r$ $dF_R = \mu \cdot dF_N$

$dF_R = \mu \cdot p \cdot dA$ $dM_R = \mu \cdot p \cdot 2\pi r^2 \cdot dr$

$(2):$ $M_R = \mu \cdot p \cdot 2\pi \cdot \int_{r_i}^{r_a} r^2 \cdot dr$

$$M_R = \mu \cdot p \cdot \frac{2}{3} \cdot \pi \cdot \left(r_a^3 - r_i^3\right)$$

$(1) in (2):$ $M_R = \mu \cdot F_N \cdot \dfrac{2}{3} \cdot \dfrac{\left(r_a^3 - r_i^3\right)}{\left(r_a^2 - r_i^2\right)}$

$F_N = \sin\alpha \cdot F_B:$ $M_R = \mu \cdot F_B \cdot \dfrac{2}{3} \cdot \dfrac{\left(r_a^3 - r_i^3\right)}{\left(r_a^2 - r_i^2\right)} \cdot \sin\alpha$

$$M_{R,ges} = i \cdot M_R = i \cdot \mu \cdot F_B \cdot \frac{2}{3} \cdot \frac{\left(r_a^3 - r_i^3\right)}{\left(r_a^2 - r_i^2\right)} \cdot \sin\alpha$$

Annahme*: $p \neq const.$ $F_N \neq F_B$ $p \sim \dfrac{1}{r}$ $p(r) = \dfrac{C}{r}$

$dF_N = \sin\alpha \cdot dF_B$ $dF_N = p(r) \cdot dA$ $dA = 2\pi r \cdot dr$

$$F_N = \int_{r_i}^{r_a} \frac{C}{r} \cdot 2\pi r \cdot dr = 2\pi \cdot C \cdot \left(r_a - r_i\right)$$

$(1):$ $C = \dfrac{F_N}{2\pi \cdot b}$ $b = r_a - r_i$

$dM_R = dF_R \cdot r$ $dF_R = \mu \cdot dF_N$

$dF_R = \mu \cdot \dfrac{C}{r} \cdot 2\pi r \cdot dr$ $dM_R = \mu \cdot C \cdot 2\pi r \cdot dr$

$(2):$ $M_R = \mu \cdot C \cdot 2\pi \cdot \int_{r_i}^{r_a} r \cdot dr$

$$M_R = \mu \cdot C \cdot \pi \cdot \left(r_a^2 - r_i^2\right)$$

$r_a^2 - r_i^2 = \left(r_a + r_i\right) \cdot \left(r_a - r_i\right) = d_m \cdot b$

$(1) in (2):$ $M_R = \mu \cdot F_N \cdot \dfrac{d_m}{2} = \mu \cdot F_N \cdot r_m$

$F_N = \sin\alpha \cdot F_B:$ $M_R = \mu \cdot F_B \cdot r_m \cdot \sin\alpha$

$$M_{R,ges} = i \cdot M_R = i \cdot \mu \cdot F_B \cdot r_m \cdot \sin\alpha$$

* Entspricht den experimentell ermittelten Abhängigkeiten des Reibradius von Druck, Temperatur, Abrieb und Reibwert. Für beide Annahmen liegen die Unterschiede von M_R für $r_i/r_a > 0{,}6$ unter 2%.

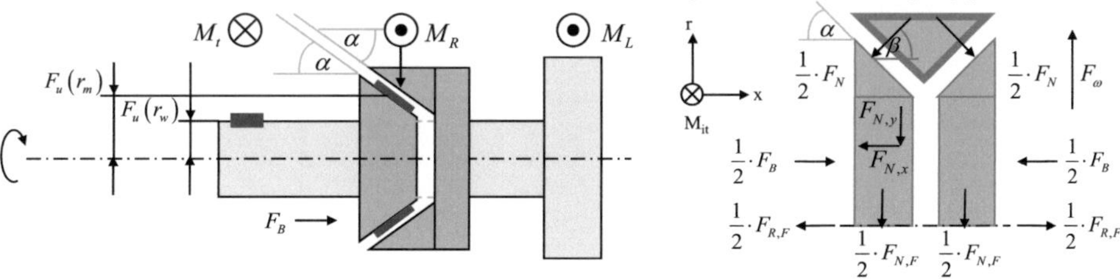

Axial wirkende Reibungskupplung: Kegel- und Doppelkegelkupplung (Reibringkupplung)

$F_B = F_{B,x}$ $F_{N,x} = F_N \cdot \sin\alpha$ $F_{N,y} = F_N \cdot \cos\alpha$ $F_{R,F} = \mu_F \cdot F_{N,F}$

$\rightarrow \sum_i F_{i,x} = 0:$ $F_B - F_{N,x} - F_{R,F} = 0$ $F_B = F_N \cdot \left(\sin\alpha - \mu_F \cdot \cos\alpha\right) + \mu_F \cdot m_{red} \cdot r_m \cdot \omega_N^2$

$\updownarrow \sum_i F_{i,r} = -m_{red} \cdot r_m \cdot \omega_N^2:$ $-F_{N,F} - F_{N,y} = -m_{red} \cdot r_m \cdot \omega_N^2$ $F_{N,F} = m_{red} \cdot r_m \cdot \omega_N^2 - F_{N,y}$

$F_{N,y} = m_{red} \cdot r_m \cdot \omega_N^2 - F_{N,F}$ $F_N = \dfrac{m_{red} \cdot r_m \cdot \omega_N^2 - F_{N,F}}{\cos\alpha}$ $M_R = \mu_R \cdot F_N \cdot r_m$

$\otimes \sum_i M_{it} = 0:$ $M_t^* - M_R - M_L = 0$ $M_t^* = (\sqrt{2}/\mu_R) \cdot M_t'$ $M_L = M_t'$ $\Rightarrow F_N = \dfrac{(\sqrt{2}/\mu_R) - 1}{\mu_R \cdot r_m} \cdot M_t'$

F_B : Betätigungskraft
μ_F : Reibkoeffizient der Führung
$F_{R,F}$: Reibkraft der Führung
m_{red}: reduzierte Masse des geschalteten Antriebes
M_t^*: Antriebsmoment für nicht segmentierten Reibbelag
M_t': formschlüssiges Moment

Vergleich von axialer und radialer Reibung (1)

1a) Reibfläche Kreisring-Segment: $\quad A_{KR} = \pi \cdot \left(r_a^2 - r_i^2\right) \cdot \dfrac{\alpha}{2\pi} = \dfrac{\alpha}{2} \cdot \left(r_a^2 - r_i^2\right)$

1b) Reibfläche Zylinderstirnflächen-Segment: $\quad A_{ZS} = r \cdot \alpha \cdot B \qquad B$: axiale Breite

2) Normalkräfte: a) axial: $F_N = F_y \qquad$ b) radial: $F_y = \dfrac{1-\cos\alpha}{\alpha} \cdot F_N \quad \Rightarrow F_N = \dfrac{\alpha}{1-\cos\alpha} \cdot F_y$

3) Gleichheit der Drücke $p_{axial} = p_{radial}$: $\quad p = \dfrac{F_N}{A} \qquad \dfrac{F_y}{\dfrac{\alpha}{2} \cdot \left(r_a^2 - r_i^2\right)} = \dfrac{\dfrac{\alpha}{1-\cos\alpha} \cdot F_y}{r \cdot \alpha \cdot B}$

$\Rightarrow \dfrac{2}{\left(r_a^2 - r_i^2\right)} = \dfrac{\alpha}{\left(1-\cos\alpha\right) \cdot r \cdot B} \qquad \left(r_a^2 - r_i^2\right) = \left(r_a + r_i\right)\left(r_a - r_i\right) = d_m \cdot b$

d_m : mittlerer Durchmesser $\quad b$: radiale Breite $\quad \boxed{\Rightarrow \dfrac{2}{d_m \cdot b} = \dfrac{\alpha}{\left(1-\cos\alpha\right) \cdot r \cdot B}}$

$\underbrace{\qquad}_{\text{axial}} \quad \underbrace{\qquad}_{\text{radial}}$

3.1) $\quad b = B \quad \wedge \quad \dfrac{d_m}{2} = r_m = r : \quad \boxed{1 = \dfrac{\alpha}{\left(1-\cos\alpha\right)}}$

3.2) $\quad b = B \quad \wedge \quad d_m = r : \quad \boxed{2 = \dfrac{\alpha}{\left(1-\cos\alpha\right)}}$

3.3) $\quad b = B \quad \wedge \quad r_{a,(axial)} = r_{(radial)} \quad \wedge \quad b = \left(r_a - r_i\right) = 0{,}375 \cdot r_a : \quad \boxed{1{,}23 = \dfrac{\alpha}{\left(1-\cos\alpha\right)}}$

$b = r_a \cdot \left(1 - r_i / r_a\right) = r_a \cdot \left(1 - 0{,}625\right) = 0{,}375 \cdot r_a \quad \Rightarrow r_m = r_a \cdot \left(1 - 0{,}375 / 2\right) = r_a \cdot 0{,}8125$

$\Rightarrow \dfrac{1}{r_m} = \dfrac{\alpha}{\left(1-\cos\alpha\right) \cdot r} \quad \Rightarrow \quad \dfrac{1}{r_a \cdot 0{,}8125} = \dfrac{\alpha}{\left(1-\cos\alpha\right) \cdot r_a} : \quad 1{,}23 = \dfrac{\alpha}{\left(1-\cos\alpha\right)}$

$\alpha\,[°]$	$\alpha\,[rad]$	$\cos\alpha$	$K = \dfrac{1-\cos\alpha}{\alpha}$	$\dfrac{1}{K} = \dfrac{\alpha}{1-\cos\alpha}$
40	0,6981	0,7660	0,3351	2,9840
50	0,8727	0,6428	0,4093	2,4430
60	1,0472	0,5000	0,4775	2,0944
63	1,0996	0,4540	0,4966	2,0138
70	1,2217	0,3420	0,5386	1,8568
80	1,3963	0,1736	0,5918	1,6897
90	1,5708	0,0000	0,6366	1,5708
100	1,7453	-0,1736	0,6725	1,4871
110	1,9199	-0,3420	0,6990	1,4306
120	2,0944	-0,5000	0,7162	1,3963
130	2,2689	-0,6428	0,7240	1,3811
140	2,4435	-0,7660	0,7228	1,3836
150	2,6180	-0,8660	0,7128	1,4030
160	2,7925	-0,9397	0,6946	1,4397
170	2,9671	-0,9848	0,6689	1,4949
180	3,1416	-1,0000	0,6366	1,5708

3.2)   3.1) $\wedge$ 3.3)

$p_{axial} < p_{radial}$

$p_{axial} > p_{radial}$

$p_{axial} < p_{radial}$

Unter der Voraussetzung der Gleichheit von radialer und axialer Breite (b=B) und der Gleichheit von mittlerem Radius r_m bei axialer Reibung und dem Zylinderradius r bei radialer Reibung (r_m=r) besteht Volumengleichheit und der radiale Druck ist stets größer als der axiale.

Vergleich von axialer und radialer Reibung (2)

4.) Volumen-Vergleich von Hohlzylindern mit den geometrischen Größen b, B, r:

$$V = \frac{\alpha}{2} \cdot \left(r_a^2 - r_i^2 \right) \cdot B = \frac{\alpha}{2} \cdot d_m \cdot b \cdot B = \alpha \cdot r_m \cdot b \cdot B \quad b = \left(r_a - r_i \right): \text{radiale Breite} \quad B : \text{axiale Breite}$$

4.1) $b = B \quad \wedge \quad r_{m(axial)} = r_{(radial)}:\quad V_{axial} = \alpha \cdot r_m \cdot b \cdot B = \alpha \cdot r_m \cdot b^2 \quad V_{radial} = \alpha \cdot r \cdot b^2 \quad \Rightarrow V_{axial} = V_{radial}$

4.2) $b = B \quad \wedge \quad d_{m(axial)} = r_{(radial)}:\quad V_{axial} = \alpha \cdot r_m \cdot b \cdot B = \alpha \cdot \frac{d_m}{2} \cdot b^2 \quad V_{radial} = \alpha \cdot r \cdot b^2 \quad \Rightarrow V_{axial} = \frac{1}{2} \cdot V_{radial}$

4.3) $b = B \quad \wedge \quad r_{a(axial)} = r_{(radial)}:\quad V_{axial} = \alpha \cdot r_m \cdot b \cdot B = \alpha \cdot \frac{r_a + r_i}{2} \cdot b^2 \quad r_m = \frac{r_a + r_i}{2} \quad V_{radial} = \alpha \cdot r \cdot b^2$

Fall: $r_i = 0{,}625 \cdot r_a \quad r_m = \frac{1{,}625 \cdot r_a}{2} = 0{,}8125 \cdot r_a \quad \Rightarrow V = 0{,}8125 \cdot \alpha \cdot r_a \cdot b^2 \quad \Rightarrow V_{axial} = 0{,}8 \cdot V_{radial}$

$\Rightarrow$ Volumengleichheit, wenn: $\quad b = B \quad \wedge \quad r_{m,(axial)} = r_{(radial)}$

Vergleich von translatorischer und rotatorischer Federschaltung

Translation

a) Parallelschaltung

Federkräfte: $\quad F_1 = c_1 \cdot s_1 \quad F_2 = c_2 \cdot s_2$

Federweg: $\quad s = s_1 = s_2$

Gesamtfederkraft: $\quad F = F_1 + F_2 \quad \Rightarrow F = s \cdot \left(c_1 + c_2 \right)$

Gesamtfederkonstante: $\quad c = c_1 + c_2$

b) Reihenschaltung

Federkräfte: $\quad F_1 = c_1 \cdot s_1 \quad F_2 = c_2 \cdot s_2$

Federweg: $\quad s = s_1 + s_2$

Gesamtfederkraft: $\quad F_1 = F_2 = F \quad F = c \cdot s$

$$s = s_1 + s_2 = \frac{F}{c_1} + \frac{F}{c_2} = F \cdot \left(\frac{1}{c_1} + \frac{1}{c_2} \right)$$

$$\Rightarrow \frac{1}{c} = \frac{1}{c_1} + \frac{1}{c_2} \quad c = \frac{c_1 \cdot c_2}{c_1 + c_2} \quad \text{allg.:} \quad \frac{1}{c} = \sum_{i=1}^{n} \frac{1}{c_i}$$

Gesamtfederkonstante: $\quad c = \dfrac{1}{\displaystyle\sum_{i=1}^{n} \dfrac{1}{c_i}}$

Rotation

a) Parallelschaltung (Anwendung: Kupplung)

Federmomente: $\quad M_{\varphi 1} = c_1 \cdot \varphi_{t1} \quad M_{\varphi 2} = c_2 \cdot \varphi_{t2}$

Gesamtverdrehung: $\quad \varphi_t = \varphi_{t1} + \varphi_{t2}$

Drallsatz (Momentengleichgewicht): $\quad M_B = -\left(M_{\varphi 1} + M_{\varphi 2} \right)$

Gesamtfederkonstante: $\quad c_{\varphi t} = c_{\varphi 1} + c_{\varphi 2}$

b) Reihenschaltung (Anwendung: Getriebestufe)

Federmomente: $\quad M_{\varphi 1} = c_1 \cdot \varphi_{t1} \quad M_{\varphi 2} = c_2 \cdot \varphi_{t2}$

Gesamtverdrehung: $\quad \varphi_t = \varphi_{t1} + \left| \varphi_{t2} \right|$

Energieerhaltungssatz: $\quad W_{kin,1} = W_{kin,2}$

$$\frac{1}{2} \cdot J_1 \cdot \omega_1^2 = \frac{1}{2} \cdot J_2 \cdot \omega_2^2 \quad i = \frac{n_1}{n_2} = \sqrt{\frac{J_2}{J_1}}$$

Drallsatz (Momentengleichgewicht):

a) übersetzende Getriebestufe: $\quad i = \dfrac{\omega_1}{\omega_2} = \dfrac{M_{\varphi 2}}{M_{\varphi 1}}$

$$\left| M_{\varphi 1} \right| = \frac{1}{i} \cdot M_{\varphi 2} \quad M_B = -M_{\varphi 1} = +\frac{1}{i} \cdot M_{\varphi 2}$$

b) nicht übersetzende Getriebestufe:

$$\left| M_{\varphi 1} \right| = M_{\varphi 2}{}' - M_{\varphi 2} + m_2 \cdot d^2 \quad M_B = -M_{\varphi 1} = +M_{\varphi 2}{}'$$

Gesamtfederkonstante: $\quad \dfrac{1}{c_{\varphi t}} = \displaystyle\sum_{i=1}^{n} \frac{1}{c_{\varphi i}} \quad \text{n = 2:} \quad c_{\varphi t} = \dfrac{c_{\varphi 1} \cdot c_{\varphi 2}}{c_{\varphi 1} + c_{\varphi 2}}$

Granulat-Anlaufkupplung (Rigamat) – Relation von Radial- zu Umfangsdruck (1)

$$\frac{p_r}{p_u} = \frac{1}{2} \cdot \frac{r_a}{B} \cdot \left(1 - \left(\frac{r_i}{r_a}\right)^2\right) \cdot \tan\gamma$$

$\tan\gamma$ = 10 [°]

$\frac{r_a}{B}$ \ $\frac{r_i}{r_a}$	0,80	0,75	0,67	0,63	0,50
10	0,3174	0,3857	0,4898	0,5372	0,6612
9	0,2856	0,3471	0,4408	0,4835	0,5951
8	0,2539	0,3086	0,3918	0,4298	0,5290
7	0,2222	0,2700	0,3429	0,3761	0,4629
6	0,1904	0,2314	0,2939	0,3223	0,3967
5	0,1587	0,1929	0,2449	0,2686	0,3306
4	0,1270	0,1543	0,1959	0,2149	0,2645

$\tan\gamma$ = 15 [°]

$\frac{r_a}{B}$ \ $\frac{r_i}{r_a}$	0,80	0,75	0,67	0,63	0,50
10	0,4823	0,5861	0,7443	0,8164	1,0048
9	0,4341	0,5275	0,6699	0,7348	0,9043
8	0,3858	0,4689	0,5954	0,6531	0,8038
7	0,3376	0,4103	0,5210	0,5715	0,7034
6	0,2894	0,3517	0,4466	0,4898	0,6029
5	0,2412	0,2931	0,3722	0,4082	0,5024
4	0,1929	0,2345	0,2977	0,3266	0,4019

$\tan\gamma$ = 20 [°]

$\frac{r_a}{B}$ \ $\frac{r_i}{r_a}$	0,80	0,75	0,67	0,63	0,50
10	0,6551	0,7962	1,0110	1,1090	1,3649
9	0,5896	0,7166	0,9099	0,9981	1,2284
8	0,5241	0,6369	0,8088	0,8872	1,0919
7	0,4586	0,5573	0,7077	0,7763	0,9554
6	0,3931	0,4777	0,6066	0,6654	0,8189
5	0,3276	0,3981	0,5055	0,5545	0,6824
4	0,2621	0,3185	0,4044	0,4436	0,5460

$\tan\gamma$ = 25 [°]

$\frac{r_a}{B}$ \ $\frac{r_i}{r_a}$	0,80	0,75	0,67	0,63	0,50
10	0,8394	1,0200	1,2953	1,4208	1,7487
9	0,7554	0,9180	1,1658	1,2787	1,5738
8	0,6715	0,8160	1,0362	1,1366	1,3989
7	0,5875	0,7140	0,9067	0,9945	1,2241
6	0,5036	0,6120	0,7772	0,8525	1,0492
5	0,4197	0,5100	0,6476	0,7104	0,8743
4	0,3357	0,4080	0,5181	0,5683	0,6995

$\tan\gamma$ = 30 [°]

$\frac{r_a}{B}$ \ $\frac{r_i}{r_a}$	0,80	0,75	0,67	0,63	0,50
10	1,0392	1,2630	1,6037	1,7591	2,1651
9	0,9353	1,1367	1,4434	1,5832	1,9486
8	0,8314	1,0104	1,2830	1,4073	1,7320
7	0,7275	0,8841	1,1226	1,2314	1,5155
6	0,6235	0,7578	0,9622	1,0555	1,2990
5	0,5196	0,6315	0,8019	0,8796	1,0825
4	0,4157	0,5052	0,6415	0,7036	0,8660

$\tan\gamma$ = 35 [°]

$\frac{r_a}{B}$ \ $\frac{r_i}{r_a}$	0,80	0,75	0,70	0,65	0,50
10	1,2604	1,5317	1,7855	2,0218	2,6258
9	1,1343	1,3785	1,6070	1,8197	2,3632
8	1,0083	1,2254	1,4284	1,6175	2,1006
7	0,8823	1,0722	1,2499	1,4153	1,8380
6	0,7562	0,9190	1,0713	1,2131	1,5755
5	0,6302	0,7659	0,8928	1,0109	1,3129
4	0,5041	0,6127	0,7142	0,8087	1,0503

$\tan\gamma$ = 40 [°]

$\frac{r_a}{B}$ \ $\frac{r_i}{r_a}$	0,80	0,75	0,67	0,63	0,50
10	1,5104	1,8355	2,3308	2,5566	3,1466
9	1,3593	1,6520	2,0977	2,3010	2,8320
8	1,2083	1,4684	1,8647	2,0453	2,5173
7	1,0573	1,2849	1,6316	1,7896	2,2026
6	0,9062	1,1013	1,3985	1,5340	1,8880
5	0,7552	0,9178	1,1654	1,2783	1,5733
4	0,6042	0,7342	0,9323	1,0227	1,2586

$\tan\gamma$ = 45 [°]

$\frac{r_a}{B}$ \ $\frac{r_i}{r_a}$	0,80	0,75	0,67	0,63	0,50
10	1,8000	2,1875	2,7778	3,0469	3,7500
9	1,6200	1,9687	2,5000	2,7422	3,3750
8	1,4400	1,7500	2,2222	2,4375	3,0000
7	1,2600	1,5312	1,9444	2,1328	2,6250
6	1,0800	1,3125	1,6667	1,8281	2,2500
5	0,9000	1,0937	1,3889	1,5234	1,8750
4	0,7200	0,8750	1,1111	1,2187	1,5000

$\tan\gamma$ = 50 [°]

$\frac{r_a}{B}$ \ $\frac{r_i}{r_a}$	0,80	0,75	0,67	0,63	0,50
10	2,1452	2,6070	3,3104	3,6311	4,4691
9	1,9306	2,3463	2,9794	3,2680	4,0222
8	1,7161	2,0856	2,6483	2,9049	3,5753
7	1,5016	1,8249	2,3173	2,5418	3,1283
6	1,2871	1,5642	1,9863	2,1787	2,6814
5	1,0726	1,3035	1,6552	1,8156	2,2345
4	0,8581	1,0428	1,3242	1,4524	1,7876

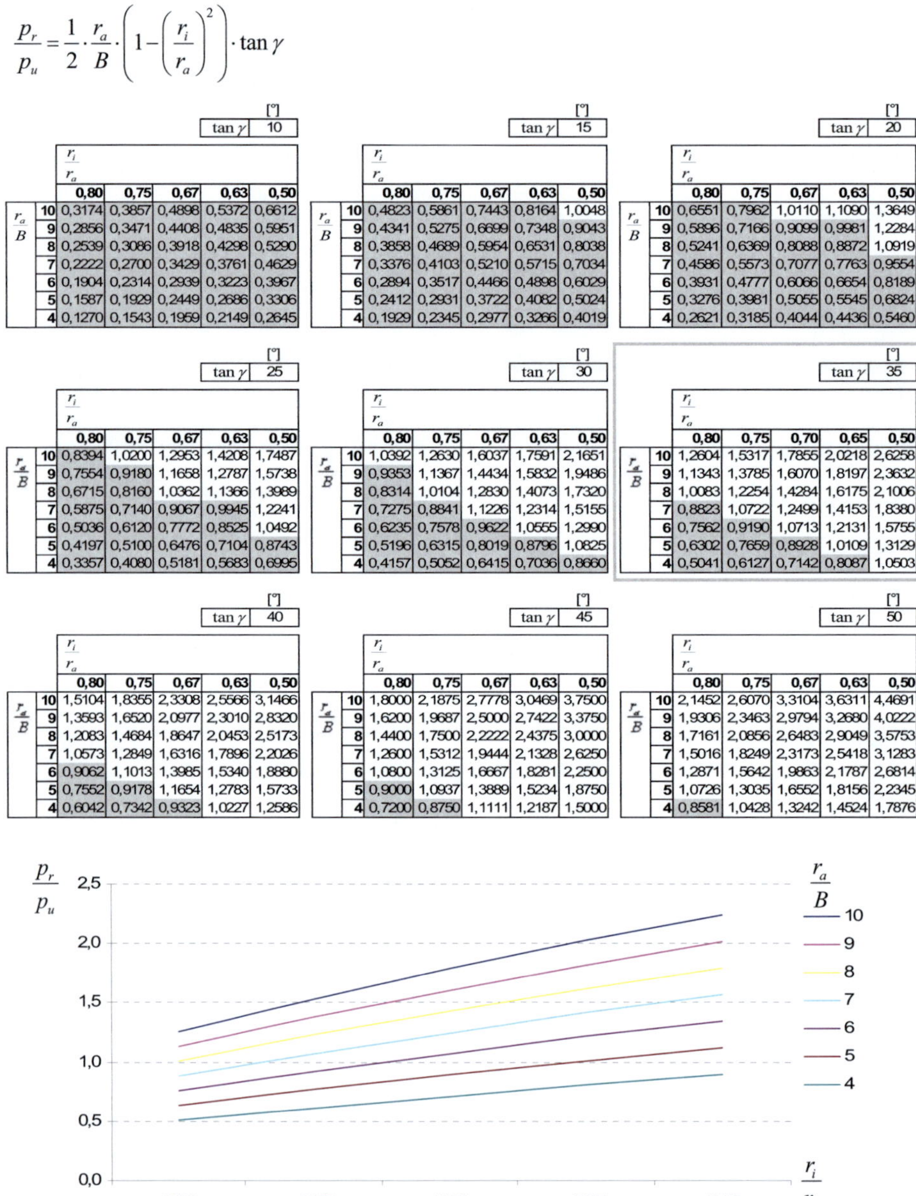

Granulat-Anlaufkupplung (Rigamat) – Relation von Radial- zu Umfangsdruck (2)

$$\frac{p_r}{p_u} = \frac{1}{2} \cdot \frac{r_a}{B} \cdot \left(1 - \left(\frac{r_{i,E} \cdot \cos\gamma}{r_a}\right)^2\right) \cdot \tan\gamma$$

$\tan\gamma$ = 10 [°]

r_a/B \ r_i/r_a	0,80	0,75	0,67	0,63	0,50
10	0,4844	0,5325	0,6058	0,6392	0,7265
9	0,4359	0,4792	0,5452	0,5753	0,6538
8	0,3875	0,4260	0,4846	0,5113	0,5812
7	0,3391	0,3727	0,4240	0,4474	0,5085
6	0,2906	0,3195	0,3635	0,3835	0,4359
5	0,2422	0,2662	0,3029	0,3196	0,3632
4	0,1938	0,2130	0,2423	0,2557	0,2906

$\tan\gamma$ = 15 [°]

r_a/B \ r_i/r_a	0,80	0,75	0,67	0,63	0,50
10	0,8449	0,9048	0,9961	1,0377	1,1464
9	0,7604	0,8143	0,8965	0,9339	1,0318
8	0,6759	0,7239	0,7969	0,8302	0,9172
7	0,5914	0,6334	0,6973	0,7264	0,8025
6	0,5069	0,5429	0,5977	0,6226	0,6879
5	0,4224	0,4524	0,4980	0,5189	0,5732
4	0,3380	0,3619	0,3984	0,4151	0,4586

$\tan\gamma$ = 20 [°]

r_a/B \ r_i/r_a	0,80	0,75	0,67	0,63	0,50
10	1,6259	1,6494	1,6852	1,7015	1,7441
9	1,4633	1,4844	1,5166	1,5313	1,5697
8	1,3007	1,3195	1,3481	1,3612	1,3953
7	1,1381	1,1546	1,1796	1,1910	1,2209
6	0,9755	0,9896	1,0111	1,0209	1,0465
5	0,8129	0,8247	0,8426	0,8507	0,8720
4	0,6504	0,6598	0,6741	0,6806	0,6976

$\tan\gamma$ = 25 [°]

r_a/B \ r_i/r_a	0,80	0,75	0,67	0,63	0,50
10	0,8655	1,0430	1,3134	1,4367	1,7589
9	0,7789	0,9387	1,1821	1,2931	1,5830
8	0,6924	0,8344	1,0508	1,1494	1,4071
7	0,6058	0,7301	0,9194	1,0057	1,2312
6	0,5193	0,6258	0,7881	0,8620	1,0553
5	0,4327	0,5215	0,6567	0,7184	0,8794
4	0,3462	0,4172	0,5254	0,5747	0,7035

$\tan\gamma$ = 30 [°]

r_a/B \ r_i/r_a	0,80	0,75	0,67	0,63	0,50
10	2,8428	2,8481	2,8562	2,8599	2,8696
9	2,5585	2,5633	2,5706	2,5739	2,5826
8	2,2742	2,2785	2,2850	2,2879	2,2957
7	1,9900	1,9937	1,9994	2,0019	2,0087
6	1,7057	1,7089	1,7137	1,7160	1,7217
5	1,4214	1,4241	1,4281	1,4300	1,4348
4	1,1371	1,1392	1,1425	1,1440	1,1478

$\tan\gamma$ = 35 [°]

r_a/B \ r_i/r_a	0,80	0,75	0,70	0,65	0,50
10	1,6712	1,8928	2,1000	2,2930	2,7862
9	1,5041	1,7035	1,8900	2,0637	2,5076
8	1,3369	1,5142	1,6800	1,8344	2,2290
7	1,1698	1,3249	1,4700	1,6051	1,9504
6	1,0027	1,1357	1,2600	1,3758	1,6717
5	0,8356	0,9464	1,0500	1,1465	1,3931
4	0,6685	0,7571	0,8400	0,9172	1,1145

$\tan\gamma$ = 40 [°]

r_a/B \ r_i/r_a	0,80	0,75	0,67	0,63	0,50
10	3,0011	3,1458	3,3661	3,4665	3,7289
9	2,7010	2,8312	3,0295	3,1199	3,3561
8	2,4009	2,5166	2,6929	2,7732	2,9832
7	2,1008	2,2020	2,3563	2,4266	2,6103
6	1,8007	1,8875	2,0196	2,0799	2,2374
5	1,5006	1,5729	1,6830	1,7333	1,8645
4	1,2005	1,2583	1,3464	1,3866	1,4916

$\tan\gamma$ = 45 [°]

r_a/B \ r_i/r_a	0,80	0,75	0,67	0,63	0,50
10	4,1169	4,2238	4,3867	4,4610	4,6550
9	3,7052	3,8015	3,9481	4,0149	4,1895
8	3,2935	3,3791	3,5094	3,5688	3,7240
7	2,8818	2,9567	3,0707	3,1227	3,2585
6	2,4701	2,5343	2,6320	2,6766	2,7930
5	2,0585	2,1119	2,1934	2,2305	2,3275
4	1,6468	1,6895	1,7547	1,7844	1,8620

$\tan\gamma$ = 50 [°]

r_a/B \ r_i/r_a	0,80	0,75	0,67	0,63	0,50
10	2,4077	2,8377	3,4927	3,7914	4,5716
9	2,1669	2,5539	3,1435	3,4122	4,1145
8	1,9261	2,2702	2,7942	3,0331	3,6573
7	1,6854	1,9864	2,4449	2,6539	3,2001
6	1,4446	1,7026	2,0956	2,2748	2,7430
5	1,2038	1,4188	1,7464	1,8957	2,2858
4	0,9631	1,1351	1,3971	1,5165	1,8286

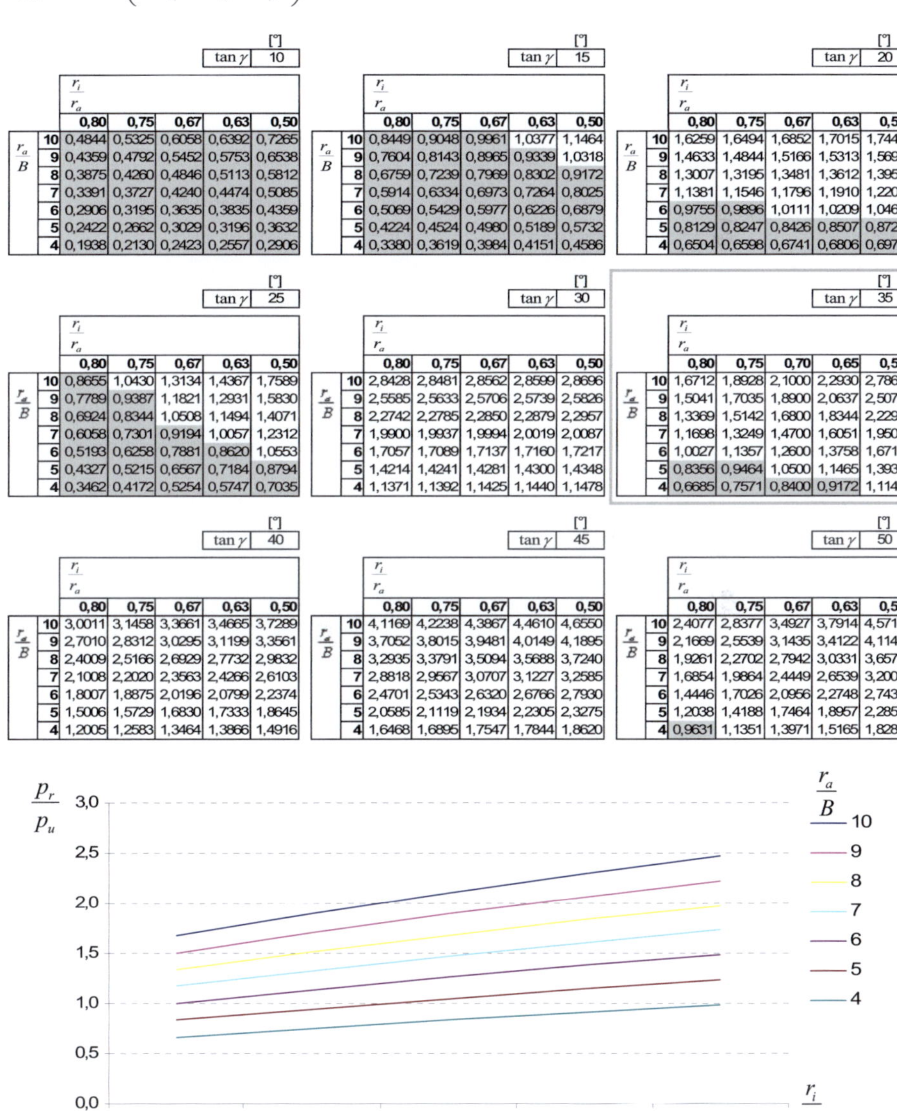

Lage der Eigenkreisfrequenz der Fliehkörper (1)

α [°]	α [rad]	$r_s = \dfrac{4}{3}\cdot\dfrac{\left(1-\left(\frac{5}{8}\right)^3\right)}{\left(1-\left(\frac{5}{8}\right)^2\right)}\cdot\dfrac{\cos\varphi_u}{\alpha}\cdot r_1$
30	0,5236	0,8175
45	0,7854	0,8058
60	1,0472	0,7897
75	1,3090	0,7691
90	1,5708	0,7445
105	1,8326	0,7160
120	2,0944	0,6839
135	2,3562	0,6485
150	2,6180	0,6102
165	2,8798	0,5694

Annahme: $r_N = 5/8 \cdot r_1$

$\omega_e < \omega_N$

$\Delta x = 0,05 \times r_1$
$\alpha = 120°$

Δx	x_v	$\Delta x + x_v$	$y = \omega_2/\omega_N$ 1/2	1/3	1/4
1	0,33	1,33	0,36	0,82	1,45
1	0,50	1,50	0,41	0,92	1,64
1	1,00	2,00	0,55	1,23	2,18
1	2,00	3,00	0,82	1,84	3,27
1	3,00	4,00	1,09	2,46	4,36
1	4,00	5,00	1,36	3,07	5,45
1	5,00	6,00	1,64	3,69	6,54
1	6,00	7,00	1,91	4,30	7,63

$\Delta x = 0,05 \times r_1$
$\alpha = 90°$

Δx	x_v	$\Delta x + x_v$	$y = \omega_2/\omega_N$ 1/2	1/3	1/4
1	0,33	1,33	0,33	0,75	1,34
1	0,50	1,50	0,38	0,85	1,51
1	1,00	2,00	0,50	1,14	2,01
1	2,00	3,00	0,76	1,70	3,02
1	3,00	4,00	1,01	2,27	4,03
1	4,00	5,00	1,26	2,84	5,03
1	5,00	6,00	1,51	3,41	6,04
1	6,00	7,00	1,76	3,97	7,05

$\Delta x = 0,05 \times r_1$
$\alpha = 60°$

Δx	x_v	$\Delta x + x_v$	$y = \omega_2/\omega_N$ 1/2	1/3	1/4
1	0,33	1,33	0,32	0,71	1,27
1	0,50	1,50	0,36	0,81	1,43
1	1,00	2,00	0,48	1,07	1,91
1	2,00	3,00	0,71	1,61	2,86
1	3,00	4,00	0,95	2,15	3,81
1	4,00	5,00	1,19	2,69	4,76
1	5,00	6,00	1,43	3,22	5,72
1	6,00	7,00	1,67	3,76	6,67

$$\frac{\omega_2}{\omega_N} = y \quad\Rightarrow\quad \frac{\omega_2}{y} = \omega_N \quad \omega_2 = \sqrt{\frac{c}{m}\cdot\frac{(x_v + \Delta x)}{(r_{s1} + \Delta x)}} \quad \omega_e = \sqrt{\frac{c}{m}\cdot\left(1 - \frac{x_v}{r_{s1}}\right)}$$

$$\omega_e < \omega_N \quad\Leftrightarrow\quad \sqrt{\frac{c}{m}\cdot\left(1 - \frac{x_v}{r_{s1}}\right)} < \frac{1}{y}\cdot\sqrt{\frac{c}{m}\cdot\frac{(x_v + \Delta x)}{(r_{s1} + \Delta x)}} \quad\Rightarrow\quad 1 < \frac{1}{y^2}\cdot\frac{(x_v + \Delta x)}{(r_{s1} + \Delta x)} + \frac{x_v}{r_{s1}}$$

Lage der Eigenkreisfrequenz der Fliehkörper (2)

α [°]	α [rad]	$r_s = \dfrac{4}{3} \cdot \dfrac{\left(1-\left(\frac{5}{8}\right)^3\right)}{\left(1-\left(\frac{5}{8}\right)^2\right)} \cdot \dfrac{\cos\varphi_u}{\alpha} \cdot r_1$
30	0,5236	0,8175
45	0,7854	0,8058
60	1,0472	0,7897
75	1,3090	0,7691
90	1,5708	0,7445
105	1,8326	0,7160
120	2,0944	0,6839
135	2,3562	0,6485
150	2,6180	0,6102
165	2,8798	0,5694

Annahme: $r_N = 5/8 \cdot r_1$

$\omega_e < \omega_3$

$\Delta x = 0,05 \times r_1$
$\alpha = 120°$
$\omega_3 = 2,5 \times \omega_2$

Δx	x_v	$\Delta x + x_v$	$y = \omega_2/\omega_N$		
			1/2	1/3	1/4
1	0,33	1,33	0,06	0,13	0,23
1	0,50	1,50	0,07	0,15	0,26
1	1,00	2,00	0,09	0,20	0,35
1	2,00	3,00	0,13	0,29	0,52
1	3,00	4,00	0,17	0,39	0,70
1	4,00	5,00	0,22	0,49	0,87
1	5,00	6,00	0,26	0,59	1,05
1	6,00	7,00	0,31	0,69	1,22

$\Delta x = 0,05 \times r_1$
$\alpha = 90°$
$\omega_3 = 1,8769 \times \omega_2$

Δx	x_v	$\Delta x + x_v$	$y = \omega_2/\omega_N$		
			1/2	1/3	1/4
1	0,33	1,33	0,10	0,21	0,38
1	0,50	1,50	0,11	0,24	0,43
1	1,00	2,00	0,14	0,32	0,57
1	2,00	3,00	0,21	0,48	0,86
1	3,00	4,00	0,29	0,64	1,14
1	4,00	5,00	0,36	0,81	1,43
1	5,00	6,00	0,43	0,97	1,72
1	6,00	7,00	0,50	1,13	2,00

$\Delta x = 0,05 \times r_1$
$\alpha = 60°$
$\omega_3 = 1,25 \times \omega_2$

Δx	x_v	$\Delta x + x_v$	$y = \omega_2/\omega_N$		
			1/2	1/3	1/4
1	0,33	1,33	0,20	0,46	0,81
1	0,50	1,50	0,23	0,52	0,91
1	1,00	2,00	0,30	0,69	1,22
1	2,00	3,00	0,46	1,03	1,83
1	3,00	4,00	0,61	1,37	2,44
1	4,00	5,00	0,76	1,72	3,05
1	5,00	6,00	0,91	2,06	3,66
1	6,00	7,00	1,07	2,41	4,27

$$\omega_e < \omega_3 : \quad \omega_3 = \frac{1}{2} \cdot \frac{\mu_R}{\mu_{GR}} \cdot \omega_N \qquad \omega_3 \left(\frac{\mu_R}{\mu_{GR}} = 1,25 \right) = \frac{1}{2} \cdot \frac{5}{4} \cdot \omega_N = 0,625 \cdot \omega_N$$

$$(1) \quad \frac{\omega_2}{\omega_3} = \frac{0,25 \cdot \omega_N}{0,625 \cdot \omega_N} = 0,4 \quad \Rightarrow \omega_3 = \frac{1}{0,4} \cdot \omega_2 = 2,5 \cdot \omega_2 \qquad \omega_3 = a_i \cdot \omega_2$$

$$(2) \quad \frac{\omega_2}{\omega_3} = \frac{0,333 \cdot \omega_N}{0,625 \cdot \omega_N} = 0,5328 \quad \Rightarrow \omega_3 = 1,8769 \cdot \omega_2 \qquad (3) \quad \frac{\omega_2}{\omega_3} = \frac{0,5 \cdot \omega_N}{0,625 \cdot \omega_N} = 0,8 \quad \Rightarrow \omega_3 = 1,25 \cdot \omega_2$$

$$\omega_e < \omega_3 \Leftrightarrow \omega_e < \frac{1}{a_i} \cdot \omega_2 \qquad \sqrt{\frac{c}{m} \cdot \left(1 - \frac{x_v}{r_{s1}}\right)} < \frac{1}{a_i} \cdot \frac{1}{y} \sqrt{\frac{c}{m} \cdot \frac{(x_v + \Delta x)}{(r_{s1} + \Delta x)}} \qquad \Rightarrow 1 < \frac{1}{a_i^2} \cdot \frac{1}{y^2} \cdot \frac{(x_v + \Delta x)}{(r_{s1} + \Delta x)} + \frac{x_v}{r_{s1}}$$

Eingeleitetes Moment und erforderlicher Durchmesser – Reibung und Sicherheit gegen Rutschen

		(a)	(b)							
Drehmoment (DIN 748-3) [Nm]	zul. Torsionsspg. 15 N/mm² d_{erf} [mm]	zul. Verdrillung 0,2°/m d_{erf} [mm]	zul. Verdrillung 0,2°/m d_{erf} [mm]	(DIN 748) $d_{w,min}$ [mm]	NSH 15 N/mm² d_{erf} [mm]	GEH 15 N/mm² d_{erf} [mm]	SSH 15 N/mm² d_{erf} [mm]	NSH 150 N/mm² d_{erf} [mm]	GEH 150 N/mm² d_{erf} [mm]	SSH 150 N/mm² d_{erf} [mm]
0,25	4,4	9,8	8,2	7	4,4	5,3	5,5	2,0	2,4	2,6
0,63	6,0	12,3	10,3	9	6,0	7,2	7,5	2,8	3,3	3,5
1,25	7,5	14,6	12,3	11	7,5	9,0	9,5	3,5	4,2	4,4
2,8	9,8	17,9	15,0	14	9,8	11,8	12,4	4,6	5,5	5,8
4,5	11,5	20,1	16,9	16	11,5	13,8	14,5	5,3	6,4	6,7
7,1	13,4	22,5	19,0	18	13,4	16,1	16,9	6,2	7,5	7,8
8,25	14,1	23,4	19,7	19	14,1	16,9	17,8	6,5	7,9	8,2
14	16,8	26,7	22,5	22	16,8	20,2	21,2	7,8	9,4	9,8
18	18,3	28,4	23,9	24	18,3	22,0	23,0	8,5	10,2	10,7
31,5	22,0	32,7	27,5	28	22,0	26,5	27,8	10,2	12,3	12,9
50	25,7	36,7	30,9	32	25,7	30,9	32,4	11,9	14,3	15,0
90	31,3	42,5	35,8	38	31,3	37,5	39,4	14,5	17,4	18,3
125	34,9	46,2	38,8	42	34,9	41,9	43,9	16,2	19,4	20,4
200	40,8	51,9	43,7	48	40,8	49,0	51,4	18,9	22,7	23,9
355	49,4	59,9	50,4	55	49,4	59,3	62,2	22,9	27,5	28,9
450	53,5	63,6	53,5	60	53,5	64,2	67,4	24,8	29,8	31,3
630	59,8	69,2	58,2	65	59,8	71,8	75,3	27,8	33,3	35,0
800	64,8	73,4	61,8	70	64,8	77,8	81,6	30,1	36,1	37,9
1000	69,8	77,7	65,3	75	69,8	83,8	87,9	32,4	38,9	40,8
1250	75,2	82,1	69,1	80	75,2	90,3	94,7	34,9	41,9	43,9
1600	81,6	87,3	73,4	85	81,6	98,0	102,8	37,9	45,5	47,7
1900	86,4	91,2	76,7	90	86,4	103,8	108,9	40,1	48,2	50,5
2360	92,9	96,3	80,9	95	92,9	111,5	117,0	43,1	51,8	54,3
2800	98,3	100,5	84,5	100	98,3	118,1	123,9	45,6	54,8	57,5
4000	110,7	109,8	92,4	110	110,7	133,0	139,5	51,4	61,7	64,8
5300	121,6	117,8	99,1	120	121,6	146,1	153,2	56,5	67,8	71,1

NSH: Normalspannungshypothese

SSH: Schubspannungshypothese

GEH: Gestaltänderungsenergiehypothese

Stahl: S355JO (St 44); St 52: $\tau_{tW}=150$ N/mm² (ohne Sicherheit)

Sicherheit:

- statische Belastung: 1,5

- dynamische Belastung: 1,5 / 2,5*

   ohne / mit* Kerbwirkung *(β_k nicht bekannt)

β_k: Kerbwirkungszahl

Eingeleitetes Moment und erforderlicher Durchmesser — Reibung und Sicherheit gegen Rutschen

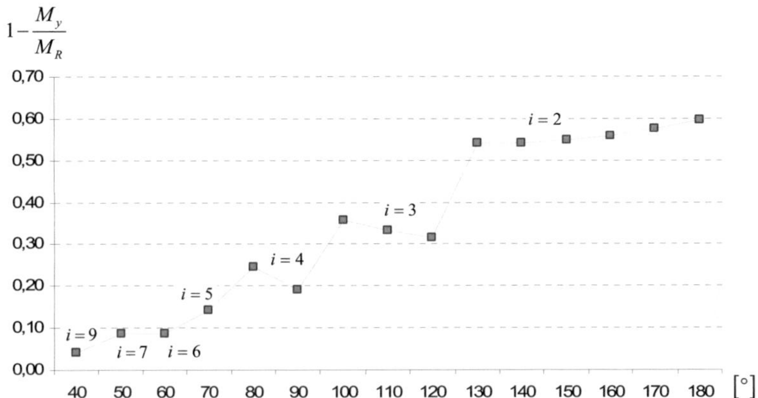

rotatorischer Reibungskegel ρ_0:

$$\frac{M_y}{M_R} = \frac{i \cdot K}{\pi} = \frac{i}{\pi} \cdot \frac{(1 - \cos\alpha)}{\alpha} \overset{!}{=} \rho_0$$

$$\rho_0 \overset{!}{\geq} 1 - \mu_R \quad \Leftrightarrow \quad \mu_R \overset{!}{\geq} 1 - \rho_0 \quad \Leftrightarrow \quad \mu_R \overset{!}{\geq} 1 - \frac{M_y}{M_R}$$

Bsp.: $\mu_R = 0,4 \ \wedge \ \alpha = 100°$:

$$\rho_0(\alpha = 100°) = 0,64 \qquad (\rho_0 = 0,64) \geq (1 - 0,4 = 0,6)$$

i	$\alpha[°]$	$\alpha[rad]$	$\cos\alpha$	$K = \dfrac{1-\cos\alpha}{\alpha}$	M_y/M_R $\dfrac{i \cdot K}{\pi}$	M_R/M_y $\dfrac{\pi}{i \cdot K}$	$1 - M_y/M_R$ $1 - \dfrac{i \cdot K}{\pi}$	$S_{R2} = \dfrac{M_y/M_R}{1-\mu_R}$ $\mu_R : 0,5$
9	40	0,6981	0,7660	0,3351	0,96	1,04	0,04	1,92
7	50	0,8727	0,6428	0,4093	0,91	1,10	0,09	1,82
6	60	1,0472	0,5000	0,4775	0,91	1,10	0,09	1,82
5	70	1,2217	0,3420	0,5386	0,86	1,17	0,14	1,71
4	80	1,3963	0,1736	0,5918	0,75	1,33	0,25	1,51
4	90	1,5708	0,0000	0,6366	0,81	1,23	0,19	1,62
3	100	1,7453	-0,1736	0,6725	0,64	1,56	0,36	1,28
3	110	1,9199	-0,3420	0,6990	0,67	1,50	0,33	1,34
3	120	2,0944	-0,5000	0,7162	0,68	1,46	0,32	1,37
2	130	2,2689	-0,6428	0,7240	0,46	2,17	0,54	0,92
2	140	2,4435	-0,7660	0,7228	0,46	2,17	0,54	0,92
2	150	2,6180	-0,8660	0,7128	0,45	2,20	0,55	0,91
2	160	2,7925	-0,9397	0,6946	0,44	2,26	0,56	0,88
2	170	2,9671	-0,9848	0,6689	0,43	2,35	0,57	0,85
2	180	3,1416	-1,0000	0,6366	0,41	2,47	0,59	0,81

M_y/M_R-Verhältnis als Funktion des Reibwinkels und der rotatorische Reibungskegel

Kraft-/Winkel-Faktor: Verhältnis von Schalt- zu Normalkraft

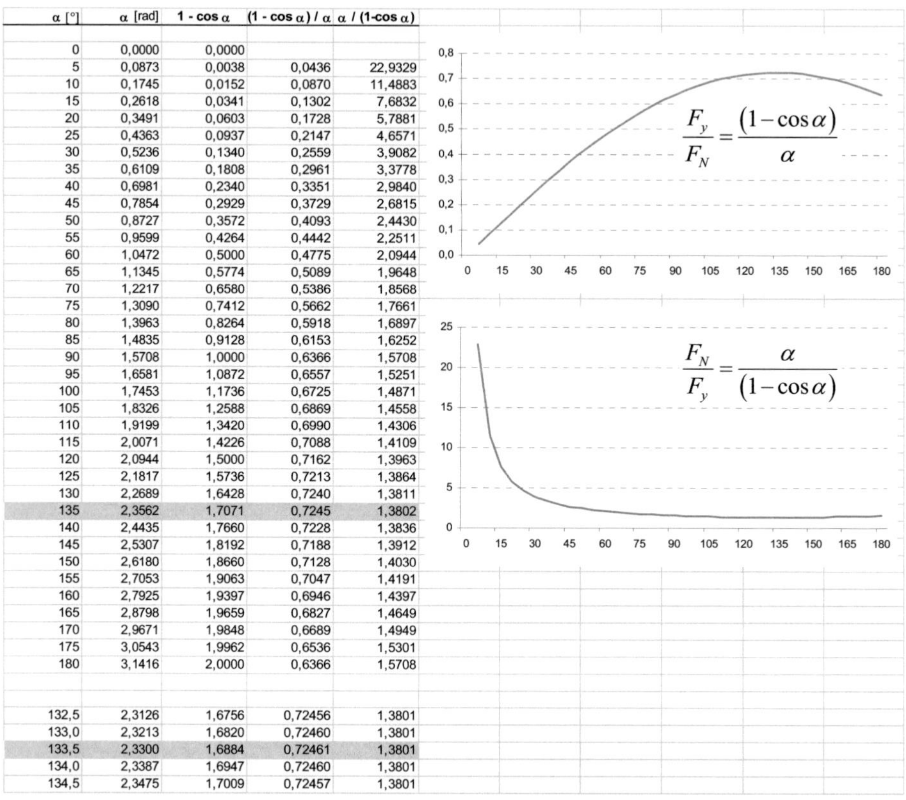

α [°]	α [rad]	1 - cos α	(1 - cos α) / α	α / (1-cos α)
0	0,0000	0,0000		
5	0,0873	0,0038	0,0436	22,9329
10	0,1745	0,0152	0,0870	11,4883
15	0,2618	0,0341	0,1302	7,6832
20	0,3491	0,0603	0,1728	5,7881
25	0,4363	0,0937	0,2147	4,6571
30	0,5236	0,1340	0,2559	3,9082
35	0,6109	0,1808	0,2961	3,3778
40	0,6981	0,2340	0,3351	2,9840
45	0,7854	0,2929	0,3729	2,6815
50	0,8727	0,3572	0,4093	2,4430
55	0,9599	0,4264	0,4442	2,2511
60	1,0472	0,5000	0,4775	2,0944
65	1,1345	0,5774	0,5089	1,9648
70	1,2217	0,6580	0,5386	1,8568
75	1,3090	0,7412	0,5662	1,7661
80	1,3963	0,8264	0,5918	1,6897
85	1,4835	0,9128	0,6153	1,6252
90	1,5708	1,0000	0,6366	1,5708
95	1,6581	1,0872	0,6557	1,5251
100	1,7453	1,1736	0,6725	1,4871
105	1,8326	1,2588	0,6869	1,4558
110	1,9199	1,3420	0,6990	1,4306
115	2,0071	1,4226	0,7088	1,4109
120	2,0944	1,5000	0,7162	1,3963
125	2,1817	1,5736	0,7213	1,3864
130	2,2689	1,6428	0,7240	1,3811
135	2,3562	1,7071	0,7245	1,3802
140	2,4435	1,7660	0,7228	1,3836
145	2,5307	1,8192	0,7188	1,3912
150	2,6180	1,8660	0,7128	1,4030
155	2,7053	1,9063	0,7047	1,4191
160	2,7925	1,9397	0,6946	1,4397
165	2,8798	1,9659	0,6827	1,4649
170	2,9671	1,9848	0,6689	1,4949
175	3,0543	1,9962	0,6536	1,5301
180	3,1416	2,0000	0,6366	1,5708
132,5	2,3126	1,6756	0,72456	1,3801
133,0	2,3213	1,6820	0,72460	1,3801
133,5	2,3300	1,6884	0,72461	1,3801
134,0	2,3387	1,6947	0,72460	1,3801
134,5	2,3475	1,7009	0,72457	1,3801

Kraft-Winkel-Faktor: $K = \dfrac{1-\cos\alpha}{\alpha}$

α [°]	α [rad]	cos α	$K = \dfrac{1-\cos\alpha}{\alpha}$	$\dfrac{1}{K} = \dfrac{\alpha}{1-\cos\alpha}$	$\dfrac{\pi}{i \cdot K}$	$\dfrac{i \cdot K}{\pi}$
40	0,6981	0,7660	0,3351	2,9840	1,0416	0,9600
50	0,8727	0,6428	0,4093	2,4430	1,0660	0,9381
60	1,0472	0,5000	0,4775	2,0944	1,0966	0,9119
70	1,2217	0,3420	0,5386	1,8568	1,1349	0,8812
80	1,3963	0,1736	0,5918	1,6897	1,1796	0,8477
90	1,5708	0,0000	0,6366	1,5708	1,2337	0,8106
100	1,7453	-0,1736	0,6725	1,4871	1,2977	0,7706
110	1,9199	-0,3420	0,6990	1,4306	1,3744	0,7276
120	2,0944	-0,5000	0,7162	1,3963	1,4622	0,6839
130	2,2689	-0,6428	0,7240	1,3811	1,5664	0,6384
140	2,4435	-0,7660	0,7228	1,3836	1,6913	0,5913

Backenöffnungswinkel und Radial-/Normalkraft-Relation
(Kraft-Winkel-Faktor K)

modellabhängige Schaltmoment-Faktoren (R/x)

Haftreibkoffizient Reibpaarung μ_R (μ_{HF}=0)			0,3		0,4		0,5		0,6	
Öffnungswinkel	Drehzahl-/Reibwert-Faktor	Kraft-/Winkel-Faktor	A	C	A	C	A	C	A	C
40	$\omega_2 = \dfrac{1}{4}\cdot\omega_N:\quad \mu_R\cdot\left(\dfrac{15}{16}-\mu_{HF}\right)$	0,3351	0,08	0,11	0,10	0,14	0,13	0,18	0,15	0,21
60		0,4775	0,11	0,16	0,14	0,22	0,18	0,27	0,21	0,32
90		0,6366	0,13	0,23	0,18	0,30	0,22	0,38	0,27	0,46
120		0,7162	0,14	0,25	0,18	0,33	0,23	0,41	0,28	0,49
40	$\omega_2 = \dfrac{1}{3}\cdot\omega_N:\quad \mu_R\cdot\left(\dfrac{8}{9}-\mu_{HF}\right)$	0,3351	0,07	0,10	0,10	0,13	0,12	0,17	0,15	0,20
60		0,4775	0,10	0,16	0,13	0,21	0,17	0,26	0,20	0,31
90		0,6366	0,13	0,22	0,17	0,29	0,21	0,37	0,25	0,44
120		0,7162	0,13	0,24	0,17	0,32	0,22	0,40	0,26	0,48
40	$\omega_2 = \dfrac{1}{2}\cdot\omega_N:\quad \mu_R\cdot\left(\dfrac{3}{4}-\mu_{HF}\right)$	0,3351	0,06	0,09	0,08	0,12	0,10	0,15	0,12	0,18
60		0,4775	0,08	0,14	0,11	0,19	0,14	0,23	0,17	0,28
90		0,6366	0,11	0,20	0,14	0,27	0,18	0,33	0,21	0,40
120		0,7162	0,11	0,22	0,15	0,29	0,18	0,37	0,22	0,44

modellabhängige Schaltmoment-Faktoren (R/x)

Haftreibkoffizient Reibpaarung μ_R (μ_{HF}=0,1)			0,3		0,4		0,5		0,6	
Öffnungswinkel	Drehzahl-/Reibwert-Faktor	Kraft-/Winkel-Faktor	A	C	A	C	A	C	A	C
40	$\omega_2 = \dfrac{1}{4}\cdot\omega_N:\quad \mu_R\cdot\left(\dfrac{15}{16}-\mu_{HF}\right)$	0,3351	0,07	0,10	0,09	0,13	0,11	0,16	0,14	0,19
60		0,4775	0,09	0,14	0,12	0,19	0,15	0,23	0,18	0,28
90		0,6366	0,12	0,21	0,16	0,28	0,02	0,36	0,24	0,43
120		0,7162	0,12	0,23	0,16	0,31	0,21	0,19	0,25	0,46
40	$\omega_2 = \dfrac{1}{3}\cdot\omega_N:\quad \mu_R\cdot\left(\dfrac{8}{9}-\mu_{HF}\right)$	0,3351	0,06	0,09	0,09	0,12	0,11	0,15	0,13	0,19
60		0,4775	0,08	0,13	0,11	0,18	0,14	0,22	0,17	0,27
90		0,6366	0,11	0,21	0,15	0,28	0,19	0,34	0,22	0,41
120		0,7162	0,12	0,23	0,15	0,30	0,19	0,38	0,23	0,45
40	$\omega_2 = \dfrac{1}{2}\cdot\omega_N:\quad \mu_R\cdot\left(\dfrac{3}{4}-\mu_{HF}\right)$	0,3351	0,05	0,08	0,07	0,11	0,09	0,14	0,11	0,16
60		0,4775	0,07	0,12	0,09	0,16	0,12	0,20	0,14	0,24
90		0,6366	0,09	0,19	0,12	0,25	0,15	0,31	0,19	0,37
120		0,7162	0,10	0,20	0,13	0,27	0,16	0,34	0,19	0,41

Tab. 06a: Schaltmoment-Faktor R_y /x für das Schaltmoment M_y (M_y normiert auf r_2)

modellabhängige Reibmoment-Faktoren (R·x)

Haftreibkoffizient Reibpaarung μ_R (μ_{HF}=0)		0,3		0,4		0,5		0,6	
Öffnungswinkel	Drehzahl-/Reibwert-Faktor	A	C	A	C	A	C	A	C
40	$\omega_2 = \dfrac{1}{4}\cdot\omega_N:\quad \mu_R\cdot\left(\dfrac{15}{16}-\mu_{HF}\right)$	0,3459	0,4742	0,4613	0,6323	0,5766	0,7903	0,6919	0,9484
60		0,3572	0,5447	0,4763	0,7263	0,5953	0,9078	0,7144	1,0894
90		0,3769	0,6420	0,5025	0,8561	0,6281	1,0701	0,7538	1,2841
120		0,4106	0,7354	0,5475	0,9805	0,6844	1,2256	0,8213	1,4708
40	$\omega_2 = \dfrac{1}{3}\cdot\omega_N:\quad \mu_R\cdot\left(\dfrac{8}{9}-\mu_{HF}\right)$	0,3280	0,4563	0,4373	0,6083	0,5467	0,7604	0,6560	0,9125
60		0,3387	0,5262	0,4516	0,7016	0,5644	0,8769	0,6773	1,0523
90		0,3573	0,6225	0,4764	0,8300	0,5956	1,0375	0,7147	1,2450
120		0,3893	0,7141	0,5191	0,9521	0,6489	1,1902	0,7787	1,4282
40	$\omega_2 = \dfrac{1}{2}\cdot\omega_N:\quad \mu_R\cdot\left(\dfrac{3}{4}-\mu_{HF}\right)$	0,2768	0,4050	0,3690	0,5400	0,4613	0,6750	0,5535	0,8100
60		0,2858	0,4733	0,3810	0,6310	0,4763	0,7888	0,5715	0,9465
90		0,3015	0,5667	0,4020	0,7556	0,5025	0,9444	0,6030	1,1333
120		0,3285	0,6533	0,4380	0,8710	0,5475	1,0888	0,6570	1,3065

modellabhängige Reibmoment-Faktoren (R·x)

Haftreibkoffizient Reibpaarung μ_R (μ_{HF}=0,1)		0,3		0,4		0,5		0,6	
Öffnungswinkel	Drehzahl-/Reibwert-Faktor	A	C	A	C	A	C	A	C
40	$\omega_2 = \dfrac{1}{4}\cdot\omega_N:\quad \mu_R\cdot\left(\dfrac{15}{16}-\mu_{HF}\right)$	0,3090	0,4373	0,4121	0,5831	0,4536	0,7288	0,6181	0,8746
60		0,3191	0,5066	0,4255	0,6755	0,5318	0,8443	0,6382	1,0132
90		0,3367	0,6018	0,4489	0,8025	0,5611	1,0031	0,6734	1,2037
120		0,3668	0,6916	0,4891	0,9221	0,6114	1,1526	0,7337	1,3832
40	$\omega_2 = \dfrac{1}{3}\cdot\omega_N:\quad \mu_R\cdot\left(\dfrac{8}{9}-\mu_{HF}\right)$	0,2911	0,4194	0,3881	0,5591	0,4852	0,6989	0,5822	0,8387
60		0,3006	0,4881	0,4008	0,6508	0,5009	0,8134	0,6011	0,9761
90		0,3171	0,5823	0,4228	0,7764	0,5286	0,9705	0,6343	1,1646
120		0,3455	0,6703	0,4607	0,8937	0,5759	1,1172	0,6911	1,3406
40	$\omega_2 = \dfrac{1}{2}\cdot\omega_N:\quad \mu_R\cdot\left(\dfrac{3}{4}-\mu_{HF}\right)$	0,2399	0,3681	0,3198	0,4908	0,3998	0,6135	0,4797	0,7362
60		0,2477	0,4352	0,3302	0,5802	0,4128	0,7253	0,4953	0,8703
90		0,2613	0,5265	0,3484	0,7020	0,4355	0,8774	0,5226	1,0529
120		0,2847	0,6095	0,3796	0,8126	0,4745	1,0158	0,5694	1,2189

Tab. 06b: Reibmoment-Faktor $R \cdot x$ für das Reibmoment M_R (M_R normiert auf r_{s2})

Antriebs- und Reibleistung: Bestimmung des L-Faktors (Modell B/C)

$$P_A = P_L \cdot \left(1 + \frac{1}{R^{(*)} \cdot x}\right) = P_L \cdot L$$

	α	60 °	72 °	90 °	120 °
		1,0472 rad	1,2566 rad	1,5708 rad	2,0944 rad
x :	$r_N = 5/8 \cdot r_1$	1,27	1,29	1,34	1,41
K:	**(1-cosα)/α**	0,4775	0,5499	0,6366	0,7162

Haftreibkoffizient Reibpaarung μ_R		**0,3**		60°		72°		90°		120°	
Reibwert der Führung μ_{HF}			R	R*	L	R*	L	R*	L	R*	L
$\omega_2 = \frac{1}{4} \cdot \omega_N:\quad \mu_R \cdot \left(\frac{15}{16} - \mu_{HF}\right)$	0		0,28	0,4293	2,59	0,4518	2,39	0,4787	2,10	0,5033	1,70
	0,1		0,25	0,3993	2,71	0,4218	2,49	0,4487	2,18	0,4733	1,75
	0,2		0,22	0,3693	2,85	0,3918	2,60	0,4187	2,26	0,4433	1,80
$\omega_2 = \frac{1}{3} \cdot \omega_N:\quad \mu_R \cdot \left(\frac{8}{9} - \mu_{HF}\right)$	0		0,27	0,4147	2,64	0,4372	2,43	0,4641	2,14	0,4888	1,73
	0,1		0,24	0,3847	2,77	0,4072	2,54	0,4341	2,22	0,4588	1,77
	0,2		0,21	0,3547	2,92	0,3772	2,66	0,4041	2,31	0,4288	1,83
$\omega_2 = \frac{1}{2} \cdot \omega_N:\quad \mu_R \cdot \left(\frac{3}{4} - \mu_{HF}\right)$	0		0,23	0,3731	2,83	0,3955	2,59	0,4224	2,25	0,4471	1,79
	0,1		0,20	0,3431	2,99	0,3655	2,72	0,3924	2,34	0,4171	1,85
	0,2		0,17	0,3131	3,18	0,3355	2,87	0,3624	2,46	0,3871	1,92

Haftreibkoffizient Reibpaarung μ_R		**0,4**		60°		72°		90°		120°	
Reibwert der Führung μ_{HF}			R	R*	L	R*	L	R*	L	R*	L
$\omega_2 = \frac{1}{4} \cdot \omega_N:\quad \mu_R \cdot \left(\frac{15}{16} - \mu_{HF}\right)$	0		0,38	0,5724	2,19	0,6024	2,04	0,6382	1,83	0,6711	1,53
	0,1		0,34	0,5324	2,28	0,5624	2,12	0,5982	1,88	0,6311	1,56
	0,2		0,30	0,4924	2,38	0,5224	2,20	0,5582	1,95	0,5911	1,60
$\omega_2 = \frac{1}{3} \cdot \omega_N:\quad \mu_R \cdot \left(\frac{8}{9} - \mu_{HF}\right)$	0		0,36	0,5530	2,23	0,5829	2,08	0,6188	1,85	0,6517	1,54
	0,1		0,32	0,5130	2,33	0,5429	2,16	0,5788	1,91	0,6117	1,58
	0,2		0,28	0,4730	2,44	0,5029	2,25	0,5388	1,98	0,5717	1,62
$\omega_2 = \frac{1}{2} \cdot \omega_N:\quad \mu_R \cdot \left(\frac{3}{4} - \mu_{HF}\right)$	0		0,30	0,4974	2,37	0,5274	2,19	0,5632	1,94	0,5961	1,59
	0,1		0,26	0,4574	2,49	0,4874	2,29	0,5232	2,01	0,5561	1,64
	0,2		0,22	0,4174	2,63	0,4474	2,40	0,4832	2,09	0,5161	1,69

Haftreibkoffizient Reibpaarung μ_R		**0,5**		60°		72°		90°		120°	
Reibwert der Führung μ_{HF}			R	R*	L	R*	L	R*	L	R*	L
$\omega_2 = \frac{1}{4} \cdot \omega_N:\quad \mu_R \cdot \left(\frac{15}{16} - \mu_{HF}\right)$	0		0,47	0,7155	1,95	0,7529	1,83	0,7978	1,66	0,8389	1,42
	0,1		0,42	0,6655	2,02	0,7029	1,89	0,7478	1,71	0,7889	1,45
	0,2		0,37	0,6155	2,11	0,6529	1,96	0,6978	1,76	0,7389	1,48
$\omega_2 = \frac{1}{3} \cdot \omega_N:\quad \mu_R \cdot \left(\frac{8}{9} - \mu_{HF}\right)$	0		0,44	0,6912	1,99	0,7286	1,86	0,7735	1,68	0,8146	1,44
	0,1		0,39	0,6412	2,06	0,6786	1,92	0,7235	1,73	0,7646	1,46
	0,2		0,34	0,5912	2,15	0,6286	2,00	0,6735	1,78	0,7146	1,50
$\omega_2 = \frac{1}{2} \cdot \omega_N:\quad \mu_R \cdot \left(\frac{3}{4} - \mu_{HF}\right)$	0		0,38	0,6218	2,10	0,6592	1,95	0,7040	1,75	0,7452	1,48
	0,1		0,33	0,5718	2,19	0,6092	2,03	0,6540	1,81	0,6952	1,51
	0,2		0,28	0,5218	2,31	0,5592	2,12	0,6040	1,87	0,6452	1,55

Haftreibkoffizient Reibpaarung μ_R		**0,6**		60°		72°		90°		120°	
Reibwert der Führung μ_{HF}			R	R*	L	R*	L	R*	L	R*	L
$\omega_2 = \frac{1}{4} \cdot \omega_N:\quad \mu_R \cdot \left(\frac{15}{16} - \mu_{HF}\right)$	0		0,56	0,8586	1,79	0,9035	1,69	0,9573	1,55	1,0067	1,35
	0,1		0,50	0,7986	1,85	0,8435	1,74	0,8973	1,59	0,9467	1,37
	0,2		0,44	0,7386	1,92	0,7835	1,80	0,8373	1,63	0,8867	1,40
$\omega_2 = \frac{1}{3} \cdot \omega_N:\quad \mu_R \cdot \left(\frac{8}{9} - \mu_{HF}\right)$	0		0,53	0,8295	1,82	0,8744	1,72	0,9282	1,57	0,9775	1,36
	0,1		0,47	0,7695	1,89	0,8144	1,77	0,8682	1,61	0,9175	1,39
	0,2		0,41	0,7095	1,96	0,7544	1,83	0,8082	1,65	0,8575	1,41
$\omega_2 = \frac{1}{2} \cdot \omega_N:\quad \mu_R \cdot \left(\frac{3}{4} - \mu_{HF}\right)$	0		0,45	0,7461	1,91	0,7910	1,79	0,8448	1,62	0,8942	1,40
	0,1		0,39	0,6861	1,99	0,7310	1,86	0,7848	1,67	0,8342	1,43
	0,2		0,33	0,6261	2,09	0,6710	1,93	0,7248	1,73	0,7742	1,46

Reibwinkel in Abhängigkeit vom Verhältnis p_y / p_{zul}

(p_{tats} / p_{zul})	ARCCOS (1 - α * p_y / p_{zul})										
	α = 180°	α = 150°	α = 120°	α = 90°	α = 75°	α = 60°	α = 55°	α = 50°	α = 45°	α = 40°	α = 35°
2,0							156,9	138,2	124,8	113,3	102,8
1,9						171,8	145,5	131,2	119,5	109,1	99,2
1,8						152,2	136,7	124,8	114,4	104,9	95,7
1,7						141,3	129,2	118,9	109,6	100,8	92,2
1,6						132,5	122,4	113,3	104,9	96,7	88,7
1,5					164,5	124,8	116,1	108,0	100,3	92,7	85,2
1,4					146,4	117,8	110,1	102,8	95,7	88,7	81,7
1,3					134,6	111,2	104,4	97,7	91,2	84,7	78,1
1,2				152,2	124,8	104,9	98,7	92,7	86,7	80,7	74,5
1,1				136,7	116,1	98,7	93,2	87,7	82,2	76,6	70,8
1,0				124,8	108,0	92,7	87,7	82,7	77,6	72,4	67,1
0,9			152,2	114,4	100,3	86,7	82,2	77,6	73,0	68,2	63,2
0,8			132,5	104,9	92,7	80,7	76,6	72,4	68,2	63,8	59,2
0,7		146,4	117,8	95,7	85,2	74,5	70,8	67,1	63,2	59,2	55,1
0,6	152,2	124,8	104,9	86,7	77,6	68,2	64,9	61,5	58,1	54,5	50,7
0,5	124,8	108,0	92,7	77,6	69,8	61,5	58,7	55,7	52,6	49,4	46,0
0,4	104,9	92,7	80,7	68,2	61,5	54,5	52,0	49,4	46,7	43,9	40,9
0,3	86,7	77,6	68,2	58,1	52,6	46,7	44,6	42,4	40,1	37,8	35,2
0,2	68,2	61,5	54,5	46,7	42,4	37,8	36,1	34,4	32,6	30,6	28,6
0,1	46,7	42,4	37,8	32,6	29,6	26,5	25,3	24,1	22,9	21,5	20,1
0,0	0,0	0,0	0,0	0,0	0,0	0,0	0,0	0,0	0,0	0,0	0,0

Reibwinkel α [°]

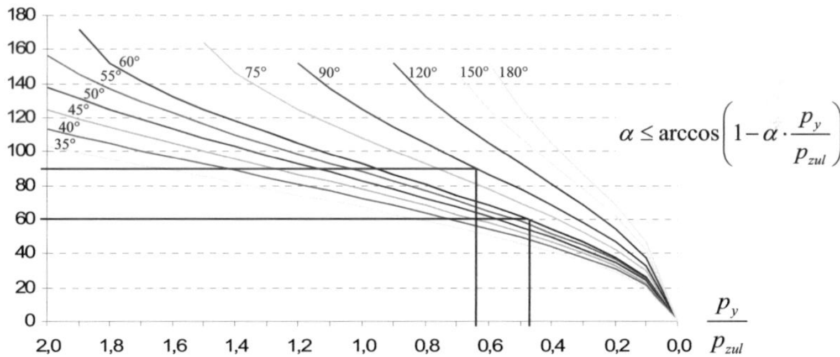

$$\alpha \le \arccos\left(1 - \alpha \cdot \frac{p_y}{p_{zul}}\right)$$

$\dfrac{p_y}{p_{zul}}$

Zulässige Belagpressung, Reibwinkel und das Verhältnis B_{FK}/B_{RB} (1)

$r_1 =$ 100 mm		p_{zul} [N/cm²]															
Modell	α	n_N	50	100	150	200	250	300	350	400	450	500	550	600	650	700	750	800
B/C	60	1000	1,86	3,73	5,59	7,46	9,32	11,18	13,05	14,91	16,77	18,64	20,50	22,37	24,23	26,09	27,96	29,82
B/C		2000	0,47	0,93	1,40	1,86	2,33	2,80	3,26	3,73	4,19	4,66	5,13	5,59	6,06	6,52	6,99	7,46
A		3000	0,33	0,67	1,00	1,34	1,67	2,01	2,34	2,68	3,01	3,35	3,68	4,02	4,35	4,69	5,02	5,36
B/C		3000	0,21	0,41	0,62	0,83	1,04	1,24	1,45	1,66	1,86	2,07	2,28	2,49	2,69	2,90	3,11	3,31
B/C	90	1000	1,75	3,51	5,26	7,02	8,77	10,52	12,28	14,03	15,78	17,54	19,29	21,05	22,80	24,55	26,31	28,06
B/C		2000	0,44	0,88	1,32	1,75	2,19	2,63	3,07	3,51	3,95	4,38	4,33	5,26	5,70	6,14	6,58	7,02
A		3000	0,36	0,71	1,07	1,42	1,78	2,13	2,49	2,84	3,20	3,55	3,91	4,26	4,62	4,97	5,33	5,68
B/C		3000	0,19	0,39	0,58	0,78	0,97	1,17	1,36	1,56	1,75	1,95	2,14	2,34	2,53	2,73	2,92	3,12
B/C	120	1000	1,81	3,61	5,42	7,23	9,04	10,84	12,65	14,46	16,27	18,07	19,88	21,69	23,50	25,30	27,11	28,92
B/C		2000	0,45	0,90	1,36	1,81	2,26	2,71	3,16	3,61	4,07	4,52	4,97	5,42	5,87	6,33	6,78	7,23
A		3000	0,39	0,77	1,16	1,55	1,93	2,32	2,71	3,09	3,48	3,87	4,25	4,64	5,03	5,41	5,80	6,19
B/C		3000	0,20	0,40	0,60	0,80	1,00	1,20	1,41	1,61	1,81	2,01	2,21	2,41	2,61	2,81	3,01	3,21

$r_1 =$ 125 mm		p_{zul} [N/cm²]															
Modell	α	n_N	50	100	150	200	250	300	350	400	450	500	550	600	650	700	750	800
B/C	60	1000	1,19	2,39	3,58	4,77	5,96	7,16	8,35	9,54	10,74	11,93	13,12	14,31	15,51	16,70	17,89	19,09
B/C		2000	0,30	0,60	0,89	1,19	1,49	1,79	2,09	2,39	2,68	2,98	3,28	3,58	3,88	4,17	4,47	4,77
A		3000	0,21	0,43	0,64	0,86	1,07	1,29	1,50	1,71	1,93	2,14	2,36	2,57	2,79	3,00	3,21	3,43
B/C		3000	0,13	0,27	0,40	0,53	0,66	0,80	0,93	1,06	1,19	1,33	1,46	1,59	1,72	1,86	1,99	2,12
B/C	90	1000	1,12	2,24	3,37	4,49	5,61	6,73	7,86	8,98	10,10	11,22	12,35	13,47	14,59	15,71	16,84	17,96
B/C		2000	0,28	0,56	0,84	1,12	1,40	1,68	1,96	2,24	2,53	2,81	3,09	3,37	3,65	3,93	4,21	4,49
A		3000	0,23	0,45	0,68	0,91	1,14	1,36	1,59	1,82	2,05	2,27	2,50	2,73	2,95	3,18	3,41	3,64
B/C		3000	0,12	0,25	0,37	0,50	0,62	0,75	0,87	1,00	1,12	1,25	1,37	1,50	1,62	1,75	1,87	2,00
B/C	120	1000	1,16	2,31	3,47	4,63	5,78	6,94	8,10	9,25	10,41	11,57	12,72	13,88	15,04	16,19	17,35	18,51
B/C		2000	0,29	0,58	0,87	1,16	1,45	1,74	2,02	2,31	2,60	2,89	3,18	3,47	3,76	4,05	4,34	4,63
A		3000	0,25	0,49	0,74	0,99	1,24	1,48	1,73	1,98	2,23	2,47	2,72	2,97	3,22	3,46	3,71	3,96
B/C		3000	0,13	0,26	0,39	0,51	0,64	0,77	0,90	1,03	1,16	1,29	1,41	1,54	1,67	1,80	1,93	2,06

$r_1 =$ 150 mm		p_{zul} [N/cm²]															
Modell	α	n_N	50	100	150	200	250	300	350	400	450	500	550	600	650	700	750	800
B/C	60	1000	0,83	1,66	2,49	3,31	4,14	4,97	5,80	6,63	7,46	8,28	9,11	9,94	10,77	11,60	12,43	13,25
B/C		2000	0,21	0,41	0,62	0,83	1,04	1,24	1,45	1,66	1,86	2,07	2,28	2,49	2,69	2,90	3,11	3,31
A		3000	0,15	0,30	0,45	0,60	0,74	0,89	1,04	1,19	1,34	1,49	1,64	1,79	1,93	2,08	2,23	2,38
B/C		3000	0,09	0,18	0,28	0,37	0,46	0,55	0,64	0,74	0,83	0,92	1,01	1,10	1,20	1,29	1,38	1,47
B/C	90	1000	0,78	1,56	2,34	3,12	3,90	4,68	5,46	6,24	7,02	7,79	8,57	9,35	10,13	10,91	11,69	12,47
B/C		2000	0,19	0,39	0,58	0,78	0,97	1,17	1,36	1,56	1,75	1,95	2,14	2,34	2,53	2,73	2,92	3,12
A		3000	0,16	0,32	0,47	0,63	0,79	0,95	1,10	1,26	1,42	1,58	1,74	1,89	2,05	2,21	2,37	2,53
B/C		3000	0,09	0,17	0,26	0,35	0,43	0,52	0,61	0,69	0,78	0,87	0,95	1,04	1,13	1,21	1,30	1,39
B/C	120	1000	0,80	1,61	2,41	3,21	4,02	4,82	5,62	6,43	7,23	8,03	8,84	9,64	10,44	11,25	12,05	12,85
B/C		2000	0,20	0,40	0,60	0,80	1,00	1,20	1,41	1,61	1,81	2,01	2,21	2,41	2,61	2,81	3,01	3,21
A		3000	0,17	0,34	0,52	0,69	0,86	1,03	1,20	1,37	1,55	1,72	1,89	2,06	2,23	2,41	2,58	2,75
B/C		3000	0,09	0,18	0,27	0,36	0,45	0,54	0,62	0,71	0,80	0,89	0,98	1,07	1,16	1,25	1,34	1,43

α [°]	α [rad]	$\cos\alpha$	$\dfrac{1-\cos\alpha}{\alpha}$	$\dfrac{\alpha}{1-\cos\alpha}$	r_{s2} 150mm	r_{s2} 125mm	r_{s2} 100mm
40	0,6981	0,7660	0,3351	2,9840			
50	0,8727	0,6428	0,4093	2,4430			
60	1,0472	0,5000	0,4775	2,0944	118	99	79
70	1,2217	0,3420	0,5386	1,8568			
80	1,3963	0,1736	0,5918	1,6897			
90	1,5708	0,0000	0,6366	1,5708	112	93	74
100	1,7453	-0,1736	0,6725	1,4871			
110	1,9199	-0,3420	0,6990	1,4306			
120	2,0944	-0,5000	0,7162	1,3963	103	85	68
130	2,2689	-0,6428	0,7240	1,3811			
140	2,4435	-0,7660	0,7228	1,3836			

$$\frac{B_{FK}}{B_{RB}} \overset{!}{\geq} 1$$

Zulässige Belagpressung, Reibwinkel und das Verhältnis B_{FK}/B_{RB} (2)

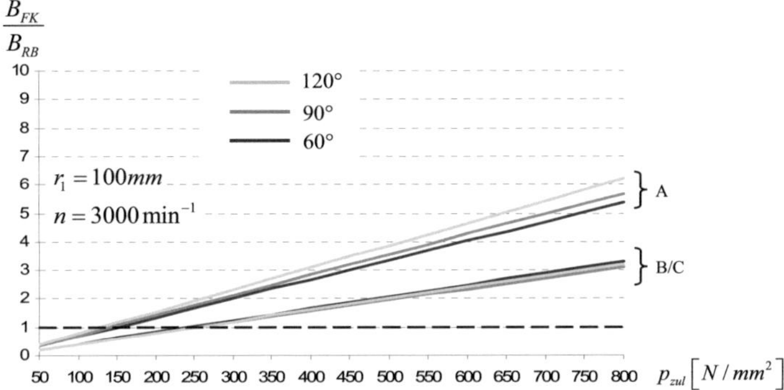

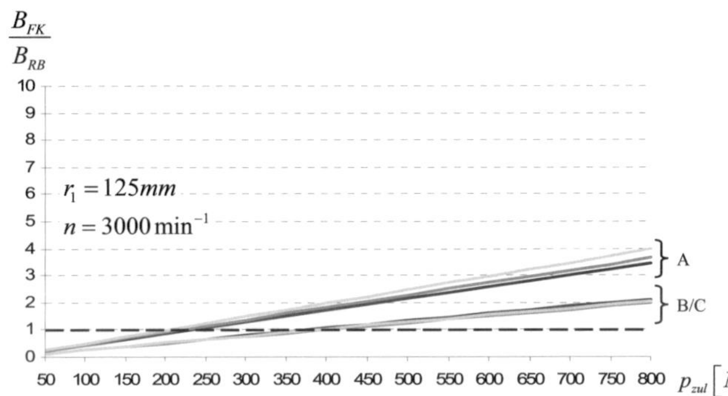

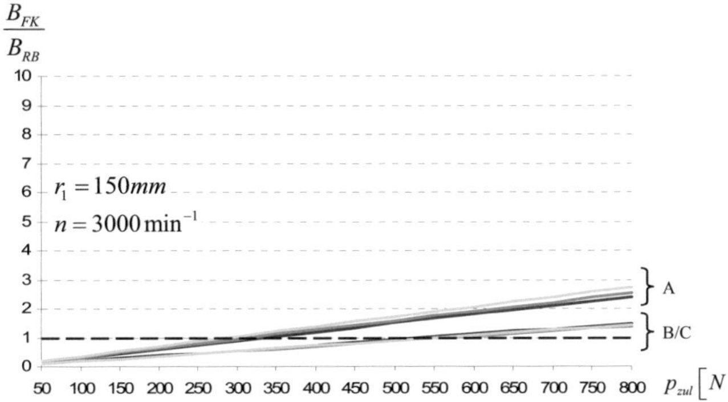

$$A: \quad \frac{B_{FK}}{B_{RB}} \leq \frac{p_{zul}}{0,8 \cdot \rho \cdot \left(r_1^2 - r_N^2 \right) \cdot \omega_N^2} \cdot \frac{r_2}{r_{s2}} \cdot 2$$

$$B/C: \quad \frac{B_{FK}}{B_{RB}} \leq \frac{p_{zul}}{\left(0,8 + \sin \dfrac{\alpha}{2} \cdot \dfrac{r_{s2}}{r_F} \right) \cdot \rho \cdot \left(r_1^2 - r_N^2 \right) \cdot \omega_N^2} \cdot \frac{r_2}{r_{s2}} \cdot 2$$

Kupplungsbeläge

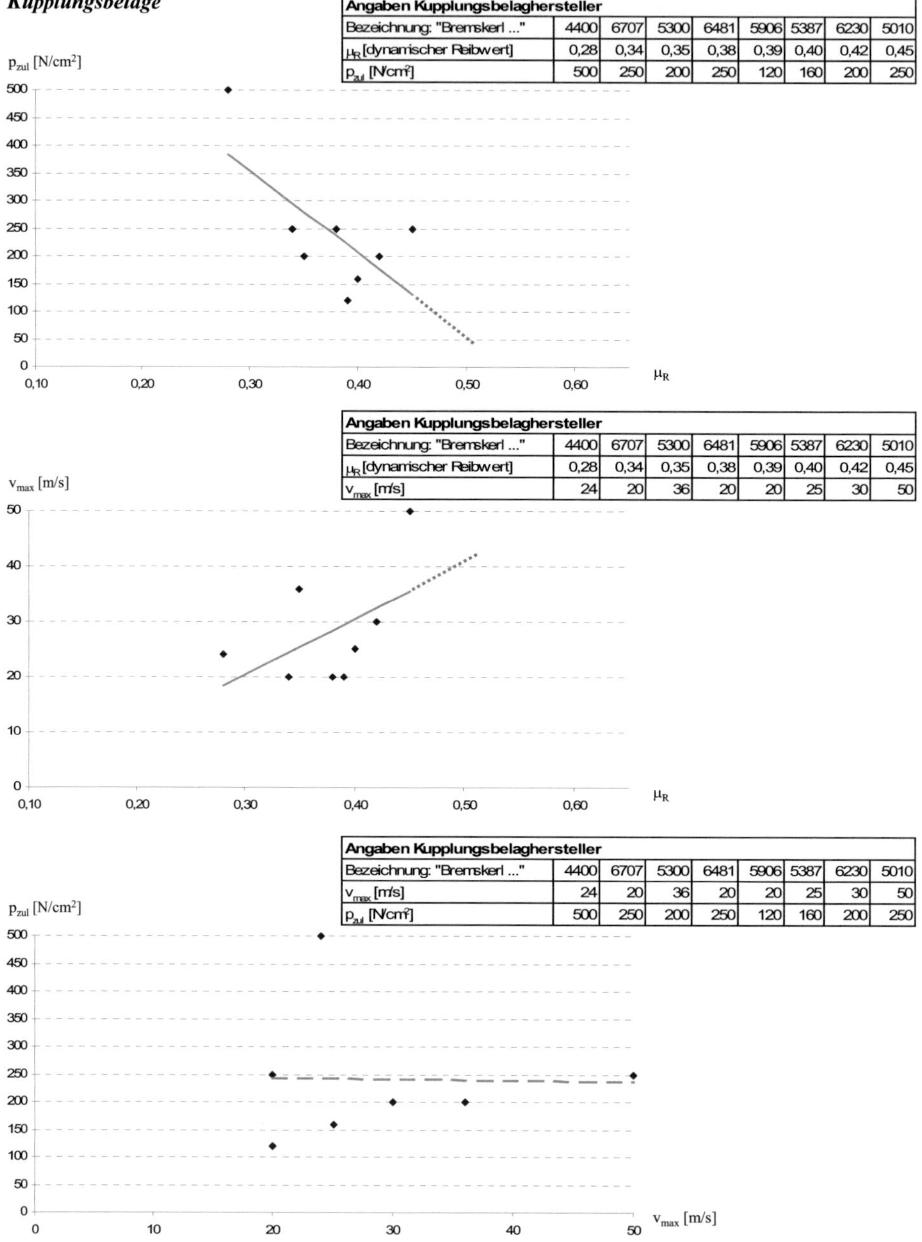

Angaben Kupplungsbelaghersteller								
Bezeichnung: "Bremskerl ..."	4400	6707	5300	6481	5906	5387	6230	5010
μ_R [dynamischer Reibwert]	0,28	0,34	0,35	0,38	0,39	0,40	0,42	0,45
p_{zul} [N/cm²]	500	250	200	250	120	160	200	250

Angaben Kupplungsbelaghersteller								
Bezeichnung: "Bremskerl ..."	4400	6707	5300	6481	5906	5387	6230	5010
μ_R [dynamischer Reibwert]	0,28	0,34	0,35	0,38	0,39	0,40	0,42	0,45
v_{max} [m/s]	24	20	36	20	20	25	30	50

Angaben Kupplungsbelaghersteller								
Bezeichnung: "Bremskerl ..."	4400	6707	5300	6481	5906	5387	6230	5010
v_{max} [m/s]	24	20	36	20	20	25	30	50
p_{zul} [N/cm²]	500	250	200	250	120	160	200	250

Quelle: Fa. Bremskerl

Vergleich von radial schaltender Fliehkraft- und Reibungskupplung (1)

Fliehkraftkupplung: radial $\qquad \mu_R = 0,5 \qquad \mu_{HF} = 0,1 \qquad y = 1/4$

α	i	K	$\dfrac{i \cdot K}{\pi}$	$\dfrac{\pi}{i \cdot K}$	$R \cdot x$	$1 + \dfrac{\cos(\alpha/2)}{R \cdot x}$	$\dfrac{\pi}{i \cdot K} \cdot \left(1 + \dfrac{\cos(\alpha/2)}{R \cdot x}\right)$	
60	6	0,4775	0,9119	1,0966	0,8824	1,9815	2,1729	$\dfrac{M_t}{M_L}$
90	4	0,6366	0,8106	1,2337	1,0413	1,6791	2,0715	
120	3	0,7162	0,6839	1,4622	1,1946	1,4186	2,0742	

Reibungskupplung: radial $\qquad \mu_R = 0,5 \qquad \mu_{HF} = 0,1$

α	i	K	$\dfrac{i \cdot K}{\pi}$	$\dfrac{\pi}{i \cdot K}$	$R \cdot x$	$1 + \dfrac{\cos(\alpha/2)}{R \cdot x}$	$\dfrac{\pi}{i \cdot K} \cdot \left(1 + \dfrac{\cos(\alpha/2)}{R \cdot x}\right)$	
60	6	0,4775	0,9119	1,0966	0,8849	1,9787	2,1699	$\dfrac{M_t}{M_L}$
90	4	0,6366	0,8106	1,2337	1,0439	1,6774	2,0694	
120	3	0,7162	0,6839	1,4622	1,1974	1,4176	2,0727	

Fliehkraftkupplung: radial $\qquad \mu_R = 0,5 \qquad \mu_{HF} = 0,2 \qquad y = 1/4$

α	i	K	$\dfrac{i \cdot K}{\pi}$	$\dfrac{\pi}{i \cdot K}$	$R \cdot x$	$1 + \dfrac{\cos(\alpha/2)}{R \cdot x}$	$\dfrac{\pi}{i \cdot K} \cdot \left(1 + \dfrac{\cos(\alpha/2)}{R \cdot x}\right)$	
60	6	0,4775	0,9119	1,0966	0,8189	2,0576	2,2564	$\dfrac{M_t}{M_L}$
90	4	0,6366	0,8106	1,2337	0,9743	1,7258	2,1291	
120	3	0,7162	0,6839	1,4622	1,1216	1,4458	2,1140	

Reibungskupplung: radial $\qquad \mu_R = 0,5 \qquad \mu_{HF} = 0,2$

α	i	K	$\dfrac{i \cdot K}{\pi}$	$\dfrac{\pi}{i \cdot K}$	$R \cdot x$	$1 + \dfrac{\cos(\alpha/2)}{R \cdot x}$	$\dfrac{\pi}{i \cdot K} \cdot \left(1 + \dfrac{\cos(\alpha/2)}{R \cdot x}\right)$	
60	6	0,4775	0,9119	1,0966	0,8214	2,0544	2,2529	$\dfrac{M_t}{M_L}$
90	4	0,6366	0,8106	1,2337	0,9769	1,7238	2,1267	
120	3	0,7162	0,6839	1,4622	1,1244	1,4447	2,1124	

Fliehkraftkupplung: radial $\qquad \mu_R = 0,5 \qquad \mu_{HF} = 0 \qquad y = 1/4$

α	i	K	$\dfrac{i \cdot K}{\pi}$	$\dfrac{\pi}{i \cdot K}$	$R \cdot x$	$1 + \dfrac{\cos(\alpha/2)}{R \cdot x}$	$\dfrac{\pi}{i \cdot K} \cdot \left(1 + \dfrac{\cos(\alpha/2)}{R \cdot x}\right)$	
60	6	0,4775	0,9119	1,0966	0,9459	1,9156	2,1007	$\dfrac{M_t}{M_L}$
90	4	0,6366	0,8106	1,2337	1,1083	1,6380	2,0208	
120	3	0,7162	0,6839	1,4622	1,2676	1,3945	2,0389	

Reibungskupplung: radial $\qquad \mu_R = 0,5 \qquad \mu_{HF} = 0$

α	i	K	$\dfrac{i \cdot K}{\pi}$	$\dfrac{\pi}{i \cdot K}$	$R \cdot x$	$1 + \dfrac{\cos(\alpha/2)}{R \cdot x}$	$\dfrac{\pi}{i \cdot K} \cdot \left(1 + \dfrac{\cos(\alpha/2)}{R \cdot x}\right)$	
60	6	0,4775	0,9119	1,0966	0,9484	1,9132	2,0980	$\dfrac{M_t}{M_L}$
90	4	0,6366	0,8106	1,2337	1,1109	1,6365	2,0190	
120	3	0,7162	0,6839	1,4622	1,2704	1,3936	2,0376	

Vergleich von radial schaltender Fliehkraft- und Reibungskupplung (2)

Fliehkraftkupplung: radial $\mu_R = 0,5$ $\mu_{HF} = 0,1$ $y = 1/3$

α	i	K	$\dfrac{i \cdot K}{\pi}$	$\dfrac{\pi}{i \cdot K}$	$R \cdot x$	$1 + \dfrac{\cos(\alpha/2)}{R \cdot x}$	$\dfrac{\pi}{i \cdot K}\cdot\left(1 + \dfrac{\cos(\alpha/2)}{R \cdot x}\right)$	$\dfrac{M_t}{M_L}$
60	6	0,4775	0,9119	1,0966	0,8770	1,9874	2,1795	
90	4	0,6366	0,8106	1,2337	1,0356	1,6828	2,0760	
120	3	0,7162	0,6839	1,4622	1,1884	1,4207	2,0773	

Reibungskupplung: radial $\mu_R = 0,5$ $\mu_{HF} = 0,1$

α	i	K	$\dfrac{i \cdot K}{\pi}$	$\dfrac{\pi}{i \cdot K}$	$R \cdot x$	$1 + \dfrac{\cos(\alpha/2)}{R \cdot x}$	$\dfrac{\pi}{i \cdot K}\cdot\left(1 + \dfrac{\cos(\alpha/2)}{R \cdot x}\right)$	$\dfrac{M_t}{M_L}$
60	6	0,4775	0,9119	1,0966	0,8849	1,9787	2,1699	
90	4	0,6366	0,8106	1,2337	1,0439	1,6774	2,0694	
120	3	0,7162	0,6839	1,4622	1,1974	1,4176	2,0727	

Fliehkraftkupplung: radial $\mu_R = 0,5$ $\mu_{HF} = 0,2$ $y = 1/3$

α	i	K	$\dfrac{i \cdot K}{\pi}$	$\dfrac{\pi}{i \cdot K}$	$R \cdot x$	$1 + \dfrac{\cos(\alpha/2)}{R \cdot x}$	$\dfrac{\pi}{i \cdot K}\cdot\left(1 + \dfrac{\cos(\alpha/2)}{R \cdot x}\right)$	$\dfrac{M_t}{M_L}$
60	6	0,4775	0,9119	1,0966	0,8135	2,0645	2,2640	
90	4	0,6366	0,8106	1,2337	0,9686	1,7300	2,1343	
120	3	0,7162	0,6839	1,4622	1,1154	1,4483	2,1176	

Reibungskupplung: radial $\mu_R = 0,5$ $\mu_{HF} = 0,2$

α	i	K	$\dfrac{i \cdot K}{\pi}$	$\dfrac{\pi}{i \cdot K}$	$R \cdot x$	$1 + \dfrac{\cos(\alpha/2)}{R \cdot x}$	$\dfrac{\pi}{i \cdot K}\cdot\left(1 + \dfrac{\cos(\alpha/2)}{R \cdot x}\right)$	$\dfrac{M_t}{M_L}$
60	6	0,4775	0,9119	1,0966	0,8214	2,0544	2,2529	
90	4	0,6366	0,8106	1,2337	0,9769	1,7238	2,1267	
120	3	0,7162	0,6839	1,4622	1,1244	1,4447	2,1124	

Fliehkraftkupplung: radial $\mu_R = 0,5$ $\mu_{HF} = 0$ $y = 1/3$

α	i	K	$\dfrac{i \cdot K}{\pi}$	$\dfrac{\pi}{i \cdot K}$	$R \cdot x$	$1 + \dfrac{\cos(\alpha/2)}{R \cdot x}$	$\dfrac{\pi}{i \cdot K}\cdot\left(1 + \dfrac{\cos(\alpha/2)}{R \cdot x}\right)$	$\dfrac{M_t}{M_L}$
60	6	0,4775	0,9119	1,0966	0,9405	1,9208	2,1064	
90	4	0,6366	0,8106	1,2337	1,1026	1,6413	2,0249	
120	3	0,7162	0,6839	1,4622	1,2614	1,3964	2,0417	

Reibungskupplung: radial $\mu_R = 0,5$ $\mu_{HF} = 0$

α	i	K	$\dfrac{i \cdot K}{\pi}$	$\dfrac{\pi}{i \cdot K}$	$R \cdot x$	$1 + \dfrac{\cos(\alpha/2)}{R \cdot x}$	$\dfrac{\pi}{i \cdot K}\cdot\left(1 + \dfrac{\cos(\alpha/2)}{R \cdot x}\right)$	$\dfrac{M_t}{M_L}$
60	6	0,4775	0,9119	1,0966	0,9484	1,9132	2,0980	
90	4	0,6366	0,8106	1,2337	1,1109	1,6365	2,0190	
120	3	0,7162	0,6839	1,4622	1,2704	1,3936	2,0376	

Vergleich von radial schaltender Fliehkraft- und Reibungskupplung (3)

Fliehkraftkupplung: radial $\mu_R = 0,5$ $\mu_{HF} = 0,1$ $y = 1/2$

α	i	K	$\dfrac{i \cdot K}{\pi}$	$\dfrac{\pi}{i \cdot K}$	$R \cdot x$	$1 + \dfrac{\cos(\alpha/2)}{R \cdot x}$	$\dfrac{\pi}{i \cdot K} \cdot \left(1 + \dfrac{\cos(\alpha/2)}{R \cdot x}\right)$	$\dfrac{M_t}{M_L}$
60	6	0,4775	0,9119	1,0966	0,8452	2,0247	2,2203	
90	4	0,6366	0,8106	1,2337	1,0020	1,7057	2,1043	
120	3	0,7162	0,6839	1,4622	1,1518	1,4341	2,0969	

Reibungskupplung: radial $\mu_R = 0,5$ $\mu_{HF} = 0,1$

α	i	K	$\dfrac{i \cdot K}{\pi}$	$\dfrac{\pi}{i \cdot K}$	$R \cdot x$	$1 + \dfrac{\cos(\alpha/2)}{R \cdot x}$	$\dfrac{\pi}{i \cdot K} \cdot \left(1 + \dfrac{\cos(\alpha/2)}{R \cdot x}\right)$	$\dfrac{M_t}{M_L}$
60	6	0,4775	0,9119	1,0966	0,8849	1,9787	2,1699	
90	4	0,6366	0,8106	1,2337	1,0439	1,6774	2,0694	
120	3	0,7162	0,6839	1,4622	1,1974	1,4176	2,0727	

Fliehkraftkupplung: radial $\mu_R = 0,5$ $\mu_{HF} = 0,2$ $y = 1/2$

α	i	K	$\dfrac{i \cdot K}{\pi}$	$\dfrac{\pi}{i \cdot K}$	$R \cdot x$	$1 + \dfrac{\cos(\alpha/2)}{R \cdot x}$	$\dfrac{\pi}{i \cdot K} \cdot \left(1 + \dfrac{\cos(\alpha/2)}{R \cdot x}\right)$	$\dfrac{M_t}{M_L}$
60	6	0,4775	0,9119	1,0966	0,7817	2,1079	2,3116	
90	4	0,6366	0,8106	1,2337	0,9350	1,7563	2,1667	
120	3	0,7162	0,6839	1,4622	1,0788	1,4635	2,1399	

Reibungskupplung: radial $\mu_R = 0,5$ $\mu_{HF} = 0,2$

α	i	K	$\dfrac{i \cdot K}{\pi}$	$\dfrac{\pi}{i \cdot K}$	$R \cdot x$	$1 + \dfrac{\cos(\alpha/2)}{R \cdot x}$	$\dfrac{\pi}{i \cdot K} \cdot \left(1 + \dfrac{\cos(\alpha/2)}{R \cdot x}\right)$	$\dfrac{M_t}{M_L}$
60	6	0,4775	0,9119	1,0966	0,8214	2,0544	2,2529	
90	4	0,6366	0,8106	1,2337	0,9769	1,7238	2,1267	
120	3	0,7162	0,6839	1,4622	1,1244	1,4447	2,1124	

Fliehkraftkupplung: radial $\mu_R = 0,5$ $\mu_{HF} = 0$ $y = 1/2$

α	i	K	$\dfrac{i \cdot K}{\pi}$	$\dfrac{\pi}{i \cdot K}$	$R \cdot x$	$1 + \dfrac{\cos(\alpha/2)}{R \cdot x}$	$\dfrac{\pi}{i \cdot K} \cdot \left(1 + \dfrac{\cos(\alpha/2)}{R \cdot x}\right)$	$\dfrac{M_t}{M_L}$
60	6	0,4775	0,9119	1,0966	0,9087	1,9531	2,1418	
90	4	0,6366	0,8106	1,2337	1,0690	1,6615	2,0497	
120	3	0,7162	0,6839	1,4622	1,2248	1,4082	2,0591	

Reibungskupplung: radial $\mu_R = 0,5$ $\mu_{HF} = 0$

α	i	K	$\dfrac{i \cdot K}{\pi}$	$\dfrac{\pi}{i \cdot K}$	$R \cdot x$	$1 + \dfrac{\cos(\alpha/2)}{R \cdot x}$	$\dfrac{\pi}{i \cdot K} \cdot \left(1 + \dfrac{\cos(\alpha/2)}{R \cdot x}\right)$	$\dfrac{M_t}{M_L}$
60	6	0,4775	0,9119	1,0966	0,9484	1,9132	2,0980	
90	4	0,6366	0,8106	1,2337	1,1109	1,6365	2,0190	
120	3	0,7162	0,6839	1,4622	1,2704	1,3936	2,0376	

Folgerungen aus: $\quad M_t = 2 \cdot G \cdot I_p \cdot \dfrac{d\varphi}{dx}$ $\qquad\Big|\qquad$ ***bisherige Literatur:*** $\quad M_t = G \cdot I_p \cdot \dfrac{d\varphi}{dx}$

Vergleich der DGL für den Verdrehwinkel: $\quad \dfrac{dM_t}{dx} = M_t{}' = -m_t$

$$\left(2 \cdot G \cdot I_p \cdot \frac{d\varphi}{dx} \right)' = -m_t \qquad\Big|\qquad \left(G \cdot I_p \cdot \frac{d\varphi}{dx} \right)' = -m_t$$

Vergleich der Grundformeln zur Torsion (Torsionshauptgleichung):

$$M_t = 2 \cdot G \cdot I_p \cdot \frac{d\varphi}{dx} \qquad\Big|\qquad M_t = G \cdot I_p \cdot \frac{d\varphi}{dx}$$

$$\frac{d\varphi}{dx} = \frac{M_t}{2 \cdot G \cdot I_p} \qquad\Big|\qquad \frac{d\varphi}{dx} = \frac{M_t}{G \cdot I_p}$$

Vergleich: 2. Bredt'sche Formel und das Torsionsträgheitsmoment: $\qquad \dfrac{d\varphi}{dx} = \dfrac{\displaystyle\int \frac{M_t}{2 \cdot A_m \cdot G \cdot t}\, ds}{2 \cdot A_m}$

$$\frac{d\varphi}{dx} = \frac{M_t}{2 \cdot G \cdot I_T} \quad\Rightarrow\quad I_T = \frac{2 \cdot A_m^{\,2}}{\displaystyle\int \frac{ds}{t}} \qquad\Big|\qquad \frac{d\varphi}{dx} = \frac{M_t}{G \cdot I_T} \quad\Rightarrow\quad I_T = \frac{(2 \cdot A_m)^2}{\displaystyle\int \frac{ds}{t}} = \frac{4 \cdot A_m^{\,2}}{\displaystyle\int \frac{ds}{t}}$$

Vergleich der Verzerrungstensoren:

$$\varepsilon = \begin{bmatrix} \varepsilon_x & \gamma_{xy} \\ \gamma_{yx} & \varepsilon_y \end{bmatrix} \cong \begin{bmatrix} \varepsilon_x & \varepsilon_{xy} \\ \varepsilon_{yx} & \varepsilon_y \end{bmatrix} \qquad\Big|\qquad \varepsilon = \begin{bmatrix} \varepsilon_x & \tfrac{1}{2}\gamma_{xy} \\ \tfrac{1}{2}\gamma_{yx} & \varepsilon_y \end{bmatrix}$$

Vergleich der Transformationsgleichungen für die Dehnungen/Schubverzerrungen:

$$\varepsilon_\xi = \frac{1}{2}\cdot(\varepsilon_x + \varepsilon_y) + \frac{1}{2}\cdot(\varepsilon_x - \varepsilon_y)\cdot\cos 2\varphi + \gamma_{xy}\cdot\sin 2\varphi \qquad\Big|\qquad \varepsilon_\xi = \frac{1}{2}\cdot(\varepsilon_x + \varepsilon_y) + \frac{1}{2}\cdot(\varepsilon_x - \varepsilon_y)\cdot\cos 2\varphi + \frac{1}{2}\cdot\gamma_{xy}\cdot\sin 2\varphi$$

$$\varepsilon_\eta = \frac{1}{2}\cdot(\varepsilon_x + \varepsilon_y) - \frac{1}{2}\cdot(\varepsilon_x - \varepsilon_y)\cdot\cos 2\varphi - \gamma_{xy}\cdot\sin 2\varphi \qquad\Big|\qquad \varepsilon_\eta = \frac{1}{2}\cdot(\varepsilon_x + \varepsilon_y) - \frac{1}{2}\cdot(\varepsilon_x - \varepsilon_y)\cdot\cos 2\varphi - \frac{1}{2}\cdot\gamma_{xy}\cdot\sin 2\varphi$$

$$\gamma_{\xi\eta} = \quad -\frac{1}{2}\cdot(\varepsilon_x - \varepsilon_y)\cdot\sin 2\varphi - \gamma_{xy}\cdot\cos 2\varphi \qquad\Big|\qquad \gamma_{\xi\eta} = \quad -\frac{1}{2}\cdot(\varepsilon_x - \varepsilon_y)\cdot\sin 2\varphi - \frac{1}{2}\cdot\gamma_{xy}\cdot\cos 2\varphi$$

<u>Vollständige</u> <u>Analogie</u> der Transformations-
gleichungen für ε, σ und I: $\qquad\qquad\qquad\qquad\qquad\qquad$ <u>Unvollständige</u> <u>Analogie</u> der Transformationsgleichungen für ε, σ und I:

$\varepsilon_\xi = \ldots \qquad \sigma_\xi = \ldots \qquad I_\xi = \ldots \qquad\Big|\qquad \varepsilon_\xi \neq \ldots \qquad \sigma_\xi = \ldots \qquad I_\xi = \ldots$

$\varepsilon_\eta = \ldots \qquad \sigma_\eta = \ldots \qquad I_\eta = \ldots \qquad\Big|\qquad \varepsilon_\eta \neq \ldots \qquad \sigma_\eta = \ldots \qquad I_\eta = \ldots$

$\varepsilon_{\xi\eta} = \ldots \qquad \tau_{\xi\eta} = \ldots \qquad I_{\xi\eta} = \ldots \qquad\Big|\qquad \varepsilon_{\xi\eta} \neq \ldots \qquad \tau_{\xi\eta} = \ldots \qquad I_{\xi\eta} = \ldots$

<u>Vollständige</u> Analogie Hook'sches Gesetz
für Normal- und Schubspannung: $\qquad\qquad\qquad\qquad\qquad$ <u>unvollständige</u> Analogie Hook'sches Gesetz
für Normal- und Schubspannung:

$$\sigma_{xx} = \varepsilon_{xx}\cdot E \qquad \tau_{xy} = \gamma_{xy}\cdot G \cong \varepsilon_{xy}\cdot G \qquad\Big|\qquad \sigma_{xx} = \varepsilon_{xx}\cdot E \qquad \tau_{xy} = \frac{1}{2}\cdot\gamma_{xy}\cdot G = \varepsilon_{xy}\cdot G$$

Vergleich: Ausbreitungsgeschwindigkeit von Torsionsschwingungen in Stäben:

$$J \cdot \ddot\varphi = \frac{\partial M_t}{\partial x}\cdot dx \;\Leftrightarrow\; \rho \cdot I_p \cdot \frac{\partial^2 \varphi(x,t)}{\partial t^2}\cdot dx = \frac{\partial}{\partial x}\left[G \cdot \pi r^4 \cdot \frac{d\varphi}{dx} \right]\cdot dx$$

$$\frac{\partial^2 \varphi(x,t)}{\partial t^2} = c_0^{\,2} \cdot \frac{\partial^2 \varphi(x,t)}{\partial x^2} \qquad G_{Stahl} = 80.000\,\frac{N}{mm^2} \qquad \rho_{Stahl} = 7.860\,\frac{N}{m^3} \qquad\Big|\qquad c_0 = \sqrt{\frac{G}{\rho}} = \sqrt{\frac{80.000}{7.860}\cdot\frac{kgm}{s^2 \cdot 10^{-6} m^2}\cdot\frac{m^3}{kg}}$$

$$c_0 = \sqrt{2 \cdot \frac{G}{\rho}} = \sqrt{2 \cdot \frac{80.000}{7.860}\cdot\frac{kgm}{s^2 \cdot 10^{-6} m^2}\cdot\frac{m^3}{kg}} = 4512\,\frac{m}{s} \cong 4,5\,\frac{km}{s} \qquad\Big|\qquad c_0 = 3190\,\frac{m}{s} \cong 3,2\,\frac{km}{s}$$

In der technischen Literatur abgebildete Fliehkörperkupplungen (1):

1. Fliehkraftkupplung mit zwei Segmenten mit Zugfedern, Fa. Suco Robert Scheuffele, Bietigheim
Dubbel (1997), S. G75
Künne (2001), S.356
Dittrich (1974), S. 258
Langer (1976), S. 276, 277
Roloff (2003), S. 423

2. Fliehkraftkupplung mit drei elastisch aufgehängten Fliehgewichten
Dittrich (1974), S. 259

3. Fliehkraftkupplung mit zwei Segmenten mit Druckfedern
Fronius (1979), S.268
Fronius (1987), S.143

4. Fliehkraftkupplung mit tangential angeordneten Zugfedern
Bauer (1976), S.252
Beckert (1973), S. 144
Krist (1976), S. 114

5. Fliehkraftkupplung (schematisch) mit zwei Segmenten
Haase (1986), S.275

6. Fliehkörperkupplung mit drei Segmenten, tangential angeordnete Zugfedern
Fronius (1971), S. 337

7. Fliehkörperkupplung mit zwei Segmenten mit Druckfedern
Bauer (1976), S. 335
Fronius (1979), S. 268

8. Fliehkörperkupplung mit zwei Segmenten mit Zugfedern, Amolix®-Kupplung, Fa. Breitbach, Lochem (NL)
Haberhauer (2007), S. 418

9. Fliehkraftkupplung mit drei Segmenten, (Werk Wülfel, Augsburg) Fa. Renk, Hannover
Decker (2004), S. 474
Rüggen (1970), S. 70

10. Fliehkraftkupplung, Fa. Heid, Wien
Decker (2004), S. 475

11. Fliehkraftkupplung mit zwei Segmenten (schematisch)
Bauer (1976), S. 336

12. Fliehkörperkupplung mit sechs Fliehkraftsegmenten
Schlecht (2007), Kap. 13.5.2

13. Schnitt durch eine Backen-Fliehkraftkupplung mit vier Segmenten
Kabus (2003b), S. 90 (Ü7.130)

14. Fliehkörperkupplung mit drei Segmenten (Hillard Corp.)
Shigley (1989), S. 630 (Hillard Corp.)

In der technischen Literatur abgebildete Fliehkörperkupplungen (2):

15. Centrex®-Fliehkraftkupplung mit vier Segmenten, tangential angeordnete Zugfedern, Fa. Desch, Arnsberg
Roloff/Matek (2003b), S. 117 (13.22)
Freud (1992), S. 103

16. SERVOMATIK-Fliehkraft-Kupplung mit zwei Segmenten
(Gebr. Hofmann, Maschinenfabrik Würzburg)
Rüggen (1970), S. 68

17. Fliehkraft-Kupplung mit vier Segmenten (Thomas Broadbent & Sons, Ltd., England)
Rüggen (1970), S. 69

18. Fliehkraft-Kupplung mit zwei Segmenten und Zugfedern
Rüggen (1970), S. 69

19. VULKANEL Fliehkraft-Kupplung (Vulkan Kupplungs- und Getriebebau, Wanne-Eickel)
Rüggen (1970), S. 70

20. VULKANEL Fliehkraft-Kupplung (Kupplungsbau J. Schischka, Wien XVII)
Rüggen (1970), S. 71

21. Fliehkraft-Kupplung (Industrial Enterprises Inc., Chicago, USA)
Rüggen (1970), S. 71

22. Fliehkraft-Kupplung
Rüggen (1970), S. 72

23. Fliehkraft-Kupplung S-El-An (Kupplungsbau J. Schischka, Wien XVII)
Rüggen (1970), S. 72

In der technischen Literatur angegebene Füllgutkupplungen (1):

1. Füllgutkupplung mit Stahlkugeln, Fa. Metalluk Bauscher, Bamberg
Dubbel (1997), S. G75
Dittrich (1974), S. 260
Köhler (1992), S. 226

2. Füllgutkupplung mit Stahlkugeln mit sechs Kammern
Künne (2001), S.356
Haberhauer (2007), S. 417

3. Füllgutkupplung mit Granulat nach TGL 20483
Fronius (1979), S.268
Fronius (1987), S.143
Köhler (1992), S. 227

4. Granulat-Anlaufkupplung (Rigamat) Fa. Ringspann, Bad Homburg
Decker (2004), S. 475

5. Füllgutkupplung
Bauer (1976), S.252
Beckert (1973), S. 144 (TGL 20483)
Krist (1976), S. 114

6. Füllgutkupplung: Granulat-Anlaufkupplung
Haberhauer (2007), S. 418
Rüggen (1970), S. 73

7. Füllgutkupplung
Schlecht (2007), Kap. 13.5.2

8. Füllgutkupplung (Pulvis-Kupplung), Fa. Arthur Schütz, Wien (A)
Bauer (1976), S.338
Findeisen (1953), S.58/59

9. Fliehkraftkupplung (Füllgutkupplung) mit Klauenkupplung und Bremsscheibe
Bauer (1976), S. 339

10. Fliehpulverkupplung
Fronius (1971), S. 338

11. Fliehkraftkupplung nach TGL 20483
Bauer (1976), S. 339

12. CENTRI-Fliehkraftkupplung (Stromag Kupplungsbau, Wien)
Rüggen (1970), S. 73

13. Fliehkraft-Magnetkupplung (Gebr. Sucker GmbH, Mönchengladbach)
Rüggen (1970), S. 73

14. PULVIS-Fliehkraftkupplung (A. Schütz & Co., Wien)
Rüggen (1970), S. 74

In der technischen Literatur angegebene Füllgutkupplungen (2):

15. SIEMENS-Anlaufkupplung mit sechs Kammern
Rüggen (1970), S. 77

16. SIEMENS-Anlaufkupplung, Prinzip der Zweistufenausführung; (Fa. SIEMENS, Erlangen)
Rüggen (1970), S. 78

17. VOITH-Zentrimatik; gelagerte Baureihe Typ RK-F (Voith-Turbo KG, Crailsheim)
Rüggen (1970), S. 78

In der technischen Literatur angegebene Diagramme für Anlaufkupplungen an Asynchronmotoren und Anwendung von Fliehkraftkupplungen in Schaltgetrieben sowie axial schaltend:

1. Wirkung einer Anlaufkupplung bei einem Drehstrom-Kurzschlussläufermotor
(nach Hütte [33] in: Bauer (1976), S. 338)

2. Anlauf mit einem Kurzschlussläufer-Elektromotor: a) mit starrer Kupplung, b) mit Fliehkraftkupplung
(in: Decker (2004), S. 474)

3. axial schaltende Fliehkraftkupplung: www.kfz-tech.de

4. Automatisches Schaltgetriebe (Kreis):
Hintereinanderschaltung von Fliehkraft- und Überholkupplungen (Freiläufen) im automatischen Schaltgetriebe von Kreis aus dem Fahrzeugbau;

Getriebe mit drei Gängen (Übersetzungen); jede Übersetzung mit einer Fliehkraftkupplung, die mit steigender Drehzahl nacheinander Einrücken, wobei die vorhergehende Übersetzung durch einen zugehörigen Freilauf ausgeschaltet wird; Die Kupplung des ersten Ganges ist eine Fliehkraftbacken-Kupplung, die des zweiten und dritten Ganges arbeiten als Fliehkraft-Scheibenkupplungen. Die Fliehgewichte werden bei allen drei Kupplungen durch Schnürfedern zurückgehalten bis die jeweilige Ansprechdrehzahl erreicht ist.
[*Vgl. Bauer (1976), S. 337/338]

Automatisches Schaltgetriebe*

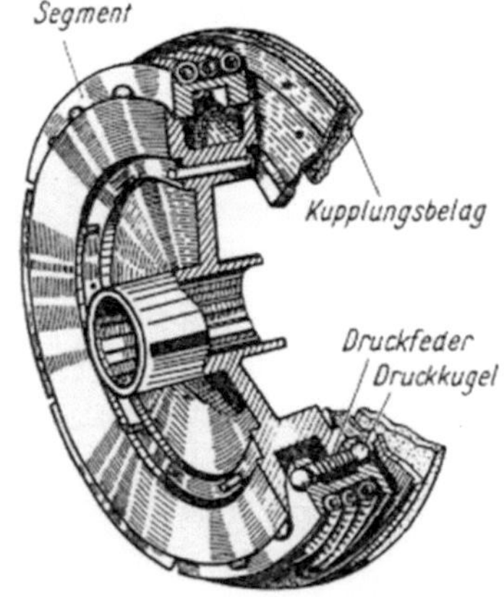

Kupplung für den zweiten und dritten Gang*

LITERATURVERZEICHNIS

Bauer (1976)	Bauer, R.; Schneider, G.; Kaltofen, H.: Achsen, Wellen, Lager, Kupplungen, Bd. 2, 9. Aufl., Leipzig 1976
Beckert (1970)	Beckert, M.: Technische Mechanik, Werkstoffe, Werkstoffprüfung, Leipzig 1970
Beckert (1973)	Beckert, M.: Maschinenelemente, Fertigungstechnik, BMSR-Technik, Leipzig 1973
Böge (1999)	Böge, A.(Hrsg.): Das Techniker-Handbuch, 15. Aufl., Wiesbaden 1999
Breuer (2004)	Breuer, B.; Bill, K.(Hrsg.): Das Bremsenhandbuch, 2. Aufl., Wiesbaden 2004
Decker (2007)	Decker, K.-H.: Maschinenelemente, 16. Aufl., München 2007
Dittrich (1974)	Dittrich, O.; Schumann, R.: Anwendungen der Antriebstechnik, Band II: Kupplungen, Mainz 1974
Dubbel (1997)	Beitz, W.; Grote, K.-H. (Hrsg.): Dubbel - Taschenbuch für den Maschinenbau, 19. Aufl., Berlin/Heidelberg 1997
Duminy (1979)	Duminy: Beurteilung des Betriebsverhaltens schaltbarer Reibkupplungen, Diss. TU Berlin, 1979
Elbl (2001)	Elbl, H.; Föll, W.; Schlüter, W.: Tabellenbuch Fahrzeugtechnik, 21. Aufl., Stuttgart 2001
Ende (1931)	vom Ende, E.: Wellenkupplungen und Wellenschalter (Einzelkonstruktionen aus dem Maschinenbau, Heft 11), Heidelberg 1931
Findeisen (1953)	Findeisen, F.: Neuzeitliche Maschinenelemente, III. Band, Zürich 1953
Fischer (1993)	Fischer, U.; Stephan, W.: Mechanische Schwingungen, 3. Aufl., Leipzig/Köln 1993
Flegel (2004)	Flegel, G.; Birnstiel, K.; Nerreter, W.: Elektrotechnik für Maschinenbau und Mechatronik, 8. Aufl., München 2004
Freud (1992)	Freud, H.: Konstruktionselemente, Bd. 2: Lager, Kupplungen, Getriebe, Mannheim/Zürich 1992
Fritzsch (1990)	Fritzsch, W. (Hrsg.): Taschenbuch Maschinenbau (8 Bde): Bd. 1: Mathematische Grundlagen, Physikalische Grundlagen, ..., 2. Aufl., Berlin 1990
Fronius (1971)	Fronius, St. (Hrsg.): Maschinenelemente: Antriebselemente, Berlin 1971
Fronius (1979)	Fronius, St. (Hrsg.): Konstruktionslehre: Antriebselemente, 1. Aufl., Berlin 1979
Fronius (1985):	Fronius, St.. (Hrsg.): Taschenbuch Maschinenbau (8 Bde): Bd. 2: Werkstoffkunde u. Werkstoffprüfung, Mechanik u. Festigkeitslehre, ..., 1. Aufl., Berlin 1985
Gamer (1999)	Gamer, U.; Mack, W.: Mechanik, Wien/New York 1999
Gross (2008)	Gross, D.; Hauger, W.; Schröder, J.; Wall, W.: Technische Mechanik 3, 10. Aufl., Heidelberg 2008
Haage (1992)	Haage, H.-D.: Maschinenkunde Kraft- und Arbeitsmaschinen, 7. Aufl., München/Wien 1992
Haase (1986)	Haase, K.: Fachwissen des Ingenieurs (8 Bde), Bd. 1: Grundlagen des Konstruierens; 7. Aufl., Leipzig 1986
Haberhauer (2007)	Haberhauer, H.; Bodenstein, F.: Maschinenelemente, 14. Aufl., Berlin 2007

Hagedorn (2003) Hagedorn, P.: Technische Mechanik, Band 3, Dynamik, Frankfurt/M. 2003

Hasselgruber (1953) Hasselgruber, H.: Die Berechnung der Temperaturen an Reibungskupplungen, Diss. TH Aachen, 1953

Hauger (2008)   Hauger, W.; Mannl, V.; Wall, W.: Aufgaben zu Technische Mechanik 1-3: Statik, Elastostatik, Kinetik, 6. Aufl., Berlin/Heidelberg 2008

Haupt (2004)   Haupt, P.: Technische Mechanik I/II,(III), Institut für Mechanik, Universität Kassel, Skript, Kassel 2004 (2000)

Hering (2007)   Hering , E; Modler, K.-H.: Grundwissen des Ingenieurs, 14. Aufl., München 2007

Hinz (1984)   Hinz, R: Verbindungselemente: Achsen, Wellen, Lager, Kupplungen, Leipzig 1984

Irretier (2005)   Irretier , H.: Schwingungstechnik, Institut für Mechanik, Universität Kassel, Skript, Kassel 2005

Kabus (2003a)   Kabus, K.: Mechanik und Festigkeitslehre, 5. Aufl., München/Wien 2003

Kabus (2003b)   Kabus, K.: Mechanik und Festigkeitslehre - Aufgaben, 5. Aufl., München/Wien 2003

Klein (2001)   Klein; Kiehl, P. (Bearb.): Einführung in die DIN-Normen, 13. Aufl., Wiesbaden 2001

Kleinert (1989) Kleinert, H.-J. (Hrsg.): Taschenbuch Maschinenbau (8 Bde): Bd. 5: Kolbenmaschinen, Strömungsmaschinen, 1. Aufl., Berlin 1989

Klepp (1987)   Klepp, H.; Lehmann, Th.: Technische Mechanik I, II, III, Studienbriefe der FU Hagen; Technische Mechanik I, II (geb. Ausgabe), Heidelberg 1987

Klose (1976)   Klose, J.: Konstruktionslehre Kupplungen; Lehrbrief für das Hochschulfernstudium zur Ausbildung in der Grundstudienrichtung Maschineningenieurwesen, Dresden: Zentralstelle für das Hochschulfernstudium, 1976

Knaebel (2006) Knaebel, M.; Jäger, H.; Mastel, R.: Technische Schwingungslehre, 6. Aufl., Wiesbaden 2006

Knappstein (2000) Knappstein, G.: Kinematik und Kinetik, 1. Aufl., Frankfurt/Main 2000

Köhler (1992)   Köhler, G.; Rögnitz, H.: Maschinenteile, Teil 2, 8. Aufl., Stuttgart 1992

Körber (1979)   Körber: Hydrodynamische Anlauf- und Rutschkupplung mit konstanter Füllung, VDI-Berichte 299 (1979), S. 171-177

Krämer (1991)   Krämer, H.: Elektrotechnik im Maschinenbau, 3. Aufl., Wiesbaden 1991

Krist (1976)   Krist, Th.: Maschinenelemente, Darmstadt 1976

Künne (1984)   Künne, B.: Konstruktive Einflüsse auf Reibvorgänge unter reversierender Belastung am Beispiel von Sicherheitskupplungen, Diss. Uni-GH. Paderborn, 1984

Künne (2001)   Künne, B.: Einführung in die Maschinenelemente: Gestaltung - Berechnung - Konstruktion, 2. Aufl., Wiesbaden 2001

Kusch (1974)   Kusch, L.: Mathematik, Band 4: Integralrechnung, 2. Aufl., Essen 1974

Langer (1976)   Langer, E.: Lehrbuch Maschinenelemente - Berechnung und Gestaltung, Bonn 1976

Leupold (1975) Leupold, W.: Analysis für Ingenieure, 11. Aufl., Zürich und Frankfurt/M. 1975

Linse (2005)   Linse, H.; Fischer, R.: Elektrotechnik für Maschinenbauer, 12. Aufl., Wiesbaden 2005

Luck (1987)   Luck, K. (Hrsg.): Taschenbuch Maschinenbau (8 Bde): Bd. 3: Maschinenelemente, Getriebe, Mechanismen, hydrostatische, pneumatische Antriebe, 1. Aufl., Berlin 1987

Mollberg (2004) Mollberg, A.: Elektrische Antriebe, Studienbrief, Institut für Verbundstudien der Fachhochschulen Nordrhein-Westfalen – IfV NRW Südwestfalen, 2004

Müller (2005)   Müller, W.; Ferber, F.: Technische Mechanik für Ingenieure, 2. Aufl., Wien 2005

Niemann (2004) Niemann, G.; Winter, H.: Maschinenelemente, Bd. III; 2. Aufl., New York 2004

Orthwein (1986) Orthwein,W.: Clutches and Brakes, New York 1986

Papula (2001)   Papula, L.: Mathematische Formelsammlung für Ingenieure und Naturwissenschaftler, 7. Aufl., Braunschweig/Wiesbaden 2001

Papula (2004)   Papula, L.: Mathematik für Ingenieure und Naturwissenschaftler – Anwendungsbeispiele, 5. Aufl., Wiesbaden 2004

Perovic (2002) Perovic, B.: Berechnung von Maschinenelementen, 2. Aufl., Renningen 2002

Pokorny (1960) Pokorny, J.: Untersuchung der Reibungsvorgänge in Kupplungen mit Reibscheiben aus Stahl und Sintermetall, Diss. TH Stuttgart, 1960

Rieg (2006)   Rieg, F. (Hrsg.); Kaszmarek, M.: Taschenbuch der Maschinenelemente, Wien 2006

Roloff/Matek (2003a) Muhs, D.; Wittel, H.; Jannasch, D.; Voßiek, J.: Roloff/Matek Maschinenelemente, 16. Aufl., Wiesbaden 2003

Roloff/Matek (2003b) Muhs, D.; Wittel, H.; Becker, M.; Jannasch, D.; Voßiek, J.: Roloff/Matek Maschinenelemente - Aufgabensammlung, 12. Aufl., Wiesbaden 2003

Schalitz (1975) Schalitz, A.: Kupplungsatlas. Bauarten und Auslegung von Kupplungen und Bremsen, 4. Aufl., Ludwigsburg/Württ. 1975

Scherf (2007)   Scherf, H.: Modellbildung und Simulation dynamischer Systeme, 3. Aufl., München 2007

Schlecht (2007) Schlecht, B.: Maschinenelemente 1, Imprint von Pearson Education, München 2007

Schreiber (2007) Schreiber, L.: Technische Mechanik III, Institut für Mechanik, Universität Kassel, Vorlesungsskript, Kassel 2007

Shigley (1989) Shigley, J. E.; Mischke, Ch. R.: Mechanical Engineering Design, 5th Edition, New York 1989

Steinhilper (1963a) Steinhilper, W.: Der zeitliche Temperaturverlauf in schnell geschalteten Reibungskupplungen und Bremsen, Diss. TH Karlsruhe, 1963

Steinhilper (1986) Steinhilper, W.; Röper, R.: Maschinen- und Konstruktionselemente, Bd. II, Verbindungselemente, elastische Elemente, Achsen und Wellen, Dichtungstechnik, Berlin/Heidelberg 1986

Stölzle (1961) Stölzle, K.; Hart, S.: Freilaufkupplungen (Konstruktionsbücher Bd. 19), Berlin 1961

Stübner (1961) Stübner/Rüggen: Kupplungen, Einsatz und Berechnung, München 1961

Unterberger (1980) Unterberger, R.: Konstruktion, Kurseinheit 6: Umformelemente der Bewegung, 2. Aufl., Deutsches Institut für Fernstudien an der der Universität Tübingen, 1980

Vogel (1989)   Vogel, A.: Grundlagen der elektrischen Antriebstechnik mit Berechnungsbeispielen, 4. Aufl., Heidelberg 1989

Winkelmann (1985) Winkelmann, W.; Harmuth, H.: Schaltbare Reibkupplungen (Konstruktionsbücher, Bd. 34), Berlin 1985

Zeitschriften/Zeitungen:

Dittrich (1973)   Dittrich, O.: Wirkung der Kupplung beim Anfahren mit Elektromotoren,
in: Antriebstechnik 1973/4

Ernst (1982)   Ernst, L.; Rüggen, W.: Richtige Auswahl von Kupplungen und Bremsen,
in: Antriebstechnik 21 (1982), S. 616-619

Fleissig (1984) Fleissig, M.: Untersuchungen zum Drehmomentverhalten von Fliehkraftkupplungen,
in: VDI-Z 126 S. 869-872, 1984

FVA (1990)   Forschungsheft Forschungsvereinigung Antriebstechnik: Kupplungswirkungsmodell,
in: Heft 318, Frankfurt: FVA 1990

Groß (1974)   Groß, H.: Mechanische Kupplungen,
in: antriebstechnik 13 (1974), Nr. 7, S. 397-404, 1974

Hasselgruber (1959) Hasselgruber, H.: Temperaturberechnung für mechanische Reibungskupplungen,
in: Schriften Antriebstechnik Bd. 21, Braunschweig, 1959

Hasselgruber (1963) Hasselgruber, H.: Der Schaltvorgang einer Trockenreibungskupplung bei
kleinster Erwärmung, in: Konstruktion 15 (1963), S. 41-45

Jorden (1972)   Jorden, W.: Gebrauchsdauer von Klemmfreilaufkupplungen,
in: Konstruktion 24 (1972), S. 485-491

Martyrer (1954) Martyrer, E.: Arten und Aufgaben der nachgiebigen und schaltbaren Kupplungen,
in: Schriftenreihe Antriebstechnik Bd. 12, Braunschweig 1954

Pahl (1984)   Pahl, G.; Zhang, Z.: Dynamische und thermische Ähnlichkeit in Baureihen von
Schaltkupplungen, in: Konstruktion 16 (1984), S. 421-426

Pahl (1990)   Pahl, G.; Oedekoven, A.: Temperaturverhalten von trockenlaufenden Reibungskupplungen, in: Konstruktion 42 (1990), S. 109-119

Pahl (1996)   Pahl, G.; Habedank, W.: Schaltkennlinienbeeinflussung bei Reibungskupplungen,
in: Konstruktion 48 (1996), S. 87-93

Rüggen (1970)   Rüggen, W; Stübner, K.: Fliehkraftkupplungen, in: Ingenieurdigest 9 (1970), H. 12

Sebulke (1978)   Sebulke, J.: Theoretische und experimentelle Untersuchung der Granulat-
Anlaufkupplung, in: Z. Antriebstechnik 17 (1978), Nr. 7/8

Steinhilper (1963b) Steinhilper, W.: Der zeitliche Temperaturverlauf in Reibungskupplungen und
Bremsen, in: ATZ 65 (1963)

Timtner (1986)   Timtner, K.: Freilaufkupplungen für zukunftsorientierte Anwendungen,
in: Antriebstechnik 25 (1986), S. 31-35

Wiedenroth (1990) Wiedenroth, W.: Kupplungen, in: VDI-Z 132 (1990), S. 137-145

Winkelmann (1987) Winkelmann, S.: Klassenmerkmale, Anwendungsfelder und Trends bei
schaltbaren, mechanischen Kupplungen, in: VDI-Berichte 649 (1987), S. 273-287

Internetdokumente:

dgl_uni-ulm.pdf (Partielle Differentialgleichungen, Prof. Dr. Karsten Urban,
Universität Ulm, Abteilung Numerik, Sommersemester 2004)

epd03_tu-darmstadt.pdf (Elementare partielle Differentialgleichungen, Prof. Dr. R. Farwig,
Technische Universität Darmstadt, SS 2008)

rds16_uni-konstanz.pdf (Skript zur Vorlesung: Partielle Differentialgleichungen I, Robert Denk,
Universität Konstanz, WS 2006/07, Stand 15.2.2007)

Firmenunterlagen / Kataloge:
Amsbeck, Everswinkel
Breitbach, Lochem (NL)
Desch, Arnsberg
Metalluk, Bamberg
Renk, Hannover
Schütz, Wien (A)
Suco Scheuffele, Bietigheim

Normen und Richtlinien:
DIN 323: Normzahlen und Normzahlreihen
DIN-Taschenbuch 44, DIN Deutsches Institut für Normung e.V., Beuth Verlag GmbH, Berlin, 5. Aufl., S.56-67
DIN 740: Nachgiebige Wellenkupplungen:
  DIN 740 T2: Nachgiebige Wellenkupplungen: Begriffe, Berechnungsgrundlagen, Berlin 1986
DIN 748: Zylindrische Wellenenden für elektrische Maschinen (Jul 1975)
DIN 2089, 2095, 2096, 2097, 2098: Zylindrische Schraubenfedern aus runden Drähten
DIN 6885-1: Passfedern
ISO 4863: Elastische Wellenkupplungen; von Anwendern und Herstellern anzugebende Informationen
DIN 6288: Hubkolben-Verbrennungsmotoren - Anschlussmaße und Anforderungen für Schwungräder und
elastische Kupplungen
DIN 15430 - 15437: Trommel- und Scheibenbremsen:
  DIN 15430 Antriebstechnik; Bremstrommeln, Hauptmaße
  DIN 15430 T1 Antriebstechnik; Scheibenbremsen, Anschlussmaße
  DIN 15430 T2 Antriebstechnik; Scheibenbremsen, Bremsbeläge
  DIN 15430 T1 Antriebstechnik; Trommel- und Scheibenbremsen, Berechnungsgrundsätze
  DIN 15430 T2 Antriebstechnik; Trommel- und Scheibenbremsen, Überwachung im Gebrauch
  DIN 15435 T1 Antriebstechnik; Trommelbremsen, Anschlussmaße
  DIN 15435 T2 Antriebstechnik; Trommelbremsen, Bremsbacken
  DIN 15435 T3 Antriebstechnik; Trommelbremsen, Bremsbeläge
  DIN 15436 Antriebstechnik; Trommel- und Scheibenbremsen, Technische Anforderungen für Bremsbeläge
  DIN 15436 Antriebstechnik; Bremstrommeln und Bremsscheiben, Technische Lieferbedingungen
DIN 42955: Toleranzen für Befestigungsflansche für elektrische Maschinen, zulässige Lageabweichungen
DIN 42973: Leistungsreihe für elektrische Maschinen - Nennleistungen bei Dauerbetrieb (Sep 1973)
DIN 43648: Elektromagnet-Kupplungen
VDI 2060: Beurteilungsmaßstäbe für den Auswuchtzustand rotierender starrer Körper
VDI 2240: Wellenkupplungen, systematische Einteilung nach ihren Eigenschaften, VDI-Verlag Düsseldorf 1971
VDI 2241 Blatt 1: Schaltbare fremdbetätigte Reibkupplungen und -bremsen. Düsseldorf: VDI-Verlag 1982
VDI 2241 Blatt 2: Schaltbare fremdbetätigte Reibungskupplungen und -bremsen: VDI-Verlag 1984
Systembezogene Eigenschaften, Auswahlkriterien, Berechnungsbeispiele
VDI 2226: Empfehlung für die Festigkeitsberechnung metallischer Werkstoffe, Düsseldorf: VDI-Verlag 1965
VDMA 15434: Krane; Berechnung von Doppel-Backenbremsen, Zuordnung der Bremsen zu üblichen Drehstrom-
Asynchronmotoren mit Schleifring für Aussetzbetrieb
IEC 60072: Maße und Leistungen für rotierende elektrische Maschinen, Baugröße 56 bis 400 und Flanschgröße
F55 und F1080
IEC 60072A: Maße und Leistungen für elektrische Maschinen mit Befestigungsfüßen der Baugröße 355 bis 1000
VDE 0530: Umlaufende elektrische Maschinen; Leitfaden für Installations- und Betriebsbedingungen für
Niederspannungs-Käfigläufer-Induktionsmotoren für allgemeine Zwecke mit Kugel- oder Rollenlagern und
Betriebsart S 1 und Leistungen bis 315 kW
VDE 0580: Elektromagnetische Geräte und Komponenten

*„Denn ein einziger Tag in den Vorhöfen deines Heiligtums
ist besser als tausend andere." Ps 84,11*

Diese Arbeit ist gewidmet
Heinz Renno (* 22.7.1924; † 10.11.2013)
Herbert Dombrowsky (* 1.8.1923; † Mai 1944)
Heinz Dombrowsky (* 25.11.1915; † 24. 7.1990)
Elfriede Dombrowsky (* 19.8.1919; † 22. 3.1987)
Dieter Dombrowsky (* 9.2.1944; † 9. 11.1945)
Ernst Dombrowsky (* 27.8.1946; † 27. 8.1946)
Andreas Bier (* 17.1.1968 ; † 16.6.2011)